W0039978

Bo Hanus

Wie nutze ich Solarenergie in Haus und Garten?

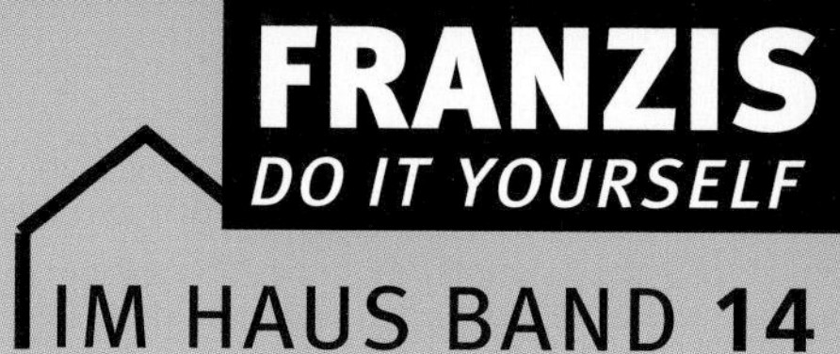

Bo Hanus

Wie nutze ich Solarenergie in Haus und Garten?

Leicht gemacht, Geld und Ärger gespart!

Mit 129 farbigen Abbildungen

Bibliografische Information der Deutschen Bibliothek

Die Deutsche Bibliothek verzeichnet diese Publikation in der Deutschen Nationalbibliografie; detaillierte Daten sind im Internet über **http://dnb.ddb.de** abrufbar.

Satz: DTP-Satz A. Kugge, München
art & design: www.ideehoch2.de
Druck: Legoprint S.p.A., Lavis (Italia)
Printed in Italy

ISBN 978-3-7723-**4449-7**

Vorwort

Der photovoltaischen Umwandlung der Sonnenenergie in elektrischen Strom wird in letzter Zeit erhöhte Aufmerksamkeit gewidmet, die sich jedoch fast ausschließlich auf große Photovoltaik-Dachanlagen konzentriert. Dabei gibt es in Haus und Garten viele weitere Möglichkeiten der Photovoltaik-Nutzung, die zu sehr außer Acht gelassen werden.

Gerade bei kleinen Produkten kann eine solarelektrische Stromversorgung viele Vorteile bieten: Das ständige Auswechseln der Batterien bei batteriebetriebenen Geräten entfällt, anstelle einer kostspieligen Stromzuleitung durch den Garten kann eine Mini-Solaranlage die Stromversorgung übernehmen usw. Auch bei diversen kleineren Objekten wie Schrebergarten- und Wochenendhäusern oder Berghütten kann eine Solarstromversorgung das Wohlbefinden erheblich steigern.

Wichtig ist, dass Solardachanlagen fachgerecht montiert werden. Wer sich über solche Systeme nicht vor der Installation und ausreichend schlaumacht, wird sich über eine Anlage ärgern, die zu niedrige Einträge aufweist.

Es geht aber auch anders: Wer darüber im Bilde ist, wie alles zusammenhängt und worauf es da ankommt, kann bereits im Planungsstadium eigene Entscheidungen treffen und dafür Sorge tragen, dass seine bestehende Photovoltaik-Anlage gut funktioniert.

Informationen, die Sie in diesem Buch finden, beruhen auf langjährigen professionellen Erfahrungen. Wir nehmen Daten der Hersteller unter die Lupe und vergleichen sie mit eigenen Messungen, die wir sowohl in unseren Laboratorien als auch in der Natur objektiv vornehmen und auswerten. Die fachlich fundierten Informationen, die Sie in diesem Buch finden, beruhen somit nicht auf werbewirksamen Informationen der Hersteller, sondern auf überprüften Daten und kompetenten Erfahrungen.

Wir haben auch diesmal großen Wert darauf gelegt, Ihnen das Wissen zu diesem Thema so zu vermitteln, dass alles leicht verständlich ist. Es spielt dabei keine Rolle, ob Sie bereits über Fachwissen verfügen oder nicht. Ein wenig Geduld beim Lesen genügt, und Sie werden die Zusammenhänge des Themas mühelos erfassen.

Viel Spaß beim Lesen und viel Erfolg beim eventuellen Selbstbau wünschen Ihnen

Bo Hanus und seine Co-Autorin (und Ehefrau) Hannelore Hanus-Walther

Inhaltsverzeichnis

Inhaltsverzeichnis

1 Die Sonnenenergie gewinnt an Kraft

In den letzten Jahren gewinnt die Sonne spürbar an Kraft und während so mancher sonnenreichen Periode empfinden wir das Überangebot an Hitze sogar als „zu viel des Guten". Dies gilt jedoch nicht in Bezug auf die Möglichkeiten der technischen Nutzung der „Sonnenspenden".

Zu den altbekannten Vorrichtungen, die eine zusätzliche Nutzung der Sonnenenergie ermöglichen, gehören Gewächshäuser, Frühbeete und Wintergärten. Zu den moderneren gehören Solaranlagen, die sich hinsichtlich der Art der Energienutzung in zwei unterschiedliche Systeme teilen: in ***solarelektrische*** und in ***solarthermische*** Systeme bzw. Anlagen.

1.1 Solarelektrische Systeme (Photovoltaik-Systeme)

Photovoltaik-Systeme nutzen nicht die Sonnenwärme als solche, sondern die Energie der Photonen der Sonnenstrahlen. Diese bombardieren Solarzellen, die das Licht in elektrischen Strom umwandeln.

Eine kristalline Solarzelle nach *Abb. 1.1* wandelt die Sonnenenergie bzw. beliebige Lichtstrahlen auf folgende Weise um: Wenn ihre Fläche von Photonen bombardiert wird, setzen sich in ihrer oberen Negativschicht sowie auch in ihrer unteren Positivschicht sogenannte *Ladungsträger* frei, geraten in das mittlere elektrische Feld und an ihren zwei äußeren Oberflächen (an der „Sonnenseite" und an der Rückseite der Zelle) entsteht elektrisches Potenzial (elektrische Spannung). Eine belichtete Solarzelle funktioniert ähnlich wie eine Batterie *(Abb. 1.2)*, allerdings nur in direkter Abhängigkeit von der jeweiligen Belichtung:

viel Licht =	hohe Spannung, hoher Strom
weniger Licht =	niedrigere Spannung, niedrigerer Strom
kein Licht =	keine Spannung und kein Strom.

Wird ein Verbraucher von einer Solarzelle oder von einem *Solarzel-*

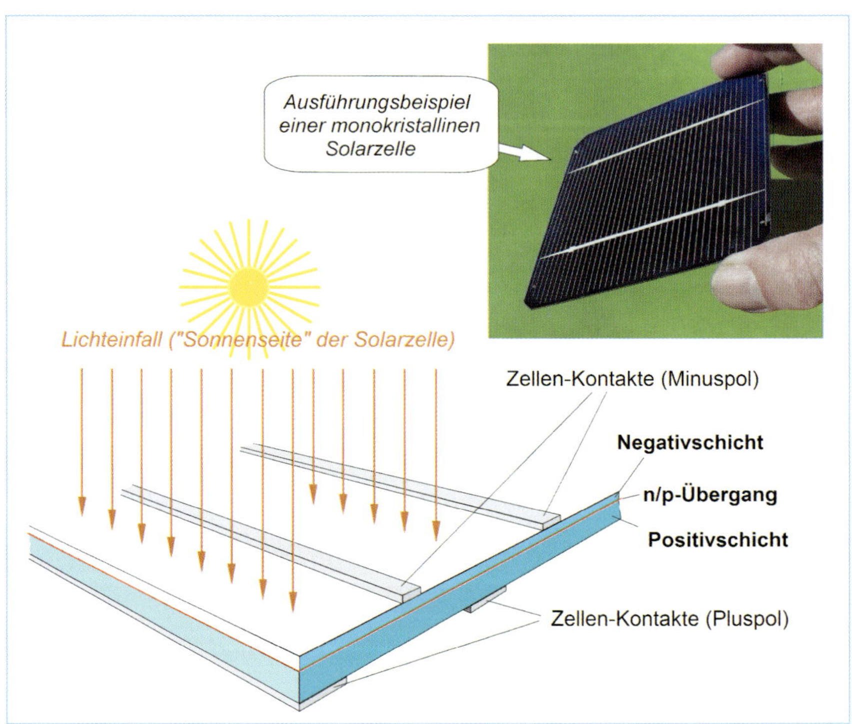

Abb. 1.1 – Eine kristalline Solarzelle im Schnitt.

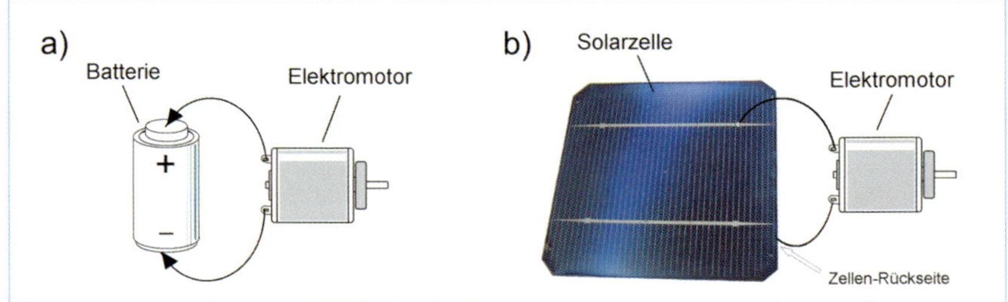

Abb. 1.2 – Eine belichtete Solarzelle funktioniert ähnlich wie eine Batterie. Die von ihr gelieferte elektrische Spannung (und Leistung) ist jedoch nicht konstant, sondern hängt von der Intensität der momentanen Belichtung der Zellenfläche ab.

lenmodul (Solarmodul) direkt mit Strom versorgt, hängt die Leistung des Verbrauchers von der Belichtung (und somit von der Leistung) des Solarmoduls ab. Wie sich dabei eine derartig wetterabhängige Stromversorgung z. B. auf die Leistung einer Springbrunnenpumpe auswirkt, zeigt *Abb. 1.3*.

Das Solarzellenmodul (Solarmodul) ist erklärungsbedürftig: Wir wissen, dass sowohl die meisten Taschenlampen als auch die meisten batteriebetriebenen Geräte mehrere Batterien (Batterieglieder) benötigen, da ein einziges Batterieglied nur eine bescheidene Spannung von z. B. 1,5 Volt (bei einer Einwegbatterie) liefern kann.

Benötigt eine Taschenlampe oder ein elektronisches Gerät eine höhere Spannung (von z. B. 4,5 Volt), müssen drei Batterieglieder nach *Abb. 1.4 links* in Reihe geschaltet werden, um diese Spannung aufbringen zu können: Die Spannungen der einzelnen Batterieglieder addieren sich. Dasselbe gilt für die Spannungen einzelner Solarzellen. Allerdings mit dem Unterschied, dass bei den Solarzellen die maximale Zellenspannung physikalisch bedingt nur ca. 0,46 bis 0,48 Volt pro Zelle (bei optimaler Belichtung) beträgt. Das sieht auf den ersten Blick nach ziemlich wenig aus, aber die relativ niedrige Zellen-Nennspannung wiegt wiederum der relativ hohe Zellen-Nennstrom von über 3 Ampere pro dm^2 Zellenfläche auf (darauf kommen wir später noch zurück).

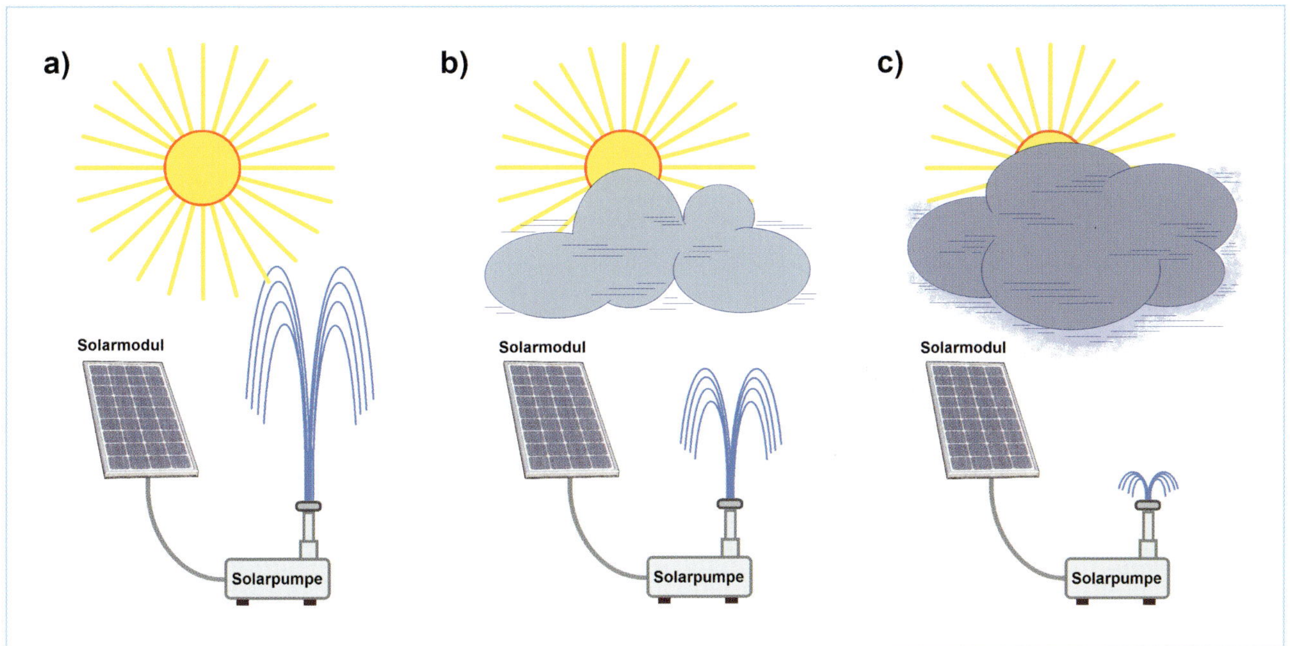

Abb. 1.3 – Wird eine Solar-Springbrunnenpumpe von einem Solarmodul direkt betrieben, hängt ihre Leistung von der Belichtung des Moduls ab.

1.1 Solarelektrische Systeme (Photovoltaik-Systeme)

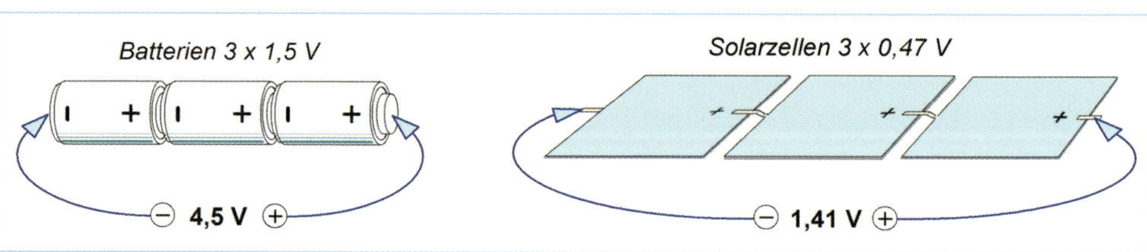

Abb. 1.4 – Die Spannungen einzelner Batterien- oder Solarzellen, die in Reihe geschaltet sind, addieren sich.

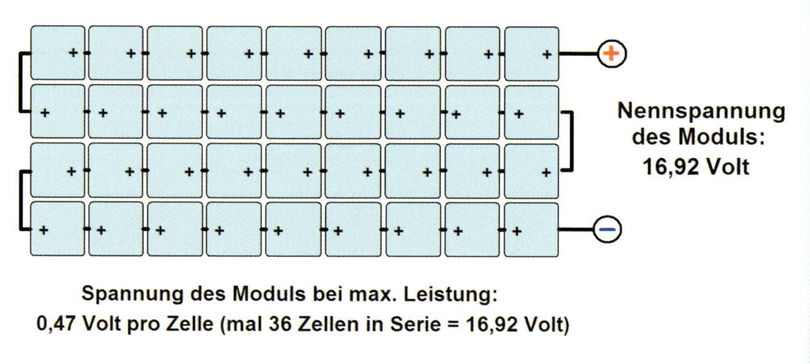

Nennspannung des Moduls: 16,92 Volt
Spannung des Moduls bei max. Leistung:
0,47 Volt pro Zelle (mal 36 Zellen in Serie = 16,92 Volt)

Abb. 1.5 – Um eine erforderlich hohe Solarspannung zu erhalten, werden längere Zellenreihen zu einer Kette zusammengelötet und zu einem Solarmodul zusammengebaut.

Um eine ausreichend hohe Solarspannung zu erhalten, werden längere Solarzellenreihen zu einer Kette nach *Abb. 1.5* zusammengelötet, anschließend unter einer Glasscheibe eingerahmt und mit einer speziellen lichtdurchlässigen Gussmasse eingegossen. Je nach Anzahl und Größe der angewendeten Solarzellen entstehen auf diese Weise Solarmodule unterschiedlicher Größe und Form nach *Abb. 1.6*.

Von einem Solarmodul – oder einigen zusammengelöteten Solarzellen – können wir den elektrischen Strom ähnlich wie aus einer Batterie beziehen. Allerdings nur dann, wenn – und so lange – das Solarmodul ausreichend von der Sonne bestrahlt bzw. künstlich belichtet wird. Für Anwendungen in Haus und Garten gibt es zwei Möglichkeiten der Solarstromnutzung, die *Abb. 1.7* zeigt.

Wichtige technische Daten eines Solarmoduls (Beispiel):

Max. Leistung:	57,1 Watt [Wp]
Nennspannung:	17,3 Volt [V]
Leerlaufspannung:	21,5 Volt [V]
Nennstrom:	3,3 Ampere [A]

Abb. 1.6 – Solarmodule sind in verschiedensten Größen und Ausführungen erhältlich.

Eine Lösung nach *Abb. 1.7 a* kommt nur für die Stromversorgung elektrischer Verbraucher in Frage, bei denen wir in Kauf nehmen, dass sie nur wetterbedingt arbeiten oder bei denen es sogar willkommen ist, dass sie nur dann arbeiten, wenn die Sonne scheint. Als Beispiel kann hier z. B. ein Solarventilator dienen, der zum Lüften eines kleinen Gewächshauses nach *Abb. 1.8* verwendet wird: Er kann direkt an ein kleines Solarmodul angeschlossen werden und nur dann lüften, wenn die Sonne scheint – was in der Praxis ausreicht.

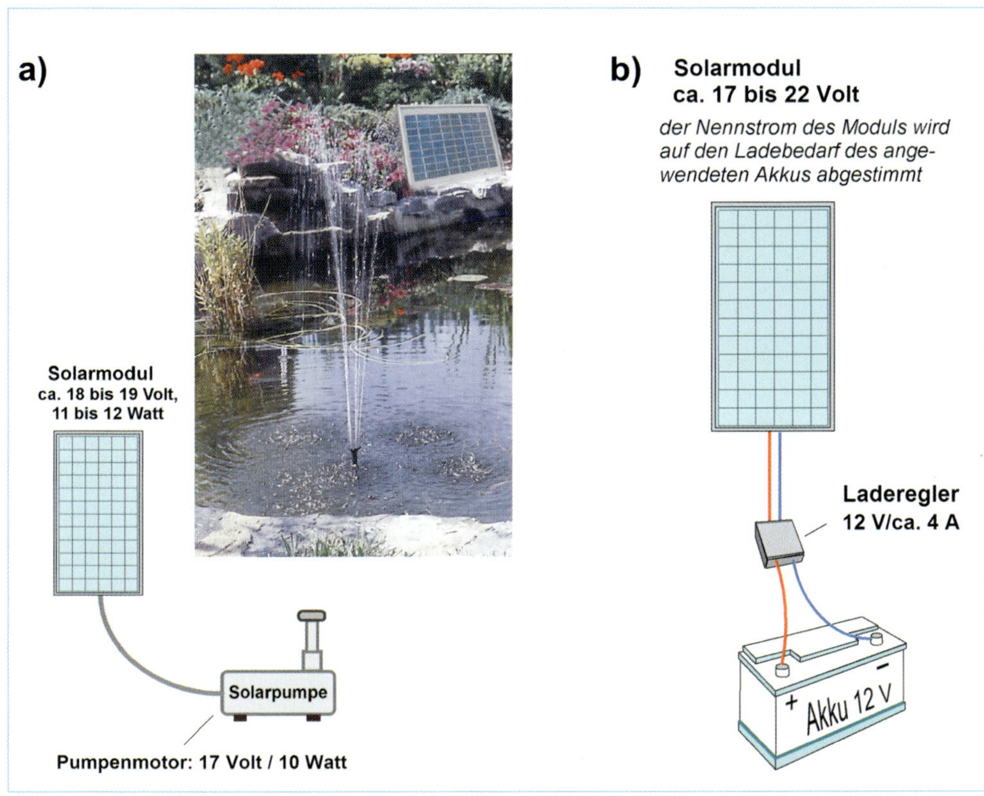

Abb. 1.7 – Für Anwendungen in Haus und Garten gibt es zwei Möglichkeiten der Solarstromnutzung: a) Bei einem Direktantrieb wird der elektrische „Verbraucher" (in diesem Beispiel eine Springbrunnenpumpe) direkt an das Solarmodul angeschlossen und man gibt sich damit zufrieden, dass die Pumpe nur dann läuft, wenn die Sonne scheint. b) Möchte man Solarenergie speichern, fungiert das Solarmodul nur als eine Energiequelle, die über einen kleinen Laderegler den Ladestrom für die Batterie liefert.

1.1 Solarelektrische Systeme (Photovoltaik-Systeme)

Mithilfe eines zusätzlichen Akkus kann die Solarspannung nach *Abb. 1.7b* gespeichert und danach jederzeit auf Abruf für die Stromversorgung der Beleuchtung und beliebiger anderer Elektrogeräte und elektrischen Vorrichtungen bezogen werden. Von der Kapazität des Akkus hängt dann die Energiereserve ab. Die Leistung des Solarmoduls wird so gewählt, dass das Nachladen des Akkus kräftig genug ist, um die vom Akku bezogene Energie mit Solarstrom nachfüllen zu können.

Dies gilt auch für eine kompaktere Photovoltaik-Anlage, deren Solarmodul – oder auch mehrere Solarmodule – auf dem Dach des mit Solarstrom versorgten Objekts (Ferienhaus, Gartenlaube, Gartenpavillon u. Ä.) installiert sind. Eine solche Anlage ist ebenfalls nach dem Prinzip aus *Abb. 1.7b* ausgelegt. Größe und Anzahl der Solarmodule sowie die Größe (Kapazität) der angewendeten Solarbatterie richten sich dann einfach nach dem Energiebedarf, der sich aus der Summe und aus den Betriebszeiten der vorgesehenen elektrischen Verbraucher ergibt. Grenzen setzt hier nur der wetterbedingt erzielbare Einklang zwischen dem Stromverbrauch, der Größe des Energiespeichers (der Batterie) und der Leistung der Solarmodule. Dies gilt allerdings nur für Photovoltaik-Anlagen, die als netzunabhängige Systeme für die Stromversorgung in Haus und Garten zuständig sind.

Abb. 1.8 – Der Solarventilator eines kleinen Gewächshauses kann direkt vom Solarmodul betrieben werden.

Die meisten der Photovoltaik-Dachanlagen an Wohnhäusern werden jedoch nicht für die eigene Stromversorgung genutzt. Der erzeugte Solarstrom wird vollständig in das öffentliche elektrische Netz nach *Abb. 1.10* eingespeist und von dem Netzbetreiber vergütet.

Im Vergleich mit der Anschaffung eines Gewächshauses oder Frühbeets ist bei den Solaranlagen das Preis-Leistungs-Verhältnis nicht mehr so leicht durchschaubar. Die Investition in eine Solaranlage soll-

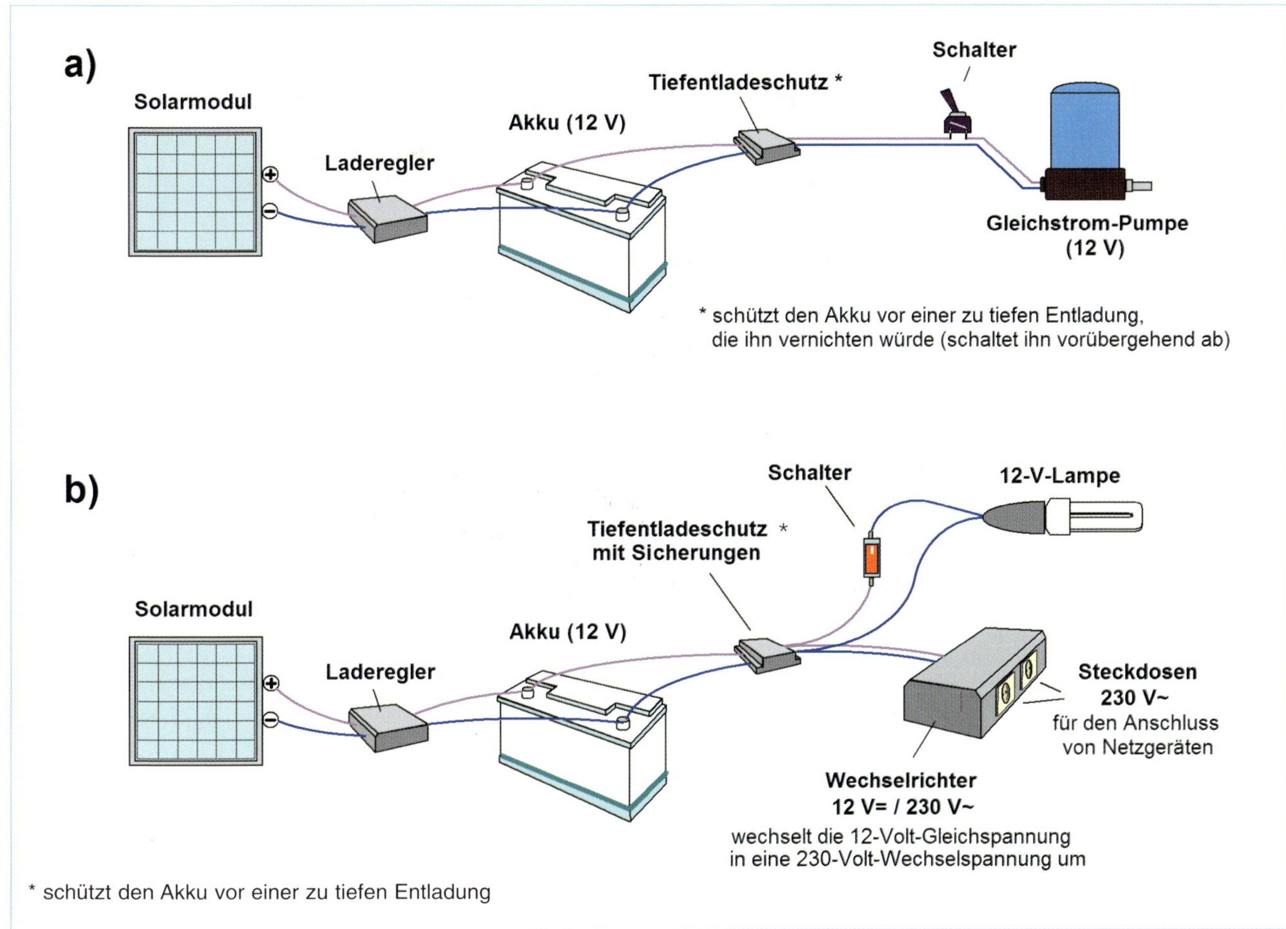

Abb. 1.9 – Ein Akku als Solarenergie-Zwischenspeicher: a) mit direkter Nutzung der 12-Volt-Spannung des angewendeten Akkus; b) wahlweise mit direkter Nutzung der Akkuspannung und einer „Netzspannung", die über einen Wechselrichter bezogen wird.

1.1 Solarelektrische Systeme (Photovoltaik-Systeme)

te daher gut durchdacht, durchgerechnet und individuell geplant werden. Eine Solaranlage sollte nicht wie ein neuer Kühlschrank gekauft werden, bei dem man vor allem darauf achtet, ob er in die vorgesehene Nische in der Küche passt.

Gute Vorkenntnisse auf dem Gebiet der Solartechnik sind in dem Fall wichtig – sowohl für eine optimale Planung als auch für eventuellen Selbstbau bzw. Selbstbau-Anteil. Wissen kann Ihnen hier viel Geld und Ärger sparen. Das gilt sowohl für solarelektrische (photovoltaische) als auch für solarthermische Systeme.

Mehr zu diesem Thema erfahren Sie aus dem Buch: „Solar-Dachanlagen selbst planen und installieren" von Bo Hanus (ISBN 978-3-7723-4146-5)

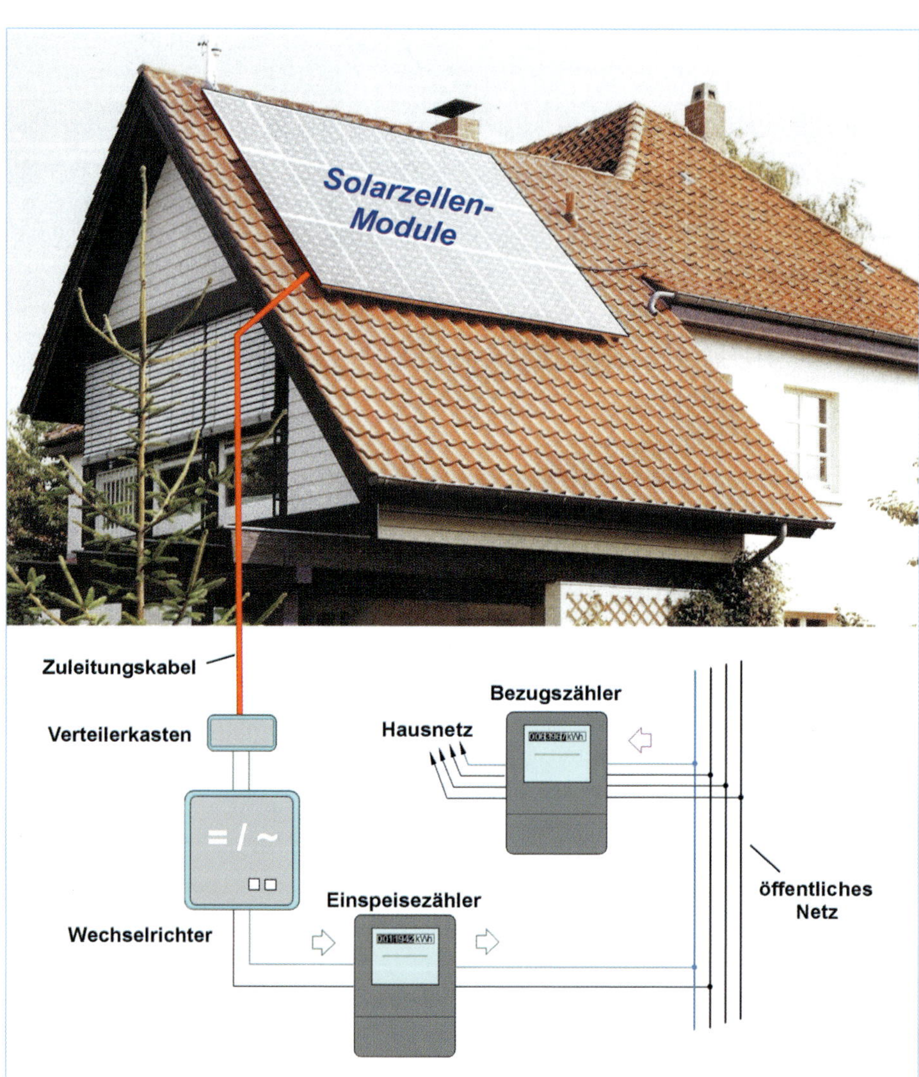

Abb. 1.10 – Prinzip einer netzgekoppelten Photovoltaik-Dachanlage.

1.2 Solarthermische Systeme

Solarthermische Systeme nutzen die Sonnenwärme zum direkten Aufwärmen von Luft, Wasser oder anderen Flüssigkeiten und Gasen. Im Grunde genommen fallen auch ein Gewächshaus oder ein Frühbeet in die Kategorie der *solarthermischen Systeme*, in denen die Luft von der Sonne aufgewärmt bzw. warm gehalten wird.

Moderne solarthermische Systeme machen sich meist spezielle Solarkollektoren zunutze, in denen Wasser oder eine andere Flüssigkeit (teilweise auch Gas) als sogenanntes *Wärmeträgermedium* fungiert.

Um z. B. das Badewasser in einem kleinen Gartenpool nach *Abb. 1.11* aufzuwärmen, ist kein zusätzliches Wärmeträgermedium erforderlich, da durch den Kollektor (bzw. durch mehrere verbundene Kollektoren) nur das Pool-Wasser zirkuliert. Für die Zirkulation ist eine kleine Pumpe zuständig, die wahlweise als Solarpumpe (wie eingezeichnet) oder auch als eine 230-Volt-Pumpe zu diesem Zweck verwendet wird.

Für das Aufwärmen des Wassers in einem Warmwasserspeicher *(Abb. 1.12)* ist dagegen ein separater *Wärmeträger-Kreislauf* erforderlich, bei dem das im Dachkollektor aufgewärmte „Heizwasser" (mit einer Beimischung von Frostschutzmittel) nur eine zweite Heizspirale (einen zweiten *Wärmetauscher*) im Warmwasserspeicher aufheizt.

Bei der thermischen Nutzung der Solarenergie wird in den meisten Fällen eine Flüssigkeit oder ein Gas in Dachkollektoren mit der Sonnenwärme aufgeheizt und entweder als warmes Wasser direkt benutzt oder nur als Wärmeträger zum Aufwärmen von Wasser im Warmwasserspeicher eingesetzt *(Abb. 1.12/1.13)*.

Solarthermische Systeme haben den Vorteil, dass sie unter optimalen Bedingungen einen viel höheren Wirkungsgrad aufweisen als photovoltaische Systeme. Dagegen haben sie den Nachteil, dass sie echte Sonnenwärme benötigen und dass die Installation (durch die Wasserleitungen) umständlicher ist als bei der Photovoltaik. Beide Systeme werden oft miteinander kombiniert. Auf dem Hausdach werden dann Solarmodule wie auch solarthermische Kollektoren angebracht. Soweit zu einer einleitenden Vorinformation. Nun sehen wir uns das Ganze näher an.

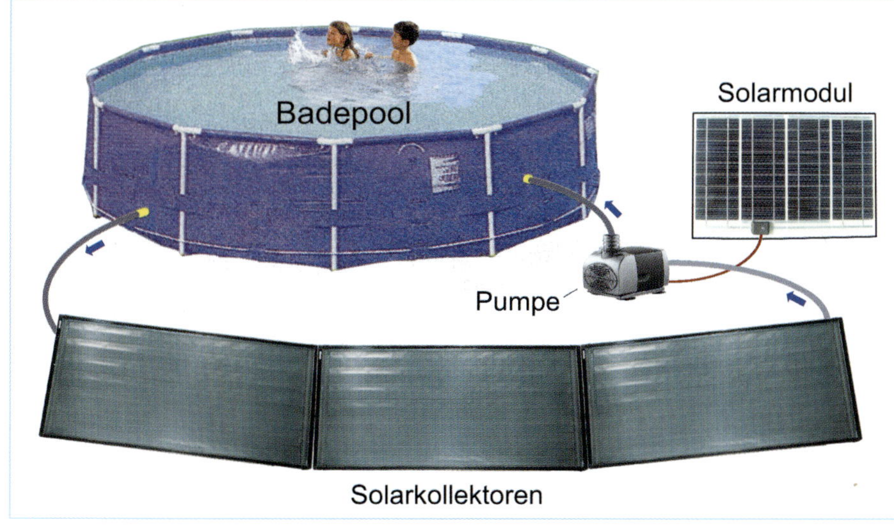

Abb. 1.11 – Das Aufwärmen des Wassers im Gartenpool kann an einem sonnigen Tag mithilfe zusätzlicher Solarkollektoren erfolgen: Eine kleine solarbetriebene Elektropumpe ist für die Zirkulation des Wassers zuständig, das in den Kollektoren aufgewärmt wird (für solche Vorhaben sind spezielle Leichtgewicht-Solarkollektoren erhältlich).

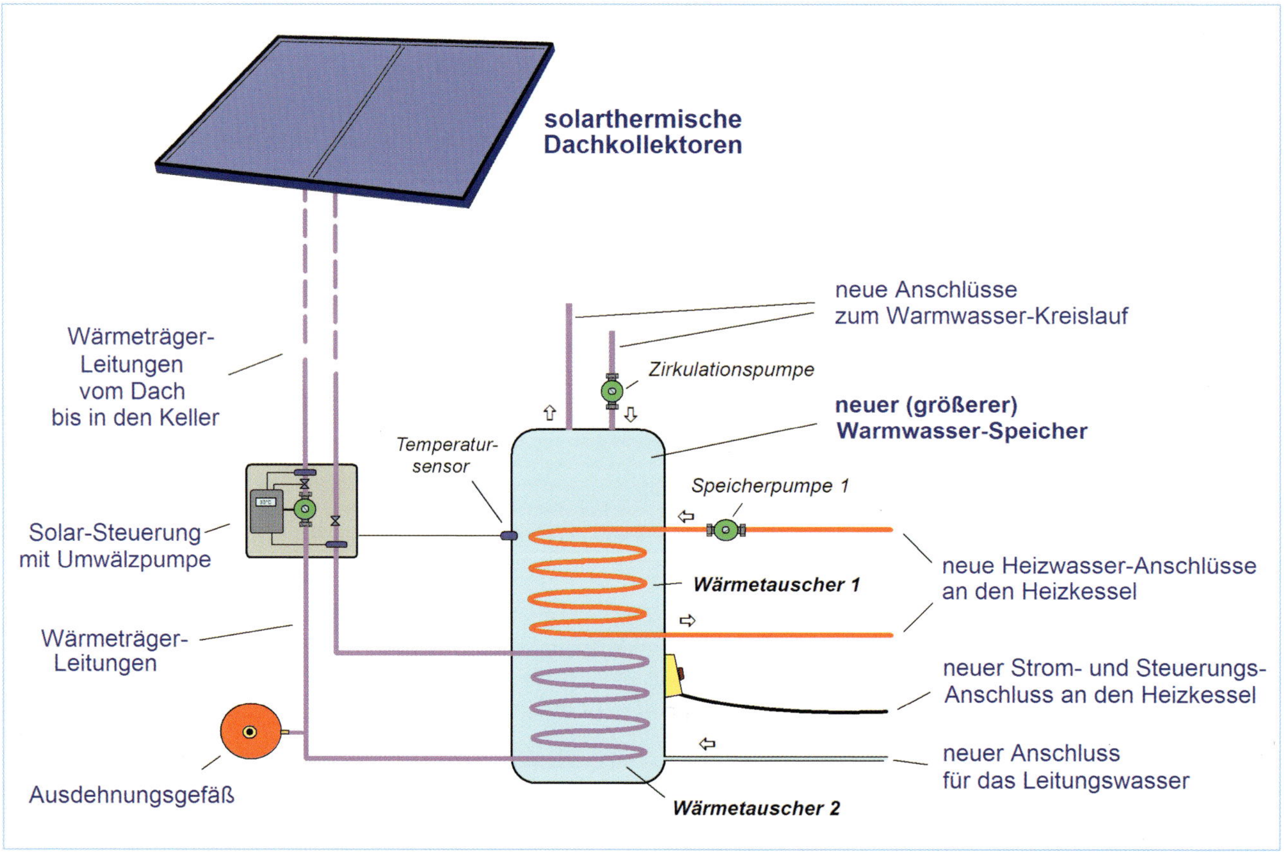

solarthermische
Dachkollektoren
neue Anschlüsse
zum Warmwasser-Kreislauf
Zirkulationspumpe
neuer (größerer)
Warmwasser-Speicher
Wärmeträger-
Leitungen
vom Dach
bis in den Keller
Temperatur-
sensor
Speicherpumpe 1
Solar-Steuerung
mit Umwälzpumpe
Wärmetauscher 1
neue Heizwasser-Anschlüsse
an den Heizkessel
Wärmeträger-
Leitungen
neuer Strom- und Steuerungs-
Anschluss an den Heizkessel
neuer Anschluss
für das Leitungswasser
Ausdehnungsgefäß
Wärmetauscher 2

Abb. 1.12 – Funktionsweise einer solarthermischen Anlage zum Aufwärmen des Wassers im Warmwasserspeicher: Wird eine solche Anlage in einem Haus nachträglich errichtet, sind – wie hier aus der Beschriftung einzelner Komponenten hervorgeht – kostspielige zusätzliche Komponenten und relativ aufwendige Änderungen erforderlich.

solarthermische
Dachkollektoren

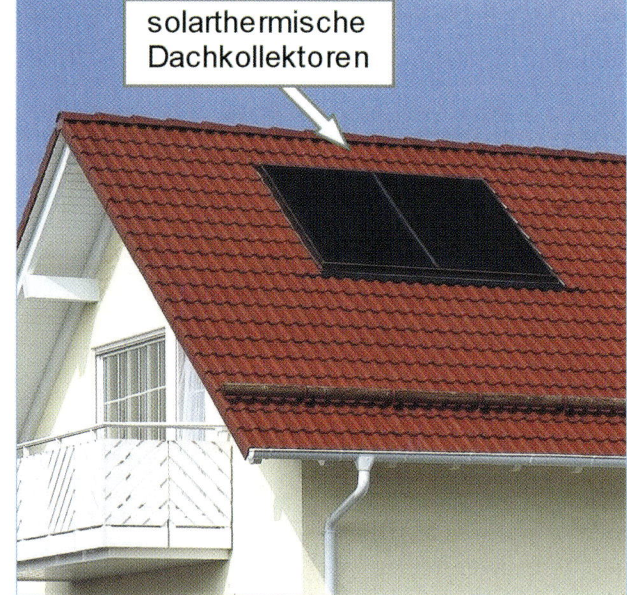

Abb. 1.13 – Bei den meisten solarthermischen Anlagen wärmt die Sonne im Dachkollektor ein *Wärmeträgermedium* auf, das mithilfe isolierter Rohrleitungen in eine zusätzliche Heizspirale in den Warmwasserbehälter geleitet wird. Dort wird die gespeicherte Wärme an das Wasser abgegeben und dieses somit aufgewärmt.

2 Photovoltaik (Solarelektrik)

Jede Photovoltaik-Anlage ist ein kleines Elektrizitätswerk, das auf umweltfreundliche Art aus Licht elektrische Energie macht. Es handelt sich dabei um eine Umwandlung, bei der weder Schmutz noch Lärm, Gestank oder andere Nachteile in Kauf genommen werden müssen. Sympathisch dabei ist die Tatsache, dass man keine zusätzlichen Anstrengungen unternehmen muss, um eine solche Anlage in Gang zu halten. Sie benötigt keine Energiezufuhr und keine Art der Zusammenarbeit mit irgendwelchen weiteren Gerätschaften.

Man kann sich als Beispiel einen modernen Solartaschenrechner ansehen: Ihm genügt eine kleine Solarzellenfläche, die nur gelegentlich vom Tages- oder Kunstlicht beleuchtet werden muss, um die innere Elektronik

2 Photovoltaik (Solarelektrik)

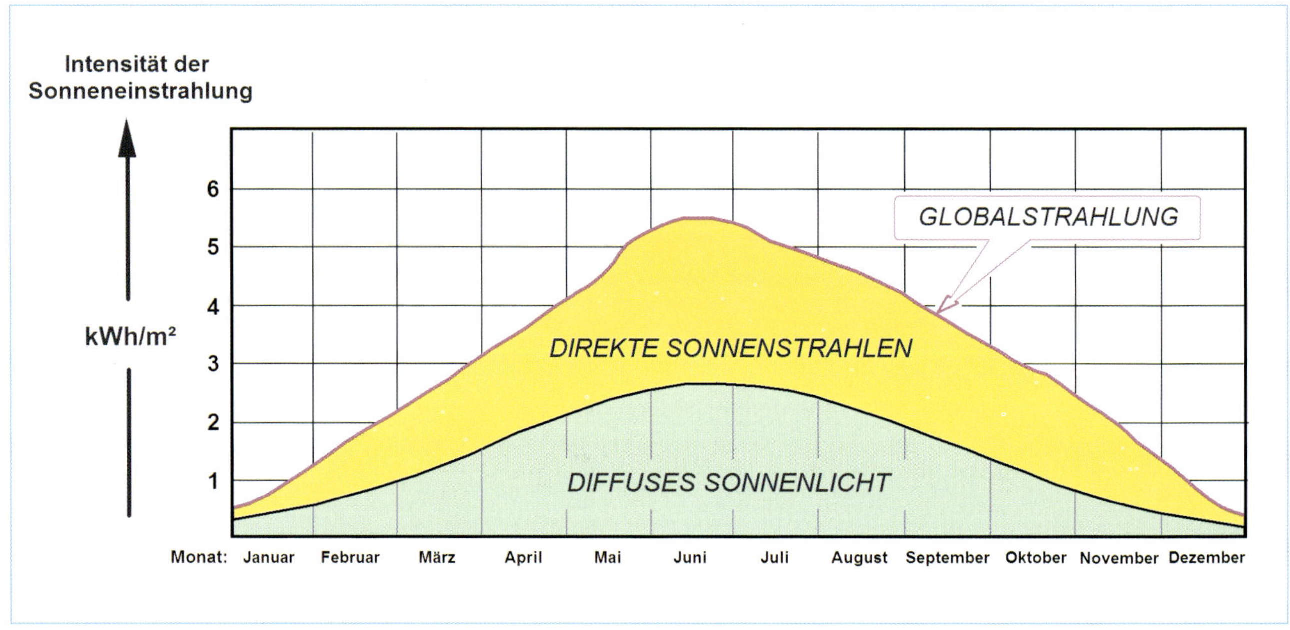

Abb. 2.1 – Solare Energiedichte in Mitteleuropa: Die Globalstrahlung setzt sich aus diffusem Sonnenlicht und aus der direkten Sonneneinstrahlung zusammen.

mit ausreichend Energie versorgen zu können.

Mit jeder anderen Solarzellenfläche ist es ähnlich: Licht erzeugt in den Solarzellen elektrische Energie. Diese Energie setzt sich nach *Abb. 2.1* aus der direkten Sonneneinstrahlung und aus dem diffusen Licht zusammen, das auch bei bewölktem Himmel quasi aus allen Richtungen die Solarfläche belichtet.

Das diffuse Licht alleine reicht nicht dazu aus, damit ein stärker

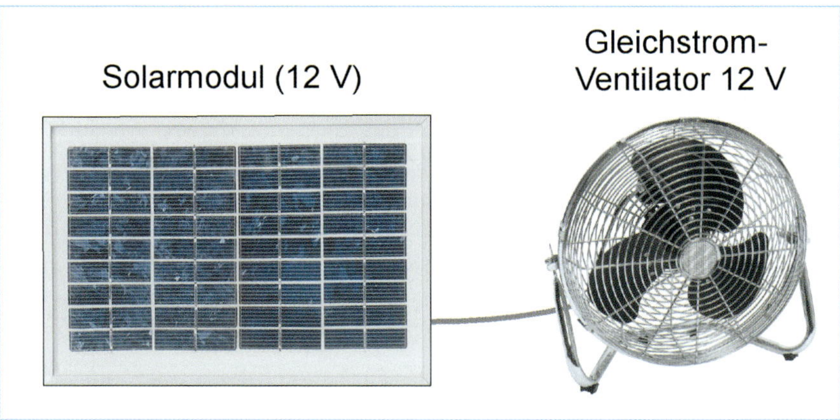

Abb. 2.2 – Ein Solarventilator gehört zu den elektrischen Verbrauchern, die unter Umständen direkt vom Solarmodul mit Strom versorgt werden können.

belastetes Solarmodul eine brauchbare elektrische Leistung erbringt. Ein geringer belastetes Solarmodul kann jedoch unter Umständen beim Nachladen einer Batterie einen schwächeren Ladestrom liefern, der z. B. während der Endphase des Ladens zum vollen Aufladen beiträgt.

Sofern die photovoltaische Energie in der gleichen Zeit genutzt werden kann, zu der sie geliefert wird, ist die Sache einfach. Man schließt an das Solarzellenmodul beispielsweise nach *Abb. 2.2* einen Ventilator an und wenn die Sonne scheint, kühlt der Ventilator angenehm die Luft ab. Hier stimmt das Sonnenangebot mit der Nachfrage ziemlich gut überein. Wenn dagegen der Solarstrom im Haushalt eingesetzt werden soll, lässt sich der Verbrauch mit dem Angebot nicht immer ausreichend befriedigen.

Ursprünglich wurden beispielsweise auch netzgekoppelte Photovoltaik-Anlagen so konzipiert, dass der Solarstrom hauptsächlich für den Eigenbedarf verbraucht wurde. Der Wechselrichter speiste nur Überschüsse ins öffentliche Netz ein. Gegenwärtig sind netzgekoppelte Photovoltaik-Anlagen so ausgelegt, dass der erzeugte Solarstrom nicht mehr für den Eigenbedarf „angezapft", sondern nur in das öffentliche Netz eingespeist wird.

Dies mag vielleicht etwas „zweckentfremdet" erscheinen, ist jedoch für den Betreiber einer Photovoltaik-Anlage kommerziell vorteilhafter: Er verkauft dieselbe „Ware Strom" an den Netzbetreiber für einen erheblich höheren Preis, als er selber für denselben Strom beim Einkauf zahlen muss.

Dennoch sollte als Motiv für die Errichtung einer netzgekoppelten Photovoltaik-Anlage nicht unbedingt die Hoffnung auf eine umwerfend hohe Rendite ausschlaggebend sein. Sie könnte enttäuscht werden. Es gibt allerdings bei jedem von uns eine emotionale Schwelle, bei der die kommerziellen Überlegungen aufhören und der Idealismus, Forschungstrieb oder einfach der Spaß an der Sache vorherrschen.

Im Kapitel „Netzgekoppelte Photovoltaik-Anlagen" folgen zu diesem Thema ausführlichere Erklärungen.

Es leuchtet ein, dass zwischen Solartaschenrechner und netzgekoppeltem Solarhaus eine enorme Bandbreite an Anwendungsmöglichkeiten liegt. Das beginnt mit verschiedensten kleineren Solaruhren, Radios, Lampen und Gartenfontänen und zieht sich hin über Elektrofahrzeuge oder Solarferienhäuser bis zu größeren, gewerblich genutzten Solarprojekten.

Ein „Solarhaus" muss nicht netzgekoppelt sein. Der Solarstrom kann ganz unabhängig von dem Netzstrom im Haus oder im Garten genutzt werden oder die Solarmodule können bei kleineren Objekten als die einzige Quelle der Stromversorgung nach *Abb. 2.3* fungieren. In einem solchen Fall spricht man von einer *netzunabhängigen Inselanlage*.

Soweit es sich dabei um ein Haus, Ferienhaus, Schrebergartenhaus oder eine Hütte handelt, die an das öffentliche Netz nicht angeschlossen ist, wird die Solarenergie vor allem in den Monaten November bis Januar den Strombedarf nur in einem ziemlich bescheidenen Umfang decken können. Falls ein Objekt über das ganze Jahr hinweg intensiver genutzt werden soll, müssen daher andere Energiequellen – wie Windgeneratoren und Ölaggregate – einspringen.

Wir haben bereits erwähnt, dass bei der Photovoltaik nicht die Sonnenwärme, sondern Licht fotoelektrisch in elektrischen Strom umgewandelt wird und dass dies mithilfe der Solarzellen geschieht. Das ist an sich eine bewundernswerte Fähigkeit dieser kleinen

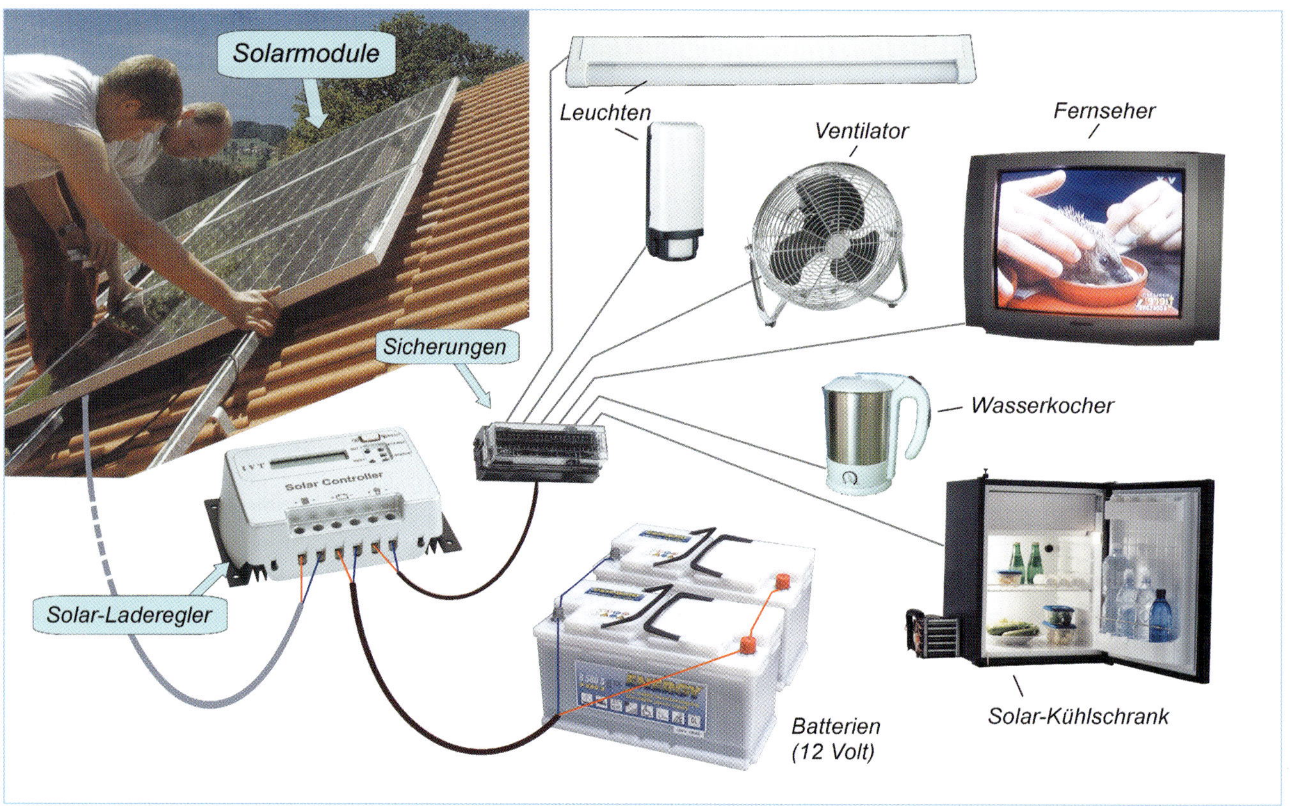

Abb. 2.3 – Solarmodule können z. B. an einem Ferien- oder Gartenhaus über eine ausreichend große Batterie viele elektrische Verbraucher mit Strom versorgen.

Siliziumscheiben: Sie können Licht in elektrische Energie umwandeln. Man muss sie dabei auf keine Weise mit zusätzlicher Energie unterstützen.

Dass sich Solarzellen ähnlich wie Batterien verhalten, wissen wir inzwischen auch. Sie können allerdings keine feste Spannung liefern, sondern nur eine – von der augenblicklichen Lichtintensität abhängige – größere oder kleinere Spannung anbieten. Dies aber dafür kostenlos und über Jahrzehnte hinweg. Eine tolle Sache, soweit man es auf die richtige Art und Weise zu nutzen versteht.

Im Zusammenhang mit der Solartechnik wird noch viel über den Wirkungsgrad polemisiert. Zu oft wird dabei außer Acht gelassen, dass in vielen Einsatzgebieten der Wirkungsgrad keine so große Rolle spielt. Schon bei den bekanntesten kleineren Solarprodukten – wie bei Solararmbanduhren oder Solartaschenrechnern – hat der Solarzellenwirkungsgrad für den

Anwender kaum eine Bedeutung. Auch bei vielen einfachen Anlagen, bei denen es hauptsächlich darauf ankommt, dass überhaupt irgendeine Stromquelle zur Verfügung steht (weil es z. B. keinen Netzanschluss in der Nähe gibt), ist der eigentliche Wirkungsgrad sekundär.

Solarzellen erzeugen elektrischen Strom auch bei leicht bewölktem Himmel in den Wintermonaten. Sie geben sich notfalls auch mit Kunstlicht zufrieden, was u. a. bei Solartaschenrechnern genutzt wird. Abgesehen davon lassen sich die Solarzellen bzw. die aus Solarzellen zusammengestellten Module in beliebiger Größe und Form fertigen und praktisch überall anbringen. In Hinsicht auf das enorm breite Anwendungsgebiet ist die Photovoltaik ein deutlicher Favorit gegenüber allen anderen Systemen der Solartechnik. Der Wirkungsgrad der Solarzellen hat inzwischen ein respektables Niveau erreicht, und die Preise der Solarzellen bzw. Solarmodule spielen bei kleineren Flächen auch keine so große Rolle mehr.

Die Herstellungstechnologie der Solarzellen ist trotz vieler Rationalisierungen immer noch etwas aufwendig und die Preise der Solarmodule sind dementsprechend hoch. Zudem sollten die Installationskosten nicht außer Acht gelassen werden. Wie bei allen Produkten, die „in" sind, werden voraussichtlich eines Tages die Herstellungskapazitäten ähnlich steigen, wie wir es z. B. von den PCs, Fernsehern oder Kühlschränken kennen. Sobald es zu spürbaren Überkapazitäten kommt, könnten die Preise sinken. Aber von evtl. Preissenkungen der Solarzellen sind die Installationskosten unberührt – was jedoch bei Selbstbauprojekten nicht relevant ist.

Die zahlreichen Bauanleitungen dieses Buches zeigen, dass sich die Solartechnik besonders im Selbstbau vielseitig und preiswert anwenden lässt. Jedes Thema wird gezielt mit inspirierenden Anregungen durchflochten, die einem technisch begabten Leser als Sprungbrett zu eigenen Kreationen nützlich sein können.

2.1 Solarzellen statt Batterie?

Jede gängige Batterie hat zwei Pole: einen Pluspol und einen Minuspol. Wenn man an diese zwei Pole ein Glühlämpchen anschließt, leuchtet es *(Abb. 2.4 links).*

Ähnlich wie die Batterie funktioniert auch eine Solarzelle. Sie hat zwar eine andere Form, aber ebenfalls zwei Pole: einen Pluspol und einen Minuspol. Auch hier kann man – nach *Abb. 2.4 rechts* – ein Glühlämpchen einfach anschließen und es leuchtet. Vorausgesetzt, die Solarzelle ist in dem Moment von der Sonne ausreichend bestrahlt und dem Lämpchen reicht die niedrige Solarspannung aus.

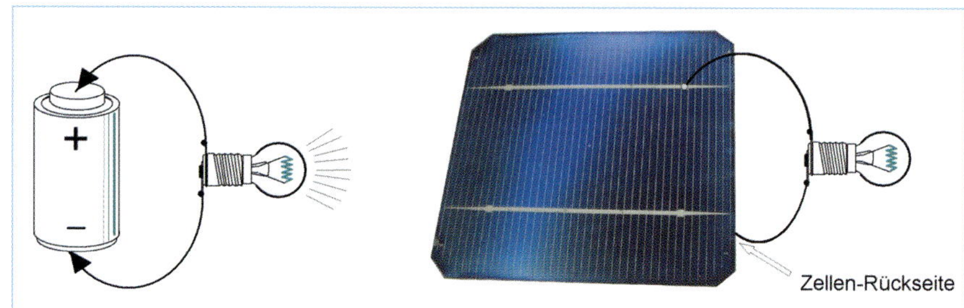

Abb. 2.4 – Eine Batterie kann durch eine Solarzelle ersetzt werden.

Den Minuspol bildet hier die ganze obere Fläche (Sonnenseite) oder, genauer gesagt, das silbrige Metallgitter, das wie ein Raster die gesamte Oberfläche bedeckt. Der Pluspol wird durch ein ähnliches Gitter gebildet, das an der ganzen Fläche der unteren Seite (Schattenseite) der Solarzelle angebracht ist.

Technisch gesehen ist eine derartige Solarzelle ein aktiver Halbleiter, der Sonnenlicht in elektrische Energie umwandelt.

Moderne kristalline Solarzellen sind nur ca. 0,25 bis 0,3 mm dünn und leicht zerbrechlich.

Es gibt zwar auch Solarzellen, die sehr viel dünner sind, aber damit müssen wir uns an dieser Stelle nicht befassen. Die größten kristallinen Solarzellen haben momentan Maße von 150 x 150 mm. Einige Markenprodukte sind sogar nur maximal 100 x 100 mm groß. Wenn man also eine große Solarzellenfläche benötigt, muss man sie aus diesen kleinen Scheibchen zusammenlöten. Ist dagegen eine kleinere Solarfläche erwünscht, wird die große Zelle wie ein Kuchen in beliebig viele kleine Stückchen zerschnitten (worauf wir später noch zurückkommen).

Nachdem die *kristallinen Solarzellen* bereits angesprochen wurden, schließen wir gleich mit einigen einfachen Vorinformationen darauf an.

Als erprobte und bewährte Fertigbausteine stehen uns gegenwärtig eigentlich nur zwei Solarzellentypen zur Verfügung: *kristalline* und *amorphe Siliziumzellen*.

Die amorphen Zellen sind für den Selbstbau langlebiger Außenanlagen oder Vorrichtungen nicht empfehlenswert. Sie haben einen viel zu kleinen Wirkungsgrad (manche nur etwa ein Drittel von dem der kristallinen Solarzellen) und gelten als relativ kurzlebig. Auch die modernsten amorphen (Dünnschicht-)Markenmodule weisen oft bereits nach einigen Monaten einen Leistungsrückgang von bis zu 30 % auf, der sich von Jahr zu Jahr geringfügig fortsetzt. Somit kann man diese Solarzellentype nur für Experimente oder für die Stromversorgung kleinerer Geräte verwenden (u. a. als ausgebaute Solarzellen aus defekten Taschenrechnern und Ähnlichem).

Kristalline Siliziumsolarzellen sind überwiegend in zwei Ausführungen erhältlich: als monokristalline und polykristalline Zellen. Monokristalline Zellen werden in einem ähnlichen Verfahren hergestellt wie Dioden, Transistoren und

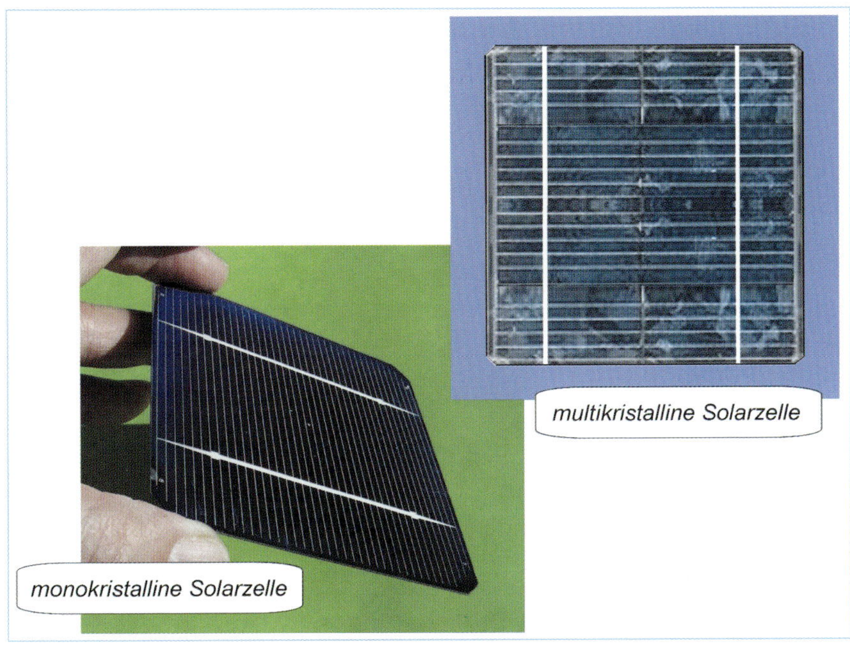

Abb. 2.5 – Die Oberfläche der Solarzelle verrät ihre Type: a) Monokristalline Solarzellen haben eine einheitliche Oberfläche, die wie dunkelblauer Samt aussieht und bei einer starken Beleuchtung hellblau schimmert. b) Polykristalline (multikristalline) Solarzellen weisen eine bläulich-silbrige Eisblumenstruktur auf.

integrierte Schaltungen (Chips). Das Silizium muss hier nicht die extrem hohe Reinheitsstufe erreichen, die besonders für die Funktion der integrierten Schaltungen vorausgesetzt wird. Die Herstellungstechnologie ist aber dennoch ziemlich aufwendig und teuer.

Etwas preiswerter sind die polykristallinen Siliziumsolarzellen (auch als *multikristalline Zellen* bezeichnet), bei denen das Fertigungsverfahren vereinfacht wurde. Die Wirkungsgradeinbuße ist dabei nur geringfügig und wirkt sich auf den eigentlichen Wirkungsgrad eines Solarmoduls nur dann aus, wenn der Hersteller eine maximale Flächennutzung des Solarmoduls anstrebt.

In letzter Zeit ging es mit dem Wirkungsgrad der Solarzellen erfreulicherweise bergauf. Heute lauten die Herstellerangaben bei guten Markensolarmodulen bezüglich des Wirkungsgrads:

- Module mit monokristallinen Solarzellen: ca. 10,4-19,3 % *
- Module mit polykristallinen Solarzellen: ca. 10,0-17,2 %
- Module mit amorphen Dünnschichtzellen: ca. 2,3-8 %

* Einen Wirkungsgrad von 19,3 % erreichen momentan nur die speziellen Solarmodule der *Sunpower-Corporation* (USA). Die Oberfläche der Zellen ist mit winzigen Pyramiden strukturiert, zudem befinden sich alle Zellenkontakte (sowohl der Pluspol als auch der Minuspol) nur auf der Zellenrückseite. Die ganze Fläche der Zellensonnenseite kann somit von der Sonne voll bestrahlt werden und die Zwischenräume zwischen den Zellen können sehr klein gehalten werden, da alle elektrischen Zellenverbindungen an der Rückseite verlaufen.

Der Wirkungsgrad eines Solarmoduls hängt nicht nur von dem Wirkungsgrad der eigentlichen Zellen, sondern auch von der Vorselektion der Solarzellen, mit denen ein Modul bestückt wird, sowie auch von den Zwischenräumen zwischen den Zellen im Modul und von der Breite des Rahmens ab.

Was beinhalten nun die Wirkungsgrad-Angaben konkret?

2.1 Solarzellen statt Batterie?

Wenn auf einen Quadratmeter Solarzellenfläche die Sonne im Sommer intensiv scheint, erhält diese Fläche eine Energie von 1.000 Watt. Sie liefert aber „nur" die aufgeführten 11 bis ca. 19 % dieser empfangenen Leistung als elektrische Energie ab. Die Verluste bei der Umwandlung der Lichtenergie in elektrischen Strom sind hier also auf den ersten Blick ziemlich hoch.

Ein Branchenkenner darf dennoch das Wort „nur" reinen Gewissens in Anführungszeichen setzen. Ihm ist bekannt, dass man sich bei einer vergleichbaren Energieumwandlung in der Gegenrichtung schon mehr als ein halbes Jahrhundert lang mit viel weniger zufrieden gibt: Bei der „bewährten" Standardglühbirne, die immer noch gute Dienste in unseren Leuchten leistet, liegt der Wirkungsgrad nur bei kläglichen 3 % bis 5 %. Das bedeutet, dass hier bestenfalls 5 % der elektrischen Energie in Licht umgewandelt werden. Der Rest wird als Wärme „verschenkt". Bei diesem Vergleich schneiden die kristallinen Solarzellen eigentlich ausgezeichnet ab.

Auf den ersten Blick würde man dazu neigen, den monokristallinen vor den polykristallinen Solarzellen den Vorrang zu geben. Der theoretisch erzielbare Wirkungsgrad liegt hier höher. Leider sind auch die Preise etwas höher.

2.1 Solarzellen statt Batterie?

Momentan hat sich das Preis-Leistungs-Verhältnis etwas mehr zugunsten der polykristallinen Solarzellen entwickelt. Ein niedrigerer Solarzellen-Wirkungsgrad bedeutet hier ja nichts anderes, als dass theoretisch für dieselbe elektrische Leistung eine etwas größere Fläche benötigt wird. In der Praxis gibt es jedoch viele monokristalline Solarmodule, die einen wesentlich niedrigeren Wirkungsrad haben als manche der „besseren" polykristallinen Module.

Bei den meisten Vorhaben, bei denen nicht wegen Platzmangels ein gehobener Wert auf eine optimale Flächennutzung gelegt wird, ist der Preis pro Watt meist wichtiger als der Preis pro Quadratdezimeter. Zudem ist bei Fertigmodulen auch auf die Toleranz zu achten, die hersteller- oder typenabhängig sehr unterschiedlich sein kann: Einige wenige Solarmodule weisen nur eine Toleranz von ±1 % auf, aber viele der Solarmodulhersteller geben sich mit einer Toleranz von ±5 bis ±10 % zufrieden. Dies heißt, dass z. B. ein 50-Watt-Solarmodul bei einer tabellarischen Toleranz von ±10 % mit etwas Pech in Wirklichkeit nur eine maximale Leistung von 45 Watt erbringt. Ein solches Solarmodul müsste dann auch entsprechend preiswerter sein als ein 50-Watt-Solarmodul, dessen Toleranz nur mit ±1 % oder mit ±3 % angegeben wird. Dies vor allem deshalb, weil eine einzige schwache Solarzelle in der Zellenkette den Ausgangsstrom des Solarmoduls bestimmt. *Abb. 2.6* erläutert an einem Beispiel, was man sich unter dieser Eigenschaft konkret vorstellen dürfte.

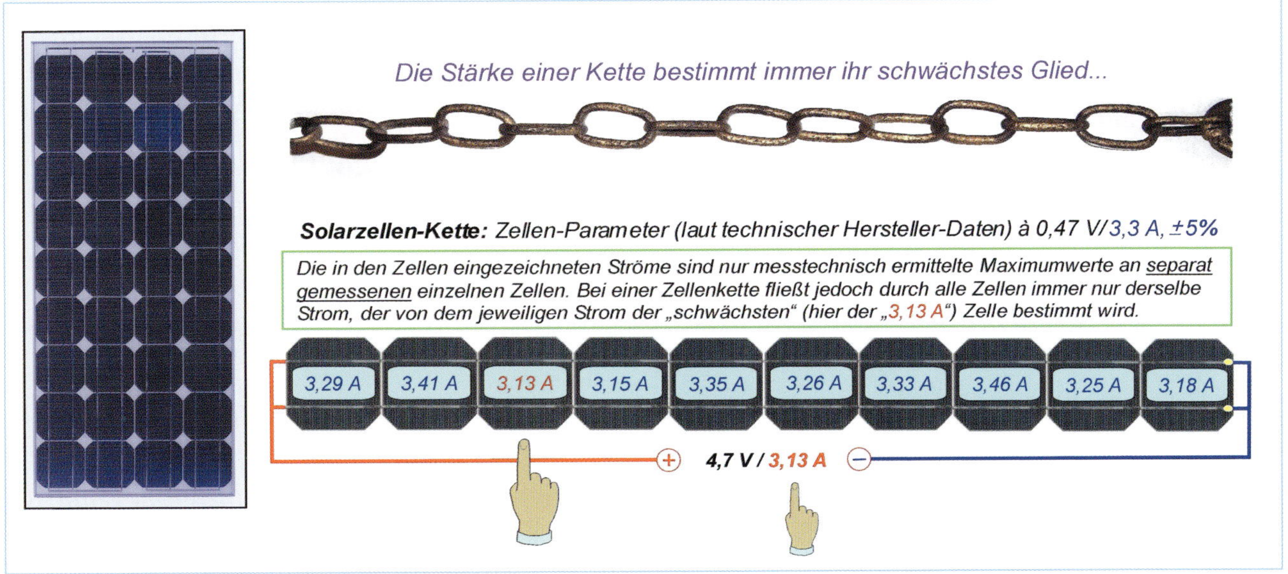

Die Stärke einer Kette bestimmt immer ihr schwächstes Glied...
Solarzellen-Kette: Zellen-Parameter (laut technischer Hersteller-Daten) à 0,47 V/3,3 A, ±5%
Die in den Zellen eingezeichneten Ströme sind nur messtechnisch ermittelte Maximumwerte an separat gemessenen einzelnen Zellen. Bei einer Zellenkette fließt jedoch durch alle Zellen immer nur derselbe Strom, der von dem jeweiligen Strom der „schwächsten" (hier der „3,13 A") Zelle bestimmt wird.
3,29 A
3,41 A
3,13 A
3,15 A
3,35 A
3,26 A
3,33 A
3,46 A
3,25 A
3,18 A
+
4,7 V / 3,13 A
−

Abb. 2.6 – Der Nennstrom (max. *Ausgangsstrom*) eines Solarmoduls wird von der schwächsten Solarzelle in seiner Zellenkette bestimmt.

2.2 Wie groß muss eine Solarzelle sein?

Ähnlich wie bei Batterien gibt es auch bei Solarzellen unterschiedliche Größen bzw. Formen. Es bleibt zwar immer bei der dünnen Siliziumscheibe, aber diese lässt sich in beliebig kleine Stücke nach *Abb. 2.7* teilen (da Silizium sehr hart ist, kann das aber nur der Hersteller oder ein sehr geduldiger Bastler). Fast jede gängige Solarzelle hat eine Maximumgröße zwischen etwa 100 x 100 mm und 150 x 150 mm (herstellerabhängig).

Lieferbar sind die meisten Solarzellen entweder in voller Größe oder in allen nur denkbaren Abmessungen und Formen, in die sich die ursprüngliche große Zelle zerschneiden lässt. Verständlicherweise bemüht man sich hier um eine möglichst volle Materialverwertung und schneidet die Zelle bevorzugt in

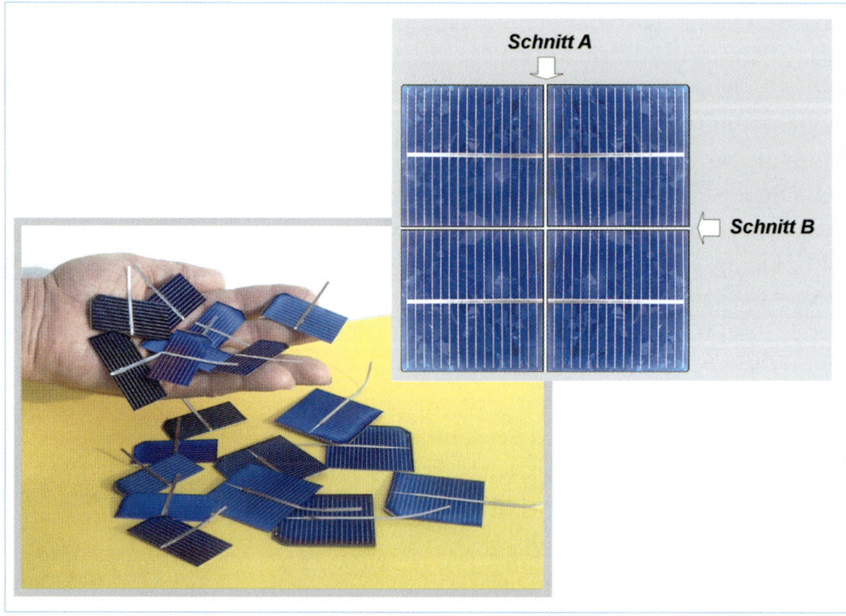

Abb. 2.7 – Ganze Solarzellen, die z. B. 10 x 10 cm groß sind, werden zu kleinen Zellen zerschnitten, wenn kleinere Solarmodule mit niedrigeren Ausgangsströmen gebaut werden, als eine ganze Solarzelle hat. Auf die geteilten Zellen werden dann dünne Lötfahnen angelötet, mit denen die einzelnen Zellen zu Ketten verbunden werden.

Abmessungen [mm]	Leerlauf-spannung [V]	Kurzschluss-strom [A]	Max. Leistung [W]	Spannung bei max. Leistung [V]	Strom bei max. Leistung [A]	Wirkungsgrad [%]
100,5 x 102	0,585	3,25	1,40	0,47	2,98	13,7
50,2 x 102	0,580	1,308	0,616	0,47	1,416	12,9
33,5 x 102	0,580	1,090	0,400	0,47	0,918	12,8
25,1 x 102	0,580	0,790	0,300	0,46	0,689	12,7
50,2 x 51	0,580	0,790	0,300	0,46	0,689	12,7
25,1 x 51	0,580	0,392	0,148	0,46	0,347	12,4
20,1 x 51	0,580	0,314	0,118	0,46	0,277	12,3
12,6 x 51	0,575	0,192	0,072	0,45	0,169	11,2

Tab. 2.1 – Technische Durchschnittsdaten von **polykristallinen** Solarzellen unterschiedlicher Größe.

2.2 Wie groß muss eine Solarzelle sein?

Portionen, bei denen es keinen Abfall gibt. Tabellen 2.1 und 2.2 zeigen, wie sich die technischen Parameter mit der sinkenden Zellengröße verändern.

Wenn man sich einfache Solarzellenmodule selbst erstellen möchte, steht eine reiche Auswahl an verschiedenen Zellengrößen zur Verfügung. Die kleinen Zellen eignen sich besonders gut für den Modellbau oder für die Spannungsversorgung kleinerer elektronischer Geräte (drahtlose Türklingelelektronik am Gartentor, Einbruchsschutz, technische Steuerungen usw.). In den *Tabellen 2.1 und 2.2* gibt es viele technische Daten, auf die wir nach und nach eingehen werden.

Auffallend ist, dass bei den größeren Solarzellen die Spannung (bei max. Belastung) nur bei 0,46 bzw. 0,47 Volt liegt. Mit abnehmender Zellengröße sinkt – technologisch bedingt – die Zellenspannung nur noch sehr geringfügig (siehe die 5. Spalte in beiden Tabellen).

Diese Spannungsgrößenordnung ist für alle kristallinen Solarzellen (markenunabhängig) charakteristisch und hängt – bis auf die Ausnahme bei den kleinsten Zellen – nicht von der Solarzellengröße (Fläche) ab.

Nur der Strom, den die Zelle bei guter Beleuchtung maximal liefern kann, ist von der Flächengröße proportional abhängig. Somit ist die Flächengröße auch für die Leistung bestimmend.

Die **Leistung in Watt (W)**, die **Spannung in Volt (V)** und der **Strom in Ampere (A)** sind die drei wichtigsten Parameter einer Solarzelle bzw. eines beliebig großen Solarmoduls. Da sich die elektrischen Werte der Solarzelle mit der Beleuchtungsintensität ändern, werden ihre technischen Daten nur als **Maximalwerte** angegeben: als Leistung bei max. Leistung (auch Nennleistung genannt), als Spannung bei max. Leistung (auch Nennspannung genannt) und als Strom bei max. Leistung (auch Nennstrom genannt).

Dabei handelt es sich um Werte, die laut internationaler Testbedingungen bei optimaler **Sonneneinstrahlung von 1.000 W/m²** und bei einer **Zellentem-**

Abmessungen [mm]	**Leerlauf-spannung [V]**	**Kurzschluss-strom [A]**	**Max. Leistung [W]**	**Spannung bei max. Leistung [V]**	**Strom bei max. Leistung [A]**	**Wirkungsgrad [%]**
125 x 125	0,615	5,15	2,32	0,48	4,8	14,8
∅ 125	0,615	4,2	1,9	0,48	3,9	15,5
103 x 103	0,59	3,3	1,48	0,47	3,1	14,7
51,5 x 103	0,59	1,65	0,74	0,47	1,55	14,4
51,5 x 51,5	0,59	0,82	0,37	0,47	0,77	14,1
25,7 x 51,5	0,585	0,41	0,18	0,465	0,38	13,9

Tab. 2.2 – Technische Daten der gängigsten *monokristallinen* Solarzellen unterschiedlicher Größe (Beispiel).

2.2 Wie groß muss eine Solarzelle sein?

peratur von 25 °C erreichbar sind (schöner Sommertag, Mittagszeit).

> Wenn zwei dieser drei Parameter bekannt sind, können wir daraus den dritten mit nachfolgenden Formeln ausrechnen:
>
> Leistung (W) = Spannung (V) x Strom (A)
>
> Strom (A) = Leistung (W) : Spannung (V)
>
> Spannung (V) = Leistung (W) : Strom (A)

Diese wichtigen Formeln gelten nicht nur für die Solarzellen und Solarmodule, sondern für alle Berechnungen in der Elektrotechnik. Bei den meisten Solarmodulen werden in den technischen Daten diese drei Parameter aufgeführt. Bei anderem elektrotechnischen Zubehör der Solartechnik kommen wir jedoch ohne Gebrauch der vorhergehenden Formeln nicht aus.

Abhängig davon, ob so eine Photovoltaik-Spannungsquelle universal verwendet werden soll, oder ob sie nur eine einzige Funktion erfüllen muss, kann man ihre Spannung (und Leistung) entweder etwas großzügiger dimensionieren oder, im Gegenteil, zweckgebunden sparsam dosieren. Handelt es sich z. B. um eine Photovoltaik-Anlage für ein Gartenhaus auf dem Freizeitgrundstück, ist es sehr vernünftig, wenn man hier eine 12-Volt-Spannungsversorgung plant. Die 12-Volt-Spannung wird u. a. auch in den meisten Pkws eingesetzt und daher führt der Handel viele nützliche und preiswerte Elektrogeräte und Leuchtkörper, die für diese Spannung vorgesehen sind.

Einige der Solarprodukte – z. B. der Solarhalogenstrahler aus *Abb. 2.9* – verfügen über einen integrierten Akku, der die tagsüber vom Solarmodul angesammelte Solarenergie speichert und vorrätig hält. Diese Lösung hat den Vorteil, dass das Solarmodul unabhängig vom

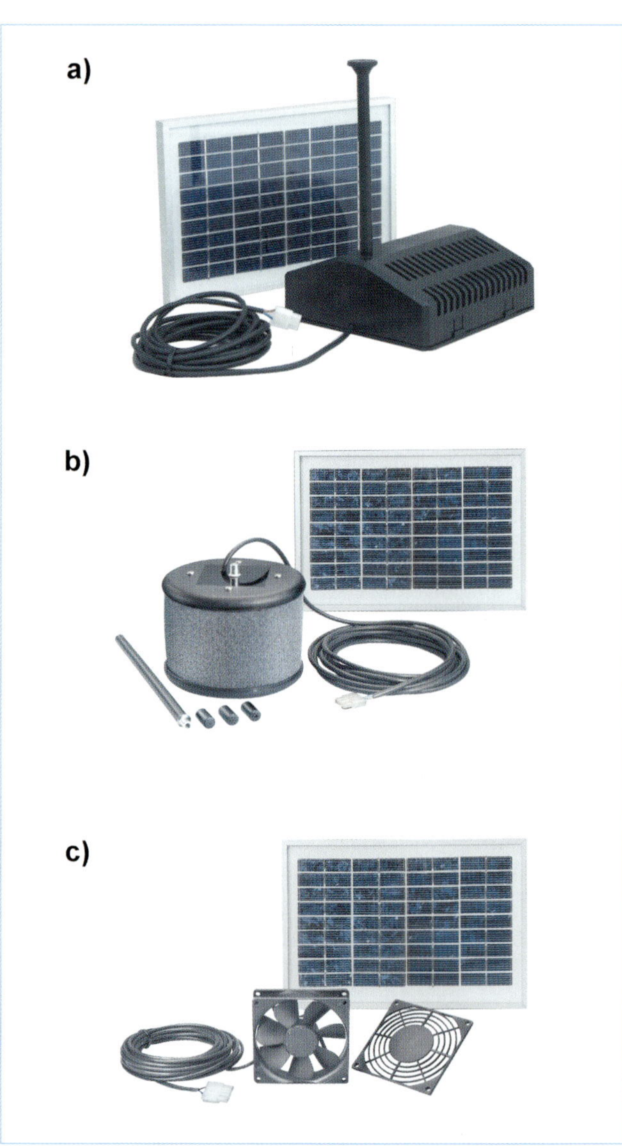

Abb. 2.8 – Für diverse einfachere Vorhaben gibt es handelsübliche Solarsets, bei denen die benötigten Bausteine bereits aufeinander abgestimmt sind: a)/b) zwei Springbrunnensets; c) ein Lüfterset *(Fotos und Anbieter: Conrad Electronic und Westfalia).*

2.2 Wie groß muss eine Solarzelle sein?

Abb. 2.9 – In diesen 10-Watt-Halogenstrahler ist ein Akku integriert, der von einem kleinen separaten Solarmodul geladen wird *(Foto/Anbieter: Westfalia)*.

Standort des Strahlers installiert und optimal gegen die Sonne ausgerichtet werden kann. Der Bewegungsmelder des Strahlers schaltet das Licht „bedienungsfreundlich" für eine einstellbare Leuchtdauer zwischen 5 Sekunden und 5 Minuten ein.

Für diverse eigene Projekte kann man sich die einzelnen Komponenten nach Bedarf zusammenstellen und sie aufeinander anpassen. Wie so etwas in der Praxis gehandhabt wird, werden Sie in diesem Buch Schritt für Schritt erfahren.

2.3 Sonnenlichtintensität und Solarleistung

Ein Solarmodul liefert eine optimale Spannung, optimalen Strom und optimale Leistung nur dann, wenn die Sonnenstrahlen kräftig genug sind und wenn sie nach *Abb. 2.10 a* die Solarzellenfläche senkrecht bestrahlen. Ideal wäre, wenn sich das Solarmodul von Sonnenauf- bis Sonnenuntergang nach der Sonne drehen könnte, so dass seine Solarzellen von den Photonen genau senkrecht getroffen würden. Solche Vorrichtungen, die das Solarmodul automatisch der Sonne nachführen, gibt es zwar auch, aber sie sind für private Zwecke zu teuer und bei größeren Solarflächen auch viel zu umständlich.

In einem kleineren Format kann sich ein handwerklich begabter Tüftler eine solche vollautomatische Nachführung z. B. nach dem Prinzip aus *Abb. 2.11* bauen. Das eigentliche gleitende Nachführen des Solarmoduls kann dann z. B. mithilfe eines einfachen PC-Programms in kleinen Schritten erfolgen. Die jahres- und tageszeitbezogene Position der Sonne kann dann ebenfalls nur rein mathematisch in das Steuerungsprogramm einbezogen werden, da sie berechenbar ist.

In der Praxis gibt man sich jedoch bei Haus- und Gartensolaranlagen meist mit einer festen Montage oder festen Aufstellung der Solarmodule zufrieden. Soweit es die baulichen Gegebenheiten erlauben, wird das Solarmodul möglichst genau nach Süden ausgerichtet und sein Neigungswinkel dürfte sich dabei bevorzugt nach *Abb. 2.12* richten. Von der jahreszeitbezogenen Anwendung hängt dann ab, welcher Neigungswinkel für welche Monate des Jahres gewählt werden sollte bzw. ob es unter Umständen möglich (und sinnvoll) wäre, wenn der Neigungswinkel z. B. alle zwei Monate etwas verändert

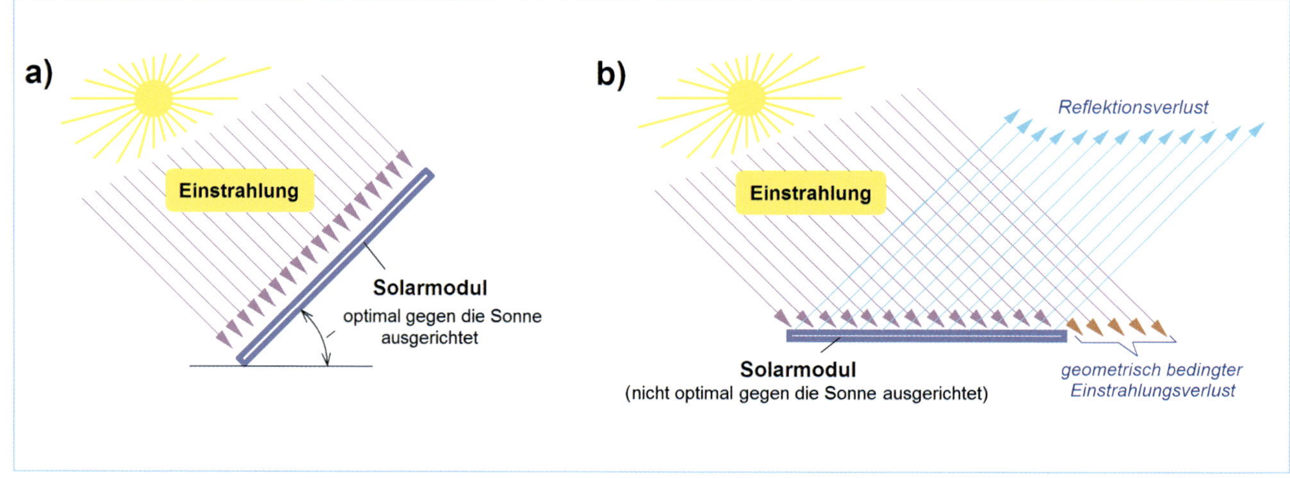

Abb. 2.10 – Je genauer die Solarzellenfläche gegen die Sonne ausgerichtet ist, desto höher sind Spannung, Strom und Leistung, die das Solarmodul bieten kann.

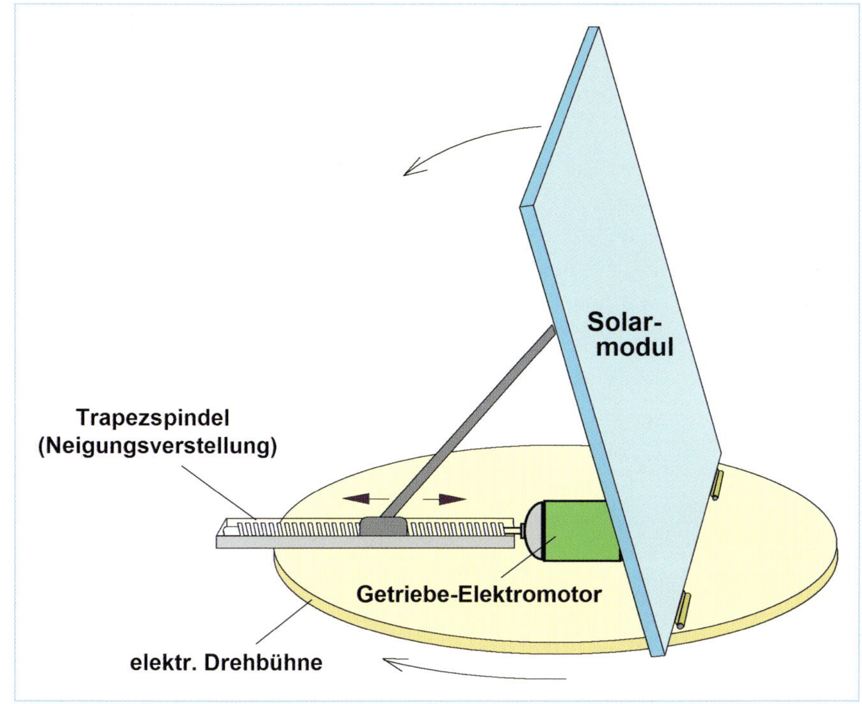

Abb. 2.11 – Beispiel einer Selbstbaukonstruktion für das automatische Nachführen des Solarmoduls nach der Sonne.

würde. Derartige Sonderkonstruktionen kommen vor allem für kleinere Solarmodule und für handwerklich begabte Tüftler in Frage.

Solarzellen liefern auch bei bescheidenen Lichtverhältnissen elektrische Energie, aber ihre Spannung und ihre Leistung – also auch der Strom – sinken mit der abnehmenden Beleuchtung bis auf Null. Die Spannung einer **voll belasteten** Solarzelle kann sich also, je nach Zellentype, zwischen ca. 0,45 bis 0,48 Volt und Null bewegen. Auch die **Leistung** pro Zelle bewegt sich zwischen dem angegebenen Maximum (das von der Größe der Zelle abhängt) und Null.

Die Spannung einer **gering belasteten** Solarzelle kann sich dagegen im Bereich zwischen Null und ihrer **Leerlaufspannung** bewe-

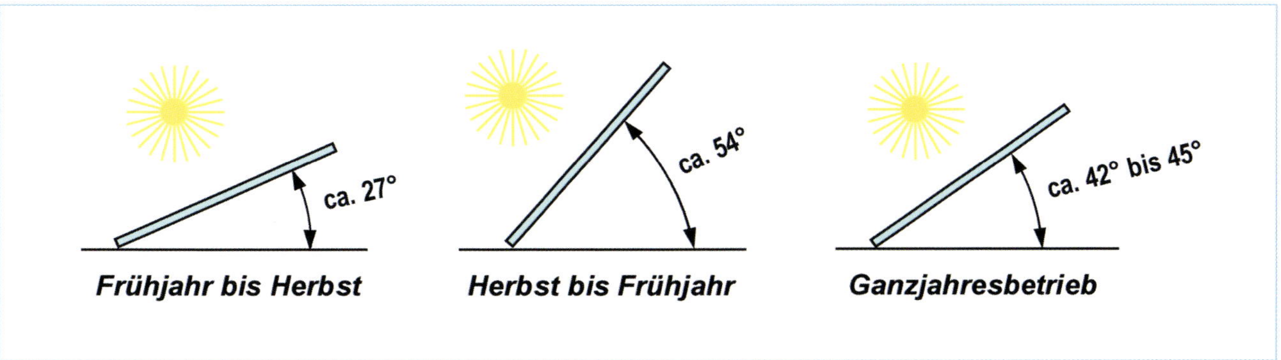

Abb. 2.12 – Der optimale Neigungswinkel eines Solarmoduls hängt von der jahreszeitbezogenen Anwendung ab.

gen, die etwa 25 % höher liegt als die Zellen-Nennspannung. Das gilt auch für ein Solarmodul. Einen praktischen Sinn hat diese Eigenschaft jedoch nur dann, wenn z. B. beim Nachladen einer Batterie der von der Batterie bezogene Ladestrom in der Endphase des Ladens wesentlich niedriger ist als der Nennstrom des Moduls. Dadurch kann auch ein etwas geringer bestrahltes Solarmodul dennoch einen Strom liefern, der die Batterie weiter nachlädt.

Die wichtigste Frage ist nun, wie viel Energie pro Tag, Monat oder Jahr das Solarmodul als Energiewandler pro Stück oder Quadratmeter Solarfläche bringen kann. Es wird uns niemand ausrechnen können, wie viele Sonnenstrahlen wir dieses oder nächstes Jahr in unserer Gegend erwarten können. Also gibt es nur den Ausweg in die an sich unzuverlässige Statistik.

An warmen sonnigen Tagen spendet uns die Sonne etwa 750 bis 1.000 Watt pro Quadratmeter an Energie. Von dieser Energie liefern uns die Solarzellen bis zu 17 %.

Das gegenwärtig am meisten angewendete *kristalline* Solarmodul mit einer Fläche von 1 m² liefert

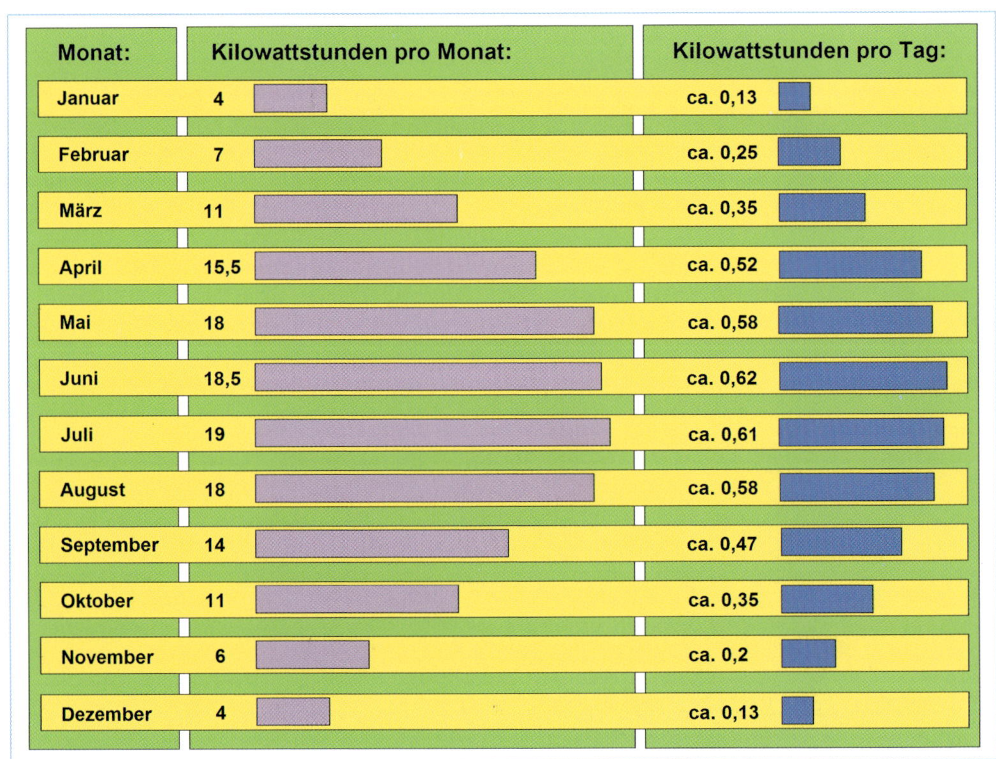

Monat:
Kilowattstunden pro Monat:
Kilowattstunden pro Tag:
Januar 4 ca. 0,13
Februar 7 ca. 0,25
März 11 ca. 0,35
April 15,5 ca. 0,52
Mai 18 ca. 0,58
Juni 18,5 ca. 0,62
Juli 19 ca. 0,61
August 18 ca. 0,58
September 14 ca. 0,47
Oktober 11 ca. 0,35
November 6 ca. 0,2
Dezember 4 ca. 0,13

Abb. 2.13 – So viele Kilowattstunden (kWh) kann ein Quadratmeter Solarzellenfläche pro Monat und pro Tag im Durchschnitt liefern.

uns bei optimalen Bedingungen bis zu etwa 150 Watt elektrischer Leistung. Das ist eine Energie von bis zu 150 Wattstunden (Wh) und bei etwas Glück mehr als eine Kilowattstunde (kWh) pro Tag. Dabei wird die Tatsache berücksichtigt, dass der Energiegewinn am frühen Morgen und in den Abendstunden wesentlich geringer ist als während der etwa fünf bis zehn heißesten Stunden des Tages. Wir gehen hier von einer fest installierten Solarzellenfläche aus.

Bei leicht bedecktem Himmel kann sich die gelieferte Energie bis um die Hälfte verringern. Das Solarmodul liefert dann nur noch ca. 75 W. Wenn der Himmel stark bewölkt ist, sinkt die Energieausbeute noch tiefer, und wir erhalten von dem Modul möglicherweise nicht einmal 50 W. In den Wintermonaten sind alle Werte oft nur halb so hoch wie in den Sommermonaten. Im Frühjahr und im Herbst liegen dann die Werte entsprechend zwischen den beiden Extremen.

An dieser Stelle könnte sich so mancher Leser fragen, wozu diese Angaben gut sein können, wenn ja ohnehin alles nur von den Launen der Natur abhängt.

Aber trotz aller Schwankungen vollzieht sich jedes Jahr erneut der Wandel der Jahreszeiten in einem zuverlässigen Rhythmus. Wie schwer das System also auch zu berechnen ist, es funktioniert! Also wird auch unsere Solaranlage funktionieren.

Erfahrungen der vergangenen Jahren ermöglichen uns, eine Übersicht über den möglichen monatlichen und täglichen Energieertrag einer Solarzellenfläche von einem Quadratmeter im Durchschnitt zu erstellen *(Abb. 2.13)*.

Nun sehen wir uns noch in *Abb. 2.14* an, wie groß der Unterschied der Energieausbeute an sonnigen und trüben Tagen sein kann.

Alle Angaben beziehen sich zeitlich auf die geografische Mitte Deutschlands. Die angegebenen Werte der Sonnenintensität unterliegen normalerweise von Jahr zu Jahr größeren Schwankungen und demzufolge hat auch die hier ange-

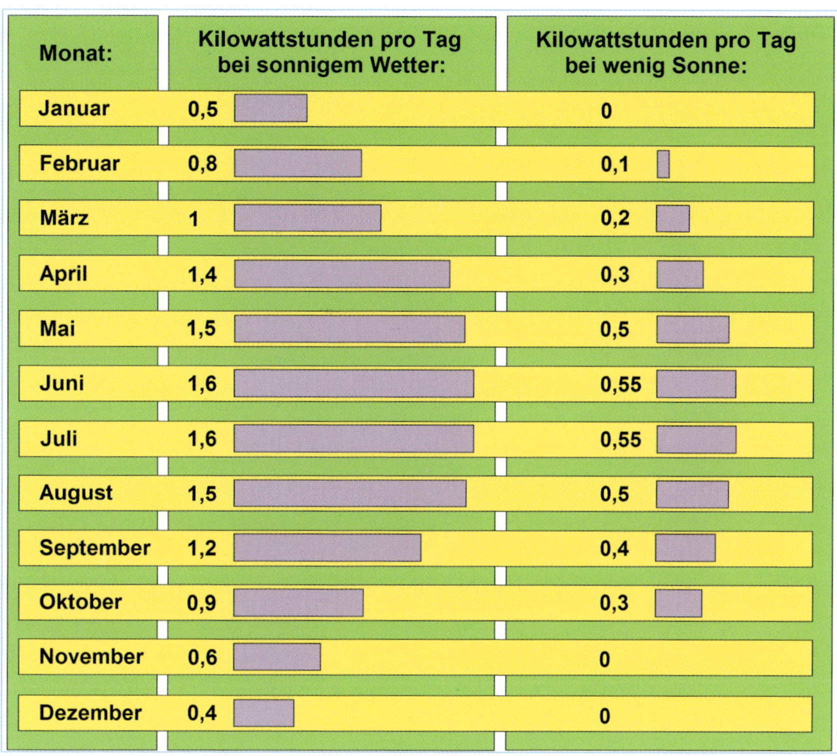

Monat:	Kilowattstunden pro Tag bei sonnigem Wetter:	Kilowattstunden pro Tag bei wenig Sonne:
Januar	0,5	0
Februar	0,8	0,1
März	1	0,2
April	1,4	0,3
Mai	1,5	0,5
Juni	1,6	0,55
Juli	1,6	0,55
August	1,5	0,5
September	1,2	0,4
Oktober	0,9	0,3
November	0,6	0
Dezember	0,4	0

Abb. 2.14 – Die tägliche energetische Ausbeute eines 1 Quadratmeter großen Solarmoduls weist wetterabhängig große Unterschiede auf (alle Angaben haben hier nur einen informativen Charakter, denn schon der Begriff „wenig Sonne" ist sehr dehnbar).

2.3 Sonnenlichtintensität und Solarleistung

gebene Ausgangsleistung der Solarzellen nur einen informativen Charakter.

Dennoch gehen aus den vorhergehenden Balkendiagrammen einige Eigenarten der Photovoltaik hervor. Man kann sich ein Bild davon machen, wie viel Energie die Solarzellen während der Wintermonate und bei bewölktem Himmel noch ungefähr liefern können. Allerdings ist es eine reine Glückssache, ob man in den nächsten Jahren Mitte Januar einen so schönen Sonnentag erlebt, wie es in den letzen zwei Jahren vorgekommen ist.

Eines ist sicher: Die Energiegewinnung in den Wintermonaten ist wesentlich niedriger als in den Sommermonaten. Aus Erfahrung wissen wir, dass auch die durchschnittliche Anzahl der Sonnentage im Winter viel geringer ist als im Sommer. So werden in den Wintermonaten die Ausgangsleistungen der Solarzellen näher an den Minimumwerten (bewölkt) des Balkendiagrammes liegen. In den Sommermonaten darf man wiederum damit rechnen, dass eher die höheren Leistungswerte erreicht werden oder durch die Erderwärmung unsere Angaben bei Weitem übertroffen werden.

Die im Balkendiagramm angegebene untere Leistungsgrenze geht zudem von einer ziemlich starken Bewölkung aus. Damit bewegt sich auch bei trübem Himmel die Kurve der Ausgangsleistung meistens oberhalb der angegebenen Minimumwerte.

Durch die kurzen Wintertage schrumpft dennoch die Sonnenscheindauer stark. Es gibt darüber hinaus sehr trübe Wintertage, an denen die Sonne gar nicht zum Vorschein kommt. Aber es gibt auch zu dieser Jahreszeit Tage mit strahlendem Sonnenschein. Dazu kommen die geografischen Unterschiede zwischen dem Wetter im Norden und im Süden der Bundesrepublik.

So beträgt laut Statistik der letzten Jahre die jährliche Sonnenscheindauer in Norddeutschland etwa 1.500 Stunden und in Süddeutschland etwa 2.000 Stunden. Demzufolge dürften die Werte aus den Diagrammen für den Süden Deutschlands um einige Prozente günstiger und für den Norden wiederum etwas ungünstiger ausfallen (wobei diffuses Sonnenlicht und einige weitere Faktoren einkalkuliert sind).

In den letzten Jahren gab es allerdings enorme Schwankungen in der Sonnenscheindauer und in der Sonnenintensität, wodurch eine genauere Ausarbeitung zuverlässiger Werte erschwert ist. Belassen wir es also dabei, dass die Statistik bzw. ihre Interpretation in Hinsicht auf alle unberechenbaren Faktoren nur als Wegweiser brauchbar ist.

2.4 Einfache Experimente mit Solarzellen

Wer die Photovoltaik vorerst nur ein wenig kennenlernen möchte, kann entweder mit einem bescheidenen und preiswerten Fertigbausatz beginnen oder gleich eine oder mehrere Solarzellen kaufen und mit ihnen etwas herumexperimentieren. Man kann sich dabei eine konkretere Vorstellung darüber machen, wie die Solarzelle auf intensiven Sonnenschein oder auf bewölkten Himmel reagiert, wie spät am Morgen die Solarzelle das zur Verfügung stehende Licht wahrnimmt usw.

Soweit hier allerdings nur mit einem Spielzeug-Set experimentiert wird, sind auch die Ergebnisse nur informativ. Dennoch ist ein derartiger erster Kontakt mit der Materie schon deshalb nützlich, weil das Ganze dadurch etwas greifbarer wird.

Messen oder nicht messen ...?

Wer sich vorerst nur einen kleinen Solarspringbrunnen oder eine andere einfache Solaranlage zulegen möchte, der muss sich mit den Details nicht näher befassen. Hier

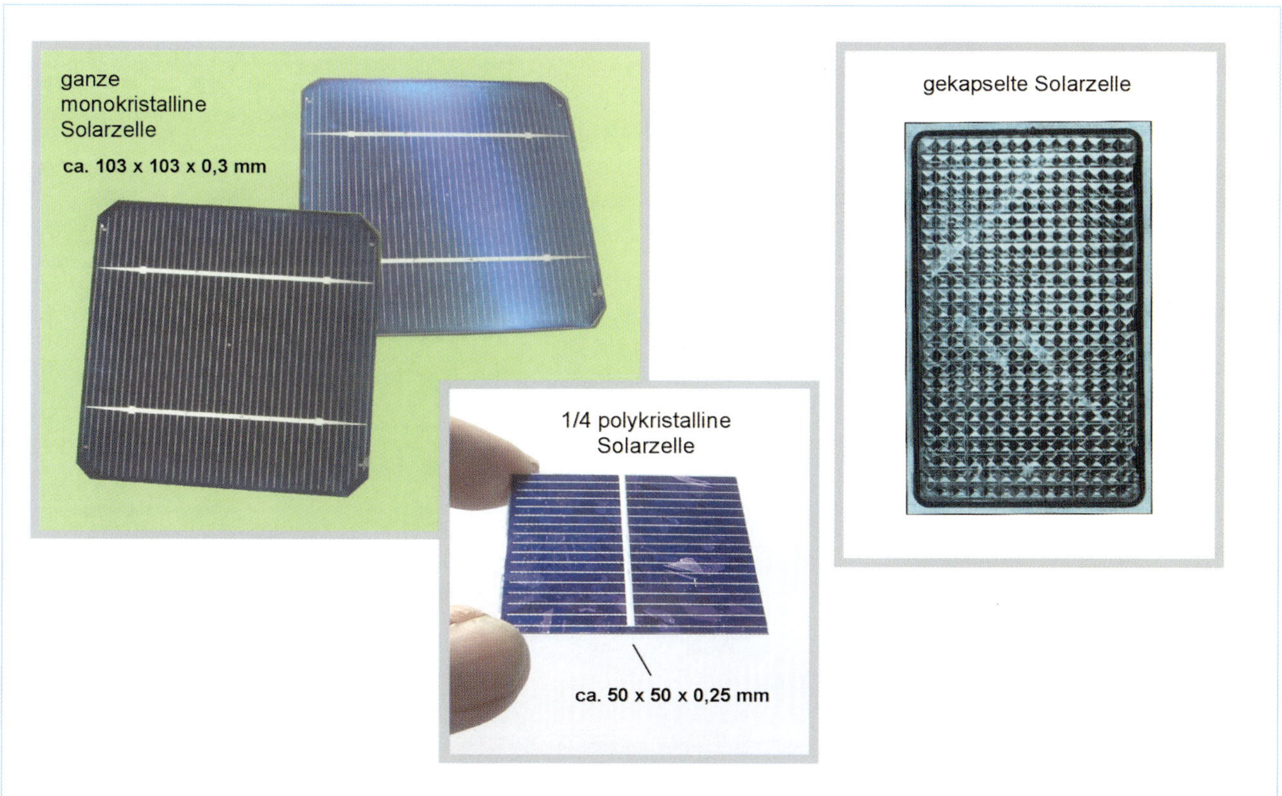

Abb. 2.15 – Solarzellen sind wahlweise als kahle oder als gekapselte Zellen erhältlich: Kahle Solarzellen sind in verschiedenen Größen erhältlich (links). Gekapselte Solarzellen sind als kleine Solarmodule ausgeführt (rechts).

reicht oft ein kompakter Fertigbausatz aus, und man kann auf jegliche Messungen verzichten. Anderseits kann bereits ein kleiner preiswerter Multimeter die ersten Experimente sehr vereinfachen und interessanter gestalten.

Wer sich für die Photovoltaik begeistert, aber bisher über keine Erfahrung verfügt, dem werden die folgenden Auskünfte willkommen sein. ***Multimeter:*** Ähnlich wie bei einer Armbanduhr kann bei diesen Messgeräten der Messwert entweder mithilfe eines Zeigers (analog) oder eines LCD-Displays mit Ziffern (digital) angezeigt werden:

Bei den meisten Analogmultimetern zeigt der Zeiger die Spannungsschwankungen jeweils zügig und schön gleitend an, wie es z. B. auch der herkömmliche Tachometer im Auto macht. Bei einem Digitalmultimeter erscheint dagegen der Messwert oft erst nach zum Teil schier endlosem Herumspringen der Zahlen und das kann z. B. bei einer gleitenden Belichtung einer Solarzelle störend sein. Bei einem Autotachometer wäre eine solche Anzeige undenkbar, denn der Fahrer müsste jeweils eine längere Zeitspanne die Fahrtgeschwindigkeit konstant halten, um der Digitalanzeige die Zeit zu gönnen, sich zu beruhigen und den ermittelten Wert lesbar anzuzeigen. Aber auch unter den Analogmultimetern gibt es Produkte, deren Zeiger träge bis launisch die Messwerte anzeigen. Wenn Sie in der Bedienungsanleitung bei „Widerstandsmessung" den Hinweis *„Beide Messspitzen kontaktieren und danach warten, bis sich der Zeiger beruhigt hat."* finden, sollten Sie dem Kauf eher kritisch gegenüberstehen.

Beim Experimentieren mit der gleitend veränderten Belichtung einer Solarzelle oder eines Solarmoduls verhindert bei einem Digitalmultimeter das lange Herumspringen der Zahlen den eigentlichen Sinn des Messens. Dies ist vor allem (wenn auch leider nicht nur) bei preiswerteren Digitalmultimetern ein großes Handicap.

Das Ablesen der Messwerte ist bei den analogen Messgeräten für einen Einsteiger gewöhnungsbedürftiger als bei einem Digitalmultimeter. Fängt man aber z. B. mit dem Messen an niedrigen Spannungsquellen – einer Solarzelle oder einer kleinen Batterie – an, ist das Ablesen des Messwerts auch nicht schwieriger als bei dem Autotachometer.

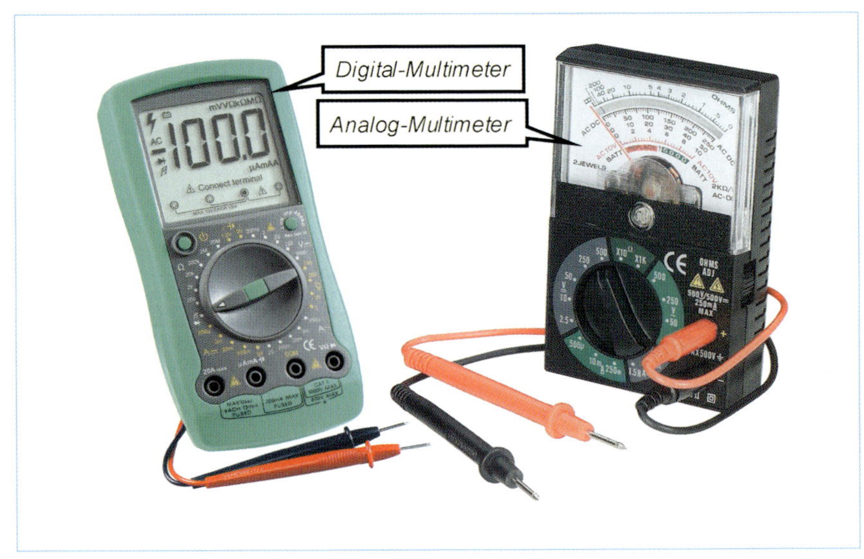

Abb. 2.16 – Multimeter sind wahlweise als *digitale* oder *analoge* Multimeter erhältlich. (Foto: Conrad Electronic)

2.4 Einfache Experimente mit Solarzellen

Jeder Multimeter hat allerdings mehrere Messbereiche, darunter auch mehrere Messbereiche für die Gleichspannung. Er hat auch Messbereiche für die Wechselspannung, den Gleich- und Wechselstrom, Widerstände usw., aber diese interessieren uns momentan noch nicht. Wir wollen erst die Spannung an einer einzigen Solarzelle messen.

Die Solarzelle erzeugt eine Gleichspannung, die als Leerlaufspannung bei ca. 0,6 Volt liegt. Das ist eine Spannung an unbelasteter („leerlaufender") Zelle und hat vom technischen Standpunkt her für uns beim Experimentieren keine zu große Bedeutung. Sobald wir die Zelle z. B. nach *Abb. 2.17* mit einem Widerstand belasten, sinkt die Leerlaufspannung in die Nähe der ***Spannung bei maximaler Belastung***, die auch als ***Nennspannung*** bezeichnet wird.

Mit anderen Worten: Nur eine unbelastete Zelle weist die Leerlaufspannung auf. Wenn diese Zelle voll belastet wird, sinkt ihre Spannung auf die Nennspannung von ca. 0,46 Volt.

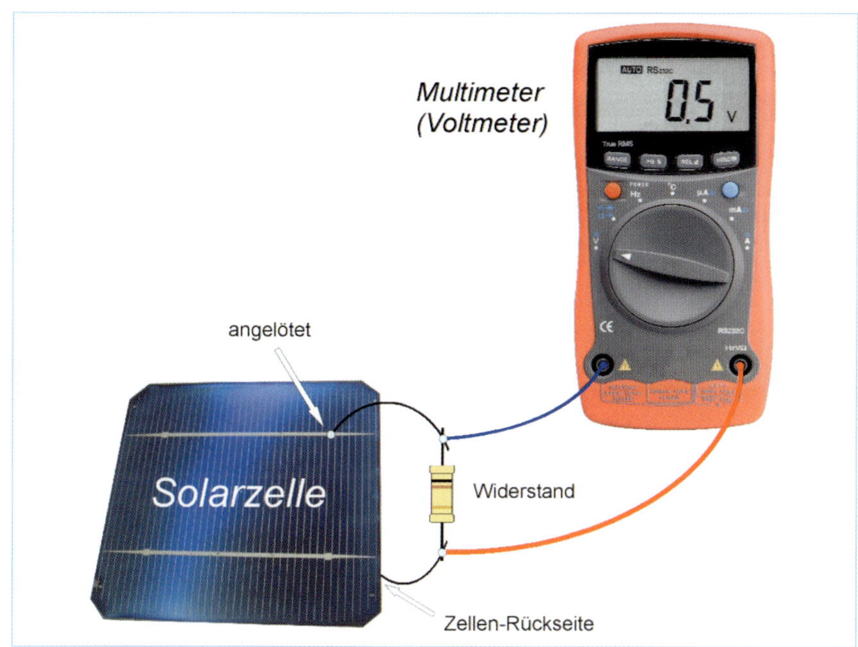

Abb. 2.17 – Testen einer Solarzelle (wir haben hier ein Digital-Multimeter eingezeichnet, da hier die ermittelte Spannung „aufklärungsfreundlich" angezeigt wird).

Die Spannung einer nur „halb belasteten Zelle" liegt zwar bei etwa 0,5 Volt, aber bei der Planung einer Photovoltaik-Anlage rechnen wir normalerweise nur mit den 0,46 Volt der Nennspannung. Es ist nicht erstrebenswert, nur mit halber Belastung der Solarmodule zu rechnen (obwohl sie sehr oft bei Solarmodulen vorkommt, die als Ladestromquellen von Speicherbatterien dienen).

Soweit man nur ausprobieren will, inwieweit sich die Spannung einer Solarzelle ändert, wenn man sie von der Sonne wegdreht, können wir an die unbelastete Solarzelle einfach das Multimeter anschließen und unter freiem Himmel etwas experimentieren: Die Solarzelle zur Sonne drehen, von der Sonne langsam wegdrehen, bei bewölktem Himmel die Experimente fortsetzen usw.

Bevor Sie mit einem Multimeter zu messen beginnen, müssen Sie den richtigen Messbereich auswählen (einschalten). Der Messbereich soll logischerweise immer etwas höher sein als die höchsten gemessenen Werte. Das wäre bei der

2.4 Einfache Experimente mit Solarzellen

Solarzelle die Leerlaufspannung von 0,58 Volt. Theoretisch würde hier also ein Messbereich von 1 Volt ausreichen. Wenn es ihn auf dem Multimeter nicht gibt, genügt auch ein etwas höherer Messbereich von z. B. 1,5 V oder 2,5 V.

Falls Sie bevorzugt nur die echte Nennspannung (unter Belastung) an der Solarzelle messen möchten, wofür z. B. ein Messbereich von 0,5 V am Multimeter ausreichen würde, muss parallel an die Zelle *(nach Abb. 2.17)* ein Widerstand als Verbraucher angeschlossen werden. So können Sie praktisch austesten, welche Spannung eine belastete Solarzelle unter verschiedenen Umständen liefert: auf dem Balkon, vor dem Hauseingang, in der hinteren Gartenecke usw., auch in Hinsicht auf die Sonnenintensität und auf den Neigungswinkel.

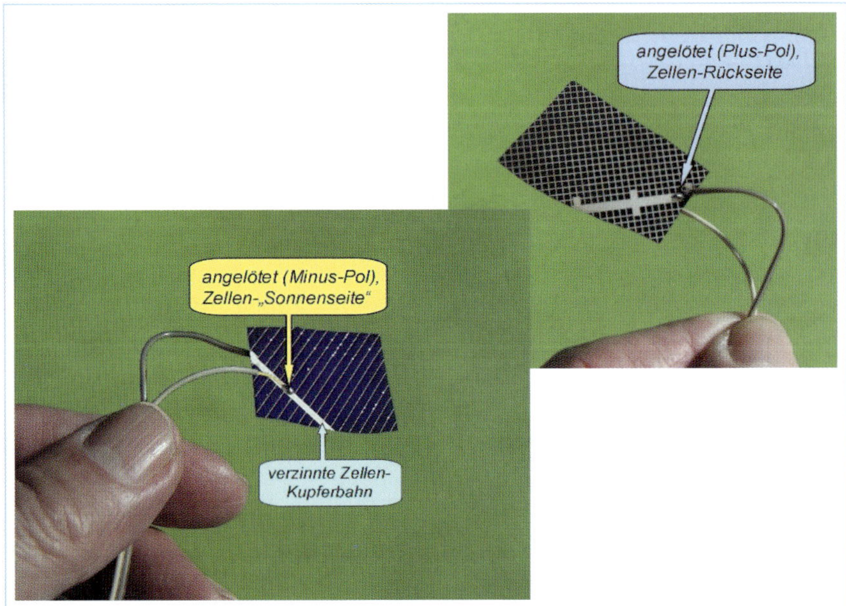

Abb. 2.18 – Der Anschluss eines Multimeters an die Solarzelle: Löten Sie erst oben und unten an die silbernen Leiterbahnen der Zelle oder eines Zellenbruchstücks ein dünnes Drähtchen an. Es ist egal, wo die Lötstellen angebracht werden, aber eine breitere Leiterbahn hat aus mechanischen Gründen Vorrang. Achten Sie beim Löten darauf, dass Sie die Lötstelle nicht unnötig stark erhitzen, denn die Leiterbahn könnte sich von der Zelle lösen. Der Widerstand (Abb. 2.17) fungiert an der Zelle als Last. Bei Solarzellen, die größer als ca. 50 x 100 mm sind, ist ein Widerstand von ca. 2,2 bis 5,6 Ohm/025 Watt erforderlich. Bei kleineren Zellen sind angemessen größere Widerstandswerte von z. B. 4,7 bis 12 Ohm günstiger, da andernfalls (= bei kleineren Widerstandswerten) die Zellen beim Messen zu heiß werden, wenn sie nicht wärmeleitend eingebettet sind.

2.5 Wissenswertes über Solarmodule

Ein Solarzellenmodul, meist nur als *Solarmodul* bezeichnet, ist nichts anderes, als mehrere aneinander angeschlossene Solarzellen, die man z. B. nach *Abb. 2.19* zwischen zwei Glasscheiben, Plexiglasscheiben oder Kunststofffolien eingießt oder auf eine andere Weise einbettet. So entstehen feste oder auch „flexible" (leichtgewichtige) Solarmodule, die beliebige Abmessungen, Leistungen, Spannungen oder andere

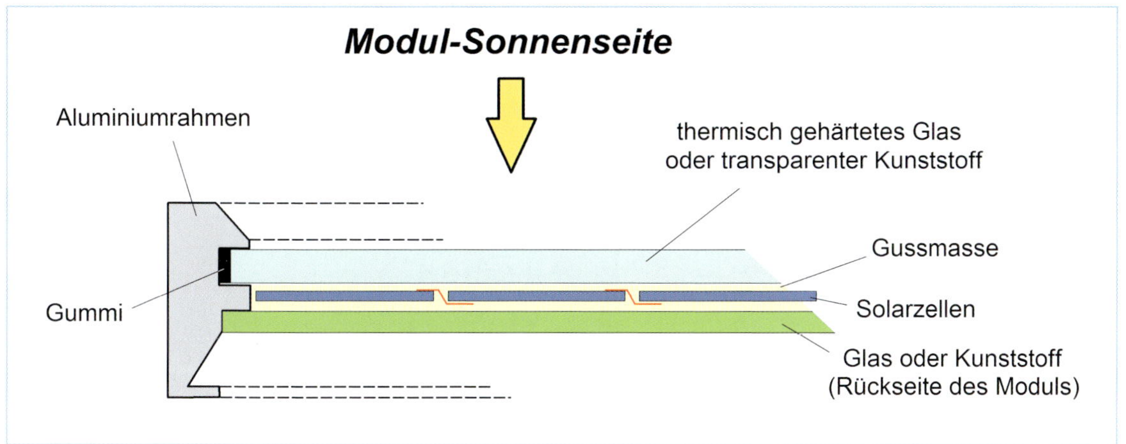

Abb. 2.19 – Ein gängiges Solarmodul im Schnitt.

Abb. 2.20 – Ausführungsbeispiele von zwei Solarmodulen.

2.5 Wissenswertes über Solarmodule

Eigenschaften (Meerwasserresistenz) aufweisen. Einige Ausführungsbeispiele handelsüblicher Solarmodule zeigt die Abbildungen 2.20 bis 2.22.

Weder die technischen Parameter noch die Abmessungen und Formen der Solarmodule unterliegen einer Norm oder vorgegebener Abstufung. Daher ist nur der Anwendungszweck für die Wahl des optimalen Moduls (oder einer Kombination von mehreren Modulen) bei der Anschaffung bestimmend.

Abb. 2.21 – Leichtgewicht-Solarmodule sind oft weniger als 3 mm dick aber ausreichend fest, um bei Bedarf auch nur provisorisch aufgestellt und zur Sonne ausgerichtet zu werden.

2.6 Welches Solarmodul ist das richtige?

Die meisten der handelsüblichen Solarzellenmodule sind strapazierfähig, wetterunempfindlich und relativ hagelfest. Module, bei denen die „Sonnenseite" der Solarzellen mit thermisch gehärtetem Glas geschützt ist, weisen jedoch eine etwa doppelt so hohe Lebensdauer auf wie Solarmodule mit einer Kunststoffscheibe bzw. als Leichtgewicht-Folienmodule (besonders in Hinblick auf Zerkratzen und Ermatten). Viele Hersteller, die beide Modularten fertigen, geben bei verglasten Modulen eine Lebensdauer von 20 bis 25 Jahren, bei Kunststoffmodulen nur von 10 Jahren an.

Verglaste Solarmodule sind allerdings schwerer als Kunststoffmodule und eignen sich daher nicht unbedingt für portable Anwendungen. Ansonsten sind bei der Wahl eines Solarmoduls vor allem seine elektrischen Parameter bestimmend. Die drei wichtigsten elektrischen Parameter eines Solarmoduls sind seine ***Nennspannung*** (in Volt), sein ***Nennstrom*** (in Ampere) und seine ***Nennleistung*** (in Watt).

Die optimale Nennspannung eines Solarmoduls – bzw. auch mehrerer, miteinander verbundener Solarmodule – hängt von dem Anwendungszweck ab, den die *Abbildungen 2.22* bis *2.25* erläutern.

Am einfachsten ist es mit der Dimensionierung bei einem Direktantrieb, denn hier wird einfach ein Solarmodul angewendet, dessen Nennspannung und Nennstrom mit der Betriebsspannung und Stromabnahme des betriebenen elektrischen Verbrauchers übereinstimmen. Der Verbraucher bezieht vom Solarmodul immer nur seinen (vom Hersteller angegebenen) Nennstrom – vorausgesetzt, die vom Solarmodul gelieferte Spannung entspricht ebenfalls seiner typenbezogenen Nennspannung, die manchmal als „von ... bis", meis-

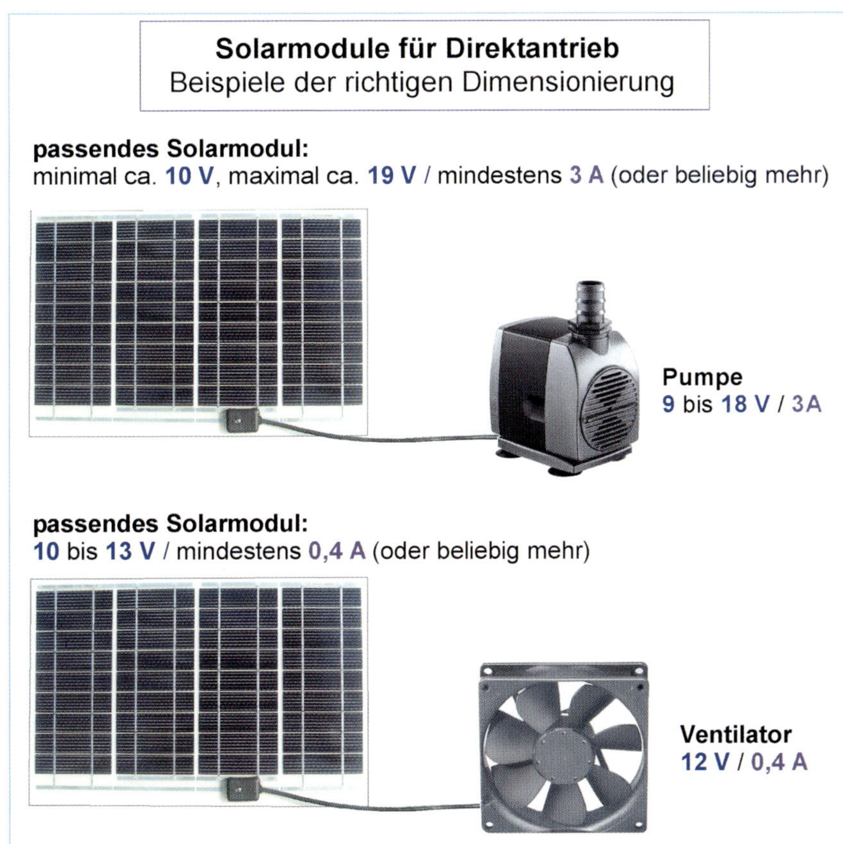

Abb. 2.22 – Bei einem Direktantrieb muss das Solarmodul imstande sein, die erforderliche Spannung und den erforderlichen Strom an den angeschlossenen elektrischen Verbraucher liefern zu können.

2.6 Welches Solarmodul ist das richtige?

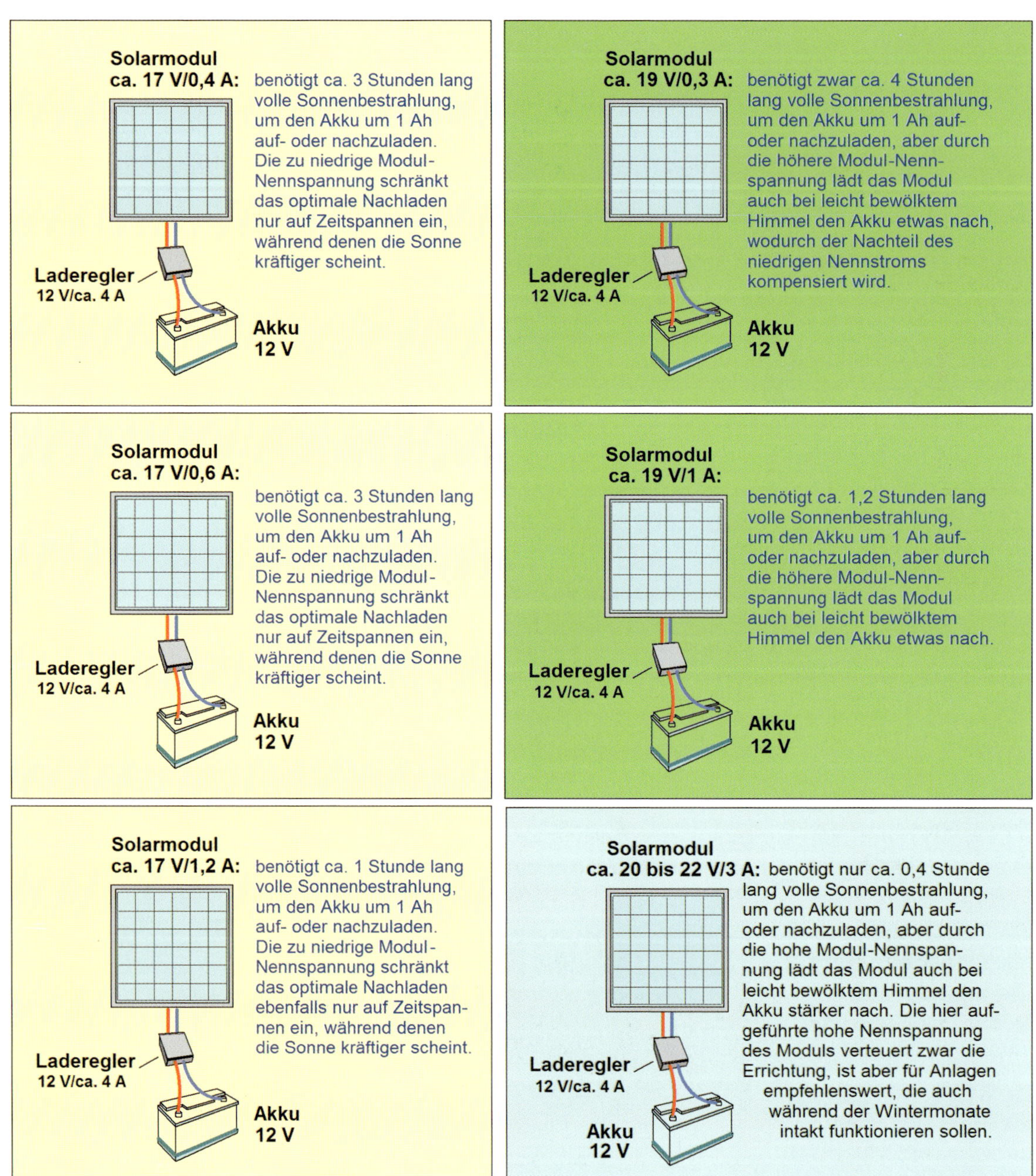
Solarmodul
ca. 17 V/0,4 A:
benötigt ca. 3 Stunden lang volle Sonnenbestrahlung, um den Akku um 1 Ah auf- oder nachzuladen. Die zu niedrige Modul-Nennspannung schränkt das optimale Nachladen nur auf Zeitspannen ein, während denen die Sonne kräftiger scheint.
Laderegler
12 V/ca. 4 A
Akku
12 V
Solarmodul
ca. 19 V/0,3 A:
benötigt zwar ca. 4 Stunden lang volle Sonnenbestrahlung, um den Akku um 1 Ah auf- oder nachzuladen, aber durch die höhere Modul-Nennspannung lädt das Modul auch bei leicht bewölktem Himmel den Akku etwas nach, wodurch der Nachteil des niedrigen Nennstroms kompensiert wird.
Laderegler
12 V/ca. 4 A
Akku
12 V
Solarmodul
ca. 17 V/0,6 A:
benötigt ca. 3 Stunden lang volle Sonnenbestrahlung, um den Akku um 1 Ah auf- oder nachzuladen. Die zu niedrige Modul-Nennspannung schränkt das optimale Nachladen nur auf Zeitspannen ein, während denen die Sonne kräftiger scheint.
Laderegler
12 V/ca. 4 A
Akku
12 V
Solarmodul
ca. 19 V/1 A:
benötigt ca. 1,2 Stunden lang volle Sonnenbestrahlung, um den Akku um 1 Ah auf- oder nachzuladen, aber durch die höhere Modul-Nennspannung lädt das Modul auch bei leicht bewölktem Himmel den Akku etwas nach.
Laderegler
12 V/ca. 4 A
Akku
12 V
Solarmodul
ca. 17 V/1,2 A:
benötigt ca. 1 Stunde lang volle Sonnenbestrahlung, um den Akku um 1 Ah auf- oder nachzuladen. Die zu niedrige Modul-Nennspannung schränkt das optimale Nachladen ebenfalls nur auf Zeitspannen ein, während denen die Sonne kräftiger scheint.
Laderegler
12 V/ca. 4 A
Akku
12 V
Solarmodul
ca. 20 bis 22 V/3 A:
benötigt nur ca. 0,4 Stunde lang volle Sonnenbestrahlung, um den Akku um 1 Ah auf- oder nachzuladen, aber durch die hohe Modul-Nennspannung lädt das Modul auch bei leicht bewölktem Himmel den Akku stärker nach. Die hier aufgeführte hohe Nennspannung des Moduls verteuert zwar die Errichtung, ist aber für Anlagen empfehlenswert, die auch während der Wintermonate intakt funktionieren sollen.
Laderegler
12 V/ca. 4 A
Akku
12 V

Abb. 2.23 – Bei einem Solarsystem mit einer Batterie als Energiezwischenspeicher fungiert das Solarmodul nur als eine Ladestromquelle, deren gute Funktion von einer richtigen Dimensionierung abhängt.

tens aber als eine feste Betriebsspannung (von z. B. 12 Volt) definiert ist.

Der Nennstrom des Solarmoduls darf daher beliebig höher sein, als der angeschlossene Verbraucher laut seiner technischen Daten benötigt, denn er bezieht während eines normalen Betriebs nur seinen typenbezogenen Strom. Einen höheren Strom bezieht ein solcher Verbraucher nur dann, wenn z. B. die Solarspannung höher ist, als seiner Nennspannung entspricht.

Bei einem Solarsystem mit einer Batterie als Energiezwischenspeicher fungiert das Solarmodul nur als Ladestromquelle. Die Nennspannung des Solarmoduls sollte um ca. 40 bis 90 % höher sein als die Nennspannung der Speicherbatterie. Je höher die Nennspannung des angewendeten Solarmoduls ist, desto besser funktioniert das Nachladen der Batterie auch bei ungünstigerem Wetter bzw. bei einer ungünstiger Ausrichtung des Moduls gegen die Sonne – was bei fest montierten Solarmodulen z. B. am Morgen, am frühen Vormittag und am späteren Nachmittag der Fall ist.

Wird eine höhere Solarspannung benötigt, als ein einziges Solarmodul liefert, können zwei oder mehrere Solarmodule in Reihe geschaltet werden. Zu diesem Zweck können wahlweise Solarmodule mit denselben Parametern *(nach Abb. 2.24 a)* oder zumindest mit demselben Nennstrom *(nach Abb. 2.24 b)* verwendet werden. Eine Lösung nach *Abb. 2.24 c* eignet sich nur für provisorische Zwecke, denn das Solarmodul mit dem niedrigsten Nennstrom bestimmt hier den Ausgangsstrom der ganzen Kette und würgt quasi die Leistung des ganzen „Solargenera-

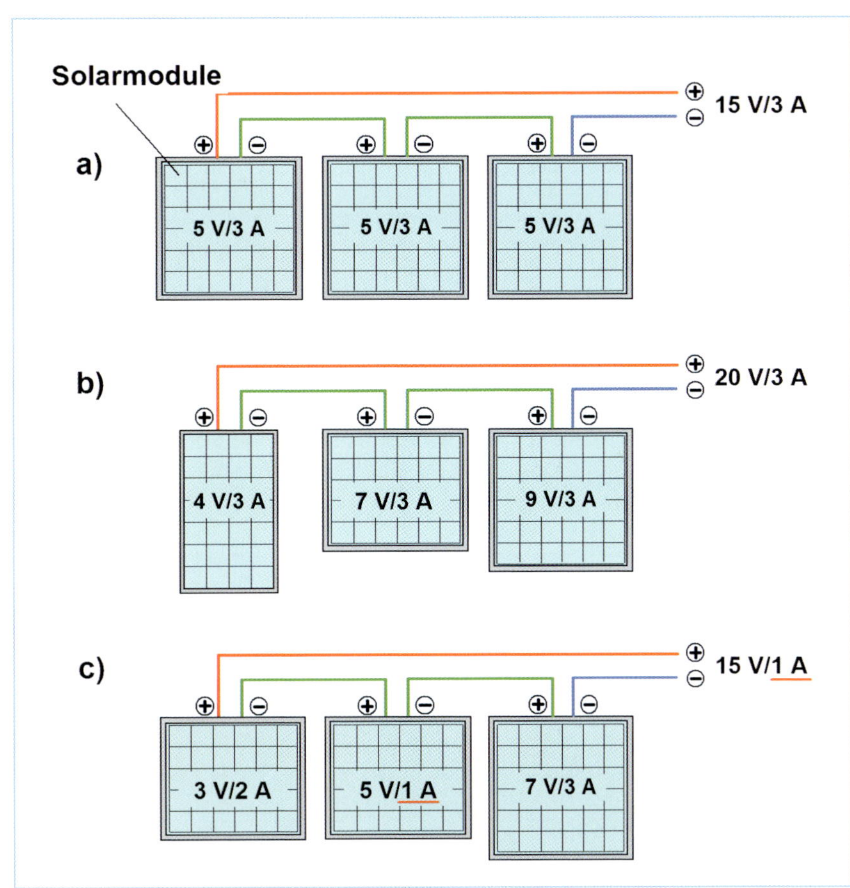

Abb. 2.24 – Um eine höhere Ausgangsspannung zu erhalten, können zwei oder mehrere Solarmodule in Reihe geschaltet werden: a) Module mit identischen Parametern. b) Module mit unterschiedlicher Nennspannung, aber mit identischem Nennstrom. c) Module mit unterschiedlichem Nennstrom (geeignet nur als eine vorübergehende Notlösung).

2.6 Welches Solarmodul ist das richtige?

tors" ab. Die Leistung der restlichen Module mit höherem Nennstrom wird somit nur teilweise genutzt.

Der ***Nennstrom*** ist der zweitwichtigste Parameter eines Solarmoduls. Einen gehobenen Stellenwert hat er vor allem beim Direktantrieb eines elektrischen Verbrauchers. Er darf zwar beliebig höher sein, als ihn der Verbraucher benötigt, ist er dagegen niedriger, kann der Verbraucher nicht seine volle Leistung erbringen. Dient ein Solarmodul nur als eine Ladestromquelle, ist bei der Wahl des Modul-Nennstroms nur darauf zu achten, dass dieser nicht höher ist, als 10 % der Akkukapazität in Amperestunden (Ah).

Beispiel: Der Nennstrom eines Solarmoduls, das zum Nachladen

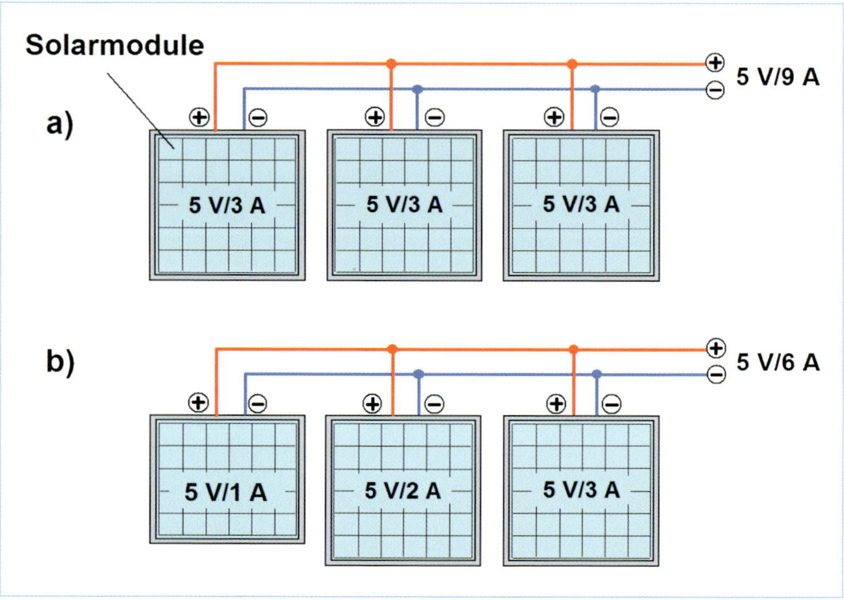

Abb. 2.25 – Um einen höheren Ausgangstrom zu erhalten, können zwei oder auch mehrere Solarmodule parallel geschaltet werden: Hier müssen wiederum alle Module exakt dieselbe Nennspannung haben, brauchen aber nicht für denselben Nennstrom ausgelegt zu sein.

2.6 Welches Solarmodul ist das richtige?

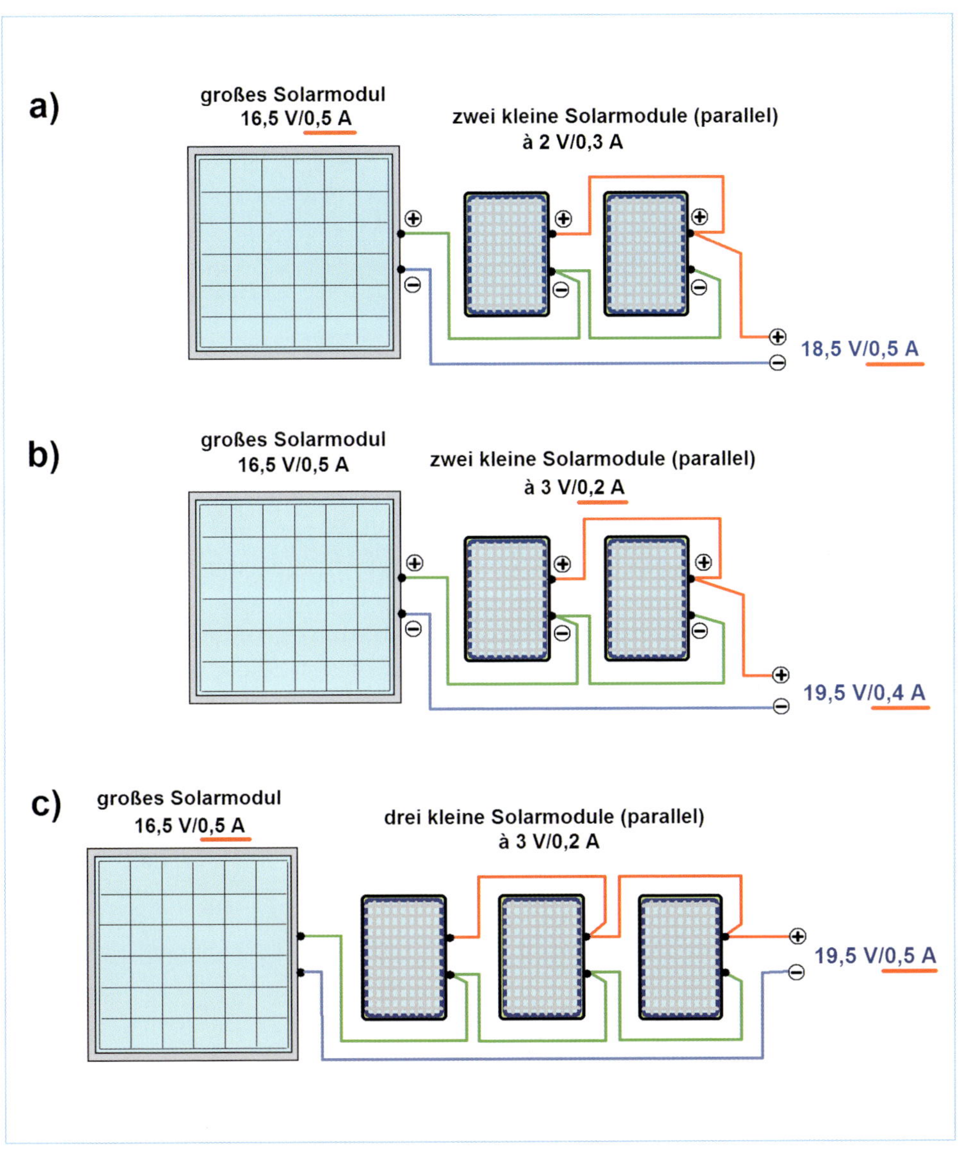

Abb. 2.26 – Bei einer seriell/parallelen Verschaltung mehrerer Solarmodule werden oft notgedrungen Module miteinander kombiniert, deren Nennstrom nicht voll identisch ist: Kleinere preiswerte Solarmodule sollten lieber etwas überdimensioniert *(Abb. a* und *c)* als unterdimensioniert *(Abb. b)* sein, da andernfalls die Leistung des großen Solarmoduls nicht voll genutzt wird.

einer **60-Ah-Batterie** vorgesehen ist, darf nicht höher als 6 Ah sein. Er darf jedoch beliebig niedriger sein (was in der Praxis meist vorkommt). Das Nachladen der Batterie dauert dann zwar bei einem niedrigen Ladestrom etwas länger, aber ein kleineres Solarmodul ist preiswerter und daher wird hier bei der Dimensionierung in den meisten Fällen gespart – sofern das Solarmodul trotzdem seine Aufgabe zufriedenstellend erfüllt.

Wird die **Nennspannung** [in Volt] mit dem **Nennstrom** [in Ampere] multipliziert, ergibt es die **Nennleistung** [in Watt].

Beispiel: Ein Solarmodul von 17 V/3 A hat eine Nennleistung von 51 Watt, denn 17 × 3 = 51.

2.6 Welches Solarmodul ist das richtige?

Wichtig

Die technischen Daten der Solarmodule beruhen auf internationalen Testbedingungen, die von folgenden Voraussetzungen ausgehen:

Sonneneinstrahlung E = 1.000 Watt/m²

Spektralverteilung AM = 1,5

Zellentemperatur Tc = 25° C

Die ***Sonneneinstrahlung*** *E* und die ***Spektralverteilung*** *AM* stellen etwas zu mysteriöse Vorbedingungen dar. Möchte man es einfacher interpretieren, dürfte man sich damit zufriedengeben, dass diese Vorbedingungen erfüllt sind, wenn an einem sonnigen Tag die Sonne die Solarzelle mit voller Intensität und exakt senkrecht bestrahlt (= wenn das Solarmodul optimal gegen die Sonne ausgerichtet ist). Das ist an sich eine klare Sache.

Einen kritischen – und selten angesprochenen – Pferdefuß weist bei kristallinen Solarzellen die ***Zellentemperatur*** auf: Man geht hier – ähnlich wie z. B. bei den Siliziumdioden in der Elektronik – von einer viel zu niedrigen Zellentemperatur (+25° C) aus, die bei belasteten Solarzellen (und Solarmodulen) in der Praxis nicht erzielbar ist: Eine voll belastete Solarzelle heizt sich nämlich sehr schnell auf eine Temperatur auf, die unter Umständen weit über +50° C liegt. Je nach der Einbettung der Solarzellen im Solarmodul, der Lüftung und der Umgebungstemperatur steigt die Zellentemperatur eines von der Sonne aufgeheizten Solarmoduls an einem heißen Sommertag leicht über +60° C.

Fazit

Ein Solarmodul, das normal montiert ist, kommt eigentlich während seiner Existenz gar nicht in den „Genuss", die tabellarische **Nennleistung** und **Nennspannung** jemals aufzubringen bzw. bestenfalls länger als nur einige Minuten lang aufzubringen, wenn es z. B. an einem eiskalten sonnigen Wintertag bei -20° C in Betrieb genommen wird. Da es paradoxerweise an sonnigen Sommertagen zu heiß ist, heizen sich dadurch die Solarmodule stärker auf, wodurch die Ausgangsleistung und die Ausgangsspannung des Solarmoduls in Mitleidenschaft gezogen werden. *Abb. 2.27* und *2.28* zeigen, in welchem Umfang sich die Temperatur der Solarzellen auf die **tatsächlich erzielbare Nennleistung** und **Nennspannung** auswirkt. Diese Tatsache sollte bei allen Planungen berücksichtigt werden.

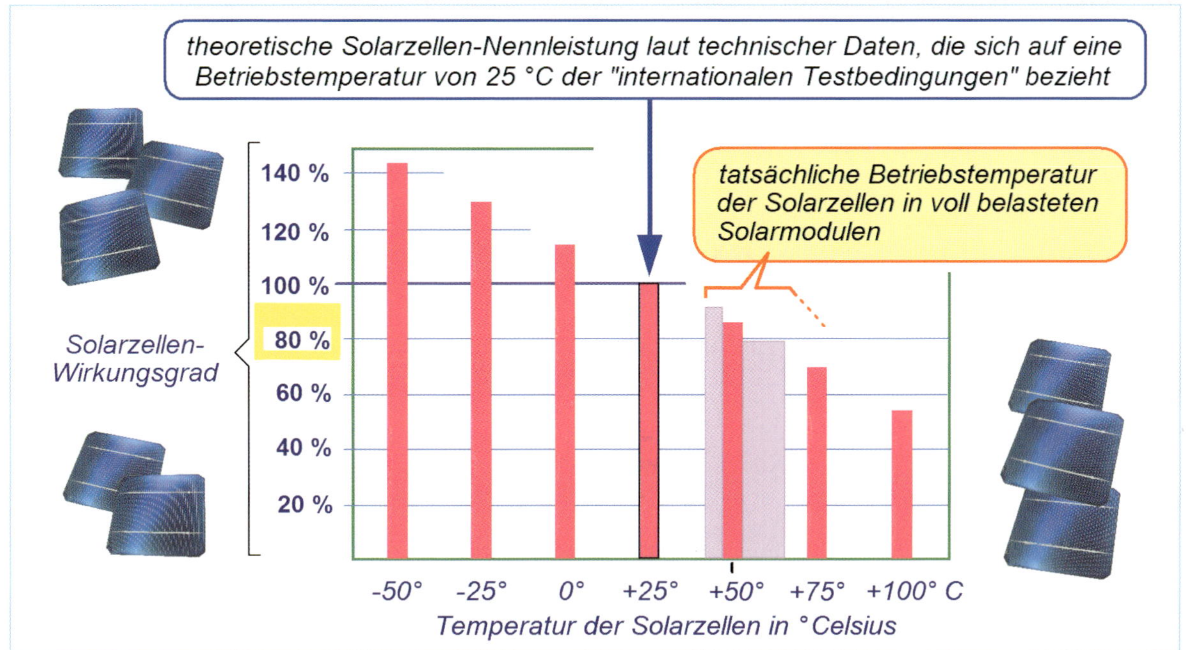

Abb. 2.27 – Die tatsächliche Betriebstemperatur belasteter Solarzellen ist in der Praxis wesentlich höher, als die laut „internationalen Testbedingungen" angegebenen +25 °C, auf denen auch die offiziellen technischen Daten der Solarmodule in Prospekten beruhen. Demzufolge erreicht auch die tatsächliche elektrische Ausgangsleistung voll belasteter Solarmodule nicht die volle Höhe der theoretischen Nennleistung, die sich auf eine hypothetische Zellenbetriebstemperatur von +25 °C beziehen, denn der Zellenwirkungsgrad sinkt (leider) mit zunehmender Zellentemperatur. Somit sinkt auch die tatsächliche Ausgangsleistung der kristallinen Solarmodule bei voller Belastung und höherer Umgebungstemperatur (an warmen Sommertagen) unter 90%, gelegentlich sogar bis auf 80%.

2.6 Welches Solarmodul ist das richtige?

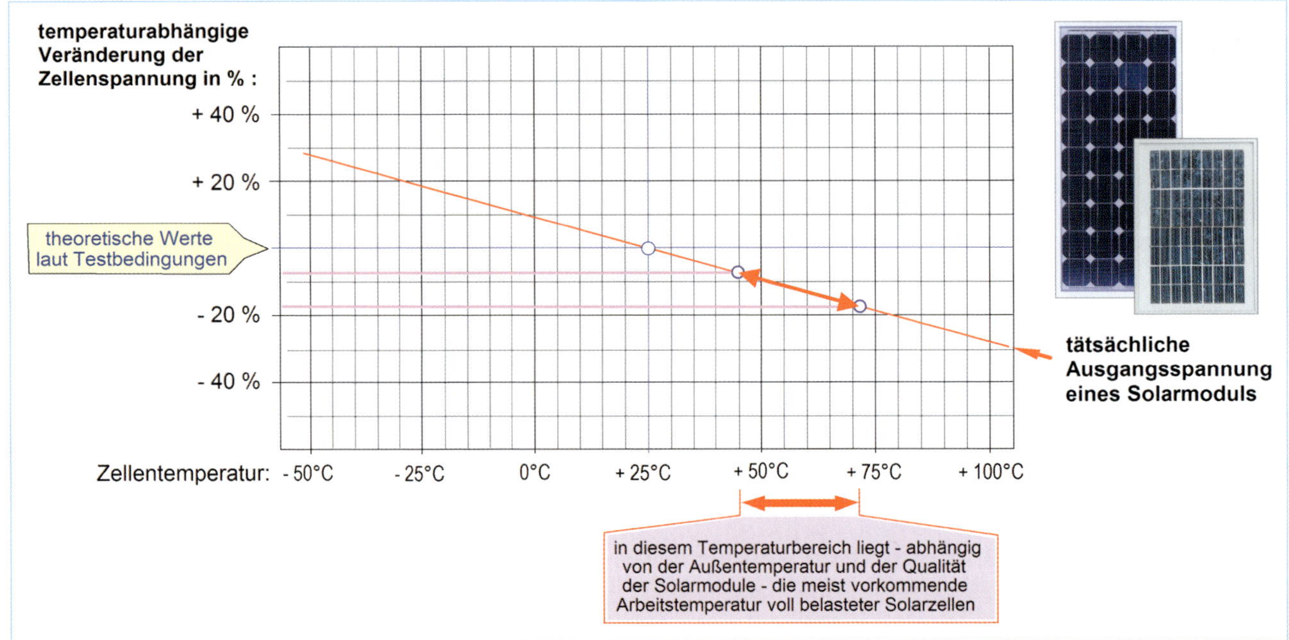

Abb. 2.28 – Wer hätte das gedacht? Solarzellen und Solarmodule mögen keine Wärme! Wenig bekannt, aber gut zu wissen: Da sich in der Praxis eine voll belastete Solarzelle stark aufwärmt, sinkt dadurch ihre tatsächliche Spannung – und somit auch die Ausgangsspannung des Solarmoduls praktisch um ca. 8 bis 18% unter die vom Modulhersteller angegebene tabellarische Nennspannung, die auf den hypothetischen Vorbedingungen der internationalen Testbedingungen beruht.

3 Welche Akkumulatoren eignen sich für die Solartechnik?

Solarenergie kann in jedem beliebigen Akkumulator gespeichert werden, der für die benötigte Nennspannung und Kapazität ausgelegt ist.

In der Fachterminologie wird für dieselben Produkte sowohl die Bezeichnung *Batterie* wie auch *Akkumulator* oder *Akku* verwendet.

In der Grundform eines kleinen Gliedes wird als *Batterie* üblicherweise eine **nicht** wiederaufladbare *Wegwerfbatterie* (Einwegbatterie) bezeichnet. Spricht man dagegen von einem *Akku* (Akkumulator), handelt es sich eindeutig um einen nachladbaren Energiespeicher in der Form eines einzigen

3 Welche Akkumulatoren eignen sich für die Solartechnik?

Gliedes. Werden jedoch mehrere Akkus als einzelne Glieder zu einer Einheit zusammengesetzt, bezeichnet man sie ebenfalls als *Batterie*. So besteht z. B. eine 12-Volt-Autobatterie aus sechs Bleiakkugliedern à 2 Volt, die miteinander in Reihe zu einer *Batterie* verbunden und in einem gemeinsamen Gehäuse untergebracht werden.

In der Praxis kann allerdings nur ein Brancheninsider beurteilen, ob ein „wiederaufladbarer" Energiespeicher nur aus einem oder aus mehreren Einzelgliedern besteht. Daher werden alle aufladbaren Energiespeicher wahlweise entweder als *Batterien* oder als *Akkus* bezeichnet. Wir sprechen von einer *Autobatterie,* die sechs Akkuglieder beinhaltet, aber den 12-Volt-Akkuschrauber bezeichnen wir nicht als *Batterieschrauber* – obwohl er seine Energie ebenfalls von einer *Batterie* mit zehn Akkugliedern à 1,2 Volt bezieht. Die unterschiedliche Bezeichnung hat hier also nur etwas mit Gewohnheit zu tun.

In der Solartechnik (Photovoltaik) wird für die „Energiespeicher" sowohl die Bezeichnung *Solarakkus* als auch *Solarbatterien* für dieselben Produkte angewendet. Dagegen ist nichts einzuwenden. Falsch wäre nur, wenn man einen einzigen wiederaufladbaren Akku als *Batterie* bezeichnen würde. Möchte man wiederum in einem aufklärenden Text oder in einer Zeichnung hervorheben, dass es sich bei einem beschriebenen Energiespeicher nicht um eine „Wegwerfbatterie", sondern um eine „wiederaufladbare Batterie" handelt, bevorzugt man die Bezeichnung *Akku*, denn sie steht eindeutig für einen „wiederaufladbaren Energiespeicher".

Es gibt eine enorme Menge von Akkumulatoren, die nach allen nur denkbaren Merkmalen katalogisiert werden könnten. Gängig ist hier:

- Für kleinere Leistungen sind NiCd-Akkus geeignet, die z. B. auch in Akkuwerkzeugen eingesetzt werden. Infrage kämen hier auch umweltfreundlichere NiMH(Nickel-Metallhydrid)- und NiH(Nickel-Hydrid)-Akkus, die frei von Giftstoffen sind und einige weitere Vorteile haben, auf die wir noch zurückkommen. Die meisten dieser Akkus haben eine Spannung von 1,2 Volt pro Glied und eine Kapazität von max. 4,5 Ah.
- Für größere Leistungen eignen sich bevorzugt echte Solarakkus oder auch normale Auto- oder Rollstuhlbatterien und andere ähnliche Energiespeicher, die überwiegend als Bleiakkumulatoren nach *Abb. 3.1* konzipiert sind.

Bleiakkumulatoren haben in der Regel eine Spannung von 2 Volt pro Glied und sind als kompakte 6- oder 12-Volt-Einheiten bis zu einer Kapazität von einigen hundert Amperestunden erhältlich.

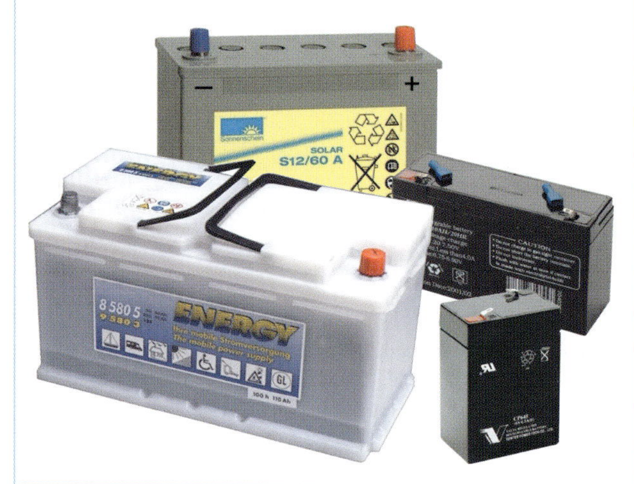

Abb. 3.1 – Als Energiespeicher eignen sich in der Photovoltaik alle Bleiakkumulatoren, die wahlweise in Form von Auto-, Solar-, Rollstuhlbatterien usw. erhältlich sind und meist eine Nennspannung von 6 oder 12 Volt haben *(Foto/Anbieter: Conrad Electronic und Westfalia)*.

3.1 Wie rechnet man die benötigte Akkukapazität aus?

Bei der Kapazität in Ah (Amperestunden) handelt es sich nur um den energetischen Inhalt eines Behälters, in dem der Vorrat – im Gegensatz zu einem Weinfass nach *Abb. 3.2* – nicht in Litern, sondern in Amperestunden angegeben ist.

Nehmen wir als Beispiel den Akku eines kleinen Akkuschraubers, der eine Kapazität von 1,2 Ah hat. Er kann einen Motor, der einen Stromverbrauch von 1 A hat, theoretisch 1,2 Stunden lang mit Energie versorgen. Danach ist er leer. Falls der Motor einen doppelt so hohen Stromverbrauch (von 2 A) hat, reicht die Akkukapazität nur für 0,6 Stunden aus. Wie schon die eigentliche Bezeichnung **Ah** andeutet, handelt es sich hier immer um **Ampere mal Stunden**.

Ein anderes Beispiel: Die Autobatterie hat eine Kapazität von 60 Ah. Sie kann uns demnach entweder

60 Stunden lang 1 A,
30 Stunden lang 2 A oder
10 Stunden lang 6 A liefern usw.

So genau klappt es mit einer solchen Berechnung in der Praxis aus mehreren Gründen nicht. Schließlich schaltet auch der Tiefentladeschutz die Batterie oft etwas früher ab, als sie eventuell verkraften würde usw. Etwas Reserve bei der Batteriekapazität sollte daher immer einkalkuliert werden.

Bei der Planung einer Solarversorgung gehen wir von dem Energiebedarf des Verbrauchers bzw. mehrerer Verbraucher und ihrer Betriebsdauer aus. Das ist nicht schwierig. Wir müssen nur notieren, welcher Stromverbrauch pro Verbraucher benötigt wird und wie viele Stunden pro Tag oder pro Woche der Verbraucher mit der Energie versorgt werden soll. Der Problemschwerpunkt liegt hier eher in der guten Einschätzung, als beim Rechnen. An konkreten Beispielen wird es in diesem Buch nicht fehlen.

Abb. 3.2 – Mit der Kapazität einer Batterie ist es ähnlich, wie mit der eines Weinfasses: Die Größe bestimmt den maximalen Inhalt und es kommt nur darauf an, wie weit und wie oft jeweils der Hahn aufgedreht wird.

3.2 Akkumulatoren richtig laden

Die Lebensdauer eines Akkus hängt u. a. vom richtigen Laden ab. Beim Laden der Akkus von Solarzellen liegt das Hauptproblem darin, dass die Solarzellen weder eine konstante Spannung noch einen konstanten Strom liefern.

Aus diesem Grund wird zwischen das Solarmodul und den Akku ein Laderegler *(Abb. 3.3)* geschaltet, der dafür sorgt, dass der Akku möglichst optimal geladen wird.

Im Handel gibt es eine enorme Auswahl an Ladereglern in verschiedenen Preisklassen und Leistungen. Wichtig ist, dass der angewendete Laderegler für einen Ladestrom ausgelegt ist, der **nicht unterhalb** des Nennstroms des vorgesehenen Solarmoduls liegt. Für einen höheren Ladestrom darf er natürlich ausgelegt sein.

Man könnte viel darüber schreiben, was ein Laderegler alles machen kann oder sollte und wie gut es einer Batterie tut, wenn sie mit einem „superintelligenten" Laderegler geladen wird. In der Praxis kann jedoch auch ein Laderegler gehobener Preisklasse meist nur in der Endphase des Ladens das Aufladen optimal steuern – vorausgesetzt, dass er oft genug in den Genuss kommt, die Batterie „randvoll" (auf volle Kapazität und auf eine Spannung von ca. 14 Volt) aufladen zu können.

Soweit ein „intelligenter" Laderegler an einer konstanten Spannung angeschlossen ist, kann er sich ziemlich genau an ein vorgegebenes Programm halten. Ein Laderegler, der mit Energie aus Solarzellen versorgt wird, kann dagegen immer nur mit der Spannung und mit dem Strom arbeiten, die ihm gerade zur Verfügung stehen. Einen zu hohen Strom oder eine zu hohe Spannung kann er zwar nach unten reduzieren, in umgekehrter Richtung ist er aber meist hilflos. Es gibt zwar Spezialgeräte, die eine unbrauchbar niedrige Solarspannung auf ein brauchbares Niveau erhöhen (auf Kosten eines niedrigeren Solarstroms), aber die sind für kleinere Anlagen zu teuer.

Nur während etwa 4 bis 6 % der jährlichen Betriebsstunden bekommt eine Solaranlage so viel

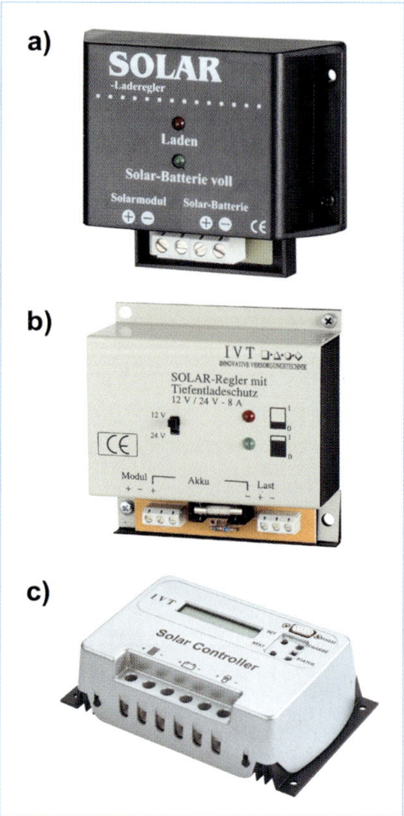

Abb. 3.3 – Ausführungen einiger handelsüblicher Laderegler: a) Laderegler ohne Tiefentladeschutz; b)/c) Laderegler mit integriertem Tiefentladeschutz (Fotos/Anbieter: Conrad Electronic und Westfalia).

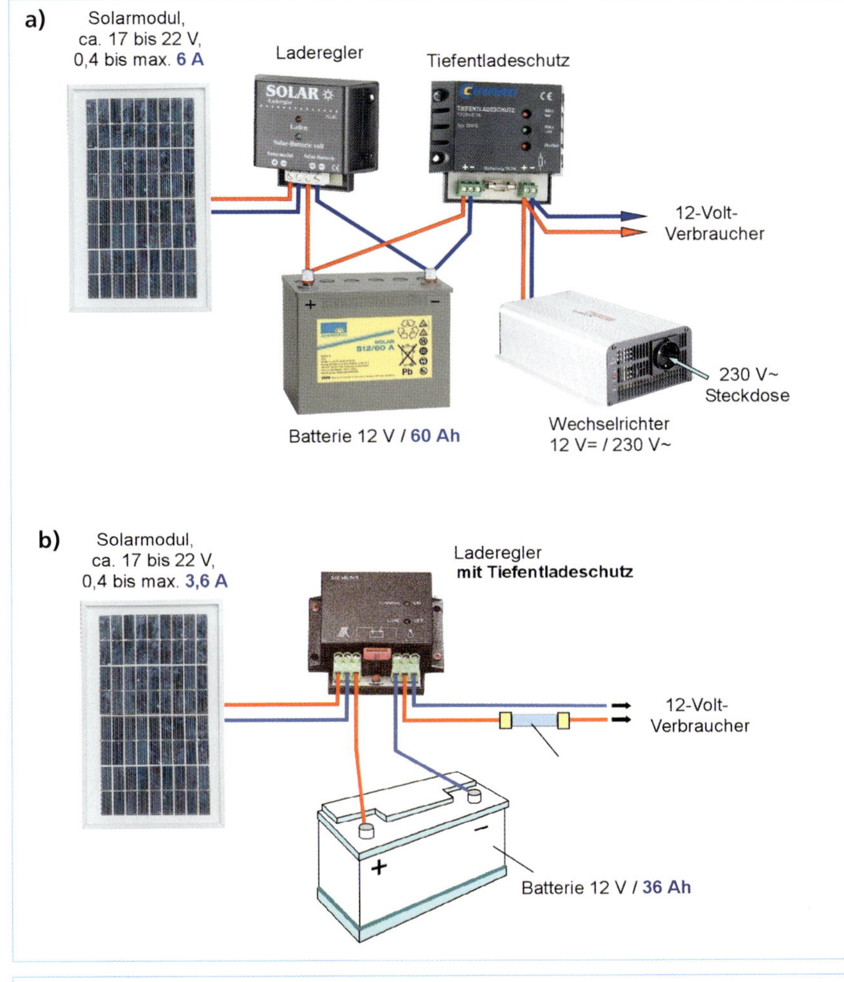

Sonnenenergie, dass sie ihre volle Leistung (ihre Maximumwerte) liefern kann. Selbst der beste Laderegler kann nur dann perfekt arbeiten, wenn ihm auch die vorgesehene Ladespannung und der vorgesehene Ladestrom zur Verfügung stehen. Soweit diese Bedingungen nicht optimal erfüllt sind, funktioniert er nicht wesentlich anders als ein einfaches und preiswertes Gerät bzw. eine einfache Selbstbauladeregelung mit dem IC „PB 137" nach *Abb. 3.5*.

Abb. 3.4 – Zwei Möglichkeiten der Laderegelung: a) Anwendung eines separaten Ladereglers und eines separaten Tiefentladeschutzgeräts (der hier eingezeichnete Wechselrichter kann nur bedarfsbezogen verwendet werden); b) Anwendung eines Ladereglers, in dem ein Tiefentladeschutz eingebaut ist.

Solarmodul
ca. 17 bis 22 V
max. 1,5 A
Kühlkörper
Laderegler-IC
PB 137
zu den
12-Volt-Verbrauchern
Elko
1 µF/35 V
Elko
10 µF/16 V
Bleiakku 12 V

Abb. 3.5 – Für das Laden kleinerer Bleiakkumulatoren bietet *Conrad Electronic* einen speziellen Solarladeregler-IC *„BP 137" (Bestellnr. 17 94 18)* an, das für einen Ladestrom von bis zu 1,5 A und eine Solareingangsspannung von bis zu 40 V ausgelegt ist.

3.2 Akkumulatoren richtig laden

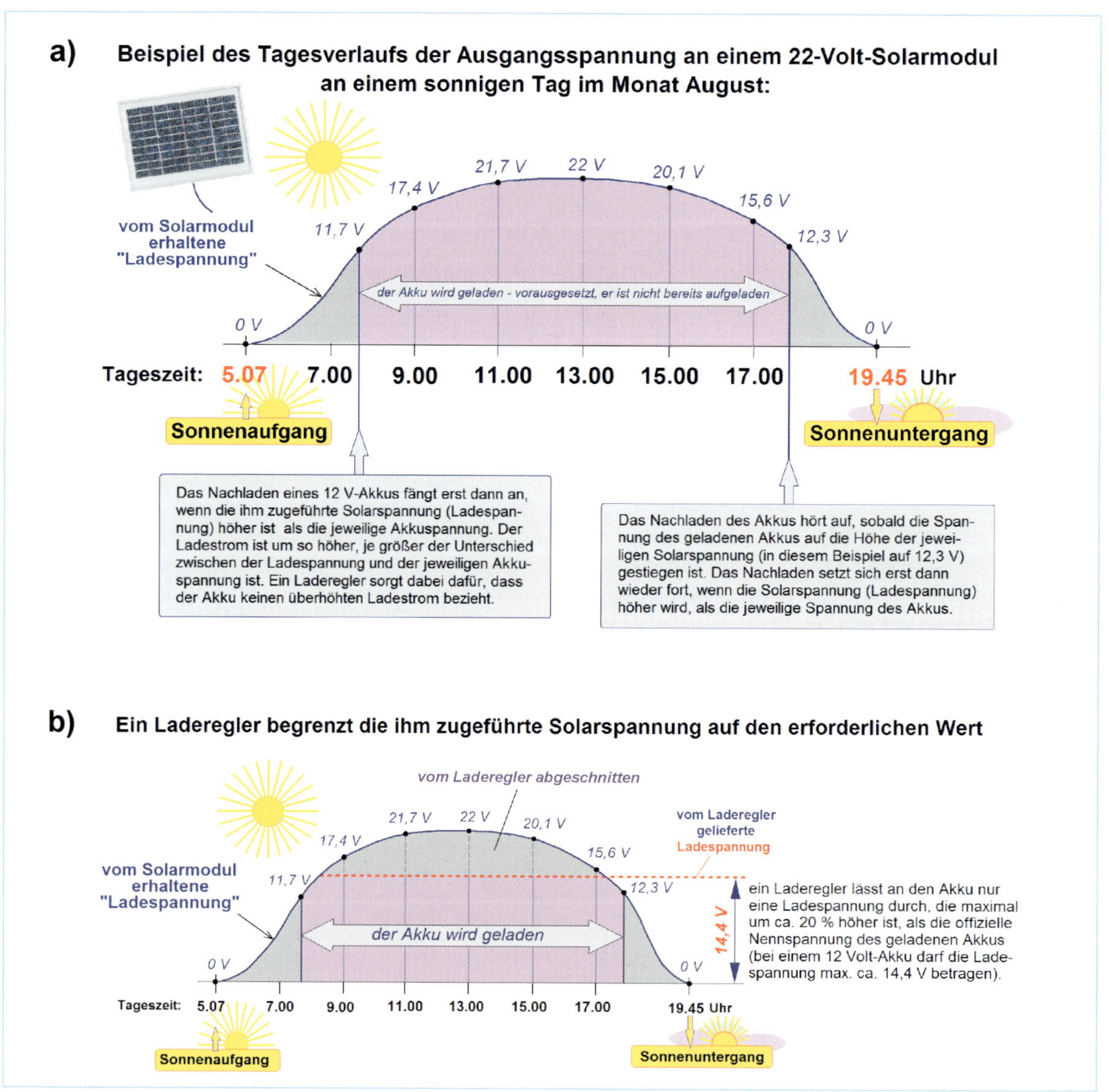

a) Beispiel des Tagesverlaufs der Ausgangsspannung an einem 22-Volt-Solarmodul an einem sonnigen Tag im Monat August:
vom Solarmodul erhaltene "Ladespannung"
0 V
11,7 V
17,4 V
21,7 V
22 V
20,1 V
15,6 V
12,3 V
0 V
der Akku wird geladen - vorausgesetzt, er ist nicht bereits aufgeladen
Tageszeit: 5.07 7.00 9.00 11.00 13.00 15.00 17.00 19.45 Uhr
Sonnenaufgang
Sonnenuntergang
Das Nachladen eines 12 V-Akkus fängt erst dann an, wenn die ihm zugeführte Solarspannung (Ladespannung) höher ist als die jeweilige Akkuspannung. Der Ladestrom ist um so höher, je größer der Unterschied zwischen der Ladespannung und der jeweiligen Akkuspannung ist. Ein Laderegler sorgt dabei dafür, dass der Akku keinen überhöhten Ladestrom bezieht.
Das Nachladen des Akkus hört auf, sobald die Spannung des geladenen Akkus auf die Höhe der jeweiligen Solarspannung (in diesem Beispiel auf 12,3 V) gestiegen ist. Das Nachladen setzt sich erst dann wieder fort, wenn die Solarspannung (Ladespannung) höher wird, als die jeweilige Spannung des Akkus.
b) Ein Laderegler begrenzt die ihm zugeführte Solarspannung auf den erforderlichen Wert
vom Laderegler abgeschnitten
vom Laderegler gelieferte Ladespannung
vom Solarmodul erhaltene "Ladespannung"
0 V
11,7 V
17,4 V
21,7 V
22 V
20,1 V
15,6 V
12,3 V
0 V
der Akku wird geladen
14,4 V
ein Laderegler lässt an den Akku nur eine Ladespannung durch, die maximal um ca. 20 % höher ist, als die offizielle Nennspannung des geladenen Akkus (bei einem 12 Volt-Akku darf die Ladespannung max. ca. 14,4 V betragen).
Tageszeit: 5.07 7.00 9.00 11.00 13.00 15.00 17.00 19.45 Uhr
Sonnenaufgang
Sonnenuntergang

Abb. 3.6 – Beispiel des Tagesverlaufs der Ausgangsspannung an einem Solarmodul, das als Ladestrom-Energiequelle für einen 12-Volt-Bleiakkumulator dient: a) Verlauf des Ladens; b) Der Laderegler beschränkt nur die Höhe der Ladespannung, kann dadurch jedoch typenbezogen auch den Ladestrom in der Endphase des Ladens regeln.

3.3 Kleine NiCd-, NiMH- und NiH-Akkus als Energiespeicher

Für die Stromversorgung kleinerer Geräte und Vorrichtungen, bei denen ein Netzanschluss zu aufwendig oder umständlich wäre, genügen als solar geladene Energiezwischenspeicher kleine NiCd-, NiMH- oder NiH-Akkus. Kleine Alarmanlagen, Einbruchsschutz-Lichtschranken, beleuchtete Hausnummern, Elektroantriebe von Markisen, Magnetventile für Gewächshaus- oder Gartenbewässerung, Beleuchtung von Gartenlauben, Kinderspielhäusern usw. können auf diese Weise kostengünstig mit Solarstrom versorgt werden.

Der Einfachheit halber geht man immer davon aus, dass so ein wiederaufladbarer Akku eine konstante Spannung hat. Das stimmt aber eigentlich nicht. Wenn er voll aufgeladen ist, hat er eine um ca. 22 % höhere Spannung, als seine „Arbeitsspannung" ist (typen- und altersabhängig). In unserem Beispiel nach Abb. 3.7 ist es eine Spannung von ca. 5,7 V. Ein Gleichstrommotor (Akkuschraubermotor) kommt mit einer höheren Spannung problemlos zurecht. Er dreht jedoch andererseits auch noch bei ca. 3 V. Somit hat dieser Akku zwar eine theoretische Nennspannung von 4,8 V, aber in Wirklichkeit bewegt sich seine Nutzspannung zwischen etwa 3 und 5,7 V. Dies ist bei der Wahl der optimalen Solarspannung zu berücksichtigen. *Abb. 3.8* zeigt, welche maximale Ladespannung für diverse kleine NiCd- oder NiMH-Akkus anfällt.

Für das solarelektrische Laden kleiner Akkus mit Spannungen unterhalb von 12 Volt führt der Fachhandel keine passenden Solarladeregler, und so muss man sich bei Bedarf eine brauchbare Laderegelung im Selbstbau erstellen. Einige Beispiele zeigen *Abb. 3.9/ 3.10*. Der Ladestrom darf bei NiCd-Akkus maximal 10 %, bei NiMH-Akkus maximal 20 % der Akkukapazität betragen. Die Ladespannung sollte die in *Abb. 3.8* aufgeführten Werte nicht überschreiten.

Die Funktion einer Spannungsregelung nach *Abb. 3.10* sollte mit einem Voltmeter kontrolliert werden, da manche Zenerdioden eine zu große Toleranzabweichung aufweisen. Spannungsabweichungen nach unten sind nicht kritisch, aber nach oben sollte die Ladespannung maximal ca. 20 % mehr betragen, als es der

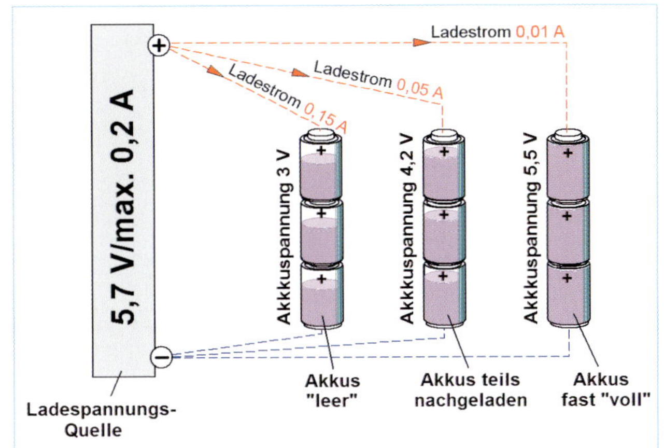

Abb. 3.7 – Während des Aufladens eines Akkus sinkt automatisch der Ladestrom, wenn die Spannung des Akkus durch das Nachladen steigt.

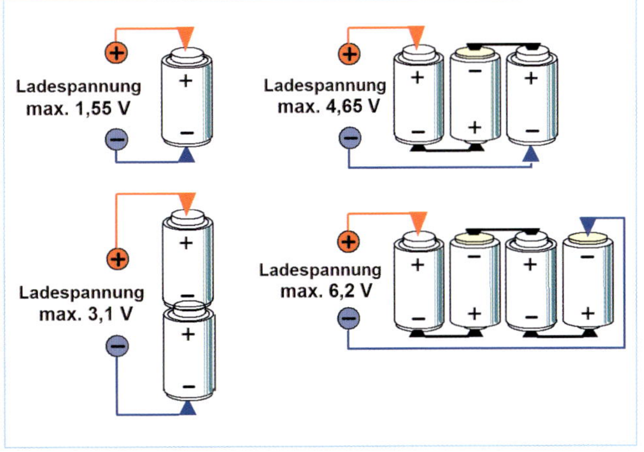

Abb. 3.8 – Empfohlene Höchstgrenzen der Ladespannung für NiCd- oder NiMH-Akkus, deren offizielle Nennspannung 1,2 Volt pro Glied beträgt.

3.3 Kleine NiCd-, NiMH- und NiH-Akkus als Energiespeicher

Akku-Nennspannung (bzw. der Nennspannung der Akkukette) entspricht. Da jedoch die Spannungen der Zenerdioden recht grob abgestuft sind, gibt man sich beim Laden auch mit einer etwas niedrigeren Ladespannung zufrieden, als es mit der Obergrenze von ca. 122 % übereinstimmt.

Die „überflüssige Spannung" fangen die Zenerdioden ab und wandeln sie als *Verlustleistung* in Wärme um. Dies beinhaltet, dass die zu diesem Zweck angewendete Zenerdiode quasi wie ein kleiner Heizkörper fungiert. Die elektrische Leistung, die die Zenerdiode in Wärme umwandelt, muss sie allerdings auch verkraften können. Wir haben bei den Beispielen in *Abb. 3.10* Zenerdioden eingezeichnet, deren

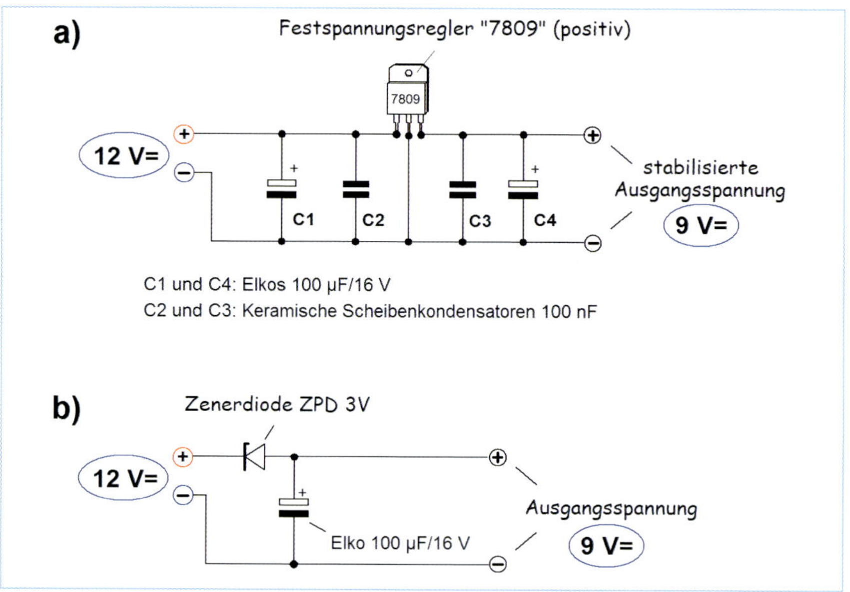

Abb. 3.9 – Mithilfe eines Spannungsreglers oder einer Zenerdiode kann die Spannung des „Solarakkus" auf den benötigten Wert (hier 9 Volt) reduziert werden: a) Schaltung einer Selbstbau-Spannungsregelung für höhere Stromabnahmen; b) Schaltung einer Spannungsreduktion mithilfe einer Zenerdiode, die die überflüssige Spannungsdifferenz abfängt.

Die Leistung, mit der die Zenerdioden in dieser Schaltung zurechtkommen müssen, ergibt sich aus der „überschüssigen" Differenzspannung, die sie in Wärme umwandeln müssen, und aus dem Strom, den das kleine Solarmodul liefert bzw. der geladene Akku bezieht (Differenzspannung [in Volt] x Ladestrom [in Ampere] = Leistung [in Watt]).

Nehmen wir einmal an, die Nennspannung des Solarmoduls aus dem Beispiel in *Abb. 3.10 g* beträgt 13,1 Volt und sein Nennstrom 0,38 Ampere. Die Ladespannung, die die eingezeichnete Zenerdiode *„ZPY 12 V (1 W)"* durchlässt, beträgt 12 Volt. Die Zenerdiode muss daher die überschüssige Spannung von 1,1 Volt quasi „in sich hineinfressen", in Wärme umwandeln und an die Umgebung abgeben. Durch die Zenerdiode wird dabei der volle Modul-Nennstrom von 0,38 A fließen.

Die Leistung, die die Zenerdiode in Wärme umwandeln muss, errechnen wir einfach durch Multiplizieren der Differenzspannung von 1,1 V mit dem Strom von 0,38 A. Das geht mit einem Taschenrechner blitzschnell: Es sind 0,418 Watt. Unsere 1-Watt-Zenerdiode wird diese Leistung problemlos verkraften und – wie vorgesehen – als Wärme „entsorgen".

Wenn zwei Zenerdioden in Reihe geschaltet sind, teilen sie sich die Leistung. So können z. B. die zwei in *Abb. 3.10 f* eingezeichneten Zenerdioden *„ZPY 4,3 V"*, die für eine Leistung von einem Watt pro Diode ausgelegt sind, als eine einzige 2-Watt-Zenerdiode mit einer Zenerspannung von 8,6 V (2 x 4,3 V) betrachtet werden.

Leistung zwischen 0,25 und 1 Watt liegt.

Die Zenerdiode *ZTE 1,5 V (0,25 W)* aus *Abb. 3.10 a* eignet sich nur für einen Solarladestrom, der bei einem 1,8-Volt-„Solargenerator" ca. 0,5 Ampere nicht überschreiten sollte – was in der Praxis für das Nachladen kleinerer Akkus ohnehin nicht in Frage kommt. Die Zenerdiode *ZPD 2,7 V* ist für eine Leistung von 0,5 W, alle weiteren Zenerdioden sind für eine Leistung von 1 W ausgelegt.

Viele batteriebetriebene Kleingeräte, z. B. Alarm- und Sicherheitsgeräte, lassen sich leicht mit einigen kleinen zusätzlichen Solarzellen nachrüsten, die für das Nachladen kleiner Akkus oder Speicherkondensatoren (Gold Caps) angewendet werden.

Dem Tüftler stehen zu diesem Zweck sowohl *nicht gekapselte*

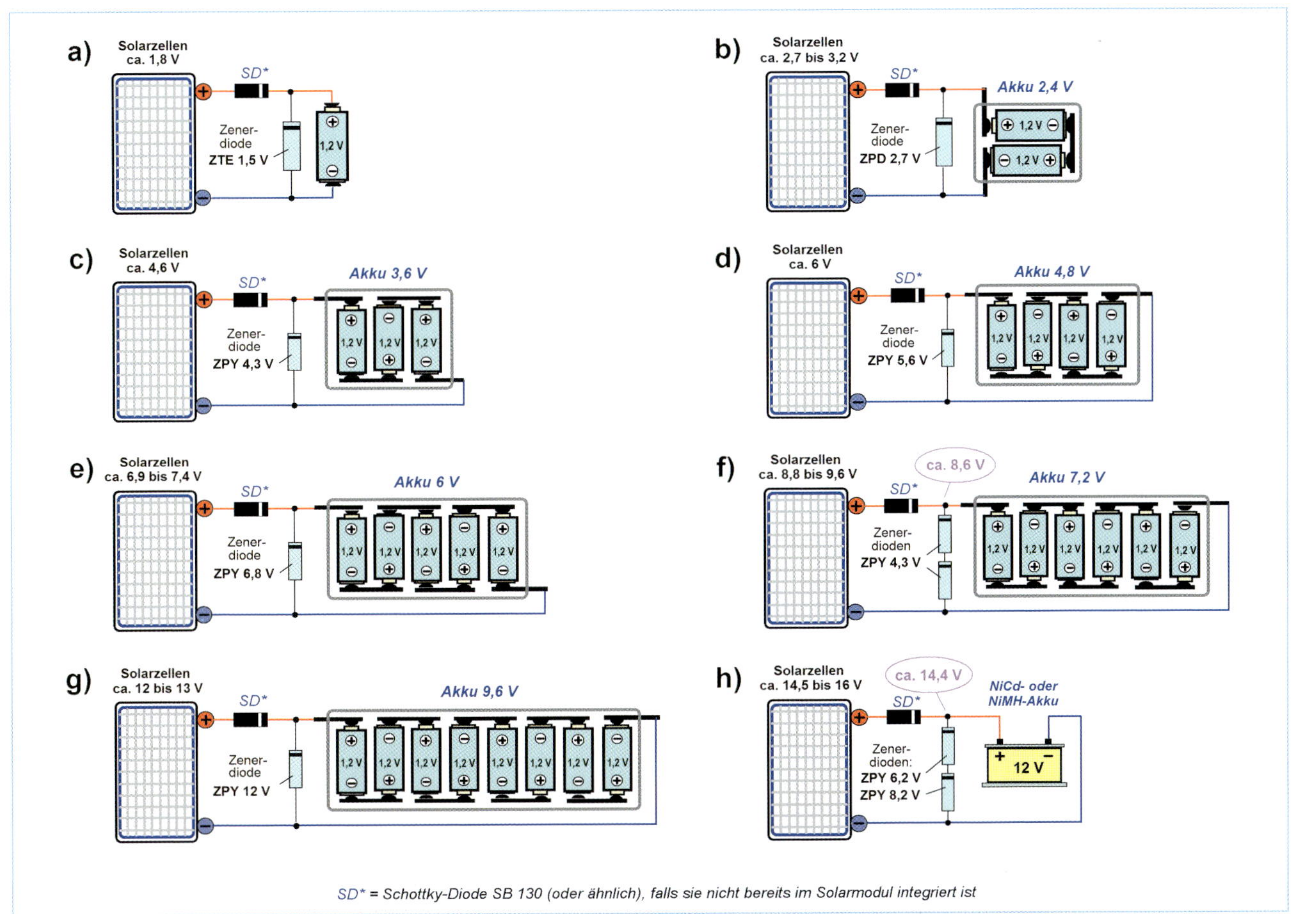

Abb. 3.10 – Die Spannungsregelung kann bei kleinen Ladeströmen mithilfe von Zenerdioden vorgenommen werden: Es ist jedoch unbedingt darauf zu achten, dass die Zenerdioden nicht überbelastet werden (siehe hierzu unseren erklärenden Text).

(kahle) als auch *gekapselte* Solarzellen und Solarminipaneele zur Verfügung.

Für den Modell- oder Spielzeugbau können auch *kahle* Solarzellen *(Abb. 3.11/3.12)* – ähnlich wie Batterien – seriell geschaltet und für die ersten Experimente eventuell zum Schutz mit einem dünnen Plexiglas abgedeckt werden. Wenn solche kahlen Solarzellen stärker belastet werden, heizen sie sich jedoch zu sehr auf. Eine technisch günstigere Lösung ist es, wenn solche Zellen an ihrer Rückseite „wärmeleitend" in Silikon (z. B. in transparentes Bau- oder Fugensilikon) eingebettet werden. Die „Sonnenseite" der Zellen darf dabei aber nicht verschmiert werden. Da eine echte Gussmasse für die Zellensonnenseite im Einzelhandel nicht erhältlich ist, sollte sie einfach unvergossen bleiben. Ein durchsichtiger Schutz (Glas, Plexiglas oder Ähnliches) der Sonnenseite ist unter Umständen günstig, sollte die Zelle jedoch nicht luftdicht abschließen, da sie sich ansonsten im Freien mit Vorliebe beschlägt und lichtundurchlässig wird.

Gekapselte Solarzellen sind *nach Abb. 3.13* ähnlich ausgeführt wie kleine „Solarmodule", in denen jeweils nur eine einzige Solarzelle untergebracht ist. Somit entspricht die *Nennspannung* dieser gekapselten Zellen der gängigen *Nennspannung* normaler kristalliner Zellen (meist zwischen ca. 0,45 und 0,46 Volt). Abhängig von der Modulgröße liegt der *Nennstrom* zwischen ca. 0,1 A (bei einer Modulfläche von 46 x 26 mm) und 0,7 A (bei Modulabmessungen von 96 x 66 mm).

Diese gekapselten Zellen können – ähnlich nicht gekapselten Solarzellen – beliebig zu Ketten oder Flächen

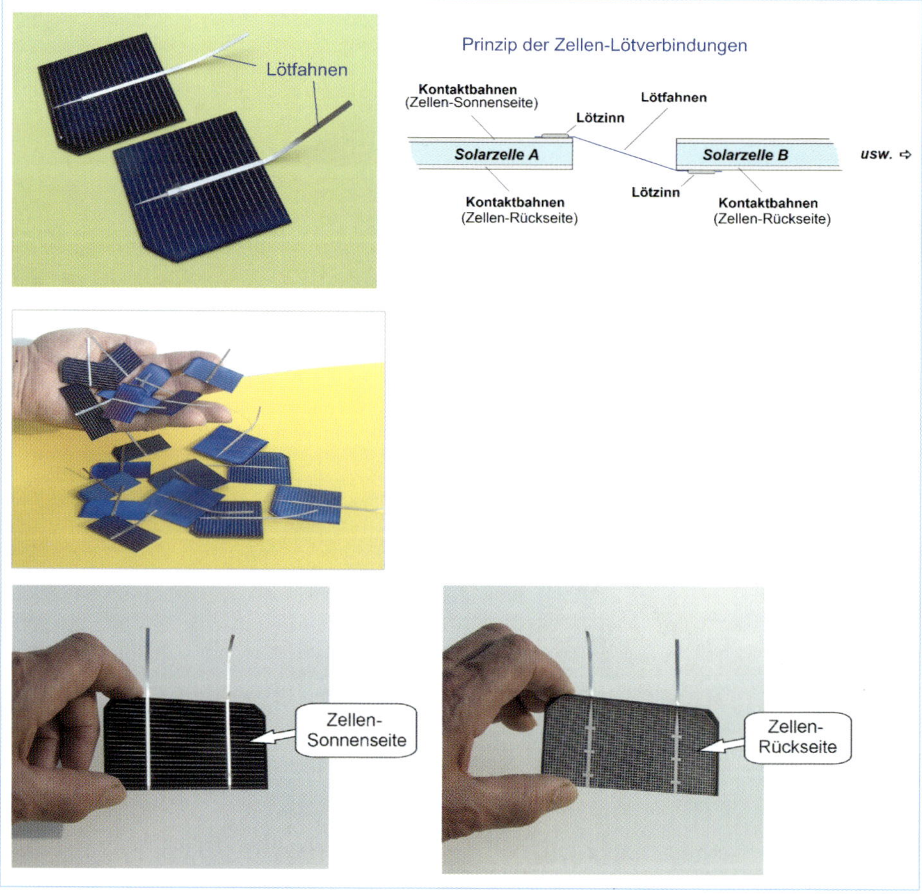

Abb. 3.11 – Kahle Solarzellen können z. B. für das Nachladen kleinerer Akkus oder Speicherkondensatoren auch unvergossen zu Mini-Solargeneratoren zusammengelötet werden.

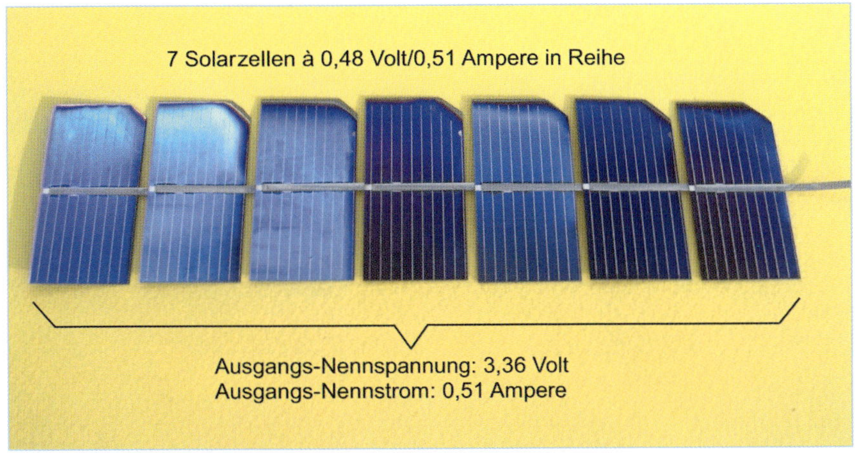

Abb. 3.12 – Die gewünschte Solarspannung wird einfach durch die passende Anzahl der Zellen in der Kette, der benötigte Solarstrom durch die Größe der Zellen bestimmt.

verschaltet werden, um die benötigten elektrischen Nennwerte zu erhalten.

Gekapselte Solarminimodule unterscheiden sich optisch nicht von gekapselten Solarzellen nach *Abb. 3.13,* beinhalten aber mehrere Solarzellen und sind für eine höhere Spannung ausgelegt. Im Prinzip handelt es sich hier um kleine Solarmodule, die sowohl miteinander als auch mit gekapselten Einzelzellen verschaltet werden können, um die benötigte Spannung bzw. Leistung zu erhalten.

Bei unseren Experimenten zu diesen Themen reichte die gespeicherte Energie eines auf 5 Volt aufgeladenen 1-F/5,5-V-Gold-Caps mit dem Funksender aus *Abb. 3.15* für etwa 30 kurze Alarmsignale aus. Der den Alarm auslösende Schalter muss in dem Fall so installiert werden, dass sein Kontakt nur vorübergehend geschlossen wird – was z. B. mit einem Trittmatten- oder Reedkontakt oder einem gleitend betätigten Mikro- oder Neigungsschalter leicht machbar ist.

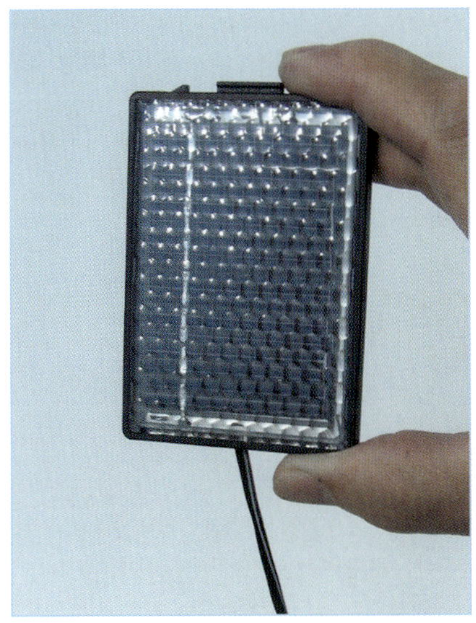

Abb. 3.13 – Gekapselte Solarzellen oder Minipaneele sind in verschiedenen Größen, mit verschiedenen *Nennspannungen* und *Nennleistungen* erhältlich (u. a. bei Conrad Electronic).

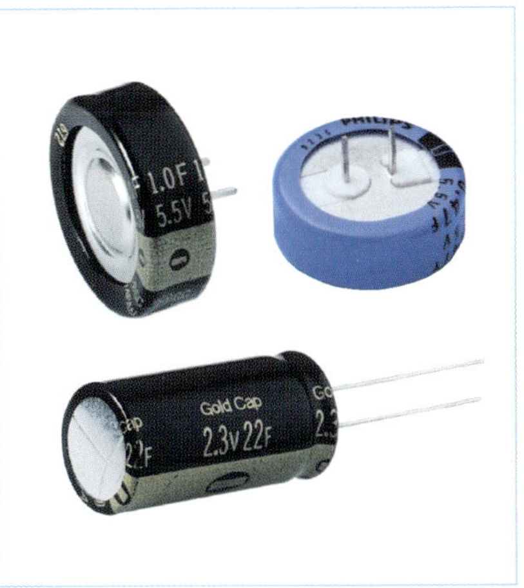

Abb. 3.14 – Als Energiespeicher für Mini-Alarmgeber eignen sich hervorragend kleine Gold Caps, die als Speicherkondensatoren ausreichend viel Energie vorrätig halten, um z. B. eine Mini-Alarmsirene mit Strom versorgen zu können: Die Speicherkapazität kann hier z. B. durch paralleles Verschalten zweier oder mehrerer Gold Caps erhöht werden. Ist dagegen eine höhere Spannung erforderlich, können zwei Gold Caps in Reihe *(nach Abb. 3.16)* geschaltet werden. Sie können dann eine doppelt so hohe Spannung speichern, aber die Kapazität eines solchen Duos halbiert sich.

3.3 Kleine NiCd-, NiMH- und NiH-Akkus als Energiespeicher

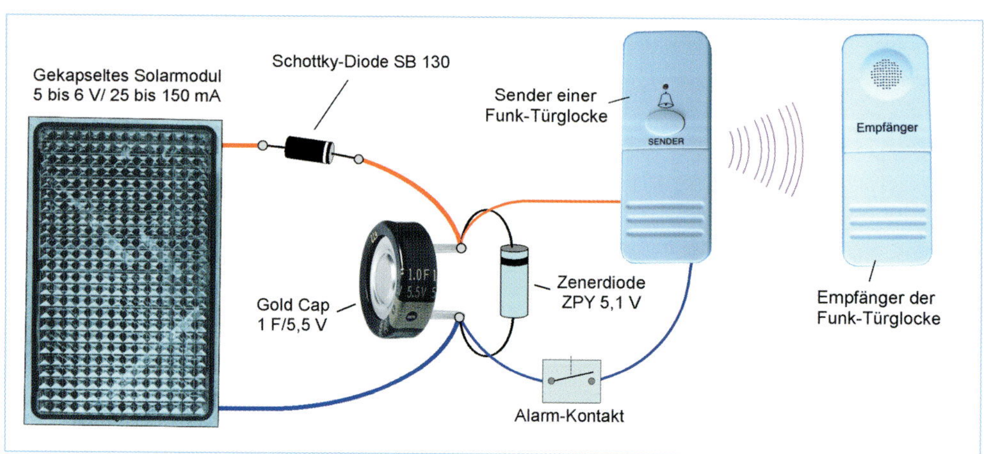

Abb. 3.15 – Ein Gold Cap fungiert hier als Energiespeicher einer Mini-Alarmanlage, die z. B. am Gartentor einen Türglocken-Funksender aktiviert, wenn ein Unbefugter den Alarm auslöst.

Die in *Abb. 3.15* eingezeichnete Zenerdiode *ZPY 5,1 V* schützt den Gold Cap vor einer zu hohen Spannung (lässt an ihn höchstens eine Spannung durch, die der Zenerspannung entspricht). Die eingezeichnete Schottky-Diode schützt den Gold Cap davor, dass er sich über das Solarmodul entlädt – was automatisch vorkommen würde, sobald die Spannung des Solarmoduls niedriger wird als die Spannung, auf die der Gold Cap aufgeladen ist.

Nach Bedarf kann die gespeicherte **Spannung** eines Gold-Cap-Speichers durch serielle Verschaltung von zwei Gold Caps nach *Abb. 3.16* **verdoppelt** werden. Die Kapazität des Gold-Cap-Duos halbiert sich bei dieser Anordnung. Auch hier schützt die Zenerdiode *ZPY 4,3 V* das Gold-Cap-Duo vor gefährlicher Überspannung.

Viele der NiCd- und NiMH-Akkus haben eine Selbstentladung von 15 bis 30% pro Monat (typen- und preisabhängig). Selbstentladung sollte hauptsächlich bei der Dimensionierung von Anlagen berücksichtigt werden, die auch im Dezember und Januar intakt bleiben müssen. Hier kann es in manchen Jahren vorkommen, dass zwei oder drei Wochen lang die Sonne kaum scheint. Dann muss der Akku rechtzeitig genügend Energievorrat anlegen können.

Bisher haben wir viel Aufmerksamkeit den kleinen Akkus gewidmet, die bei einfachen Anwendungen der Solartechnik in Haus und Garten oft eingesetzt werden. Das meiste von dem, was hier erklärt wurde, trifft jedoch ebenfalls auf die großen Akkumulatoren zu.

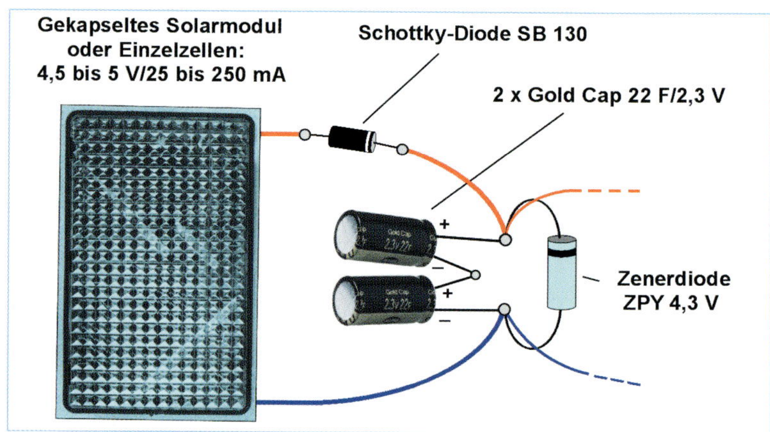

Abb. 3.16 – Zwei in Reihe geschaltete „22-F/2,3-V"-Gold-Caps ergeben einen Speicherkondensator von 11 Farad/4,6 Volt (die Kapazität halbiert sich, die gespeicherte Spannung verdoppelt sich).

3.4 Solarakkumulatoren oder Autobatterien?

Bei größeren handelsüblichen Akkumulatoren handelt es sich überwiegend um sogenannte Bleiakkumulatoren, wie sie uns als Autobatterien geläufig sind. Es gibt Bleiakkumulatoren in verschiedenen Bauweisen mit unterschiedlichen Eigenschaften und in unterschiedlichen Preisklassen. Den normalen Anwender verunsichern in der Regel die vielen Hinweise darauf, dass sich für die Solartechnik am besten nur echte Solarakkumulatoren eignen.

Wo liegt nun der wirkliche Unterschied zwischen einer „echten" Solarbatterie und einer einfachen Autobatterie? Eine Autobatterie muss u. a. problemlos den schweren Stromstoß verkraften können, der sich bei jedem Motorstart wiederholt. So wird bei der Entwicklung (und Weiterentwicklung) der Autobatterien auf diese Eigenschaft besonders großer Wert gelegt. Andere technische Parameter müssen sich dieser Anforderung evtl. etwas unterordnen. Bei einer Batterie für den Modellbau oder für kleinere Elektrofahrzeuge ist wiederum wichtig, dass man bei möglichst kleinem Gewicht eine möglichst große Leistung erhält. So wird jede Batterietype zweckorientiert entwickelt.

Bei Solarbatterien handelt es sich um Speicher für relativ teuer gewonnene Energie. Man konzentriert sich deshalb bei der Entwicklung darauf, die Energieverluste beim Laden, Speichern und durch Selbstentladung möglichst gering und dabei die Lebensdauer des Akkus möglichst hoch zu halten.

Was die Lebensdauer betrifft, ist ein Solarakku der normalen Autobatterie oft überlegen. Der Preis, den man dafür vorläufig zahlen muss, ist jedoch weit mehr als doppelt so hoch – womit die Sache an Charme verliert. In dem Aufpreis sind allerdings weitere technische Vorteile inbegriffen.

Solarakkus sind in Bezug auf die ständigen Ladungen und Entladungen strapazierfähiger. Sie wurden hinsichtlich des sogenannten Tiefentladeverhaltens optimiert, sind wartungsfrei, oft frostsicherer als normale Bleiakkus und haben eine geringere Selbstentladung. Der Energieverlust durch Selbstentladung beträgt (typenabhängig) bei einer normalen Autobatterie ca. 4,5 bis 8 %, bei einem guten Solarakku nur 2,5 bis 5 % pro Monat.

Wenn man nun bedenkt, wie viele andere Faktoren bei der gan-

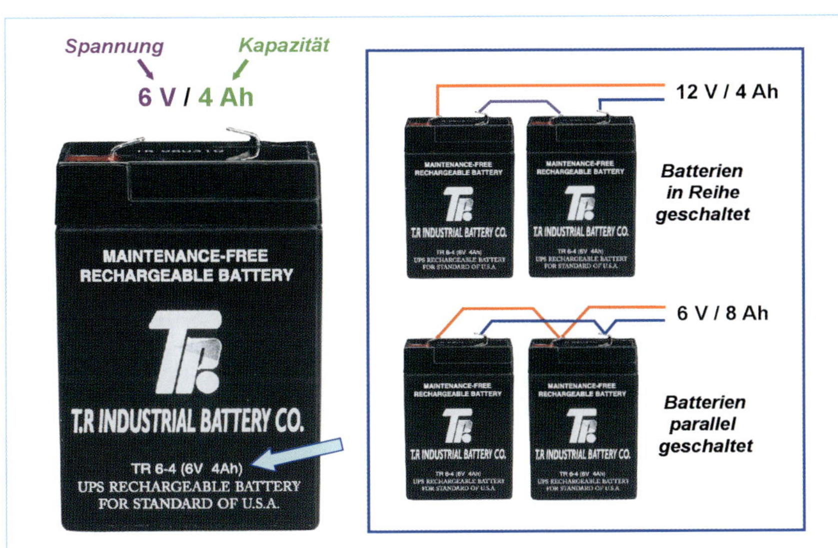

Abb. 3.17 – Für kleinere Vorhaben eignen sich als Speicher der Solarenergie auch diverse preiswerte 6-Volt-Bleiakkus, die bei Bedarf auch in Reihe oder parallel geschaltet werden können, um entweder eine höhere Spannung oder höhere Kapazität zu erhalten (dasselbe gilt auch für große Solarakkus oder Autobatterien).

3.4 Solarakkumulatoren oder Autobatterien?

zen Anlage eine wesentlich größere Rolle spielen, verdienen die Vorteile einer *echten* Solarbatterie bei kleineren Solaranlagen nicht übertrieben viel Aufmerksamkeit. Schon durch eine geringe Vergrößerung der Solarfläche lässt sich der eventuelle Qualitätsunterschied zwischen den beiden Batterietypen in dieser Hinsicht ausgleichen.

Etwas kritischer ist es mit dem Unterschied in der Lebensdauer. Maßgeblich für die Lebensdauer eines jeden Akkus ist – bei guter Pflege – die Anzahl der Ladungen. Gute Solarakkus (und auch durchschnittliche NiCd-Akkus) verkraften etwa 1.000 größere Ladungen. Manche Autobatterien geben es nach etwa 500 größeren Ladungen auf. Was man unter dem Begriff „größere Ladungen" versteht, variiert von Hersteller zu Hersteller und hängt in der Praxis von der Lademethode (von dem Ladegerät oder Laderegler) und dem Umfang des täglichen Nachladens ab.

Aus Erfahrung wissen wir, dass eine moderne Autobatterie im Fahrzeug normalerweise mindestens fünf Jahre auch dann durchhält, wenn das Fahrzeug zwei- bis fünfmal pro Tag gestartet und ebenso oft nachgeladen wird. Manche Autobatterien (die in Europa noch nicht gebaut werden) halten sogar bis zu zehn Jahre durch. Das mehr oder weniger laufende Nachladen einer Auto- (oder z. B. Rollstuhl-)Batterie kann in manchen Fällen als „größeres", in anderen Fällen als „kleineres" Laden bezeichnet werden. Es kann viel Ähnlichkeit mit den Ladevorgängen in einer Solaranlage haben und besteht sehr oft aus mehr als 1.000 Ladevorgängen – bei einem Auto sogar aus vielen Tausenden.

Man sollte also eine Autobatterie als Solarspeicher nicht nur deshalb disqualifizieren, weil sie im Vergleich mit den technischen Daten eines echten Solarakkus etwas schlechter abschneidet. Die Strapazen, denen die Batterien ausgesetzt werden, sind unterschiedlicher Art und lassen sich nicht immer in die technischen Daten einbeziehen. Dazu kommt, dass eine große Zahl der eigenhändig erstellten Solaranlagen einen experimentellen Charakter hat, wo eine kürzere Lebensdauer des Akkus unter Umständen annehmbar ist.

Rein theoretisch betrachtet ist es empfehlenswert, sich für eine stationäre Solaranlage auch echte Solarakkus eines namhaften Herstellers zuzulegen – schon deshalb, weil ein guter Solarakku auch einen um bis ca. 9 % höheren Wirkungsgrad als eine normale Autobatterie haben kann. Das dürfte sich besonders bei größeren Solaranlagen als nützlich erweisen.

Andererseits kommen für bescheidenere Solaranlagen ohnehin nur kleinere Standard-Bleiakkumulatoren in Frage, die in Motorrädern, Rollstühlen oder im Modellbau verwendet werden. Nicht nur der Preis, sondern auch die Abmessungen bestimmen hier oft den Kaufentschluss.

3.5 Tiefentladeschutz

Den meisten Autofahrern ist es bekannt: Wenn ein Bleiakkumulator ein einziges Mal zu tief entladen wird, ist er schwer beschädigt oder sogar unbrauchbar – was u. a. von der Qualität des Akkus abhängt. Er lässt sich zwar meistens wieder aufladen, aber leidet anschließend unter einer erhöhten Selbstentladung.

Für die Lebensdauer eines NiCd-Akkus ist es wiederum wichtig, dass er möglichst gleich zu Beginn seines Einsatzes und danach etwa alle 90 Tage möglichst vollständig entladen wird, bevor man ihn wieder auflädt. Wenn die erwünschten Entladungen nicht periodisch vorgenommen werden, verliert der Akku durch sein „Gedächtnis", den sogenannten *Memoryeffekt*, langsam aber sicher seine Kapazität. Er wird nach jedem folgenden Aufladen immer schneller leer, und ist letztlich nicht mehr zu gebrauchen (für NiMH- und NiH-Akkus gilt dies nicht).

Bei größeren Solaranlagen werden in der Regel Bleiakkumulatoren als Energiespeicher eingesetzt. Hier muss dringend vermieden werden, dass bei fehlendem Nachschub der Solarenergie die Akkumulatoren zu tief unter die zugelassene Schwelle entladen werden. Zu diesem Zweck wird ein elektronischer Tiefentladeschutz verwendet, den wir bereits in Kapitel 1 *(Abb. 1.9)* kennengelernt haben. Er sorgt dafür, dass alle Verbraucher vom Akku einfach abgeschaltet werden, sobald seine Spannung unter die Tiefentladeschwelle

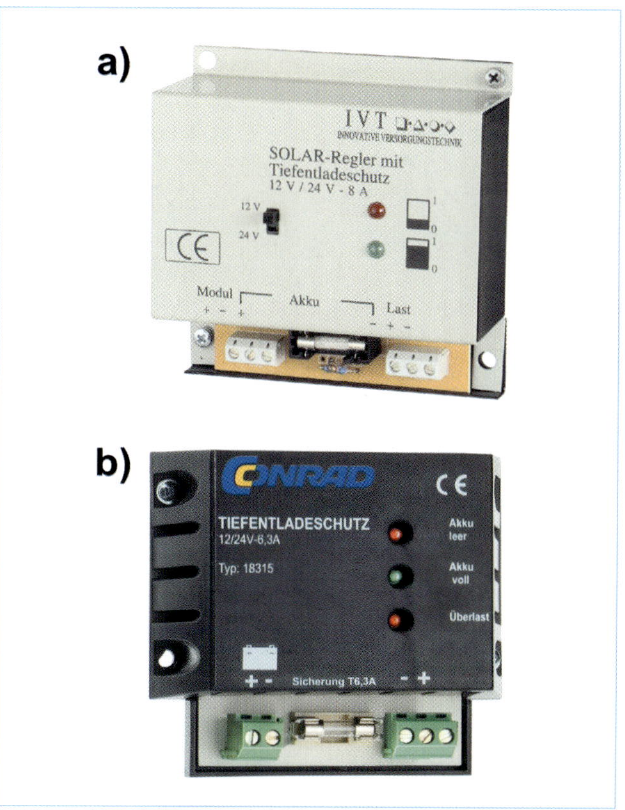

Abb. 3.18 – a) In die meisten Solarladereglern ist der Tiefentladeschutz bereits integriert; b) Der Tiefentladeschutz ist auch als selbstständiges Gerät erhältlich (Foto: Conrad Electronic).

3.5 Tiefentladeschutz

sinkt. Sie werden automatisch erst dann wieder eingeschaltet, wenn die Akkuspannung etwas gestiegen ist.

Dieser Tiefentladeschutz ist normalerweise in die meisten Ladereglern bereits integriert, jedoch auch separat erhältlich und die Abschalt-/Einschaltschwelle ist oft werkseitig eingestellt. Achten Sie dennoch beim Kauf darauf, ob es bei dem vorgesehenen Laderegler auch wirklich der Fall ist – es steht in den Unterlagen. Die Abschaltgrenze bei Tiefentladeschutz wird für 12-V-Akkus beispielsweise auf 11,1 V, für 24-V-Akkus auf 22,2 V eingestellt. Falls die Akkuspannung auf dieses Niveau sinkt, werden alle Verbraucher automatisch abgeschaltet. Sie werden erst dann wieder zugeschaltet, wenn der Akku auf etwa 12,4 bzw. 24,8 V nachgeladen ist.

Der relativ große Spannungs-Zwischenraum ist deshalb notwendig, weil sich die Akkuspannung nach dem Abschalten der Verbraucher – auch ohne Nachladen – schnell wieder erholt. Bei einem zu kleinen Spannungsabstand würde der Tiefentladeschutz ständig hin- und herschalten.

Besonders kritisch ist die Frage der Tiefentladeschwelle bei Akkumulatoren, die auch während der Frostperiode arbeiten müssen. Je niedriger die Temperatur ist, umso höher muss der Akku (ständig) aufgeladen bleiben. Andernfalls friert sein Elektrolyt ein und der Akku reißt entzwei. Ein warmer Aufstellplatz ist im Winter für einen Bleiakkumulator deshalb sehr vorteilhaft.

4 Bypass-Dioden in Solarmodulen

Wenn eine Solarzellenfläche unterschiedlich bestrahlt wird, wirken die weniger beleuchteten Zellen stromdrosselnd für den Rest der Solarzellenkette und können durch sogenannte *Hot-Spot-Effekte* sogar zerstört werden. Eine einzige stark beschattete Solarzelle im Modul kann zu einer Kochplatte werden und bringt die Vergussmasse zum Schmelzen. Dadurch kann sich die Vergussmasse verfärben und das Modul wird unbrauchbar.

Um hier Abhilfe zu schaffen, lötet man parallel zu jeder Solarzelle eine normale Gleichrichterdiode, die als eine Umleitung für den Strom aller verbleibenden Zellen nach *Abb. 4.1.* fungiert. Die beschattete Zelle verursacht dann zwar ein geringfügiges Absinken der Nennspannung, aber sie beeinflusst kaum den Nennstrom des Moduls.

4 Bypass-Dioden in Solarmodulen

Bei manchen handelsüblichen Solarmodulen überbrückt jeweils eine Bypass-Diode acht oder mehr Zellen, bei anderen Modulen sind unter Umständen gar keine Bypass-Dioden vorhanden. Soweit die Solarmodule auf einem höheren Hausdach montiert werden, ist die Gefahr von Beschattung (durch Laub) nicht so groß wie bei einer Aufstellung der Module an tieferliegenden Standorten. Handelt es sich um kleinere Module (oder im Selbstbau erstellte Solarzellenflächen) mit einem Nennstrom tief unterhalb von 1 A, reichen als Bypass-Dioden beliebige preiswerte 1-A-Silizium-Gleichrichterdioden (Typ 1 N 4001) aus. Ansonsten müssen Silizium-Leistungsdioden für Strombelastungen von 3 A (1 N 5400), 5 A (BY 550-50) oder 6 A (PB 600 A) verwendet werden.

Bei Solarzellenketten, die für höhere Spannungen ausgelegt sind, kann eine Bypass-Diode auch mehr als 20 oder 30 Solarzellen überbrücken, wenn dafür spezielle Gründe sprechen (z. B. auch als zusätzliche Überbrückung einzelner selbstständiger Solarzellenmodule, die z. B. nach

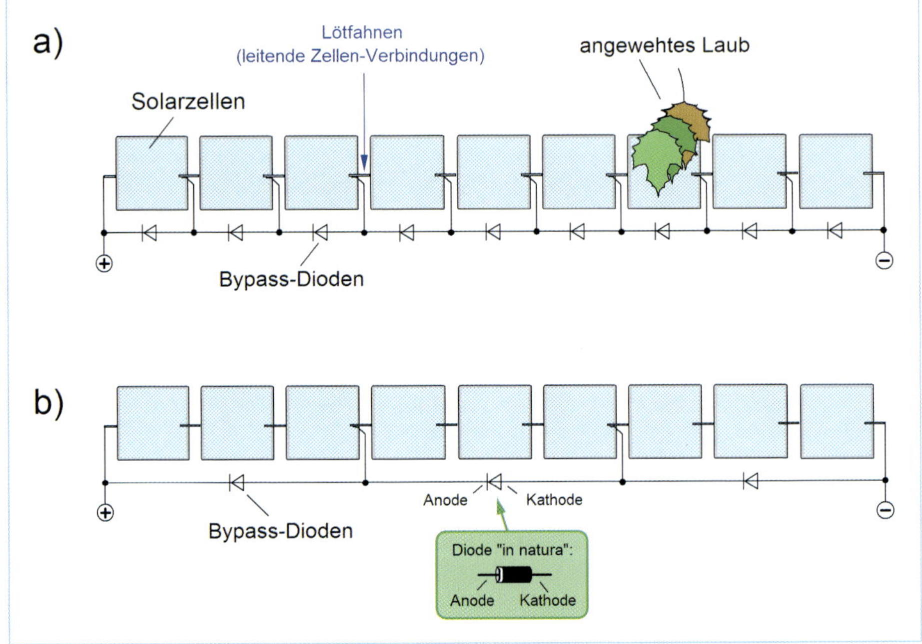

Abb. 4.1 – Zwei Anordnungsbeispiele von Bypass-Dioden im Solarmodul: a) Jede Solarzelle verfügt über eine eigene Bypass-Diode. b) Mehrere Solarzellen werden mit nur einer einzigen Bypass-Diode überbrückt.

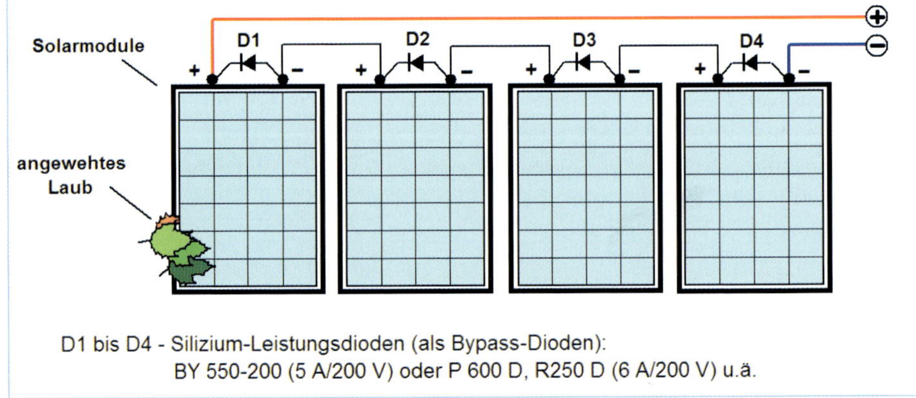

Abb. 4.2 – Hat der Hersteller in seine Fertigmodule keine eigenen Bypass-Dioden integriert, können diese an den Modul-Anschlussklemmen nachträglich angebracht werden, wenn mehrere Module zu einer Kette geschaltet werden.

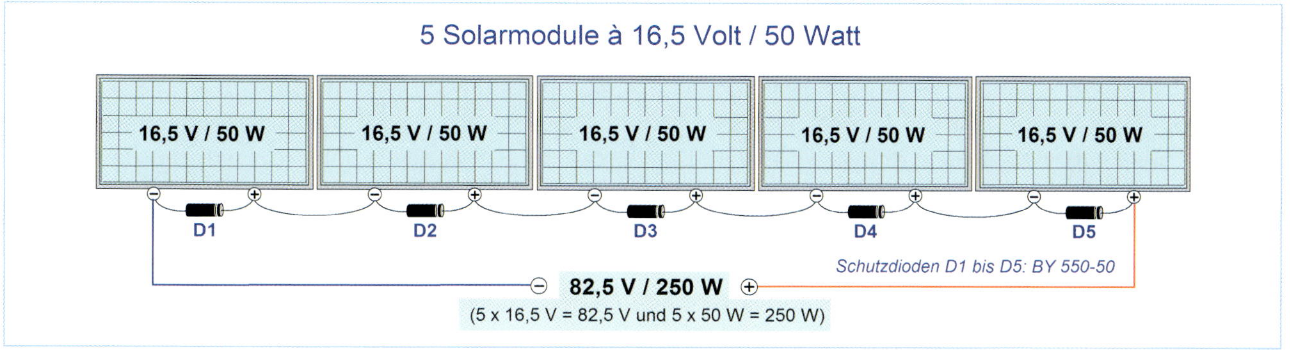

Abb. 4.3 – Anordnungsbeispiel der (Bypass-)Schutzdioden an Solarmodulen in einer Reihenschaltung.

Abb. 4.2/4.3 in Reihe geschaltet werden und in die keine Bypass-Dioden eingebaut sind).

Wenn dagegen bei einem Garten-Solarzellenmodul nicht auszuschließen ist, dass einige seiner Zellen gelegentlich von Laub usw. beschattet werden können, sollten entweder jede der Zellen *(nach Abb. 4.1a)* oder zumindest jeweils zwei bis drei Glieder der Zellenkette *(nach Abb. 4.1b)* eine Bypass-Diode erhalten.

Genau genommen hängt von der Modul-Nennspannung ab, wie viele Einzelzellen jeweils in der beschatteten Sektion sein dürften. Wenn es sich z. B. um ein etwas großzügiger dimensioniertes Modul mit einer Nennspannung von 21 V handelt und wir zum Laden nur eine Spannung von 14 V benötigen, können wir, nach Abzug von ca. 2 bis 3 Volt auf Verluste, bei sonni-

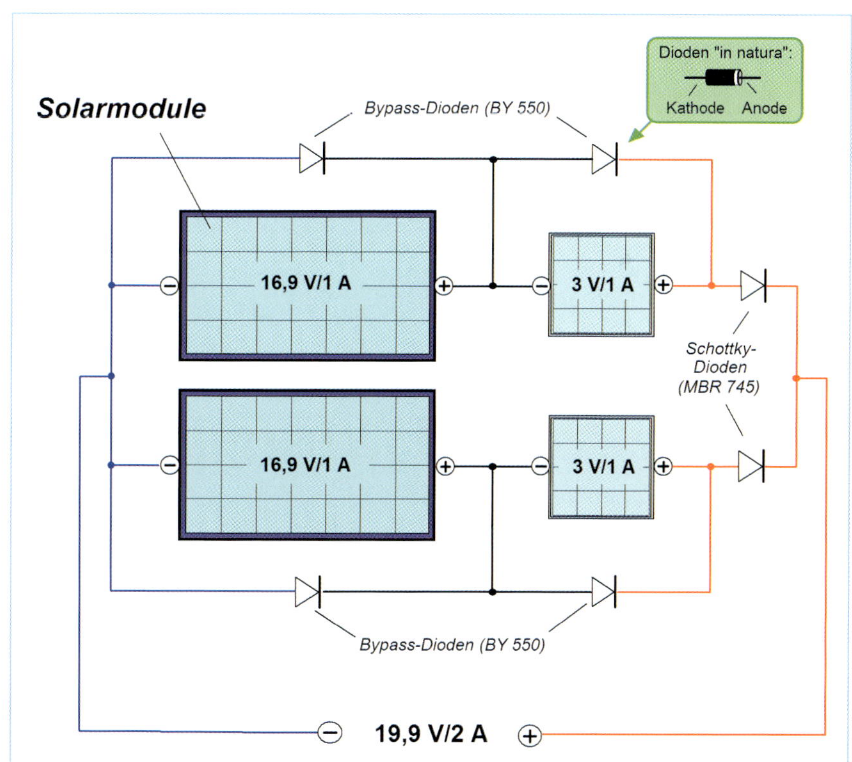

Abb. 4.4 – Anordnungsbeispiel der Bypass- und Schottky-Dioden an seriell/parallel verschalteten Solarmodulen: Auf die richtige Polarität der Dioden ist zu achten!

gem Sommerwetter auf ganze 4 Volt verzichten. Das sind abgerundet acht Einzelzellen (8 x 0,46 V = 3,68 V). Bei einem Modul, das an einem Gartenhausdach schlimmstenfalls dem Schatten eines angewehten Blatts ausgesetzt ist, dürfte somit eine Bypass-Diode für jeweils vier bis acht Zellen ausreichen.

Soll z. B. ein Selbstbau-Solarmodul oder eine Reihe gekapselter Solarzellen oben auf einem Rosenbogen angebracht werden, an dem Rosenblätter gelegentlich die Zellen beschatten könnten, ist es günstiger, wenn jede Zelle eine eigene Bypass-Diode bekommt – zumindest sollten wenigstens jeweils zwei nebeneinander stehende Zellen mit einer Bypass-Diode überbrückt werden. Dann muss man nicht allzu oft die Leiter besteigen, um die unerwünschten Schattenspender abzuschneiden.

Diese Hinweise sind jedoch überwiegend für den Solarmodul-Selbstbau geeignet. Bei Fertigmodulen, in denen die Solarzellen kompakt in der Gussmasse eingegossen sind, kann man im Nachhinein nur ganze Module mit zusätzlichen Bypass-Dioden nach *Abb. 4.2* nachrüsten – falls der Hersteller intern im Modul keine Bypass-Dioden angebracht hat.

Nebenbei: Einige Hersteller integrieren Bypass-Dioden direkt in den Solarzellen.

5 Standorte für die Solarmodule

Beim Planen des Aufstellplatzes für Solarmodule muss an erster Stelle die Frage einer optimalen Ausrichtung der Solarzellenfläche zur Bahn der Sonne geklärt werden (siehe Kapitel 2).

Da im Winter die Sonne recht tief steht, würde die Solarfläche einen viel größeren Neigungswinkel benötigen als im Sommer bei fast senkrechtem Sonnenstand. Dem-

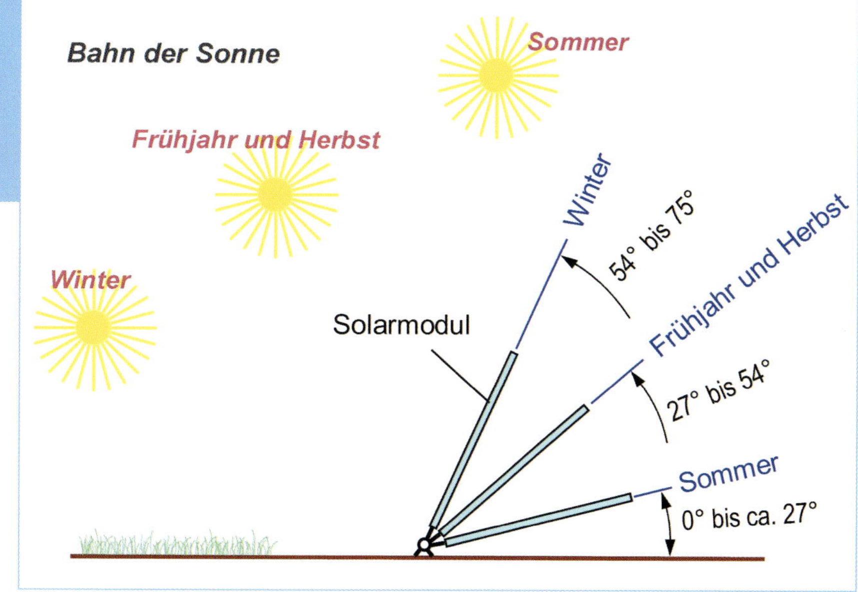

Abb. 5.1 – Optimale Neigungswinkel der Solarzellenflächen.

5 Standorte für die Solarmodule

entsprechend müsste sich zumindest der Solarflächen-Neigungswinkel jahreszeitbezogen jeweils der Sonnenbahn nach *Abb. 5.1* anpassen.

Es leuchtet ein, dass eine verstellbare Solarflächenkonstruktion vorteilhaft wäre. Notfalls genügt aber auch eine Neigungswinkelverstellung in zwei Stufen: eine Stufe für die Periode von Frühjahr bis Herbst und eine für die kalte Jahreshälfte. Ein kleineres Solarmodul kann unter Umständen im Selbstbau mechanisch oder elektrisch verstellbar so montiert werden, dass sich sein Neigungswinkel zumindest in einigen Stufen nach dem Prinzip aus *Abb. 5.1* jahreszeitbezogen verstellen lässt.

In der Praxis ist es jedoch viel einfacher und zudem oft preiswerter, wenn man gleich eine etwas größere Solarzellenfläche einplant und für den Ganzjahresbetrieb aufstellt. Aus ästhetischen Gründen verdient die bereits bestehende Dachneigung Vorrang, sofern sie selbst zufriedenstellend nach Süden ausgerichtet ist. Notfalls müssen die Solarmodule mithilfe passender Halterungen z. B. nach dem Beispiel aus *Abb. 5.1* gegen Süden ausgerichtet montiert werden.

Netzgekoppelte Photovoltaik-Anlagen, bei denen es nur auf eine möglichst hohe Energieausbeute pro Jahr ankommt, sollten einen Neigungswinkel haben, der sich überwiegend an der Jahreshälfte von Anfang April bis Ende September orientiert. Ein Neigungswinkel um die 35° bis 40° ist hier demnach günstiger als die oft empfohlenen 45°. Dieser Neigungswinkel hat auch bautechnische Vorteile: Ein Dach mit einem Neigungswinkel unterhalb von 40° lässt sich gut warten (man rutscht auf den Dachziegeln nicht so leicht ab).

Oft ist jedoch das Dach bereits vorhanden. Dann bringt man die Solarzellenmodule so an, dass sie sich optisch und damit gleichzeitig sturmfest mit dem Dach

Abb. 5.2 – Hochgestellte Solarmodule auf dem Dach eines landwirtschaftlichen Objekts.

Abb. 5.3 – In der Praxis werden Solarmodule so auf einem Dach montiert, dass sie mit der Dachhaut eine Einheit bilden.

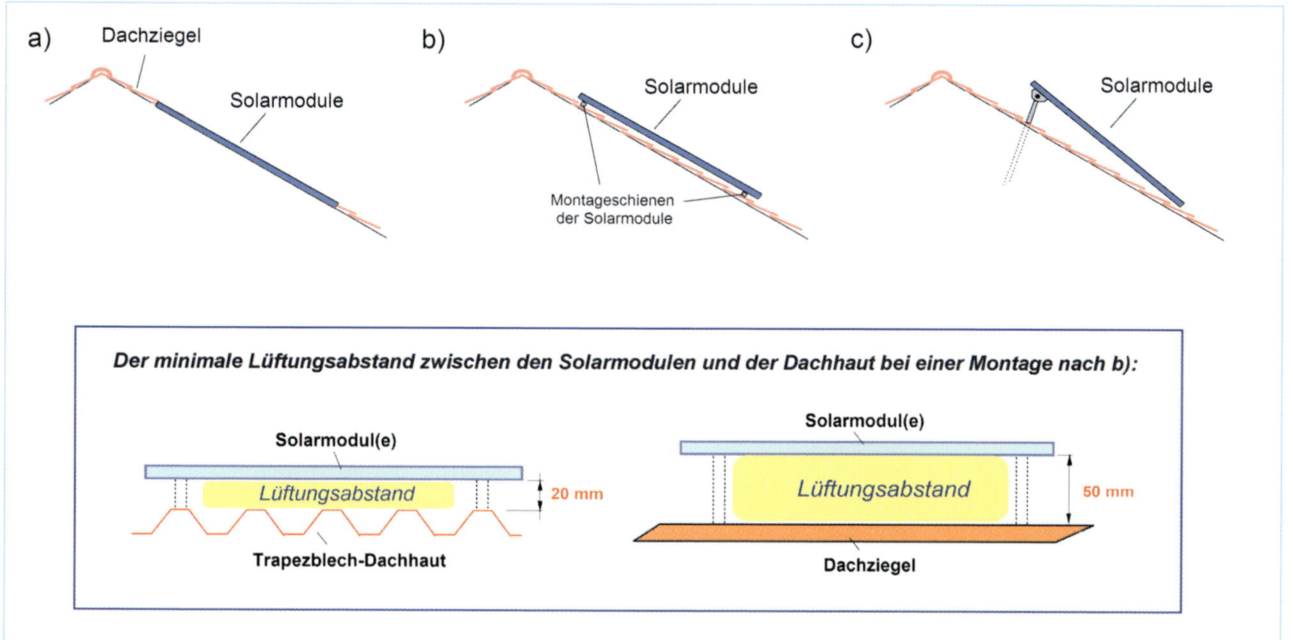

Abb. 5.4 – Solarmodule können an einem Dach auf drei Grundarten montiert werden: a) in die Dachhaut integriert (Indach-Montage), b) mit mindestens 5 cm Lüftungsabstand zu der Dachhaut (Aufdach-Montage) oder c) mit einem (eventuell verstellbarem) Neigungswinkel, der von der Dachneigung abweicht bzw. auf nicht verstellbare Konsolen auf Flachdächern.

zu einer kompakteren Einheit verbinden – wie z. B. *Abb. 5.3* zeigt.

Das Anbringen der Solarmodule am Dach kann auf drei verschiedene Grundarten nach *Abb. 5.4* erfolgen.

Die Lösung nach *Abb. 5.4 a (Indach-System)* dürfte zwar aus ästhetischen Gründen Vorrang haben, ist aber bautechnisch sehr aufwendig und verhindert, dass die Solarmodule an ihrer Unterseite gelüftet werden. Für solche Zwecke sind Solarmodule erhältlich, die sich wasserfest aneinander montieren lassen und als „Solar-Dachziegel" bezeichnet werden. Auch normale Solarmodule kann man auf diese Weise in das Dach integrieren, aber sie benötigen unter ihrer ganzen Fläche eine wasserdichte Kupfer- oder Kunststoffwanne.

Die Lösung nach *Abb. 5.4 b (Aufdach-System)* wird in den meisten Fällen angewendet. Sie ermöglicht eine Lüftung der Module und eignet sich für Dächer mit einer entsprechenden Ausrichtung nach Süden und einer Dachneigung von ca. 35° bis 45°. Nach *Abb. 5.4 c* werden Solarmodule auf Flachdächer oder auf Dächer mit einer zu niedrigen Neigung aufgestellt. Die tragenden Konstruktionen sind meist als feste Metallhalterungen nach *Abb. 5.5* ausgelegt, können jedoch beim Selbstbau auch mit einem elektrisch oder mechanisch verstellbaren Neigungswinkel ausgeführt werden. Dies kann vor allem bei kleineren Inselanlagen (mit kleineren Solarzellenflächen) den Energiegewinn

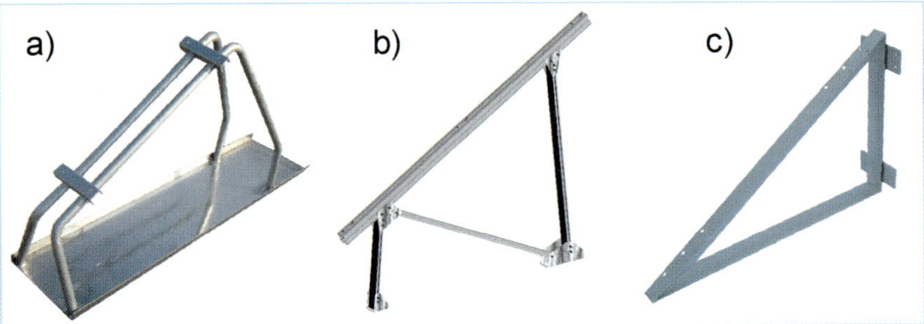

Abb. 5.5 – Einige Ausführungsbeispiele von Modulträgern für Flachdach- und Wandmontage *(Foto/Anbieter: Schletter GmbH).*

auch dann steigern, wenn die Modulneigung nur etwa zwei- bis viermal im Jahr etwas verändert wird, um gegen die Sonnenbahn besser ausgerichtet zu sein. Eine Konstruktion mit verstellbarem Neigungswinkel stellt höhere Ansprüche an das handwerkliche Können und muss auch kräftigeren Stürmen widerstehen können.

Größere Solarflächen werden auf Dächern meist nach *Abb. 5.6* auf parallel angeordnete Schienen montiert, die als handelsübliches Montagematerial für diese Zwecke mit allem Zubehör erhältlich sind. Kleinere Solarmodulflächen können nach *Abb. 5.7* auch nur auf Aluminium-U-Profile oder Rechteckrohre montiert werden. Wenn es die Dachform oder andere Gegebenheiten erlauben, können Solarmodule auch auf einen selbsttragenden Rahmen montiert werden, der sich z. B. nach *Abb. 5.8* auch leicht selbst anfertigen lässt.

Das Anbringen der Solarmodule auf einem Ziegeldach ist oft viel

Abb. 5.6 – Beispiel einer Solarmodul-Dachmontage auf speziellen Alu-Schienen.

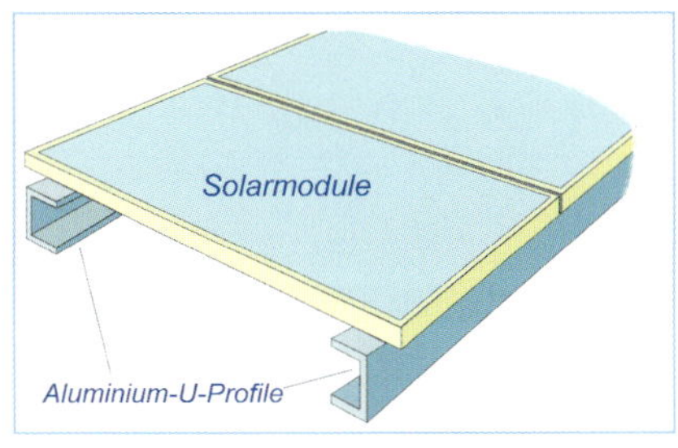

Abb. 5.7 – Beispiel einer Solarmodul-Montage auf zwei Alu-U-Profilen.

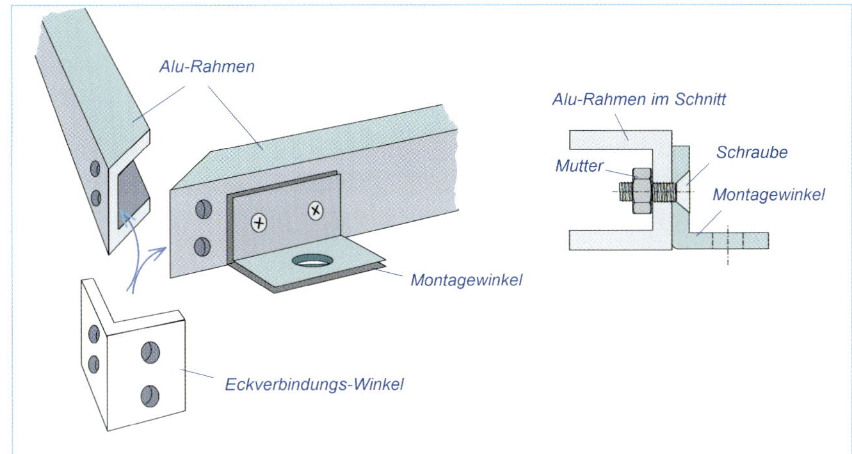

Abb. 5.8 – Beispiel eines Selbstbau-Montagerahmens aus Aluminum-U-Profil.

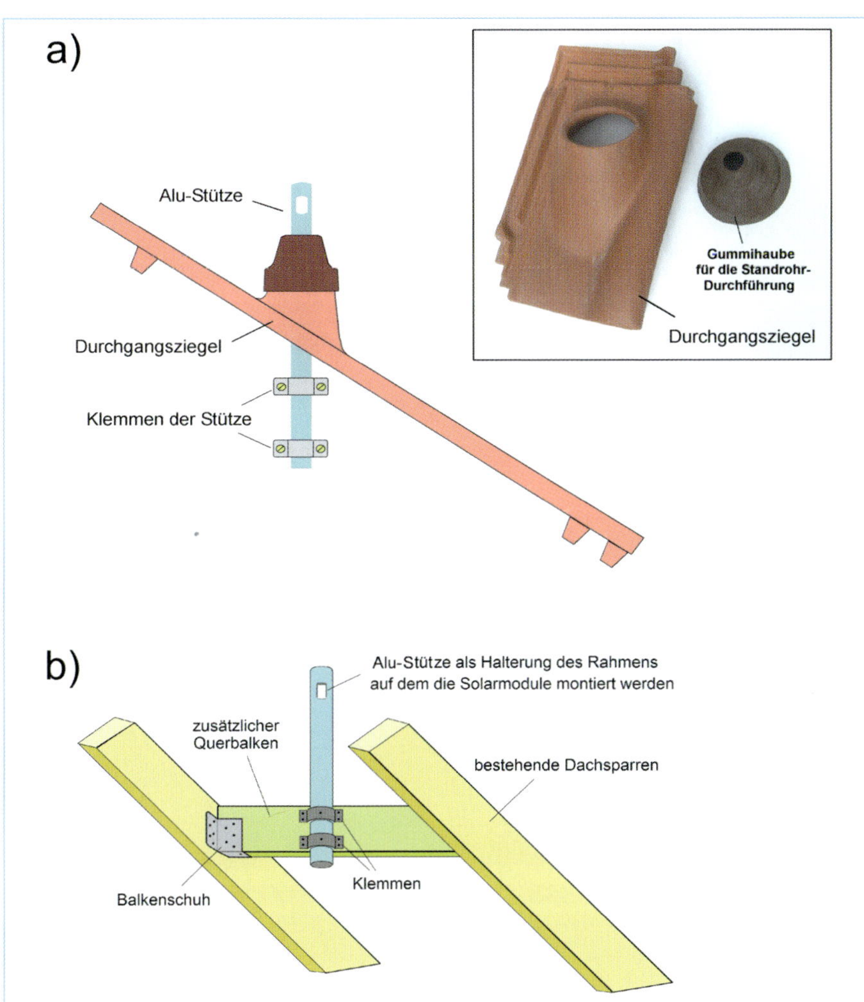

Abb. 5.9 – a) Durch die Antennen-Durchgangs-Dachziegel werden runde Alustäbe geführt, die wie Tischbeine z. B. den Modulrahmen halten. b) Unten können die Metallstäbe an die bestehenden Balken der Dachkonstruktion oder an zusätzlich angebrachte Balken mittels Klemmen befestigt werden.

5 Standorte für die Solarmodule

schwieriger, als es in verschiedenen technischen Unterlagen gezeichnet wird. Der Durchgang durch die Dachziegel ist deshalb kompliziert, weil diese passend ineinander sitzen und weder Schlitze noch einen Zwischenraum für zusätzliche Dachanker haben. Hier eignen sich für Selbstbau-Montagezwecke sehr gut die sogenannten „Antennendurchgangs-Dachziegel". Es gibt sie in fast allen Dachziegelausführungen und somit lassen sich die bestehenden Dachziegel leicht durch diese Spezialziegel nach *Abb. 5.9* auswechseln.

Falls die Solarmodule auf ein Flachdach angebracht werden sollen, ist es wichtig vorher in Erfahrung zu

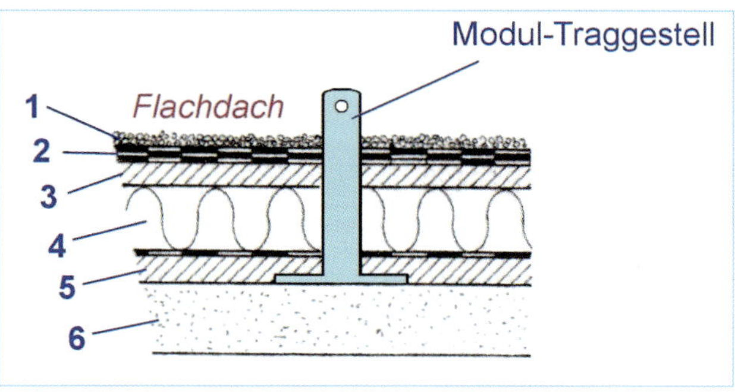

Abb. 5.10 – Modernes Warmdach im Schnitt:
1 = Bekiesung, 2 = Dachpappe, 3 = Dachhaut-Trägerschicht, 4 = Wärmedämmung, 5 = Dampfsperre, 6 = Beton oder andere Unterkonstruktion

bringen, ob es sich nur um ein Beton- oder Warmdach handelt. Warmdächer haben eine weiche Dachhaut, in die sich nicht bohren lässt. Hier lässt sich eine schwere Konstruktion nicht so leicht aufstellen, wie es in manchen Prospekten vorgeschlagen wird. Konkret sieht ein modernes Warmdach im Schnitt meistens wie in *Abb. 5.10* aus.

Bei solchen Flachdächern muss die Tragekonstruktion schwerer Solarmodule durch die weiche Dachhaut bis an die feste Unterkonstruktion wasserdicht befestigt werden. Ein kleines Solarmodul kann auf ein Flachdach auch nur auf einem einfachen Rohrgestell frei aufgestellt und mit Betonsteinen beschwert werden.

In letzter Zeit werden oft auch Hausfassaden zu Solarflächen umgestaltet. Damit erhält allerdings die Solarfläche gezwungenermaßen einen Neigungswinkel von 90°. Im Hinblick auf die jährliche Solarenergie-Ausbeute ist dieser Neigungswinkel sehr ungünstig. Er bringt dagegen einen erhöhten Energiegewinn in den Monaten Dezember und Januar.

Kleinere Solarzellenmodule, die im Garten oder am Hauseingang gebraucht werden, lassen sich in den meisten Fällen unauffällig unterbringen. Zu diesem Zweck kann auch eine zusätzliche „Unterkunft" künstlich erstellt werden. Näheres wird später bauanleitungsbezogen erläutert.

6 Netzgekoppelte Photovoltaik-Anlagen

Wenn Sie mit den Gedanken spielen, sich eine Photovoltaik-Anlage errichten zu lassen, sollten Sie wissen, wie ein solches System funktioniert, worauf es bei der Abstimmung der einzelnen Komponenten ankommt und welche Produkte sich für Ihr Vorhaben am besten eignen. Andernfalls riskieren Sie, dass Ihre Photovoltaik-Anlage nur dürftig funktioniert.

Eine gute Planung kann zwar diverse aufkommende Defekte nicht verhindern, aber sie lassen sich an einer gut konzipierten Anlage, die bereits eine Zeit lang hervorragend funktionierte, leichter ausfindig machen.

Bei der Planung einer netzgekoppelten Solaranlage geht es vor allem um die Frage der optimalen Leistung und der optimalen Spannung der

6 Netzgekoppelte Photovoltaik-Anlagen

Solarzellenmodule. Soweit sich die Leistung der zur Verfügung stehenden Dach- oder Fassadenfläche einem vorgesehenen Preislimit unterordnen muss, ist es mit der Planung einfach:

Solange sich die behördliche Zuschusslage nicht ändert, sollte die Leistung einer Photovoltaik-Anlage oberhalb von 1.000 Watt (1.000 Wp) liegen, denn darunter gibt es keinen Zuschuss. Erkundigen Sie sich aber rechtzeitig, nach welchen Maßstäben die für Sie zuständige Behörde die Leistung der Photovoltaik-Anlage bewertet. Einige Behörden gehen nicht mehr von der theoretischen Nennleistung der eigentlichen Solarmodule aus, sondern von der elektrischen Maximalleistung, die tatsächlich über den Einspeise-Stromzähler ins öffentliche Netz eingespeist werden kann.

Beträgt also die theoretische Nennleistung einer Solarmodulkette z. B. 1.000 Watt und handelt es sich dabei um Solarmodule mit einer Toleranz von ±10 %, kann die erzielbare solarelektrische Leistung der ganzen Kette eventuell nur 900 statt 1.000 Watt erzielen. Wird zudem ein Wechselrichter angewendet, der einen Wirkungsgrad von z. B. 94 % hat, verringert sich da-

Solarmodule:
a) Niedrige Herstellungsstreuung
(bevorzugte Toleranz unterhalb von 3%)
b) Ausgangsspannung optimal angepasst
an den Eingangsspannungsbereich des
angewendeten Wechselrichters
c) Gute mechanische Ausführung, thermisch
gehärtete hagelfeste Glasscheiben
d) Rostfreie Befestigungs-Bauteile
Wechselrichter
a) Hoher Umwandlungs-Wirkungsgrad
(bevorzugt überhalb von 96 bis 98 %)
b) Leistung und Eingangsspannungsbereich optimal
abgestimmt auf die Solarmodule
c) Geringer Leistungsrückgang bei Erwärmung des Gerätes
Einspeisezähler
öffentliches Netz

Abb. 6.1 – Wichtige technische Eigenschaften einer optimal konzipierten netzgekoppelten Photovoltaik-Anlage.

durch die maximal erzielbare Einspeiseleistung von 900 auf 846 Watt (900 W x 0,94 = 846 W). Die Verluste in den Modulen durch Aufwärmen der Solarzellen lassen wir vorerst außer acht, denn sie verringern die vom Einspeisezähler registrierte maximale Leistung (auch unter relativ günstigen Umständen) um weitere ca. 8 bis 10 %.

Theoretisch wäre es erstrebenswert, bevorzugt Solarmodule anzuwenden, deren Toleranz z. B. nur bei ca. 1 % liegt. Solche Solarmodule gibt es, aber der Aufpreis ist relativ hoch. Setzt man sich aus solchen Modulen einen 1.000-Watt-Solargenerator zusammen, kann er viel teurer sein als z. B. ein 1.200-Watt-Solargenerator mit kostengünstigen Solarmodulen, deren Toleranz zwischen ±5 und ±10 % liegt. Kostengünstigere Solarmodule beanspruchen allerdings für dieselbe elektrische Ausgangleistung eine entsprechend größere Aufstellfläche. Steht diese ohnehin zur Verfügung, bleibt es im persönlichen Ermessen, welche Module Vorrang erhalten sollten. Allerdings sollte dabei auch der Leistungsbereich des vorgesehenen Wechselrichters im Auge behalten werden.

- Die Größe und die Leistung der einzelnen Solarmodule können den technischen Daten entnommen werden, um den Flächenbedarf *(nach Abb. 6.2)* oder die Anordnung der Solarmodule am Dach maßstabgerecht zu skizzieren.
- *Ausgangsspannung* und *Nennleistung* der Solarmodulkette sollten möglichst nahe an der maximalen Eingangsspannung und maximalen Nennleistung des angewendeten Wechselrichters liegen.

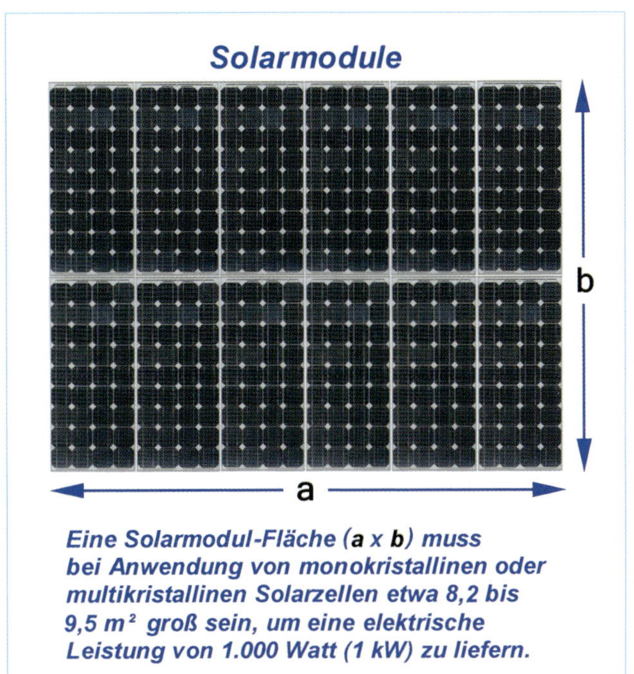

Solarmodule
b
a
Eine Solarmodul-Fläche (a x b) muss bei Anwendung von monokristallinen oder multikristallinen Solarzellen etwa 8,2 bis 9,5 m² groß sein, um eine elektrische Leistung von 1.000 Watt (1 kW) zu liefern.

Abb. 6.2 – Berechnungsbeispiel der Solarmodulfläche: Dieses Beispiel bezieht sich auf die Leistung der handelsüblichen Solarmodule herkömmlicher Bauart.

Pro Quadratmeter Solarzellenfläche dürfte man nach Einbeziehung aller Verluste mit etwa 105 bis 122 Watt Leistung bei guten Solarmodulen und optimalen Bedingungen rechnen, wenn auch die Zwischenräume zwischen den Solarmodulen einbezogen werden.

Diese Leistung wird jedoch nicht voll ins öffentliche Netz eingespeist, sondern verringert sich um die Verluste, die im Wechselrichter entstehen.

6.1 Der Wechselrichter

Wechselrichter (*Inverter*) sind Geräte, die eine Gleichspannung in Wechselspannung umwandeln.

Kleinere Wechselrichter lernten wir bereits in diesem Buch kennen. Sie sind u. a. als Solar- oder Kfz-Zubehör erhältlich. Sie wandeln die 12- oder 24-V-Gleichspannung (*DC*) der Autobatterie (bzw. einer Solarbatterie) in eine 230-V-Wechselspannung (*AC*) um, damit der Betrieb „normaler" Netzgeräte ermöglicht wird.

Wechselrichter, die für netzgekoppelte Photovoltaik-Anlagen vorgesehen sind, müssen über viele spezielle Eigenheiten verfügen, um die Solar-Gleichspannung des „Solargenerators" (der photovoltaischen Dachmodule) in eine echt netzidentische Wechselspannung umwandeln zu können. Zudem verfügen sie über diverse zusätzliche Funktionen, die einen vollautomatischen Betrieb ermöglichen.Unter dem Begriff „vollautomatischer Betrieb" ist Folgendes zu verstehen:

a) Der Wechselrichter sollte im Idealfall fähig sein, jeden kleinsten Tropfen des erzeugten Solarstroms ins öffentliche Netz einzuspeisen. Dies beinhaltet, dass er sowohl eine sehr niedrige als auch eine relativ hohe Solar-Eingangsspannung in die 230-Volt-Wechselspannung umwandeln müsste – und das mit möglichst niedrigen internen Verlusten (mit hohem Wirkungsgrad).
b) Sobald der Wechselrichter von den Photovoltaik-Modulen eine brauchbare (= ausreichend hohe) Solargleichspannung erhält, muss er sich ans öffentliche Netz automatisch „ankoppeln" und die in Wechselspannung umgewandelte Solarspannung phasenidentisch ins öffentliche elektrische Netz einspeisen. Wenn die Solar-Eingangsspannung wieder unter das vom Wechselrichter verwertbare Niveau sinkt, schaltet sich der Wechselrichter automatisch vom Netz ab und schaltet sich selbst in *Stand-by* um. Der Stand-by-Energieverbrauch sollte dabei möglichst niedrig sein.

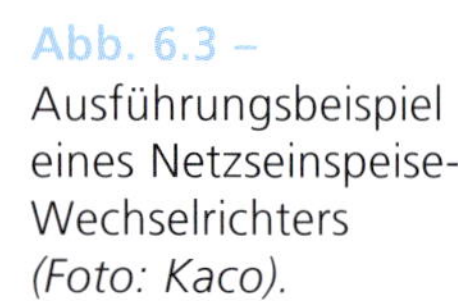
Abb. 6.3 – Ausführungsbeispiel eines Netzseinspeise-Wechselrichters *(Foto: Kaco)*.

Die Auswahl an handelsüblichen Wechselrichtern ist groß und es tauchen auf dem Markt laufend neue Geräte auf, die dank technischen Fortschritts immer energiesparender werden. Jeder Wechselrichter hat typenbezogen einen anderen *Eingangsspannungsbereich* und verkraftet zudem nur einen maximal zulässigen *Eingangsstrom (Abb. 6.4)*. Beides ist in den technischen Daten eines jeden Wechselrichters angegeben.

Dass der vom Solargenerator gelieferte maximale Strom (= der theoretische Nennstrom der Modulkette) nicht höher als der maximal zulässige Eingangstrom des Wechselrichters sein darf, leuchtet ein. Ein zu großer Spielraum ist hier jedoch nicht erforderlich und auch nicht günstig. Wenn der Wechselrichter für einen erheblich höheren Strom ausgelegt ist, als notwendig wäre, hat er auch meist einen entsprechend höheren Eigenleistungsverbrauch

Besondere Aufmerksamkeit verdient bei der Wahl eines optimalen Wechselrichters sein **Eingangsspannungsbereich**. Er bestimmt, ob sich der Wechselrichter – einfach formuliert – rechtzeitig in die Modulkette ein- und nicht zu früh von ihr abschaltet. *Abb. 6.4 bis 6.6* verdeutlichen, was man sich unter dieser Arbeitsweise eines Wechselrichters vorstellen kann.

Bei dem Beispiel nach *Abb. 6.4* erfolgt die Einspeisung des Solarstroms ins elektrische Netz erst dann, wenn die Solarspannung die vorgesehenen 120 Volt erreicht. Der Wechselrichter schaltet sich wieder ab, sobald die Solarspannung unterhalb von 120 Volt sinkt. Das ist jedoch nicht der Sinn einer solchen Anlage, bei der angestrebt wird, dass sie auch bei leicht bewölktem Himmel bzw. möglichst früh am Morgen ins öffentliche Netz „durchverkauft" und erst möglichst spät am Abend wieder vom Wechselrichter abgeschaltet wird – wie *Abb. 6.6* verdeutlicht.

Die schlimmste Schwachstelle der meisten handelsüblichen Wechselrichter liegt darin, dass Sie niedrigere Solarspannungen (und somit niedrigere Solarleistungen) nicht verwerten können. Viele Wechselrichter schalten sich vom Netz schon in dem Moment ab, wenn die Solarspannung etwa auf die Hälfte sinkt (manche sogar noch eher). Die Solarmodule sind ab diesem Moment außer Betrieb gesetzt und der Wechselrichter stellt sich tot. Dadurch kommt es in unseren Breitengraden (und vor allem im Norden des Landes) recht oft vor, dass die Solarmodule nur etwa die Hälfte ihrer offiziellen Nennspannung (= maximal erzielbaren Spannung) liefern.

Der Eigenverbrauch liegt gegenwärtig bei den meisten kleineren Hauswechselrichtern zwischen ca. 2 bis 6 % ihrer *Nennleistung* (maximalen Leistung). Der sogenannte Wirkungsgrad des Wechselrichters (der somit typenabhängig zwischen ca. 94 und 98 % liegt) bezieht im Prinzip nur auf die maximale Leistung oder auf einen bestimmten Arbeitsbereich des Wechselrichters. Wird also bei einem 1.000-Watt-Wechselrichter ein Wirkungsgrad von 95 % angegeben, beinhaltet dies, dass der Eigenverbrauch des Wechselrichters 5 % seiner Nennleistung (also stolze 50 Watt) beträgt (bzw. betragen kann). Das ist zwar nicht viel, wenn man bedenkt, welch komplizierte Stromumwandlung und zusätzliche automatische Steuerung dahinter stecken. Wenn jedoch ein solcher Wechselrichter wetterbedingt nur eine geringere Solarleistung von z. B. 100 Watt (eingangsseitig) erhält, verbraucht er trotzdem oft noch die fast vollen 50 Watt intern. In diesem Fall arbeitet er nur mit einem Wirkungsgrad von annähernd 50 % und verhält sich wie ein Wirt, der die Hälfte der ihm gelieferten Spirituosen selbst verbraucht.

Diese Vorinformationen sind für die Planung einer netzgekoppelten Photovoltaik-Anlage wichtig, denn von der optimalen Anpassung der Solarmodule auf den Wechselrichter hängt die Ausbeute der Solarenergie maßgeblich ab.

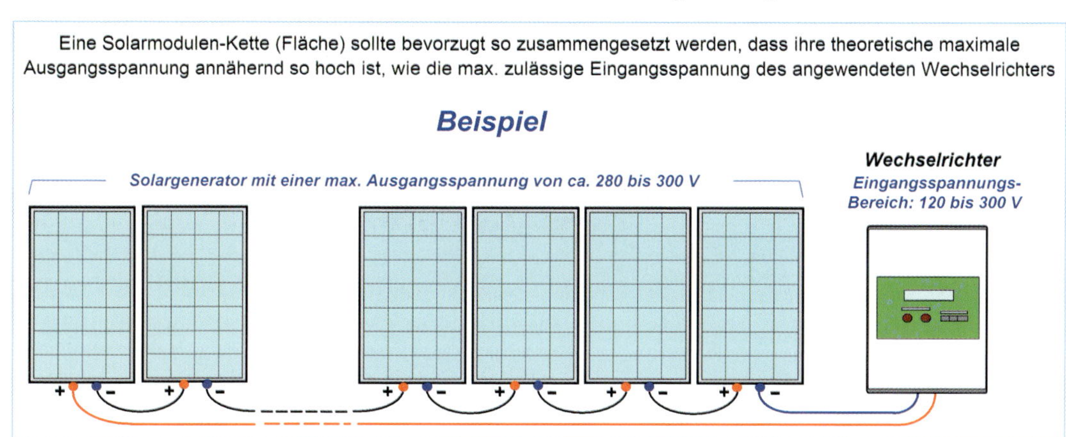

Eine Solarmodulen-Kette (Fläche) sollte bevorzugt so zusammengesetzt werden, dass ihre theoretische maximale Ausgangsspannung annähernd so hoch ist, wie die max. zulässige Eingangsspannung des angewendeten Wechselrichters
Beispiel
Solargenerator mit einer max. Ausgangsspannung von ca. 280 bis 300 V
Wechselrichter
Eingangsspannungs-Bereich: 120 bis 300 V

Abb. 6.4 – Der Solargenerator und sein Wechselrichter sollten gut aufeinander abgestimmt sein.

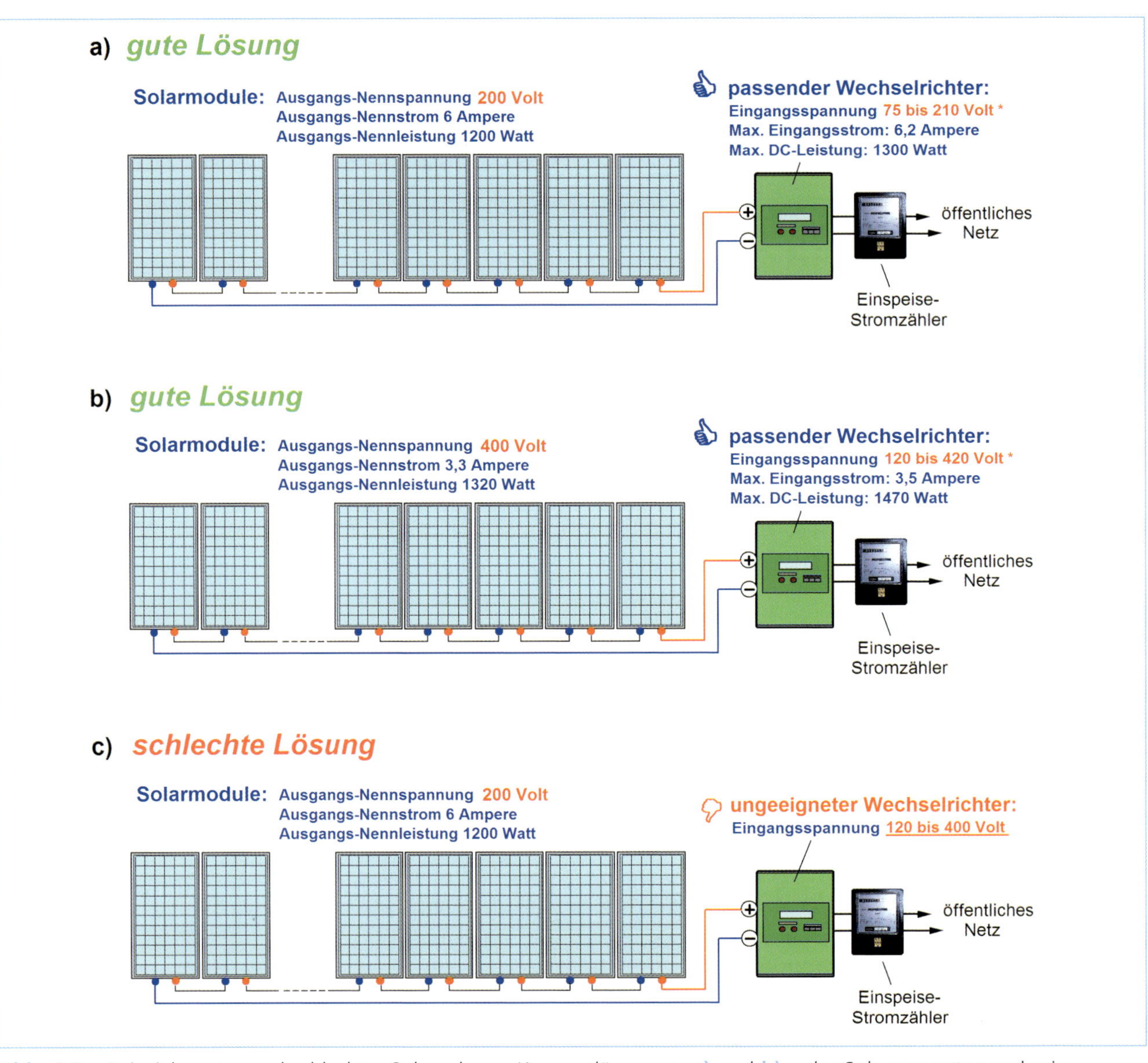

Abb. 6.5 – Beispiele guter und schlechter Solaranlagen-Konzeptlösungen: a) und b) – der Solargenerator und sein Wechselrichter sind gut aufeinander abgestimmt. c) Der Spannungsbereich des Wechselrichters ist gegenüber der maximalen Solarspannung viel zu hoch gewählt (* wird nachfolgend erläutert).

* in *Abb. 6.5 a* und *b:* Einige der Wechselrichterhersteller erlauben bei ihren Geräten eine gewisse Überschreitung der maximalen Eingangsspannung und Wechselrichterleistung, andere nicht. Bei einigen Wechselrichtern gilt als maximale Eingangsspannung nicht die eigentliche Nennspannung, sondern die Leerlaufspannung der Modulkette bei –10° C. Diese Spannung ist bei kristallinen Solarzellen etwa 12 bis 13 % höher als die offizielle Modul-Nennspannung. Würden in unseren Beispielen aus *6.5/6.6* Wechselrichter mit solchen speziellen technischen Anforderungen angewendet, dürfte z. B. die Solarmodulkette aus *Abb. 6.5 a* für eine Nennspannung von maximal 186 V und die Solarmodulkette aus *Abb. 6.5 b* für eine Nennspannung von maximal 371,6 V ausgelegt sein. Die Leerlaufspannungen würden dann bei –10° C ca. 210 bzw. 420 Volt betragen.

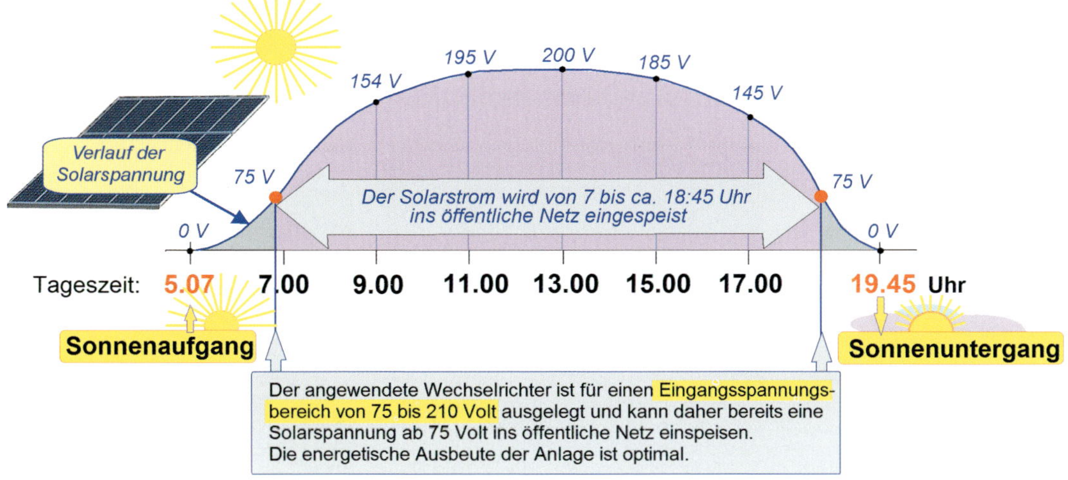
Gut angepasster Wechselrichter
Beispiel des Tagesverlaufs der Ausgangsspannung, die ein 200-Volt-Solargenerator an einem sonnigen Tag im August an seinen Wechselrichter liefert:
Verlauf der Solarspannung
0 V
75 V
154 V
195 V
200 V
185 V
145 V
75 V
0 V
Der Solarstrom wird von 7 bis ca. 18:45 Uhr ins öffentliche Netz eingespeist
Tageszeit: 5.07 7.00 9.00 11.00 13.00 15.00 17.00 19.45 Uhr
Sonnenaufgang
Sonnenuntergang
Der angewendete Wechselrichter ist für einen Eingangsspannungsbereich von 75 bis 210 Volt ausgelegt und kann daher bereits eine Solarspannung ab 75 Volt ins öffentliche Netz einspeisen.
Die energetische Ausbeute der Anlage ist optimal.

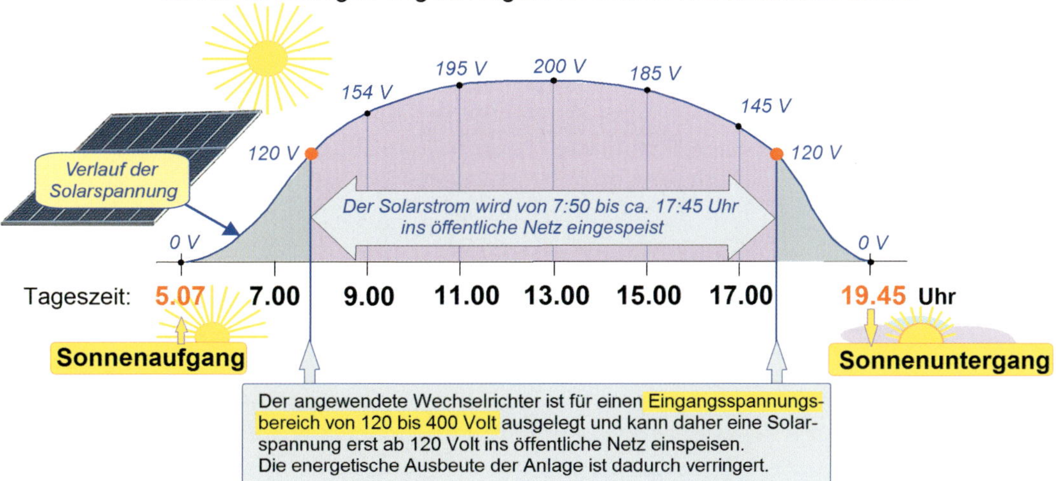
Schlecht angepasster Wechselrichter
Beispiel des Tagesverlaufs der Ausgangsspannung, die ein 200-Volt-Solargenerator an einem sonnigen Tag im August an seinen Wechselrichter liefert:
Verlauf der Solarspannung
0 V
120 V
154 V
195 V
200 V
185 V
145 V
120 V
0 V
Der Solarstrom wird von 7:50 bis ca. 17:45 Uhr ins öffentliche Netz eingespeist
Tageszeit: 5.07 7.00 9.00 11.00 13.00 15.00 17.00 19.45 Uhr
Sonnenaufgang
Sonnenuntergang
Der angewendete Wechselrichter ist für einen Eingangsspannungsbereich von 120 bis 400 Volt ausgelegt und kann daher eine Solarspannung erst ab 120 Volt ins öffentliche Netz einspeisen.
Die energetische Ausbeute der Anlage ist dadurch verringert.

Abb. 6.6 – Von der guten Anpassung des Wechselrichters an den Solargenerator (oder auch umgekehrt) hängt ab, wie viele Kilowattstunden in das elektrische Netz „durchverkauft" werden und welcher Teil der erzeugten Solarenergie ungenutzt bleibt und quasi verschenkt wird.

Wenn Sie an näheren, leicht verständlichen Auskünften zu diesem Thema interessiert sind, empfehlen wir Ihnen das Buch **„Solar-Dachanlagen selbst planen und installieren"** von Bo Hanus, ISBN 978-3-7723-4146-5.

6.1 Der Wechselrichter

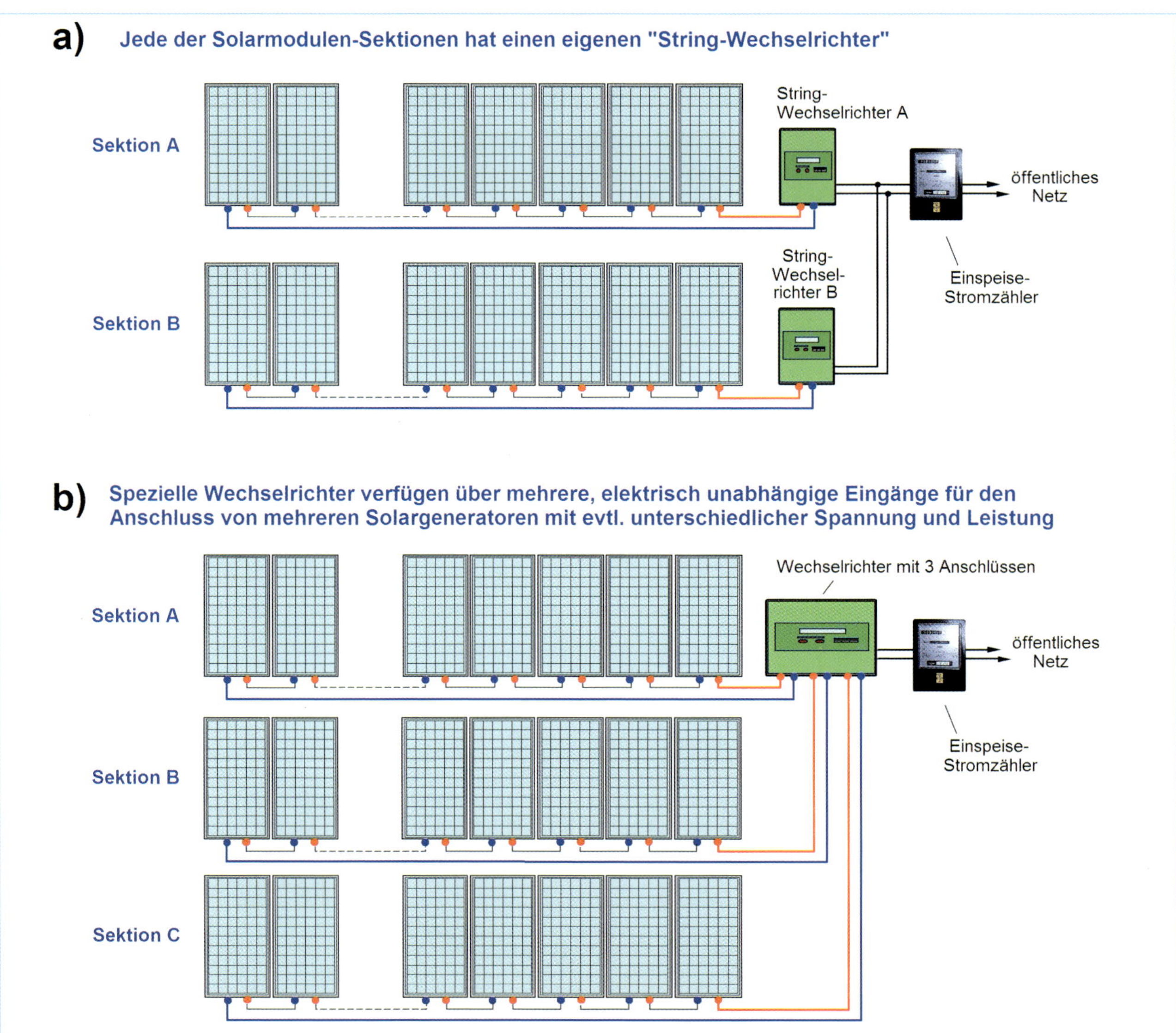

a) Jede der Solarmodulen-Sektionen hat einen eigenen "String-Wechselrichter"
Sektion A
String-Wechselrichter A
öffentliches Netz
Sektion B
String-Wechsel-richter B
Einspeise-Stromzähler
b) Spezielle Wechselrichter verfügen über mehrere, elektrisch unabhängige Eingänge für den Anschluss von mehreren Solargeneratoren mit evtl. unterschiedlicher Spannung und Leistung
Wechselrichter mit 3 Anschlüssen
Sektion A
öffentliches Netz
Sektion B
Einspeise-Stromzähler
Sektion C

Abb. 6.7 – Wenn ein Solargenerator aus zwei oder mehreren Solarmodulketten besteht, sollte jede der Ketten (Modulreihen) einen eigenen Einspeise-Wechselrichter erhalten bzw. an einen separaten Wechselrichtereingang angeschlossen werden (der früher angewendete parallele Anschluss mehrerer Modulketten an einen gemeinsamen Wechselrichtereingang ist bei dem heutigen Stand der Technik in Hinsicht auf die geringere Unausgewogenheit der „Strings" nicht mehr zu empfehlen).

6.2 Ratschläge zur Konzeptlösung

Die Nutzung der Dachfläche sollte nach Möglichkeit im Einklang mit der Leistungsgrenze des optimalen Wechselrichters stehen. Wechselrichter gibt es zwar in verschiedenen Größen, aber ihre Leistungen und Eingangspannungsbereiche sind grob abgestuft. Wir sehen uns an einigen konkreten Beispielen näher die Reihenfolge der Überlegungen und den Stellenwert diverser Planungsmaßstäbe bei einer netzgekoppelten und „zuschusstauglichen" Photovoltaik-Dachanlage an.

Zu den ersten Planungsschritten gehört die Frage nach der optimalen Nennspannung und des Wechselrichters des vorgesehenen Solargenerators. Die Auswahl an Solarmodulen ist groß und daher ist es nicht schwer, die Module so zusammenzusetzen, dass ihre Spannung und Leistung an den Wechselrichter optimal angepasst sind. Beginnt man dagegen mit dem eigentlichen Solargenerator (mit der Zusammenstellung der Solarzellenfläche), kann es schwierig werden, einen passenden Wechselrichter zu finden. Dies gilt allerdings nur für den Fall, dass Sie die gesamte Projektplanung selbst in die Hand nehmen oder die Qualität externer Angebote überprüfen möchten.

Üblicherweise werden Sie sich als Kunde aus mehreren Anbietern denjenigen auswählen, der Ihnen am besten liegt. Mit diesem gewerblichen Errichter Ihrer Solaranlage werden Sie sich dann über die Wahl und Zusammensetzung des Systems „zusammenraufen" müssen. Da jeder Anbieter seine Vorliebe für eine bestimmte Produktpalette hat und mit diesen Produkten in der Regel bereits arbeitet, wird er Ihnen ein Grundkonzept unterbreiten.

Es ist im Prinzip einfach, eine Photovoltaik-Anlage so zu errichten, dass sie funktioniert, denn es genügt, die gelieferten Solarmodule so an einen Wechselrichter anzuschließen wie eine Reihe Glühbirnen für die Gartenparty-Beleuchtung. Aber der Unterschied zwischen einer Anlage, die sich nicht ausgesprochen tot stellt, und einer, die wirklich perfekt funktioniert, kann sehr groß sein und das wirkt sich auf den Ertrag maßgeblich aus.

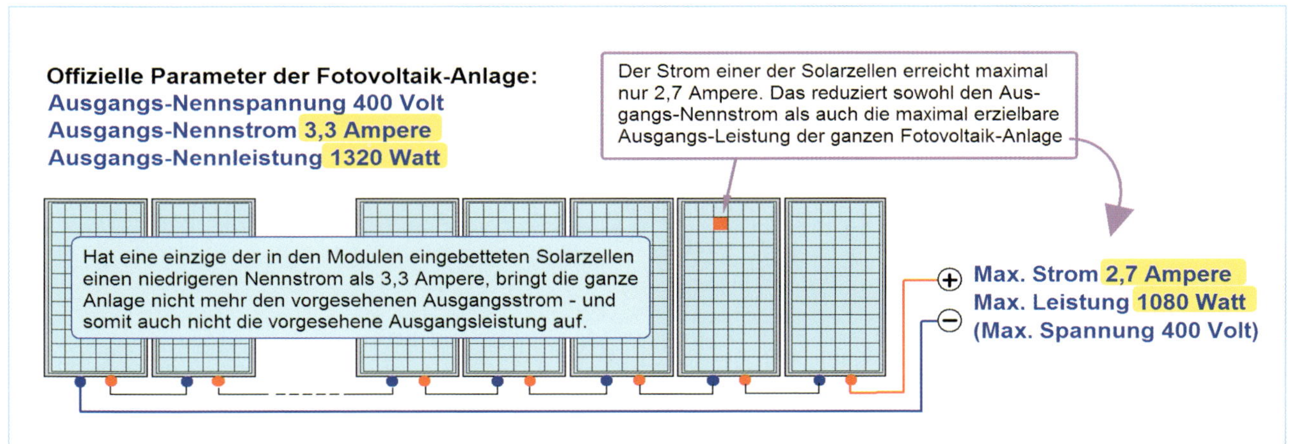

Offizielle Parameter der Fotovoltaik-Anlage:
Ausgangs-Nennspannung 400 Volt
Ausgangs-Nennstrom 3,3 Ampere
Ausgangs-Nennleistung 1320 Watt
Der Strom einer der Solarzellen erreicht maximal nur 2,7 Ampere. Das reduziert sowohl den Ausgangs-Nennstrom als auch die maximal erzielbare Ausgangs-Leistung der ganzen Fotovoltaik-Anlage
Hat eine einzige der in den Modulen eingebetteten Solarzellen einen niedrigeren Nennstrom als 3,3 Ampere, bringt die ganze Anlage nicht mehr den vorgesehenen Ausgangsstrom - und somit auch nicht die vorgesehene Ausgangsleistung auf.
Max. Strom 2,7 Ampere
Max. Leistung 1080 Watt
(Max. Spannung 400 Volt)

Abb. 6.8 – Eine einzige unterdimensionierte oder beschädigte Solarzelle ist als das schwächste Glied der ganzen Zellenkette für den Ausgangsstrom und die Ausgangsleistung eines Photovoltaik-Generators bestimmend.

6.2 Ratschläge zur Konzeptlösung

Viele der bereits installierten Photovoltaik-Anlagen speisen bis zu einem Drittel weniger Energie in das öffentliche Netz ein, als in Hinsicht auf die offizielle photovoltaische Leistung der Zellenfläche möglich wäre. Die Ursache dafür liegt mitunter auch darin, dass die Solarmodule vor der Installation nicht auf einheitliche Parameter getestet werden, sondern einfach – ähnlich wie Deckenleuchten in einem Großraumbüro – nur verkabelt an den Wechselrichter angeschlossen werden.

Dann kann es vorkommen, dass z. B. eine einzige von den bis zu tausend in Reihe geschalteten einzelnen Solarzellen aus der Reihe tanzt und das bereits angesprochene „schwächste Glied einer Kette" den Strom des ganzen Generators nach *Abb. 6.8* drosselt. Sie wirkt in der Modulreihe ähnlich wie ein Knick im Gartenschlauch. Die Ursache kann in der vom Modulhersteller tolerierten Streuung, in seiner mangelhaften oder fehlenden Ausgangskontrolle, in einer Beschädigung beim Transport oder in einem später entstandenen Defekt in der Zellenfläche bestehen. Auch eine von Laub, Schnee oder Schmutz beschattete Solarzelle kann die energetische Ausbeute einer Photovoltaik-Anlage spürbar verringern.

Gut zu wissen

Im Gegensatz zu den netzunabhängigen Photovoltaik-Anlagen beinhalten bei netzgekoppelten Photovoltaik-Anlagen die Richtlinien der Stromlieferanten (Vereinigung Deutscher Elektrizitätswerke – VDEW) die Bedingung, dass der „elektrotechnische Teil" nur durch eine elektrotechnische Fachkraft errichtet werden darf. Ein handwerklich begabter Nutzer einer solchen Anlage kann dennoch viel selbst machen – unter Umständen sogar alles, wenn ihm ein Elektromeister zur Seite steht und die Arbeit anschließend „offiziell abnimmt".

7 Selbstversorgung mit Solarstrom

Die Leistung einer netzunabhängigen Solaranlage (*Solar-Inselanlage*) muss selbstverständlich auf den Strombedarf, sowie auch auf die Möglichkeit der Energiespeicherung (in Akkus), abgestimmt sein. Hat man aber Bedenken, dass es mit der Solarenergie während der Winterwochen knapp wird, kann parallel zu den Solarmodulen ein Windgenerator *(Abb. 7.1)* eingesetzt werden. Reicht eine Kombination von diesen zwei unterschiedlichen umweltfreundlichen Energiequellen nicht aus, oder ist der Standort für den Einsatz eines Windgenerators ungünstig, wird als „Lückenbüßer" ein Benzinaggregat eingesetzt.

7 Selbstversorgung mit Solarstrom

Wenn in einem Ferienhaus oder einer Berghütte erwünscht ist, dass auch in der letzten Dezember- und ersten Januarwoche genügend Strom vorhanden ist, dürfte als dritte Energiequelle ein kleines Diesel- oder Benzinaggregat als Notreserve für alle Fälle zu empfehlen sein. Das hat jedoch nur dann eine Berechtigung, wenn es zu kompliziert wäre, in der nahen Umgebung den Solarakku notfalls vom Netz nachladen zu können.

Bei den meisten kleineren Solaranlagen sind üblicherweise die wenigen sonnenarmen Winterwochen nicht zu schwerwiegend. Wir werden uns bei den noch folgenden Bauanleitungen auch mit diesem Aspekt auseinandersetzen.

Soweit für eine selbstständig arbeitende „Inselanlage" ein Akku als Zwischenspeicher benötigt wird, müssen am Anfang der Planung zwei Fragen geklärt werden:

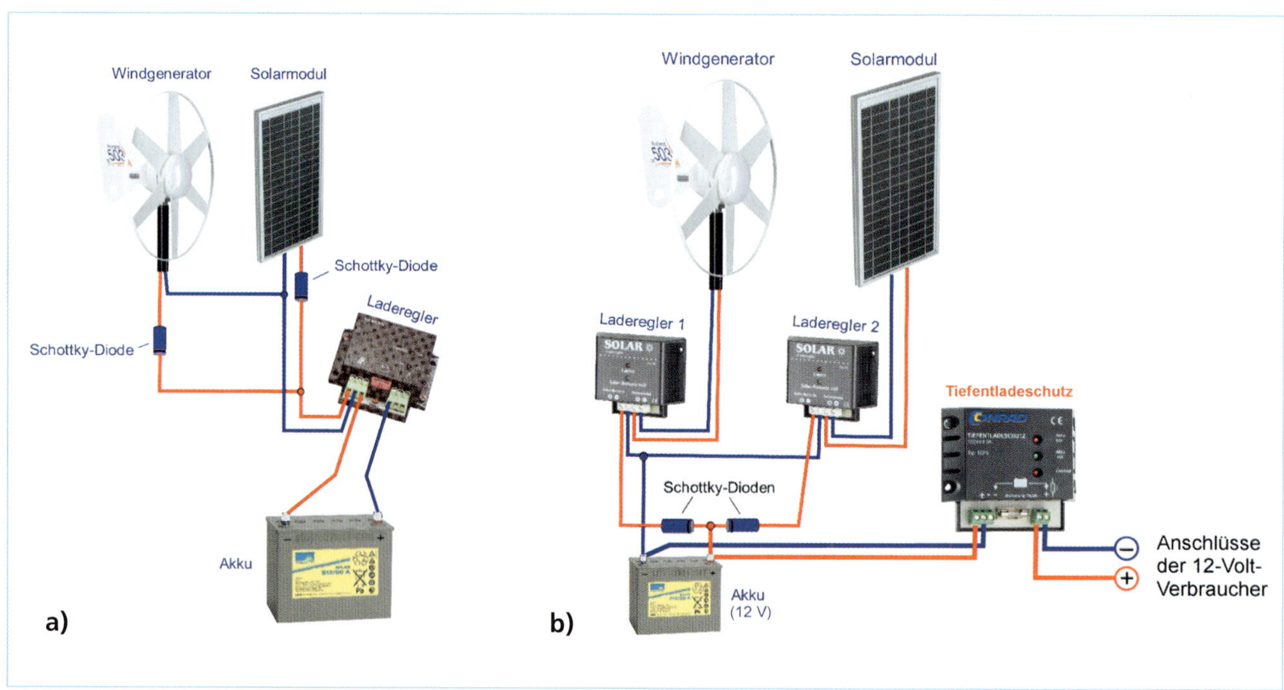

Abb. 7.1 – In windreichen Gegenden kann zusätzlich auch ein Windgenerator den Speicherakku laden: a) Wenn der angewendete Windgenerator eine Gleichspannung und einen Gleichstrom liefert, die der Solarladeregler problemlos verkraftet, reicht ein gemeinsamer Laderegler für beide Stromquellen aus, b) ist dem nicht so, sind zwei separate Laderegler notwendig (für dessen Auswahl die technischen Daten des Windgenerators maßgeblich sind).

- Welche Akkukapazität ist für das Vorhaben notwendig?
- Wie groß muss das Solarmodul sein, um den Akku nachladen zu können?

Um die Akkukapazität feststellen zu können, müssen wir Antworten auf folgende Fragen ermitteln:

a) Welchen Stromverbrauch haben die betriebenen Verbraucher pro Tag?
b) Werden die Verbraucher regelmäßig, also täglich oder wöchentlich betrieben, oder handelt es sich nur um gelegentliche Nutzung?
c) Ist ein ununterbrochener Ganzjahresbetrieb vorgesehen, oder wird die Anlage während der Wintermonate außer Betrieb gesetzt – wie z. B. bei einem Schrebergartenhaus?
d) Kann der Akku, wenn Winterbetrieb erwünscht ist, notfalls problemlos woanders nachgeladen bzw. ausgewechselt werden?

Zur Erinnerung: die Kapazität eines Akkus wird in Ah (Amperestunden) angegeben und sagt uns, wie viele Ampere mal Stunden der Akku in etwa liefern kann. *Abb. 7.2* zeigt an einem praktischen Beispiel die Aufstellung der Solarstromversorgung eines kleineren Wochenendhäuschens mit der Aufstellung des Tagesverbrauchs an „Amperestunden" (Ah).

Wird ein solches Wochenendhäuschen zwei bis drei Tage pro Woche benutzt – und werden alle aufgeführ-

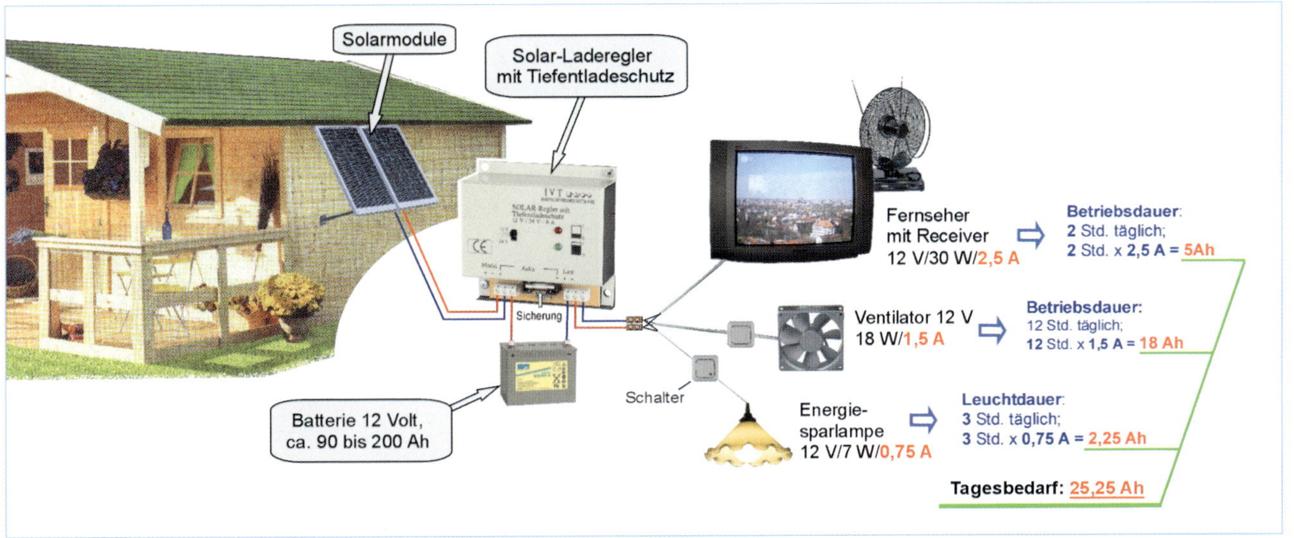

Abb. 7.2 – Beispiel einer Photovoltaik-Anlage für die Stromversorgung eines Wochenendhäuschens mit der Aufstellung des Tagesverbrauchs der Solarenergie, die in der Form von Batteriekapazität für die Stromversorgung zur Verfügung steht: Nach diesem Beispiel können Sie sich eine eigene Auflistung der elektrischen Verbraucher erstellen und den vorgesehenen täglichen oder wöchentlichen Stromverbrauch direkt als Verbrauch der Batteriekapazität betrachten.

ten Verbraucher tatsächlich im vorgesehenen Umfang betrieben –, würde der Amperestundenverbrauch zischen ca. 50 und 76 Ah pro Woche betragen.

Den größten „Energiefresser" stellt in diesem Beispiel der Ventilator dar, der für die Raumkühlung während der heißen Jahreszeit zuständig wäre. Da sein Einsatz nur bei sonnigem Wetter erforderlich sein dürfte, klappt es mit dem Nachladen der Speicherbatterie (wenig Sonne = wenig Stromverbrauch) problemlos.

Welche Batteriekapazität für eine solche Anlage optimal wäre, ist nun eine Ermessensfrage. Wird gesteigerter Wert darauf gelegt, dass die Batterie z. B. auch ohne Nachladen etwa an zwei bis drei Wochenenden die Energieversorgung bewältigt, dürfte eine Kapazität von maximal 100 Ah völlig ausreichen. Wenn es im Spätherbst öfter bewölkt ist und die Batterie vom Solarmodul drei Wochen lang nicht nachgeladen wird, kommen wir dennoch ganz gut „über die Runden". Der Ventilator wird bei einem schlechten Wetter ohnehin nicht gebraucht, aber dafür werden wir vielleicht einen

Bei den meisten Lampen wird nur die Betriebsspannung (in **V**olt) und die bezogene Leistung (in **W**att) angegeben. Für Fotovoltaik-Anwendungen können wir uns den Strom, den die Lampe vom Akku bezieht, leicht ausrechnen:

Leistung [**W**att] : **Spannung** [**V**olt] = **Strom** [**A**mpere]

Beispiel: eine 12 V/15 W-Lampe bezieht einen Strom von

15 W : 12 V = 1,15 A

Um die benötigte Akku-Kapazität auszurechnen, die für die Beleuchtung beansprucht wird, brauchen wir nur den von der Lampe bezogenen Strom mit der vorgesehenen Leuchtdauer (in Stunden) zu multiplizieren.

*Beispiel: bezieht eine Lampe eine Stunde lang vom Akku einen Strom von 1,15 Ampere, entzieht sie dem Akku von seiner vorhandenen Kapazität **1,15 Amperestunden (Ah).** Leuchtet die Lampe 3 Stunden täglich, entzieht sie dem Akku **3,45 Ah** (3 Std. x 1,15 Ah = 3,45 Ah). Diese 3,45 Ah sollten von dem angewendeten Solarmodul oder Windgenerator im Durchschnitt täglich nachgeladen werden.*

Abb. 7.3 – Nach diesem Beispiel können Sie sich den Stromverbrauch einer Lampe ausrechnen, mit dem sie an der Kapazität eines Akkus zehrt.

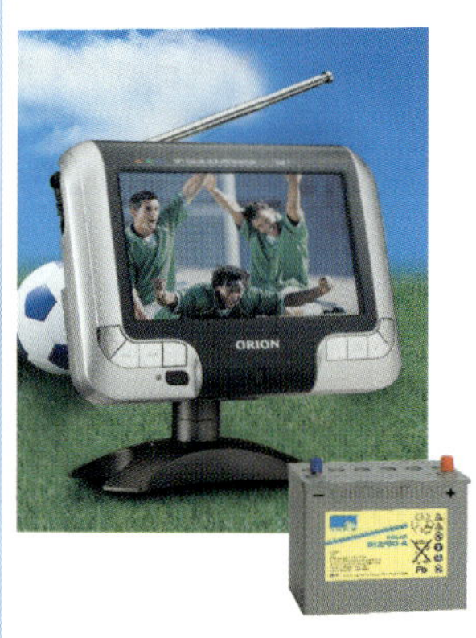

Bei den Geräten der Unterhaltungselektronik wird - ähnlich, wie bei den vorhergehenden Lampen - meist auch nur die Betriebsspannung (in **V**olt) und die Abnahmeleistung (in **W**att) aufgeführt. Den Strom, den das Gerät vom Akku bezieht, können wir uns nach der bereits aufgeführten Formel ausrechnen:

Leistung [**W**att] : **Spannung** [**V**olt] = **Strom** [**A**mpere]

Beispiel: *ein 12 V/30 W-Fernseher bezieht einen Strom von **30 W : 12 V = 2,5 A***

Wird dieser Fernseher 2 Stunden pro Tag betrieben, verbraucht er von der Akku-Kapazität 5 Ah täglich.

Abb. 7.4 – Fehlt bei einem elektrischen Verbraucher die Angabe über seinen Strombedarf? Kein Problem, denn der lässt sich in Handumdrehen leicht ausrechnen!

elektrischen Kaffeekocher verwenden – oder der Fernseher läuft täglich etwas usw.

Das Solarmodul muss imstande sein, die 12-Volt/100-Ah-Speicherbatterie (Speicher-Akku) ordentlich nachladen zu können. Auch hier dürfte das persönliche „Gefühl für Proportionen" die Hauptrolle spielen – wobei es u. a. darauf ankommt, wie oft das Sommerhäuschen auch noch im Spätherbst benutzt wird. Der Spätherbst ist in manchen Jahren sonnig, in anderen Jahren eher bedeckt. Wenn erwünscht ist, dass auch während der trüben Herbsttage der Akku vom Solarmodul gut nachgeladen werden kann, wäre hier eine Nennspannung des Solarmoduls von ca. 19 bis 22 V keinesfalls übertrieben.

Jetzt befinden wir uns auf einem Planungsterrain, auf dem uns nicht mehr die Mathematik, sondern nur das persönliche Ermessen helfen kann. Dazu gehört erstens die Frage, inwiefern es sinnvoll ist, die ganze Anlage z. B. nur wegen der zwei letzten Novemberwochen stärker zu dimensionieren. Zweitens stellt sich die Frage, ob notfalls nicht ein Zweitakku für die Anlage oder für ein einzelnes Gerät (z. B. für den Fernseher) woanders aufgeladen werden kann. Hier geht es natürlich nicht um das Problem des eigentlichen Nachladens, sondern um den Transport. Wenn man am Wochenendhaus mit dem Auto bis vor die Tür vorfahren kann, ist es einfacher als bei einer Berghütte ohne Zufahrt.

Wenn notfalls ein gelegentliches Nachladen der Anlagenbatterie (bzw. einer Ersatzbatterie) möglich ist, dürfte eine Solarmodul-Nennspannung um die 19 Volt ausreichen. Andererseits muss das Dilemma zwischen einer höheren Nennspannung (um die 22 V) und einem Verzicht auf einen sicheren Vorrat an gespeicherter Solarenergie während einer oder zwei Wochen im Jahr überlegt werden.

Nun stellt sich die Frage nach dem optimalen Nennstrom. Wir wissen, dass beim „einfachen Laden" der Akku höchstens einen Ladestrom verkraftet, der bei maximal 10 % seiner Kapazität liegt. Das sind nach diesem Beispiel 10 % von den 100 Ah, also 10 A. Dies wäre aber in den meisten Fällen unnötig viel, denn wenn das Solarmodul diesen Strom etwa 14 bis 16 Stunden lang liefern könnte, wäre ein leerer Akku voll nachgeladen (zwei bis vier der Ladestunden rechnen wir auf Ladeverluste). Ein so flottes Laden brauchen wir meist gar nicht. Unser Solarmodul hat in diesem Beispiel jeweils zwei bis drei Wochen Zeit, um die verbrauchte Energie nachzufüllen. Ein Ladestrom von ca. 2 bis 4 Ah dürfte bei etwas Risikofreude genügen.

Ein 2-A-Solarmodul würde somit während ca. drei Wochen etwa 75 Sonnenstunden bzw. ca. sieben längere sonnige Tage benötigen, um eine ziemlich leere 100-Ah-Batterie nachladen zu können. Ein Solarmodul mit einem Nennstrom von stolzen 4 A würde dazu nur die halbe Ladezeit – also ca. 3½ längere sonnige Tage benötigen (usw.).

Die Herbsttage sind kürzer und bewölkter, aber das Solarmodul hat dennoch ca. drei Wochen Zeit, um mit einem „wetterbedingt" schwächeren Strom und niedrigerer Spannung den Akku nachladen zu können.

All die aufgeführten Überlegungen zeigen Ihnen, dass das Gefühl für die Launen der Natur bei der Planung eine wichtige Rolle spielt. Daher beruht hier auch die eigentliche Berechnung des Ladestrombedarfs nur auf ungefähren Einschätzungen. Zahl und Betriebsdauer der vorgesehenen elektrischen Verbraucher können in der Praxis umständehalber von einem theoretischen Planungsbedarf sehr abweichen.

Zum Glück ist es meist nicht schwierig, die Kapazität der Batterie durch den Anschluss einer weiteren Batterie (oder auch mehreren parallel angeschlossenen Batterien) bedarfsgerecht zu vergrößern.

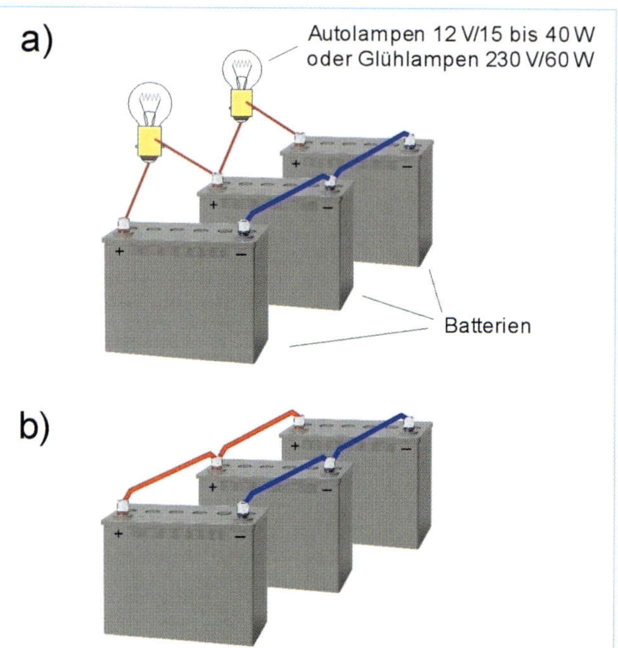

Abb. 7.5 – Mehrere Batterien im Parallelbetrieb: a) Nachdem jede der Batterien erst separat aufgeladen wurde, sollten sie miteinander einige Stunden lang über Autolampen verbunden werden, damit sich ihre Spannungen exakt aneinander angleichen. b) Nachdem die Lampen entfernt, die Spannungen aller Batterien nochmals mit einem Voltmeter (Multimeter) nachgemessen wurden und ersichtlich keine Spannungsabweichungen aufgetreten sind, können die Batterien miteinander zu einem kompakten Energiezwischenspeicher leitend verbunden werden.

Wichtig

Batterien, die miteinander zu einem Energiespeicher parallel verbunden und von einem gemeinsamen Laderegler geladen werden, sollten von derselben Type und Marke sein und dieselbe Kapazität (in Ah) haben, da andernfalls das Nachladen nicht ausgewogen verlaufen wird. Bevor Sie an eine bestehende Batterie eine zweite oder auch mehrere weitere Batterien nach *Abb. 7.5 b* anschließen, sollten alle diese Batterien vorher voll aufgeladen werden. Nach einer vorhergehenden Kontrollmessung der Spannungen sollten sie für einige Stunden lang nach *Abb. 7.5 a* erst über zusätzliche Autolampen miteinander verbunden werden, damit sich ihre Spannungen exakt ausgleichen.

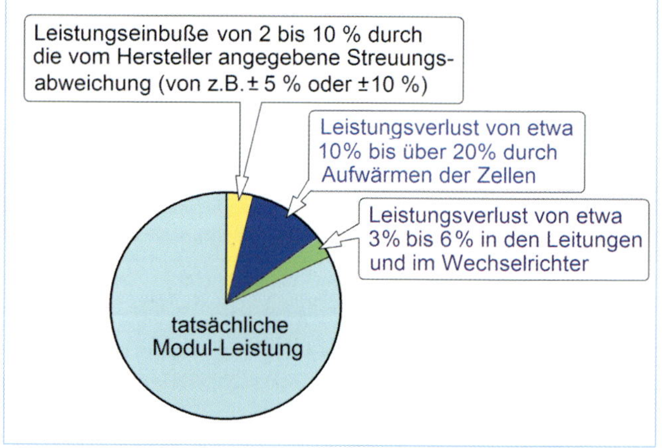

Abb. 7.6 – Bei der Dimensionierung einer Photovoltaik-Anlage für die Selbstversorgung sollten die Verluste im System, auf die meist zu wenig hingewiesen wird, in die Planungsüberlegungen einbezogen werden.

7.1 Funktioniert Ihre Anlage perfekt?

Die Ermittlung einer perfekten Funktion ist bei einer netzunabhängigen Photovoltaik-Anlage sehr einfach: Da eine solche Anlage als Ladestromquelle für die Speicherbatterie dient, muss das System fähig sein, die Speicherbatterie mit ihrem vollen Nennstrom zu laden – sofern das Wetter mitspielt.

Wir haben bereits im 2. Kapitel darauf hingewiesen (und in *Abb. 2.28* grafisch verdeutlicht), dass die offizielle (Katalog-)Nennspannung eines Solarmoduls zwar laut internationaler Testbedingungen korrekt ist, aber in der Praxis nur dann erzielbar wäre, wenn die Solarzellen eine Arbeitstemperatur von 25 °C hätten. Diese an sich unsympathische Eigenheit der Solarzellen wirkt sich vor allem bei netzgekoppelten Solaranlagen „spielverderbend" aus, denn da sollten die Solarzellen bevorzugt auf „Volldampf" arbeiten, um möglichst viel Strom in das öffentliche Netz einzuspeisen. Sie heizen sich dabei jedoch kräftig auf, wodurch ihre Leistung sinkt.

Wird aber ein Solarmodul – oder ein aus mehreren Solarmodulen zusammengestellter Solargenerator – zum Nachladen einer Batterie genutzt, wird seine maximale Leistung nur teilweise in Anspruch genommen. Somit heizt sich das Solarmodul nur relativ selten so auf, dass seine Nennleistung merklich sinkt. Weshalb dem so ist, wurde bereits im Kapitel 3 und mithilfe *Abb. 3.7* erklärt.

Vereinfacht formuliert, bezieht eine Batterie während des Ladens von „ihrem" Solarmodul den vollen Modul-Nennstrom nur dann, wenn sie weitgehend leer ist (denn nur dann ist der Ladestrom am höchsten), die jeweilige Solarspannung ausreichend hoch und der Innenwiderstand der Batterie entsprechend niedrig ist. Das bedeutet jedoch nicht, dass man in Kauf nehmen sollte, dass z. B. ein 5-Ampere-Solarmodul auch unter den günstigsten Bedingungen „seine" Batterie nur mit einem Ladestrom von z. B. maximal 2 Ampere lädt. Ist dem so (und das kommt oft vor), hat man sein Geld für ein zu großes (und teures) Solarmodul verschenkt und – wie es so schön heißt – „schießt man mit Kanonen auf Spatzen".

Glücklicherweise kann man leicht überprüfen, ob das Solarmodul auf die Speicherbatterie gut abgestimmt ist. Auch im Nachhinein kann man leicht Maßnahmen treffen, um so eine „faule Anlage" dazu anzuregen ihre volle Leistung zu erbringen. Hierfür sollte man jedoch einigermaßen über die Funktion des Ladens eines Akkus im Bilde sein. Wir behelfen uns mit einem Beispiel von zwei Wasserbehältern, die miteinander nach *Abb. 7.7* mit einem Wasserrohr verbunden sind.

Der bildlichen Darstellung lässt sich leicht entnehmen, dass der Höhenunterschied der zwei Wasserspiegel die Stärke des Wasserstroms bestimmt, der durch das Verbindungsrohr zwischen den zwei Behältern fließt. Es fällt nicht schwer, sich anstelle der Wasserspiegelunterschiede in den Behältern einfach die Spannungsunterschiede zwischen der jeweiligen Solarspannung und der Spannung eines geladenen Akkus vorzustellen: Ein Ladestrom kann vom Solarmodul in eine Batterie nur dann fließen, wenn ihre momentane Spannung niedriger ist, als die – ebenfalls momentane – Solarspannung, die der Laderegler an die Batterie liefert (bzw. als intelligenter Laderegler in der Lade-Endphase liefern darf).

Ein Laderegler kann jedoch den eigentlichen Ladestrom in die Batterie nicht hineinpumpen, sondern nur auf ähnliche Weise hineinfließen lassen wie das Verbindungsrohr zwischen den zwei Wasserbehältern in *Abb. 7.7*. Die Höhe des jeweiligen Ladestroms bestimmt dabei die Batterie selbst – vorausgesetzt das Solarmodul ist im Stande den Ladestrom zu liefern. In dem Beispiel mit den zwei Wasser-

7.1 Funktioniert Ihre Anlage perfekt?

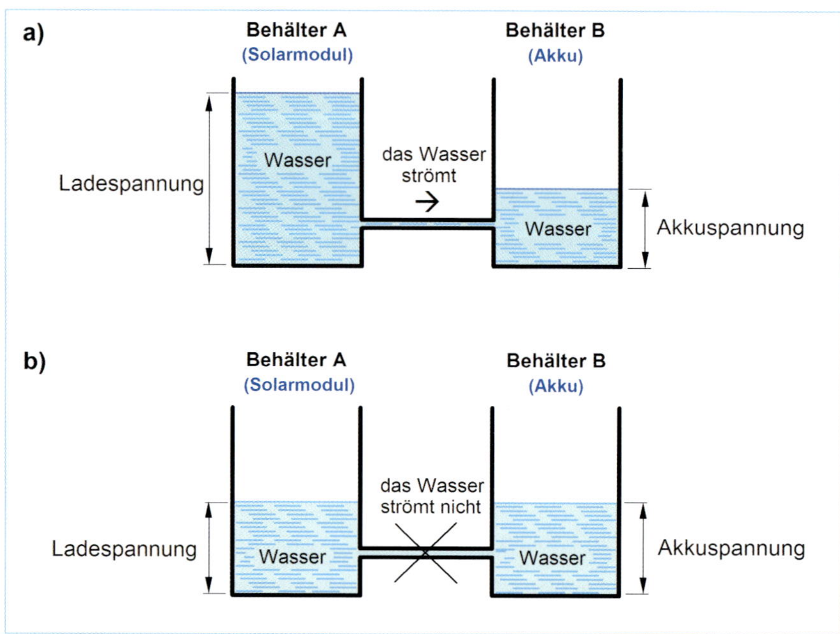

Abb. 7.7 – Wie kräftig (und wie lange) das Wasser von Wasserbehälter **A** in **B** strömt, hängt von dem Höhenunterschied der Wasserspiegel in den Behältern ab.

behältern haben wir die Solarladespannung mit der Spannung des Akkus verglichen. Das war aber nur der eine Faktor, der für den Ladestrom bestimmend ist. Es gibt noch einen zweiten wesentlichen Faktor: den Innenwiderstand des Akkus, der vor allem von der Größe (Kapazität) des Akkus – oder einer aus mehreren Akkus zusammengesetzten Batterie – bestimmt ist.

Der Innenwiderstand (der ohmsche Widerstand) ist – physikalisch bedingt – nicht nur bei einer Batterie, sondern bei jedem elektrischen Verbraucher dafür bestimmend, welchen Strom er von seiner „Stromquelle" bezieht. So hat beispielsweise die in *Abb. 7.8* oben eingezeichnete 6-Watt-Glühlampe einen – vom Hersteller vorgegebenen – Widerstand von 24 Ohm (Ω) und bezieht daher (laut ohmschem Gesetz) bei einer Spannung von 12 Volt vom Solarmodul einen Strom von 0,5 Ampere. Die darunter stehende 30-Watt-Glühlampe hat dagegen einen Widerstand von 4,8 Ohm und bezieht vom Solarmodul einen Strom von 2,5 Ampere. Das Solarmodul muss in diesem Fall zwar die 12-Volt-Spannung sowie auch den benötigten Strom aufbringen können, aber es spielt dabei keine Rolle, für welch überhöhten Nennstrom es typenbezogen ausgelegt ist. Dasselbe gilt auch für eine Batterie, die vom Solarmodul geladen wird: Sie verhält sich einfach nur wie ein „Verbraucher", der von der Solarspannung „versorgt" wird. Allerdings mit dem „feinen" Unterschied dass der von ihr bezogene Strom nicht nur von ihrem Innenwiderstand, sondern auch von dem Spannungsunterschied zwischen ihrer momentanen Spannung und der Spannung, die sie als Solarspannung vom Laderegler bezieht, abhängt.

Der Innenwiderstand einer Batterie bleibt für den normalen Anwender allerdings immer ein Geheimnis, denn er lässt sich nicht mit einem normalen Ohmmeter messen. Die Spannung der Batterie würde das Ohmmeter (Multimeter) eventuell vernichten. Zum Glück erübrigt sich eine solche Messung, denn beim solarelektrischen Laden können wir den Ladestrom genauso einfach messen wie beim Laden einer Autobatterie – und darauf kommt es an. Wir können den Ladeverlauf kontrollieren und im Griff behalten, soweit das Wetter mitspielt. Wichtig ist dabei, zumindest gelegentlich zu prüfen, ob eine weitgehend entladene Batterie bei sonnigem Wetter und einem optimal zur Sonne ausgerichteten Solarmodul auch tatsächlich den vollen Nennstrom bezieht, den das Solarmodul aufbringt (das dürften ca. 90 % des offiziellen Modul-Nennstroms sein).

Um den Ladestrom messen zu können, benötigen Sie ein Amperemeter. Manche Multimeter sind zwar für einen ausreichend hohen Gleichstrom-Messbereich ausgelegt, der eine Kontrollmessung nach *Abb. 7.8* ermöglicht, in der Praxis ist es jedoch von Vorteil, wenn eine netzunabhängige Solaranlage ein eigenes Amperemeter erhält, das z. B. als preiswertes Einbau-Zeigerinstrument nach *Abb. 7.9* in die Anlage fest installiert wird. Der parallel zum Amperemeter eingezeichnete Schalter schaltet das Amperemeter nur bedarfsbezogen ein, um den geringen, aber dennoch überflüssigen Energieverlust am Amperemeter zu ver-

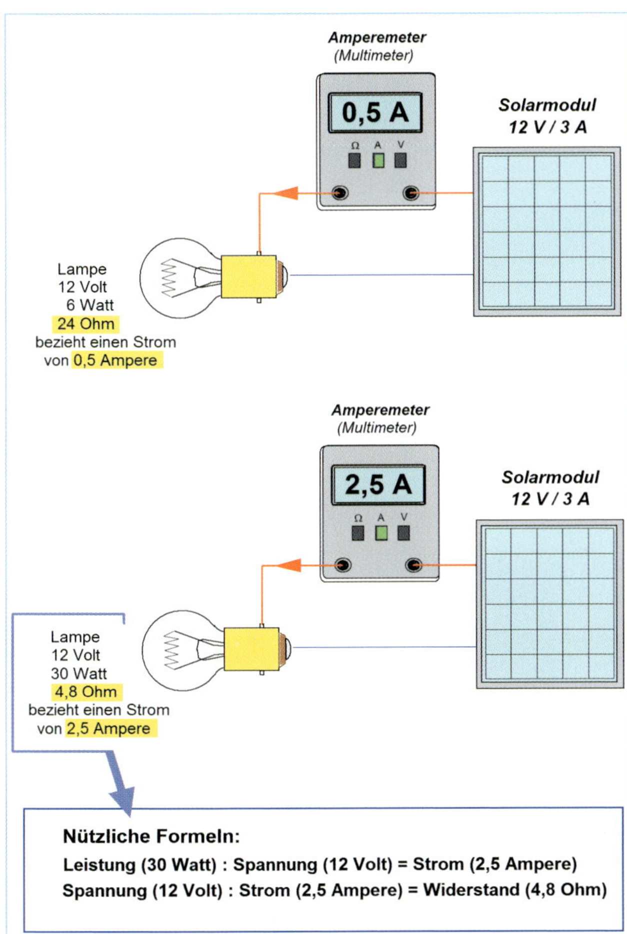

Abb. 7.8 – Der ohmsche Widerstand eines elektrischen Verbrauchers (hier einer Glühlampe) ist dafür bestimmend, welchen Strom der Verbraucher aus einer elektrischen Energiequelle (Batterie oder Steckdose) bezieht.

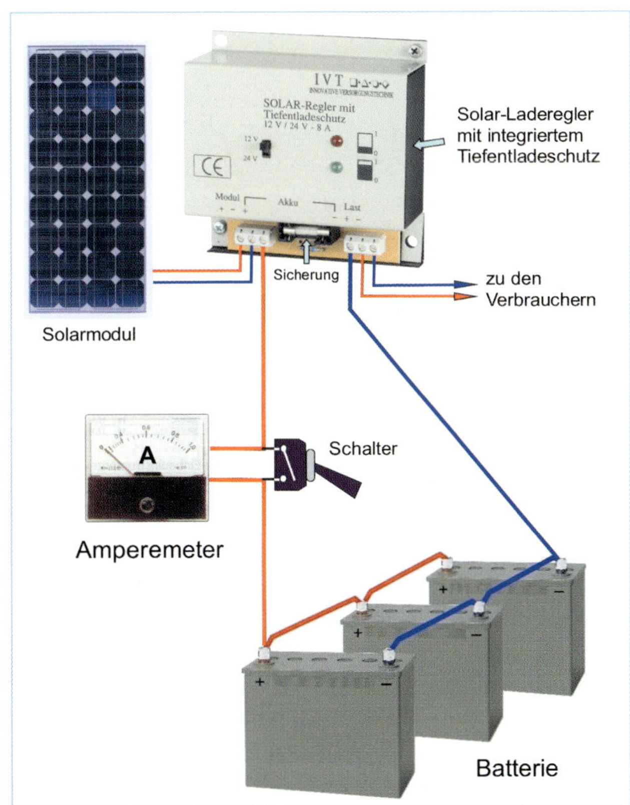

Abb. 7.9 – Ein im Ladekreis angeschlossener Amperemeter zeigt jederzeit den tatsächlichen Ladestrom an, der vom Solarmodul in die Batterie fließt.

7.1 Funktioniert Ihre Anlage perfekt?

meiden (die Kontrolle der Messwerte findet ja nur sehr sporadisch statt).

Wir zeigen Ihnen nun in einzelnen Schritten, wie Sie einfach überprüfen können, ob Ihr Solarmodul – oder ein aus mehreren Modulen zusammengestellter Solargenerator – die Speicherbatterie der Anlage perfekt lädt. Sie sollten sich zu diesem Zweck das in *Abb. 7.9* eingezeichnete Amperemeter beschaffen, das als ein preiswertes Einbaugerät bei Elektronik-Versandhäusern erhältlich ist. Der Messbereich des Amperemeters sollte zumindest so hoch sein wie der Nennstrom des Solarmoduls bzw. eines, aus mehreren Solarmodul bestehenden, Solargenerators. Falls Sie ein Zeiger-Amperemeter verwenden, sollte sein Messbereich nicht übertrieben höher als notwendig sein, denn das erschwert das Ablesen der Messwerte.

Da eine Kontrolle des Ladevorgangs vom Wetter abhängig ist, muss die nun beschriebene Messung gezielt an einem sonnigen Tag (bevorzugt während der Sommerzeit) vorgenommen werden.

Schritt 1: Entladen der Batterie

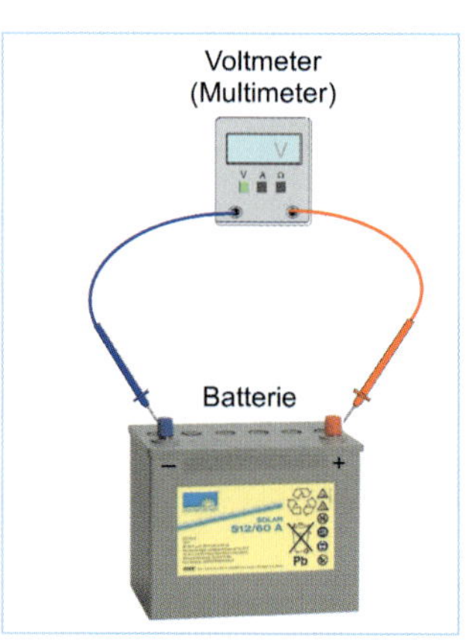

Trennen Sie die Batterie vom Laderegler und entladen sie durch Zuschalten passender Verbraucher auf eine Spannung von ca. 11 Volt. Kontrollieren Sie dabei die Spannung der Batterie mit einem Multimeter. Schließen Sie danach die Batterie wieder an den Laderegler an.

Schritt 2: Messen der Solarspannung

Messen Sie mit dem Multimeter die Solarspannung des Moduls am Ladereglereingang unter optimalen Bedingungen: Das Solarmodul sollte dabei möglichst genau gegen die Sonne (Mittagssonne) ausgerichtet sein, die ausreichend kräftig strahlen sollte. Wenn alles stimmt, müsste die ermittelte Solarspannung ca. 85 bis 90 % der offiziellen Modul-Nennspannung betragen. Für die Größe der Abweichung der Modulspannung ist auch die Toleranz maßgeblich, die der Modulhersteller bei seinen Modulen aufgeführt hat (das können bei einigen Marken ca. 2 %, bei anderen 10 % sein). Weichen die ermittelten Messwerte zu sehr von der Modul-Nennspannung ab, kann für einen Messfehler von bis zu etwa 5 % das Multimeter verantwortlich sein (das können Sie in einem Elektrofachgeschäft überprüfen lassen).

Erweist sich die Messung der Solarspannung als zufriedenstellend, können Sie zum nächsten Schritt übergehen:

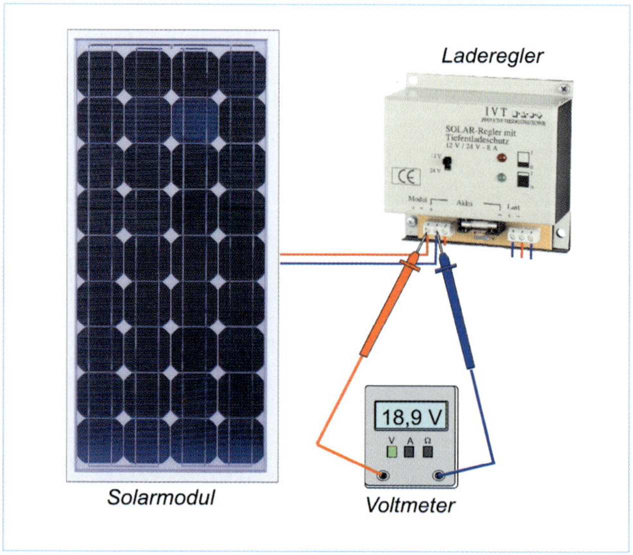

7.1 Funktioniert Ihre Anlage perfekt?

Schritt 3: Messen des Ladestroms

Schließen Sie – vorerst zumindest provisorisch – das Amperemeter zwischen den Pluspol-Ausgang des Ladereglers und den Pluspol-Anschluss der Batterie an. Das Amperemeter müsste nun einen Ladestrom anzeigen, der nur ca. 5 bis 15% niedriger ist als der offizielle Nennstrom des Solarmoduls bzw. des Solargenerators. Auch hier ist die vom Hersteller angegebene Streuung (= eine Toleranz, die typenbezogen zwischen ca. 2 und 10 % liegen darf) zu berücksichtigen. Alles in Ordnung?

Liegt der ermittelte Ladestrom zu tief unterhalb der zumutbaren Toleranz, dürfte es in den meisten Fällen dadurch verursacht sein, dass die Solarspannung nicht ausreichend an die Anlagenbatterie angepasst ist. Man könnte es auch so formulieren, dass die Solarspannung nicht hoch genug ist, um die Anlagenbatterie ordentlich nachladen zu können. Da hier aber auch der Innenwiderstand der Batterie eine Rolle spielt, hat man die Wahl zwischen zwei Lösungsmöglichkeiten:

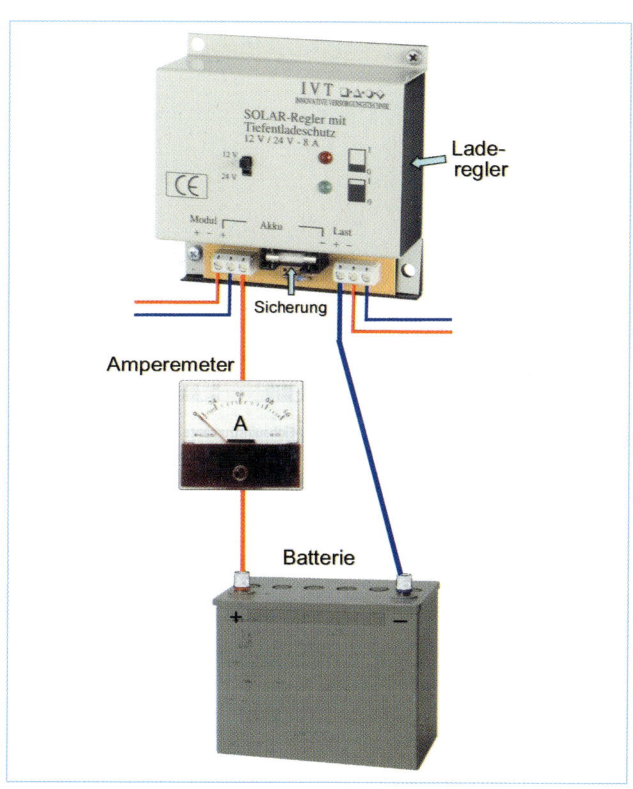

a) Durch parallelen Anschluss einer weiteren Batterie an die bestehende Anlagenbatterie verringert sich der Innenwiderstand des geladenen Energiespeichers, woraufhin der Ladestrom steigt. Nicht vergessen: Wie bereits in Zusammenhang mit *Abb. 7.7* erklärt wurde, ist ein Spannungsausgleich beider Batterien vor ihrer leitenden Verbindung erforderlich.

b) Die Solarspannung kann durch ein kleines zusätzliches Solarmodul etwas erhöht werden, damit der Spannungsunterschied zwischen der Solar- und der Batteriespannung größer wird, wodurch der Ladestrom (laut ohmschem Gesetz) automatisch steigt. Der damit verbundene Kostenaufwand ist meist viel kleiner als der Leistungsverlust, der ansonsten durch die unzureichende Nutzung der bestehenden Solarleistung entsteht.

Beide Lösungen können– oder müssen notfalls – bei Bedarf miteinander kombiniert werden. Die Suche nach passenden kleinen Solarmodulen mit einer relativ niedrigen Nennspannung und einem angemessen hohen Nennstrom kann strapazierend sein, denn das Angebot ist auf diesem Gebiet noch recht begrenzt. Die theoretischen Nennspannungen vieler handelsüblicher Solarmodule liegen bedauerlicherweise oft nur zwischen ca. 16,5 und 17,5 Volt. Ziehen wir davon 5 bis 10 % auf Herstellungsstreuung und weitere ca. 8 bis 10 % auf die Aufwärmung der Solarzellen ab,

7.1 Funktioniert Ihre Anlage perfekt?

bleibt uns eine zu niedrige Spannung für ein technisch zufriedenstellendes Laden einer kleineren 12-Volt-Batterie übrig, deren Kapazität unterhalb ca. 120 Ah liegt.

Daher bietet sich oft als einfachster Weg eine Erhöhung der Kapazität der Anlagenbatterie an. Der Innenwiderstand einer Batterie halbiert sich, wenn die Batteriekapazität durch eine Zweitbatterie derselben Type und Größe erhöht wird. Der Ladestrom wird sich bei einer solchen Aufrüstung verdoppeln – vorausgesetzt das Solarmodul verfügt noch über diese Stromreserve. Besteht die Anlagenbatterie bereits aus zwei parallel verbundenen Akkus, sinkt bei einer Nachrüstung um einen dritten Akku (derselben Marke und Kapazität) der Innenwiderstand des ganzen Energiespeichers um ein Drittel und der Ladestrom steigt dadurch um ca. 50 %.

Der spezielle Sinuswechselrichter aus *Abb. 7.10* ermöglicht eine laufende Kontrolle der Solaranlagenleistung und des Ladens der Anlagenbatterie. Reichelt bietet zwei Typen dieser Wechselrichter an: den *Solarix 550RI (550 Watt/12 Volt)* und den *Solarix 900 RI (900 Watt/24 Volt)*. Die in die Wechselrichter integrierten Laderegler sind für einen Modulstrom (Ladestrom) von max. 25 A und eine DC-Stromabnahme von max. 15 A ausgelegt. Bei Anwendung dieses Geräts erübrigen sich zusätzliche Messinstrumente, die vorher im Zusammenhang mit der Kontrolle des Ladens angesprochen wurden.

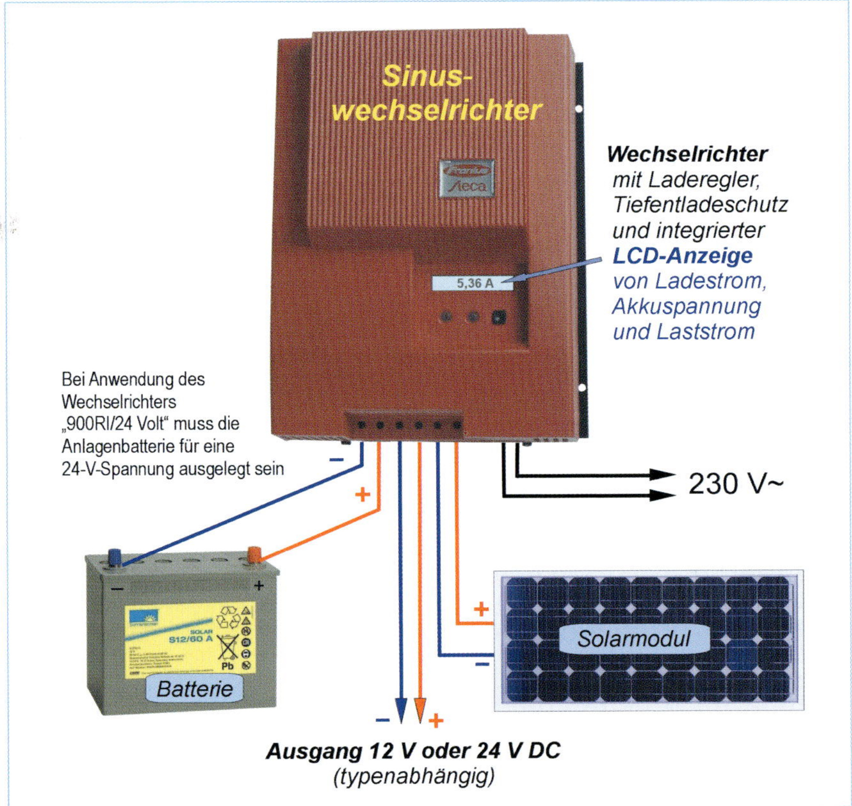

Abb. 7.10 – Der spezielle Fronius-Sinuswechselrichter ist für netzunabhängige Solaranlagen vorgesehen, beinhaltet einen Laderegler mit Tiefentladeschutz und ein Messsystem mit einer LCD-Anzeige, die den Ladestrom, die Modulspannung und die jeweilige Batteriespannung anzeigt *(Foto/Anbieter: Reichelt Elektronik)*.

8 Solarstrom für kleinere Vorhaben

Die Größe des eigentlichen Vorhabens bzw. Energiebedarfs ändert an der Grundfunktion einer photovoltaischen Stromversorgung nicht viel. Eine Ausnahme bilden hier nur Anwendungen, bei denen das Solarmodul direkt mit dem elektrischen Verbraucher verbunden ist und diesen nur dann antreibt, wenn die Sonne ausreichend kräftig scheint. Hier entfallen dann die Batterie, der Laderegler und das Kopfzerbrechen mit der Berechnung des Energiebedarfs.

8.1 Solarbetriebene Pumpen und Motoren

Für die Solartechnik eignen sich zwar am besten spezielle energiesparende Solarmotoren, aber verwenden lassen sich alle Gleichstrommotoren. Diese werden entweder als selbstständige Antriebsmotoren oder als Motoren angewendet, die z. B. in Lüftern, Pumpen oder Ventilatoren nach *Abb. 8.1* eingebaut sind. Wie bereits erläutert wurde, können Motoren entweder direkt vom Solarzellenmodul oder über eine Speicherbatterie betrieben werden. Der direkte Betrieb kommt eventuell bei einem Lüfter oder Kinderfahrzeug, einer Weiherfontäne, Bewässerungspumpe oder Umlaufpumpe in Frage.

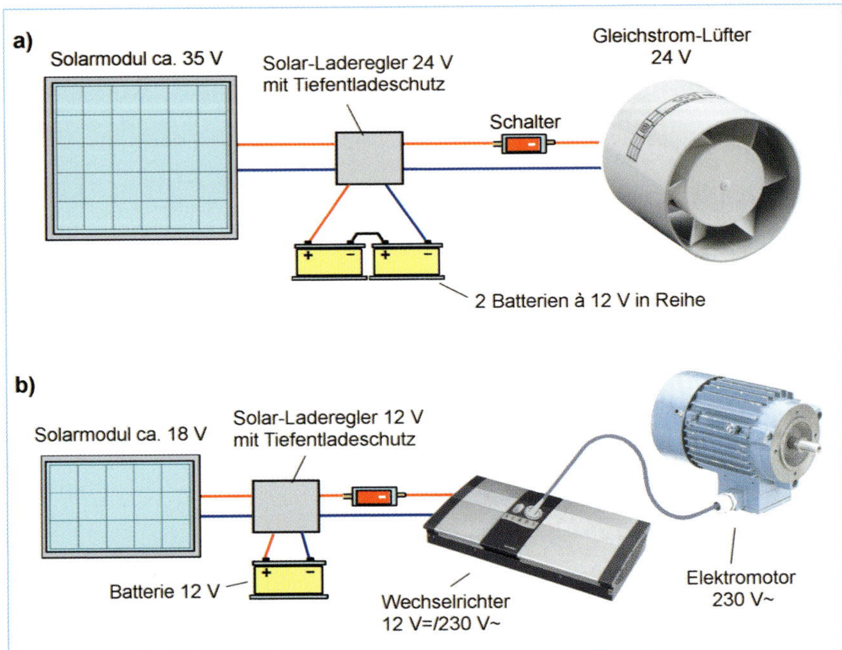

Abb. 8.1 – Solarstromversorgung eines Elektromotors: a) Einige der handelsüblichen Solarladeregler sind für das Laden einer 24-Volt-Batterie ausgelegt. b) Ein 230-V~-Wechselstrommotor kann bevorzugt über einen ausreichend großen Sinuswechselrichter betrieben werden.

Auch Einphasen-Wechselstrommotoren lassen sich mit Solarstrom betreiben, allerdings nur über einen zusätzlichen Wechselrichter *(Abb. 8.1 b)*, dessen Leistung bei Induktionsmotoren bis zum Siebenfachen der Motorleistung betragen müsste, um den Anlauf-Stromstoß zu verkraften. Der Netzschalter sollte – wie in *Abb. 8.1 b* dargestellt ist – vor dem Wechselrichter angebracht werden, damit dieser nicht seinen Stand-by-Strom von der Batterie bezieht, wenn der Elektromotor außer Betrieb ist.

Abb. 8.2 – Ausführungsbeispiel eines Conrad-Solarladereglers, der wahlweise für das Laden von 12- und 24-Volt-Batterien mit einem Ladestrom von bis zu 16 A vorgesehen ist.

Als Elektromotoren für verschiedene Selbstbau-Antriebe eignen sich z. B. Akkuschrauber, denn sie verfügen über eingebaute Getriebe. Ein solcher Akkuschrauber kann ein Kinderfahrzeug fortbewegen, eine Markise ausfahren, eine Pumpe antreiben usw. Möchte man die Betriebsdauer verlängern, kann der ursprüngliche kleine eingebaute Akku (der oft nur für einen Betrieb von ca. 12 Minuten ausreicht) durch einen größeren Akku ersetzt werden. Auch Gleichstrommotoren aus dem Kfz-Zubehör (Antriebe von Scheibenwischern, Fenstern, Stühlen und Dächern) können ähnlich verwendet werden.

Abb. 8.3 zeigt zwei Beispiele der solarelektrischen Ladung von Batterien, die für eine höhere Spannung als 24 V ausgelegt werden müssen, um als Energiequelle für einen Elektromotor dienen zu können, der für eine Gleichspannung von 36 bzw. 48 Volt ausgelegt ist. Da es für solche Spannungen keine handelsüblichen Solarladeregler gibt, werden hier jeweils zwei Solarmodule und zwei Laderegler angewendet, die sich das Laden teilen. Für derartig hohe Versorgungsspannungen gibt es keine handelsüblichen Tiefentladeschutz-Geräte, daher sollte hier die Batteriespannung z. B. mithilfe eines kleinen Kontrollvoltmeters überwacht werden, wenn der Elektromotor nicht unter Aufsicht betrieben wird.

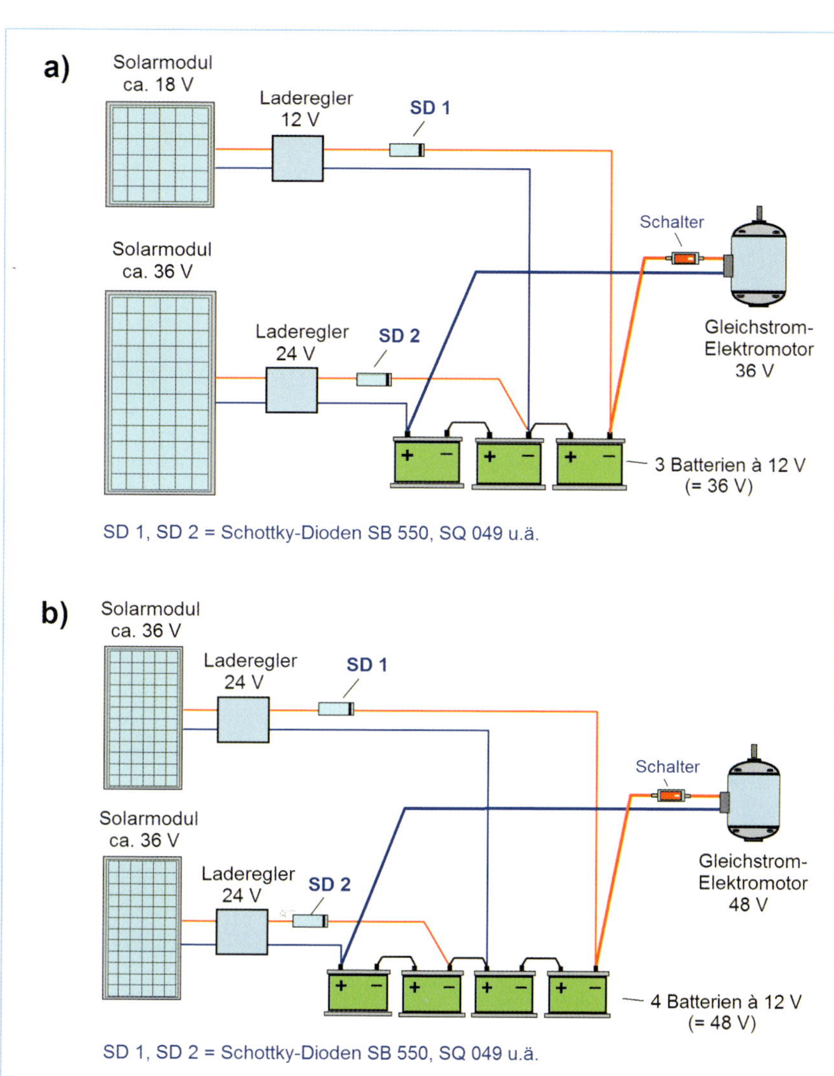

Abb. 8.3 – Zwei Anordnungsbeispiele des solarelektrischen Ladens einer Speicherbatterie, deren Nennspannung auf den Bedarf eines Elektromotors abgestimmt ist, der solar betrieben werden soll: **a)** Laden einer 36-Volt-Batterie. **b)** Laden einer 48-Volt-Batterie.

8.2 Solarspringbrunnen und Wasserfälle im Garten

Solarspringbrunnen verdienen schon deshalb Aufmerksamkeit, weil es bereits sehr viele Solarspringbrunnenpumpen und Tauchpumpen gibt, die u. a. als Umlaufpumpen für einen Wasserfall, für einen künstlichen Garten-Bachlauf oder ein anderes „Wasserspiel" verwendet werden können.

Manchmal stellt sich dann die Frage, wo das Solarmodul untergebracht werden kann. In einem romantischen Garten sollte es unauffällig untergebracht sein. Falls in unmittelbarer Nähe kein Dach ist, auf dem sich das Solarmodul anbringen ließe, kann evtl. neben dem Weiher ein dekorativer Rosenbogen aufgestellt werden, auf dem man das Solarmodul nach *Abb. 8.5* oben montiert. Zuerst einmal müssen wir ermitteln, wie groß das benötigte Solarmodul überhaupt sein muss – soweit es nicht mit einem Fertigbausatz gekauft wird.

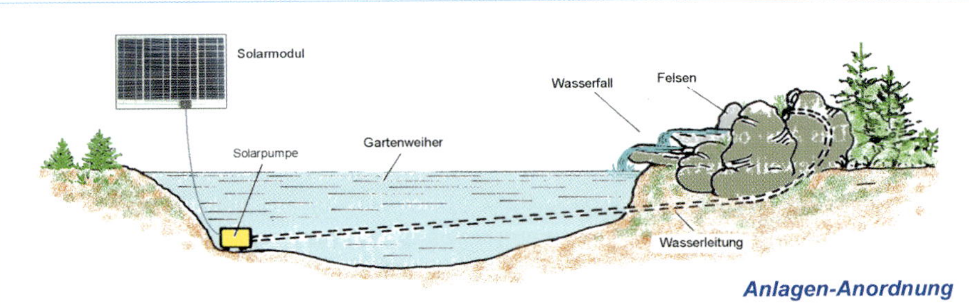

Abb. 8.4 – Eine Solar-Springbrunnenpumpe kann bei Bedarf auch nur als Umlaufpumpe für einen Mini-Wasserfall dienen.

Wir wissen inzwischen, dass wir hier von den technischen Daten der Solarpumpe ausgehen müssen. Wenn eine Solarpumpe z. B. für eine Spannung von 2,1 bis 17 V und einen Nennstrom von „bis zu" 660 mA (= 0,66 A) ausgelegt ist, sollte sie nach Möglichkeit die volle elektrische Leistung erhalten. Dies gilt vor allem bei einem Direktantrieb vom Solarmodul, das in diesem Fall über eine offizielle Nennspannung von ca. 17 bis 18 Volt und einen Nennstrom von mindestens 0,66 A verfügt.

Ein solches Solarmodul ist jedoch teuer und groß. Zudem ist es

nicht immer erforderlich, dass der Solarspringbrunnen oder der Solar-Miniwasserfall jeweils den ganzen Tag laufen. Dagegen möchte man manchmal einen vom Wetter unabhängigen Betrieb haben, um z. B. auch bei einem leicht bedeckten Himmel oder am Abend Gartenromantik genießen zu können. Dann ist eine zusätzliche kleinere Batterie (z. B. eine preiswerte 36-Ah-Autobatterie) fällig, die von einem ebenfalls kleineren, preiswerten Solarmodul betrieben werden kann.

Abb. 8.5 – Wenn eines Tages der Rosenbogen mit den Rosen stark bewachsen ist, muss bei einem solchen Standort das Solarmodul ab und zu von Rosenzweigen befreit werden.

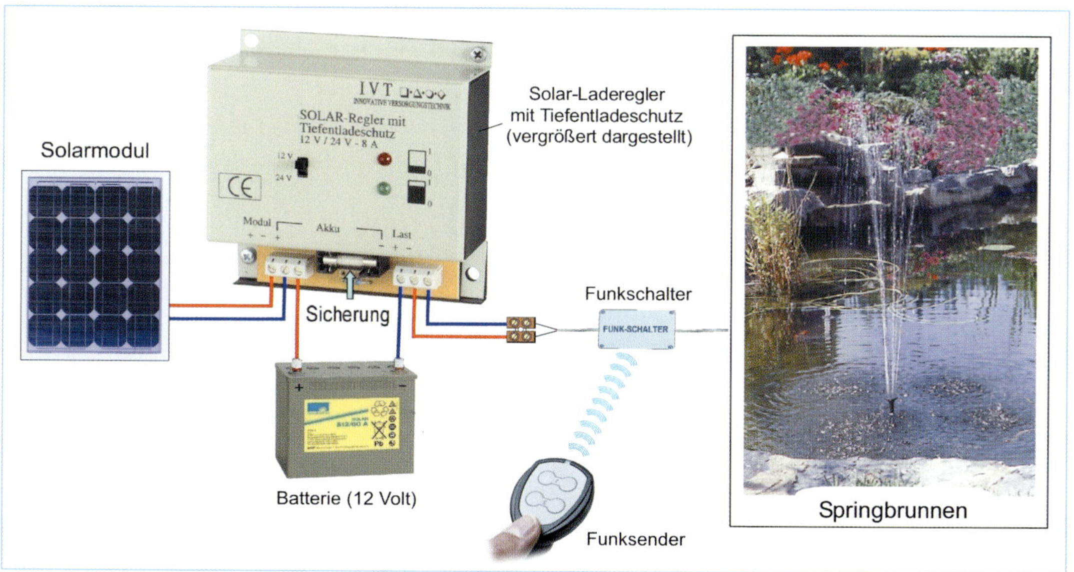

Abb. 8.6 – Praktisch ist es, wenn bei einer solchen Anlage die Solarpumpe mithilfe eines 12-Volt-Funkschalters z. B. vom Wohnzimmer oder von der Terrasse aus fernbedient werden kann: Den Stand-by-Strom kann der Funkschalter direkt vom Akku beziehen.

8.3 Solarbelüftung des Gartenweihers

Solange der Weiher von einem Springbrunnen oder einem kleinen Wasserfall belüftet wird, benötigt er keine zusätzliche Belüftung. Ansonsten ist eine Belüftung für das biologische Gleichgewicht eines Weihers wichtig. Zu diesem Zweck gibt es Luftpumpen in verschiedenen Größen. Üblicherweise handelt es sich hier um relativ einfache (und preiswerte) Luft-Membranpumpen. Die Membranen dieser Pumpen weisen zwar erfahrungsgemäß keine überwältigende Lebensdauer auf, lassen sich aber leicht eigenhändig ersetzen (eine oder zwei Ersatzmembranen sollten mit einer neuen Membranpumpe gleich mitgekauft werden).

Membranpumpen haben einen niedrigen Energieverbrauch und lassen sich deshalb auch in sonnenarmen Jahreszeiten mit dem Solarmodul betreiben, das im Sommer für die Springbrunnenpumpe zuständig ist. Falls hier an einigen Wintertagen die Leistung des Solarmoduls zum Belüften nicht mehr ausreicht, ist das für den Weiher nicht so schlimm.

Wenn am Weiher nur eine selbstständige Solarbelüftung erwünscht ist, wird in vielen Fällen eine kleine Pumpe genügen, deren Leistung zwischen 1 und 5 Watt liegt. Hier reicht dann ein kleineres Solarmodul aus, dass sich evtl. auf dem Dach eines Vogelhäuschens nach *Abb. 8.7* anbringen lässt. Wenn Sie ein solches Häuschen selbst bauen, sollten Sie bevorzugt eine Aluminium- oder Kupferstange als Stativ verwenden. So kann keine Katze heraufklettern und zudem kann das Solarstromkabel im Rohr heruntergeführt und unterirdisch zu der Belüftungspumpe geleitet werden.

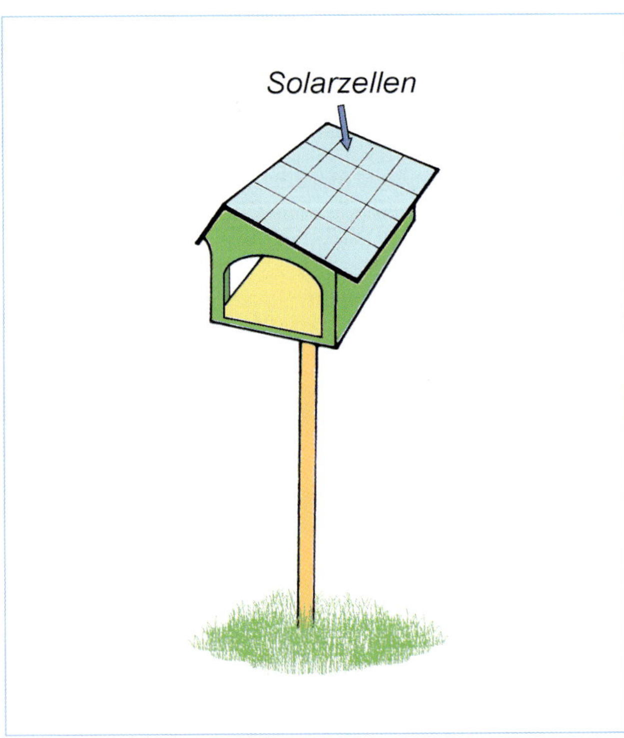

Abb. 8.7 – Ein kleines Solarmodul kann z. B. direkt in das Dach eines Vogelhäuschens integriert werden.

8.4 Gartenbrunnen mit Solarpumpe

Kleinere Brunnen können ein zusätzliches Wasserreservoir haben, in das an sonnigen Tagen eine kleine Solarpumpe das Wasser aus dem Brunnen hineinpumpt. Es sollte bevorzugt so aufgestellt sein, dass man das Brauchwasser ohne zusätzliche Pumpe nur mithilfe der Schwerkraft an die gewünschten Stellen (z. B. an die Gemüsebeete) transportieren kann. Der Wasserbehälter lässt sich oft in einer Garagenecke, in einem Geräteschuppen oder unter dem Fußboden eines zu diesem Zweck erstellten Gartenpavillons *(nach Abb. 8.8)* unterbringen. In das Pavillondach kann auch das Solarmodul für die Brunnenpumpe integriert werden.

Wird direktes und abrufbares Pumpen des Wassers aus dem Brunnen bevorzugt, ist kein zusätzlicher Wasserbehälter notwendig. Die Pumpe benötigt – ähnlich, wie die Bewässerungspumpe im vorhergehenden Kapitel – ein eigenes Solarmodul mit einer Speicherbatterie. Bei einem tiefen Brunnen muss allerdings die Förderleistung – und damit auch die Leistung des Pumpenmotors und der solarelektrischen Versorgung – ziemlich hoch sein, wenn die Pumpe auf Abruf ausreichend kräftig pumpen soll. Maßgeblich wird hier nur der tägliche Brunnenwasserbedarf sein, mit dem die Förderleistung des eingeplanten Pumpenmotors übereinstimmen sollte (die Förderleistung wird in den technischen Daten der Brunnenpumpen immer angegeben).

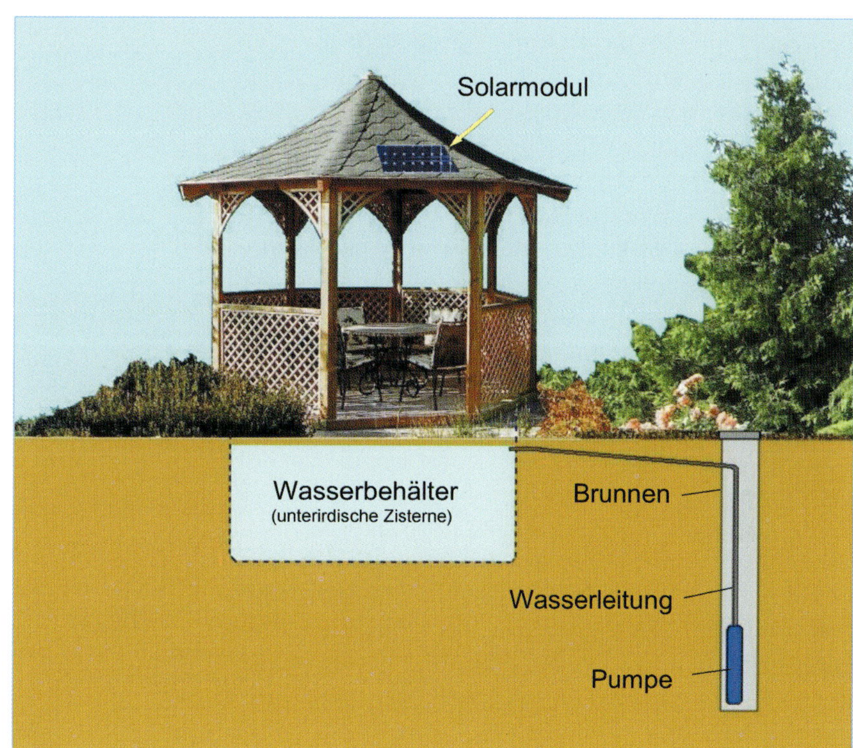

Abb. 8.8 – Solarbrunnenpumpe mit einem Wasserbehälter unter dem Gartenpavillon: Hier reicht eine kleine, vom Solarmodul direkt betriebene Pumpe, in deren Solarstromzuleitung ein Schwimmerschalter den Wasserbehälter vor einer Überfüllung schützt.

8.5 Markisen und Jalousien mit Solarantrieb

Für den Solarantrieb von Markisen und Jalousien eignen sich – neben diversen speziellen Rohrmotoren – auch verschiedene kleinere Gleichspannungsmotoren, die in Akku-Handwerkzeugen oder in der Autoelektrik angewendet werden. Besonders leicht lassen sich zu diesem Zweck auch kleine rohrförmige Akkuschrauber verwenden, wenn der Anwender die eigenhändige Anpassung beherrscht.

Die Solarzellenfläche kann am einfachsten z. B. aus kleinen gekapselten Solarzellen zusammengestellt oder als Selbstbaumodul aus kleinen Solarzellen erstellt werden. Hinter den Solarzellen kann ein kleiner NiMH-Akku untergebracht werden. Seine Spannung dürfte zwischen 3,6 und 4,8 Volt und seine Kapazität bei etwa 1,1 bis 2,2 Ah liegen – soweit es sich nicht um einen besonders kräftigen Antrieb für eine große Markise handelt.

Das sind allerdings nur Richtwerte, die sich den Betriebsanforderungen anpassen müssen. So kommt es z. B. auch darauf an, wie oft die vorgesehene Markise pro Woche aus- und eingefahren wird – bzw. ob sie nur in den sonnigen Sommermonaten oder auch während der kälteren Jahreszeit benutzt werden soll.

Erfahrungsgemäß wird bei einer mittelgroßen Markise eine 1-Ah-Akkukapazität für eine „Fahrzeit" von ca. acht Minuten benötigt. Davon lässt sich ungefähr der Bedarf an Akkukapazität situationsbezogen ableiten. Das Aus- oder Einfahren der Markise dürfte jeweils maximal eine Minute dauern. Weiterhin ist uns bereits Folgendes bekannt: Je kleiner die Kapazität des Akkus, desto besser muss das Nachladen auch bei ungünstigerem Wetter funktionieren. Die Solarzellenfläche muss dementsprechend dimensioniert sein.

Für die solarelektrische Stromversorgung käme hier ein Solarzellenmodul in Frage, dessen Nennspannung etwa 60 bis 75 % höher ist als die Akkuspannung – die sich wiederum der Motorspannung anpassen muss. Der Ladestrom sollte auch hier die ca. 10 % der Kapazität des Akkus nicht überschreiten (besonders dann nicht, wenn ein Eigenbau-Spannungsregler mit Zenerdiode nach einem der Beispiele aus *Abb. 3.*10 eingesetzt wird).

Der Bedarf an Solarzellenfläche ist bei solchen Anliegen sehr bescheiden. Auch bei einem 4,8-V/4-Ah-Akku würde es sich immer noch um eine relativ kleine Solarzellenfläche handeln: Etwa 17 kleine Solarzellen (Maße ca. 25 x 50 mm) würden einen Nennstrom von etwa 0,39 A liefern können. Das Solarmodul hätte somit Maße von etwa 500 x 70 mm oder 1.000 x 45 mm (abhängig davon, ob die Zellen mit den längeren oder kürzeren Seiten aneinandergereiht werden).

Abb. 8.9 – Solarzellen für den elektrischen Jalousien- oder Markisen-Antrieb

8.6 Garagen- und Hoftor mit Solarantrieb

Zu einem fernbedienten Garagentorantrieb gehört ein ebenfalls fernbedientes elektrisches Gartentor (Hoftor), das sich vergleichbar bequem öffnen lässt. Solche Antriebe sind inzwischen auch in Form von 12-Volt- oder 24-Volt-Solarantrieben erhältlich. Wie aus *Abb. 8.10* hervorgeht, unterscheidet sich die Stromversorgung bei einer solchen Solar-Minianlage nicht von dem, was wir bereits von anderen Beispielen kennen. Hinzuweisen wäre darauf, dass in manche Solar-Garagentorantriebe bereits ein Tiefentladeschutz integriert ist. Wird eine solche Mini-Solaranlage nur für die eigentliche Torantrieb-Elektronik verwendet, braucht der angewendete Laderegler keinen internen Tiefentladeschutz. Wohl aber, wenn an den Speicherakku auch

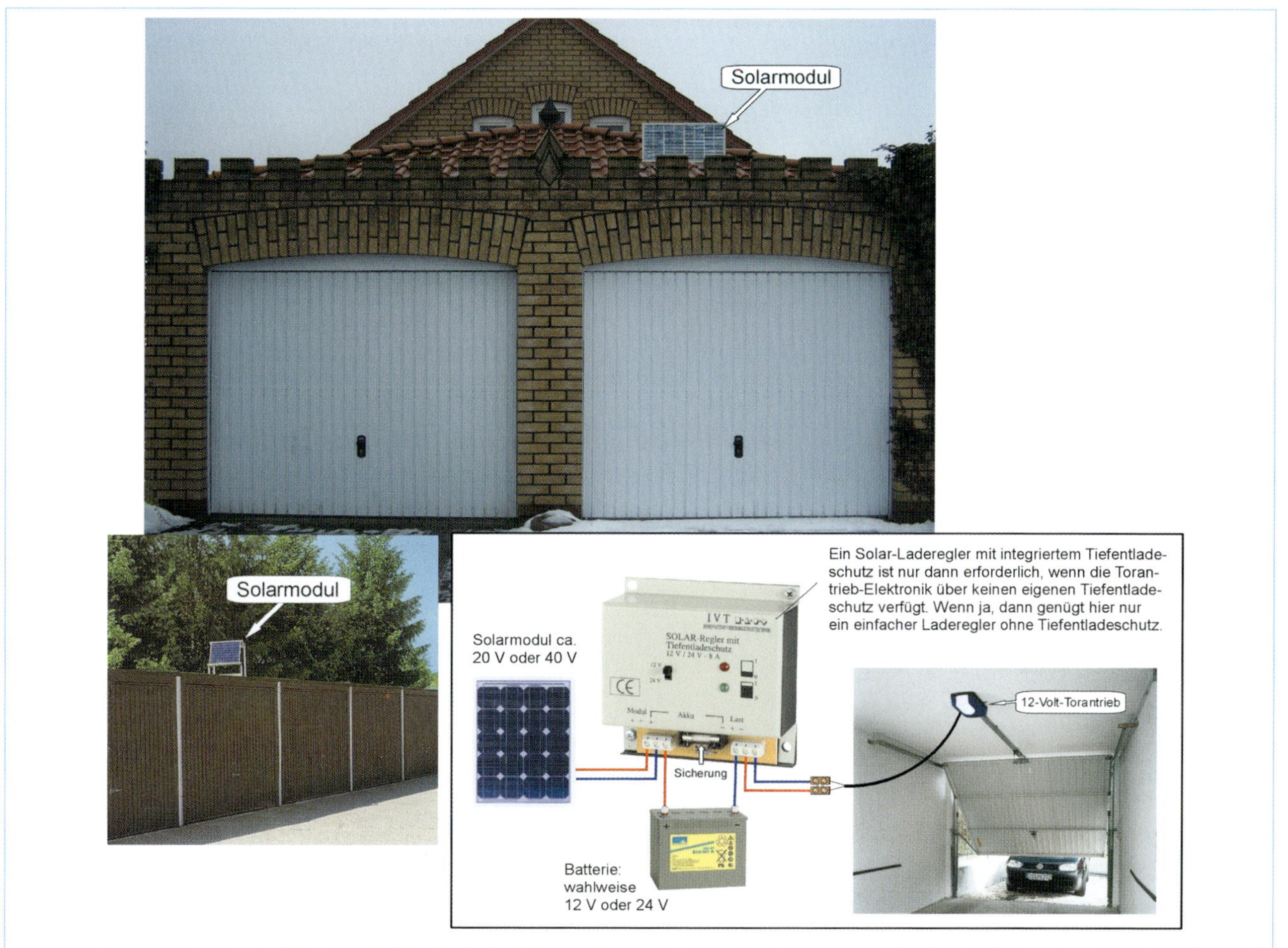

Abb. 8.10 – Solarbetriebene funkgesteuerte Garagentorantriebe geben sich mit relativ kleinen Solarmodulen zufrieden.

noch eine Solarbeleuchtung angeschlossen wird. Diese sollte einen separaten Tiefentladeschutz erhalten.

Einige der Solar-Torantriebe sind für eine Versorgungs-Gleichspannung von 24 Volt ausgelegt. Da müssen dann als Energiespeicher z. B. zwei kleine 36-Ah-/12-V-Autobatterien in Reihe geschaltet werden und das Solarmodul sollte eine Nennspannung von ca. 35 bis 41 Volt liefern können. Das ist, wie wir bereits aus vorhergehenden Planungsbeispielen kennen, z. B. durch Zusammenstellen von zwei oder drei kleinen Solarmodulen leicht machbar.

In die Dimensionierung des Tagesverbrauchs sind folgende Stromabnahmen einzubeziehen:

a) Der *Ah-Verbrauch* des eigentlichen Torantrieb-Motors ist ziemlich gering: Er beträgt weniger als ca. 0,1 Ah pro Öffnen und Schließen des Tores bei einer 12-V-Spannungsversorgung.
b) Der Stand-by-Verbrauch der Elektronik des Garagentorantriebs: Dieser liegt bei besser entwickelten Systemen oft bei ca. 0,5 Ah pro Tag, bei relativ guten Systemen unterhalb von 0,1 Ah pro Monat. Bei einem professionell entwickelten Stand-by dürfte der Stromverbrauch ca. 0,01 Ah pro Monat nicht überschreiten und könnte daher bei der Berechnung außer Acht gelassen werden. Ist der Stand-by-Verbrauch des Antriebs zu hoch geraten, sollte der Torantrieb über einen zusätzlichen leuchtenden Wandschalter manuell abschaltbar sein: Beim Wegfahren wird er eingeschaltet, bei der Rückkehr wieder abgeschaltet. Das spart Solarstrom!
c) Der Verbrauch der Beleuchtung hängt von der Anzahl und der Leuchtdauer der angeschlossenen Leuchtkörper ab. Wie man so etwas berechnet, wurde in diesem Buch bereits mehrmals erläutert. Die in das Torantriebsgehäuse integrierte kleine Lampe hat meist nur einen Verbrauch von ca. 0,1 Ah pro Tag, an dem das Garagentor zweimal geöffnet und geschlossen wird. Eine zusätzliche Garagen- oder Garagenzufahrtsbeleuchtung kann allerdings den Tagesverbrauch ziemlich erhöhen – was z. B. im Winter beim Schneeschippen am frühen Morgen des Öfteren vorkommen dürfte.
d) Die Selbstentladung einer Bleibatterie kann von ihrer Kapazität bis zu etwa 8 % pro Monat in Anspruch nehmen. Dem sollte vor allem im Dezember und Januar Rechnung getragen werden.

Abb. 8.11 zeigt an einem konkreten Planungsbeispiel die Zusammenhänge. Wir gehen bei dieser Berechnung davon aus, dass die Kapazität der Batterie für volle 14 Tage auch dann ausreichen sollte, wenn kein Nachladen erfolgt. Das kann im Dezember oder im Januar leicht vorkommen. Die vorgesehenen 14 Tage ohne Nachladen dürften sich in manchen Jahren sogar als zu optimistisch erweisen. Wir nehmen jedoch bei diesen Überlegungen an, dass es notfalls möglich ist, eine leere Batterie zu Hause aufzuladen und dass eine solche Lösung schlimmstenfalls einmal innerhalb von drei bis fünf Jahren erforderlich wäre. Diese Notlösung kann so manches Kopfzerbrechen wegen der optimalen Dimensionierung einer solchen Anlage erleichtern.

Stellt sich im Nachhinein heraus, dass während der Wintermonate das Nachladen den Verbrauch nicht kompensieren kann, reicht meist eine Vergrößerung (am besten eine Verdoppelung) der Akkukapazität aus. Das Solarmodul hat somit mehr Spielraum, um an sonnigen Tagen die Batterie ausreichend nachzuladen und braucht bei etwas Glück nicht „vergrößert" zu werden.

Tore einer Garteneinfahrt (Hoftore)

Elektrisch fernbediente Tore einer Garteneinfahrt (Hoftore) können auf dieselbe Weise mit Solarstrom ver-

8.6 Garagen- und Hoftor mit Solarantrieb

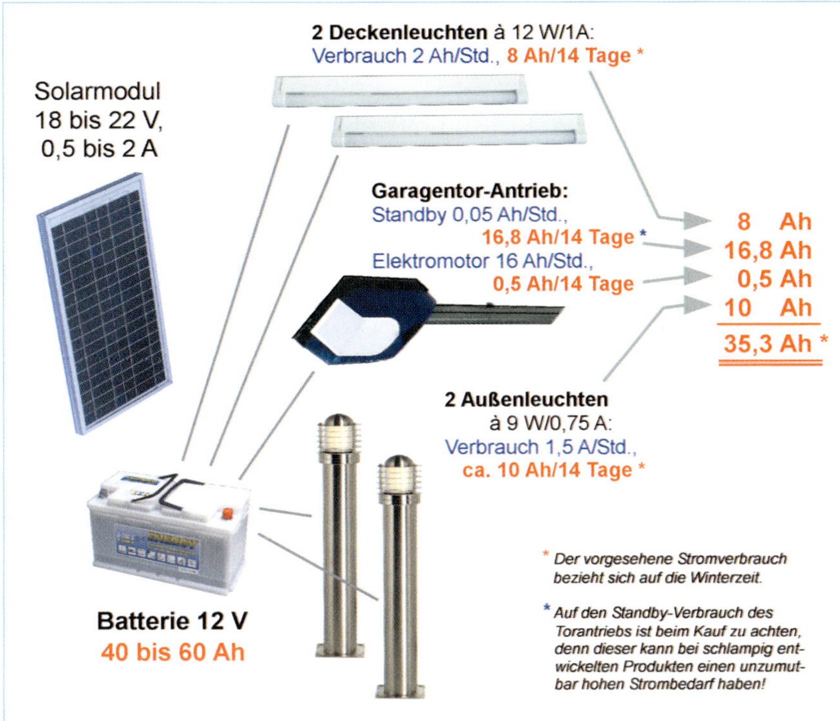

Abb. 8.11 – Solarstromversorgung einer Garage: Mit der Berechnung des Strombedarfs der vorgesehenen elektrischen Verbraucher fängt die Planung an.

sorgt werden wie Garagentore. Auch an der Art der Dimensionierung des Solarmoduls und der Batterie ändert sich dabei nichts. Die Tor- oder Einfahrtsbeleuchtung sollte hier mit einem separaten Funkschalter versehen werden, da ihr Einschalten energiesparend nur bei tatsächlichem Bedarf erfolgen sollte (zu diesem Zweck kann auch die Lösung nach *Abb. 8.11* genutzt werden).

Eine praktische Ausführung eines solchen Tores einer Garteneinfahrt zeigt *Abb. 8.12*. Die Torpfosten sind hier etwas größer angelegt, um Unterkunft für die Batterie mit Elektronik zu bieten.

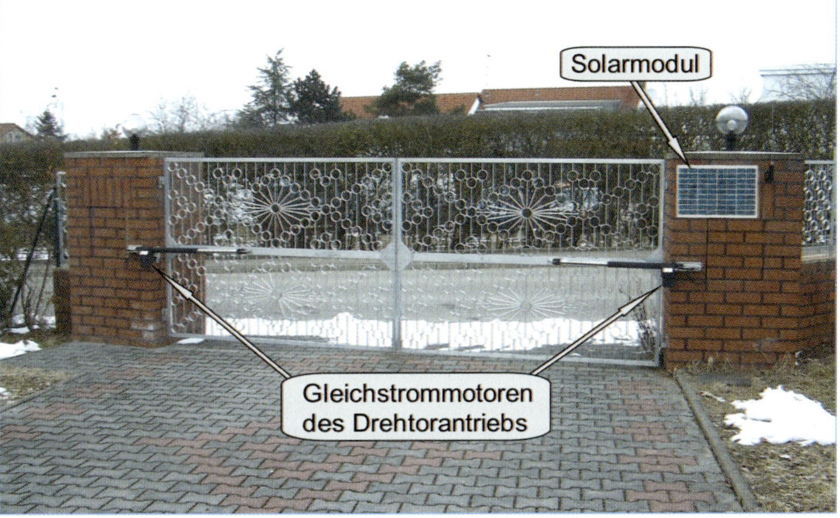

Abb. 8.12 – In den rechten Pfosten des Tores der Garteneinfahrt sind Batterie und Torelektronik, in den linken Pfosten ist der Briefkasten untergebracht.

8.7 Heizen mit Solarstrom

Um im Winter ein gut wärmeisoliertes Wohnhaus nur mit Solarstrom beheizen zu können, müsste man eine Solarzellenfläche zur Verfügung haben, die ungefähr fünfmal größer ist als die vorgesehene Wohnfläche. Nur wenn wir den Solarenergie-Ertrag der Sommermitte wie Kohle im Keller aufbewahren könnten, um ihn erst im Winter einzusetzen, kämen wir mit einem Verhältnis der Wohn- zu Solarfläche von annähernd 1:1 aus. Diese Information soll dazu beitragen, sich von den Proportionen eine konkrete Vorstellung machen zu können.

Die Umwandlung des elektrischen Stroms in Wärme hat den Vorteil, dass dabei praktisch keine Verluste entstehen, wenn es mithilfe eines Heizkörpers geschieht, dessen Wärme voll übertragen werden kann. Beispiel: ein Wasserkocher, bei dem die elektrische Heizspirale vom Wasser umgeben ist.

Die Schwachstelle des Heizens mit Solarstrom liegt bei den großen energetischen Verlusten, die bereits bei der Umwandlung der Sonnenenergie in elektrischen Strom (in den Solarzellen) entstehen. Der relativ niedrige Wirkungsgrad macht trotzdem nicht soviel aus, wenn man den Solarstrom zum Heizen oder Wärmen in Situationen anwendet, in denen es keine bessere Alternative gibt oder wo es einfach Spaß macht.

Ein solar aufgewärmtes Heizkissen auf einer Gartenliege, Gartenbank oder auf einem Stuhl auf dem Balkon kann bei kühlem, aber sonnigen Wetter das Wohlbefinden erheblich steigern. Während der kühleren Jahreszeit scheint die Sonne zwar sehr verlockend, spendet aber dennoch nicht genügend Wärme. Gerne würde man sich dann in die Sonne setzen oder legen, aber selbst unter einer Decke wird es bald zu kalt. Erfahrungsgemäß fehlt da manchmal nur eine ganz kleine Portion zusätzlicher Wärme, um das Wohlbefinden aufrecht zu erhalten. Als eines der einfachsten Mittel eignet sich hier das elektrische Heizkissen.

Wir nehmen uns jetzt einige einfache Beispiele vor, um die Problematik in den Griff zu bekommen. Wenn z. B. ein 12-Volt/30-Watt-Heizkissen verwendet wird, können wir uns ausrechnen, dass der Strom 2,5 A beträgt (30 W: 12 V = 2,5 A).

Um ein solches Heizkissen direkt von einem Solarmodul *(nach Abb. 8.13)* mit ausreichend genügen Strom versorgen zu können, müsste dieses optimal für eine Nennspannung von 12 Volt und einen Nennstrom von 2,5 Ampere ausgelegt sein. Das entspricht einer Nennleistung von 30 Watt (12 V × 2,5 A = 30 W). Lässt die Kraft der Sonnenstrahlen etwas nach, erhält das Heizkissen zwar eine etwas niedrigere Spannung und Leistung, wärmt aber unter Umständen

Abb. 8.13 – Ein solarbetriebenes elektrisches Heizkissen kann bei kühlerem aber sonnigen Wetter das Wohlbefinden erheblich steigern ...

trotzdem noch „brauchbar" weiter (während z. B. kleinere Wolken vorbeiziehen).

Alle elektrischen Heizelemente haben den Vorteil, auch dann funktionsfähig zu sein, wenn man ihnen eine viel niedrigere Spannung zuteilt, als vom Hersteller vorgesehen. Je niedriger die zugeführte Spannung unterhalb der angegebenen Nennspannung liegt, desto niedriger ist in demselben Verhältnis allerdings auch der Strom und damit sinkt (laut der Formel Spannung × Strom = Leistung) entsprechend die Wärmeleistung. Eine schwächere Spannung hat jedoch keine Nachteile auf den eigentlichen Wirkungsgrad, denn die ganze elektrische Energie wird hier in allen Fällen (bei beliebiger Unterspannung) in Wärme umgewandelt.

Soweit die erzeugte Wärme ausreicht, können also alle Elektroheizkörper ohne weiteres mit viel niedrigerer Spannung betrieben werden, als vom Hersteller angegeben wurde (umgekehrt funktioniert das nicht, die Heizkörper würden verbrennen). Somit kann z. B. an ein 17-V-Solarmodul ein Heizkissen angeschlossen werden, das für 24 V/30 W ausgelegt ist. Das Kissen wird in diesem Fall anstatt 30 W nur 15 W beziehen (und als Wärme abgeben).

Soweit ein Heizkissen an einem kühlen, aber sonnigen Tag betrieben wird, kann es direkt (nach *Abb. 8.13*) an das Solarmodul angeschlossen werden. Sonst ist ein Akku, der für die vorgesehene Zeitspanne ausreicht, vorteilhafter: Zum Nachladen wird nur eine viel kleinere Solarzellenfläche benötigt als für den Direktbetrieb, und das Kissen heizt danach unabhängig von der Sonne.

Das gilt auch für elektrische Autositz-Heizkissen (Abb. 8.14). In einem Carport mit Solarstromversorgung *(nach Abb. 8.15)* kann ein Heizkissen im Winter von der Batterie der Carport-Solaranlage z. B. jeweils 15 Minuten vor dem Start via Funksteuerung oder mithilfe einer einfachen Zeitschaltuhr eingeschaltet werden. Der Verbrauch der Batteriekapazität beträgt dann ca. 0,5 bis 1 Ah und kann im Prinzip leicht vom Solarmodul nachgeladen werden. Die Anlagenbatterie kann auch noch für die Stromversorgung einer Carport-Leuchte bzw. einer weiteren Außenbeleuchtung dienen und nach dem Beispielen aus *Abb. 8.10/8.11* ausgelegt sein.

Elektrische Heizkissen für das Auto können auch als Terrassenstuhl-, Gartenbank- oder Balkonstuhl-Kissen bzw. als Gartenliegen-Heizdecken von einem Solarmodul oder einer solargeladenen Batterie mit Strom versorgt werden.

Alles, was über das Heizkissen gesagt wurde, gilt auch für alle anderen Heizkörper: Heizdecken, elektrisch beheizte Kleidung und Schuhe (die es u. a. für Autofahrer im Handel gibt), Heizfolien, Infrarot-Strahler usw. Die eigentliche Dimensionierung des Solar-

Abb. 8.14 – Der Leistungsverbrauch elektrischer Autositz-Heizkissen, die mit einem zweistufigen Schalter (Low-High) versehen sind, liegt meist bei ca. 24 W (Low-Stufe) und 48 W (High-Stufe); der vom Heizkissen bezogene Strom beträgt dann 2 bzw. 4 Ampere.

8.7 Heizen mit Solarstrom

Abb. 8.15 – Vor allem bei einem abgelegenen Carport ist eine kleine Solaranlage mit z. B. einer kleinen 36-Ah-Autobatterie als Energiespeicher sehr praktisch und kann im Winter die elektrischen Heizkissen des Autos vorwärmen.

moduls und seiner Batterie erfolgt dabei ebenfalls nach dem Beispiel aus *Abb. 8.11*. Sie müssen nur die entsprechenden Verbraucher einsetzen, ihren Strombedarf ausrechnen und die Leistungen des Solarmoduls und der Batterie dem Bedarf anpassen.

Unter Umständen kann auch eine kleine **Solarheizung** als **Frühbeet-Frostschutz** praktisch sein. Es gibt Jahreszeiten, in denen Frost nur sporadisch zu erwarten ist, dann aber großen Schaden anrichtet. Eine kleine Solar-Notheizung kann in solchen Situationen ein wahrer Segen sein. Wie umfangreich eine solche Heizung konzipiert wird, hängt von der Größe des Frühbeets ab.

Herkömmliche Gewächshaus-Heizanlagen bestehen überwiegend aus Heizkörpern, die z. B. als Heizleitungen in der Erde installiert sind und bei Bedarf weitgehend kontinuierlich heizen. In unserem Fall benötigen wir nicht zwingend eine langsam wirkende kontinuierliche Heizung, sondern, im Gegenteil, eine „Wärmewelle", die imstande ist, die Innenluft im Frühbeet bei plötzlich aufkommendem Frost schnell aufzuwärmen, damit die Temperatur oberhalb des Gefrierpunkts bleibt.

Optimal eignet sich für solche Zwecke ein Niedervolt-Heizkörper mit Ventilator, der für einen schnellen Warmlufttransport sorgt. Im Handel gibt es verschiedene Fertigprodukte (Kfz-Heizlüfter), die für 12 Volt ausgelegt sind und sich problemlos aufstellen lassen. Viele der kleinen Heizlüfter verfügen über einen Thermostaten, der energiesparend nur auf eine Frostschutztemperatur eingestellt werden kann.

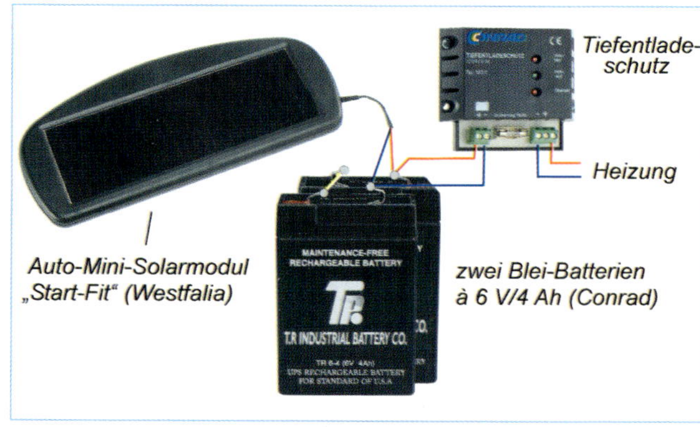

Abb. 8.16 – Zwei kleine preiswerte 6-V/4-Ah-Bleiakkus (Gewicht nur 2 x 760 g) reichen für ein kurzfristiges Aufwärmen der Luft in einem Frühbeet aus und können z. B. von einem Solarmodul nachgeladen werden, das als Minimodul für das Nachladen einer Autobatterie preiswert erhältlich ist *(Anbieter: Conrad Electronic und Westfalia)*.

8.8 Lüften und Kühlen mit Solarstrom

Soweit es sich nur um einfaches Lüften handelt, gibt es auf dem Markt eine große Auswahl an Solar- und normalen Gleichstromventilatoren für Spannungen ab etwa 0,4 Volt. Für das Kühlen mit Solarstrom sind als Standardprodukte diverse kleinere Solar-Kühlschränke im Handel, die für Gleichspannungen von 12 oder 24 Volt erhältlich sind. Außerdem gibt es kleine tragbare Gleichspannungs-Kühlboxen (Auto-Kühlboxen), die sich auch für solarelektrisches Kühlen nutzen lassen. Die kleinsten Kühlboxen beziehen dennoch eine Leistung von 35 Watt, einen Strom von fast 3 Ampere. Das sind 3 Ah pro Stunde, die der Solarbatterie entzogen werden.

Der Betrieb von Solar-Ventilatoren wurde in diesem Buch bereits ausreichend beschrieben. Besondere Aufmerksamkeit verdienen hier **Solar-Kühlschränke**. Kühlschränke gibt es normalerweise als Absorptions- und Kompressor-Kühlschränke. Absorptionskühlschränke arbeiten ohne Motor, sind dadurch sympathisch geräuschlos, haben aber einen wesentlich größeren Energieverbrauch als Kompressor-Kühlschränke. Deshalb sind „echte" Solar-Kühlschränke als Kompressor-Kühlschränke ausgeführt. Sie sind meistens für eine 12-Volt- oder 24-Volt-Gleichspannung konzipiert und manchmal auch noch mit spezieller Steuerelektronik und eigenem Tiefentladeschutz ausgestattet. Die meisten Solar-Kühlschränke sind entweder als kleine Einbau- oder als Tisch-Kühlschränke in verschiedensten Ausführungen erhältlich.

Abb. 8.17 – Solar-Kühlschränke arbeiten zwar energiesparend, haben aber dennoch einen ziemlich hohen Stromverbrauch, der minimal bei ca. 300 Wattstunden pro Tag liegt.

Bei der Wahl eines Solar-Kühlschranks muss selbstverständlich auf den Energieverbrauch geachtet werden, denn auch der kleinste „energiesparende" Kühlschrank verbraucht sehr viel der Solarenergie, die in den meisten Fällen auch noch für andere Zwecke benötigt wird. Anderseits steigt der Energieverbrauch mit der Größe eines Kühlschranks oft nur geringfügig an.

So hat z. B. ein AEG-Solar-Kühlschrank mit 75-Liter-Inhalt laut Herstellerangaben einen Energieverbrauch von ca. 300 Wh in 24 Stunden und ein Kühlschrank derselben Marke mit ganzen 162 Litern Inhalt dagegen nur einen Energieverbrauch von 360 Wh pro 24 Stunden. Ein doppelt so großer Inhalt verbraucht hier also nur 20 % mehr Energie.

Den vom Hersteller angegebenen täglichen Energieverbrauch des Kühlschranks muss das Solarzellenmodul bzw. der Akku auch täglich liefern können. Bereits der kleinere 12-Volt-Kühlschrank mit seinem Verbrauch von etwa 300 Wh beansprucht täglich eine Akkukapazität von 25 Ah (300 Wh : 12 V = 25 Ah).

Wenn ein Kühlschrank beispielsweise in einem Wochenendhaus steht, das nur während der wärmeren Jahreszeit benutzt wird, wäre die Größe des Akkus davon abhängig, wie zuverlässig und ununterbrochen der Kühlschrank kühlen muss. Eine Akkukapazität (Kapazitätsanteil) von ca. 75 Ah dürfte als angemessene Sicherheit (für drei sonnenarme Tage) ausreichen. Normalerweise würden wir ja ohnehin Solarstrom auch noch für andere Zwecke wie Beleuchtung oder Fernseher benötigen und aus dem Grund eine wesentlich größere Akkukapazität (von ca. 150 Ah) einplanen.

8.9 Beleuchten mit Solarstrom

Eine Solarbeleuchtung muss möglichst energiesparend arbeiten, was durch eine gezielte Auswahl energiesparender Leuchtkörper befördert wird.

Als Lichtquellen für die Solartechnik eignen sich vor allem spezielle Solar- oder Energiesparlampen, gute Leuchtstofflampen und Leuchtdioden, die oft in der Form kompakter LED-Leuchten erhältlich sind. Herkömmliche Glühbirnen wie auch Halogenlampen haben einen viel zu niedrigen Wirkungsgrad. Halogenlampen werden in der Solartechnik daher nur in Halogenstrahler eingesetzt, die jeweils nur kurz (aber dafür kräftig) z. B. als Garageneinfahrt-Beleuchtung *(Abb. 2.9)* verwendet werden.

Größter Beliebtheit erfreuen sich in letzter Zeit auch Leuchtdioden (LEDs), die als leuchtende Halbleiter fast ewig mithalten, sehr wenig Strom verbrauchen, eine sehr niedrige Spannung benötigen und unter Umständen sogar relativ viel Licht erzeugen. Das sind äußerst willkommene Eigenschaften für die Solartechnik.

Es gibt runde, viereckige und dreieckige LEDs in den Farben rot, gelb, grün, orange, blau und weiß. Fast alle LEDs werden zudem wahlweise im klaren oder im diffusen Kunststoffgehäuse und in verschiedenen Größen angeboten. Es gibt auch zweifarbige Duo-LEDs, blinkende LEDs oder Duo-LEDs, bei denen z. B. die rote LED blinkt und die grüne ununterbrochen leuchtet.

Die meisten **Standard-LEDs** benötigen eine Betriebsspannung von etwa 1,6 bis 2,7 V und einen Strom von nur 0,02 A (= 20 Milliampere). Einige Mini-LEDs sind für einen Strom von 0,015 A ausgelegt und

> **Hinweis**
>
> Achten Sie bitte beim Kauf einer Energiesparlampe oder Solarleuchte auf ihren Lichtstrom, der bei guten Lampen auf der Verpackung aufgeführt ist, denn hier gibt es große qualitative Unterschiede. Manche dieser Lampen brauchen zudem mehr als eine Minute, bevor sie die volle Lichtintensität erreichen und eignen sich daher nur für Anwendungen, bei denen das Licht z. B. als Notbeleuchtung dienen soll.

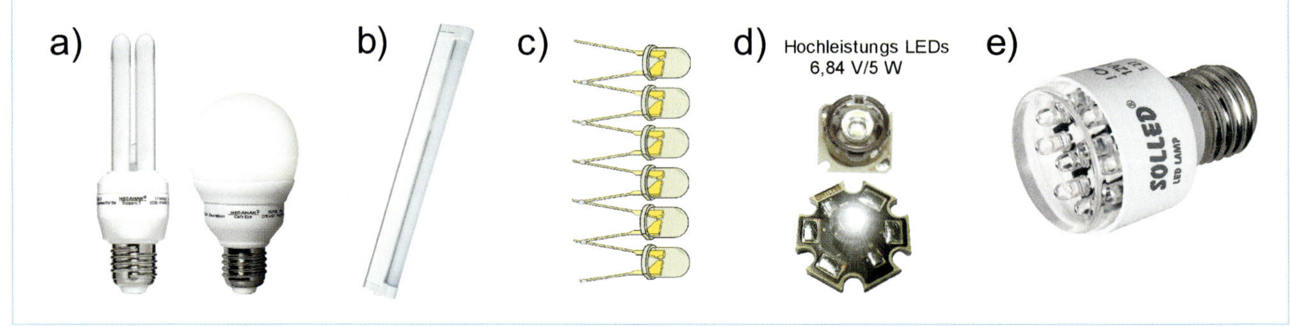

Abb. 8.18 – Für die Anwendung in der Solartechnik eignen sich am besten Energiesparlampen und Leuchtdioden (LEDs): a) Energiesparlampen sind auch für 12-Volt-Spannungen erhältlich, (b Leuchtstofflampen gibt es wahlweise auch für 12-Volt-Gleichspannung c) Leuchtdioden geben sich mit einer niedrigen Versorgungsspannung ab ca. 2 Volt (als *kahle Bauteile*) zufrieden und können bei Bedarf zu beliebig langen Ketten zusammengelötet werden, bei denen z. B. 2 Volt der Versorgungsspannung pro LED anfallen. d) Hochleistungs(Highpower)-LED. e) kompakte LED-Leuchten sind für unterschiedliche Versorgungsspannungen ausgelegt.

Abb. 8.19 – Leuchtdioden müssen polaritätsgerecht angeschlossen werden.

die sogenannten ***Low-Current-LEDs*** beziehen nur einen Strom von 0,002 A bis 0,004 A.

Für die Innenbeleuchtung von Räumen eignen sich am besten spezielle ***superhelle* weiße LEDs** oder ***Highpower-LEDs***. Die superhellen LEDs sind typenabhängig für eine Betriebsspannung von ca. 2,9 bis 4 Volt, meist für einen Strom (I_F) von 20 mA ausgelegt und haben eine sehr hohe Lichtstärke, die – abhängig vom **Abstrahlwinkel** – bis zu 18.000 mcd (**Millicandel**) beträgt.

Highpower-LEDs benötigen eine Versorgungsspannung, die typenabhängig zwischen ca. 2,5 und 6,84 V liegt. Die Stromabnahme dieser LEDs ist ziemlich hoch (beträgt ca. 0,35 bis 0,7 A). Der Lichtstrom der leistungsstärksten 5-Watt-Luxeon-Leuchtdiode liegt gegenwärtig bei 120 Lumen (lm). Somit hinkt sie noch etwas hinter einer guten Energiesparlampe her, die z. B. bei 7 Watt Leistungsabnahme einen Lichtstrom von bis zu etwa 350 Lumen (lm) aufbringen kann.

Zum Vergleich der **Lichtstrom** guter **herkömmlicher Standardglühlampen** und Halogenlampen:

10-Watt-Glühlampe – 48 lm
15-Watt-Glühlampe – 90 lm
25-Watt-Glühlampe – 230 lm
40-Watt-Glühlampe – 440 lm
60-Watt-Glühlampe – 730 lm
75-Watt-Glühlampe – 960 lm
15-Watt-Halogenlampe – 155 lm
20-Watt-Halogenlampe – 350 lm

Gut zu wissen

Bei fast allen Leuchtstoff- und Neonlampen steigt der Lichtstrom (die tatsächliche Lichtleistung) überproportional mit der zunehmenden Leistung. So kann z. B. eine einzige 14-Watt-Leuchtstofflampe dasselbe Licht erbringen wie neun kleine 4-Watt-Leuchtstofflampen zusammen (die eine stolze Gesamtleistung von 36 Watt benötigen).

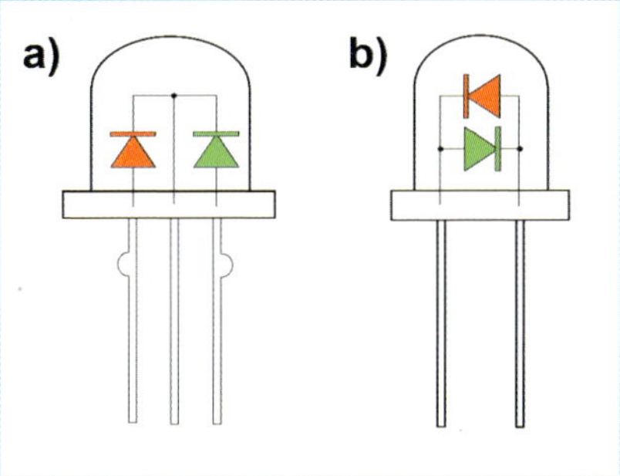

Abb. 8.20 – Zweifarbige Leuchtdioden (Duo-LEDs): a) Ausführung mit drei Anschlüssen (Prinzipdarstellung). b) Ausführung mit zwei Anschlüssen (durch Änderung der Polarität ändert sich hier die Farbe des LED-Lichts).

8.9 Beleuchten mit Solarstrom

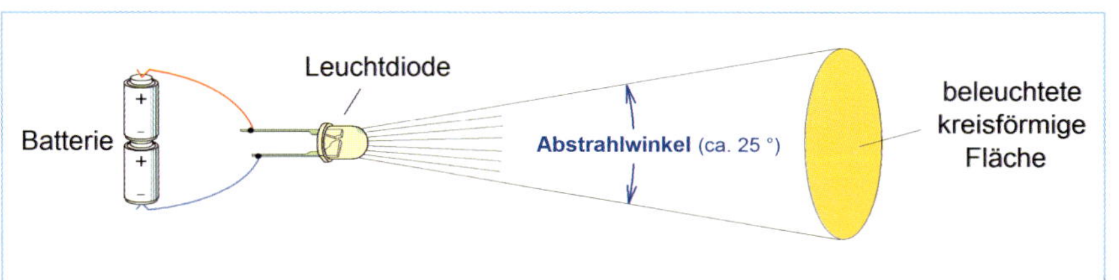

Abb. 8.21 – LEDs sind mit unterschiedlichen Abstrahlwinkeln ausgelegt.

Für die Solartechnik sind besonders die als *superhell* bezeichneten LEDs interessant. Sie unterscheiden sich von herkömmlichen Lampen vor allem durch drei besondere Eigenheiten, auf die zu achten ist:

- LEDs müssen an eine Gleichspannung polaritätsgerecht angeschlossen werden: Das längere Füßchen der LED ist an den Pluspol der Batterie anzuschließen (ansonsten leuchtet sie nicht). Durch eine verkehrte Polarität der Versorgungsspannung erleidet die LED jedoch keinen Schaden, sofern sie nicht über einen Vorwiderstand an eine vielfach höhere Versorgungsspannung angeschlossen wird, als ihrer ***Betriebsspannung*** **(U_F)** entspricht.
- Die **Lichtstärke** wird bei den meisten LEDs in ***mcd (Millicandel)*** als Lichtstärke pro Flächenanteil angegeben. Ausgegangen wird hier von der Belichtungsintensität der Fläche, die bei einer LED kreisförmig ist. Der Durchmesser des ausgeleuchteten Kreises hängt dabei von dem Abstrahlwinkel der LED *(Abb. 8.22)* ab, der typenbezogen unterschiedlich ist und bei jeder LED nach dem Beispiel (Katalogauszug) angegeben wird.
- Im Gegensatz zu fast allen anderen Lampen werden LEDs nicht spannungsorientiert, sondern stromorientiert betrieben. Dies beinhaltet, dass die **LED-Spannung (U_F)**, die in den technischen Daten meistens als „von … bis“ angegeben wird, nur als ein Richtwert zu betrachten ist, aber für die optimale Lichtausbeute der LED ist ihr Strom (I_F) ausschlaggebend. Die LED leuchtet am kräftigsten, wenn durch sie annähernd der volle Strom I_F – von z. B. 20 mA – fließt. Dieser Wert darf zwar nicht überschritten werden (das verkraftet die LED nur kurzfristig), aber er sollte auch nicht zu sehr unterschritten werden, da ansonsten die LED-Lichtstärke rapide abnimmt. Um eine optimale Lichtstärke zu erhalten, sollte daher eine LED bzw. eine LED-Kette vor der Inbetriebnahme auf ihren „typenbezogenen“ optimalen Strom I_F nach den Beispielen in *Abb. 8.23* eingestellt werden.

Weiße, superhelle LEDs

(Auszug aus Conrad-Electronic-Katalog als Beispiel)

Gehäuse-durchmesser	Licht-stärke I_V	Ausführung	Abstrahl-winkel
3 mm	1100 mcd	diffus	70 °
3 mm	2070 mcd	wasserklar	60 °
3 mm	3200 mcd	wasserklar	25 °
5 mm	690 mcd	diffus	70 °
5 mm	2500 mcd	wasserklar	50 °
5 mm	6400 mcd	wasserklar	30 °
5 mm	9200 mcd	wasserklar	20 °
5 mm	18000 mcd	wasserklar	15 °

Abb. 8.22 – Technische Daten einiger superhellen LEDs *(Beispiel)*.

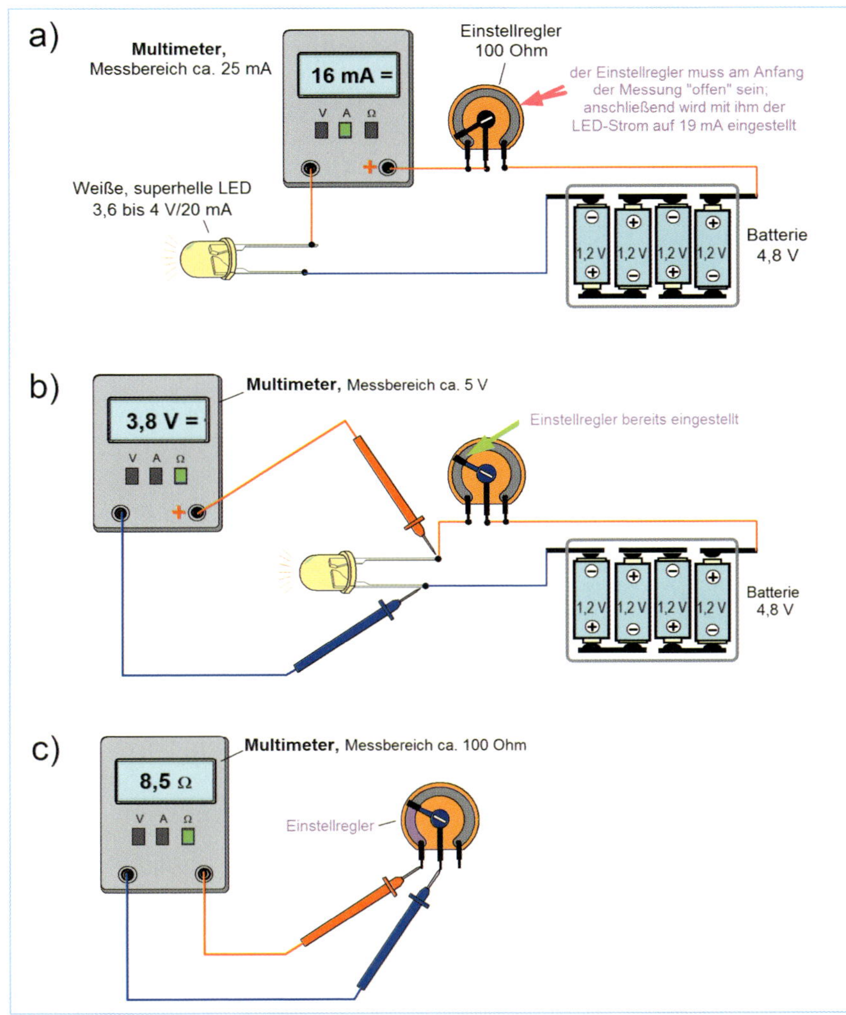

Abb. 8.23 – Einstellen und Kontrolle des LED-Stroms: a) Der Strom einer 20-mA-LED wird mit dem Einstellregler auf ca. 19 mA eingestellt. b) Der Voltmeter zeigt die LED-Spannung an. c) Mit dem Ohmmeter (Multimeter) kann der *Vorwiderstand* ermittelt werden, den die LED benötigen würde, wenn sie an eine 4,8-Volt-Batterie angeschlossen wird.

Auf dieselbe Weise, mit der in dem Beispiel aus *Abb. 8.23* eine einzige LED auf ihren optimalen Strom eingestellt wurde, können auch mehrere LEDs in Reihe an eine höhere Versorgungsspannung – z. B. auf eine 12-Volt-Spannung nach *Abb. 8.24* – angeschlossen werden. Da eine voll aufgeladene Batterie anfänglich eine um bis zu 20 % höhere Spannung hat, als ihrer offiziellen Nennspannung entspricht, wurde in unseren Beispielen *(Abb. 8.23/8.24)* der Strom der 20-mA-LED nicht auf die vollen 20 mA, sondern nur auf 19 mA eingestellt. Damit wird die LED schonender betrieben. Typenabhängig ist bei manchen LEDs kein Vorwiderstand notwendig, wenn z. B. drei der in *Abb. 8.24* eingezeichneten LEDs bei einer 12-Volt-Versorgungsspannung auch ohne einen Vorwiderstand nur einen Strom von 18 mA beziehen, womit sich ihre Leistung (LED-Strom × LED-Spannung) auf die Leuchtdiode schonend auswirkt. Die geringfügige Verringerung der Lichtstärke ist dabei subjektiv kaum wahrnehmbar.

8.9 Beleuchten mit Solarstrom

Eine einfachere Solarbeleuchtung von z. B. kleineren Garten oder Schrebergartenhäusern, Gartenlauben oder -pavillons kann nach *Abb. 8.10/8.11* ausgelegt werden.

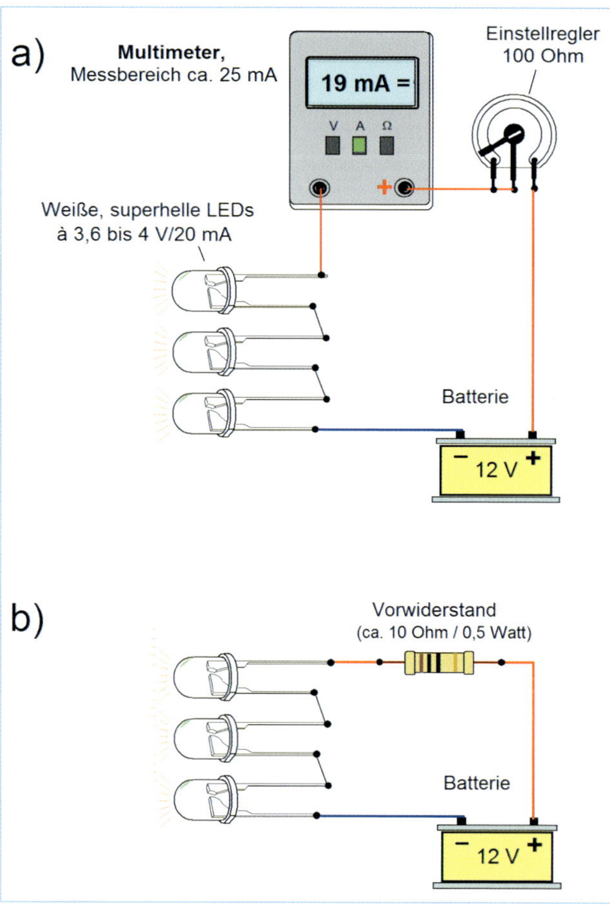

Abb. 8.24 – Drei LEDs, die für eine max. Spannung (U_F) von 4 Volt ausgelegt sind, können in Reihe an eine 12-Volt-Batterie angeschlossen werden: a) Ermittlung des optimalen Vorwiderstandes nach dem Vorbild aus *Abb. 8.23.* b) Anschluss der LEDs an eine Batterie über einen Vorwiderstand.

Solarleuchten als Fertigprodukte gibt es in verschiedenen Ausführungen: mit oder ohne ein in den Leuchtkörper integriertes Solarzellenmodul. Im Inneren der kompakten Solarleuchten mit sichtbar angebrachtem Solarzellenmodul ist normalerweise auch ein Akku als Zwischenspeicher untergebracht. Kompaktleuchten mit einem Solarzellenmodul sind verständlicherweise nur als Außenleuchten konzipiert. Sie sollten so aufgestellt werden, dass die Solarfläche gegen Süden gerichtet ist und möglichst viel Sonne auffangen kann.

Die meisten der handelsüblichen Solar-Außenlampen (Gartenlampen) verfügen nur über eine kleinere Solarzellenfläche und einen kleineren Akku, wodurch man von ihnen nicht einmal im Sommer erwarten kann, dass sie die ganze Nacht leuchten. Viele dieser Lampen sind nur mit einem Dämmerungsschalter ausgestattet: Sie schalten bei Dämmerung ein und leuchten dann einfach so lange, bis der Akku leer ist. Die tägliche Leuchtdauer hängt davon ab, wie gut sich der Akku tagsüber wetterbedingt aufladen konnte. Somit sind solche Lampen bevorzugt nur als Gartendekoration brauchbar.

Einige Solar-Außenleuchten haben neben dem Dämmerungsschalter noch einen Bewegungssensor (Bewegungsmelder) und leuchten nur dann auf, wenn ein Mensch, Tier oder Auto in die Nähe kommt oder wenn der Wind die Zweige nahestehender Sträucher bewegt usw. Da man einer derartig konzipierten Kompaktleuchte kaum beibringen kann, dass sie auf eine vorbeifliegende Fledermaus oder vorbeilaufende Katze nicht reagieren darf, sollte sie lieber nicht im Sichtwinkel des Schlafzimmerfensters aufgestellt werden – das könnte die Nachtruhe stören. Es sei denn, man stattet sie mit zusätzlichen Schaltern oder Sensoren aus, die das Einschalten einschränken.

8.10 Eine Sonnenuhr anderer Art

Moderne Solaruhren kennen wir vor allem in Form von Solar-Armbanduhren, die nicht immer funktionieren, weil die Solarzellen nicht verlässlich ausreichend Licht erhalten. Einfacher ist es mit größeren batteriebetriebenen Uhren, die z. B. als Wanduhren an einer Wand hängen, die zumindest einigermaßen beleuchtet ist. Solche Uhren können leicht nach *Abb. 8.26* auf Solarbetrieb umfunktioniert werden. Ein Gold-Cap-Kondensator ersetzt hier die Speicherbatterie, hat fast keine Selbstentladung und seine Lebenserwartung überschreitet meist die der Uhr.

Die in *Abb. 8.25* abgebildete Wanduhr wurde für dieses Buch zu einer Solaruhr „umgebastelt", bei der die Solarzellen mit Fugensilikon auf ein Stück Plexiglas angeleimt wurden. Der Speicherkondensator mit den zwei Dioden passte in das Batteriefach der Uhr. Wenn wir nun im Garten arbeiten, können wir jederzeit einen Blick auf die Uhr werfen, um zu sehen, wie spät es ist. Angenehmer Nebeneffekt: Der Batteriewechsel entfällt.

Abb. 8.25 – Diese batteriebetriebene Uhr von *Westfalia* ist für einen spritzwassergeschützten Außenbereich ausgelegt und kann z. B. in einem Wintergarten oder Gewächshaus als eine Solaruhr (mit 1,5-V-Spannungsversorgung nach *Abb. 2.25a)* betrieben werden.

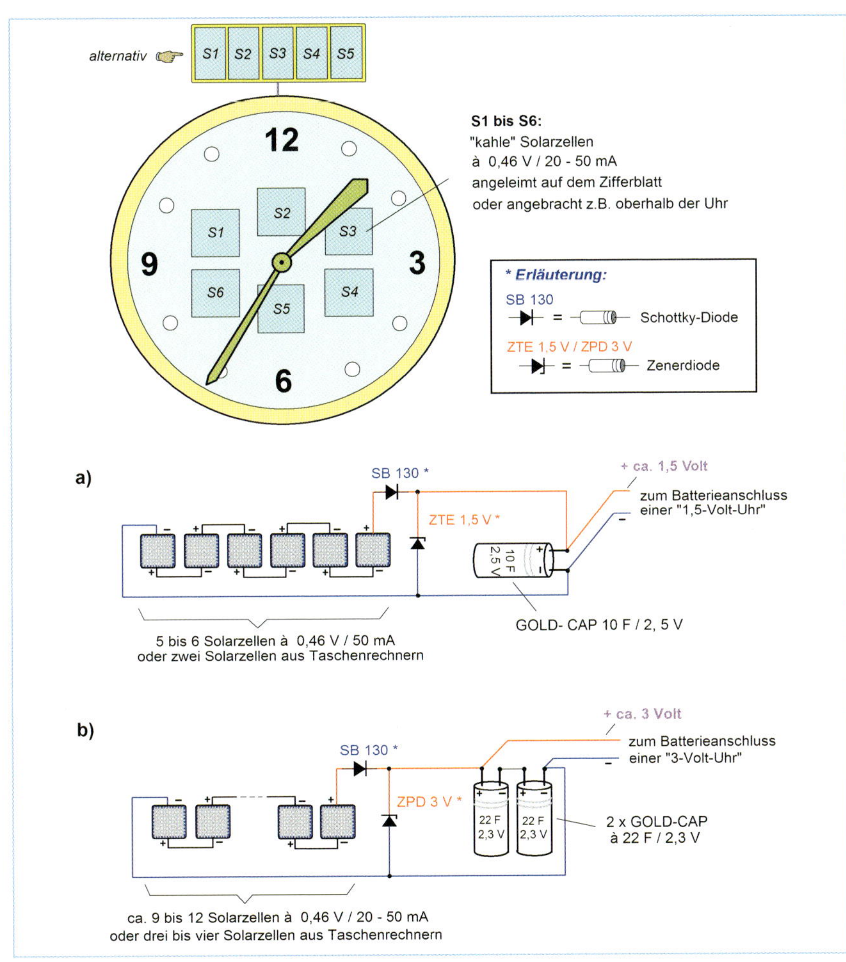

Abb. 8.26 – Auf diese Weise kann jede batteriebetriebene Uhr – so auch eine Funkuhr – auf solarelektrischen Betrieb modifiziert werden.

8.11 Solarstrom an der Gartentür

Eine gute Beleuchtung an der Gartentür erleichtert den Hausbewohnern und Besuchern das Leben. Das Anlegen eines Wechselstrom-Netzanschlusses stellt aber oft eine komplizierte und teure Angelegenheit dar. Die Photovoltaik kann ein solches Vorhaben vereinfachen. Wir haben bereits im Kapitel 8.6 ein elektrisches Solartor vorgestellt, an dem die Solarzellen direkt an den Türpfosten angebracht werden können. Eine kleine wiederaufladbare Batterie, die bevorzugt direkt im Türpfosten untergebracht ist, kann dann z. B. für die Beleuchtung, für eine Funk-Türsprechanlage, für einen Funk-Türgong und andere elektronische Geräte und Vorrichtungen dienen, zu denen auch Einbruchsschutz gehört.

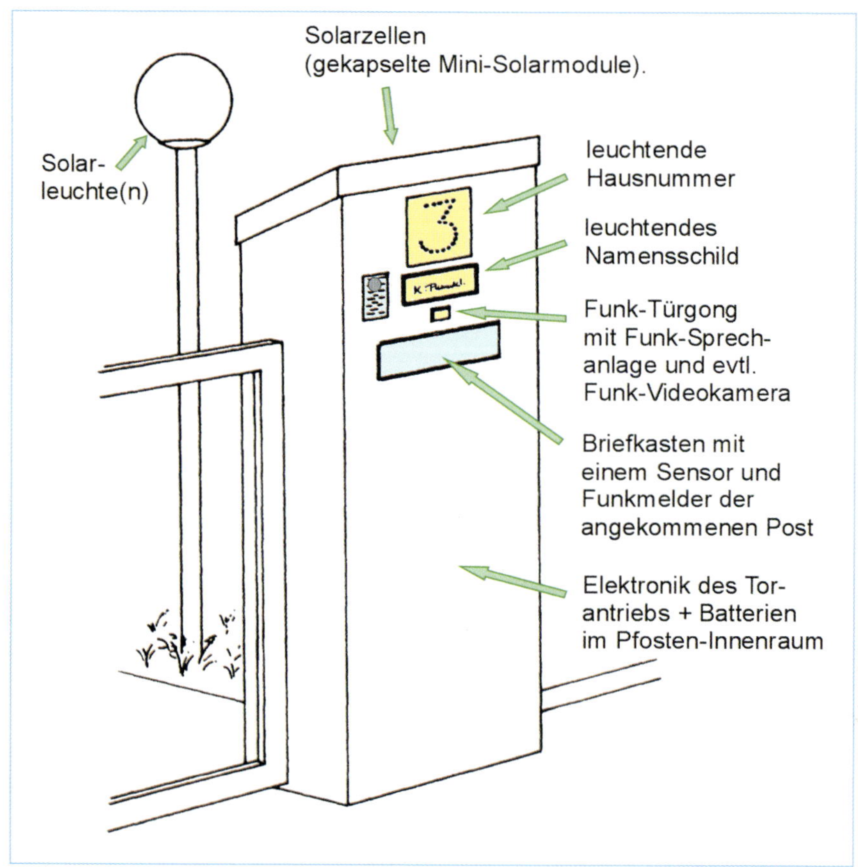

Abb. 8.27 – Beispiel einer modernen Gartentür mit Stromversorgung aus Solarzellen.

8.12 Solarstromversorgung von Kleingeräten

Solarstromversorgung diverser kleinerer Geräte ist vor allem überall dort vorteilhaft, wo es keinen Netzanschluss gibt. Auch viele der einfacheren batteriebetriebenen Geräte und Vorrichtungen können leicht auf Solarstromversorgung modifiziert werden. Oft ermöglicht die Solarstromversorgung den Einsatz von Geräten, bei denen ein Batteriebetrieb oder eine Netzspannungszuleitung zu umständlich oder kostspielig wäre. Das Beispiel einer mit Solarstrom versorgten Gartentür bzw. Hauseinfahrt in *Abb. 8.27* zeigt einige der Möglichkeiten, die sich bei dem Angebot der benötigten Fertigbausteine leicht verwirklichen lassen. Die Größe der Solarzellenfläche, wie auch Spannung und Kapazität der Speicherbatterie werden einfach an den Bedarf angepasst.

Eine große Spielfläche bilden auf dem Gebiet der Mini-Solarstromversorgung auch diverse kleine Geräte und Einbruchsschutz-Vorrichtungen, die oft als Funkgeräte an Standorten installiert werden, an denen es keinen Stromanschluss gibt.

Mithilfe moderner Elektronik und ihrer solarelektrischen Stromversorgung lässt sich der Einbruchsschutz ohne gehobene Fachkenntnisse leicht auch an Standorten errichten, die für die Einbrecher potenzielle „Zugangswege" sind.

Bei Kleingeräten, die energiesparend arbeiten, ist es mit der photovoltaischen Stromversorgung am einfachsten. Den kleinsten Stromverbrauch haben Geräte und Vorrichtungen, die keinen Stand-by-Strom benötigen und nur bedarfsgerecht kurz betätigt werden – wie es z. B. bei einer **Funk-Türklingel** der Fall ist. Wenn der Türklingel-Taster (Sender) für eine Versorgungsspannung von 3 Volt – z. B. für eine 3-Volt-Lithium-Knopfzelle „CR 2032" – ausgelegt ist, kann hier die Batterie durch einen kleinen Speicherkondensator (Gold-Cap) nach *Abb. 8.28* ersetzt werden. Das Prinzip der Solarstromversorgung ist ähnlich wie bei der Uhr aus *Abb. 8.26 b*. Hier haben wir aber für die Spannungsversorgung eine Kombination eines handelsüblichen gekapselten Solarminipanels und zwei gekapselter Solarzellen gewählt (als Beispiel für einen erhöhten Strombedarf).

Anstelle des Senders einer Funk-Türklingel kann z. B. auch ein beliebiger anderer Funksender solarelektrisch betrieben werden, dessen Empfänger (im Haus) nicht nur läutet, sondern eine Alarmsirene, Alarmbeleuchtung oder ein Telefon-Fernmeldesystem einschaltet. Ein solches Fernmeldesystem kann den Hausbewohner überall über sein Handy erreichen, um ihn sofort zu warnen, wenn z. B. ein

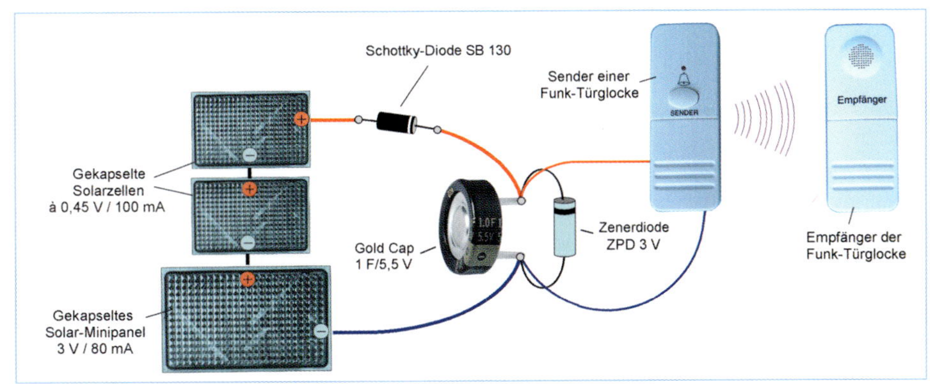

Abb. 8.28 – Beispiel der Stromversorgung eines Funk-Türklingelsenders: Bei Bedarf kann ein solcher Sender auch als ein kostengünstiger Einbruchsschutz dienen, wenn parallel zu dem bestehenden Klingelkontakt ein weiterer Alarmkontakt angelötet wird, der z. B. als Trittmattenkontakt, Mikro- oder Zungenschalter ausgelegt ist und im Haus einen Alarmgong aktiviert.

8.12 Solarstromversorgung von Kleingeräten

Unbefugter die abgeschlossene Gartentür aufzubrechen versucht oder auf eine andere Art einen Alarm ausgelöst hat.

Neben diversen handelsüblichen Geräten kann auch ein normaler (preiswerter) Funk-Türgong-Empfänger zum Starten eines Selbstbau-Timers nach *Abb. 8.29* im Selbstbau erstellt werden. Diese Bauanleitung, die wir bereits vor einigen Jahren intern entwickelt und geprüft haben, ist allerdings nur für technisch begabte Tüftler gedacht, die sich mit Elektronik auskennen. Der angewendete Türgong-Empfänger kann wahlweise als Batterie- oder Netzgerät ausgelegt sein. Von dem Schaltkontakt des angewendeten Relais hängt ab, welche Leistung und Spannung (welche Geräte oder Vorrichtungen) dieser einfache Timer schalten darf. Ist eine längere Einschaltzeit des Timers erwünscht, kann einfach die Kapazität des eingezeichneten Elkos vergrößert werden. Ist erwünscht, dass der Timer auch manuell gestoppt werden kann, zeigt *Abb. 8.30* die kleine Änderung der ursprünglichen Grundschaltung.

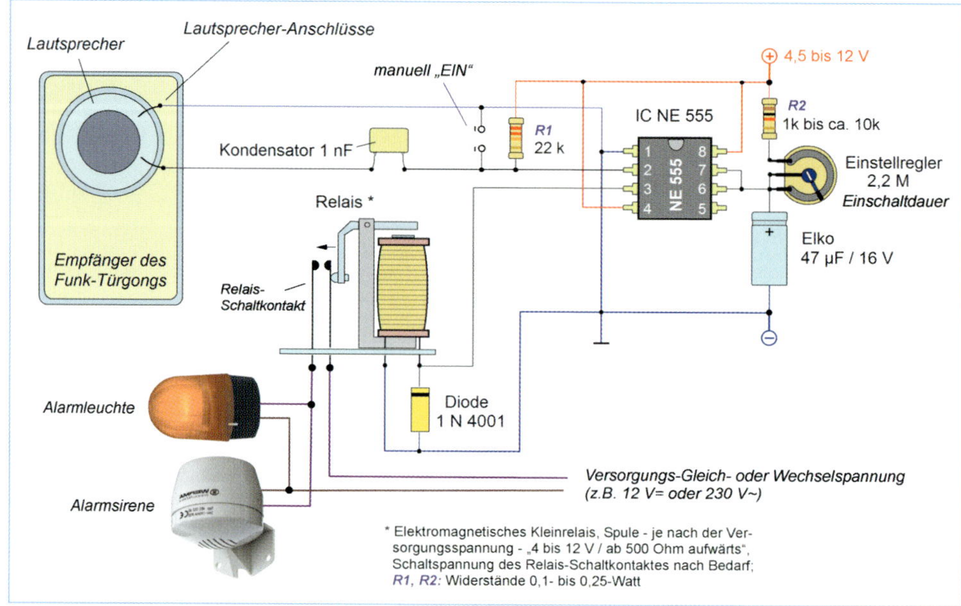

Abb. 8.29 – Auf diese Weise kann ein preiswerter Türgong-Empfänger einen Timer aktivieren, der z. B. eine Beleuchtung oder diverse Alarmgeber für eine voreingestellte Einschaltdauer aktiviert.

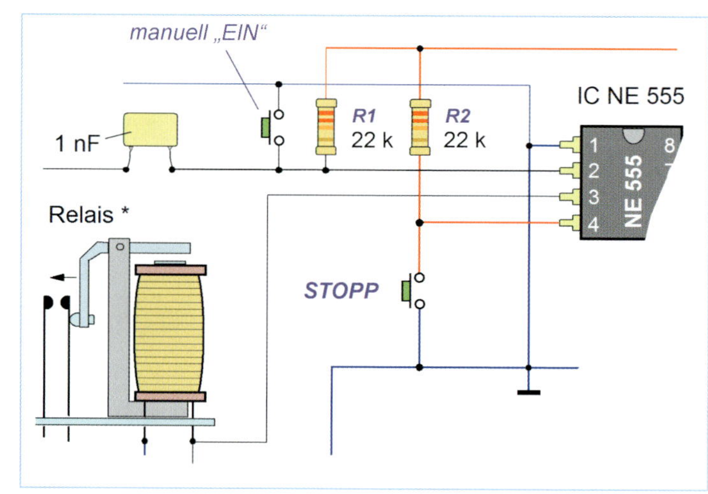

Abb. 8.30 – Ein zusätzlicher Taster und ein zusätzlicher Widerstand ermöglichen einen Stopp (ein Abschalten und Zurücksetzen) des Timers.

9 Solarthermische Systeme

Die Funktionsweise solarthermischer Systeme haben wir bereits am Buchanfang kurz erläutert. Das eigentliche Prinzip der Wassererwärmung ist leicht verständlich und wenn es z. B. zum Aufwärmen des Wassers in einem kleinen Gartenpool angewendet wird, wie wir es beschrieben haben, macht es viel Spaß und ist sogar praktisch.

Solarthermische Dachsysteme die „nur" für das Aufwärmen des Wassers im Brauchwasserspeicher dienen, werden dagegen in Fachkreisen inzwischen als unwirtschaftliche und – soweit gewerblich installiert – unrentable Einrichtungen eingestuft.

Die eigentliche Installation einer solarthermischen Dachanlage ist ein recht aufwendiges Anliegen, das meist gleichzeitig mit der Installation einer neuen Heizungsanlage umgesetzt wird. Bei einem solchen System ist ein wesentlich größerer (und erheblich teurerer) Warmwasserbehälter erforderlich als bei einer herkömmlichen Zentralheizung. Zudem benötigen die solarthermischen Dachkollektoren eine eigene spezielle Steuerung. Bei einigen Systemen wird zusätzlich angestrebt, dass die solarthermische Anlage mit einem Teil der Energie auch noch das Wasser im Heizkessel „unterstützt".

9 Solarthermische Systeme

Ein solarthermisches System kann maßgeblich zum Aufwärmen des Wassers im Brauchwasserspeicher beitragen und somit den Heizöl- oder Gasverbrauch der Zentralheizung etwas verringern. Von „Einsparungen" kann jedoch bei der Anwendung dieser überteuerten Techniken nicht die Rede sein, denn durch den zusätzlichen Aufwand entstehen Kosten, die in die Kalkulation mit einfließen müssen. Auch wenn man eine solche Investition durch 20 Jahre teilt, bleibt der Jahresanteil noch viel zu hoch.

Es ist wenig bekannt, dass der tatsächliche Heizkostenanteil, der auf das Aufwärmen des Wassers im Warmwasserspeicher entfällt, nur ca. 8 bis 12 % der jährlichen Heizkosten *(nach Abb. 8.34)* beträgt (der Rest entfällt auf die Beheizung der Räume). Zudem kann eine „bezahlbare" solarthermische Anlage nicht die vollen 8 bis 12 % der Heizkosten ersetzen, sondern bei etwas Glück nur etwa 50 bis 60% davon.

Sehen wir uns an einem konkreten Beispiel näher an, wie es mit der tatsächlichen Kosteneinsparung aussieht:

Angenommen, Sie heizen bereits vernünftig und sparsam und verbrauchten in den letzten Jahren Heizöl für etwa **1.800 €** pro Jahr. Dann entfallen davon etwa **144 €** (bei 8% Heizkostenanteil) **bis 216 €** (bei 12 % Heizkostenanteil) auf den Warmwasserspeicher. Das ist eigentlich gar nicht so viel, wie man denken würde.

Diesen Kostenanteil von ca. 144 bis 216 € im Jahr kann eine solarthermische Anlage um etwa 50 bis 60 %, also um **72** bis **108 €** pro Jahr verringern.

Die **108 €** mit 20 Jahren zu multiplizieren und den Betrag von ca. **2.160 €** als „zurückverdientes Geld" betrachten, wäre falsch: Die Anlage muss gewartet, teilweise erneuert und eines Tages kostspielig demontiert, entsorgt und die Dachhaut wiederhergestellt werden. Ob das, inklusive der Anschaffungs- und Montagekosten, für die eingesparten 2.160 € machbar ist, ist eher fraglich.

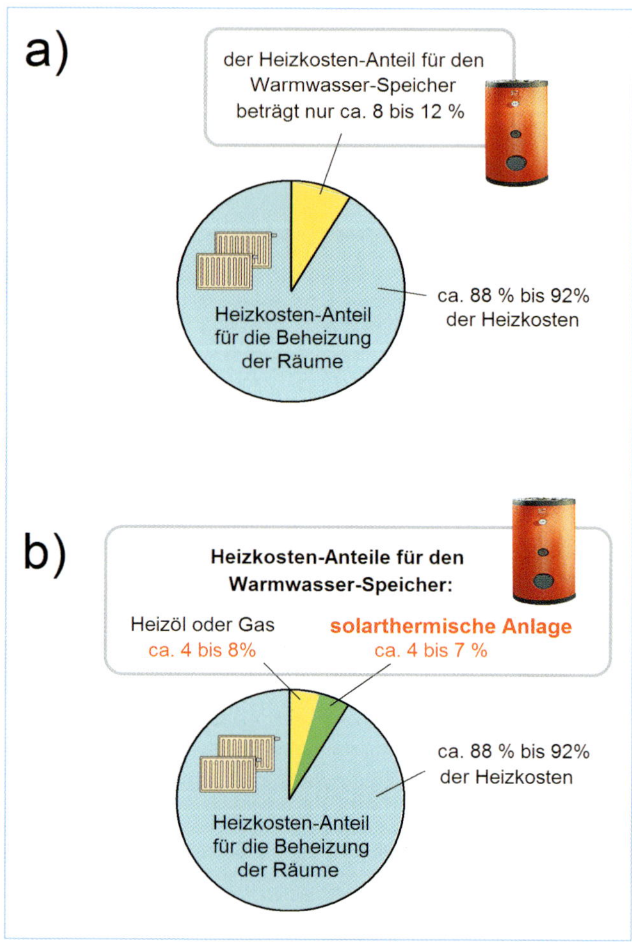

Abb. 8.34 – Wenig bekannt, aber leider wahr: Der Beitrag einer solarthermischen Anlage zur Senkung der Heizkosten ist in Wirklichkeit wesentlich geringer, als manche Anbieter ihren Kunden weiszumachen versuchen.

In Österreich werden sehr viele solarthermische Dachanlagen kostengünstig und ausgesprochen energiesparend im Selbstbau errichtet und erfüllen ihren Zweck sehr gut. Wer selber Hand anlegt und seinem Forschungstrieb freie Fahrt lässt, erntet nicht nur die

„Früchte" der kostenlosen Sonnenenergie, sondern auch Erfolgserlebnisse, die man sich für Geld nicht kaufen kann.

Der Nutzen der Solarenergie sollte jedoch nicht immer nur in Geld umgerechnet werden. Für einen Landwirt, der sein Haus bisher nur mit Holz beheizt hat, das er in seinem eigenen Wald zeitraubend fällen, zersägen, dann nach Hause transportieren und zerhacken musste, kann die Errichtung einer solarthermischen Anlage eine sinnvolle Lösung darstellen. Sie spart Zeit und der Kostenaufwand ist geringer, als wenn z. B. von der Holzheizung ganz auf Ölheizung umgestiegen würde.

Dasselbe gilt auch für kleinere Objekte, wie z. B. Wochenendhäuser, die über keinen Stromanschluss verfügen. Der Vollständigkeit halber sei hier darauf hingewiesen, dass kleine elektrische Durchlauferhitzer (in Objekten, die über einen Netzanschluss verfügen) trotz der relativ hohen Stromkosten eine kostengünstigere Alternative zu den aufwendigen und teuren solarthermischen Anlagen darstellen.

Gefällt Ihnen dieses Buch? Vielleicht sind Sie an weiteren Themen interessiert, die von **Bo Hanus** verfasst und vom **Franzis Verlag** herausgegeben wurden? Hier die Übersicht der aktuellen Titel:

- **Solar-Dachanlagen selbst planen und installieren** *(neu, 128 Seiten)*
- **Wie nutze ich Solar- und Windenergie in der Freizeit und im Hobby** *(neu, 128 S.)*
- **Hausversorgung mit alternativen Energien** *(neu, 128 S.)*
- **Praktische Solaranwendungen mit Leuchtdioden** *(neu, 128 S.)*
- **Digitale SAT-Anlagen selbst installieren** *(neu, 128 S.)*
- **Spaß & Spiel mit der Solartechnik** *(112 S.)*
- **Das große Anwenderbuch der Windgeneratoren-Technik** *(319 S.)*
- **Das große Anwenderbuch der Solartechnik** *(2. Auflage, 367 S.)*
- **Solaranlagen richtig planen, installieren und nutzen** *(2. Auflage, 300 S.)*
- **Haushaltselektronik selbst reparieren** *(neu, 128 S.)*
- **Elektrische Haushaltsgeräte selbst reparieren** *(neu, 128 S.)*
- **Haushaltselektrik selbst installieren und reparieren** *(neu, 128 S.)*
- **Öl- und Gasheizung selbst warten und reparieren** *(neu, 128 S.)*
- **Sanitäranlagen selbst reparieren** *(neu, 128 S.)*
- **Der leichte Einstieg in die Elektrotechnik** *(219 S.)*
- **Drahtlos schalten, steuern und übertragen in Haus und Garten** *(234 S.)*
- **Drahtlos überwachen mit Mini-Videokameras** *(205 S.)*
- **Experimente mit superhellen Leuchtdioden** *(neu, 153 S.)*
- **Schalten, Steuern und Überwachen mit dem Handy** *(2. Auflage, 97 S.)*
- **Elektroinstallationen in Haus und Garten – echt leicht!** *(97 S.)*
- **Der leichte Einstieg in die Mechatronik** *(neu, 268 S.)*
- **Der leichte Einstieg in die Elektronik** (5. Auflage, 363 S.)
- **So steigen Sie erfolgreich in die Elektronik ein** (4. Auflage, 97 S.)
- **Spaß & Spiel mit der Elektronik** (120 S.)
- **Erfolgreicher Service elektronischer Musikinstrumente** (343 S.)
- **Das große Anwenderbuch der Elektronik** (2. Auflage, 351 S.)
- **Selbstbau-Roboter für Alarm- & Sicherheitsaufgaben** (172 S.)
- **Kampfspiel-Roboter im Selbstbau – Robot WARS** (97 S.)

Bemerkung: Einige der hier aufgeführten Bücher sind möglicherweise inzwischen im Buchhandel „vergriffen", stehen aber in städtischen Büchereien als Leihbücher zur Verfügung oder werden für Interessierte besorgt.

9 Solarthermische Systeme

Lieferantennachweis (auch für Kataloganforderung):

Conrad Electronic, Klaus-Conrad-Str. 1, 92240 Hirschau
Tel.: (0 18 05) 31 21 11, Fax: (0 18 05) 31 21 10
www.conrad.de

ELV
Tel.: (04 91) 60 08 88, Fax: (04 91) 70 16
www.elv.de

Reichelt Elektronik
Tel.: (0 44 22) 95 53 33, Fax: (0 44 22) 95 51 11
www.reichelt.de

Westfalia GmbH
Werkzeugstraße 1, 58082 Hagen
Tel.: (0 18 05) 30 31 32, Fax: (0 18 05) 30 31 30
www.westfalia.de

Stichwortverzeichnis

Stichwortverzeichnis

Bo Hanus

Wie nutze ich Solar- und Windenergie in der Freizeit und im Hobby?

FRANZIS
DO IT YOURSELF
IM HAUS BAND 13

Bo Hanus

Wie nutze ich Solar- & Windenergie in der Freizeit und im Hobby?

Leicht gemacht, Geld und Ärger gespart!

Mit 106 farbigen Abbildungen

Bibliografische Information der Deutschen Bibliothek

Die Deutsche Bibliothek verzeichnet diese Publikation in der Deutschen Nationalbibliografie;
detaillierte Daten sind im Internet über **http://dnb.ddb.de** abrufbar.

Hinweis

Alle Angaben in diesem Buch wurden vom Autor mit größter Sorgfalt erarbeitet bzw. zusammengestellt und unter Einschaltung wirksamer Kontrollmaßnahmen reproduziert. Trotzdem sind Fehler nicht ganz auszuschließen. Der Verlag und der Autor sehen sich deshalb gezwungen, darauf hinzuweisen, dass sie weder eine Garantie noch die juristische Verantwortung oder irgendeine Haftung für Folgen, die auf fehlerhafte Angaben zurückgehen, übernehmen können. Für die Mitteilung etwaiger Fehler sind Verlag und Autor jederzeit dankbar. Internetadressen oder Versionsnummern stellen den bei Redaktionsschluss verfügbaren Informationsstand dar. Verlag und Autor übernehmen keinerlei Verantwortung oder Haftung für Veränderungen, die sich aus nicht von ihnen zu vertretenden Umständen ergeben. Evtl. beigefügte oder zum Download angebotene Dateien und Informationen dienen ausschließlich der nicht gewerblichen Nutzung. Eine gewerbliche Nutzung ist nur mit Zustimmung des Lizenzinhabers möglich.

Satz: DTP-Satz A. Kugge, München
art & design: www.ideehoch2.de
Druck: Legoprint S.p.A., Lavis (Italia)
Printed in Italy

ISBN 978-3-7723-**4419-0**

Vorwort

Die Nutzung von Solar- und Windenergie in der Natur kann das Leben sehr erleichtern und macht zudem auch Spaß. Wo kein Netzanschluss zur Verfügung steht und seine Errichtung zu kostspielig oder aufwendig wäre, sind Sonne und Wind vorteilhafte und umweltfreundliche Energiequellen für eine bequeme und standortunabhängige Stromversorgung – egal, ob man mit einem Fahrrad, Auto, Caravan oder Reisemobil, einem Boot oder einer Yacht unterwegs ist.

Welche konkreten Nutzungsmöglichkeiten Ihnen Solar- und Windenergie bieten, erfahren Sie in diesem Buch. Und wie Sie die Installationen selbst in die Hand nehmen können, wird Ihnen in diesem Buch ebenfalls leicht verständlich erläutert.

Der Themenbereich ist recht umfangreich, aber da wir alles in erzählerischer Form beschreiben, lässt sich das Buch genauso leicht lesen wie ein guter Roman. Die einzelnen Themen werden gezielt diskursiv so beschrieben, dass Ihnen keine Stolpersteine die Zusammenhänge verschleiern. Viele Abbildungen sorgen dafür, dass Sie laufend im Bilde darüber bleiben, worum es geht und wie Sie das hier erworbene Wissen für Ihre Zwecke verwenden können.

Wir wünschen Ihnen, dass Sie in diesem Buch alles finden, was Sie sich erhofft haben, und dass Sie anschließend sowohl mit viel Spaß als auch mit einer Portion soliden Wissens an die geplanten Vorhaben herangehen können. Und selbstverständlich wünschen wir Ihnen, dass Ihnen alles, was Sie nach dem Durchlesen dieses Buches in Angriff nehmen, auch perfekt gelingt.

Ihr Autor Bo Hanus und seine Co-Autorin (und Ehefrau) H. A. Hanus-Walther

Inhaltsverzeichnis

Inhaltsverzeichnis

8

1 Solar- und Windenergie gibt es immer noch umsonst …

1 Solar- und Windenergie gibt es immer noch umsonst ...

Die technischen Nutzungsmöglichkeiten von Sonnen- und Windenergie beim Campen und Reisen mit einem Auto, Caravan, Wohnmobil oder auf einem Boot beschränken sich meist auf die Umwandlung dieser Energien in elektrischen Strom.

Elektrischer Strom gehört zu den flüchtigen Gütern, die sich nur bedingt einfangen, einpacken und in den Urlaub oder auf einen Ausflug in die Natur mitnehmen lassen. Überall dort, wo es keinen Netzanschluss gibt, bieten vor allem Solarzellen *(Abb. 1.1)* eine einfache und günstige Möglichkeit eigener Stromversorgung. Beim Campen, Wandern, Bergsteigen und bei vielen anderen Freizeitaktivitäten können Solarzellen bzw. ein aus mehreren Solarzellen bestehendes Solarmodul *(Abb. 1.2/1.3)* nützliche Dienste leisten, die auf andere Weise entweder gar nicht oder nur schwer erhältlich sind. Wenn dabei im Zusammenhang mit dem Transport gesteigerter Wert auf Mobilität, geringes Gewicht und wenig Platzbedarf gelegt wird, kann ein leichtes (flexibles) Solarmodul nach *Abb. 1.4* diesen Ansprüchen gerecht werden.

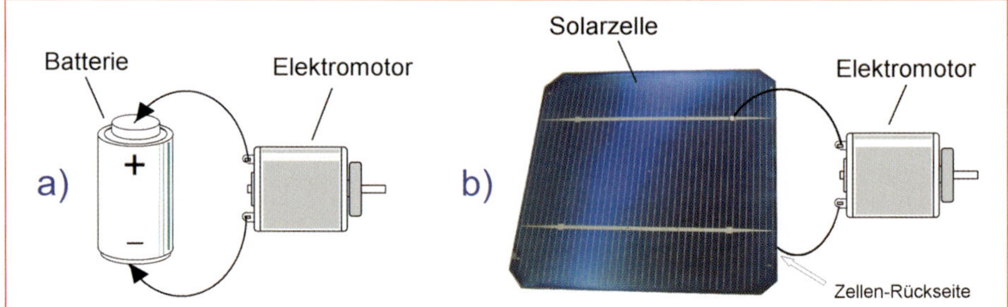

Abb. 1.1 – Eine Solarzelle funktioniert ähnlich wie eine Batterie, liefert jedoch elektrische Spannung und elektrischen Strom nur abhängig von der Belichtung: Eine einzige Solarzelle kann einen kleinen Solarmotor antreiben, der sich mit einer Spannung von ca. 0,45 V zufrieden gibt.

Leichtgewicht-, also flexible Solarmodule unterscheiden sich von „normalen" (festen) Solarmodulen dadurch, dass ihre Solarzellen nur zwischen zwei dünnen Kunststoff-Folien in einer ebenfalls dünnen Gussmasse eingebettet sind. Sie sind sehr leicht, dünn und, wenn sie mit kristallinen Solarzellen bestückt sind, auch relativ klein. Das macht sie für die Anwendung beim Campen und auf Reisen besonders attraktiv.

Anzahl, Größe und Anordnung der Solarzellen im Modul unterliegen keiner Norm und so liegt es nur im

Abb. 1.2 – Da eine einzelne Solarzelle physikalisch bedingt eine zu niedrige Spannung (von ca. 0,45 bis 0,47 V) liefert, werden mehrere Zellen in Reihe (Serie) zu längeren Ketten zusammengelötet, um eine höhere Ausgangsspannung zu erhalten: Ausführungsbeispiel einiger handelsüblicher Solarzellenmodule (Solarmodule);

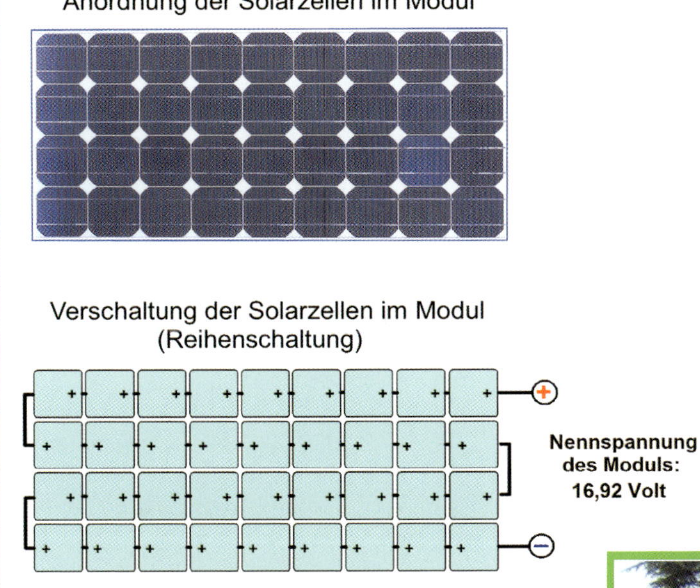

Abb. 1.3 – Solarzellen im Modul: Anordnungs- und Verschaltungsbeispiel eines Solarmoduls, das mit 36 Solarzellen bestückt ist.

Ermessen der Modul-Hersteller, wie sie ihre Produkte konzipieren.

Für eine bescheidene Stromversorgung – mit der sich auch die gängigen Solar-Taschenrechner zufrieden geben – genügt es, wenn die Solarzellen nur relativ wenig Licht (auch Kunstlicht) erhalten, um sozusagen auf Sparflamme arbeiten zu können. Ansonsten ist für die meisten Anwendungen eine ausreichende „Dosis" Sonnenlicht notwendig. Mit Kunstlicht ginge es zwar auch, aber ein derartiger Umweg eignet sich nur für Testzwecke.

Die konkreten Anwendungsmöglichkeiten von Solarmodulen werden anschließend in den einzelnen Kapiteln beschrieben.

Abb. 1.4 – Leichtgewicht-Solarmodule, die auch als flexible Solarmodule bezeichnet werden, sind in verschiedenen Größen, Leistungs- und Preisklassen erhältlich und eignen sich besonders gut für mobile Anwendungen: Das abgebildete kristalline Solarmodul von *Webasto* ist nur 430 × 295 × 2,6 mm groß, wiegt nur ca. 570 g und liefert unter optimalen Bedingungen eine Nennspannung von 17,1 V und einen Strom von 0,76 A bei einer Leistung von 13 W.

Gut zu wissen

Die Spannung einer *einzigen* Solarzelle beträgt bei optimaler Belichtung maximal nur ca. 0,46 bis 0,48 V (was im Vergleich zu der kleinsten Batterie als ungewöhnlich niedrig erscheint). Dafür kann eine solche spielkartengroße und -dicke Solarzelle (mit Abmessungen von z. B. 100 × 100 × **0,4** mm) einen Strom von bis zu 3 A (oder sogar etwas mehr) liefern – was eine Batterie der gleichen „Körpermasse" bzw. des gleichen Gewichts nicht im Entferntesten aufbringt.

Wie das Beispiel in *Abb. 1.5* zeigt, können Solarzellen, ähnlich wie Batterien, in Reihe (Serie) geschaltet werden, wenn eine höhere Ausgangsspannung benötigt wird, als ein einziges Element liefern kann. Im Gegensatz zu Batterien werden Solarzellen üblicherweise schon herstellerseitig in der Form von Solarzellenmodulen *(Solarmodulen)* angeboten, die bereits über eine „brauchbare" *Nennspannung* und *Nennleistung* (z. B. „**18 V/30 W**") verfügen. Gute (kristalline) Solarzellenmodule liefern dann diese *Solarspannung* und *Solarleistung* ca. 20 Jahre lang. Das stellt, im Vergleich zu einer Batterie, eine ganz stolze Lebensdauer dar.

Solarzellen wandeln die Sonnenenergie in Gleichspannung um, die mit dem Symbol „=" oder mit den Buchstaben „DC" *(direct current)* in der Form von z. B. „12 V=" oder „12 V DC" bezeichnet wird. Steht auf einem Verbraucher das Symbol „~" oder „AC", handelt es sich um einen Verbraucher für Wechselspannung, der für eine Gleichspannungsversorgung (für Solarspannung) nicht geeignet ist – es sei denn, die Solarspannung wird mit Hilfe eines zusätzlichen Wechselrichters in Wechselspannung umgewandelt.

Interessant

Der Strom, den eine Solarzelle liefern kann, hängt – bei gleicher Zellentype – von der Größe ihrer Fläche ab. Die Spannung einer Solarzelle bleibt dabei ohne Rücksicht auf die Größe ihrer Fläche praktisch konstant. Wird eine Solarzelle z. B. nach *Abb. 1.6* in zwei oder mehrere Stücke zerbrochen, hat jedes der Bruchstücke dieselbe Spannung, die die ganze Solarzelle hatte. Man kann an die Vorder- und die Rückseite eines kleinen Bruchstücks nach *Abb. 1.7* zwei Anschlüsse (Drähtchen) anlöten und diese Mini-Solarzelle wie eine kleine Batterie verwenden. Eine solche Lösung wird z. B. oft im Modellbau oder beim Experimentieren genutzt. Der Strom, den eine solche kleine Solarzelle liefert, entspricht dann einfach ihrer Fläche (siehe hierzu auch *Abb. 1.1* und *1.2* auf S. 10).

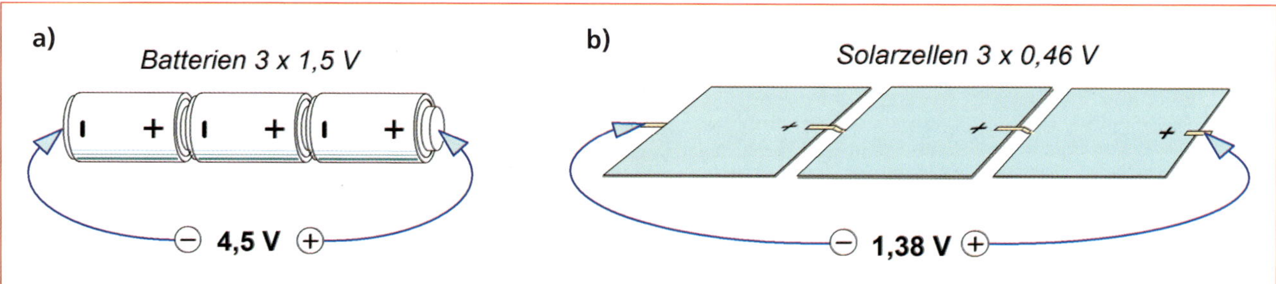

Abb. 1.5 – Ähnlich wie Batterien werden auch Solarzellen in Reihe geschaltet, um eine erwünschte höhere Ausgangsspannung zu erhalten: **a)** Batterien; **b)** Solarzellen.

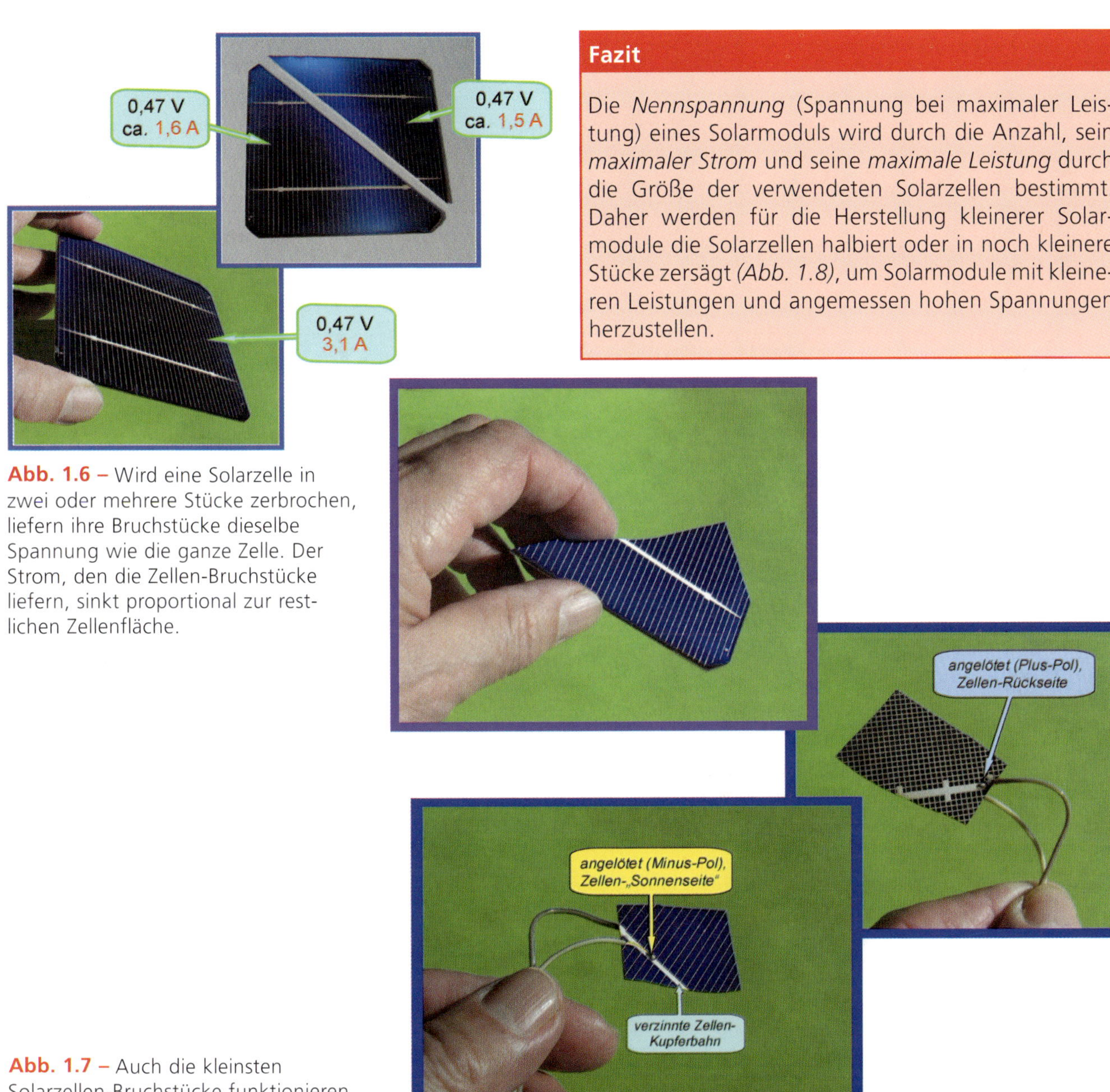

Fazit

Die *Nennspannung* (Spannung bei maximaler Leistung) eines Solarmoduls wird durch die Anzahl, sein *maximaler Strom* und seine *maximale Leistung* durch die Größe der verwendeten Solarzellen bestimmt. Daher werden für die Herstellung kleinerer Solarmodule die Solarzellen halbiert oder in noch kleinere Stücke zersägt *(Abb. 1.8)*, um Solarmodule mit kleineren Leistungen und angemessen hohen Spannungen herzustellen.

Abb. 1.6 – Wird eine Solarzelle in zwei oder mehrere Stücke zerbrochen, liefern ihre Bruchstücke dieselbe Spannung wie die ganze Zelle. Der Strom, den die Zellen-Bruchstücke liefern, sinkt proportional zur restlichen Zellenfläche.

Abb. 1.7 – Auch die kleinsten Solarzellen-Bruchstücke funktionieren weiterhin als intakte Solarenergie-Quellen (elektrische Generatoren).

Abb. 1.8 – Für die Herstellung kleinerer Solarmodule werden Solarzellen in kleinere Stücke zerschnitten.

Allgemein können die Nutzungsmöglichkeiten des Solarstroms in folgende Aufgabenbereiche eingeteilt werden:

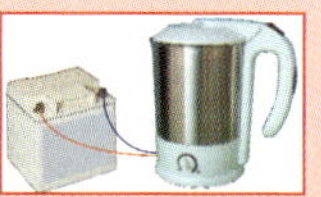

Solarstromversorgung kleinerer Verbraucher (Wasserkocher, Kaffeekocher, Heizkissen, elektrisch beheizte Fußwärmer oder Schuhe, beheizte Autositze)

Solarbetriebene Ventilatoren (solares Lüften im Wohnmobil oder Caravan, auf dem Boot, beim Camping)

Solarbetriebene kleine Kühlboxen für unterwegs

Solar-Kühlschränke im Caravan oder auf dem Boot

Solarbetriebene mobile Klimageräte (für unterwegs oder auf dem Campingplatz)

Solarlicht (Innen-/Außenbeleuchtung, Alarmbeleuchtung oder Alarm-Blitzlichter als Einbruchschutz im Zelt, Caravan, auf dem Boot oder Campingplatz)

Solarbetriebene Geräte der Unterhaltungselektronik (Fernseher, Radios u. ä.)

Solarbetriebene Elektrowerkzeuge und Arbeitsgeräte (Bohrmaschine, Staubsauger usw.)

Solarbetriebene Gebrauchsgüter (Notebook, Haartrockner, Rasierapparat usw.)

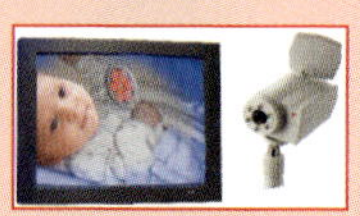

Mit Solarstrom unterstützte Bildübertragung (Funk-Baby-Überwachung, Beobachtungen der Natur mit einer Funkkamera usw.)

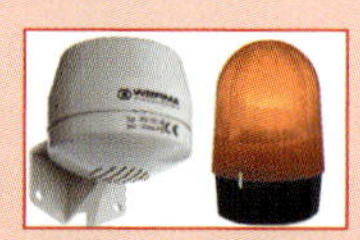

Solarversorgung akustischer Geräte (Alarm-/Einbruchschutz-Sirene, Baby-Alarm, Bewegungsmelder)

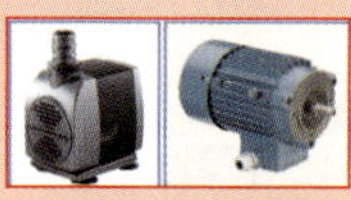

Solarbetriebene Pumpen und Elektromotoren (Luftpumpe, Springbrunnen, Mini-Wasserfall, Brunnen- und Bewässerungspumpe auf dem Freizeitgrundstück)

Solarbetriebene Spielzeuge und Modelle

Solarantriebe für Boote und Kinderfahrzeuge

Solarstromversorgung eines Musikinstrumenten-Verstärkers

Solargeneratoren für das Nachladen der Bordbatterien im Auto, Caravan und Reisemobil

Solarstrom-Anwendungen im Caravan und Reisemobil

Solarstrom-Anwendungen auf dem Boot/der Yacht

Die hier aufgeführten Beispiele dienen nur einer schnellen Vorstellung der konkreten Anwendungsmöglichkeiten, schöpfen jedoch bei Weitem nicht die tatsächlichen Möglichkeiten der außerhäuslichen Solarstrom-Nutzung aus.

In den Kapiteln 6 und 7 werden die Eigenheiten der Solarzellen und Solarmodule näher erklärt. Vorerst genügt es, wenn wir uns eine Solarzelle – bzw. ein Solarzellenmodul, das aus mehreren Solarzellen besteht, – als eine Batterie vorstellen, deren Spannung und Leistung sowohl von der jeweiligen Belichtung als auch von der Größe der Zellenfläche abhängen.

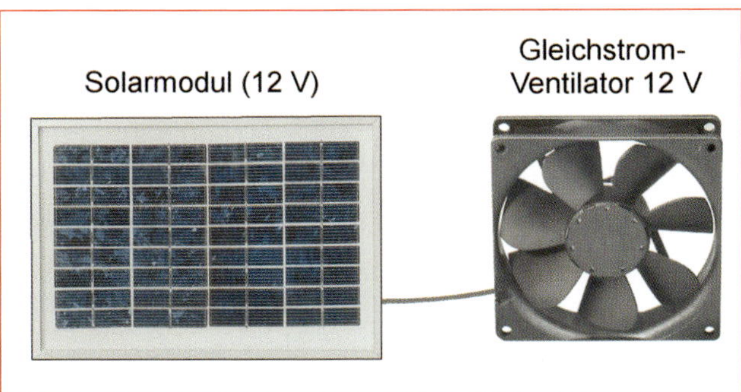

Geben wir uns damit zufrieden, dass ein Solar-Verbraucher (z. B. ein Ventilator) nur Strom erhält, solange die Sonne ausreichend scheint und auch nur dann nach *Abb. 1.9* direkt von einem Solarmodul mit elektrischem Strom versorgt werden kann.

Bei der direkten Solarstromversorgung richtet sich die jeweilige Leistung des betriebenen elektrischen Verbrauchers exakt nach der jeweiligen „Sonnenstrahlen-Spende". Am einfachsten lässt sich dies anhand des Beispiels aus *Abb. 1.10* erläutern: Bei viel Sonne zeigt der Springbrunnen, was er wirklich kann, bei geringerer Sonnenbestrahlung lässt seine Leistung sichtbar nach, und sobald die Sonnenintensität noch stärker nachlässt, gibt der Springbrunnen (= der Elektromotor der Pumpe) ganz auf.

Ist es erwünscht, dass ein solcher Ventilator oder eine Springbrunnenpumpe auf dem Freizeitgrundstück oder auf dem Campingplatz unabhängig vom Wetter und von der Tageszeit betrieben werden kann, muss ein

Abb. 1.9 – Wenn es genügt, dass ein Ventilator nur dann läuft, wenn die Sonne scheint, kann er vom Solarmodul direkt angetrieben werden *(als Bausatz erhältlich bei Conrad Electronic und Westfalia)*.

zusätzlicher Akku (z. B. eine kleine Autobatterie) als Energie-Zwischenspeicher den Solarstrom vorrätig halten.

Von der Kapazität der verwendeten Batterie hängt ab, welche und wie viele Geräte und Vorrichtungen solarelektrisch versorgt werden können. Das verwendete Solarmodul muss dann eine ausreichend hohe Ladespannung und einen ausreichend hohen Ladestrom für den Akku liefern können (darauf kommen wir noch näher zurück). Eine solche Solaranlage ist im Prinzip ähnlich ausgelegt wie die Stromversorgung eines Autos – in dem allerdings (anstelle der Solarzellen) die vom Automotor angetriebene Lichtmaschine den Ladestrom erzeugt.

Auf den ersten Blick scheint die Verwendung eines zusätzlichen Ladereglers und eines Akkus aufwendiger und kostspieliger zu sein als eine direkte Stromversorgung. In Wirklichkeit ist es jedoch in den meisten Fällen genau umgekehrt: Bei einer direkten Stromversorgung muss die Leistung des Solarmoduls auf den vollen Leistungsbedarf des angeschlossenen Verbrauchers abgestimmt sein. Bei der Stromversorgung über einen Akku kann in den

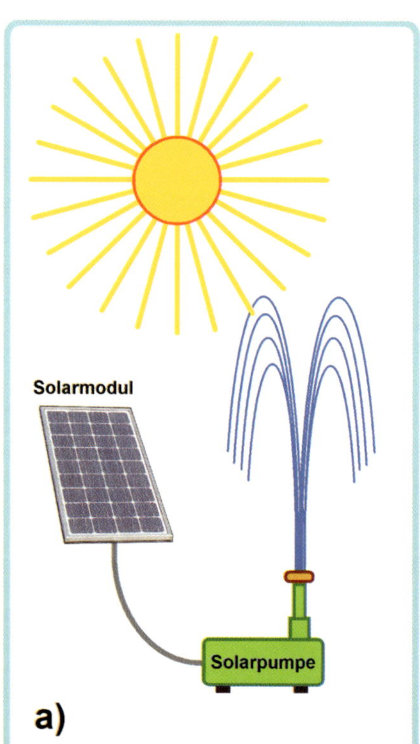

Abb. 1.10 – Die Leistung der Springbrunnenpumpe hängt von der Intensität der Sonnenstrahlen ab, die das Solarmodul jeweils erhält: **a)** Bei voller Sonnenbestrahlung erbringt die Springbrunnenpumpe ihre volle Leistung; **b)/c)** bei leicht bewölktem Himmel, sowie auch bei einzelnen vorbeiziehenden kleinen Wolken, wird die Fontäne etwas kleiner bzw. hört die Springbrunnenpumpe ganz zu pumpen auf.

meisten Fällen die Leistung des Solarmoduls wesentlich niedriger sein als der eigentliche Leistungsbedarf des Verbrauchers (bzw. der Verbraucher) – vorausgesetzt, die meisten solarbetriebenen Verbraucher werden nicht durchlaufend, sondern jeweils nur für eine kürzere Zeit genutzt.

Als Beispiel kann ein elektrischer Wasserkocher *(Abb. 1.12)* dienen: Der Akku (als Solarenergiespeicher) muss hier groß genug sein, um den Kocher-Stromverbrauch für die vorgesehene Betriebszeit decken zu können. Da es sich hier jedoch jeweils nur um einige Betriebsminuten pro Tag handelt, kann die Leistung des Solarmoduls beispielsweise bei nur etwa 5 % der Nennleistung des Wasserkochers liegen (vorausgesetzt, die solarelektrische Stromversorgung wird nicht auch noch anderweitig genutzt).

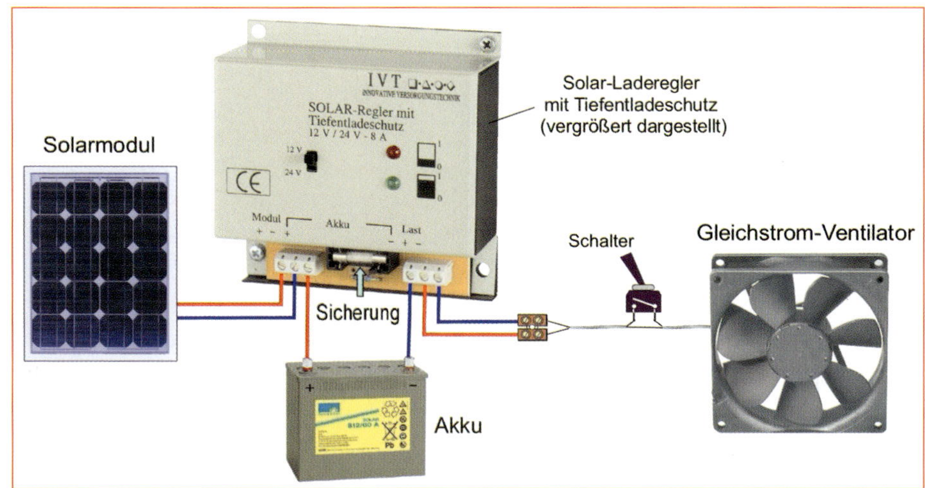

Abb. 1.11 – Ein zusätzlicher Akku ermöglicht den Betrieb des Ventilators aus dem Beispiel in *Abb. 1.9* auf Abruf: Das Solarmodul fungiert hier nur noch als Ladestromquelle.

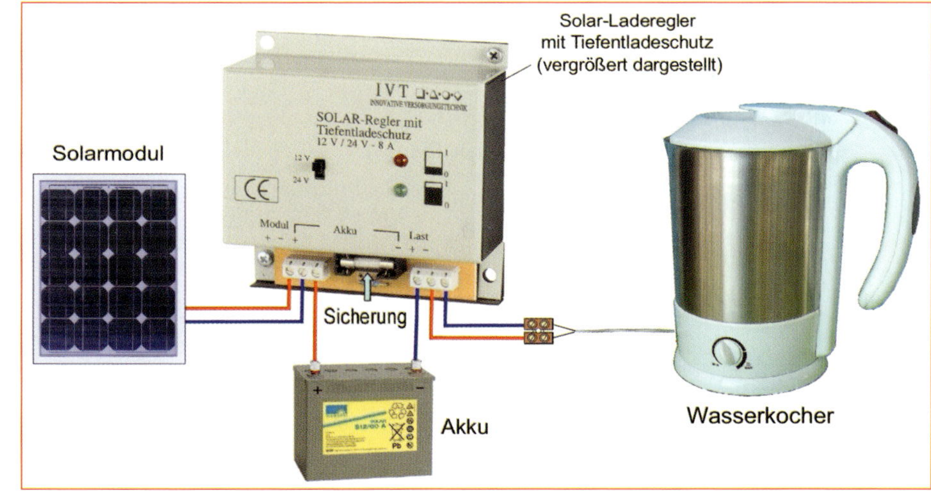

Abb. 1.12 – Ein 12-V-Wasserkocher verbraucht relativ wenig Energie, da er nur für eine kurze Zeit Strom bezieht.

1.1 Der Laderegler

Wir haben bereits in einigen der vorhergehenden Beispiele einen *Laderegler* eingezeichnet und angesprochen: Es handelt sich hier um ein kleines Solar-Ladegerät, das den geladenen Akku vor einer zu hohen Ladespannung schützt. Um einen Akku von einem Solarmodul zufriedenstellend laden zu können, muss das Solarmodul für eine etwas höhere Nennspannung ausgelegt sein, als der Akku benötigt bzw. als er verkraften würde. Es würde nicht ausreichen, wenn ein Solarmodul den Akku nur dann laden bzw. nachladen könnte, wenn die Sonne kräftig scheint. Daher wird zum Laden eines Akkus ein Solarmodul eingesetzt, dessen Nennspannung mindestens 40 bis 50 % höher als die Nennspannung des Akkus ist.

So wird z. B. zum Laden eines 12-V-Akkus ein Solarmodul verwendet, dessen Nennspannung mindestens 17 bis 18 V beträgt. Wenn die Sonne etwas schwächer strahlt, liefert ein solches Modul dennoch eine brauchbare Ladespannung von ungefähr 12 bis 14 V.

Ähnlich wie bei allen „normalen" Ladegeräten gibt es auch bei den Solar-Ladereglern unterschiedliche Ausführungen und Preisklassen. Einige der „intelligenteren" Laderegler passen in der Endphase des Ladens die Ladespannung an die Bedürfnisse der Bleiakkus an als

Abb. 1.13 – Ausführungsbeispiel eines kleinen handelsüblichen Ladereglers.

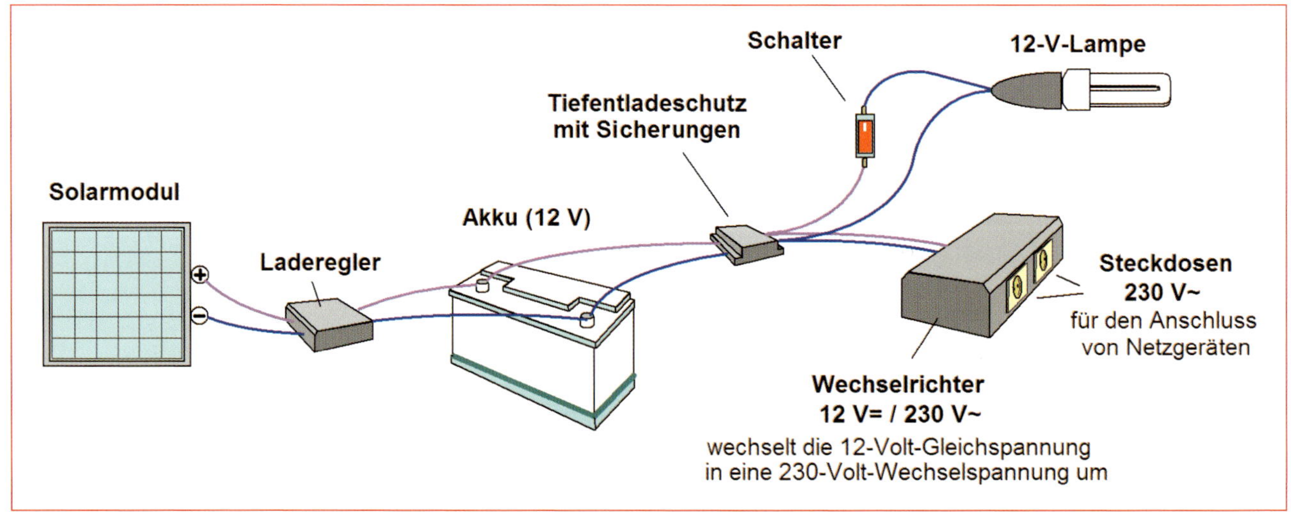

Abb. 1.14 – Ein Bleiakku sollte grundsätzlich mit einem Tiefentladeschutz gegen zu tiefe Entladung geschützt werden; der Tiefentladeschutz wird zwischen den Akku und die Verbraucher angeschlossen.

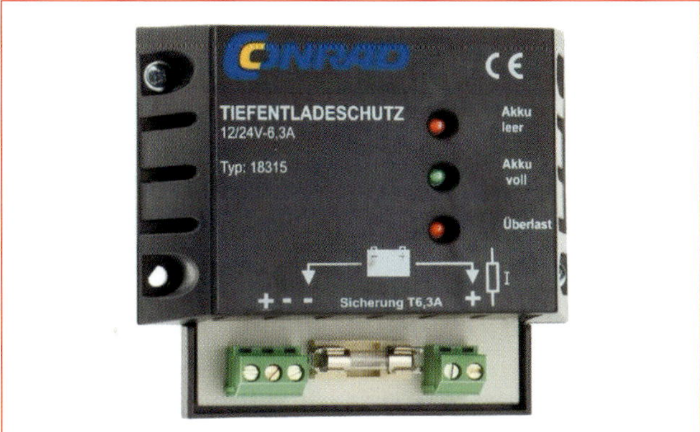

Abb. 1.15 – Ausführungsbeispiel eines Tiefentladeschutz-Gerätes (Foto Conrad Electronic).

einfachere Laderegler, die oft nur die Ladespannung unterhalb eines fest vorgegebenen Niveaus halten – was jedoch für die meisten einfacheren Anwendungen ausreicht.

Wie annähernd jedem Autofahrer bekannt ist, reagiert eine Autobatterie überempfindlich auf zu tiefes Entladen. Ein einziges zu tiefes Entladen einer Autobatterie genügt oft, um sie zu beschädigen oder sogar unbrauchbar zu machen. Sie hält danach die Spannung nicht mehr bzw. kann elektrische Energie nicht mehr langfristig akkumulieren.

Dies gilt allerdings nicht nur für die Autobatterie, sondern für alle Bleiakkus. Um dies zu verhindern, wird bei Solaranlagen der Anlagen-Akku (der bis auf Ausnahmen als Bleiakku ausgelegt ist) mit einem zusätzlichen *Tiefentladeschutz (Abb. 1.14* bis *1.16)* versehen. Seine Aufgabe ist einfach: Er schaltet alle angeschlossenen Verbraucher ab, wenn die Akkuspannung auf ein gefährliches Minimum gesunken ist und schaltet sie (ebenfalls automatisch) erst dann wieder zu, wenn der Akku vom Solarmodul etwas nachgeladen wurde.

Tiefentladeschutz-Geräte gibt es als selbstständige Bausteine, als Bausätze, oder sie befinden sich – quasi als „Untermieter" – direkt im Gehäuse des Ladereglers *(Abb. 1.16)*. Wenn der Tiefentladeschutz bereits direkt im Laderegler integriert ist, werden die Verbraucher nicht an den Akku, sondern an Klemmen am Laderegler angeschlossen. Den Anwender braucht dabei nicht zu interessieren, auf welche Weise hier die Schaltungen innen ausgeführt wurden.

So geht z. B. aus den technischen Daten eines Tiefentladeschutz-Gerätes hervor, dass die Verbraucher abgeschaltet werden, wenn die Batteriespannung einer 12-V-Batterie auf 11,1 V sinkt. Das ist die so genannte *Entlade-Schlussspannung* (auch Entlade-Endspannung genannt). Der Tiefentladeschutz schließt hier die Verbraucher erst dann wieder an, wenn die Batteriespannung auf eine *Wiedereinschalt-Spannungsschwelle* von ca. 12,4 V nachgeladen wurde.

Zwischen der Spannungsschwelle, bei der es zum Abschalten kommt, und der, bei der die Verbraucher wieder zugeschaltet werden, liegt immer ein gewisser

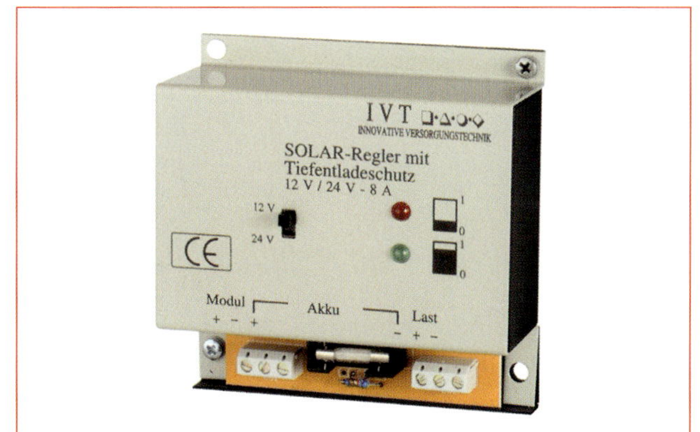

Abb. 1.16 – In vielen Ladereglern ist ein Tiefentladeschutz direkt integriert und muss nicht separat angebracht werden.

1.1 Der Laderegler

Spannungsunterschied. Dies ist dadurch bedingt, dass sich die Spannung eines Akkus nach Abschalten der Belastung immer automatisch etwas erholt, auch wenn kein Nachladen folgt.

Aus diesem Grund muss zwischen der Abschalt- und der Wiedereinschalt-Spannungsschwelle ein ausreichend großer Spielraum (Hysterese) sein, da andernfalls der Tiefentladeschutz ständig hin- und herschalten würde.

Eine Autobatterie im Fahrzeug wird nur dann nachgeladen, wenn der Motor läuft. Bei Solarstromversorgung übernimmt das Solarzellenmodul die Aufgabe der Lichtmaschine (die als elektrischer Stromgenerator fungiert). Den Motor ersetzt hier die Sonne, der Solargenerator arbeitet somit kostenlos und verdient einen Teil der Investition zurück.

> Manche Solarverbraucher – z. B. Solar-Kühlschränke oder Solar-Garagentorantriebe – sind bereits vom Hersteller mit einem eigenen Tiefentladeschutz ausgestattet. Wenn an den Anlagen-Akku *nur* derartig geschützte Verbraucher angeschlossen werden, braucht dieser keinen zusätzlichen Tiefentladeschutz.

Einige Leser werden sich wohl die Frage nach der Zuverlässigkeit einer solchen Solarstromversorgung stellen – und dies gewissermaßen berechtigt, denn nicht alle Solar-Produkte funktionieren so zuverlässig wie die bereits etablierten Solar-Taschenrechner. Theoretisch gilt hier, dass es nur von der optimalen Dimensionierung einer solchen Anlage abhängt, wie zuverlässig sie dauerhaft den benötigten Strombedarf decken kann. Praktisch wird es im individuellen Ermessen liegen, ob es sich bei dem einen oder anderen Vorhaben lohnt, eine solche mobile Stromversorgung ausreichend bis großzügig zu dimensionieren, oder ob Kompromisse in Kauf genommen werden.

Wer motorisiert unterwegs ist, wird zum Teil auch den Akku des Fahrzeuges für die Stromversorgung mitbenutzen oder einen Zweitakku von dessen Lichtmaschine aus direkt laden können.

1.2 Wie groß muss ein Solarmodul sein?

Schon für die Planungsüberlegungen ist es wichtig zu wissen, worauf bei solch einer Energiequelle geachtet werden sollte. Am interessantesten dürfte die Antwort auf die Frage sein, welche Leistung ein modernes Solarzellenmodul pro Quadratmeter Modul-Fläche aufbringen kann.

Gute moderne Solarmodule, die mit kristallinen Solarzellen bestückt sind, erbringen an einem sonnigen Tag eine Leistung von etwa 120 W pro Quadratmeter Modul-Fläche. Auf nähere technische Details kommen wir in Kapitel 7 noch zurück, aber vorerst hilft uns diese Auskunft weiter.

Es wurde bereits erklärt, dass die benötigte Solarleistung auch davon abhängt, ob ein Direktbetrieb (vom Solarmodul zum Verbraucher) oder ein Betrieb über einen Zwischenspeicher (Akku) vorgesehen ist.

Wenn beispielsweise nach *Abb. 1.18a* ein *12-V-/3-A*-Gleichstrom-Pumpenmotor (Springbrunnen-Pumpenmotor) direkt vom Solarzellenmodul aus betrieben werden soll, müsste das angewendete Solarmodul eine *Nennspannung* von *12 V* und einen *Nennstrom* von *3 A* liefern können (die *Nennleistung* des Moduls würde *36 W* betragen).

Abb. 1.17 – Solarmodule sind in verschiedenen Größen, in verschiedenen Ausführungen und mit verschiedenen elektrischen Kenndaten erhältlich. Wichtig für die Planungsüberlegungen sind vor allem die Modul-Nennspannung und die Modul-Nennleistung (bzw. der Modul-Nennstrom).

Wird derselbe Pumpenmotor von einem Akku *nach Abb. 1.18b* betrieben, kann das Solarmodul üblicherweise wesentlich kleiner sein – vorausgesetzt, es handelt sich um einen Motor, der nur sporadisch benötigt wird. In unserem Fall müsste das verwendete Solarmodul eine angemessen höhere Ladespannung liefern können (andernfalls könnte der Akku nicht geladen werden), aber der Modul-Nennstrom dürfte wesentlich niedriger dimensioniert werden (wie niedrig, hängt nur von der täglichen Betriebszeitspanne des Motors ab). Die Nennleistung des in *Abb. 1.18b* eingezeichneten *17-V-/0,4-A*-Moduls würde nur ca. *6,8 W* betragen.

Die *Modul-Nennleistung* ist nur einer der drei wichtigsten elektrischen Modul-Parameter, die folgendermaßen zusammenhängen:

Spannung [in Volt] × **Strom** [in Ampere] =
Leistung [in Watt]

Wenn einer dieser drei Parameter vom Hersteller (bei den technischen Daten eines Solarmoduls oder eines elektrischen Verbrauchers) nicht angegeben ist, lässt er sich leicht ausrechnen:

Leistung [in Watt] : **Spannung** [in Volt] =
Strom [in Ampere]

Leistung [in Watt] : **Strom** [in Ampere] =
Spannung [in Volt]

So kann beispielsweise ein 12-V-/30-W-Solarmodul folgenden Nennstrom liefern:

30 Watt : 12 Volt = 2,5 Ampere

1.2 Wie groß muss ein Solarmodul sein?

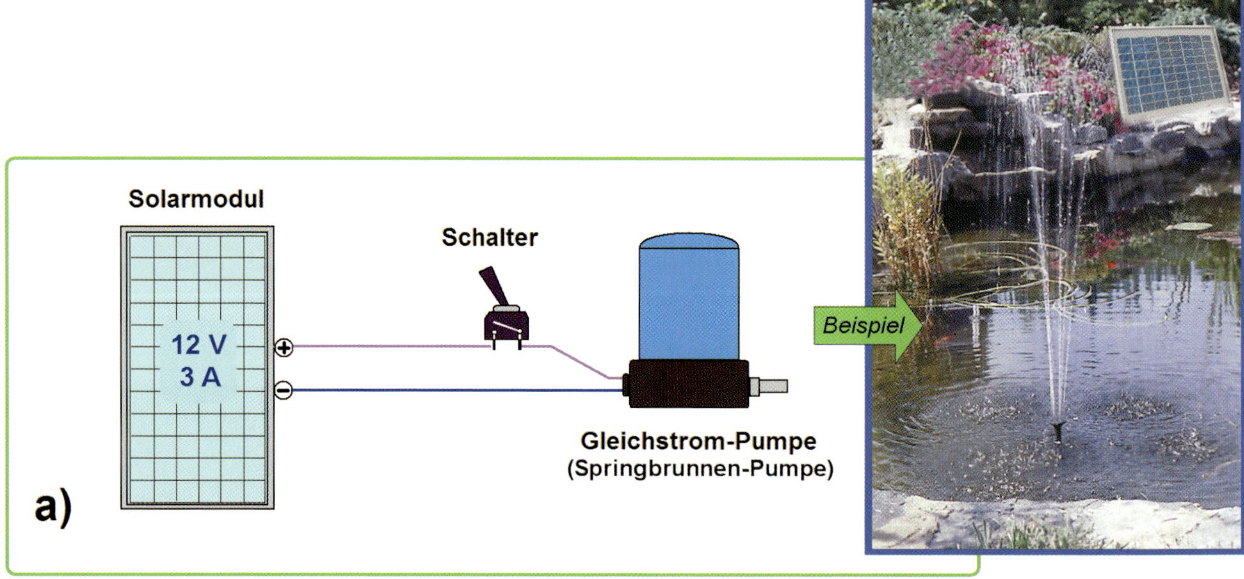

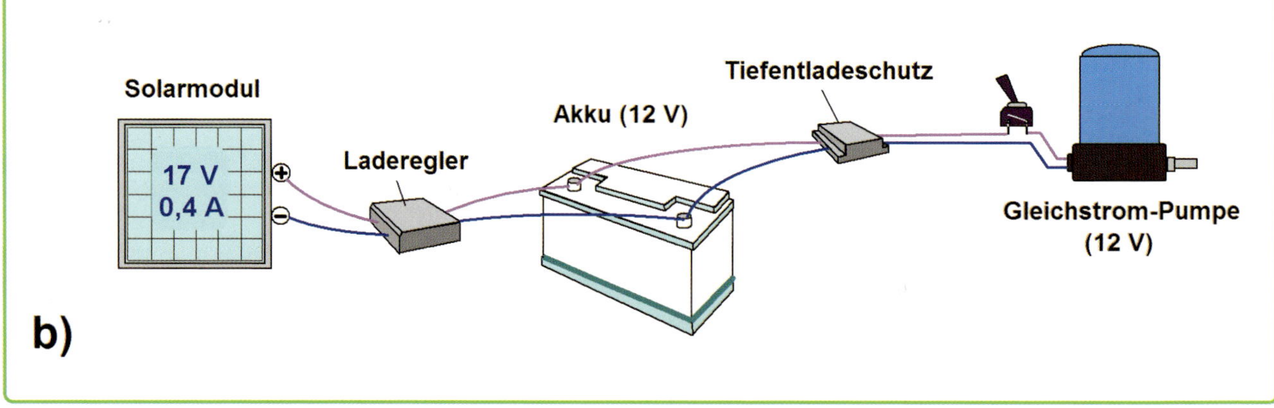

Abb. 1.18 – Die optimale *Nennspannung, Nennleistung* und *Größe* eines Solarmoduls hängen u. a. davon ab, ob ein Verbraucher (z. B. ein Pumpenmotor) direkt oder über einen Akku betrieben wird: **a)** Beim Direktbetrieb muss das Modul die volle Nennspannung und den vollen Nennstrom des Motors liefern können; **b)** wird der Pumpenmotor über einen Akku (als Energiespeicher) betrieben, kann das Solarmodul oft wesentlich kleiner sein.

1.2 Wie groß muss ein Solarmodul sein?

Eine *12-V-/20-W*-Glühlampe hat einen Stromverbrauch von

20 Watt : 12 Volt = 1,67 Ampere

In der Praxis brauchen wir die Stromabnahme einzelner Verbraucher auch für die Berechnung der benötigten Akku-Kapazität (in Amperestunden). Wenn wir z. B. bei einer elektrischen *12-V-/40-W*-Kühlbox keine Angabe über die Stromabnahme (in Ampere) finden, kein Problem! Wir rechnen sie einfach aus:

40 W : 12 V = 3,33 A

Abb. 1.19 – Die Kapazität eines Akkus stellt seinen „energetischen Inhalt" dar, der mit dem Inhalt eines Weinfasses vergleichbar ist.

Wenn diese Kühlbox eine Stunde lang von einem Akku betrieben wird, verbraucht sie (maximal) *3,33 Ah* (3,33 Amperestunden) von seiner Kapazität. Wird sie zwei Stunden lang betrieben, verbraucht sie (maximal) das Doppelte: *6,66 Ah* (usw.). Sie bezieht elektrischen Strom allerdings nur so lange, bis ihre Innentemperatur das eingestellte Niveau erreicht. Danach schaltet der Innenthermostat die Stromzufuhr ab und schaltet sie jeweils erst dann wieder ein, wenn die Innentemperatur gestiegen ist.

Ein voll aufgeladener *60-Ah-Akku* könnte also unsere Kühlbox (deren Stromabnahme *3,33 A* beträgt) *mindestens* 18 Stunden lang mit Strom versorgen (*60 Ah : 3,33 A = 18 Betriebsstunden*).

Auf dieselbe Weise lässt sich der Verbrauch der einzelnen Elektrogeräte und Leuchtkörper ausrechnen, die für solarelektrische Stromversorgung vorgesehen sind. Das Prinzip kann am einfachsten mit Hilfe der *Abb. 1.19* dargestellt werden: Die Kapazität eines Akkus in Ah stellt seinen „energetischen Inhalt" dar, der mit dem Inhalt eines Weinfasses vergleichbar ist. Je nachdem, wie oft und wie kräftig der Inhalt angezapft wird, steht er zur Verfügung (auf technisch orientierte Beispiele kommen wir in den weiteren Kapiteln noch zurück).

Der Verbrauch der Akku-Kapazität muss jedenfalls voll von den Solarzellen nachgeliefert werden. Beim Laden bzw. Nachladen der Solarbatterie entstehen Ladeverluste, die bis zu 20 % der Batteriekapazität betragen. Dies ist beim Planungsentwurf zu berücksichtigen: Werden z. B. 30 Ah einer Batterie entnommen, müssen 36 Ah nachgeladen werden.

Das Nachladen eines Bleiakkus ist im Prinzip sehr einfach: Der Akku wird über einen *Solar-Laderegler* an das Solarmodul angeschlossen, und damit ist die Installation einer solchen photovoltaischen Ladevorrichtung erledigt.

1.2 Wie groß muss ein Solarmodul sein?

Laderegler sind entweder als kleine Fertiggeräte, als Bausätze oder auch in Form eines einfachen ICs erhältlich, das ähnlich aussieht wie ein gängiger Spannungsregler und auch auf dieselbe Weise angeschlossen wird – wie *Abb. 1.20* zu entnehmen ist. Der hier aufgeführte integrierte Laderegler *Typ PB 137* ist für 12-V-Bleiakkus konzipiert und kann einen Ladestrom von maximal 1,5 A verkraften (allerdings mit einem gängigen *TO220*-Kühlkörper). Er verfügt jedoch über einen thermischen Überlastungsschutz und ist somit nahezu unzerstörbar.

Der an sich bescheidene maximale Ladestrom des integrierten Ladereglers beschränkt seine Anwendung auf kleinere Solarstromversorgungen. Was unter dem Begriff „kleinere" zu verstehen ist, hängt vom Nachladebedarf ab und lässt sich folgendermaßen erklären:

Beim „normalen" Laden (Nachladen) eines Bleiakkus darf der Ladestrom maximal 10 % der Akku-Kapazität in Ah betragen. So darf z. B. der Ladestrom eines 36-Ah-Akkus höchstens 3,6 A betragen. Es gibt zwar auch spezielle Schnelllade-Verfahren, bei denen der Ladestrom wesentlich höher ist, diese werden aber in der Solartechnik nicht angewendet. In der Photovoltaik wird, im Gegenteil oft ein wesentlich niedrigerer Ladestrom als die 10 % der Akku-Kapazität eingeplant, um den Kostenaufwand für das Solarmodul in zumutbaren Grenzen zu halten. Dann dauert jedoch das Nachladen des Akkus entsprechend länger – was wiederum nur bei einer Solarstromversorgung in Kauf genommen werden kann, bei der pro Tag nur ein kleiner Teil der Akku-Kapazität beansprucht wird bzw. rechnerisch anfällt.

Wir sehen uns die Sache einfachheitshalber anhand eines praktischen Beispiels an: Ein **12-V-/60-Ah**-Bleiakku darf maximal mit einem **6-A**-Ladestrom (10 % seiner Kapazität) geladen werden. Das Solarmodul müsste daher optimal für den vorgesehenen Nennstrom von 6 A ausgelegt werden. Um einen leeren

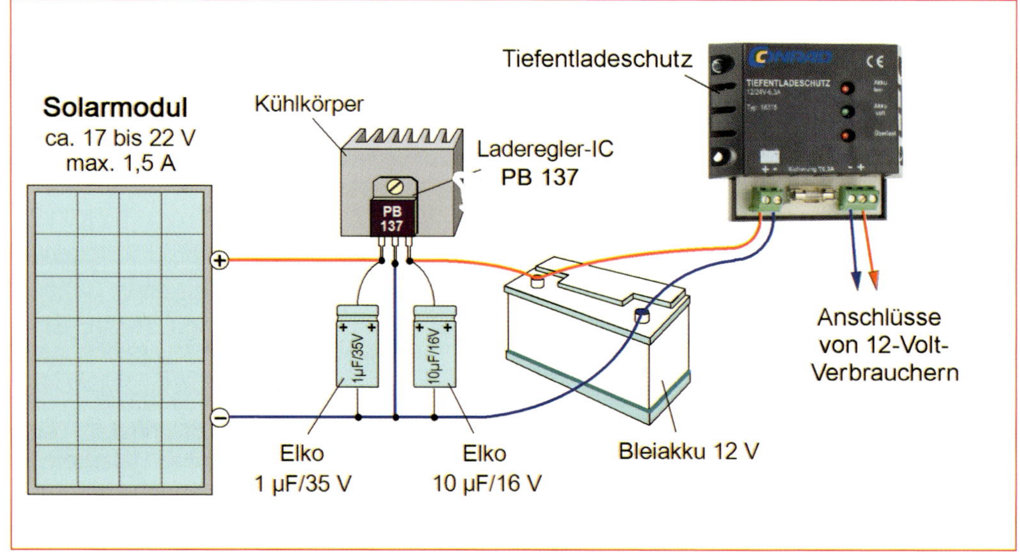

Abb. 1.20 – Ein moderner integrierter Bleiakku-Laderegler unterscheidet sich äußerlich nicht von einem integrierten Spannungsregler.

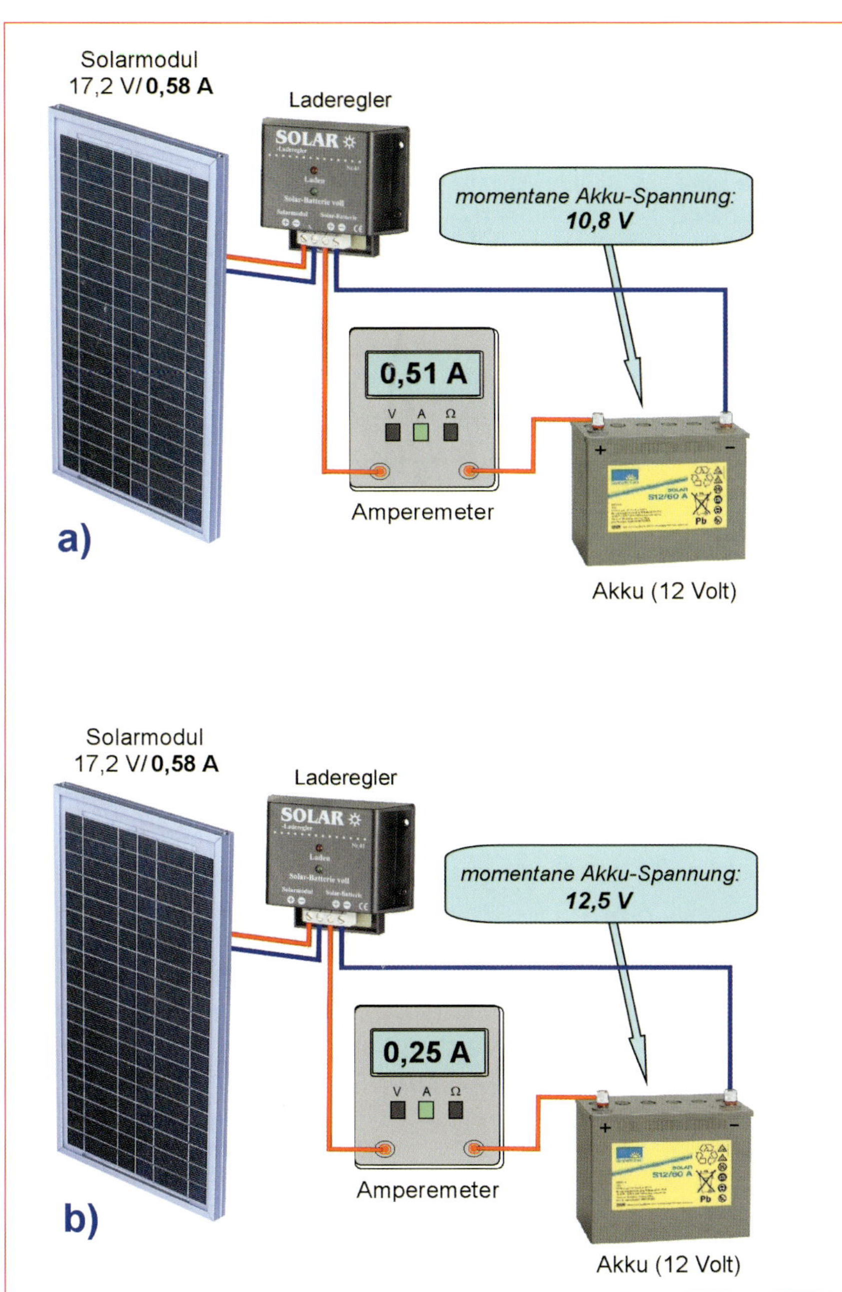

Akku voll aufzuladen, müsste das Solarmodul rein rechnerisch ganze zwölf Stunden lang (in Anbetracht der 20 % Ladeverluste) den vollen Ladestrom in den Akku laden können.

Das ist jedoch in der Praxis aus mehreren Gründen nicht so einfach realisierbar. Wer Erfahrung mit dem Laden einer Autobatterie hat, dem ist bekannt, dass die Ladestrom-Abnahme von der jeweiligen Akku-Spannung (bzw. vom Stand der jeweiligen Entladung), von der Kapazität (in Ah) und vom Laderegler abhängt.

Ein ziemlich leerer Akku zeigt sich in Hinsicht auf die volle Ladestrom-Abnahme sehr kooperativ. Nachdem er jedoch einigermaßen nachgeladen ist, beginnt die Ladestrom-Abnahme zu sinken – was sich insbesondere in der Endphase des Ladens bemerkbar macht.

Abb. 1.21 – Nicht das Solarmodul, sondern der Akku bestimmt, wie groß der Ladestrom ist, den er jeweils bezieht bzw. beziehen möchte: Ein entladener Akku (obere Abbildung) bezieht bei derselben Höhe der Solarspannung einen höheren Ladestrom als ein fast voll aufgeladener Akku (untere Abbildung). Das Solarmodul muss allerdings die benötigte Spannung und den benötigten Strom liefern können.

1.2 Wie groß muss ein Solarmodul sein?

Von der zur Verfügung stehenden Ladespannung und von der Qualität des Ladereglers hängt dann in der Praxis ab, wie schnell und wie gut sich der Akku wieder voll auflädt. Innerhalb der theoretischen zwölf Stunden gelingt ein perfektes Nachladen zwar nicht, aber bei einer kleinen Solaranlage spielt dieser Aspekt keine zu wichtige Rolle – vorausgesetzt, die Akku-Kapazität wird von vornherein etwas höher dimensioniert und man lädt überwiegend im Bereich „fast leer/fast voll" auf. Die Philosophie dürfte sich hier am Beispiel des Weinfasses aus *Abb. 1.19* orientieren: Es kommt nicht nur darauf an, wie voll das Weinfass ist, sondern wie groß es ist.

Zudem kann man von einem Solarmodul nicht erwarten, dass es zwölf Stunden hintereinander den vollen Ladestrom liefert. So wird beispielsweise ein Solarmodul, dessen Nennstrom laut Herstellerangabe 0,58 A beträgt, nicht gleich nach Sonnenaufgang den vollen Nennstrom liefern und dies bis Sonnenuntergang durchhalten.

Je nachdem, wie das Solarmodul gegen die Sonne ausgerichtet wird, fängt es auch an einem sonnigen Sommertag z. B. erst um sieben Uhr mit einer langsam ansteigenden Ladespannung und somit auch nur mit einem langsam ansteigenden Ladestrom zu laden an. Wenn das Solarmodul beispielsweise waagrecht auf dem Caravandach liegt, wird es den Akku nur zwischen ca. 10 und 15 Uhr mit dem vollen (oder zumindest annähernd vollen) Ladestrom laden. Danach (in diesem Fall zwischen ca. 15 und 19 Uhr) werden sowohl der Ladestrom als auch die Ladespannung gleitend sinken. Sobald die Solarspannung auf ein Spannungsniveau sinkt, das der Akku in diesem Moment schon hat, kann kein Ladestrom mehr vom Laderegler in den Akku fließen.

Je nachdem, wie gut der Akku an dem einen oder anderen Tag aufgeladen ist, nutzt er den Solarstrom als Ladestrom – also nur, wenn er ihn benötigt bzw. wenn wetterbedingt ein Ladestrom vorhanden ist. Ist bei regnerischem Wetter kein Nachladen des Akkus möglich, muss man einfach warten, bis sich die Sonne wieder von ihrer besten Seite zeigt.

Nun ist natürlich folgende Gegenfrage fällig: Und was ist, wenn es etliche Tage lang regnet? Die Antwort ist einfach: Da läuft nichts. Deshalb muss die Kapazität des Akkus bereits bei der Anlagenplanung ausreichend großzügig dimensioniert werden, um auch mehrere aufeinander folgende sonnenarme Tage überbrücken zu können.

Die Aussagekraft dieser an sich einfachen Antwort lässt sich naturbedingt nicht mit Tabellen oder Formeln untermauern. Es bleibt immer dem persönlichen Ermessen des Anwenders überlassen, wie er bei einem solchen Vorhaben den Energiebedarf und die Anzahl der möglicherweise aufeinanderfolgenden sonnenarmen Tage einschätzt. Dabei kommt es auch darauf an, wie wichtig es ihm erscheint oder tatsächlich ist, dass der Akku als Energiequelle nicht versagt.

Theoretisch lässt sich zwar ein solches Anliegen nicht in einem soliden Schema unterbringen, aber in der Praxis ist das Ganze nicht so problematisch, wie es auf den ersten Blick aussieht. In einem Caravan oder Reisemobil ist zum Beispiel der Bedarf nach elektrischem Lüften oder Kühlen am größten, wenn die Sonne kräftig scheint. Zudem kann ein leerer Solar-Akku notfalls auf einem Campingplatz vom elektrischen Netz nachgeladen werden.

Außerdem gehört es zu den Vorteilen einer jeden Solarstromversorgung, dass man jederzeit problemlos sowohl die Kapazität des Akkus (durch Bordakkus oder Zweitakkus) als auch die Leistung der Solarzellen durch weitere Solarmodule erhöhen kann.

Man muss sich allerdings darauf einstellen, dass hier die Technik den Naturkräften unterliegt und dass nicht immer alles so verläuft, wie man es gerne haben möchte. Trotzdem ist Solarstrom eine feine Sache, vor allem dann, wenn es keine Alternative gibt.

In unseren bisherigen Ausführungen haben wir im Zusammenhang mit dem Laden des Akkus die *Solarspannung* nur nebenbei erwähnt. Dies jedoch nur, damit die Erklärung nicht zu kompliziert wird. In Wirklichkeit besitzt die Solar-Ladespannung (Modul-Nennspannung) einen hohen Stellenwert und verdient besondere Beachtung.

Bei einer direkten Solarversorgung ohne Zwischenspeicher ist die Wahl der Solarspannung einfach: Wie bereits an anderer Stelle erklärt wurde, passt man hier die Spannung des Solarmoduls an die des betriebenen elektrischen Verbrauchers an. Hier ist in vielen Fällen die Nutzungsdauer der Solarenergie pro Tag wesentlich länger, wenn Verbraucher verwendet werden, die auch bei Unterspannung (und bei niedrigem Strom) noch ausreichend gut arbeiten – was z. B. bei motorbetriebenen Gleichstromverbrauchern der Fall ist.
Darunter ist Folgendes zu verstehen: Ein 12-V-Ventilator oder eine gute 12-V-Pumpe fangen beispielsweise schon bei einer Versorgungsspannung von ca. 3 bis 5 V an zu drehen bzw. hören erst dann wieder auf, wenn ihre Versorgungsspannung unter diese Schwelle sinkt. Sie leisten zwar bei Unterspannung nicht die volle Arbeit, sie arbeiten aber dennoch.

Noch effizienter arbeiten in dieser Hinsicht Verbraucher, bei denen der Strom in Wärme (oder in Kälte) umgewandelt wird. Als Beispiel kann hier ein elektrisches Heizkissen nach *Abb. 1.22* dienen. Hier wird jeder kleinste „Tropfen" des Solarstroms in Wärme umgewandelt und das Solarmodul kann von Sonnenaufgang bis Sonnenuntergang genutzt werden (auch wenn der Solarstrom am frühen Morgen oder am späten Nachmittag nur bedingt wärmt).

Bei jeder Art eines solchen Direktbetriebs hängt die Nutzung des einen oder anderen Verbrauchers von seiner Art und Funktionsweise ab. Damit ist Folgendes gemeint: Ein elektrisches Heizkissen oder ein Ventilator arbeiten beispielsweise auch bei Unterspannung zufriedenstellend, Lampen zeigen sich dagegen ziemlich „unkooperativ", denn ihre Leuchtkraft nimmt überproportional ab, wenn ihre Versorgungsspannung um mehr als ca. 15 % sinkt.

Ähnlich ist es beim Laden mit Solarstrom: Eine Solaranlage, die mit einem Akku als Zwischenspeicher arbeitet, beginnt das Laden

Abb. 1.22 – Ein solarbetriebenes elektrisches 12-V-Heizkissen kann an so manchen kühleren Tagen das Wohlbefinden beim Liegen im Freien steigern ...

1.2 Wie groß muss ein Solarmodul sein?

des Akkus erst dann, wenn die Ladespannung höher ist als die jeweilige Spannung des Akkus – und umgekehrt. Hier handelt es sich um ein leicht verständliches Prinzip, das *Abb. 1.23* anhand der zwei Wasserbehälter erläutert.

Solarmodule, die für das Nachladen von Akkus vorgesehen sind, müssen aus diesem Grund immer für eine wesentlich höhere Nennspannung als die des Akkus ausgelegt sein. Soweit zur etwas allgemeinen Vorinformation. Näheres zu diesem Thema finden Sie in Kapitel 7.

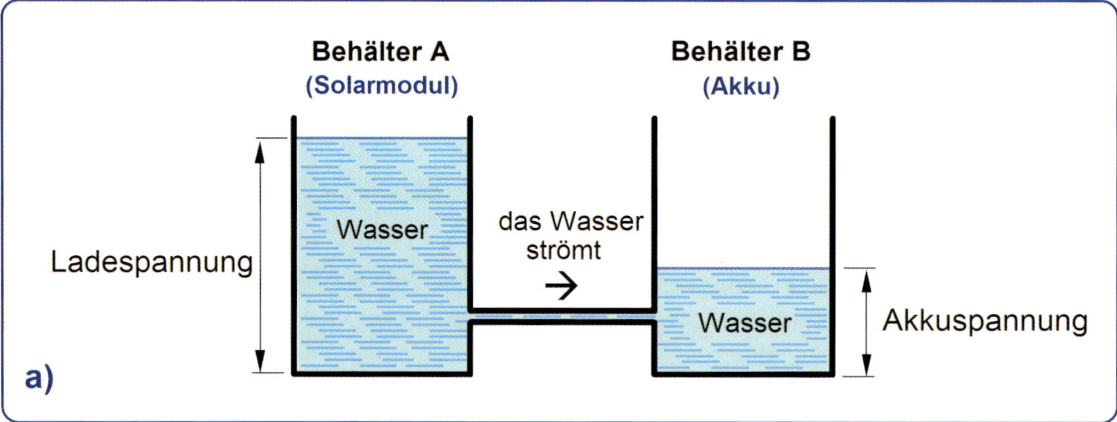

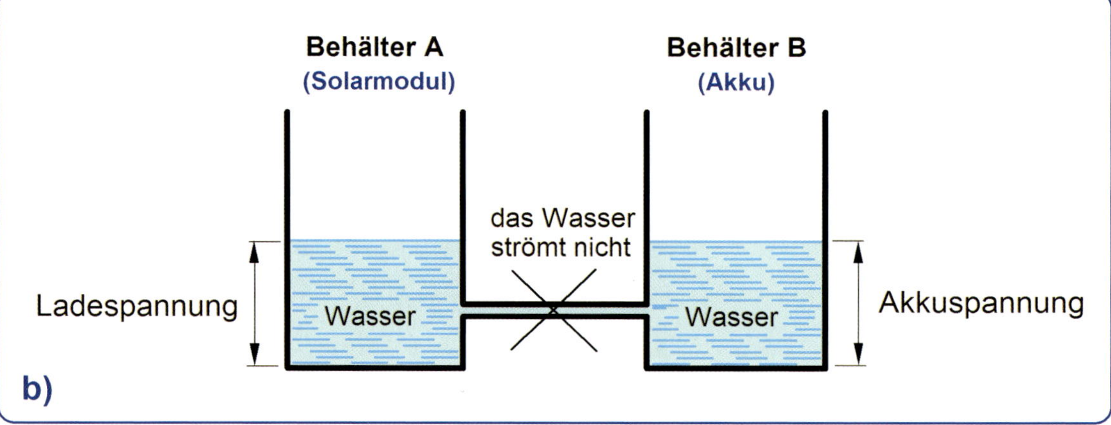

Abb. 1.23 – Das Laden eines Akkus unterliegt ähnlichen Prinzipien wie das Nachfüllen des rechts eingezeichneten Wasserbehälters aus dem links eingezeichneten Wasserbehälter: Das Wasser kann von links (= vom Solarmodul) nach rechts (= in den Akku) nur dann strömen, wenn der Wasserspiegel des linken Behälters höher ist als der des rechten bzw. wenn die Solarspannung höher ist als die Akkuspannung.

1.3 Akkus als Solar- oder Windenergie-Speicher

Als Solar- oder Windenergie-Speicher eignen sich im Prinzip alle handelsüblichen wiederaufladbaren Akkus. Spannung und Kapazität des verwendeten (oder vorgesehenen) Akkus richten sich nur nach dem Spannungs-, Leistungs- und Kapazitätsbedarf der elektrischen Verbraucher, die er betreiben soll.

Für die Stromversorgung kleiner Verbraucher (elektronische Kleingeräte, kleine Lampen, Solar-Spielzeuge) genügt oft ein kleiner NiCd- oder NiMH-Akku bzw. ein sehr kleiner Bleiakku. Wenn eine größere Speicherkapazität benötigt wird, kommen größere Bleiakkus (etwa Auto- oder Solarbatterien) zum Einsatz. Als Bordbatterien im Caravan oder Reisemobil, auf dem Boot oder einer Yacht werden oft mehrere Autobatterien *nach Abb. 1.24* parallel miteinander verbunden.

Die Anzahl der einzelnen Batterien, die zu einem kräftigeren Energiespeicher parallel verbunden werden, ist theoretisch unbegrenzt. Praktisch ist jedoch Folgendes zu berücksichtigen: Je mehr Batterien miteinander verbunden werden, desto genauer sollten sie parametrisch aufeinander abgestimmt sein. Dabei genügt nicht, dass es sich um Batterien derselben Marke und Leistung handelt. Sie sollten auch möglichst gleich alt sein und identisches Lade-/Entladeverhalten aufweisen. Andernfalls laden sie sich nicht ausgewogen auf, und eine einzige altersschwache Batterie wirkt sich quasi als Verbraucher aus, der die anderen Batterien zu schnell entlädt. Dies muss nicht immer gleich kritisch sein, sollte aber bedacht werden.

Eine einfache Kontrolle der Selbstentladung ist in dieser Hinsicht am aussagekräftigsten: Die Batterien werden zuerst (einzeln, gemeinsam oder kombiniert) mit einem Ladegerät voll aufgeladen und unbelastet abgestellt. Nach ca. vier Wochen wird mit einem Voltmeter nachgemessen, ob keine von ihnen durch zu hohe Selbstentladung einen merklich größeren Spannungsverlust aufweist als der Rest.

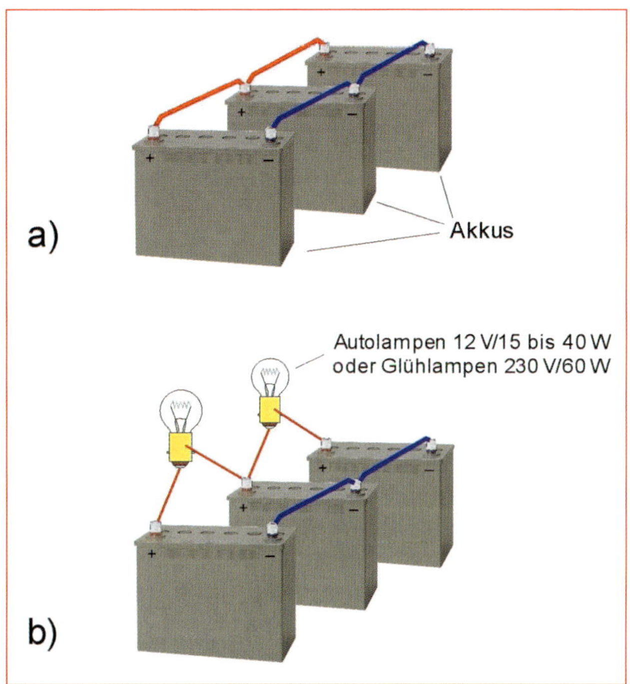

Abb. 1.24 – Um eine höhere Kapazität zu erhalten, werden üblicherweise mehrere Akkus (derselben Marke und Größe) parallel betrieben: **a)** Prinzip der Verschaltung; **b)** bevor mehrere Akkus (Batterien) miteinander verbunden werden, sollten ihre Spannungen zuerst mit Hilfe zusätzlicher Glühlampen (Autolampen) aneinander angeglichen werden.

Darunter ist Folgendes zu verstehen: Die Spannung wird nach ca. vier Wochen durch Selbstentladung (markenabhängig) beispielsweise bei einer der Batterien auf 11,6 V, beim Rest auf 12,2 V sinken. Schon eine derartige Differenz beim Selbstentladen weist darauf hin, dass die eine, zu tief entladene Batterie, zu sehr aus der Reihe fällt, sie die restlichen Batterien gewissermaßen belasten und einen unnötig großen Teil des kostbaren Solar-Ladestroms für sich in Anspruch nehmen würde.

1.3 Akkus als Solar- oder Windenergie-Speicher

Gut zu wissen

Der Unterschied zwischen den Bezeichnungen „Akku" und „Batterie" ist erklärungsbedürftig. In der Grundform eines kleinen Gliedes wird als **Batterie** üblicherweise eine **nicht wiederaufladbare** Wegwerfbatterie bezeichnet. Spricht man dagegen von einem **Akku** (Akkumulator), handelt es sich um einen nachladbaren Energiespeicher in der Form eines einzigen Gliedes. Werden jedoch mehrere Akkus als einzelne Glieder zu einer Einheit zusammengesetzt, bezeichnet man sie ebenfalls als „Batterie". So besteht z. B. eine Autobatterie aus sechs Bleiakku-Gliedern à 2 V, die miteinander in Reihe zu einer Batterie verbunden und in einem gemeinsamen Gehäuse untergebracht werden.

In der Praxis kann allerdings nur ein Branchen-Insider beurteilen, ob ein wiederaufladbarer Energiespeicher aus nur einem oder mehreren Einzelgliedern besteht. Daher werden – je nach Lust und Laune – eigentlich alle nachladbaren Energiespeicher wahlweise entweder als Batterien oder als Akkus bezeichnet. Wir sprechen von einer *Autobatterie,* die sechs Akku-Glieder beinhaltet, bezeichnen aber den 12-V-Akkuschrauber nicht als „Batterieschrauber" – obwohl er seine Energie ebenfalls von einer Batterie mit zehn Akku-Gliedern à 1,2 V bezieht. Die unterschiedlichen Bezeichnungen haben hier also nur etwas mit der Gewohnheit zu tun.

In der Solartechnik (Photovoltaik) werden für Energiespeicher sowohl die Bezeichnungen „Solar-Akkus" als auch „Solar-Batterien" für dieselben Produkte verwendet. Dagegen ist nichts einzuwenden. Falsch wäre nur, wenn man einen einzigen wiederaufladbaren Akku als „Batterie" bezeichnen würde. Möchte man also in einem aufklärenden Text oder in einer Zeichnung hervorheben, dass es sich bei dem beschriebenen Energiespeicher nicht um eine Wegwerf-, sondern um eine wiederaufladbare Batterie handelt, bevorzugt man die Bezeichnung „Akku", denn die steht eindeutig *nur* für einen wiederaufladbaren Energiespeicher.

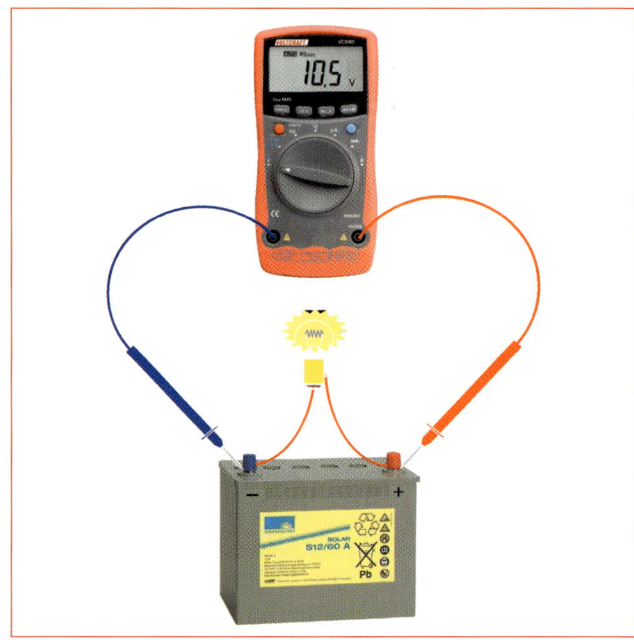

Abb. 1.25 – Eine zuverlässige Spannungsmessung sollte grundsätzlich an einer belasteten Batterie vorgenommen werden: Eine Autolampe, die nur für die Messung provisorisch an die Batterie angeschlossen wird, eignet sich zu diesem Zweck am besten.

Hier hilft es oft, wenn man alle Batterien mit destilliertem Wasser auf gleiches Niveau auffüllt, eventuell den Elektrolyt auf seine Konsistenz nachkontrolliert (bzw. nachkontrollieren lässt), danach alle Batterien nochmals auflädt, auf ca. 10,5 V entlädt, erneut auflädt und nach etwa drei Wochen nochmals die Selbstentladung nachmisst. In den meisten Fällen bringt dieser Eingriff Erfolg. Andernfalls hilft nur noch ein Austausch der Batterie, die zu sehr aus der Reihe tanzt.

Die eigentliche Wartung stellt bei modernen Auto- oder Solarbatterien fast keine Ansprüche an den Anwender. Wer genügend Zeit und Lust dazu hat, sollte mindestens ein oder zwei Mal pro Jahr Folgendes nachkontrollieren:

a) Ob eines der Batterieglieder mit destilliertem Wasser aufgefüllt werden muss: Die Elektroden sollten ca. 5 mm tief unter dem Elektrolyt-Spiegel liegen *(Abb. 1.26)*. Zum Auffüllen der Batterie muss destilliertes Wasser verwendet werden.
b) Ob die Batterie-Anschlussklemmen grüne Korrosionsverschmutzungen aufweisen (sie werden in diesem Fall mit einem trockenen Tuch gereinigt und neu eingefettet).

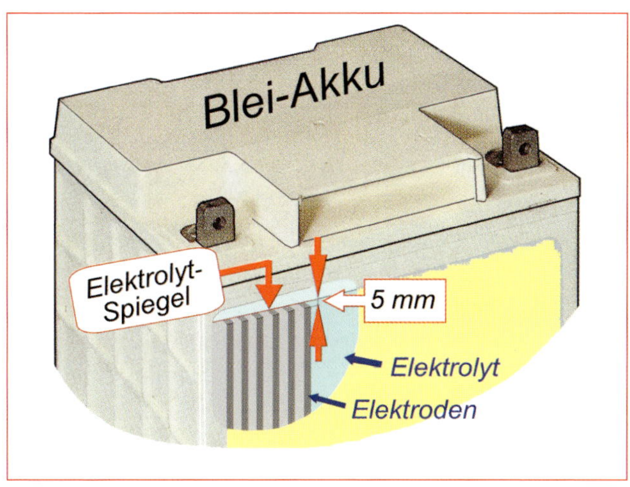

Abb. 1.26 – Die Elektroden einer Blei-Batterie sollten etwa 5 mm tief unter dem Elektrolyt-Spiegel liegen (dies gilt jedoch nur für Batterien mit flüssigem Elektrolyt).

Bei Batterien, die als Solarenergiespeicher dienen sollen, stellt die Problematik des Ladens höhere Ansprüche an das fachliche Grundwissen des Anwenders. Es ist verständlich, dass man hier im Bilde darüber sein muss, für welche Spannung und Kapazität die Batterie ausgelegt sein sollte und welche Spannung und welchen Ladestrom das verwendete Solarmodul liefern muss, um sie ausreichend nachladen zu können.

Dem Anwender steht eine große Auswahl handelsüblicher Bleiakkus aller Art zur Verfügung (etwa Auto- und Rollstuhlbatterien, Modellbau-Batterien usw.); daneben gibt es aber auch einige spezielle Solarbatterien.

Mit den speziellen Vorteilen der oft übertrieben gepriesenen „echten Solarbatterien" ist es lange nicht so weit her, wie es mancher Hersteller den Kunden gerne glaubhaft machen möchte. Als Vorzeige-Parameter werden hier oft Eigen-

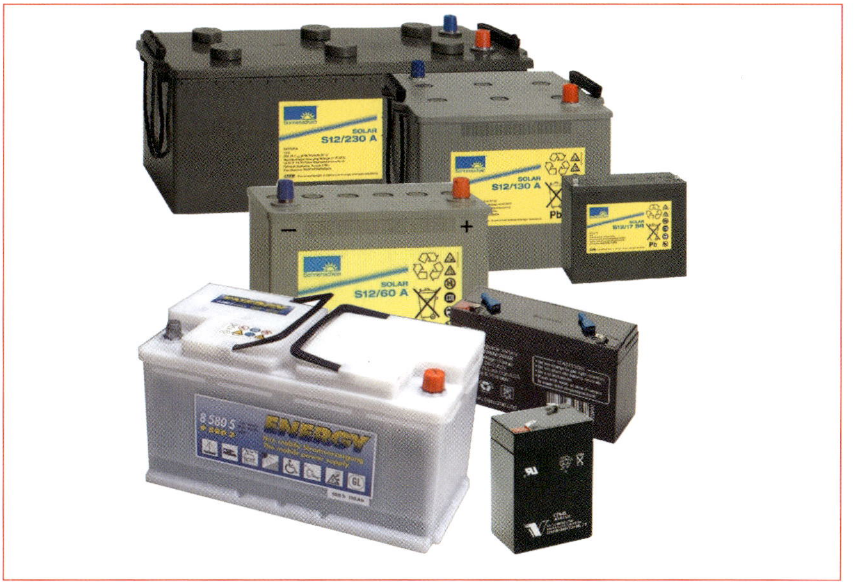

Abb. 1.27 – Der Handel führt eine große Auswahl an Batterien: Die zwei wichtigsten technischen Parameter einer Batterie sind ihre Nennspannung [in Volt (V)] und ihre Kapazität [in Amperestunden (Ah)].

schaften genannt, über die in annähernd gleichem Maß jede gute moderne Autobatterie verfügt. Bei den Autobatterien werden jedoch diese Eigenschaften üblicherweise nur von den Autoherstellern beachtet und die Autofahrer mit eventuellen spezielleren technischen Daten verschont. Mit Recht, denn normalerweise hat man kaum Interesse daran, wie es mit der Selbstentladung oder dem Ladeverhalten einer solchen Batterie steht – Hauptsache, sie geht lange genug mit und funktioniert im Auto zuverlässig. Dafür hat hier allerdings der Autohersteller zu sorgen – was er auch tut, denn die Konkurrenz schläft nicht.

Wenn heutzutage die Autobatterie eines normalen Mittelklassewagens in der Praxis eine Lebensdauer von acht bis zehn Jahren erreicht (oder sogar überschreitet), ist das kein technisches Wunder mehr. Guten Solarbatterien ist diese Lebenserwartung ebenfalls in die Wiege gelegt, und sie haben zusätzlich eine niedrigere Selbstentladung, niedrigere Ladeverluste, sind pflegeleichter und weniger frostempfindlich als normale Autobatterien. Das sind jedoch technische Eigenschaften, die auch jeder Autobatterie-Hersteller anstrebt – allerdings wird hier mehr darauf geachtet, dass eine geringfügige Qualitätsverbesserung nicht eine unangemessene Preiserhöhung zur Folge hat.

„Echte" Solarbatterien sind manchmal drei- bis viermal teurer als normale Autobatterien. Das mag rein technisch zum Teil dadurch gerechtfertigt sein, dass sie im Vergleich zu Autobatterien in viel kleineren Serien hergestellt werden (was für den Kunden kaum tröstlich sein dürfte).

Für die meisten Anwendungen kommen daher als Speicher für Solarenergie bevorzugt preiswerte Autobatterien oder auch kleinere Bleiakkus in Frage, die z. B. für Motorräder, Aufsitz-Rasenmäher, Rollstühle, Modellbau u. Ä. ausgelegt sind.

Bemerkung

Ähnlich wie in der Autoelektrik wird auch hier mit niedriger Spannung, aber mit hohen Strömen gearbeitet. Alle Leitungen, Klemmen und Schalter sollten daher entsprechend ausgelegt sein. Andernfalls entstehen in ihnen zu große Leistungs- und Spannungsverluste oder ihre Kontakte verkraften den hohen Strom nur kurzfristig.

1.4 Windgeneratoren

Ein kleiner Windgenerator kann in einem Gebiet, in dem häufig stärkerer Wind aufkommt, entweder als zusätzliche Stromquelle eine Photovoltaik-Anlage unterstützen oder alleine eine Batterie laden. Kleinere handelsübliche Windgeneratoren *(Abb. 1.28)* haben einen Durchmesser von ca. 50 bis 100 cm und können daher bei Bedarf leicht transportiert werden.

Solche Windgeneratoren sind jedoch meist als sogenannte *Schnellläufer* ausgelegt und eignen sich daher nur für die Anwendung in Gebieten mit häufigen höheren Windstärken, mit denen z. B. im Flachland in der Nähe des Meers oder direkt auf dem Meer gerechnet werden kann. Windgeneratoren, die in die Kategorie der *Langsamläufer* gehören, sind dagegen für Ge-

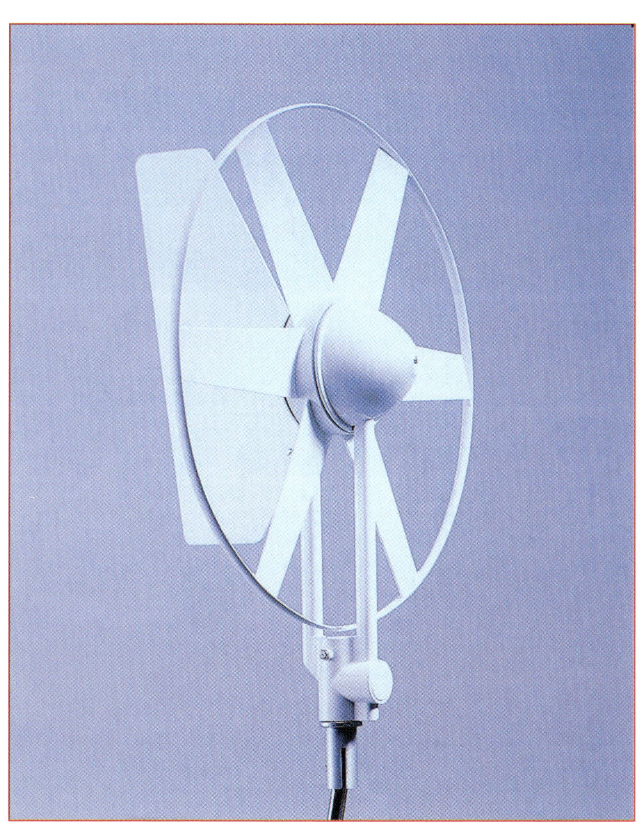

Abb. 1.28 – Ein Propeller-Windgenerator (Schnellläufer) eignet sich nur für Gebiete mit höheren Windstärken *(Fotos: Conrad Electronic)*.

Abb. 1.29 – Eine kombinierte Anlage: oben ein Savonius-Windgenerator, unten Solarmodule.

1.4 Windgeneratoren

genden vorgesehen, in denen die Windstärke meist relativ gering ist. Zu den bekanntesten Langsamläufern gehört z. B. das sogenannte Savonius-Windrad *(Abb. 1.29)*, das ziemlich große windabfangende Flächen hat und somit auch bei weniger Wind einen stromerzeugenden Generator antreiben kann. Ein solches Windrad könnte zwar z. B. auf dem Freizeitgrundstück oder auf einem langfristig gemieteten Campingplatz aufgestellt werden, aber als Reisegepäck ist es nicht gerade attraktiv.

Ein Windgenerator funktioniert ähnlich wie ein Fahrrad-Dynamo. *Abb. 1.30* und *1.31* erläutern das Prinzip seiner Funktionsweise. Bei einem Fahrrad-Dynamo bildet üblicherweise das sich drehende Vorderrad den Antrieb. Ein Windgenerator benötigt ein Windrad, das seinen Generator dreht. *Abb. 1.32* zeigt einige der gängigsten Windrad-Typen.

Als Energiequelle hat der Windgenerator im Vergleich zu einem Solargenerator (Solarmodul) den Vorteil, dass er bei günstigen Wetterbedingungen Tag und Nacht Strom erzeugen kann. Er hat jedoch auch den Nachteil, dass seine Leistung mit sinkender Windenergie ziemlich schnell abnimmt.

Als Fertigprodukte sind kleine Windgeneratoren erhältlich, die man einfach auf dieselbe Weise wie ein Solarmodul behandeln, nach *Abb. 1.36 a/b* anschließen und zum Laden eines Akkus verwenden kann. Bei der Lösung nach *Abb. 1.36 a* ist darauf zu achten, dass die Summe der Nennströme beider Generatoren (des Solar-

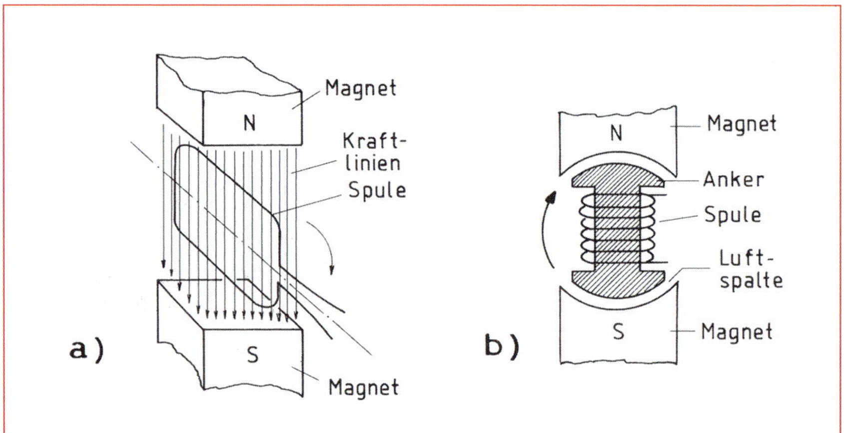

Abb. 1.30 – Funktionsweise eines elektrischen Generators: **a)** prinzipielle Darstellung; **b)** Konstruktionsprinzip eines Generators mit Ankerwicklung.

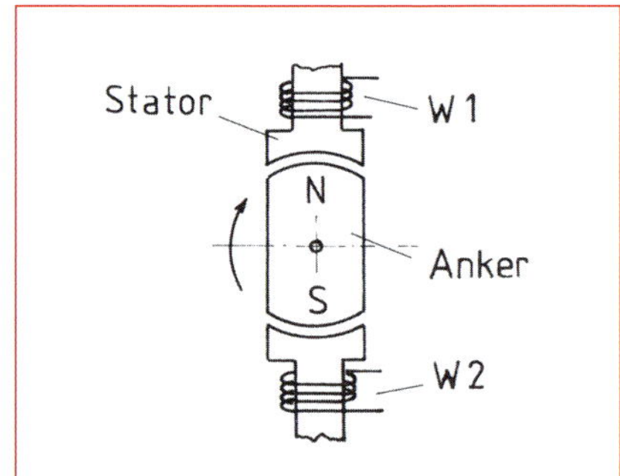

Abb. 1.31 – Konstruktionsprinzip eines elektrischen Generators mit einem Permanentmagneten als Anker; die Wicklungen (W1 und W2) befinden sich im Stator.

moduls und des Windgenerators) den maximal zulässigen Strom des gemeinsamen Ladereglers nicht überschreitet. Bei Verwendung von zwei unabhängigen Ladereglern nach *Abb. 1.36 b* muss allerdings jeder Laderegler auf den Strom „seines" Generators abgestimmt sein. Die Spannungsunterschiede der beiden Energiequellen müssen mit Hilfe der eingezeichneten Schottky-Dioden gegeneinander blockiert werden – sofern der Laderegler-Hersteller nicht darauf hinweist, dass diese Maßnahme bei seinen Ladereglern nicht erforderlich ist.

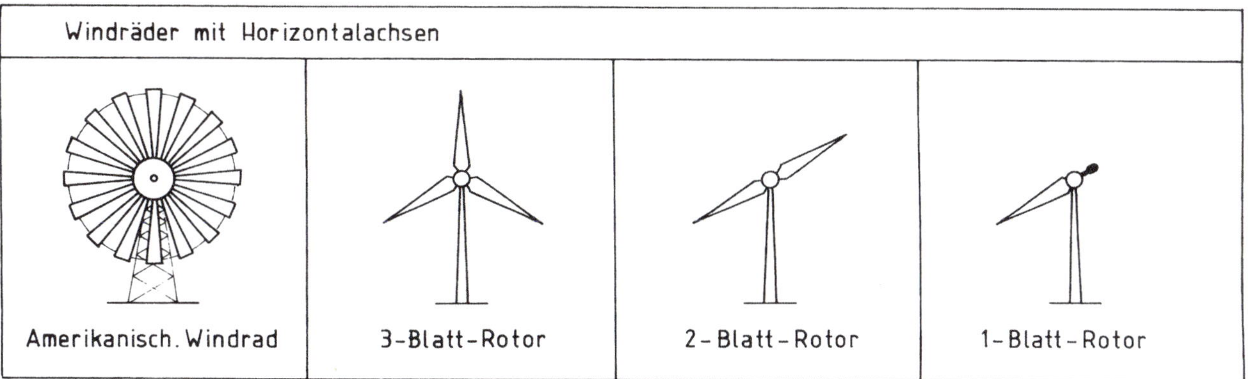

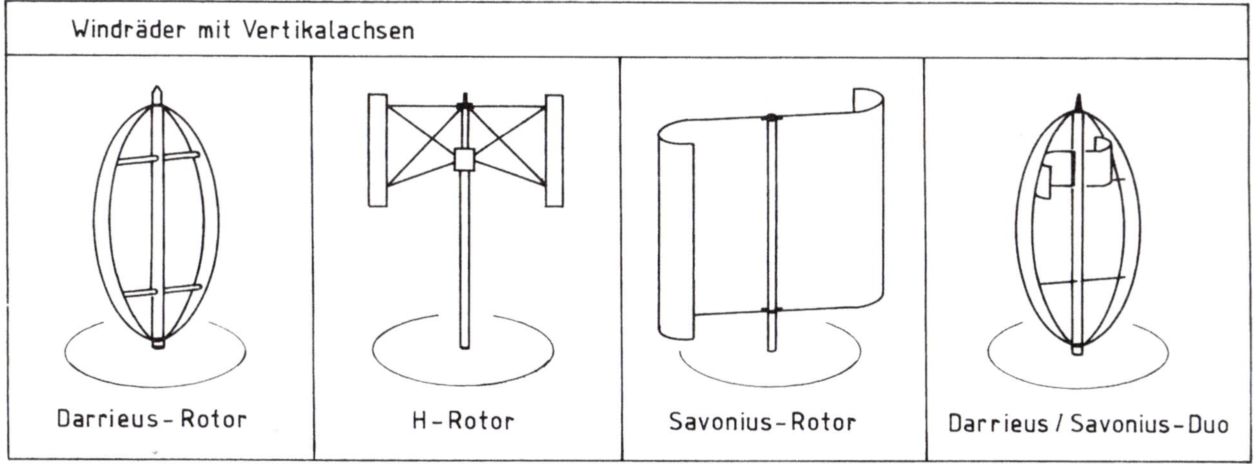

Abb. 1.32 – Konstruktionsbeispiele der gängigsten Windrad-Typen.

1.4 Windgeneratoren

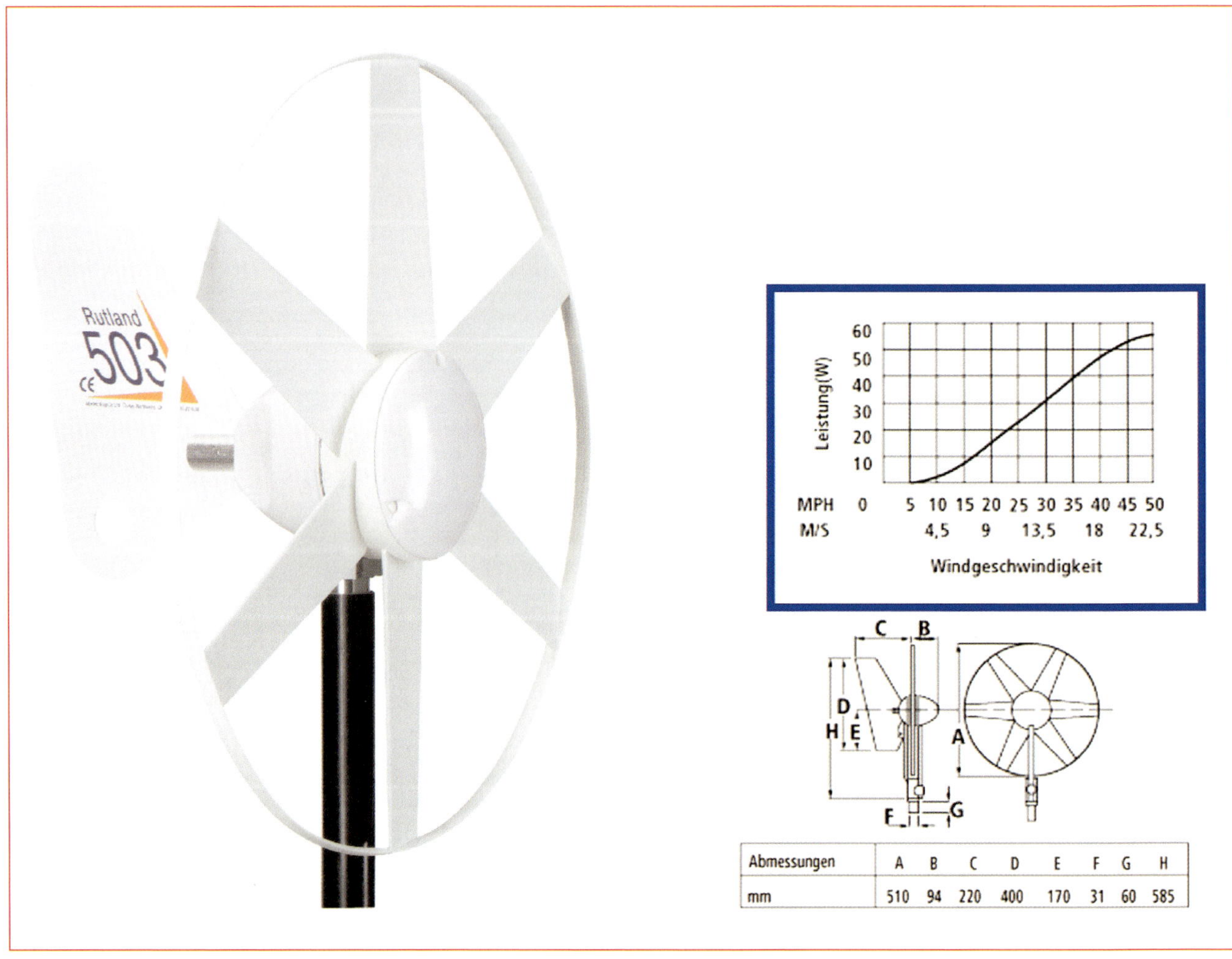

Abmessungen	A	B	C	D	E	F	G	H
mm	510	94	220	400	170	31	60	585

Abb. 1.33 – Der kleine *Rutland-Windgenerator WG 503* produziert bei einer Windgeschwindigkeit von 10 m/s eine elektrische Leistung von 25 W. Eine 12-V-Batterie fängt er bereits bei einer Windgeschwindigkeit von 2,5 m/s zu laden an; der Ladestrom steigt mit zunehmender Windgeschwindigkeit, wie der Herstellertabelle rechts oben zu entnehmen ist *(Foto/Anbieter: Conrad Electronic)*.

Abb. 1.34 – Der *Rutland-Windgenerator WG 913* hat einen Rotordurchmesser von 910 mm, produziert bei einer Windgeschwindigkeit von 10 m/s eine elektrische Leistung von 90 W und kann schon bei ziemlich niedriger Windgeschwindigkeit einen vergleichsweise kräftigen Ladestrom liefern *(Anbieter: Conrad Electronic und ELV)*.

1.4 Windgeneratoren

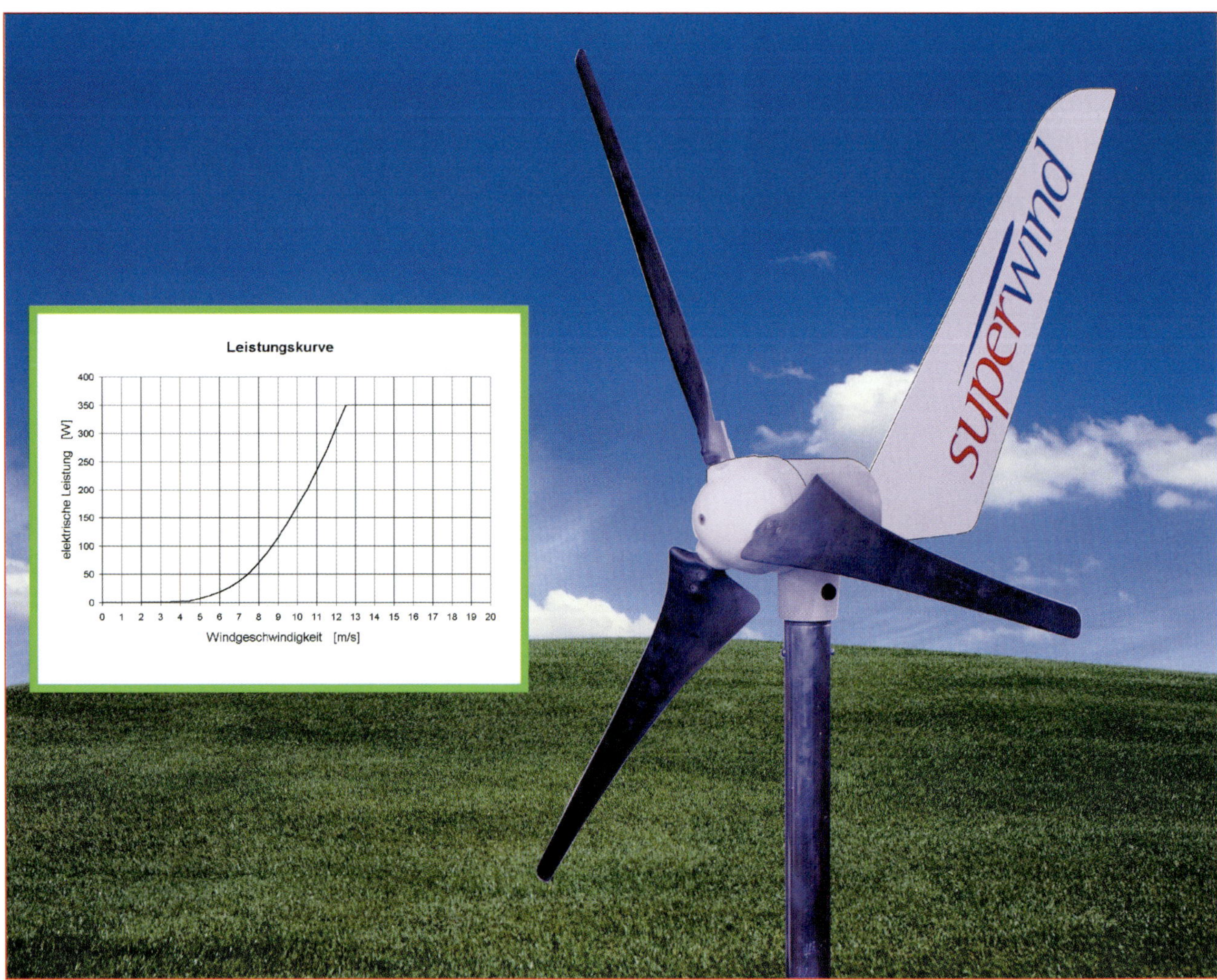

Abb. 1.35 – Der 350-VA-Windgenerator *Superwind 350* hat einen Rotordurchmesser von 1,22 m und ist für das Laden großer 12-V-Batterien vorgesehen. Sein spezieller 40-A-Laderegler hat zwei Akku-Ladeausgänge für das Laden getrennter Bordbatterien *(Anbieter: ELV)*.

1.4 Windgeneratoren

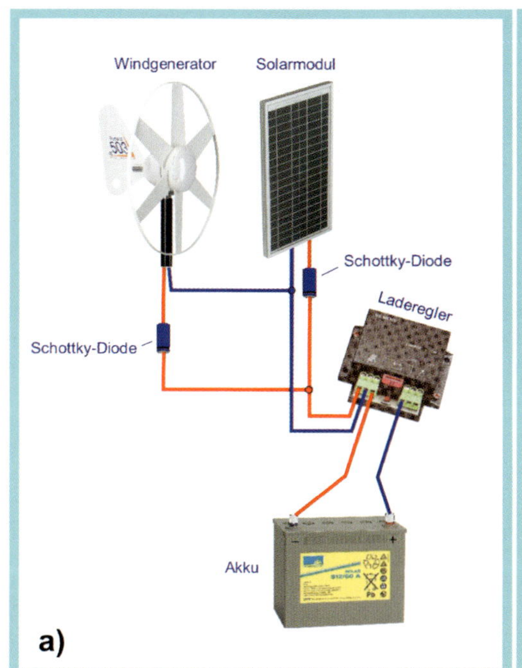

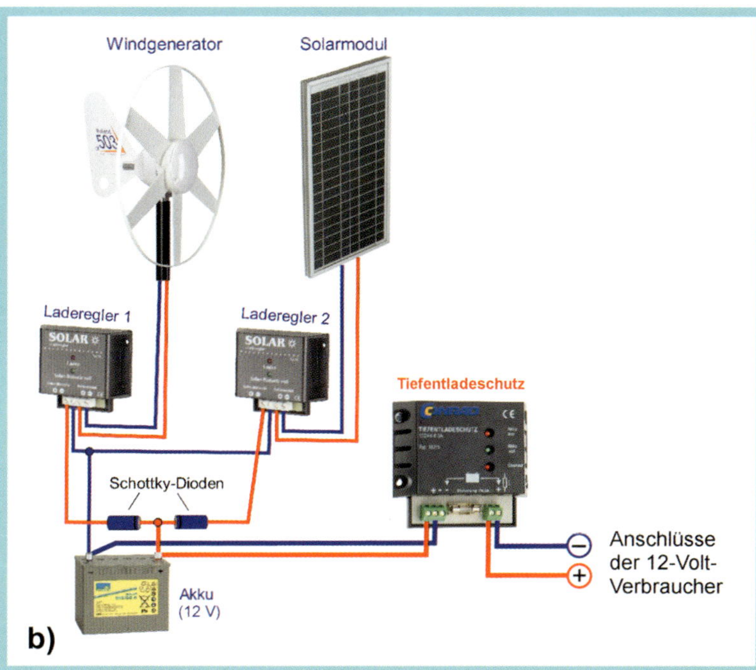

Abb. 1.36 – Ein kleiner Windgenerator kann sich das Laden einer Batterie – bzw. auch das Laden mehrerer miteinander verbundener Batterien – partnerschaftlich mit einem Solarmodul teilen: **a)** Laden des Akkus über einen gemeinsamen Laderegler; **b)** Laden des Akkus über zwei separate Laderegler und einen ausgangsseitig angeschlossenen gemeinsamen Tiefentladeschutz.

Bei der Anschaffung eines Windgenerators ist auf Folgendes zu achten:

- Für welche Akku-Nennspannung ist er als Lieferant der Ladeenergie vorgesehen?
- Welchen Ladestrom kann er maximal bzw. optimal liefern?
- Bei welcher Windgeschwindigkeit beginnt er, eine brauchbare Ladespannung und einen brauchbaren Ladestrom zu liefern?
- Welche Anwendungsmöglichkeiten empfiehlt der Hersteller bevorzugt?
- Welche zusätzlichen speziellen Eigenschaften weist er auf?

Gut zu wissen

Kleine Windgeneratoren sind zwar überwiegend als Wechselstromgeneratoren ausgelegt, aber in vielen ist bereits ein Gleichrichter integriert, und sie liefern ausgangsseitig Gleichstrom. Bei einigen kleineren Windgeneratoren ist jedoch der Gleichrichter erst in ihren Ladereglern untergebracht. In diesem Fall ist es wichtig, dass gleichzeitig mit dem Windgenerator auch der passende Laderegler mitgekauft wird. Manche dieser speziellen Windgeneratoren-Laderegler verfügen über einen zusätzlichen Anschluss für ein Solarmodul.

1.5 Wechselrichter

Wechselrichter *(Spannungswandler)* sind Geräte, die eine Gleichspannung in eine andere Gleichspannung (z. B. 12 V in 24 V) oder in eine Wechselspannung (z. B. 230 V~) umwandeln.

Als Sonderzubehör von Solar- oder Windgeneratoren-Anlagen werden in den meisten Fällen Wechselrichter verwendet, die eine 12- oder 24-V-Solarspannung in eine 230-V-Wechselspannung umwandeln. Dies ist allerdings nur dann nötig, wenn Verbraucher betrieben werden sollen, die nur als Netzgeräte erhältlich bzw. bereits vorhanden sind.

Bei der Anschaffung eines Wechselrichters ist auf Folgendes zu achten:

- Diverse preiswerte Wechselrichter liefern nur eine reine Rechteckspannung *(Abb. 1.37 a)* oder eine trapezförmige 230-V-Wechselspannung *(Abb. 1.37 b)*. Gute Sinus-Wechselrichter liefern dagegen eine netzidentische sinusförmige Wechselspannung *(Abb. 1.37 c)*, die vor allem für empfindliche elektronische Geräte (Notebook, Fernseher, Akku-Ladegeräte, Geräte mit Schaltnetzteilen) und induktive Lasten (Elektromotoren und Geräte mit Transformatoren) empfehlenswert ist. An einen Wechselrichter, der keine netzidentische, sondern nur eine rechteck- oder trapezförmige Spannung liefert, sollten nur elektrische Verbraucher angeschlossen werden, die den elektrischen Strom ausschließlich in Wärme umwandeln: elektrische Heizungen, Wasserkocher oder Glühlampen.
- Die *Eingangsspannung* muss identisch mit der Batterie- oder Anlagenspannung bzw. der Caravan-, Reisemobil- oder Bootspannung (12 V oder 24 V) sein.
- Die *Ausgangsleistung* sollte gut auf die vorgesehenen Verbraucher abgestimmt, aber nicht übertrieben hoch sein. Letzteres hat bei einfacheren Wechselrichtern einen unnötig hohen Eigenverbrauch zur Folge.
- Die *Ausgangsspannung* sollte 230 V~ (und nicht 220 V~) betragen.
- Der *Wechselrichter-Wirkungsgrad* sollte möglichst hoch sein (bevorzugt annähernd 95 %, denn das verringert unnötige Solarleistungsverluste).

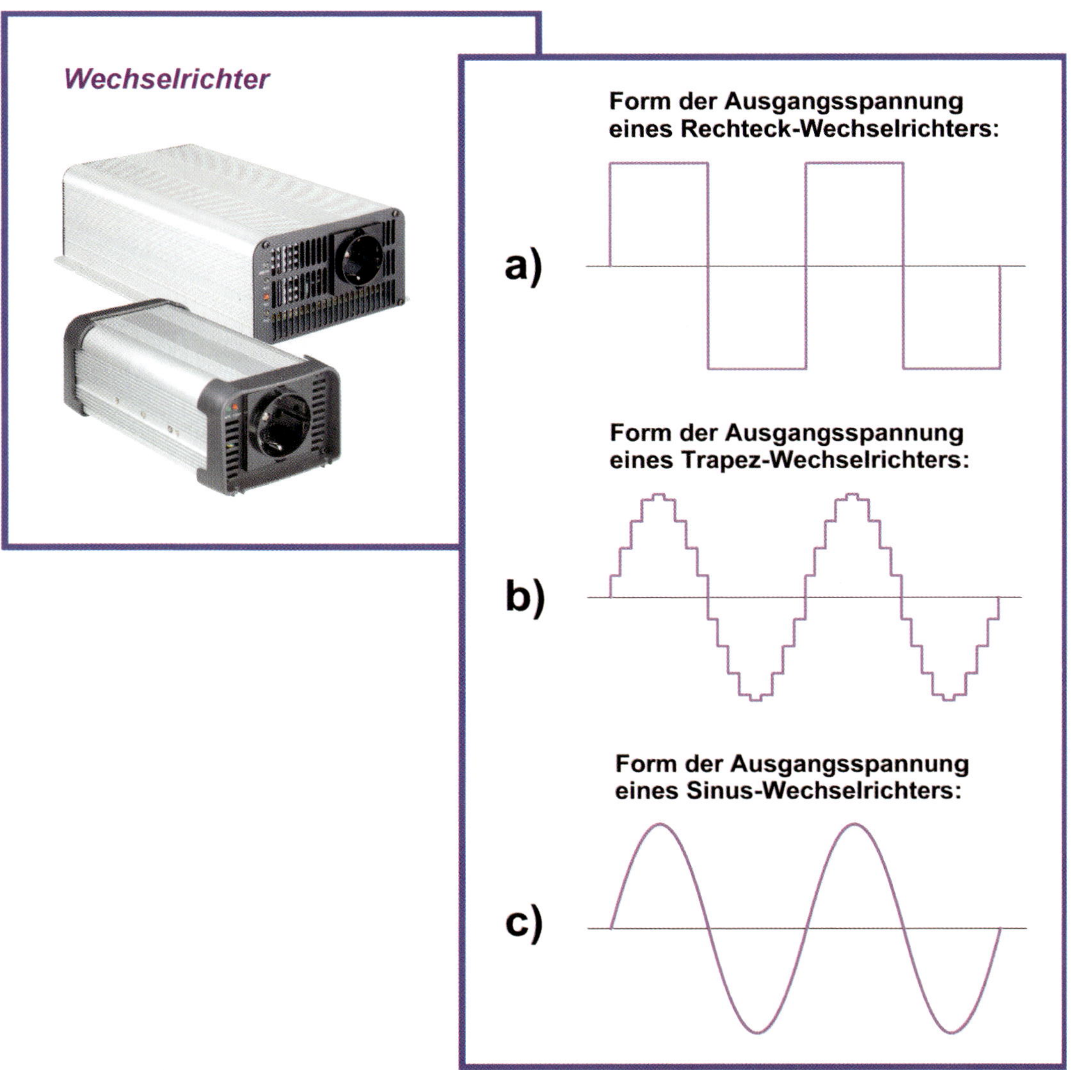

Abb. 1.37 – Formen des Verlaufs der Ausgangsspannung an Wechselrichtern: Nur eine sinusförmige Spannung ist identisch mit der Netzspannung und kann bedenkenlos alle elektrischen Verbraucher betreiben, die für eine Netzspannung ausgelegt sind.

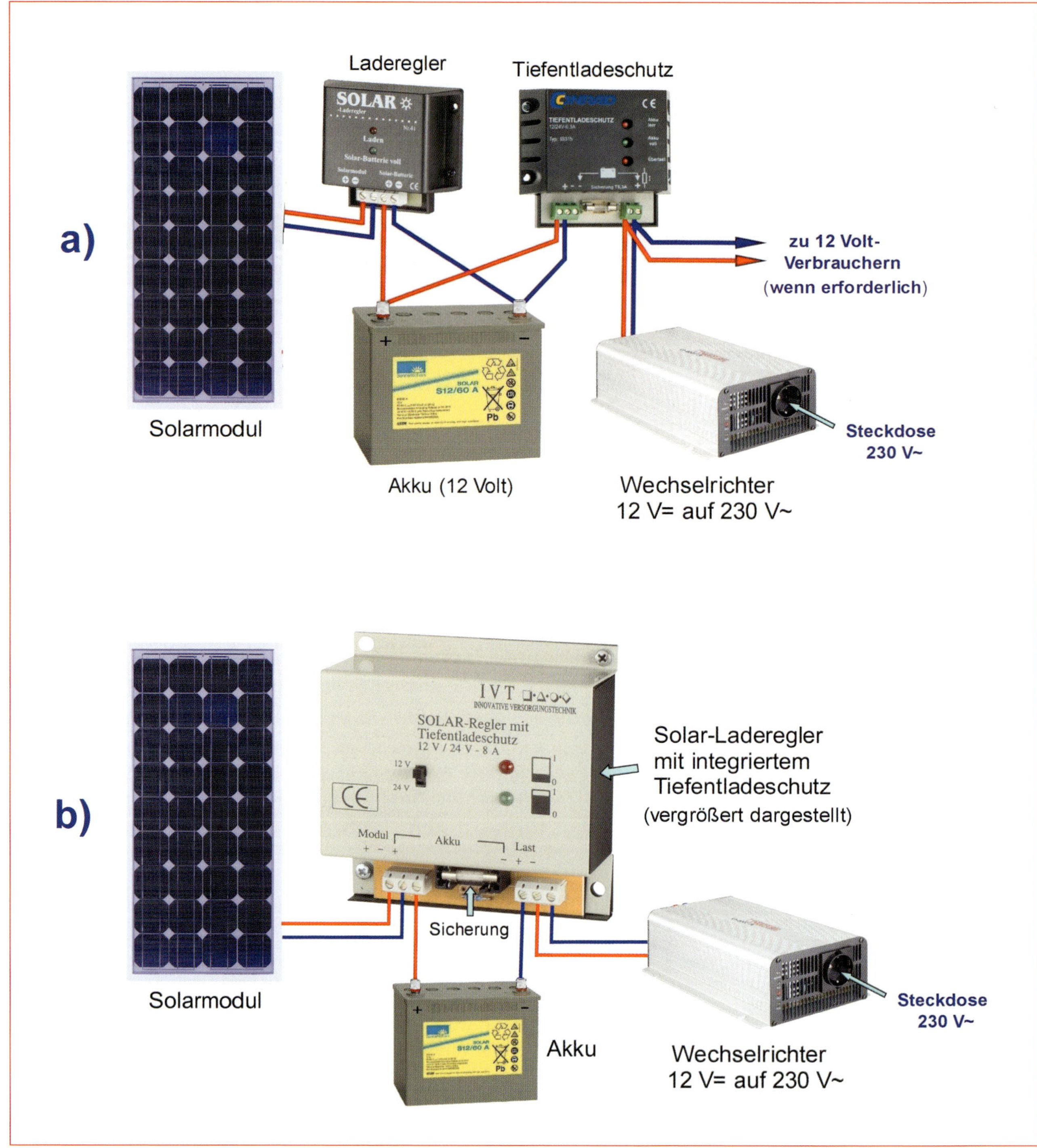

Abb. 1.38 – Ein Wechselrichter sollte an eine Bleibatterie unbedingt über einen Tiefentladeschutz angeschlossen werden: **a)** Anschlussbeispiel mit separatem Tiefentladeschutz; **b)** Anschlussbeispiel mit im Laderegler integriertem Tiefentladeschutz.

2 Solarstrom im Freien

Ob am Meeresstrand, am Strand eines Sees oder am Ufer eines Flusses, wo man einen ganzen Tag oder nur einige Stunden gemütlich verbringen möchte: Solarstrom kann unter Umständen willkommene Dienste leisten.

Um sich eine objektive Vorstellung von den praktischen Nutzungsmöglichkeiten dieser Stromversorgung machen zu können, muss man sich allerdings die ganze Vielfalt dieser Freizeitgestaltung in bunteren Varianten vorstellen. Wie bunt? Das hängt nur von der individuellen Fantasie und der Beziehung zur Natur ab.

Was darunter zu verstehen ist, werden die nun folgenden Beispiele zeigen, bei denen gleich praxisbezogene Anwendungstipps gegeben werden.

2.1 Solarstromversorgung kleiner Verbraucher

Die Anwendungsmöglichkeiten kleinerer solarelektrisch betriebener Verbraucher im Freien hängen vor allem davon ab, welche dieser Geräte für eine Betriebsspannung von 12 V ausgelegt sind (sie werden meist als Autozubehör angeboten).

Unternimmt man während der kühleren Jahreszeit einen Tagesausflug in die Natur, könnte es begrüßenswert sein, wenn man sich etwas aufwärmen und Kaffee oder Tee kochen kann. Wenn zudem Kleinkinder dabei sind, kann ein kleiner elektrischer Wasserkocher das Aufwärmen von Getränken ermöglichen.

Wer auf seinen frischen Nachmittagskaffee nicht verzichten möchte, wird sich vielleicht einen kleinen 12-V-Wasserkocher anschaffen, um seinen Kaffee an

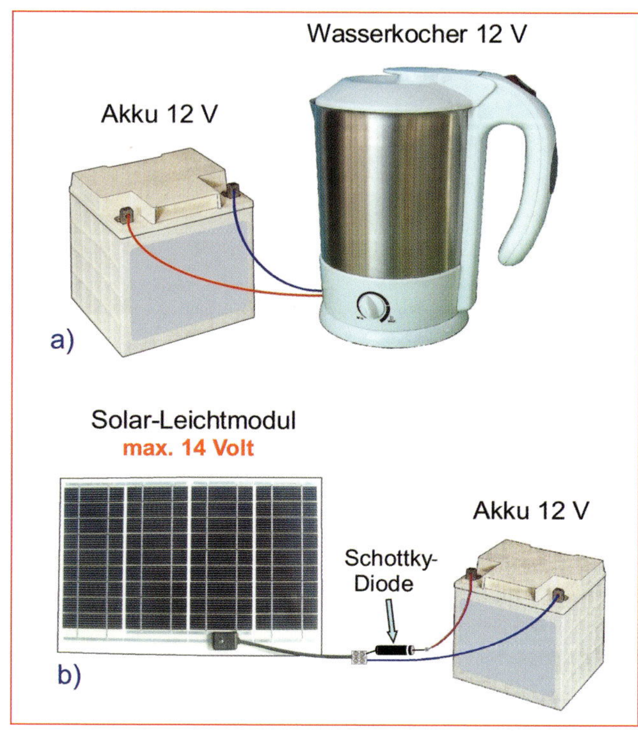

Abb. 2.1 – Ein Wasserkocher, ein kleiner Akku und ein Solarmodul können den Spaß an einem Ausflug in die Natur erhöhen: **a)** Erst kann das Wasser gekocht oder ein Getränk erwärmt werden; **b)** anschließend kann gleich an Ort und Stelle der Akku mit einem Solarmodul nachgeladen werden, um wieder zur Verfügung zu stehen (siehe hierzu den Buchtext).

Ort und Stelle mit Solarstrom kochen zu können. Hier ist eine direkte Stromversorgung ohne einen Zwischenspeicher (Akku) allerdings kritisch. Der Akku kann jedoch sehr klein und leicht sein, wenn er nur einen kleineren Wasserkocher ein einziges Mal mit Energie versorgen soll.

Ein praktisches Experiment hat Folgendes gezeigt: Ein 12-V-/300-W-Wasserkocher brauchte zehn Minuten (= 0,166 Stunden), um ca. 15 °C kaltes Wasser für vier

Zu beachten

Das direkte Nachladen eines Akkus (einer Batterie) mit einem Solarmodul kann nach *Abb. 2.1b* auch ohne Laderegler erfolgen, wenn folgende zwei Bedingungen erfüllt sind:

a) Die Nennspannung des Moduls darf nicht höher als 14 V sein.

b) In die Verbindung des Pluspols des Moduls und des Pluspols des Akkus muss eine Schottky-Diode eingebaut werden, um zu verhindern, dass sich der Akku über das Solarmodul entlädt, wenn dessen Spannung z. B. wegen vorbeiziehender Wolken niedriger wird als die des Akkus. Je nach Modul-Nennstrom (= Ladestrom) kann eine 1-A-Diode (z. B. der Type SB 130), eine 2-A-Diode (z. B. der Type BYV 2100) oder eine 5-A-Diode (z. B. der Type SB 530) verwendet werden.

Wird ein Solarmodul benutzt, dessen Nennspannung höher als 14 V ist, sollte das Laden des Akkus entweder über einen kleinen Solar-Laderegler nach *Abb. 2.2* oder wie in einem der Beispiele aus *Abb. 1.37* erfolgen.

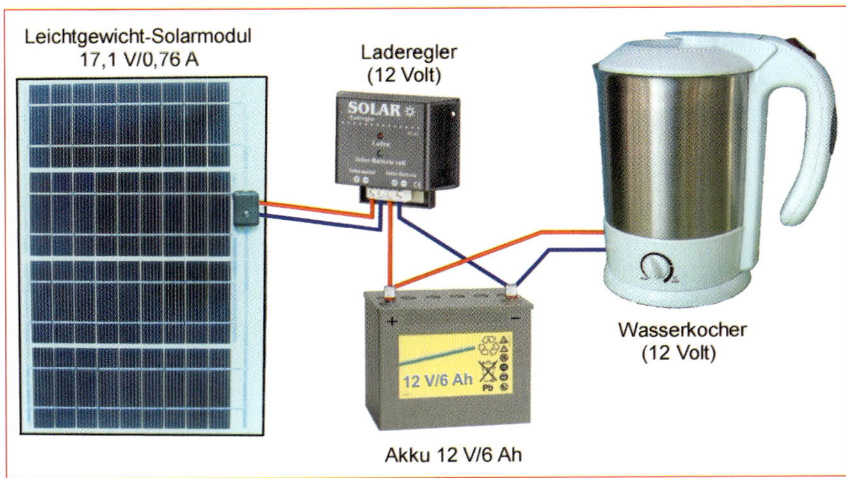

Abb. 2.2 – Wird zum Laden eines 12-V-Akkus ein Solarmodul verwendet, dessen Nennspannung höher als 14 V ist, darf das Laden **nicht** nach dem Beispiel aus *Abb. 2.1 b* erfolgen, sondern muss zumindest über einen kleinen Solar-Laderegler – wie abgebildet – stattfinden. Bei einer überschaubaren Stromabnahme (die weit unterhalb der Akku-Kapazität liegt) kann hier auf einen Tiefentladeschutz verzichtet werden.

Tassen Kaffee zum Kochen zu bringen. Daraus lässt sich nun der Stromverbrauch ausrechnen:

300 W : 12 V = 25 A.

Bei einem Akku manifestiert sich der Stromverbrauch als *Verbrauch der Akku-Kapazität in Ah (Amperestunden)*. In unserem Fall sind das die 25 A multipliziert mit 0,166 Stunden. Das ergibt einen Kapazitätsverbrauch von bescheidenen 4,15 Ah. Mit anderen Worten: Um unter ähnlichen Vorbedingungen Kaffee kochen zu können, wird ein 12-V-Akku benötigt, dessen Kapazität etwas größer sein sollte als die errechneten 4,14 Ah. Unter dem Begriff „etwas größere Kapazität" ist zu verstehen, dass der Akku während des Wasserkochens nicht zu tief entladen werden darf (das könnte ihn schwer beschädigen). Zudem hängt die ganze Kochprozedur von der Wassermenge, der Wassertemperatur und der Umgebungstemperatur ab. Im Prinzip wäre für ein solches Vorhaben z. B. ein 12-V-/9-Ah-Bleiakku empfehlenswert. Er wiegt nur etwa 2,4 kg, seine Abmessungen sind sehr bescheiden (ca. 13,5 × 7,5 × 13,5 cm), und er kann an einem sonnigen Tag auch mit einem kleineren Solarmodul nachgeladen werden.

Wer energiesparend frischen Kaffee kochen möchte, kann sich zu einem Tagesausflug heißes Wasser in einer Thermosflasche mitnehmen. Dieses kann sehr schnell zum Kochen gebracht werden und der Energiebedarf sinkt weit unter die Hälfte der vorhin angesprochenen 4,15 Ah. In diesem Fall reicht dann ein kleiner 12-V-/5-Ah-Bleiakku, der nur ca. 1,5 kg wiegt.

Dieses Beispiel hat nur informativen Charakter. Wer derartige Anwendungen nutzen möchte, kann selbst (rechtzeitig) praktisch austesten, welche Lösung sich für seinen Bedarf am besten eignet.

Ein elektrisches 12-V-Heizkissen kann das Wohlbefinden steigern (oder retten), wenn es z. B. beim Liegen am Ufer eines romantischen Flusses plötzlich zu kühl wird. Die Stromversorgung lässt sich hier nach dem bereits in *Abb. 1.22* dargestellten Beispiel leicht bewerkstelligen, denn es genügt meist die direkte Stromversorgung des Heizkissens von einem Solarmodul aus. Anstelle des Heizkissens können auch elektrisch beheizte Schuhe das Wohlbefinden aufrechterhal-

2.1 Solarstromversorgung kleiner Verbraucher

ten, wenn man z. B. beim Fischen während der kühleren Jahreszeit zu lange unbeweglich am Ufer eines Teiches oder Flusses sitzt.

Elektrische Heizkissen, Heizdecken, beheizte Schuhe und Fußwärmer, beheizte Autositze und ähnliche wärmespendende elektrische Gebrauchsgegenstände sind oft als Autozubehör für eine Versorgungsspannung von 12 V (oder 24 V) ausgelegt und können direkt von einem Solarmodul aus mit Strom versorgt werden. Sie sind für relativ kleine Abnahmeleistungen ausgelegt, die bei etwa 30 W beginnen.

Für eine solarelektrische Stromversorgung handelt es sich unter solchen Umständen um eine ziemlich hohe Leistung, die von einem relativ großen Solarmodul erbracht werden kann (vorausgesetzt, die Sonne macht mit). Wir sehen uns nun genauer an, mit welchen praktischen Problemen ein solcher Spaß verbunden ist:

Ein 12-V-Verbraucher, dessen Abnahmeleistung 30 W beträgt, bezieht einen Strom von 2,5 A (30 W : 12 V = 2,5 A). Das benötigte Solarmodul müsste demnach theoretisch für eine Spannung von 12 V und einen Strom von 2,5 A ausgelegt sein. Eine solche Leistung würde ein kristallines Solarmodul mit einer Brutto-Fläche von etwa 23 dm² liefern können. Das Modul

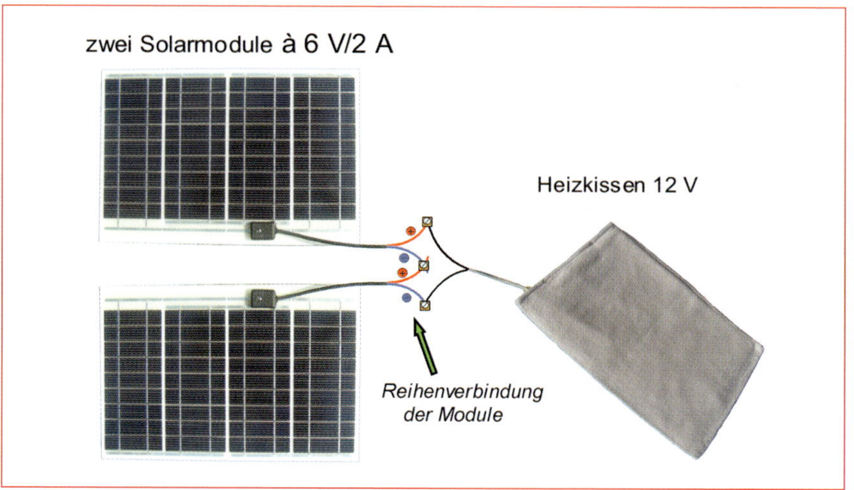

Abb. 2.3 – Bei einer direkten Solarstromversorgung benötigt ein elektrisches Heizkissen eine angemessen große Spannungsversorgung, die z. B. von zwei relativ kleinen Leichtgewicht-Solarmodulen bezogen werden kann.

könnte z. B. etwa 68 cm lang und 34 cm breit sein. An seiner Stelle ließen sich zwei flexible kristalline Solarmodule besser transportieren, die nur etwa 34 × 34 cm groß und nur ca. 3 mm dick sind.

In der Praxis kann man sich jedoch bei solchen Anliegen auch mit einer etwas geringeren Solarleistung zufriedengeben – wie es in dem Beispiel aus *Abb. 2.3* getan wurde. Wie gut wird unser Heizkissen seine Aufgabe dann noch erfüllen? Die Modul-Nennleistung beträgt hier 24 W (12 V × 2 A = 24 W). Das Heizkissen wird in diesem Fall zwar bestenfalls eine Wärmeleistung von ca. 24 W (anstelle von 30 W) aufbringen können, was aber praktisch ausreicht. Meist genügt es, wenn ein relativ bescheidener Wärmenachschub den Körper vor Auskühlung schützt. Das gilt auch für elektrische Fußwärmer oder andere vergleichbare elektrische Wärmespender.

Übernimmt ein kleiner, zu Hause aufgeladener Akku die Stromversorgung eines im Freien betriebenen elektrischen Verbrauchers – z. B. unseres Heizkissens – kann ein zusätzliches kleines Solarmodul den Energievorrat im Akku erhöhen und entweder durchlaufend oder auch nur zwischenzeitlich den Akku nachladen, wie es im Zusammenhang mit dem Wasserkocher *(Abb. 2.1)* erläutert wurde.

2.2 Solarbetriebene Ventilatoren

Elektrische Ventilatoren gehören zu den genügsamen Verbrauchern, die in einem ziemlich breiten Spannungsbereich arbeiten. Ein 12-V-Ventilator läuft oft bereits bei etwa 3 bis 5 V an und verkraftet auch eine etwas höhere Versorgungsspannung, als seiner Nennspannung entspricht. Ähnlich verhalten sich zwar die meisten Gleichstrommotoren, aber da ein Ventilator konstruktionsbedingt nur geringfügig belastet ist, gibt er sich oft schon mit einer niedrigeren Versorgungsspannung zufrieden als z. B. ein stärker belasteter Motorantrieb. Seine Drehzahl und seine Leistung hängen allerdings von der ihm zugeführten Versorgungsspannung ab: Sie erhöhen sich mit steigender Spannung (bei ausreichendem Stromangebot) und sinken mit abnehmender Spannung gleitend bis zum Stillstand.

Abb. 2.4 – Die Suche nach dem passenden Solarmodul für einen Ventilator entfällt, wenn beides als Set gekauft wird *(Foto/Anbieter: Conrad Electronic und Westfalia)*.

Gibt man sich damit zufrieden, dass der Ventilator nur dann läuft, wenn die Sonne scheint, kann ein solarelektrischer Direktantrieb ohne Energie-Zwischenspeicher (Akku) verwendet werden. Zu diesem Zweck sind oft komplette Sets nach *Abb. 2.4* erhältlich.

Ist es erwünscht, dass der Ventilator z. B. auch noch nach Sonnenuntergang lüftet, müssen ein Akku und ein Laderegler zwischen das Solarmodul und den Ventilator geschaltet werden. Der Nennstrom des Solarmoduls ist auf die Kapazität des Akkus und auf den Nachladebedarf abzustimmen.

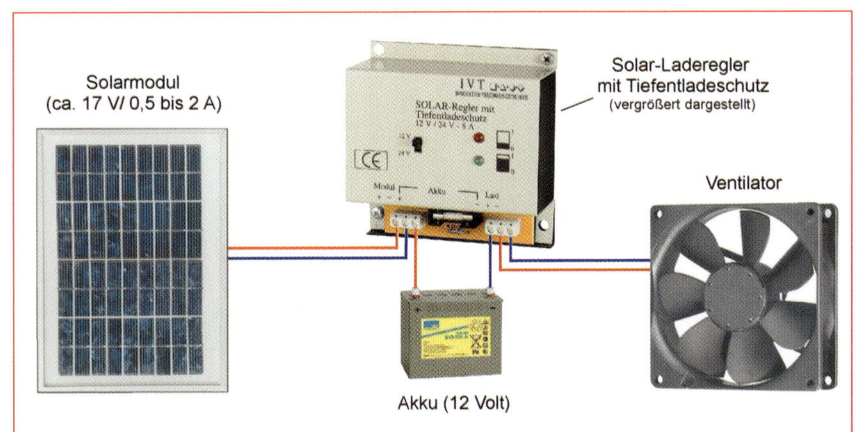

Abb. 2.5 – Wird ein Ventilator über einen solar geladenen Akku betrieben, richtet sich die Wahl des Solarmoduls nach der vorgesehenen Betriebsdauer und der Stromabnahme des Ventilators.

2.3 Solarbetriebene kleine Kühlboxen

Elektrische Hand-Kühlboxen (die für 12-V-Batteriebetrieb ausgelegt sind) werden immer preiswerter und sind in verschiedenen Größen und Leistungen erhältlich. Sie eignen sich insbesondere im Sommer zum Kühlen von Getränken, Obst, Schokolade und anderen Lebensmitteln, die einigermaßen kühl aufbewahrt werden müssen.

Für welche Art von Ausflügen man eine solche Kühlbox auch verwendet, ihr Vorteil besteht darin, dass sie während der Fahrt im Auto an die Autobatterie angeschlossen werden kann und bis ans Ziel optimal kühlt. Das Auto muss allerdings oft weit vom Strand entfernt geparkt und der Rest des Weges mit der Kühlbox in der Hand gelaufen werden.

Die Kühlbox bleibt noch eine Zeitlang kühl – wie lange, hängt sowohl von der Umgebungstemperatur ab als auch davon, wie oft sie geöffnet wird. Wenn für die Box ein leichtes, flexibles Solarmodul als Stromgenerator mitgenommen wird, kann es sie z. B. am Strand weiterhin mit Strom versorgen. Dies zwar nur dann, wenn die Sonne scheint, was aber genügt – denn wenn die Sonne nicht scheint, sinkt ja die Umgebungstemperatur, und die Kühlbox bleibt ohnehin noch einige Stunden lang kühl.

Welches Solarmodul wird hier benötigt?

Am besten eignet sich für solche Zwecke das angesprochene Leichtgewicht-Solarmodul, das entweder als flexibles Modul oder als in der Mitte zusammenklappbares Modul leicht transportierbar ist. Es sollte sich dabei bevorzugt um ein kristallines Modul, *nicht* um ein amorphes Dünnschichtmodul handeln. Amorphe (Dünnschicht-) Solarzellen haben einen zu niedrigen Wirkungsgrad; das Modul muss daher über eine mehr als doppelt so große Zellenfläche verfügen wie ein kristallines Modul (siehe hierzu auch Kapitel 7).

Die Nennleistung eines solchen Solarmoduls muss in diesem Fall nicht unbedingt auf die volle 35- bis 40-W-Nennleistung der Kühlbox abgestimmt sein. So kann zum Beispiel eine 12-V-/3-A-Kühlbox zufriedenstellend mit einem 12-V-/2-A-Solarmodul betrieben werden. Wenn die Kühlbox dabei im Schatten steht, wird sie auch an heißen Sommertagen ihren Inhalt ausreichend kühl halten. Bei großer Hitze sollte die Kühlbox nicht allzu oft geöffnet werden, denn der aufgewärmte Inhalt muss anschließend wieder intensiv gekühlt werden.

Gegen ein großzügiger dimensioniertes Solarmodul von z. B. 12 V/3 A wäre selbstverständlich nichts einzuwenden. Im Gegenteil: Die Zellen werden sich auch bei größerer Hitze weniger aufheizen.

Wir sind in diesem Beispiel von einer 12-V-/3-A-Kühlbox (36-W-

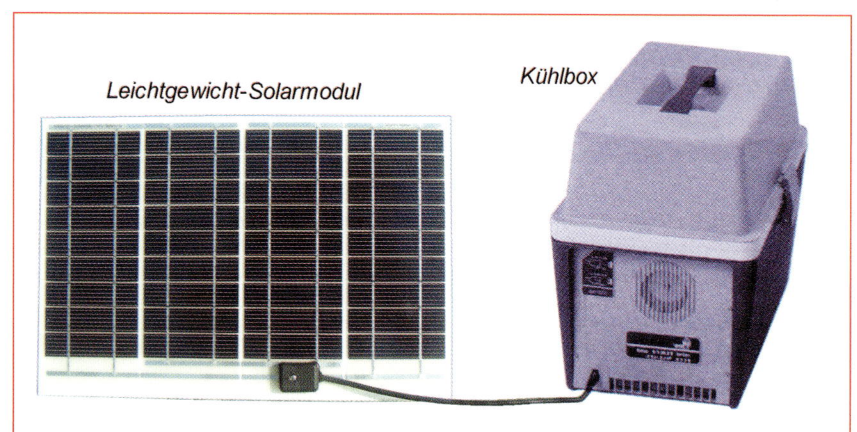

Abb. 2.6 – Eine kleinere 12-V-Elektro-Kühlbox kann von einem Leichtgewicht-Solarmodul auch direkt ausreichend mit Strom versorgt werden.

Kühlbox) ausgegangen. Das ist zwar eine der kleineren Kühlbox-Typen, aber für normale Bedürfnisse reicht sie aus (vor allem, wenn man sie auch länger tragen muss). Es spricht jedoch nichts dagegen, sich eine wesentlich größere Kühlbox zuzulegen und das Solarmodul dementsprechend auch etwas großzügiger auf den Kühlbox-Verbrauch abzustimmen. Wenn eine solche Anlage des Öfteren dort genutzt wird, wo man andernfalls Getränke auch an einem Kiosk kauft, wird sie sich – bei den stolzen Kiosk-Preisen – schnell amortisieren.

In manchen Fällen wird es möglich sein, die elektrische Kühlbox im Auto zu lassen und die Getränke oder gekühlten Speisen jeweils bedarfsbezogen zu holen. Die Tatsache, dass sich die meisten dieser Kühlboxen an den Zigarettenanzünder des Autos anschließen lassen, darf jedoch nicht zu der Annahme verleiten, dass die Autobatterie mit dieser zusätzlichen Energieabnahme automatisch zurechtkommt. Es kann leicht vorkommen, dass die Kühlbox zwar den ganzen Tag einwandfrei gekühlt hat, das Auto aber abends nicht mehr starten will, weil die Autobatterie von der Kühlbox „leergesogen" wurde.

Ob eine solche Kühlbox einen zu großen Teil der Autobatteriekapazität in Anspruch nimmt, lässt sich folgendermaßen ausrechnen:

Angenommen, auf der Kühlbox steht, dass sie für eine Spannung von 12 V und einen Strom von 4 A ausgelegt ist. Uns interessieren hier die 4 A. Wenn diese Box von einer Autobatterie eine Stunde lang 4 A bezieht, verringert sie den energetischen Inhalt der Autobatterie um 4 Amperestunden (4 Ah). Hat die Autobatterie z. B. eine Nennkapazität von 60 Ah, kann die Kühlbox ihren energetischen Inhalt innerhalb von zehn Stunden um bis zu 40 Ah verringern. Die Formulierung „um bis zu" bezieht sich darauf, dass die Kühlbox unter Umständen (wenn es nicht zu heiß ist) nicht durchlaufend die vollen 4 A bezieht, sondern zwischendurch auch abschaltet.

Nicht zu unterschätzen ist jedoch die Tatsache, dass eine 60-Ah-Autobatterie nicht immer voll aufgeladen ist oder dass sie nach dem Aufladen nicht unbedingt auch tatsächlich über den theoretischen energetischen Inhalt von 60 Ah verfügt. Eine ältere 60-Ah-Autobatterie lässt sich möglicherweise nur noch auf etwa 80 % der Nennkapazität aufladen und könnte somit von einer Kühlbox schneller „leer gepumpt" werden, als theoretisch zu erwarten ist. Aus diesem Grund ist es von Vorteil, wenn man in solchen Fällen durch solarelektrisches Nachladen der Autobatterie zumindest teilweise den Energieverbrauch kompensiert. Aber Vorsicht: Verschiedene Mini-Solarmodule, die nicht viel größer als zwei oder drei Sardinendosen sind, brauchen auch unter den günstigsten Umständen einen ganzen Tag, um den Akku um eine einzige Amperestunde nachzuladen und wirken sich auf die Akku-Kapazität im Prinzip nur wie ein Tropfen auf den heißen Stein aus.

Ein solches Nachladen kann dennoch z. B. die Selbstentlade-Verluste der Autobatterie kompensieren, wenn das Wetter mitmacht und das Solarmodul optimal von der Sonne bestrahlt wird.

2.4 Solar-Kühlschränke

Kühlschränke sind in zwei Ausführungen erhältlich: als Absorptions- und als Kompressorkühlschränke. Absorptionskühlschränke arbeiten zwar sehr leise (was für die Nachtruhe von Vorteil ist), aber sie haben einen wesentlich größeren Stromverbrauch als Kompressorkühlschränke. Deshalb sind Solarkühlschränke überwiegend als Kompressorkühlschränke angelegt und für eine 12-V-Gleichspannungsversorgung vorgesehen. Manche Solar-Kühlschränke sind mit einem internen Tiefentladeschutz ausgestattet.

Der Energieverbrauch kleinerer Solar-Kühlschränke liegt zwischen ca. 280 und 350 Wattstunden (Wh) pro 24 Stunden bzw. etwa 23,5 bis 29 Amperestunden, die der Kühlschrank dem verwendeten Akku (bzw. der Bordbatterie) pro Tag entzieht. Eine mittelgroße Autobatterie von 60 Ah würde demnach einen solchen Kühlschrank bestenfalls zwei Tage lang mit Energie beliefern können, danach wäre es mit dem ganzen Spaß vorbei. Eine größere Reisemobil- oder Bootbatterie würde mit einer solchen Aufgabe leichter zurechtkommen, müsste aber dennoch fast ununterbrochen (und angemessen kräftig) nachgeladen werden.

Abb. 2.7 – Solar-Kühlschränke verbrauchen ziemlich viel Strom und benötigen daher entsprechend große Bordbatterien als Energiespeicher.

Wenn ein Reisemobil oder ein Boot tagsüber viel herumfährt und seine Lichtmaschine dabei die Bordbatterie ausreichend kräftig nachladen kann, kann ein zusätzliches Solarmodul mit Laderegler als eine Art Unterstützung der Lichtmaschine fungieren. Es dürfte ziemlich bescheiden dimensioniert werden – vorausgesetzt, alle weiteren „Stromfresser" wie Beleuchtung, Unterhaltungselektronik oder elektrische Lüftung überstrapazieren nicht den jeweiligen Energievorrat der Bordbatterie. Mehr Klarheit über die Dimensionierung der Bordbatterie schafft hier die technische Dokumentation des Fahrzeuges bzw. eine Auskunft des Herstellers.

Bei einem Boot lohnt es sich in solchen Fällen, es mit einer Kombination aus Solarmodulen und kleinem Windgenerator nachzurüsten. Unter Umständen ist am See das Windaufkommen bei trübem Wetter kräftig genug, um aus dem Windgenerator solide Ladeleistungen beziehen zu können; wenn es wiederum ziemlich windstill und sonnig ist, können die Solarzellen die Bordbatterie laden.

Bei einem Reisemobil oder Caravan ist die Anwendung eines Windgenerators nicht immer so einfach wie bei einem Boot. Ein kleiner mobiler Windgenerator kann hier unter Umständen ebenfalls gute Dienste leisten, jedoch nur stationär (nicht während der Fahrt). Solarzellen dagegen können zwar auch während der Fahrt genutzt werden, wenn sie auf dem Dach des Fahrzeugs montiert sind, aber diese Lösung funktioniert verständlicherweise nur dann, wenn das Wetter mitmacht.

2.5 Solarbetriebene mobile Klimaanlagen

Mit der Erholsamkeit eines Urlaubs ist es schnell vorbei, wenn die Nächte so heiß sind, dass man in seinem Caravan, Reisemobil oder Boot nicht schlafen kann. Wenn nicht bereits der Hersteller eine solide Klimaanlage eingebaut hat, schafft dann eine kleine mobile Klimaanlage Abhilfe. Sie stellt jedoch, im Vergleich zu einem Kühlschrank, wesentlich höhere Ansprüche an die Energieversorgung, denn unterhalb von etwa 1.000 W ist auch in einem nur mittelgroßen Caravan oder Reisemobil eine spürbare Kühlung nicht realisierbar. Zudem muss ein solches Klimagerät an heißen Tagen weitgehend ununterbrochen laufen, da andernfalls der Innenraum mit allen vorhandenen Möbeln die Wärme schnell speichert und danach in Hinsicht auf das Kühlen zum Spielverderber wird.

Eine solarelektrische Stromversorgung kann in einem solchem Fall meistens nur eine Hilfsfunktion übernehmen, denn um solarelektrisch 1.000 W zu erzeugen, würde man auch bei den besten monokristallinen Solarmodulen eine Fläche von etwa 8,2 bis 9 m² brauchen. Wird ein Wechselrichter benötigt, erhöht sich der Solarflächen-Bedarf noch um die Verluste im Wechselrichter, die bei guten Wechselrichtern etwa 5 % betragen.

Eine derart große Solarzellen-Fläche kann z. B. auf dem Fahrzeugdach installiert werden, ist aber für einen Caravan oder ein Reisemobil unter Umständen zu kostspielig, denn für die wenigen Tage im Jahr, an denen eine Klimaanlage erforderlich ist, dürfte auch der teuerste Strom auf einem Campingplatz immer noch preisgünstiger sein als eine teure solarelektrische Anlage. Für ein größeres Boot oder eine Yacht kann dagegen eine solche Lösung erstrebenswert sein, denn mitten auf dem Wasser gibt es keinen Netzanschluss. Hier ist dann eine Kombination von Solarmodulen und Windgeneratoren angesagt – wobei als Lückenbüßer gelegentlich auch die Lichtmaschine des Bootes oder der Yacht einspringen muss.

Abb. 2.8 – Klimaanlagen sind leider meistens nur für Versorgungsspannungen von 230 V~ erhältlich und müssen daher unterwegs über einen zusätzlichen 12 V=/230 V~-Wechselrichter betrieben werden.

2.6 Solarversorgung der Beleuchtung

Solarversorgte Leuchten aller Art gehören zu den bekanntesten und am häufigsten verwendeten Solarprodukten. In den meisten Fällen handelt es sich jedoch um Solar-Leuchtkörper, in denen sowohl Solarzellen als auch eventuelle Akkus bereits integriert sind. Bei diesen Solarprodukten wird der Anwender nicht mit zusätzlichen Planungsüberlegungen konfrontiert und braucht sich mit den technischen Hintergründen gar nicht zu befassen.

Für unsere themenbezogenen Anwendungen brauchen wir aber manchmal zuverlässige Lichtquellen, die nicht nur von gelegentlichen Launen der Natur abhängen, wie es bei vielen Solar-Außenleuchten mit integrierten Solarzellen der Fall ist.

Die solarelektrische Versorgung von Lampen ist ziemlich einfach zu bewerkstelligen, denn jede Lampe benötigt einen fest vorgegebenen Strom, und ihre Leuchtdauer bestimmt dann den leicht nachvollziehbaren Strom- bzw. Energieverbrauch, der aus dem dafür vorgesehenen Akku gedeckt wird.

Während die Sonne scheint, ist elektrische Beleuchtung – bis auf einige Ausnahmen – verständlicherweise nicht erforderlich, daher muss die Solarenergie in einem Akku zwischengespeichert werden. Bei Campingfahrzeugen und Booten kann in den meisten Fällen einfach die Bordbatterie als gemeinsamer Energiespeicher benutzt und bei Bedarf mit einem Solarmodul etwas nachgeladen werden, wenn sie mehrere zusätzliche Leuchtkörper mit Strom versorgen muss und kein Netzanschluss vorhanden ist.

Beim Zelten oder ähnlichen Gelegenheiten ist eine gute Beleuchtung von Vorteil. Hier kann dann ein kleiner, leichter Akku tagsüber von einem kleinen Solarmodul nachgeladen werden. Die Akku-Kapazität ist dann so zu wählen, dass der Akku auch bei regnerischem Wetter die Stromversorgung der Beleuchtung angemessen lange aufrechterhalten kann. Dabei liegt es natürlich im individuellen Ermessen, unter welchen Umständen eine solche Lösung sinnvoll ist.

Abb. 2.9 – Ausführungsbeispiel eines solarbetriebenen 10-W-Halogenstrahlers, der als Bausatz mit einem leistungsstarken Solarmodul angeboten wird: Ein im Strahler integrierter Bewegungsmelder schaltet den Strahler für eine einstellbare Leuchtdauer ein (Foto/Anbieter: Westfalia).

Die Dimensionierung des benötigten Solarmoduls oder Akkus ist einfach, da man sich nach dem Verbrauch der einzelnen Leuchtkörper richten kann, die der Akku betreiben soll. Jede Lampe hat einen Energieverbrauch, der ihrer Leistung entnommen werden kann bzw. der nach dem Beispiel in *Abb. 2.11* einfach in den Stromverbrauch (in Ampere) umgerechnet wird. Der tägliche Stromverbrauch muss dann mit der Anzahl der Tage multipliziert werden, an denen ein Nachladen des Akkus vom Solarmodul erwartet wird.

2.6 Solarversorgung der Beleuchtung

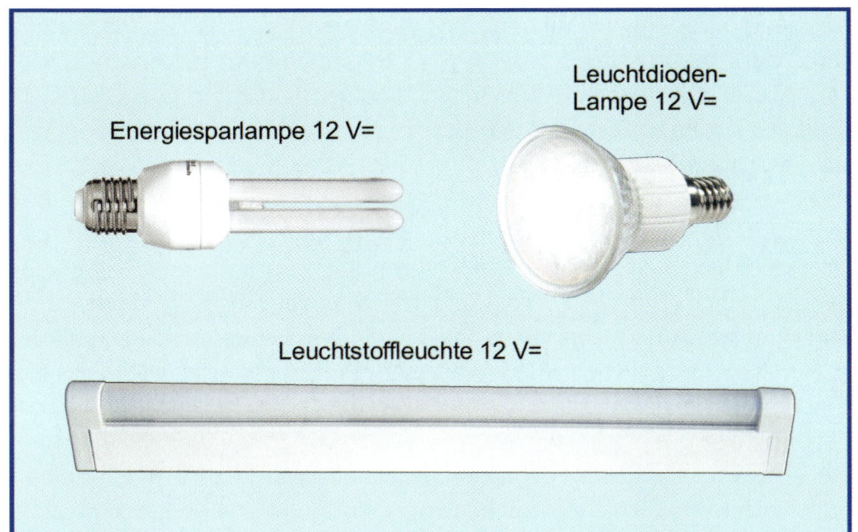

Abb. 2.10 – Für den „teuren" Solarstrom sollten als Leuchtkörper unbedingt nur energiesparende Lampen verwendet werden: 12-V-Energiesparlampen, 12-V-Leuchtdioden (LED)-Leuchten oder 12-V-Leuchtstofflampen benötigen im Durchschnitt nur ¼ bis 1/5 der Energie, die herkömmliche Glühbirnen beanspruchen.

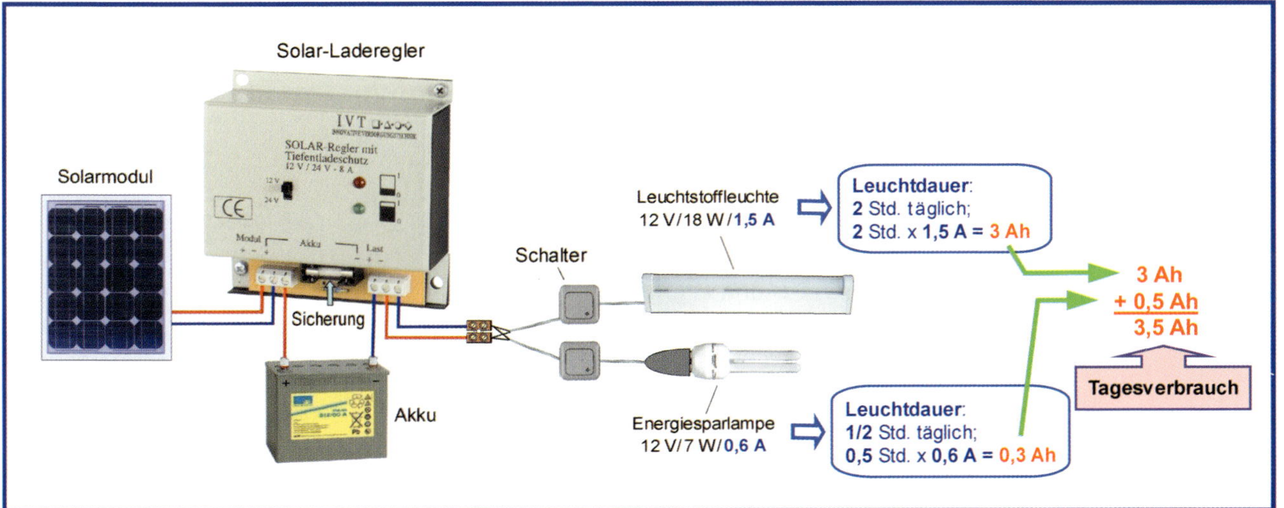

Abb. 2.11 – Aus dem Verbrauch der einzelnen Lampen und ihrer vorgesehenen Leuchtdauer kann die Kapazität des benötigten Akkus errechnet werden.

2.7 Solarbetriebene Geräte der Unterhaltungselektronik

Ähnlich wie die vorhin behandelten Lampen benötigen auch Geräte der Unterhaltungselektronik einen Akku als Energie-Zwischenspeicher. Es kann sich dabei sowohl um einen kleinen Akku handeln, der z. B. nur für die Stromversorgung eines kleinen Fernsehers vorgesehen ist, als auch um einen gemeinsamen Akku, der nach Bedarf auch diverse andere Geräte mit Strom versorgt. In beiden Fällen wird der Energiebedarf in Amperestunden (Ah) ausgerechnet und bei der Wahl der Akku-Kapazität nach dem Beispiel in *Abb. 2.12* berücksichtigt.

Der Nachladebedarf des Akkus ergibt sich dann automatisch aus dem errechneten Verbrauch. Dabei liegt es auch hier im persönlichen Ermessen, welche Zeitspanne für das Nachladen des Akkus eingeplant wird. Geht man beispielsweise davon aus, dass nur jeder zweite Tag sonnig sein wird, müsste das vorgesehene Solarmodul innerhalb von sieben bis acht Stunden die Akku-Kapazität nachladen können, die innerhalb von zwei Tagen verbraucht wurde. Das wäre allerdings unter Umständen ein ziemlich knapp kalkuliertes Nachladen. Die Umstände spielen hier jedoch eine bedeutende Rolle, denn sie bestimmen auch den Stellenwert der einen oder anderen solarelektrischen Stromversorgung, denn nicht alle elektrischen Geräte müssen unbedingt abrufbereit betrieben werden.

Unter den Geräten der Unterhaltungselektronik gibt es keine Produkte, die als ausgesprochen energiesparend zu klassifizieren wären. Sie können aber bei der Anschaffung solcher Geräte gezielt auf den in ihren technischen Daten angegebenen Verbrauch achten, denn die Unterschiede sind ziemlich groß. Wie das Beispiel in *Abb. 2.12* zeigt, gehört der Fernseher mit seinem Receiver nicht unbedingt zu den großen „Energiefressern". Bei schlechtem Wetter kann sich allerdings die Betriebsdauer des Fernsehers ziemlich in die Länge ziehen – demgegenüber wird aber höchstwahrscheinlich der Ventilator nicht benötigt. Was jedoch früher oder später benötigt wird, ist die Sonne. Die Akku-Kapazität sollte daher den Wetteraussichten angemessen nach Möglichkeit etwas großzügiger dimensioniert werden.

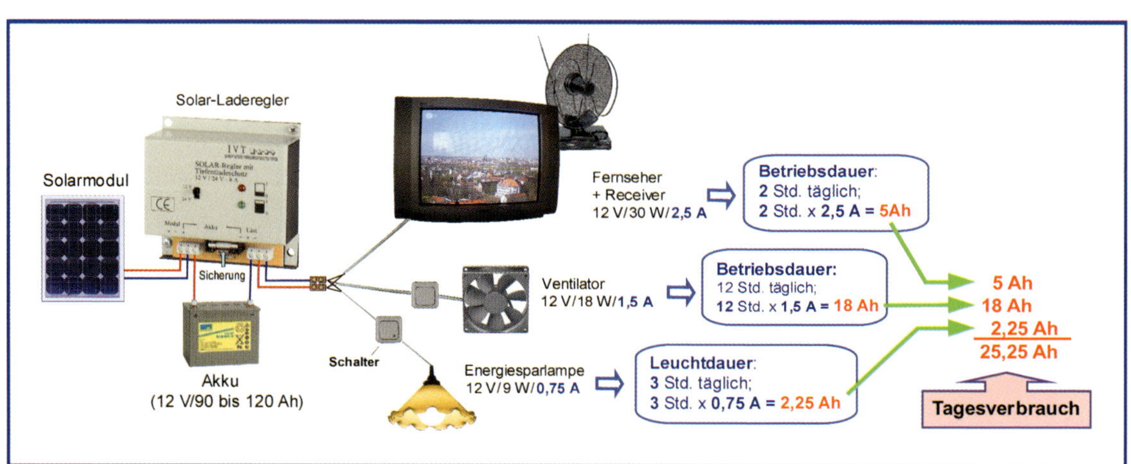

Abb. 2.12 – Aus der täglichen Betriebsdauer und dem Stromverbrauch der einzelnen Verbraucher errechnet sich auch hier der Energiebedarf, der einem Akku an Amperestunden z. B. pro Tag und pro Woche entnommen wird.

2.8 Solarbetriebene Elektrowerkzeuge und Geräte

Kleinere Elektrowerkzeuge sind oft als Akku-Werkzeuge ausgelegt und benötigen eine zusätzliche Stromversorgung nur für eventuelles Nachladen, das über einen Wechselrichter vorgenommen wird. Er hat ausgangsseitig eine normale Steckdose mit einer 230-V-Wechselspannung, wie *Abb. 2.13* zeigt. Über den Wechselrichter können bei Bedarf auch beliebige andere 230-V~-Werkzeuge oder -Geräte betrieben werden. Zu achten ist dabei nur darauf, dass die Nennleistung des verwendeten Wechselrichters die von ihm bezogene elektrische Leistung auch verkraftet.

Möchten Sie gelegentlich auch Kleingeräte mit Solarstrom versorgen, die für eine niedrigere Gleichspannung als 12 V ausgelegt sind, kann dies mit Hilfe eines Festspannungsreglers oder einer Zenerdiode nach *Abb. 2.14* bewerkstelligt werden. Wird eine andere Spannung als die hier eingezeichneten 9 V benötigt, kommt ein entsprechender Festspannungsregler zum Einsatz bzw. kann ein einstellbarer Spannungsregler verwendet werden. Für Stromabnahmen unterhalb von ca. 0,6 A genügt ein 1-A-Spannungsregler, für höhere Stromabnahmen muss ein Spannungsregler verwendet werden, der

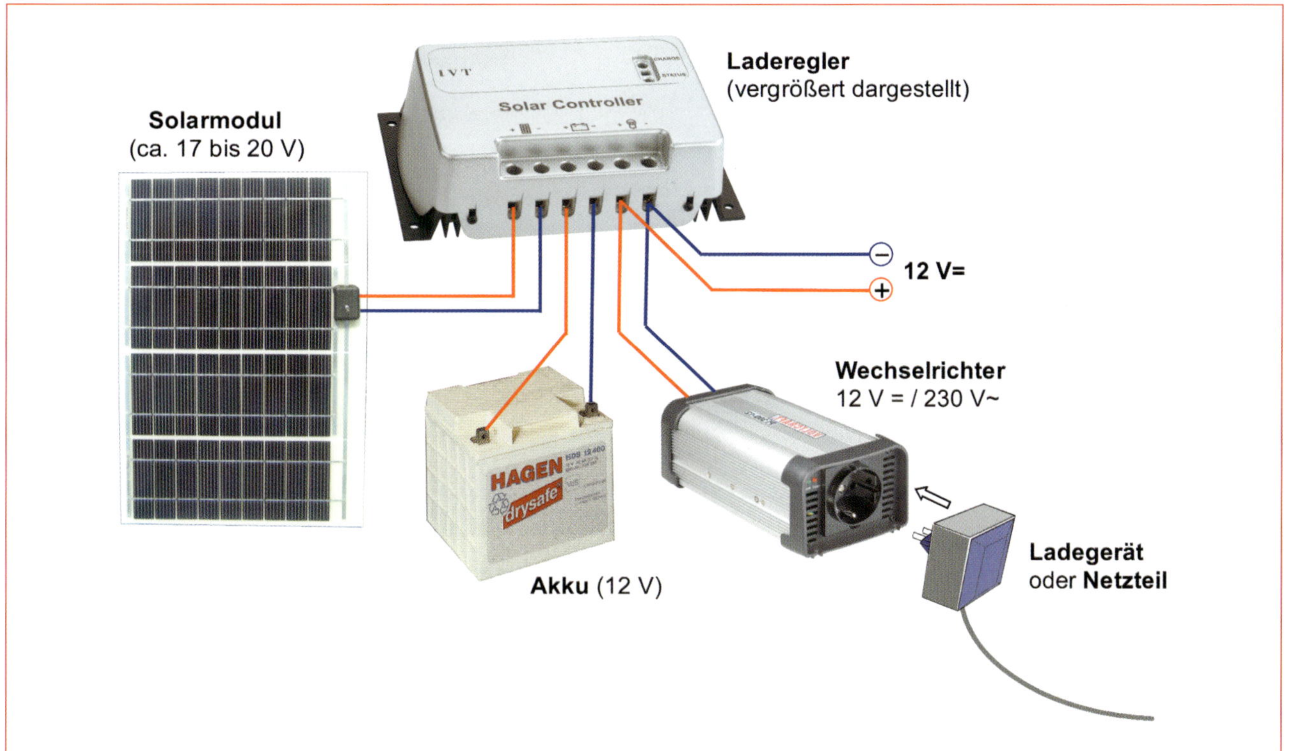

Abb. 2.13 – Grundschaltung einer Mini-Solaranlage, von der ausgangsseitig sowohl eine Gleichspannung von 12 V als auch eine 230-V-Wechselspannung bezogen werden kann: Der Nennstrom des Solarmoduls muss so gewählt werden, dass er den Akku ausreichend nachladen kann.

2.8 Solarbetriebene Elektrowerkzeuge und Geräte

den vorgesehenen Strom verkraftet. Die Spannungsregler benötigen in jedem Fall einen Kühlkörper.

Für kleinere Stromabnahmen kann die Spannung z. B. mit Hilfe mehrerer 1-V-Zenerdioden begrenzt werden, die nach *Abb. 2.15* in Reihe geschaltet sind. Die Zenerdioden müssen jedoch imstande sein, die Leistung, die sie abfangen, in Wärme umzuwandeln, ohne dass sie dabei verbrennen. Eine preiswerte 1-W-/1-V-Zenerdiode müsste theoretisch einen Strom von bis zu 1 A verkraften (= einen Strom, den der angeschlossene Verbraucher bezieht). Praktisch würde sie sich aber bei einem Strom, der höher als ca. 0,5 A ist, zu sehr aufheizen. Es müsste also eine 2-W- (bzw. eine noch leistungsstärkere) Zenerdiode verwendet werden.

Die Funktion einer Spannungsregelung nach *Abb. 2.16* sollte mit einem Voltmeter kontrolliert werden, da

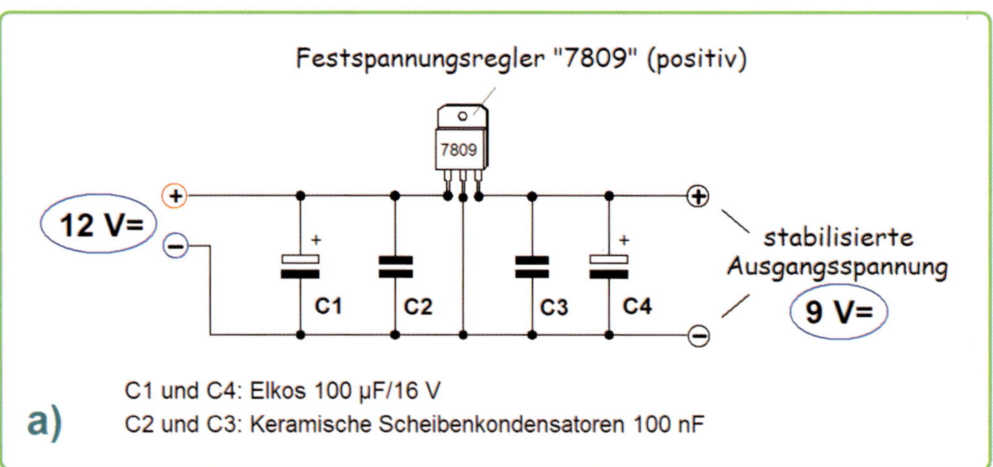

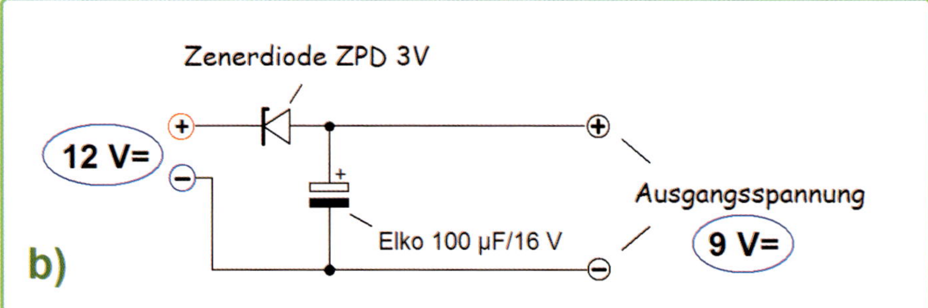

Abb. 2.14 – Mit Hilfe eines Spannungsreglers oder einer Zenerdiode kann die Spannung des Solar-Akkus auf den benötigten Wert (hier 9 V) reduziert werden: **a)** Schaltung einer Selbstbau-Spannungsregelung für höhere Stromabnahmen; **b)** Schaltung einer Spannungsreduktion mithilfe einer Zenerdiode, die die überflüssige Spannungsdifferenz abfängt.

manche Zenerdioden eine zu große Toleranzabweichung aufweisen. Spannungsabweichungen nach unten sind nicht kritisch, aber nach oben sollte die Ladespannung maximal ca. 20 % mehr betragen, als der Akku-Nennspannung (bzw. der Nennspannung der Akku-Kette) entspricht. Da jedoch die Spannungen der Zenerdioden ziemlich grob abgestuft sind, gibt man sich beim Laden auch mit einer etwas niedrigeren Ladespannung zufrieden, als mit der Obergrenze von 120 % übereinstimmt.

Die überflüssige Spannung wird von den Zenerdioden abgefangen und als *Verlustleistung* in Wärme umgewandelt. Dies bedeutet, dass die zu diesem Zweck verwendete Zenerdiode quasi wie ein kleiner Heizkörper funktioniert. Die elektrische Leistung, die die Zenerdiode in Wärme umwandelt, muss sie allerdings

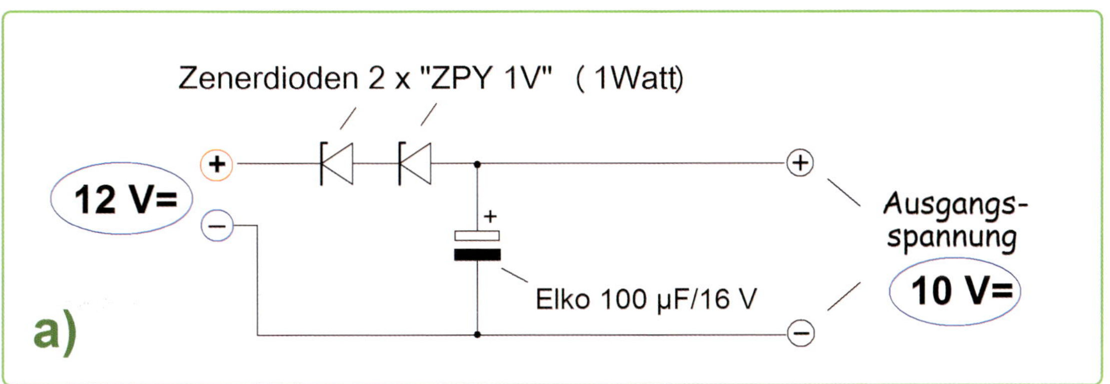

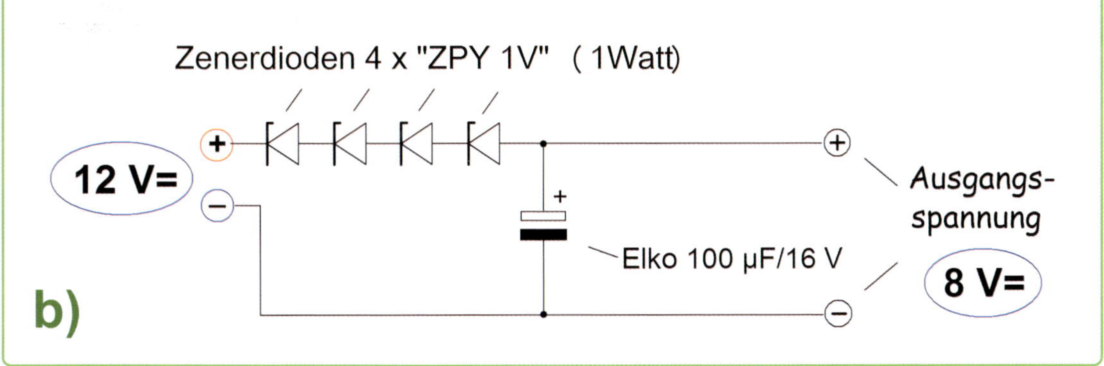

Abb. 2.15 – Eine unerwünscht hohe Spannung können bei Bedarf auch mehrere 1-V-Zenerdioden abfangen, die in Reihe geschaltet sind.

2.8 Solarbetriebene Elektrowerkzeuge und Geräte

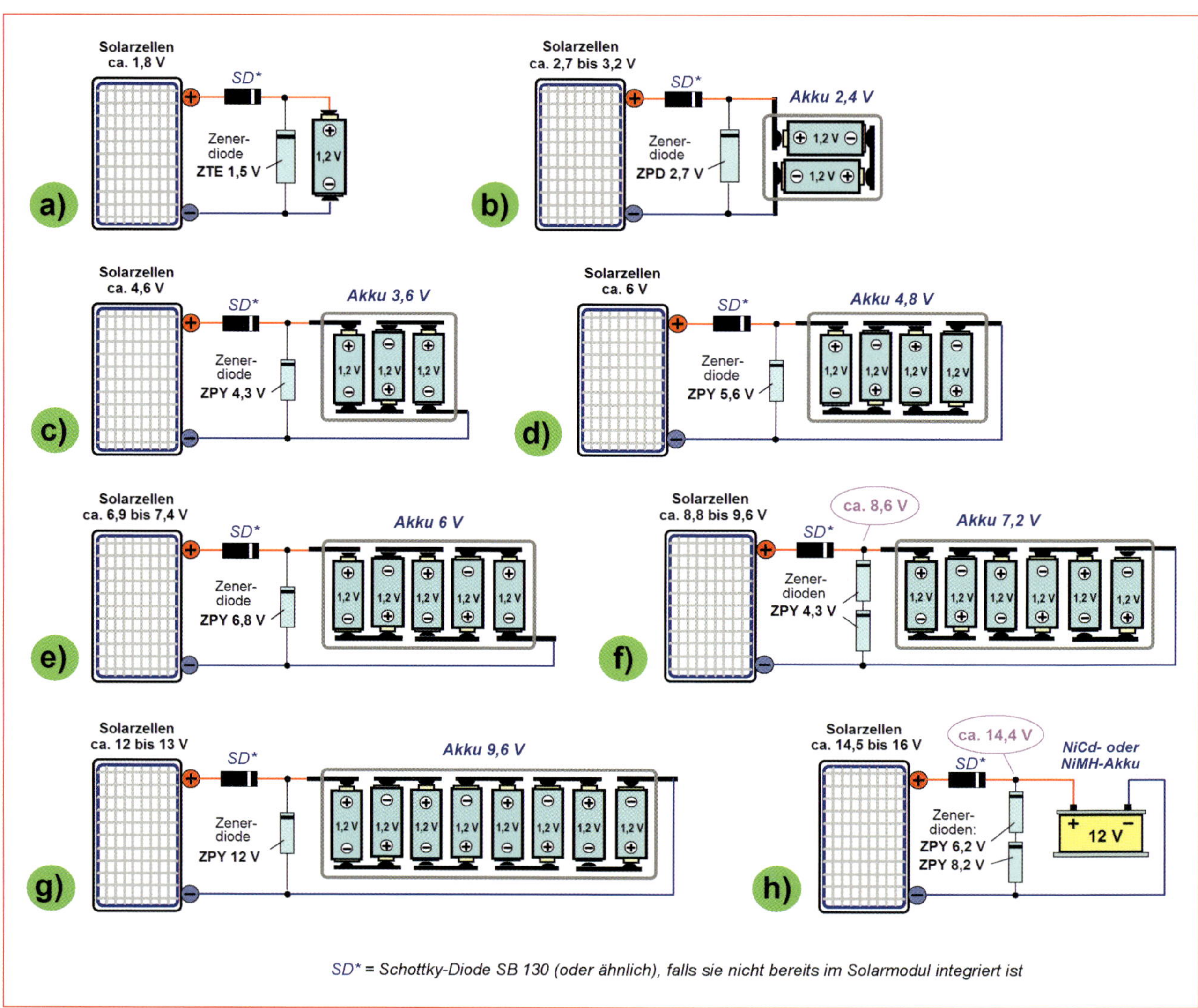

Abb. 2.16 – Da es für Spannungen unterhalb von 12 V keine Laderegler gibt, kann die Spannungsregelung bei kleinen Ladeströmen mit Hilfe von Zenerdioden vorgenommen werden: Es ist jedoch unbedingt darauf zu achten, dass die Zenerdioden nicht überbelastet werden (siehe hierzu unseren erklärenden Text).

auch verkraften können. Wir haben bei den Beispielen in *Abb. 2.16* Zenerdioden eingezeichnet, deren Leistung zwischen 0,25 und 1 W liegt.

Die Zenerdiode *ZTE 1,5 V (0,25 W)* aus *Abb. 2.16 a* eignet sich nur für einen Solar-Ladestrom, der bei einem 1,8-V-Solargenerator ca. 0,5 A nicht überschreitet – was in der Praxis für das Nachladen von kleineren Akkus ohnehin kaum vorkommt. Die Zenerdiode *ZPD 2,7 V* ist für eine Leistung von 0,5 W, alle weiteren Zenerdioden für eine Leistung von 1 W ausgelegt.

Die Problematik des Ladens bedarf zwar theoretisch einer aufwen-

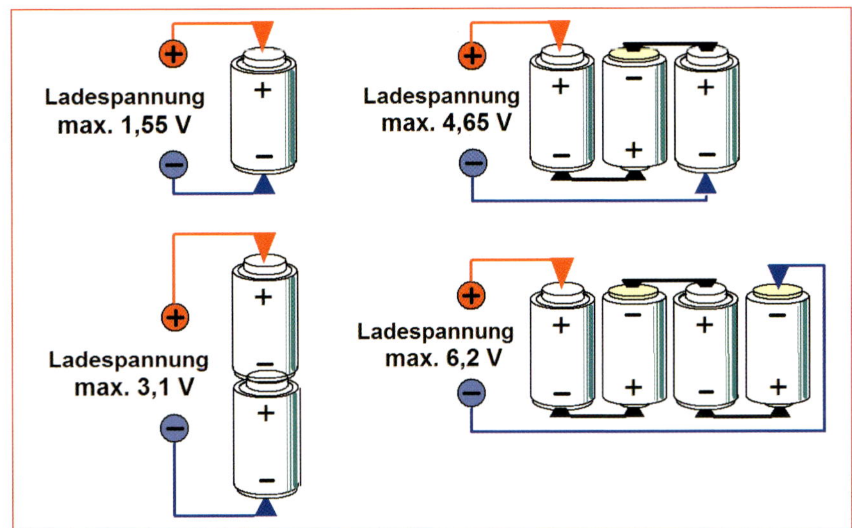

Abb. 2.17 – Empfohlene Höchstgrenzen der Ladespannung für NiCd- oder NiMH-Akkus, deren offizielle Nennspannung 1,2 V pro Glied beträgt.

Die Leistung, mit der die Zenerdioden in dieser Schaltung zurechtkommen müssen, ergibt sich aus der „überschüssigen" Differenzspannung, die sie in Wärme umwandeln müssen und aus dem Strom, den das kleine Solarmodul liefert bzw. der geladene Akku bezieht (Differenzspannung [in Volt] × Ladestrom [in Ampere] = Leistung [in Watt]).

Ein praktisches Beispiel dürfte es am schnellsten erläutern:

Angenommen, die Nennspannung des Solarmoduls aus dem Beispiel in *Abb. 2.16g* beträgt 13,1 V und sein Nennstrom 0,38 A. Die Ladespannung, die die eingezeichnete Zenerdiode *ZPY 12V (1W)* durchlässt, beträgt 12 V. Die Zenerdiode muss daher die überschüssige Spannung von 1,1 V quasi „in sich hineinfressen", in Wärme umwandeln und an die Umgebung abgeben. Durch die Zenerdiode wird dabei gelegentlich der volle Modul-Nennstrom von 0,38 A fließen.

Die Leistung, die die Zenerdiode in Wärme umwandeln muss, errechnen wir einfach durch Multiplizieren der Differenzspannung von **1,1 V** mit dem Strom von **0,38 A**. Das geht mit einem Taschenrechner blitzschnell: Es sind **0,418 W**. Unsere 1-W-Zenerdiode wird diese Leistung problemlos verkraften und – wie vorgesehen – als Wärme „entsorgen".

Wenn zwei Zenerdioden in Reihe geschaltet sind, teilen sie sich die Leistung. So können z. B. die beiden in *Abb. 2.16 f* eingezeichneten Zenerdioden *ZPY 4,3 V* die für eine Leistung von 1 W pro Diode ausgelegt sind, als eine einzige 2-W-Zenerdiode mit einer Zenerspannung von 8,6 V (2 × 4,3 V) betrachtet werden.

2.8 Solarbetriebene Elektrowerkzeuge und Geräte

digeren Erklärung, aber in der Praxis können wir einfach davon ausgehen, dass die Ladespannung ca. 20 % höher liegen soll als die Nennspannung des geladenen NiCd-Akkus bzw. der in Reihe geschalteten Glieder. *Abb. 2.17* verdeutlicht die Höchstgrenzen der Ladespannung entsprechend den jeweiligen Nennspannungen dieser Energie-Zwischenspeicher.

Viele batteriebetriebene Kleingeräte – wie z. B. Alarm- und Sicherheitsgeräte – lassen sich leicht mit einigen zusätzlichen kleinen Solarzellen nachrüsten, die entweder anstelle der Batterien als sonnenscheinabhängige Energiequellen oder nur für das Nachladen der bestehenden kleinen Akkus oder Speicherkondensatoren (Gold-Caps) verwendet werden.

Dem Bastler stehen zu diesem Zweck sowohl *nicht gekapselte (kahle)* als auch *gekapselte* Solarzellen und Solar-Minipaneele zur Verfügung.

Gekapselte Solarzellen sind nach *Abb. 2.18* ähnlich ausgeführt wie kleine Solarmodule, in denen jeweils nur eine einzige Solarzelle untergebracht ist. Somit entspricht die *Nennspannung* dieser gekapselten Zellen der gängigen Nennspannung normaler kristalliner Zellen (meistens zwischen ca. 0,45 und 0,46 V). Abhängig von der Modulgröße liegt der *Nennstrom* zwischen ca. 0,1 A (bei einer Modulfläche von 46 × 26 mm) und 0,7 A (bei Modulabmessungen von 96 × 66 mm).

Diese gekapselten Zellen können – ähnlich wie nicht gekapselte Solarzellen – beliebig zu Ketten oder Flächen verschaltet werden, um die benötigten elektrischen Nennwerte zu erhalten.

Gekapselte Solar-Minipaneele unterscheiden sich optisch nicht von gekapselten Solarzellen nach *Abb. 2.18,* beinhalten aber mehrere Solarzellen und sind für eine höhere Spannung ausgelegt. Im Prinzip handelt es sich hier um kleine Solarmodule, die sowohl miteinander als auch mit gekapselten Einzelzellen verschaltet werden können, um die benötigte Spannung bzw. Leistung zu erhalten.

Für den Modell- oder Spielzeugbau können auch „kahle" Solarzellen *(Abb. 2.19)* – ähnlich wie Batterien – seriell, parallel oder auch kombiniert (seriell-parallel) verschaltet und für die ersten Experimente eventuell zum Schutz mit einem dünnen Plexiglas abgedeckt wer-

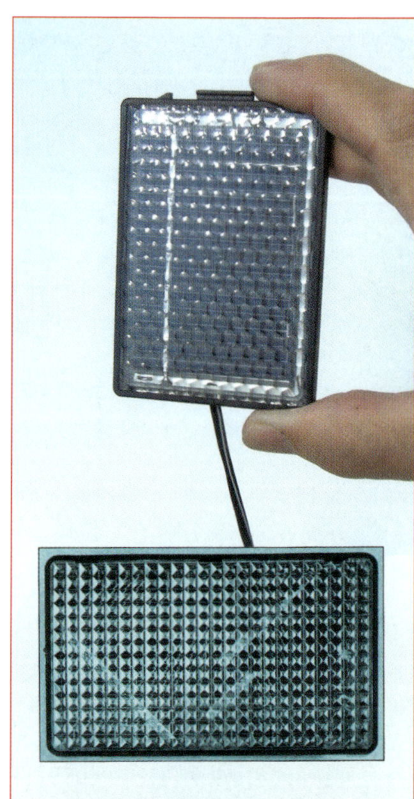

Abb. 2.18 – Gekapselte Solarzellen oder Minipaneele sind in verschiedenen Größen und mit verschiedenen Nennspannungen und Nennleistungen erhältlich.

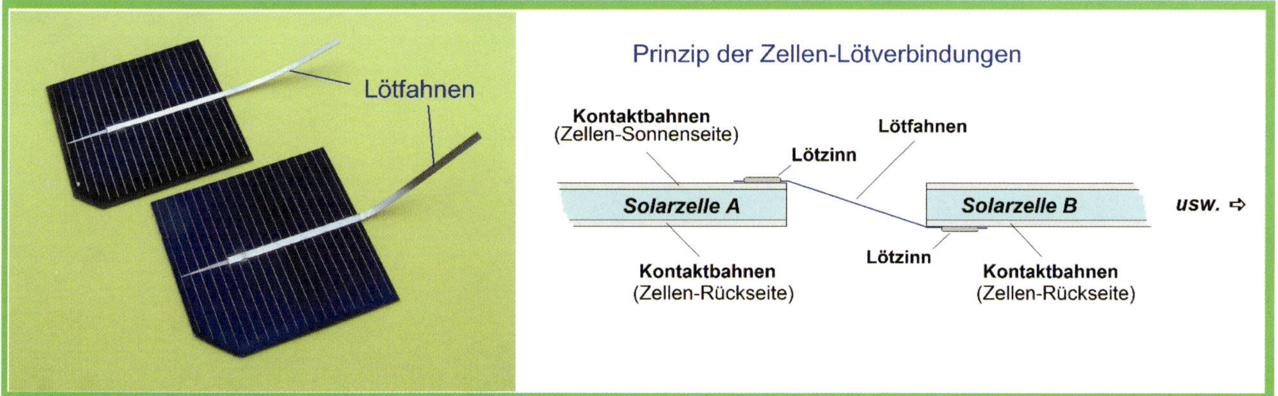

Abb. 2.19 – Kahle Solarzellen können z. B. für das Nachladen von kleineren Akkus oder Speicherkondensatoren auch unvergossen zu Mini-Solargeneratoren zusammengelötet werden.

2.8 Solarbetriebene Elektrowerkzeuge und Geräte

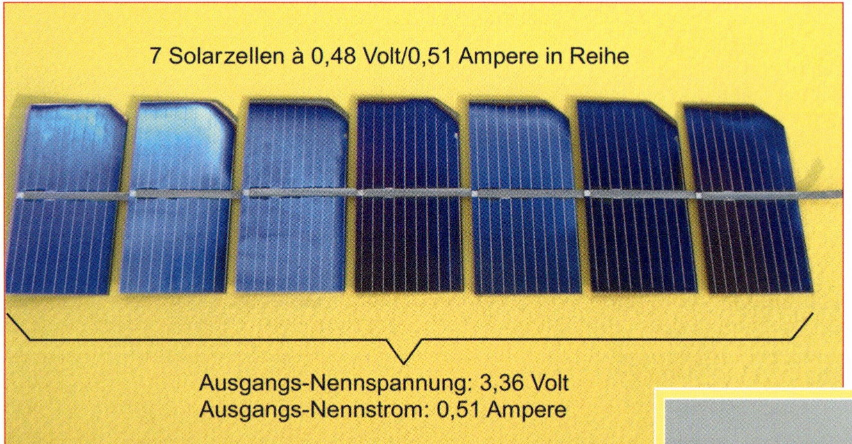

Abb. 2.20 – Die gewünschte Solarspannung wird einfach durch die passende Anzahl der Zellen in der Kette, der benötigte Solarstrom durch die Größe der Zellen bestimmt.

den. Wenn solche kahlen Solarzellen stärker belastet werden, heizen sie sich jedoch zu sehr auf. Eine technisch günstigere Lösung ist es, solche Zellen an ihrer Rückseite wärmeleitend in Silikon (z. B. in transparentes Bau- oder Fugensilikon) einzubetten. Die „Sonnenseite" der Zellen darf dabei jedoch nicht verschmiert werden. Da eine echte Gussmasse für die Zellensonnenseite im Einzelhandel nicht erhältlich ist, sollte diese Zellenseite einfach unvergossen bleiben. Ein durchsichtiger Schutz (Glas, Plexiglas o. Ä.) der Sonnenseite ist unter Umständen günstig, sollte jedoch die Zelle nicht luftdicht abschließen, da sie ansonsten im Freien mit Vorliebe beschlägt und lichtundurchlässig wird.

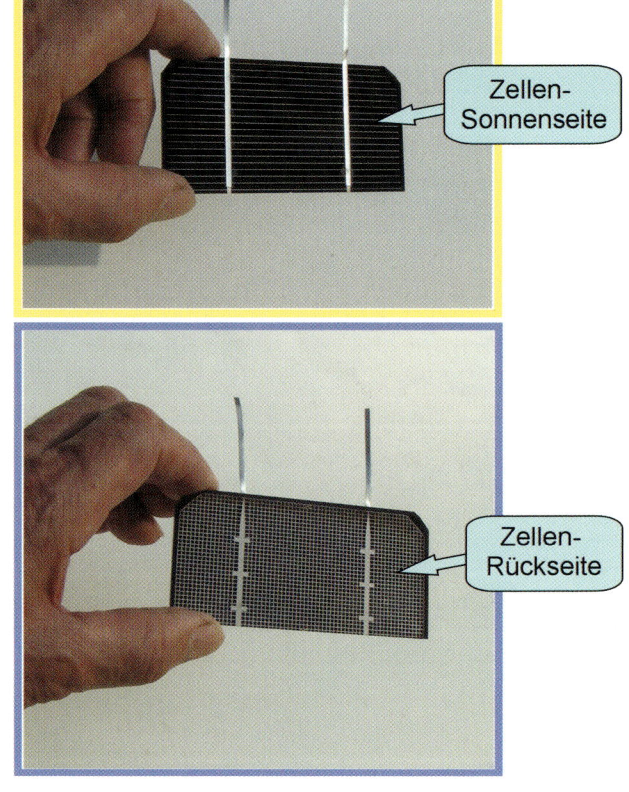

Abb. 2.21 – Ausführungsbeispiel der Zellenoberfläche, die bei herkömmlichen kristallinen Zellen an beiden Seiten mit leitenden verzinnten Kupferbahnen versehen ist.

Manche Kleingeräte, zu denen auch diverse Alarmgeber (Mini-Sirenen oder Piepser) gehören, werden als Einbruchschutz oder Warnung beim Campen nur sehr selten bzw. nur „unter Umständen" beansprucht und benötigen keinen zu großen Energiespeicher. Zudem sind viele solcher Mini-Sirenen oder auch Sound-Module für eine breite Versorgungsspannung ausgelegt (z. B. von 2,5 bis 9 V). In solchen Fällen kann, anstelle eines Akkus, ein Speicherkondensator (Gold-Cap) nach *Abb. 2.22* verwendet werden. Zum Nachladen bzw. zur Aufrechterhaltung der gespeicherten elektrischen Energie genügen oft sehr kleine Solarzellen, die z. B. auch aus ausrangierten Solar-Taschenrechnern demontiert werden können.

Die Abstimmung einer Mini-Sirene bzw. eines *Piezo-Elektronik-Schallwandlers* auf die Kapazität des Kondensators (oder auch umgekehrt) muss allerdings „projektbezogen" erfolgen. Bei unseren Experimenten zu diesem Buch reichte die gespeicherte Energie des auf 5 V aufgeladenen 1-F-/5,5-V-Gold-Caps für etwa

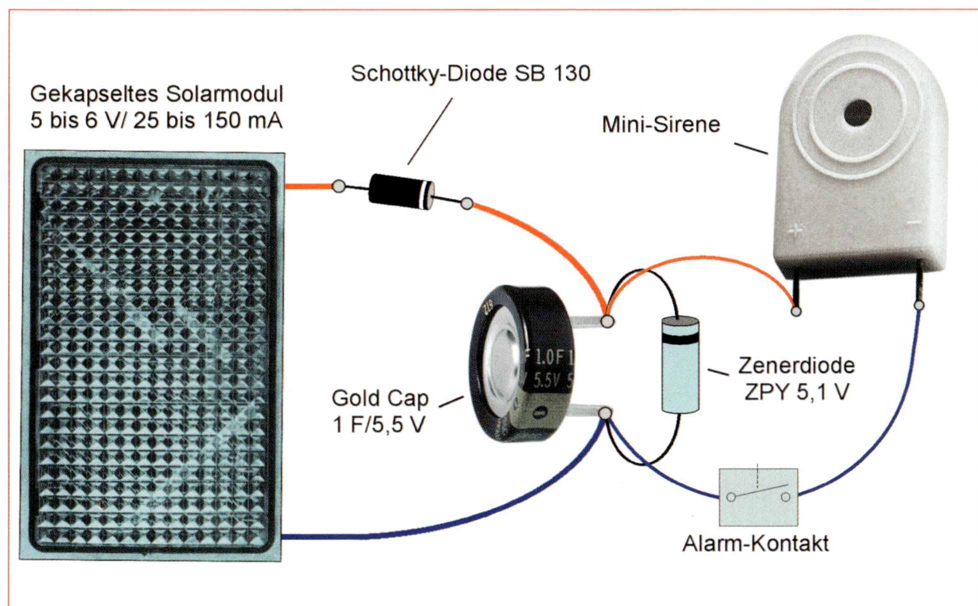

Abb. 2.22 – Als Energiespeicher für Mini-Alarmgeber eignen sich hervorragend kleine Gold-Caps, die als Speicherkondensatoren ausreichend viel Energie vorrätig halten, um z. B. eine Mini-Alarmsirene mit Strom versorgen zu können: Die Speicherkapazität kann hier durch paralleles Verschalten zweier oder mehrerer dieser Gold-Caps erhöht werden.

20 kurze Alarmsignale aus. Ein Voice-Modul (von Conrad Electronic) konnte mit einer Gold-Cap-Ladung den aufgenommenen Hilferuf bis zu 25 Mal über einen Lautsprecher wiederholen.

Die in *Abb. 2.22* eingezeichnete Zenerdiode schützt den Gold-Cap vor einer zu hohen Spannung, indem sie maximal eine Spannung durchlässt, die der Zenerspannung entspricht. Die eingezeichnete Schottkydiode schützt den Gold-Cap davor, sich über das Solarmodul zu entladen – was automatisch passieren würde, sobald die Spannung des Solarmoduls niedriger wird als die Spannung, auf die der Gold-Cap aufgeladen ist.

Nach Bedarf kann die gespeicherte Spannung eines Gold-Cap-Speichers durch serielle Verschaltung von zwei Gold-Caps nach *Abb. 2.23* verdoppelt werden. Auch hier schützt die Zenerdiode das Gold-Cap-Duo vor gefährlicher Überspannung.

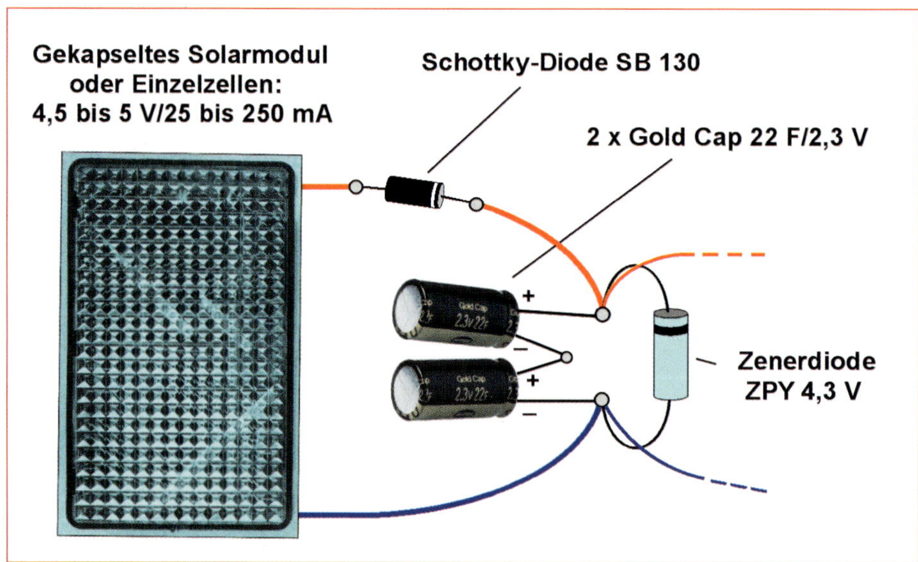

Abb. 2.23 – Zwei in Reihe geschaltete 22-F-/2,3-V-Gold-Caps ergeben einen Speicherkondensator von 11 F [Farad] und 4,6 V (die Kapazität halbiert sich, die gespeicherte Spannung verdoppelt sich).

2.9 Boote mit Solarantrieb

Boote verfügen im Allgemeinen über viel Platz für Solarzellen. Nicht nur kleine Spielzeug-Boote, sondern auch größere Boote oder andere schwimmende Objekte können mit Hilfe von Gleichstrommotoren solarelektrisch betrieben werden. Die Solarzellen können dann z. B. nach *Abb. 2.24* und *2.25* entweder auf den Bootskörper oder auf einem dazu erstellten Dach angebracht werden (das eventuell auch auf ein Schlauchboot montiert werden kann).

Für derartige Vorhaben gibt es auch kleine handelsübliche Gleichstrom-Motorantriebe (bzw. Elektro-Außenbordmotoren). In einigen dieser Antriebe ist auch ein Akku eingebaut, dessen Kapazität für eine gewisse Betriebsdauer (von z. B. einer Stunde) ausreicht. Andere benötigen einen größeren Akku, der separat im Boot unterzubringen ist. Wenn ein solcher Akku laufend von einem Solarmodul nachgeladen wird, kann die Betriebsdauer des Motors, insbesondere eines kleineren Elektromotors, erheblich verlängert werden.

Ein Direktantrieb durch Solarzellen kann bei einer ausreichend großen Solarzellenfläche an einem sonnigen Tag sehr praktisch sein. Ein rein solarbetriebenes Boot wird allerdings nicht zu einem Rennboot, sondern eher zu einem „Schleichboot" (oder zu einer langsam schwimmenden „Sonnenbank") – was für den Spaß an einer so laut- und mühelosen Fortbewegung genügt.

Die Leistungen der kleineren Schiffsmotoren bzw. der Gleichstrommotoren, die sich für diese Zwecke eignen, liegen zwischen ca. 150 und 500 W; sie sind meistens für eine 6- oder 12-V-Gleichspannung ausgelegt.

Die für einen Direktantrieb benötigte Solarzellenfläche fällt relativ groß aus. Ausgehend davon, dass bei optimaler Sonnenbestrahlung die energetische Ausbeute bei ca. 120 bis 140 W/m² Solarfläche liegt, würde auch ein kleiner 150-W-Motor eine Solarzellenfläche von mehr als 1 m² benötigen. Bei einem

Abb. 2.24 – Der Solar-Katamaran der Firma Schöne in Überlingen ist eine Kombination von Tret- und Elektroboot: Als Elektroboot kann es an einem sonnigen Tag bis zu neun Stunden lang auf einem See fahren *(Foto AEG)*.

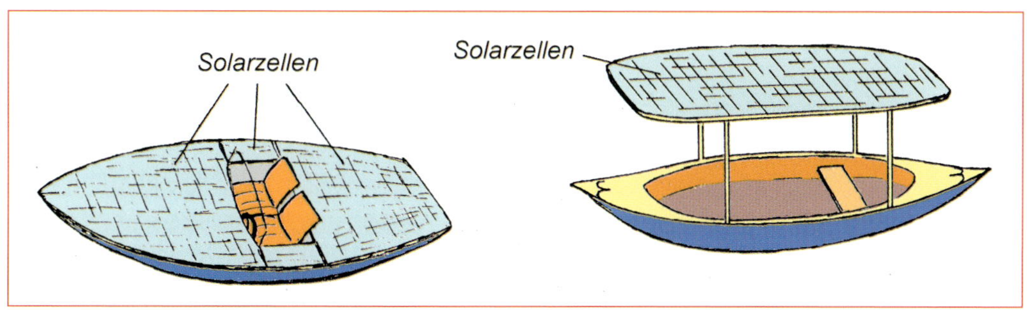

Abb. 2.25 – Boote bieten wesentlich mehr Platz für Solarzellen als Autos ...

2.9 Boote mit Solarantrieb

300-W-Motor wäre es eventuell eine doppelt so große Fläche.

Das Wort „eventuell" hat dabei folgende Berechtigung: Ein Gleichstrommotor arbeitet auch bei einer wesentlich niedrigeren Spannung, als seiner offiziellen Nennspannung entsprechen würde (der Strombedarf passt sich dann der Unterspannung an). Wenn also ein solarbetriebenes Wasserfahrzeug mit einer etwas zu klein geratenen Solarzellenfläche ausgestattet wird, fährt es entsprechend langsamer – aber es fährt.

Für Eigenbau-Konstruktionen eignen sich als Elektromotoren einige der kräftigeren Akkuschrauber, die z. B. für eine Spannung von 12 bis 18 V ausgelegt sind. Ein solches Antriebssystem kann wahlweise entweder nur mit einer direkten Stromversorgung arbeiten oder einen Akku als Zwischenspeicher nutzen.

Bei den meisten Projekten dieser Art wird es sich wohl nicht um seriöse Nutzfahrzeuge, sondern eher um „Spaßfahrzeuge" oder spielzeugartige Fortbewegungsmittel handeln, die nicht für das Meer, sondern für einen Teich oder einen ruhigen Flussarm vorgesehen sind.

Art und Größe derartiger Wasserfahrzeuge können sich dem Anwendungszweck flexibel unterordnen, wobei der Einfallsreichtum und die Handfertigkeit des Erbauers für die Lösung maßgeblich sind.

Sofern bei diesem Vorhaben die Solar-Betriebsspannung ca. 24 V nicht überschreitet, besteht kein Sicherheitsrisiko in Hinsicht auf einen Stromschlag. Wenn der mechanische Teil des Antriebssystems im Eigenbau ausgetüftelt und erstellt wird, muss darauf geachtet werden, dass alle beweglichen Teile gut abgedeckt sind, um keinen Unfall zu verursachen.

Konkrete Selbstbauvorschläge würden den Umfang dieses Buchs sprengen und wären nur bedingt umsetzbar. Wer über eine eigene Drehmaschine verfügt, kann eine wesentlich aufwendigere (und professionellere) Konstruktion erstellen als jemand, der sich unter den gängigen Fertigbauteilen aus dem Modellbau oder der Fahrzeug- und Antriebstechnik das Passende zusammensuchen muss. Zu den Bezugsquellen für elektrische Wasserantriebssysteme gehören u. a. Sportgeschäfte mit Taucherausrüstung.

3 Solarstromnutzung beim Campen

Unter den Begriff „Campen" fallen mehrere Arten der Freizeitgestaltung im Außenbereich: Am Flussufer, im Wald oder auf dem Freizeitgrundstück zu picknicken, im Freien oder auf einem Campingplatz zu zelten oder mit einem Caravan oder Reisemobil länger durch die Gegend „umherzustreunen".

Viele der konkreten Möglichkeiten der Solarstromversorgung, die auch beim Campen zum Einsatz kommen können, wurden bereits bzw. werden im Zusammenhang mit anderen Anwendungsbeispielen noch beschrieben. Dieses Kapitel befasst sich daher vor allem mit der Solarstromnutzung beim Campen allgemeiner Art – wie etwa beim Zelten.

3.1 Heizen mit Solarstrom

Vor allem beim Zelten kann es während der kühleren Jahreszeit oder im Hochgebirge nachts unangenehm kalt werden. Hier ist manchmal ein kleines elektrisches Heizkissen – das bereits im ersten Kapitel angesprochen wurde – sehr hilfreich. Mit der Solarstromversorgung klappt es dabei allerdings nur auf die Art, dass tagsüber ein kleiner Akku mit Solarstrom geladen wird, der entweder für die Energieversorgung von mehreren Verbrauchern oder nur für ein oder zwei Heizkissen zuständig ist.

Die Dimensionierung einer solchen Mini-Solaranlage dürfte sicher auch von der Art des Fortbewegungsmittels abhängen, das die Batterie und das Solarmodul zu transportieren hat. Wer mit einem Auto fährt, braucht sich nicht zu sehr einzuschränken. Wer dagegen einen Akku mit einem Fahrrad oder Motorrad transportieren muss, wird gesteigerten Wert darauf legen, dass der ganze Spaß die zumutbaren Grenzen nicht überschreitet.

In diesem Fall dürfte ein kleiner 12-V-/5-Ah-Bleiakku wegen seines geringen Gewichts (ca. 1,5 kg) in der Regel sehr gute Dienste leisten. Er würde ein kleines Heizkissen lange genug warm halten und eine Unterkühlung verhindern. Was „lange genug" ist, hängt natürlich vom Wetter ab.

Wir sehen uns daher die Sache erst von der Seite der Energiekapazität an: Erfahrungsgemäß kann bereits ein 12-V-/20-W-Heizkissen einen ausreichenden Beitrag dazu leisten, dass der Körper (in einem Schlafsack) genügend unterstützende Wärme erhält. 20 W geteilt durch 12 V ergeben eine Stromabnahme von 1,67 A. Unser 5-Ah-Akku könnte das Heizkissen somit etwa drei Stunden lang mit Strom versorgen (5 Ah : 1,67 A = 2,99 Stunden). In der Praxis wird der Tiefentladeschutz das Heizkissen vielleicht etwas eher abschalten, aber der Unterschied dürfte bei einem gut aufgeladenen Akku im erträglichen Rahmen bleiben. Als Nächstes stellt sich die Frage des Nachladens:

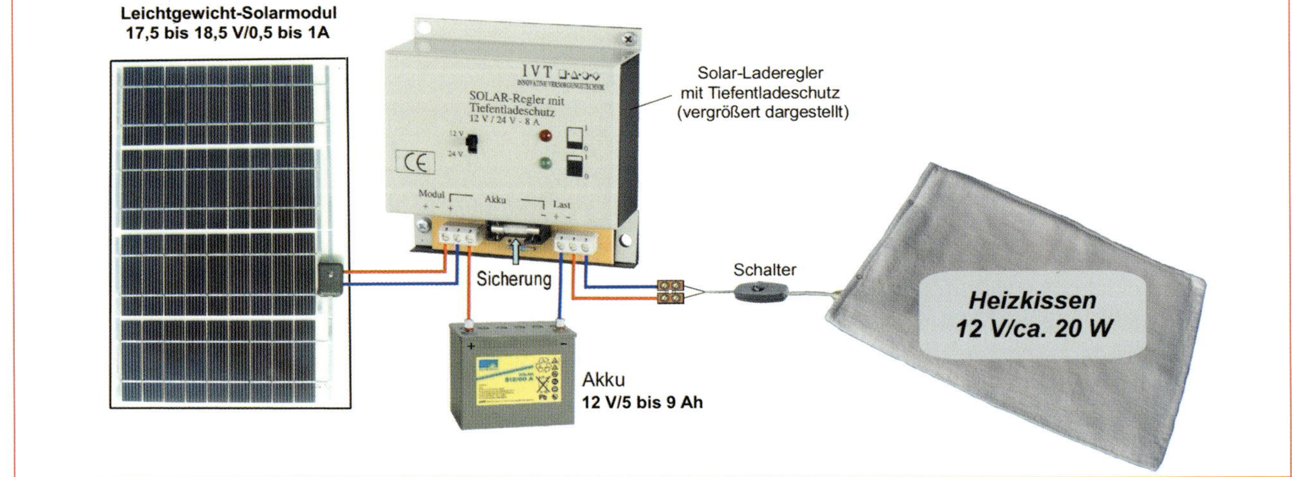

Abb. 3.1 – Anordnung der Bausteine einer Mini-Solaranlage für die Solarstromversorgung eines oder auch mehrerer elektrischen Heizkissen bzw. anderer Geräte, die an den Akku (über den Tiefentladeschutz) angeschlossen werden.

Ein 5-Ah-Akku darf maximal mit einem Ladestrom von 0,5 A (10 % seiner Kapazität) geladen werden. Bei Berücksichtigung der zusätzlichen 20 % für Ladeverluste erhöht sich der Nachladebedarf von 5 Ah auf 6 Ah. Der Akku müsste demnach mindestens zwölf Stunden lang mit einem Strom von 0,5 A geladen werden, um wieder auf seine volle Kapazität aufgeladen zu werden. Wir wissen inzwischen, dass ein Akku in der Lade-Endphase nicht mehr den vollen Ladestrom, sondern einen geringeren Strom bezieht. Dadurch verlängert sich die Nachlade-Zeitspanne möglicherweise auf ca. 15 bis 16 Stunden. Das ist aber unter Umständen so lange, wie die Sonne pro Tag scheint.

Was nun? Im einfachsten Fall kann man sich damit zufrieden geben, dass der 5-Ah-Akku nur soweit nachgeladen wird, wie es das Wetter ermöglicht. An einem sonnigen Tag könnte man den Akku bei etwas Glück ca. zehn bis zwölf Stunden lang laden.

Während der ersten acht bis neun Stunden befindet sich der leere Akku noch in der „Durstphase", bei der er mit Hilfe des Ladereglers fast den vollen Ladestrom von 0,5 A bezieht. Das hieße, dass der Akku während dieser Zeitspanne auf eine Kapazität von ca. 3 Ah nachgeladen wird – vorausgesetzt, die Sonne scheint tagsüber ununterbrochen und ausreichend kräftig.

Rechnerisch ergibt sich daraus (in vereinfachter Form) eine Ladung von 8 Std. × 0,5 A (= 4 Ah), wovon durch Ladeverluste 20 % verloren gehen. Das ergibt 3,2 Ah, die wir auf 3 Ah abrunden (es handelt sich ja nur um einen Ladestrom von *fast* 0,5 A).

Diese nachgeladene Akku-Kapazität würde allerdings während der nächsten Nacht das 20-W-Heizkissen nicht mehr drei, sondern nur noch etwa 1,8 Stunden lang mit Strom versorgen können (3 Ah : 1,67 A ≈ 1,8 Std.). Dasselbe dürfte dann auch für alle darauf folgenden Tage und Nächte gelten – vorausgesetzt, das Wetter zeigt sich kooperativ.

Wir haben dieses nicht gerade anwenderfreundliche Beispiel gezielt deshalb gewählt, weil sich hier eine interessante Lösungsalternative gegenüberstellen lässt:

Man nehme für dasselbe Anliegen anstelle des 12-V-/5-Ah-Akkus einen 12-V-/9-Ah-Akku. Wenn hier dasselbe 20-W-/1,67-A-Heizkissen drei Stunden lang vom Akku versorgt wird, verbraucht es ebenfalls ca. 5 Ah der Akku-Kapazität. Ein 9-Ah-Akku darf jedoch mit einem Ladestrom von 0,9 A geladen werden (10 % der Akku-Kapazität). Wenn hier das Solarmodul entsprechend dimensioniert wird (z. B. als 18-V-/0,9-A-Modul), kann die vom Heizkissen verbrauchte Kapazität bei schönem Wetter bereits innerhalb von ca. 6,7 Stunden voll nachgeladen werden (6,7 Std. × 0,9 Ah = 6 Ah). In den 6 Ah sind auch die 20 % Ladeverluste einbezogen.

Dieser Trick mit der großzügigeren Dimensionierung der Akku-Kapazität hat bei der Solaranlagen-Planung allgemeine Gültigkeit. Wir haben bei dieser Anwendung die Tatsache berücksichtigt, dass der Akku eventuell mit einem Fahrrad oder Motorrad transportiert wird und daher weder zu groß noch zu schwer sein darf (ein 9-Ah-Akku wiegt immerhin ca. 2,4 kg). Wenn ein solcher Akku einfach im Auto mitgenommen werden kann, braucht man bei der Dimensionierung nicht so knauserig zu sein. Dann könnte z. B. ein noch größerer Akku das Heizkissen sogar während mehrerer regnerischer Tage mit Strom versorgen und erst an einem darauffolgenden sonnigen Tag wieder nachgeladen werden.

Aus diesen Überlegungen geht hervor, dass die Dimensionierung einer solarelektrischen Stromversorgung ziemlich viel Spielraum bietet. Dabei kommt es verständlicherweise auch darauf an, wie viele Tage (bzw. Nächte) das Campen dauern soll oder welche Ansprüche an die Solarheizung gestellt werden. Es kann ja sein, dass mehrere Heizkissen betrieben werden sollen oder dass eine andere Betriebszeitspanne vorgesehen ist.

3.2 Nutzungsmöglichkeiten der Autobatterie

Bei allen diesen Überlegungen ist zu berücksichtigen, dass die Kapazität der Autobatterien kleinerer Personenautos oft nur bei 36 bis 40 Ah liegt. Die Batteriekapazität ist auf den Automotor so abgestimmt, dass sie ihre Aufgabe auch in einem halb geladenen Zustand und unter ungünstigen Bedingungen (Frost, Feuchtigkeit, alte Zündkerzen) meistert. Darunter ist zu verstehen, dass der Fahrzeugmotor immerhin noch mindestens fünfmal nacheinander (mit jeweils zehn Sekunden Pause) angelassen werden kann, bevor die Restkapazität einer intakten Autobatterie erschöpft ist.

Beim Campen hängt die Kapazität der Autobatterie am Campingplatz auch davon ab, wie gut die Batterie bereits vor der Fahrt zu Hause oder während der Anfahrt von der Lichtmaschine nachgeladen werden konnte. Wenn während der letzten Fahrt Autolichter, Scheibenwischer und Musikanlage voll eingesetzt wurden, konnte die Lichtmaschine die Autobatterie wahrscheinlich nur sehr geringfügig nachladen. Und falls dabei auch noch der Anlasser oft betätigt wurde, wird die Autobatterie wahrscheinlich nicht einmal mehr einen zusätzlichen Wasserkocher verkraften können.

In solchen Fällen erweist sich ein kleines Solarmodul als sehr praktisch, das z. B. auf dem Autodach montiert bzw. aufgeklebt wird und sowohl die Autobatterie als auch eventuell noch eine Zweitbatterie (z. B. eine preiswerte 12-V-/36-Ah-Autobatterie) mehr oder weniger ständig nachladen kann.

Die Dimensionierung des Solarmoduls hängt auch hier davon ab, wie man die Wetterbedingungen während der Anwendungsperiode einschätzt. Der Ladestrom einer 36-Ah-Autobatterie (bzw. eines anderen vergleichbar großen Bleiakkus) darf maximal 3,6 A betragen. Damit ist die Höchstgrenze des Solarzellen-Nennstroms festgelegt. Die Solarspannung sollte bei ca. 17 V (im Sommer) bis 20 V (für die trübere Jahreszeit) liegen.

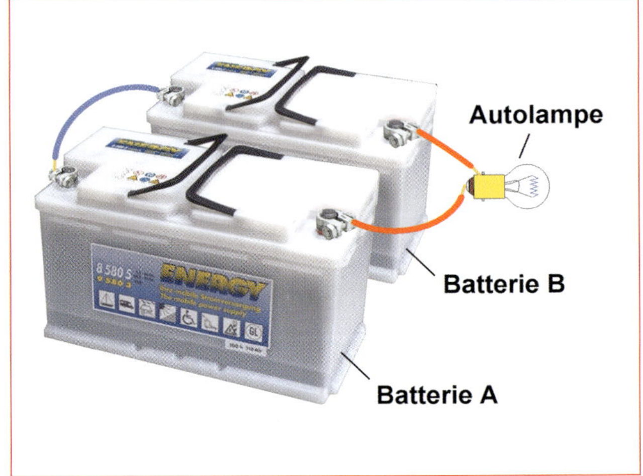

Abb. 3.2 – Eine Zweitbatterie sollte vor dem Anschluss an die bestehende Autobatterie gut aufgeladen werden und danach zunächst ihr Pluspol über eine Autolampe für einige Stunden mit dem Pluspol der Autobatterie verbunden werden, um einen Spannungsausgleich der beiden Batterien zu erzielen. Erst anschließend dürfen beide Batterien leitend miteinander verbunden werden *(Foto/Anbieter: Westfalia)*.

Hinweis

Einige Anbieter kleiner Solarmodule für das Nachladen von Autobatterien empfehlen, dass dies über den Zigarettenanzünder erfolgen kann. Bei manchen Fahrzeugen wird jedoch dieser Anschluss beim Herausnehmen des Zündschlüssels abgeschaltet. Daher ist es von Vorteil, wenn das Solarmodul direkt (z. B. über eine zusätzlich angebrachte, umpolungssichere Steckverbindung) mit der Autobatterie oder Zweitbatterie verbunden wird.

Ein angemessen großes Solarmodul, das z. B. nach *Abb. 3.3* direkt auf das Fahrzeugdach aufgeklebt wird, kann unter optimalen Wetterbedingungen ein kräftiges Nachladen der Batterie(n) ermöglichen. Wenn man zudem tagsüber mit dem Auto umherfährt, wobei die Lichtmaschine die Autobatterie etwas nachlädt, genügt oft ein bescheidenes zusätzliches solarelektrisches Nachladen. Das Solarmodul kann dann relativ klein sein. Der optimale Nennstrom des Solarmoduls ergibt sich aus dem Nachladebedarf eines eventuellen Zweitakkus. Der Nachladebedarf wurde bereits an diversen Beispielen erklärt.

Abb. 3.3 – Ein flexibles Solarmodul kann auf das Fahrzeugdach einfach aufgeklebt werden *(Foto: AEG)*.

Hinweis

Alle zusätzlichen elektrischen Verbraucher dürfen im Caravan oder Reisemobil nach *Abb. 3.4* nur über einen Tiefentladeschutz an die beiden Batterien angeschlossen werden. Wird zu diesem Zweck ein Solar-Laderegler mit integriertem Tiefentladeschutz verwendet, ist darauf zu achten, dass das Gerät den vorgesehenen *Laststrom* (Abnahmestrom) verkraftet. Viele dieser Geräte sind für einen Laststrom von bis zu etwa 30 A ausgelegt. Bei einer 12-V-Versorgungsspannung ergibt sich daraus eine Leistungsabnahme von bis zu 360 W.

3.2 Nutzungsmöglichkeiten der Autobatterie

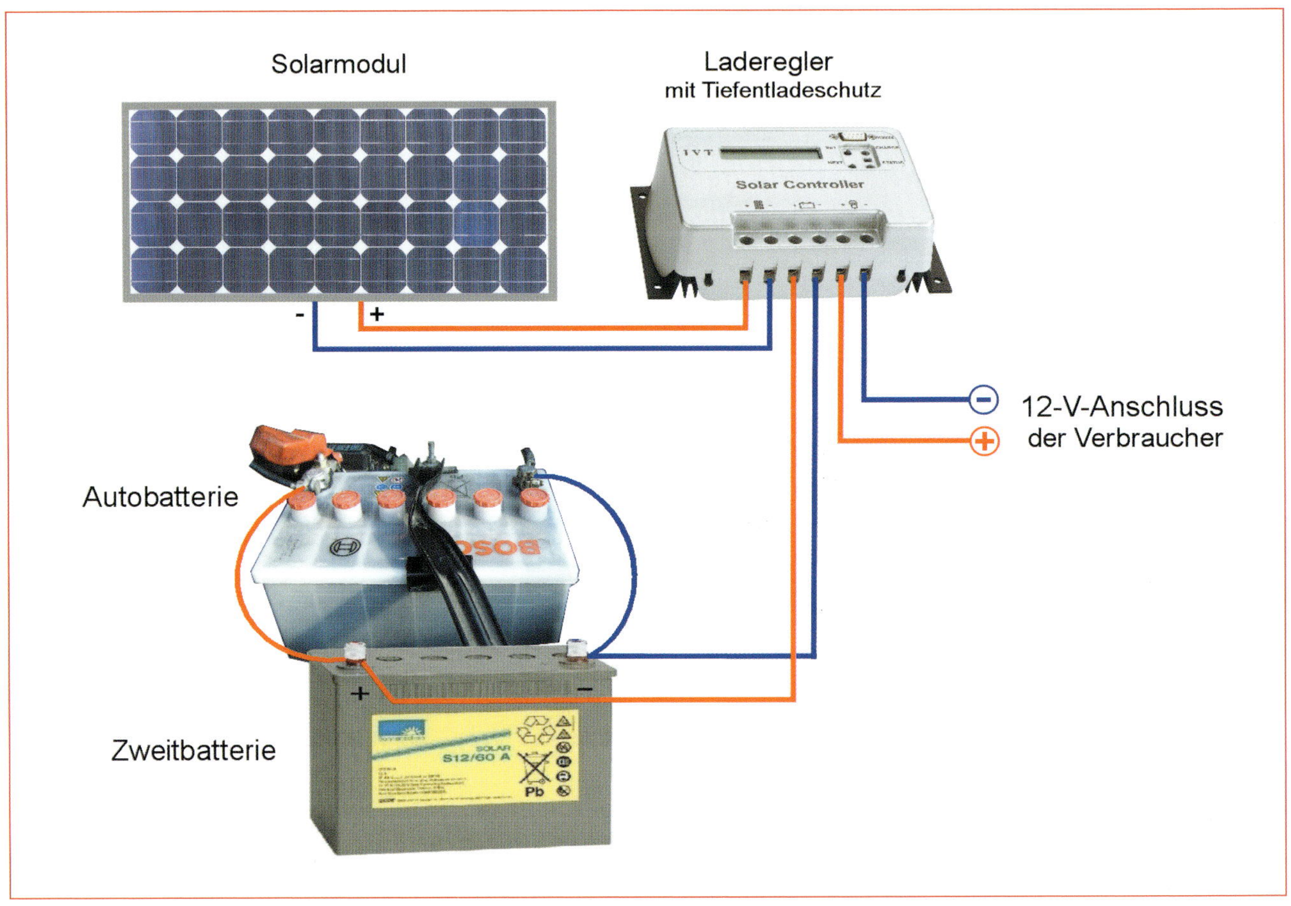

Abb. 3.4 – Der Anschluss des Solarmoduls an die Autobatterie und die Zweitbatterie erfolgt über einen Laderegler, in dem ein Tiefentladeschutz integriert ist, der die Autobatterie vor zu tiefer Entladung schützt.

4 Solarstromnutzung im Caravan und Reisemobil

4 Solarstromnutzung im Caravan und Reisemobil

Im Caravan oder Reisemobil kann die Anzahl der elektrischen Verbraucher unter Umständen sehr groß sein: Leuchtkörper, Kühlschrank, Klimagerät, Umluftgebläse, Audio- und Videogeräte, Navigationssystem, Mikrowelle, Elektrogrill, Wasser-/Kaffeekocher, elektrisch ausfahrbare Einstiegstufe, elektrisch verstellbare und beheizbare Spiegel, Staubsauger, Rückfahrtkamera, Computer, Alarmanlage, elektrischer Warmwasserbehälter für die Dusche bzw. für eine kleine Badewanne usw.

Einige der hier aufgeführten Verbraucher gehören zwar nur in Caravans und Reisemobilen gehobener Preisklassen zum Inventar, aber sie kommen vor und sollten zumindest teilweise auch dann funktionieren, wenn kein Netzanschluss zur Verfügung steht.

In der Grundausstattung eines Caravans ist meist keine eigene Bordbatterie enthalten, sie kann aber bei Bedarf leicht untergebracht werden. Eine zusätzliche Bordbatterie erweist sich als sehr praktisch, wenn längere Strecken gefahren werden und wenn eine solche Fortbewegung ohne Stress verlaufen soll.

Verlangt der Kunde beim Kauf eines Caravans eine Bordbatterie, wird ihm oft eine Autobatterie mit einer Kapazität von ca. 90 bis 120 Ah empfohlen. Das ist eine relativ niedrige Kapazität, die nur für eine bescheidene Stromversorgung von wenigen elektrischen Verbrauchern ausreicht. Was die optimale Batteriekapazität ist, hängt von den geplanten Reiserouten, der Reisedauer und dem Bedarf an etwas mehr Bequemlichkeit ab.

Die Batterie – bzw. ihre Kapazität – muss dann groß genug gewählt werden, um auch bei trübem Wetter einige Tage lang die notwendigsten Verbraucher mit Strom versorgen zu können.

Die meisten Reisemobile verfügen bereits über eigene Bordbatterien, die zumindest zum Teil direkt vom Fahrzeugmotor geladen werden. Größere Caravans oder Reisemobile sind sogar mit einem zusätzlichen elektrischen Benzin- oder Dieselgenerator ausgerüstet, der für die Bordelektrik zuständig ist – an sich eine

Abb. 4.1 – Zwei Solarmodule auf dem Caravan-Dach ermöglichen unter günstigen Wetterbedingungen ein ständiges Nachladen der Bordbatterie mit einem Ladestrom von bis zu etwa 10 A auch während der Fahrt (Foto: AEG).

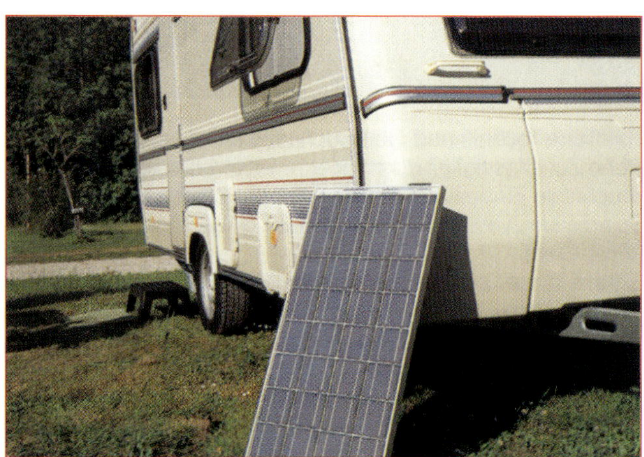

Abb. 4.2 – Ein größeres Solarmodul kann während des Campens auch frei aufgestellt werden, um die Bordbatterie mit einem Strom von bis zu etwa 7 A nachzuladen (Foto: AEG).

feine Sache – die Lärm- und Gestankentwicklung beschränkt aber die Nutzung an Standorten mit mehreren Teilnehmern. Abgesehen davon ist der benötigte Treibstoff auch nicht kostenlos ... Hier können Solarmodule hervorragende Dienste leisten.

Eine Lösung nach *Abb. 4.3*, bei der gleich vier Solarmodule auf dem Reisemobildach installiert sind, ermöglicht das kräftige Nachladen einer großen Bordbatterie. Wegen des hohen Ladestroms von bis zu 30 A müsste die Bordbatterie eine Kapazität von mindestens 300 Ah haben – es sei denn, ein Teil der Solarenergie wird z. B. für den Direktantrieb einer Klimaanlage oder anderer Verbraucher genutzt.

Bei vielen Caravans weist die Batterie eine ziemlich niedrige Kapazität (oft nur zwischen ca. 90 und 120 Ah) auf. Damit lässt sich in der Praxis nicht allzu viel anfangen. Auf vielen westeuropäischen Campingplätzen steht zwar ein elektrischer Netzanschluss zur Verfügung – allerdings nicht an allen und manchmal mit Wucher-Strompreisen verbunden. Zudem hat man keinen Stromanschluss während der Anfahrt, die oft einen respektablen Teil des Urlaubs in Anspruch nimmt.

Abgesehen davon ist es nicht jedermanns Sache, den ganzen Urlaub auf einem einzigen Campingplatz zu verbringen. Wer mehr herumfährt, wird in der Regel eine eigene, unabhängige und leistungsfähige Stromversorgung besonders begrüßen.

Als Erstes stellt sich hier die Frage der optimalen Kapazität der zusätzlichen Batterie, die für den Wohnkomfort zuständig ist. Soweit es sich um eine Zweitbatterie handelt, kann diese zum Teil von der Pkw- bzw. Reisemobil-Lichtmaschine geladen werden, vor allem dann, wenn die eigentliche Autobatterie während einer Fahrt am helllichten Tag nur zum Anlassen des Motors benötigt wird und daher nur geringfügig nachgeladen werden muss. Somit kann fast die volle Leistung der Lichtmaschine zum Nachladen der Zweitbatterie genutzt werden. Vor dem Start in den Urlaub sollten beiden Batterien mit einem Ladegerät geladen werden.

Ein Solarmodul auf dem Auto- bzw. Caravandach erweist sich u. a. in einem Stau als sehr praktisch. Die Batterien können dann diverse stromfressende Verbraucher (Kühlbox, beheizte Autositz-Bezüge, Kaffeekocher, Unterhaltungselektronik) betreuen.

Solarmodule stellen zwar eine Energiequelle dar, auf die nur bei sonnigem Wetter zugegriffen werden kann, sind aber in der Praxis

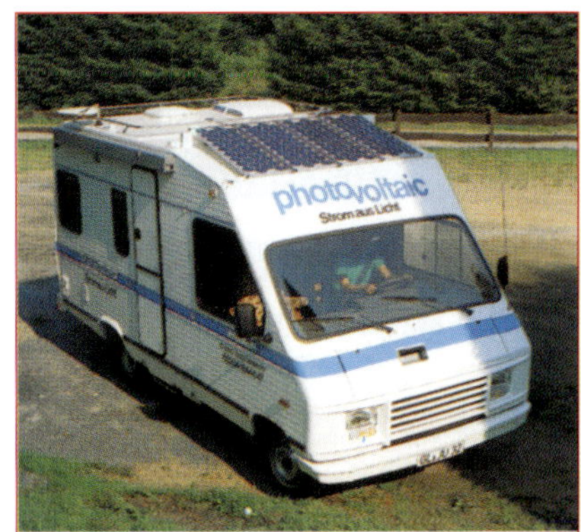

Abb. 4.3 – Eine großzügig dimensionierte Solarzellenfläche ermöglicht das kräftige Nachladen einer ebenfalls großzügig dimensionierten Bordbatterie: Die vier Solarmodule auf dem Reisemobil-Dach ermöglichen das Nachladen der Bordbatterie auch während der Fahrt *(Foto: AEG)*.

dennoch sehr vorteilhaft, da meistens bei sonnigem Wetter mehr gefahren wird als bei regnerischem oder trübem Wetter. Abgesehen davon kann eine angemessen große Bordbatterie viel Energie auf Vorrat speichern. Den Stromverbrauch passt man dann einfach etwas gezielter an die Wetterbedingungen an. Zudem wird z. B. elektrische Lüftung oder Kühlung ohnehin nur an warmen, sonnigen Tagen benötigt. Hier kann die Sonne über die Solarzellen den Raum kühlen (bzw. kühlen helfen), den sie durch die Wände des Fahrzeuges zu sehr aufgeheizt hat.

4.1 Kühlen und Lüften mit Solarstrom

Kühlen und Lüften mit Solarstrom hat den großen Vorteil, dass der Bedarf umso größer ist, je kräftiger die Sonne scheint.

Unter solchen Bedingungen kann der Solarstrom oft ohne Zwischenspeicherung direkt zum Betreiben von Kühlgeräten oder Lüftern genutzt werden – dies allerdings zeitlich beschränkt, da an so manchen heißen Tagen die Hitze bis Mitternacht anhält. In diesem Fall ist es von Vorteil, wenn die Solaranlage so konzipiert ist, dass sie wahlweise sowohl für den Direktbetrieb der vorgesehenen Geräte als auch zum Nachladen des Bordakkus verwendet werden kann.

Theoretisch klingt das Ganze vernünftig, praktisch lässt es sich auch verwirklichen, kostet jedoch eine Menge Geld – leider. Es macht aber wohl wenig Sinn, wenn man mit einem Caravan oder Reisemobil durch die Gegend fährt, um Spaß am Leben zu haben, und dabei unter der Hitze leidet.

Die eigentliche Solarstromversorgung kann bei derartigen Fahrzeugen auf dem Fahrzeugdach sehr großzügig angelegt werden. Die Solarleistung lässt sich in diesem Fall ausreichend groß dimensionieren, um einige der Verbraucher auch direkt betreiben zu können.

Die Summe des Strom- bzw. Energiebedarfs ergibt sich auch hier einfach aus der Stromabnahme der einzelnen Verbraucher, die betrieben werden sollen.

Ventilatoren arbeiten in der Hinsicht energiesparend. Ganz anders ist es mit elektrischen Kühlgeräten bzw. Klimaanlagen – sie sind echte Stromfresser. Es gibt jedoch spezielle Solar-Kühlschränke mit einem Energieverbrauch von nur ca. 300 bis 360 Wh pro Tag. Das sind umgerechnet 25 bis 33,3 Ah an täglichem Verbrauch von der Bordbatteriekapazität. Ein Kühlschrank benötigt verständlicherweise eine kontinuierlich zur Verfügung stehende Stromversorgung. Bei einem kleineren Caravan oder Reisemobil kann eventuell anstelle eines Kühlschranks auch eine kleine Kühlbox verwendet werden. Sparen kann man hier allerdings nur Raum, denn auch eine der kleinsten tragbaren Auto-Kühlboxen verbraucht oft mehr Strom als ein vielfach größerer Solar-Kühlschrank. Das liegt bei der Kühlbox an ihrem preiswerten, aber energieverschwendenden Peltier-Kühlelement.

Abb. 4.4 – Gute Solarkühlschränke arbeiten energiesparend: Der Kompressor-Kühlschrank *Santo-Solar* von AEG verbraucht bei einem Nutzinhalt von 162 Litern nur ca. 360 Wh in 24 Stunden und beansprucht somit pro 24 Stunden umgerechnet nur etwa 30 Ah der Batteriekapazität *(Foto: AEG)*.

4.2 Heizen mit Solarstrom

Heizen mit Solarstrom ist in einem Caravan oder Reisemobil beim heutigen Stand der Technik leider nur in kleinerem Umfang realisierbar. In der Praxis kommen (während der kühleren Jahreszeit oder in kühlen Nächten) vor allem elektrische Heizkissen oder -decken zum Einsatz, die ihren Strom aus einer entsprechend dimensionierten Bordbatterie beziehen (dieses Thema wurde bereits erläutert).

Eine andere Möglichkeit bietet z. B. das Beheizen eines Innen-Sitzplatzes mithilfe von Infralampen, Infrastrahlern oder auch mit einem Kfz-Heizlüfter als Fußwärmer.

Kleine 12-V-Kfz-Heizlüfter, die nur eine Stromaufnahme von ca. 12,5 A (Leistungsaufnahme von 150 W) haben, leisten während der kühleren Jahreszeit auch tagsüber willkommene Dienste. Wenn zudem die Sonne scheint, kann ein solcher Heizlüfter den Strom direkt vom Solarmodul beziehen. Dasselbe gilt z. B. für eine Infrarotlampe (die annähernd dieselbe Aufnahmeleistung hat).

Von der Größe der zur Verfügung stehenden Solarzellenfläche hängt dann ab, wie viel Wärme auf diese Weise erzeugt werden kann. Normalerweise lässt sich die Innentemperatur im Caravan oder Reisemobil solarelektrisch zwar angenehm erhöhen, eine echte Beheizung des Innenraumes ist aber nur bedingt realisierbar. Wenn z. B. die gesamte Dachfläche eines Caravans oder Reisemobils mit Solarzellen (Solarmodulen) versehen ist, kann die Solarleistung an einem kalten, aber sonnigen Tag die Innenheizung bewältigen – allerdings nur, solange die Zellen optimal bestrahlt sind. Danach ist, im wahrsten Sinne des Wortes „der Ofen aus". Abhilfe bieten diverse zusätzliche Energiequellen – darunter auch Windgeneratoren.

Abb. 4.5 – Autositzheizkissen sind für eine Versorgungsspannung von 12 Volt ausgelegt und können daher in der Solartechnik auch anderweitig genutzt werden.

4.3 Kochen mit Solarstrom

Ähnlich wie das Heizen beschränkt sich auch das Kochen (oder Aufwärmen) mit Solarstrom auf einige einfachere Aufgabenbereiche.

Ziemlich unproblematisch sind das Kaffee- und Teewasser-Kochen und das Aufwärmen von Babynahrung, kleineren Mahlzeiten oder Wasser zum Waschen, Abwaschen und eventuell Rasieren.

Zur Vorinformation: Die kleinsten Wasserkocher sind als ca. 12-V-/125-W-Geräte ausgelegt und haben einen Wasserinhalt von etwa 0,4 Litern. Das reicht für zwei Tassen Kaffee oder Tee bzw. zum Aufwärmen von Babynahrung. Die Brühzeit beträgt hier – abhängig von der Ausgangstemperatur des verwendeten Wassers – ca. 20 Minuten (= 0,34 Stunden).

Sehen wir uns interessehalber kurz an, wie es hier mit dem Energiebedarf steht:

$$125\ \text{W} : 12\ \text{V} = 10{,}42\ \text{A}$$
$$10{,}42\ \text{A} \times 0{,}34\ \text{h} \approx 3{,}5\ \text{Ah}$$

Aus diversen vorhergehenden Beispielen wissen wir bereits, dass diese 3,5 Ah von der zur Verfügung stehenden Kapazität eines Akkus bezogen werden.

Alternativ zu diversen Wasserkochern (die wahlweise für Spannungen von 12 oder 24 V erhältlich sind) führt der Handel auch 12- bzw. 24-V-Kaffeemaschinen, die oft mit einem Anschluss an den Pkw-Zigarettenanzünder angeboten werden.

Wer auf sein Frühstücksei nicht verzichten möchte, kann einen elektrischen Eierkocher auf die Reise mitnehmen. Diese sind jedoch in 12- oder 24-V-Ausführung nur schwer auffindbar, und oft bleibt keine andere Wahl, als den Eierkocher als Netzgerät über einen Wechselrichter bei 230 V~ zu betreiben.

Ein kleinerer elektrischer Eierkocher (für maximal sieben Eier) verbraucht pro Einsatz etwa 2,9 Ah. Wenn er über einen Wechselrichter betrieben wird, dessen Wirkungsgrad z. B. bei nur 92 % liegt, steigt der Energieverbrauch um diesen Verlust (auf ca. 3,16 Ah).

Etwas umständlicher ist die Ermittlung des Energieverbrauchs einer Mikrowelle. Hier hängt es einerseits vom Gerät, anderseits auch von der Art und Menge der betreffenden Speise selbst ab, wie lange sie gegart oder erhitzt werden muss.

Als grobe Vorinformation über die Größenordnung des Energieverbrauchs kann hier Folgendes gelten: Die benötigte Leistung liegt in den meisten Fällen zwischen ca. 300 und 600 W. Das Aufwärmen von vorbereiteten Speisen (Fertiggerichten) dauert etwa drei bis sieben Minuten. Daraus ergibt sich ein Energieverbrauch von ca. 1,25 bis 6,4 Ah. Beim Garen von Fleisch (das 15 bis 40 Minuten in Anspruch nimmt) liegt der Energieverbrauch bei ca. 8,2 bis 25 Ah.

Diese Angaben bezüglich der Mikrowellen-Anwendung beziehen sich auf einen Verbrauch inklusive der Verluste im Wechselrichter (Umwandlung von 12 V= auf 230 V~) und dienen nur der allgemeinen Vorinformation. Eine genauere Berechnung des tatsächlichen Energiebedarfs sollte sich grundsätzlich an den Geräten orientieren, die auch tatsächlich verwendet werden.

4.4 Solarbetrieb kleiner Verbraucher

Viele der kleineren elektrischen Verbraucher sind für die 230-V-Netzspannung ausgelegt und können unterwegs über einen passenden Wechselrichter von der Bordbatterie aus betrieben werden. Bei der Anwendung solcher Kleingeräte sollte darauf geachtet werden, dass ihr eventueller Stand-by-Verbrauch nicht unnötig Strom von der Bordbatterie bezieht.

Was man sich unter dieser Empfehlung konkret vorzustellen hat, erläutern wir an einem praktischen Beispiel: Eine elektrische Vakuum-Box *(Abb. 4.6)* gehört zu den nützlichen Geräten, denn sie hält Gebäck und Obst auf der Reise und beim Campen lange frisch. Jedes Mal, wenn diese Box geschlossen wird, saugt ein kleiner Kompressor die Luft aus ihrem Innenraum heraus, um den Inhalt vor Austrocknung zu bewahren – eine feine Sache, aber: Bleiben solche Boxen laufend an das Netz (bzw. an die Spannungsquelle) angeschlossen, beziehen sie laufend (und im Prinzip überflüssig) einen Stand-by-Strom, was pro Tag viel mehr Strom verbraucht als der eigentliche pumpende Kompressor.

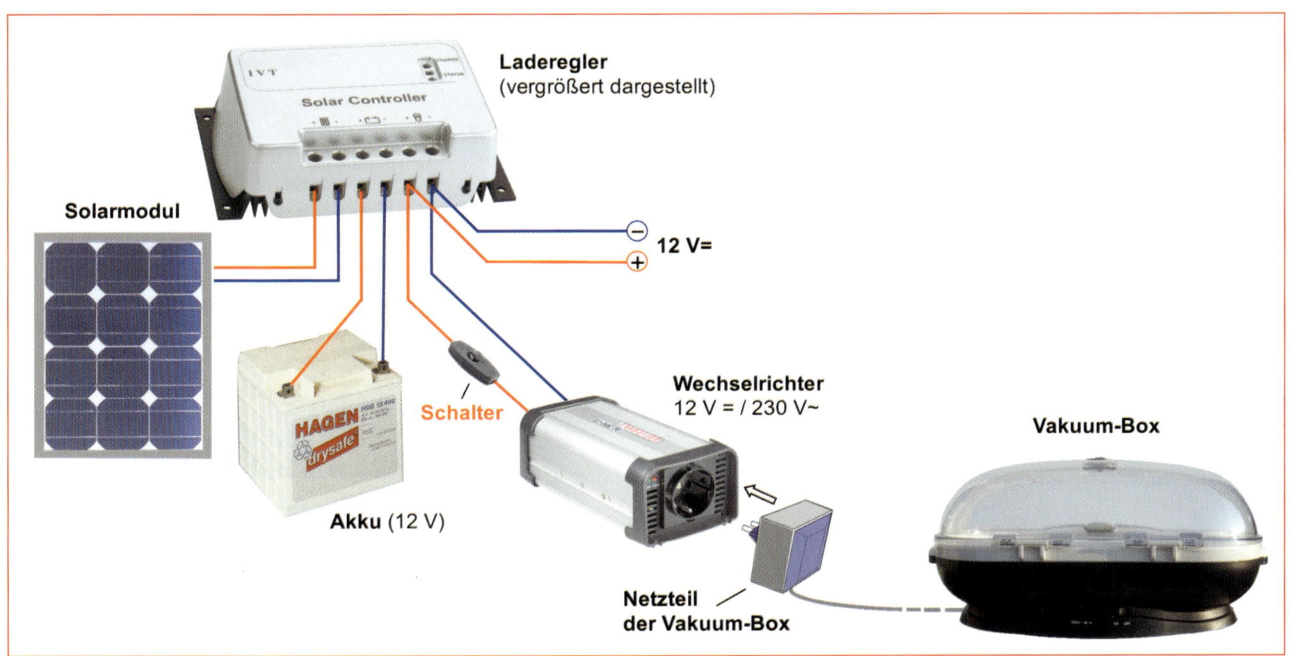

Abb. 4.6 – Netzgeräte, die einen Stand-by-Strom beziehen, sollten samt Wechselrichter nur bedarfsbezogen ein- und ausgeschaltet werden *(Anbieter der Vakuum-Box: Westfalia)*.

4.4 Solarbetrieb kleiner Verbraucher

Aus diesem Grund sollte, wie in *Abb. 4.5* zeichnerisch dargestellt, eine solche Box samt Wechselrichter jeweils nur dann kurz eingeschaltet werden, nachdem die Box geöffnet und geschlossen wurde.

Das eigentliche Pumpen dauert nur etwa drei Minuten, und während dieses Vorgangs bezieht die Vakuum-Box einen Strom von ca. 1,25 A. Sie verbraucht somit nur etwa 0,06 Ah für das eigentliche Pumpen. Mit den Verlusten im Wechselrichter verbraucht sie, wenn sie ca. zehn- bis zwölfmal am Tag geöffnet und geschlossen wird, nur etwa 0,7 bis 1 Ah. Würde sie dagegen über den Wechselrichter laufend am Akku angeschlossen bleiben, würde sie etwa 15 bis 16 Ah vom Akku beziehen, da ihr Stand-by-Verbrauch ca. 3,7 W (0,62 A) beträgt. An diesem Beispiel kann man sehen, wie wichtig es ist, auch bei der Verwendung von diversen harmlos aussehenden kleinen elektrischen Verbrauchern darauf zu achten, dass diese nicht mehr Strom verbrauchen, als zweckmäßig ist.

Elektrische Eierkocher sind meist nur als Netzgeräte ausgelegt, können aber über einen 12 V=/230 V~ Wechselrichter auch an die 12-Volt-Batterie einer Solaranlage angeschlossen werden. Auf dem Boden des Eierkochers finden Sie in der Regel am "Typenschild" seine Abnahmeleistung (bei dem hier abgebildeten Eierkocher sind es 350 Watt). Die Leistung des angewendeten Wechselrichters darf nicht niedriger sein als die des Eierkochers. Der Tiefentladeschutz muss zudem den Strom verkraften können, den der **belastete** Wechselrichter aus der Batterie bezieht. Diese Leistung setzt sich aus der Leistung des angewendeten Eierkochers und aus dem internen Leistungsverbrauch des Wechselrichters zusammen. Für diesen rechnen wir ca. 10 % von der Leistung des Eierkochers dazu. Daraus ergibt sich eine Abnahmeleistung des Wechselrichters von 385 Watt (350 W + 35 W = 385 W).

Diese 385 Watt manifestieren sich nach der uns inzwischen bekannten Formel in der Form einer Stromabnahme von stolzen 32,1 Ampere (385 Watt : 11 Volt = 32,08 Ampere). Diesen Strom muss der Tiefentladeschutz verkraften können (andernfalls brennt seine Sicherung durch).

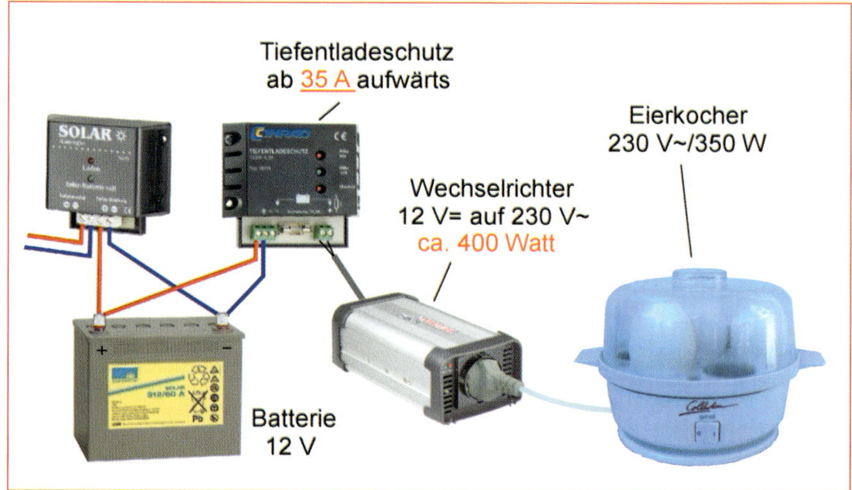

Abb. 4.7 – Eierkocher sind zwar meist nur als Netzgeräte ausgelegt, können aber über einen ziemlich preiswerten „Trapezspannungs-Wechselrichter" von einer solar geladenen Batterie aus betrieben werden, da ihre Heizelemente in der Hinsicht nicht wählerisch sind.

5 Solar- und Windenergie-Nutzung auf Booten und Yachten

Die Möglichkeiten der Solar- und Windenergie-Nutzung auf einem Boot oder auf einer Yacht sind im Prinzip identisch mit denen, die im vorhergehenden Kapitel im Zusammenhang mit dem Caravan oder Reisemobil beschrieben wurden. Hinzu kommen hier noch diverse Navigations- und Kommunikationsgeräte, die elektrische Ankerwinde, Such- oder Bugscheinwerfer, Autopilot oder sogar eine elektrische Waschmaschine mit Wäschetrockner. Dabei nimmt der Strombedarf eine Bordbatterie unter Umständen sehr stark in Anspruch. Hier kann jedoch ein Windgenerator effizienter zum Einsatz kommen, denn der Wind hat hier meist viel mehr Kraft und es findet sich für das Aufstellen des Windgenerators (bzw. auch mehrerer Windgeneratoren) leichter ein passender Standort.

5 Solar- und Windenergie-Nutzung auf Booten und Yachten

Größere Boote und Yachten verfügen oft über einen separaten elektrischen Diesel- oder Benzin-Generator, der relativ leise läuft und das elektrische Bordnetz voll mit Strom versorgen kann. Bei kleineren Booten muss dagegen eine etwas bescheidener dimensionierte Lichtmaschine die Stromversorgung bewältigen. Das hat eine ziemliche Einschränkung in der Verwendung elektrischer Geräte bzw. Werkzeuge zur Folge, zumindest solange die Bordbatterie nicht am Liegeplatz vom Netz nachgeladen wird. Hier können eine zusätzliche Solaranlage, ein zusätzlicher kleiner Windgenerator oder beide Energielieferanten in Kombination hervorragende Dienste leisten.

Abb. 5.1 – Für ein kleines Solarmodul findet sich leicht irgendwo auf dem Boot Platz ... *(Foto: AEG)*

Abb. 5.2 – Einige spezielle Solarmodule für Wasserfahrzeuge sind mit schwenkbaren Haltekonstruktionen erhältlich, die ein leichtes Verstellen der Modul-Ausrichtung ermöglichen *(Foto: AEG)*.

Abb. 5.3 – Anordnungsbeispiel mehrerer leistungsstarker Solarmodule auf einem Segelboot: Diese sechs Module können eine Leistung über 600 W (600 Wp) und einen Ladestrom von über 40 A liefern *(Foto: Siemens)*.

Bei der Planung einer Solaranlage, die im Salzwasser gut funktionieren soll, müssen vor allem die Solarmodule entsprechend strapazierfähig (salzwassertauglich) ausgeführt werden.

Abb. 5.1 bis *5.3* zeigen drei Beispiele, wie und wo man auf einem Boot oder einer Yacht Solarmodule anbringen kann. Im Prinzip ist aber jeder Platz gut, der nicht beschattet wird. Wichtig ist, dass auch hier die

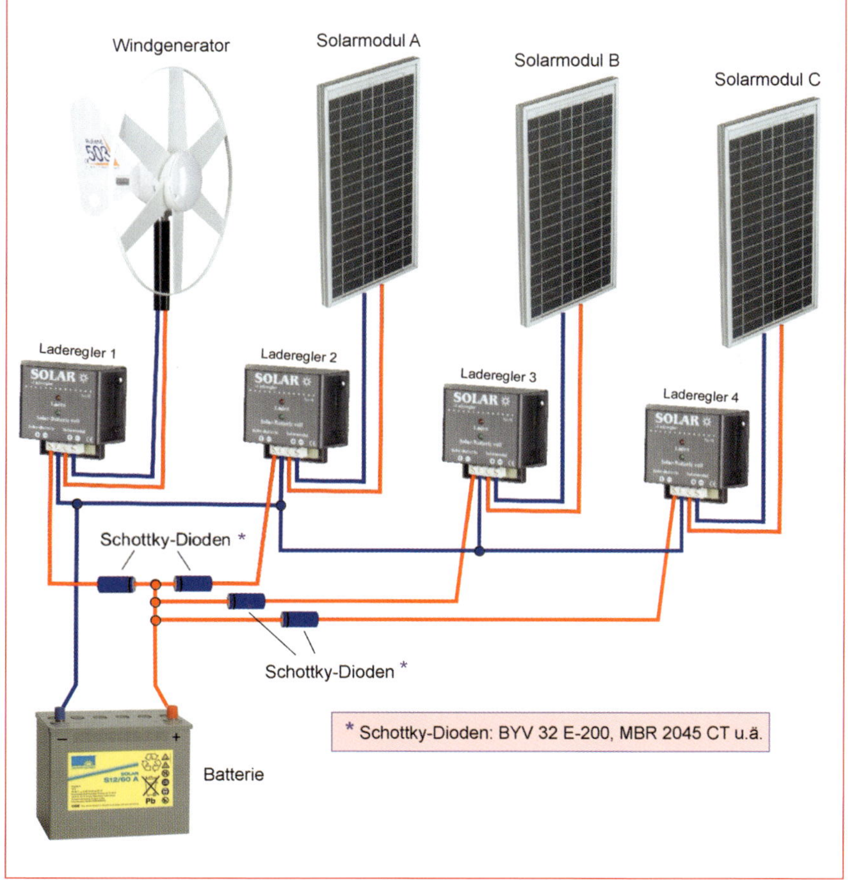

Abb. 5.4 – Werden auf einem Boot mehrere Solarmodule mit unterschiedlichen technischen Parametern oder an unterschiedlichen Stellen angebracht, sollte jedes der Module die Bordbatterie bevorzugt über einen eigenen Laderegler laden.

Solarzellenfläche ausreichend groß angelegt wird. Zusätzlich zu den Solarmodulen kann auf dem Boot oder der Yacht als zweite Energiequelle noch ein Windgenerator installiert werden, der besonders in windreichen Gewässern einen wertvollen Beitrag zur Energieversorgung des Bordnetzes leisten kann.

Beim Anbringen von Solarmodulen auf einem Boot oder einer Yacht verdient der Aspekt der Zellenbeschattung (siehe dazu Kapitel 7.4) erhöhte Aufmerksamkeit. Bypass-Dioden in oder an den Solarmodulen sind hier erforderlich. Ein elektrisch ausgewogenes Nachladen der Bordbatterie wird erzielt, wenn jedes Solarmodul einen eigenen Laderegler nach *Abb. 5.4* erhält.

Abb. 5.5 – Ein Windgenerator, der als Schnellläufer konzipiert ist, kann vor allem auf einem Boot oder einer Yacht viel Strom erzeugen, da er bei günstigem Windaufkommen Tag und Nacht läuft *(Foto/Anbieter: ELV).*

6 Wie funktioniert eine Solarzelle?

Wir haben am Anfang dieses Buchs die Solarzelle mit einer normalen Batterie verglichen, allerdings mit dem Hinweis auf den Unterschied, dass Spannung und Leistung einer Solarzelle von der jeweiligen Belichtung ihrer lichtempfindlichen Fläche abhängen. Eine Solarzelle reagiert auf Belichtung ähnlich wie beispielsweise ein Fahrraddynamo auf die Drehzahl des Rades: Je schneller gefahren wird, desto höhere Spannung, Leistung und höheren Strom liefert der Dynamo an die Fahrradlampen.

Sowohl der Fahrraddynamo als auch die Solarzelle sind elektrische Generatoren, die *eine* Art Energie in eine *andere* Art Energie umwandeln. Beim Fahrraddynamo muss der Mensch die benötigte Eingangsenergie „eigenfüßig" aufbringen, bei der Solarzelle übernimmt diese Arbeit die Sonne – zumindest dann, wenn sie scheint.

6 Wie funktioniert eine Solarzelle?

Als Nächstes stellt sich die Frage, welche der handelsüblichen Solarzellen sich für ein bestimmtes Vorhaben am besten eignen. Dies ist jedoch ziemlich unproblematisch: Das Angebot an Solarzellen (als Solarmodul-Bausteine) beschränkt sich immer noch auf kristalline und amorphe (Dünnschicht-)Solarzellen.

Für die meisten langlebigen Anwendungen kommen nur kristalline Siliziumsolarzellen in Frage. Amorphe Dünnschichtzellen haben einen relativ niedrigen Wirkungsgrad und benötigen, im Vergleich zu kristallinen Solarzellen (bzw. Solarmodulen), eine mehr als doppelt so große Fläche für dieselbe solarelektrische Leistung. Zudem weisen manche dieser Module eine gewisse Ermüdung auf, die sich dadurch manifestiert, dass bereits nach einem Jahr ihre Leistung merklich sinkt und danach von Jahr zu Jahr weiterhin leicht nachlässt. Daher eignen sich diese Module im Außenbereich hauptsächlich für experimentelle Zwecke.

Der Aufbau einer kristallinen Siliziumsolarzelle ist vom Prinzip her identisch mit dem Aufbau einer Siliziumdiode: Eine dünne *Negativschicht* und eine etwas dickere *Positivschicht* bilden nach *Abb. 6.1* zwei unterschiedlich dotierte Halbleiterteile, die bei Belichtung zu *Potenzialfeldern* werden.

Die *Negativschicht (n-Schicht)* der Solarzelle bildet den Minuspol, die *Positivschicht (p-Schicht)* den Pluspol. Die Spannung und die Leistung der Zelle hängen von der Lichtintensität ab, der die obere Zellenschicht

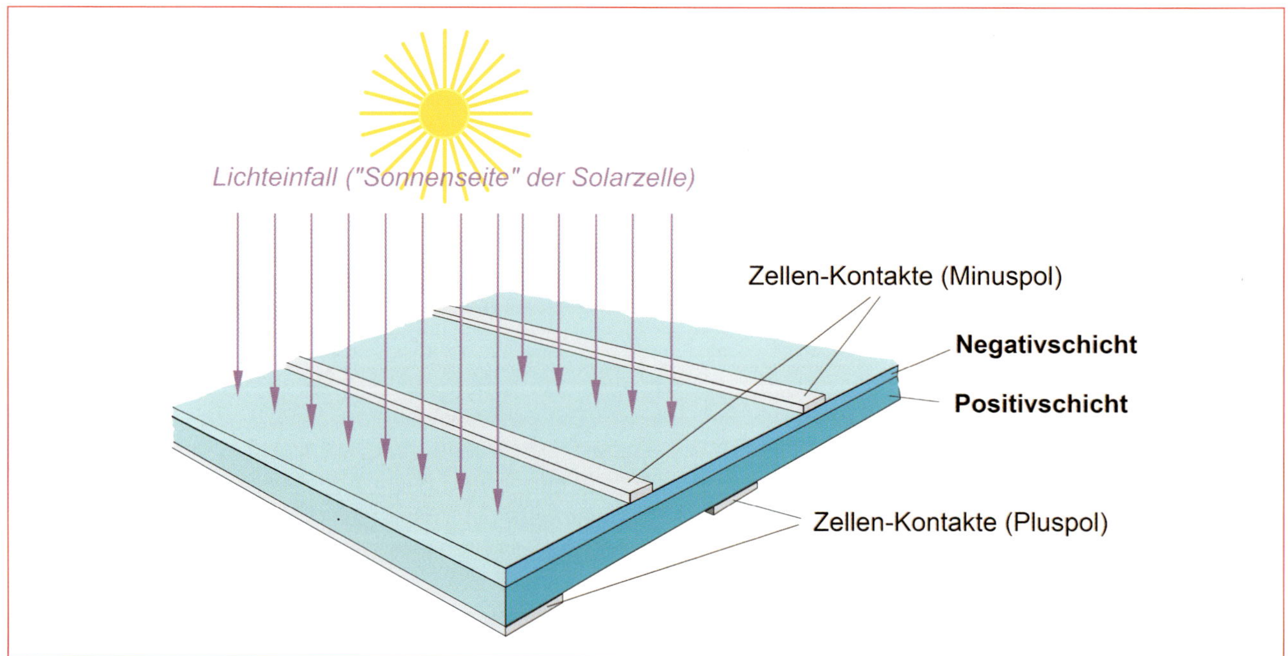

Abb. 6.1 – Eine herkömmliche Solarzelle im Schnitt (stark vergrößert; in Wirklichkeit ist eine solche Zelle nur ca. 0,3 bis 0,4 mm dick).

ausgesetzt ist. Bei absoluter Dunkelheit weist die Solarzelle kein Potenzial auf.

Theoretisch spielt es an sich keine Rolle, welche der Zellenschichten als „Sonnenseite" bevorzugt wird. Auf jeden Fall muss aber die obere Schicht sehr dünn sein (ca. 0,02 mm), denn der funktionell wichtige *n/p-Übergang* darf nicht zu tief unter der vom Licht bestrahlten Oberfläche liegen.

Die Sonnenseite der Zelle wird üblicherweise mit einer zusätzlichen Antireflex-Schicht versehen (z. B. aus Titandioxyd), um Reflektionsverluste zu vermeiden. Für einen hohen Umwandlungswirkungsgrad der Solarzelle ist es wichtig, dass möglichst viele der Photonen (Sonnenstrahlen), mit denen die n-Schicht bombardiert wird, auch in den Halbleiter eindringen.

Handelsübliche kristalline Solarzellen gibt es in zwei Ausführungsarten: *monokristalline* Zellen und *polykristalline* (*multikristalline*) Zellen.

Bei der Herstellung monokristalliner Zellen werden monokristalline Blöcke „gezogen" und mit etwa 0,5 mm dünnen Diamantsägen oder Laserstrahlen wie die Wurst beim Metzger in dünne Scheiben zersägt. Dasselbe monokristalline Grundmaterial wird in der Halbleitertechnik bei der Herstellung von Dioden, Transistoren und integrierten Schaltungen (Chips) verwendet. Ausgangsmaterialien sind hier Quarzsand oder natürliche Quarzkristalle.

In einem Ofen wird aus dem Grundmaterial durch Reduktion

a)

b)

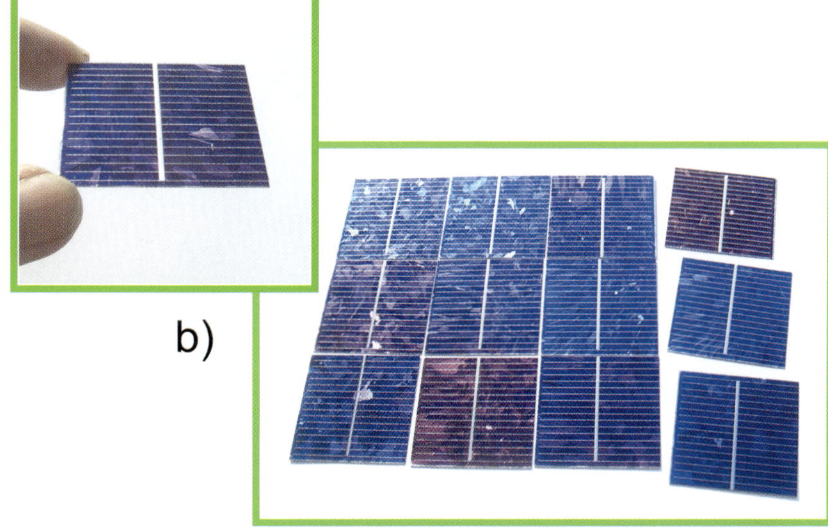

Abb. 6.2 – a) Monokristalline Solarzellen haben eine einheitliche dunkelblaue Oberfläche, die im Licht hellblau schimmert. **b)** Die Oberfläche polykristalliner Solarzellen weist eine marmorierte Eisblumenstruktur auf, die im Licht silbrig-bläulich schimmert.

mit Kohle metallurgisch reines Silizium gewonnen. Dieses weist allerdings immer noch etwa 2 % Verunreinigungen auf, die durch weiteres aufwendiges Verarbeiten (Reduktion mit Salzsäure und Destillation) ausgeschieden werden müssen. Erst danach hat man hochreines Silizium zur Verfügung, das jedoch polykristallin ist. Dies bedeutet, dass hier sehr viele kleine ungeordnete Kristalle die eigentliche Substanz des Siliziummaterials bilden. Wenn man daraus eine monokristalline Struktur machen möchte, müssen diese polykristallinen „Barren" in einem Tiegel nochmals eingeschmolzen und aus dieser Schmelze unter langsamem axialen Drehen ein monokristalliner „Balken" gezogen werden. Ein solcher Balken besteht dann nur noch aus einem einzigen Kristall (daher die Bezeichnung „monokristallin") und kann eine Länge von bis zu 2 m haben.

Bei der Herstellung *polykristalliner* Zellen (auch als *multikristalline* Zellen bezeichnet) wird flüssiges Silizium in Stahlformen gegossen. Es bildet nach der Erstarrung die typische marmorierte Eisblumenstruktur *nach Abb. 6.2 b*. So entstehen auch hier Siliziumblöcke, die ebenfalls in dünne Scheiben zersägt werden.

Amorphe Dünnschichtzellen werden auf die Weise hergestellt, dass auf eine Glas- oder Kunststoffplatte eine nur wenige Tausendstel Millimeter dünne Siliziumschicht aufgedampft wird.

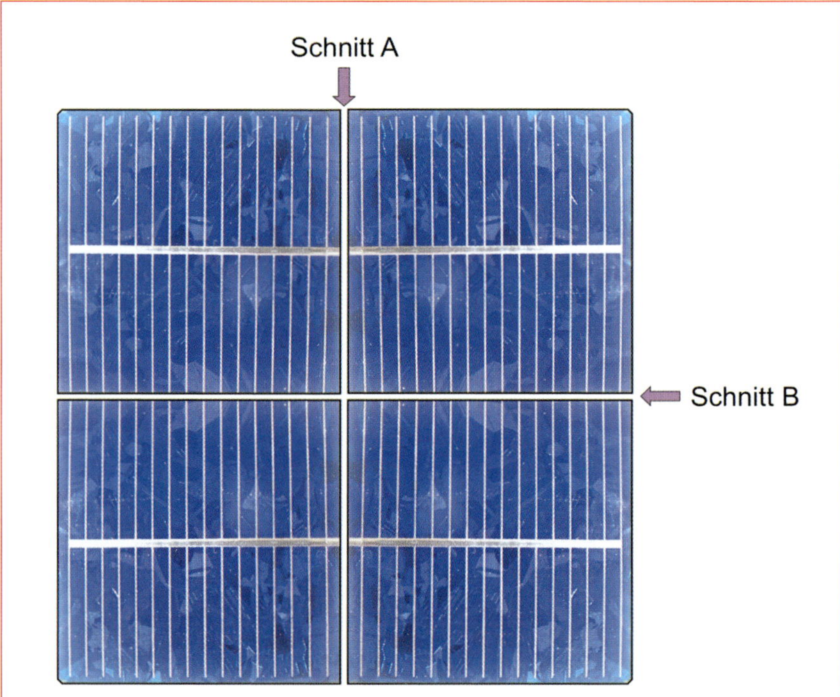

Abb. 6.3 – Die aus dem Balken geschnittenen Solarzellen haben eine maximale Größe von ca. 100 × 100 bis 150 × 150 mm, werden jedoch für die Bestückung kleinerer Solarmodule in kleinere Zellen (oft in zwei bis vier Teile) zerschnitten.

6.1 Welche Solarzellen sind die besten?

Monokristalline Solarzellen weisen einen etwas höheren Wirkungsgrad auf als polykristalline (multikristalline) Solarzellen. In den letzten Jahren wurden die Herstellungsverfahren kristalliner Zellen weitgehend modernisiert. Bei der Herstellung von monokristallinen Solarzellen haben sich diverse Vereinfachungen ergeben, bei den polykristallinen Solarzellen wurde wiederum die Herstellungstechnologie perfektioniert. Die Unterschiede zwischen dem Wirkungsgrad der mono- und der polykristallinen Zellen sind geringer geworden. So gibt es momentan hersteller- oder lieferantenabhängig so manche polykristallinen Solarzellen, die es vom Wirkungsgrad her mit den monokristallinen Zellen aufnehmen können. Herstellerbezogen bewegen sich die Parame-

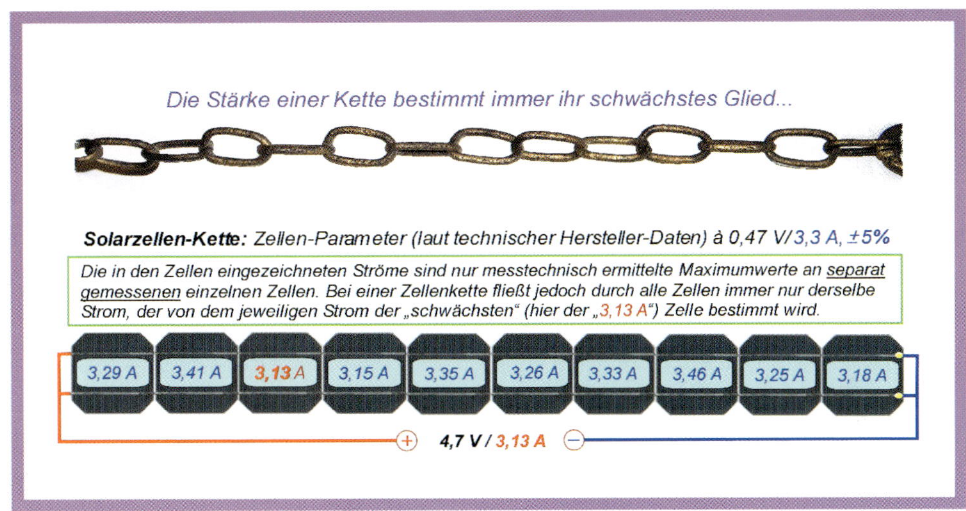

Die Stärke einer Kette bestimmt immer ihr schwächstes Glied...
Solarzellen-Kette: Zellen-Parameter (laut technischer Hersteller-Daten) à 0,47 V/3,3 A, ±5%
Die in den Zellen eingezeichneten Ströme sind nur messtechnisch ermittelte Maximumwerte an separat gemessenen einzelnen Zellen. Bei einer Zellenkette fließt jedoch durch alle Zellen immer nur derselbe Strom, der von dem jeweiligen Strom der „schwächsten" (hier der „3,13 A") Zelle bestimmt wird.
3,29 A
3,41 A
3,13 A
3,15 A
3,35 A
3,26 A
3,33 A
3,46 A
3,25 A
3,18 A
4,7 V / 3,13 A

Beispiel: Drei Solarmodule, bestückt mit Solarzellen à 0,46 V/3,3 A, deren Toleranz ±10% beträgt, bilden ebenfalls eine Zellenkette, die aus 36 Solarzellen besteht und der Ausgangs-Nennstrom des Modul-Trios wird auch hier durch die „schwächste" Solarzelle bestimmt.
16,56 V
3,13 A
3,13 A

Abb. 6.4 – Bei Reihenschaltung mehrerer Solarmodule ist für den Ausgangsstrom und somit auch für die Ausgangsleistung das „schwächste Glied der Kette" bestimmend, nämlich die schwächste Solarzelle in einem der Module.

6.1 Welche Solarzellen sind die besten?

terschwankungen bei Solarzellen und -modulen in Grenzen zwischen ca. ±1 und ±10 %. Diese großen Unterschiede sollten vor allem dann nicht unterschätzt werden, wenn man mehrere Solarmodule in Reihe schalten möchte, denn eine einzige schwache Zelle im Solarmodul bestimmt nach dem Beispiel in *Abb. 6.4* den Ausgangsstrom des Moduls und somit seine Ausgangsleistung.

Es spielt dabei keine besondere Rolle, ob in so einem Solarmodul eventuell noch einige der anderen Solarzellen – oder sogar die meisten der restlichen Solarzellen - einen Nennstrom von z. B. 3,5 A (bezogen auf dieses Beispiel) aufbringen könnten.

Die Streuung der technischen Zellenparameter hängt in der Praxis oft auch davon ab, ob der Kunde bereit ist, für vorselektierte Solarzellen einen Aufpreis zu zahlen und ob der Zellenhersteller die Möglichkeit hat, seine minderwertigeren Zellen abseits des Standardangebots zu vermarkten. So gibt es z. B. in der fernöstlichen Spielzeugindustrie bzw. bei Kleinmodulherstellern Abnehmer, denen es nichts ausmacht, wenn die preiswert erstandenen Zellen etwas schwächere Leistungen aufweisen. Anspruchsvollere Kunden können dann wiederum nur die qualitativ hochwertigeren Zellen erhalten (vorausgesetzt, sie sind bereit, einen entsprechend höheren Preis zu zahlen).

Bei jeder elektrischen Energiequelle interessieren uns vor allem die Spannungs- und Stromwerte wie auch die Bedingungen, unter denen wir die elektrische Energie abnehmen können bzw. dürfen. Alle technischen Angaben basieren bei Solarzellen und Solarmodulen auf folgenden internationalen Standard-Testbedingungen:

> Sonneneinstrahlung von 1.000 W/m² (wolkenloser sonniger Tag), Spektralverteilung von AM 1,5 (= die Photonen „bombardieren" die Zellenfläche optimal senkrecht) und Zellentemperatur von 25°C.

Das sind Bedingungen, die in Deutschland nur an sonnigen Sommertagen vorzufinden sind. Dabei kann es aber auch im Dezember oder Januar sonnige Tage geben, an denen um die Mittagszeit die Sonneneinstrahlung nur geringfügig unterhalb der Testbedingungen liegt.

Die Herstellerangaben der Zellenparameter beziehen sich auf technische *Maximumwerte*, die oft auch als *Nennwerte* bezeichnet werden. Manche Hersteller und Anbieter benutzen auch die Bezeichnung *Werte bei maximaler Leistung*. Alle diese Bezeichnungen haben dieselbe Bedeutung und basieren auf Messungen, die nur unter den Standard-Testbedingungen erzielt werden.

Die wichtigsten technischen Daten einer Solarzelle sind:

- Nennspannung (Spannung bei maximaler Leistung)
- Nennstrom (Strom bei maximaler Leistung)
- Nennleistung (maximale Leistung)
- Leerlaufspannung
- Kurzschluss-Strom
- Wirkungsgrad

Die *Nennspannung* liegt bei monokristallinen Zellen zwischen ca. 0,47 und 0,48 V und bei polykristallinen zwischen ca. 0,46 und 0,47 V. Sie ist fast unabhängig von der Zellengröße. Wenn Sie beispielsweise eine Zelle wie das Eis auf einer Pfütze zertreten, werden alle ihre Bruchstücke weiterhin annähernd dieselbe Spannung liefern, die ursprünglich die ganze Zelle hatte. Das gilt natürlich auch für Zellen, die wie ein Kuchen in kleinere Stücke zerschnitten werden. Der *Zellen-Nennstrom* verteilt sich dabei proportional zur Zellenfläche: Wird z. B. eine **0,47-V-/3,2-A**-Solarzelle in vier gleiche Teile zerschnitten, entstehen vier kleine Einzelzellen von **0,47 V/0,8 A**.

Der *Nennstrom* einer Solarzelle hängt von ihrer Größe wie auch von ihrem *Wirkungsgrad* ab. Viele handelsübliche Solarzellen haben eine Solarfläche von nur etwa 1 dm^2 (100 cm^2), und ihr Nennstrom liegt bei etwa 2,9 bis 3,29 A (typen- bzw. markenabhängig). In letzter Zeit mehren sich jedoch Angebote an größeren Solarzellen. Die momentan größten Abmessungen liegen bei ca. 150 × 150 mm. Solche Zellen können dann einen Nennstrom von 5 bis 6 A liefern.

Die *Nennleistung* wird bei allen Solarzellen als reine Multiplikation von Nennspannung und Nennstrom errechnet und benötigt keine nähere Erklärung.

Erklärungsbedürftig ist die *Leerlaufspannung*. Darunter versteht man die Spannung an einer unbelasteten Zelle. Bei den meisten kristallinen Zellen ist die Leerlaufspannung typenabhängig etwa 23 bis 26 % höher als die Nennspannung. Der Spannungsbereich zwischen der Nennspannung und der Leerlaufspannung stellt keine zwei „Entweder-oder-Festgrenzen", sondern eine „flexible Zone" dar: Sobald ein Solarmodul nicht voll belastet wird, steigt seine Spannung in Richtung der Leerlaufspannung. Diese Eigenheit erweist sich beim Laden eines Akkus als Vorteil: Wenn die Sonnenintensität etwas schwächer wird und der Akku nicht mehr den vollen Ladestrom bezieht (da er bereits etwas nachgeladen wurde), steigt die Modul-Ausgangsspannung, und der Akku wird weiterhin geladen.

Der *Kurzschluss-Strom* ist bei den meisten kristallinen Zellen nur etwa 6 bis 12 % höher als der Nennstrom. Ein vorübergehender Kurzschluss an einer Solarzelle oder an einem Solarmodul führt noch nicht zu ihrer Vernichtung oder Beschädigung – vorausgesetzt, sie hat keine Zeit, sich zu sehr aufzuheizen. Die Solarzelle selbst verkraftet im Durchschnitt Temperaturschwankungen zwischen ca. –40° C und +125° C und kann sogar zu einer Art Kochplatte werden, ohne dass sie dadurch beschädigt wird. Bei im Modul eingebetteten Zellen wird jedoch bei zu intensiver Wärmeentwicklung die Gussmasse in Mitleidenschaft gezogen, was zu Blasenbildung, Schleierbildung oder Verfärbung der Masse führen kann. Das Solarmodul ist dann irreparabel beschädigt und liefert eventuell nur noch einen sehr geringen Strom.

Der in den technischen Daten angegebene Kurzschluss-Strom kommt nur bei einer Zelle vor, die laut Testbedingungen voll beleuchtet ist. Wenn dagegen die Sonneneinstrahlung beispielsweise nur etwa 900 statt 1.000 W/m^2 erreicht, liegt der Kurzschluss-Strom bereits unterhalb des gefährlichen Zellen-Nennstroms, und die Zelle wird sich in diesem Fall nicht mehr aufheizen als während Normalbetriebs bei voller Leistungsabgabe.

6.2 Der Solarzellen- und Solarmodul-Wirkungsgrad

Der *Solarzellen-* und *Solarmodul-Wirkungsgrad* wird auch als *Umwandlungswirkungsgrad* bezeichnet, weil er angibt, wie viel Prozent der einwirkenden Strahlungsenergie (Sonnenstrahlungsenergie) in Form von elektrischem Strom abgegeben werden. Für den Anwender ist vor allem der Wirkungsgrad der Solarmodule von Bedeutung, denn dieser variiert in letzter Zeit produktbezogen in sehr breiten Grenzen.

Die modernsten handelsüblichen Solarmodule weisen herstellerabhängig gegenwärtig (weltweit) folgende Wirkungsgrade auf:

- Module mit monokristallinen Solarzellen: ca. 10,4 – 19,3 % *
- Module mit polykristallinen Solarzellen: ca. 10,0 – 17,2 %
- Module mit amorphen Dünnschichtzellen: ca. 2,3 – 8 %

* Einen Wirkungsgrad von 19,3 % erreichen momentan nur die speziellen Solarmodule der *SunPower Corporation* (USA). Die Oberfläche der Zellen ist wie winzige Pyramiden strukturiert, zudem befinden sich alle Zellenkontakte (sowohl der Pluspol als auch der Minuspol) nur auf der Zellenrückseite. Die ganze Fläche der Zellensonnenseite kann somit von der Sonne voll bestrahlt und die Zwischenräume zwischen den Zellen sehr klein gehalten werden, da alle elektrische Zellenverbindungen an der Rückseite verlaufen.

Der Wirkungsgrad mono- und polykristalliner Solarzellen bleibt während der ersten 20 Betriebsjahre fast unverändert. Mit dem Wirkungsgrad der amorphen Dünnschichtzellen geht es insbesondere bei Außenanwendung oft bereits nach kurzer Betriebszeit (manchmal sogar von weniger als einem Jahr) bergab. Dies kann zwar herstellerabhängig (bzw. auch abhängig von der Art und Dauer der vorhergehenden Lagerung) variieren, aber der Anwender hat bei der Anschaffung eines solchen Moduls keine Möglichkeit, dessen tatsächliche Leistung objektiv zu testen.

Inwieweit bei kristallinen Solarzellen der Wirkungsgrad eine wichtige Rolle spielt, hängt vor allem vom Einsatzgebiet ab. Im Grund muss dem Wirkungsgrad kein zu hoher Stellenwert eingeräumt werden. Man braucht nur darauf

Der Wirkungsgrad eines Solarmoduls hängt nicht nur vom Wirkungsgrad der eigentlichen Zellen, sondern auch von den Zwischenräumen zwischen den Zellen und von der Breite des Rahmens ab.

Wichtig

Den Wirkungsgrad eines Solarmoduls können Sie leicht selbst ausrechnen, wenn Sie die in den technischen Daten angegebene Nennleistung des Solarmoduls auf seine Fläche umrechnen und dieses mit den laut Testbedingungen aufgeführten 1000 W/m² (= 10 W/dm² bzw. 0,1 W/cm²) vergleichen.

Beispiel

Die Nennleistung eines 1.476 × 660 mm großen monokristallinen Solarmoduls beträgt laut Datenblatt 120 W („Wp"). Wir rechnen uns die Modulfläche in m² um:

1,476 m multipliziert mit **0,66 m** ergibt eine Modulfläche von **0,974 m²**. Wir runden es einfachheitshalber auf **1 m²** auf und brauchen weiterhin eigentlich gar nicht mehr zu rechnen, denn das Solarmodul liefert laut Datenblatt pro 1 m² Fläche eine Leistung von 120 W. Ausgehend von den 1000 W der Sonnenstrahlung (laut internationalen Testbedingungen) liegt der Wirkungsgrad dieses Moduls bei exakt 12 % (120 W sind 12 % von 1000 W).

hinzuweisen, dass normale Glühbirnen sozusagen in der Gegenrichtung oft nur einen Wirkungsgrad um die 4 bis 5 % aufweisen (die restlichen 95 bis 96 % der verbrauchten Energie wandeln sie in Wärme um).

Im Gegensatz zu anderen technischen Anlagen und Maschinen ist der Solarzellen- oder Solarmodul-Umwandlungswirkungsgrad keine Konstante, mit der sich bei der Nutzung von Sonnenenergie fest rechnen ließe. Es kann ja nur dann Energie umgewandelt werden, wenn die Sonne – oder zumindest genügend Tageslicht – da ist. Die launische Natur hält sich dennoch in längeren Zeitabschnitten an ein Schema, mit dem sich kalkulieren lässt. Man muss dabei nur die richtigen Schnittstellen zwischen dem Spendenumfang der Natur und dem Energiebedarf der technischen Verbraucher finden.

Dass sich Solarzellen mit Hilfe von Diamantsägen oder mit einem Laserstrahl in beliebig kleine Stücke schneiden lassen, ist für einen kleineren Leistungsbedarf sehr nützlich, denn der Nennstrom und die Nenn-

Bemerkung

Die hier angegebenen Wirkungsgradgrenzen der aufgeführten Zellentypen orientieren sich an den jeweiligen Angeboten auf dem Weltmarkt wie auch an den neuesten Datenblättern der fernöstlichen und amerikanischen Hersteller bzw. der westeuropäischen Anbieter.

Durch Unterschiede in der Herstellungstechnologie ergeben sich auch innerhalb derselben Zellenart sehr hohe herstellerbezogene Wirkungsgradunterschiede. Es gibt immer noch Solarzellenhersteller, die sich mit einem relativ niedrigen Wirkungsgrad zufrieden geben, aber anderseits auch Vorreiter, die manchmal wiederum mehr versprechen, als letztendlich serienmäßig realisierbar ist. Durch diese Schwankungen werden auch die in der Fachliteratur angegebenen aktuellen Solarzellen-Wirkungsgradgrenzen immer etwas variieren und sind daher nicht als absolute Festwerte zu betrachten.

Abmessungen [mm]	Leerlaufspannung [V]	Kurzschluss-Strom [A]	Max. Leistung [W]	Spannung bei max. Leistung [V]	Strom bei max. Leistung [A]	Wirkungsgrad [%]
100,5 × 102	0,585	3,25	1,40	0,47	2,98	13,7
50,2 × 102	0,580	1,308	0,616	0,47	1,416	12,9
33,5 × 102	0,580	1,090	0,400	0,47	0,918	12,8
25,1 × 102	0,580	0,790	0,300	0,46	0,689	12,7
50,2 × 51	0,580	0,790	0,300	0,46	0,689	12,7
25,1 × 51	0,580	0,392	0,148	0,46	0,347	12,4
20,1 × 51	0,580	0,314	0,118	0,46	0,277	12,3
12,6 × 51	0,575	0,192	0,072	0,45	0,169	11,2

Tab. 1 – Technische Durchschnittsdaten **polykristalliner** Solarzellen unterschiedlicher Größe.

6.2 Der Solarzellen- und Solarmodul-Wirkungsgrad

leistung einer Solarzelle lassen sich *nur* durch ihr Verkleinern verringern – wie *Tab. 1* und *2* entnommen werden kann.

Wie aus den Tabellen hervorgeht, kommt es insbesondere bei sehr kleinen Zellen auch bei der Nennspannung zu geringen Einbußen. Bei größeren Zellen hat die Zellenteilung auf die Zellen-Nennspannung keinen Einfluss, wohl aber auf die anderen technischen Parameter (jedoch in akzeptablen Grenzen).

Abmessungen [mm]	Leerlaufspannung [V]	Kurzschluss-Strom [A]	Max. Leistung [W]	Spannung bei max. Leistung [V]	Strom bei max. Leistung [A]	Wirkungsgrad [%]
125 × 125	0,615	5,15	2,32	0,48	4,8	14,8
∅ 125	0,615	4,2	1,9	0,48	3,9	15,5
103 × 103	0,59	3,3	1,48	0,47	3,1	14,7
51,5 × 103	0,59	1,65	0,74	0,47	1,55	14,4
51,5 × 51,5	0,59	0,82	0,37	0,47	0,77	14,1
25,7 × 51,5	0,585	0,41	0,18	0,465	0,38	13,9

Tab. 2 – Technische Daten der gängigsten **monokristallinen** Solarzellen unterschiedlicher Größe.

7 Welches Solarmodul ist das richtige?

Im vorhergehenden Kapitel haben wir darauf hingewiesen, dass sich für Anwendungen im Außenbereich bevorzugt kristalline Solarzellen(module) eignen. Theoretisch würden monokristalline Zellen Vorrang vor polykristallinen (multikristallinen) Zellen verdienen, da sie einen etwas höheren Wirkungsgrad erreichen – bzw. erreichen können. Praktisch spielt es jedoch keine besondere Rolle, mit welchem Zellentyp das Modul bestückt ist, vor allem deshalb nicht, weil hier sowohl durch die Herstellungsstreuung als auch durch die Zwischenräume zwischen den im Modul eingegossenen Einzelzellen der zellentypbezogene Leistungsunterschied pro dm^2 oder m^2 Solarfläche kaum ins Gewicht fällt.

7 Welches Solarmodul ist das richtige?

Es gibt zwar inzwischen auch spezielle Solarmodule mit „Rückenkontaktzellen" (von der US-amerikanischen SunPower Corporation), bei denen die Zwischenräume zwischen den einzelnen Solarzellen minimal sind, diese haben sich aber aus Kostengründen auf unserem Markt noch nicht etabliert.

Für die praktische Anwendung ist aber nicht der Modul-Wirkungsgrad, sondern die Modul-Nennleistung in W/dm^2 (oder in W/m^2) von Bedeutung, wenn Wert auf Platzersparnis gelegt wird. Ansonsten dürften beim Preis-Leistungs-Vergleich der Preis pro Watt Modulleistung und die Herstellungsstreuungs-Toleranz in 10 % die wichtigste Rolle spielen. Selbstverständlich darf dabei nicht außer Acht gelassen werden, dass z. B. ein 100-W-Solarmodul, bei dem der Hersteller eine Toleranz von ±10 % angibt, auch angemessen preiswerter sein müsste als ein Solarmodul mit einer Toleranz von ±2 %.

Anwendungsbezogen ist bei einem Solarmodul am wichtigsten, dass es sowohl die vorgesehene Nennspannung als auch den benötigten Nennstrom liefern kann. Die Modul-Nennleistung (die auch als *maximale Leistung* bezeichnet wird) errechnet sich einfach durch Multiplizieren der Nennspannung mit dem Nennstrom:

Nennspannung [V] × Nennstrom [A] =
Nennleistung [W].

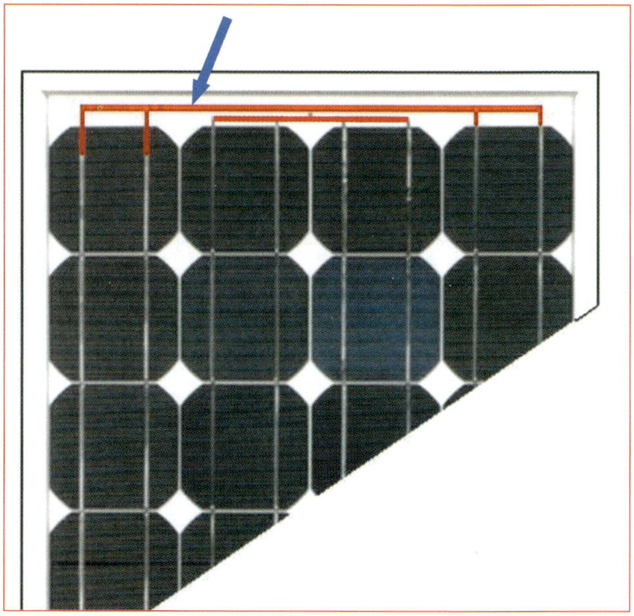

Abb. 7.1 – Bei den meisten handelsüblichen Solarmodulen wird der Modul-Wirkungsgrad pro m^2 Fläche nicht nur durch den eigentlichen Wirkungsgrad der verwendeten Solarzellen, sondern auch durch die Zwischenräume zwischen den einzelnen Zellen bzw. zwischen den Solarzellen, die für die Durchverbindungen erforderlich sind, und dem Modul-Rahmen bestimmt.

7.1 Mechanische Ausführung der Solarmodule

Die meisten der handelsüblichen kristallinen Solarmodule sind nach dem Prinzip aus *Abb. 7.2* konzipiert. Die Solarzellen sind hier wie eine Schmetterlingssammlung eingerahmt und zwischen zwei Glas- oder Kunststoffscheiben in eine silikonartige Gussmasse eingebettet.

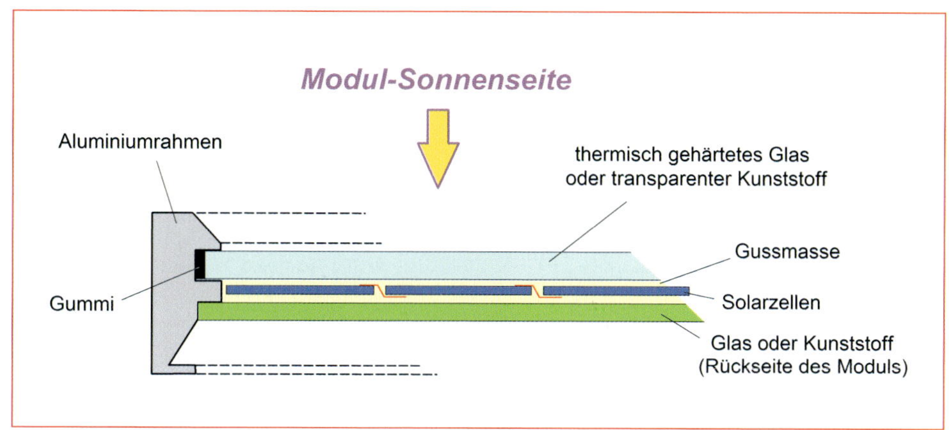

Abb. 7.2 – Ein kristallines Solarmodul im Schnitt.

Weder die Abmessungen noch die technischen Parameter der Solarmodule unterliegen einer Norm. Die Qualität der Einrahmung kann Einfluss auf den Modulpreis haben. Am teuersten sind Solarmodule, die an der Sonnenseite eine thermisch gehärtete Glasscheibe haben (bei diesen Modulen geben die Hersteller in der Regel eine Lebensdauer von 20 Jahren an). Etwas preiswerter sind Solarmodule mit Kunststoffscheiben. Sie sind leichter, aber wiederum etwas empfindlicher gegen Verkratzen oder Ermatten der Scheibe. Hier geben die Hersteller oft eine Lebensdauer von nur zehn Jahren an, was sich jedoch auf eine kontinuierliche Außenanwendung bezieht. Einige dieser Module sind in einer portablen zusammenklappbaren Ausführung erhältlich, die etwa Aktentaschenformat hat und auch fürs Campen gut geeignet ist.

Als Dritte im Bunde verdienen diverse flexible Solarmodule *(Abb. 7.3)* besondere Beachtung. Abgesehen von dem Vorteil, dass sie sich biegen und direkt auf das Dach des Caravans, Reisemobils oder Autos aufkleben lassen, sind sie sehr leicht und damit z. B. auch zum Zelten bequem transportierbar. Sie sind allerdings etwas empfindlicher gegen Beschädigungen der Schutzfolie,

Abb. 7.3 – Flexible Solarmodule lassen sich bis zu einem Radius von ca. 1,5 m biegen und direkt auf Caravan- oder Reisemobildächer aufkleben.

7.1 Mechanische Ausführung der Solarmodule

die es natürlich nicht mit einer thermisch gehärteten Glasscheibe aufnehmen kann. Diese Schwachstelle des flexiblen Solarmoduls dürfte jedoch nur dann ins Gewicht fallen, wenn das Modul z. B. fest auf ein Caravandach aufgeklebt wird und über Jahre hinweg im Freien überwintern muss.

Kleinere flexible bzw. leichtgewichtige Solarmodule sind ziemlich steif und können auch ohne Hilfskonstruktion gegen einen Stock oder einen beliebigen Gegenstand gelehnt und gegen die Sonne ausgerichtet aufgestellt werden *(Abb. 7.4)*.

Abb. 7.4 – Ein kleines Leichtgewicht-Solarmodul kann als eine portable Stromquelle beim Campen vielseitig genutzt werden.

7.2 Richtige Ausrichtung und Nutzung der Solarmodule

Wir wissen inzwischen, dass die Leistung eines Solarmoduls auch davon abhängt, wie gut es gegen die Sonne ausgerichtet ist. Wenn sich das Solarmodul von Sonnenauf- bis Sonnenuntergang gleitend nach der Sonne drehen könnte, wäre es am besten. Beim Campen kann ein frei stehendes Solarmodul zumindest ein paar Mal am Tag durch einfaches Umstellen nach der Sonne ausgerichtet werden, um von ihm eine optimale elektrische Solarleistung beziehen zu können.

Für die Sommermonate ist ein waagrecht installiertes Solarmodul (etwa ein auf dem Caravan- oder Autodach liegendes bzw. angeleimtes Modul) am vorteilhaftesten, allerdings nur in Hinsicht auf die „Qual der Wahl" bei einem fest montierten Solarmodul. Generell ist der Ertrag eines fest ausgerichteten Solarmoduls viel geringer als z. B. bei einem Modul, das sich zumindest fünfmal am Tag nach der Sonne ausrichten (umstellen) lässt.

Ist ein Solarmodul nur für das Laden eines 12-V-Akkus während der Sommermonate bestimmt, genügt es, wenn seine Nennspannung ca. 17 bis 18 V beträgt. Notfalls reichen auch 16 V aus, aber in diesem Fall sinkt die Solarspannung schon bei gering bewölktem Himmel leicht unter das Niveau der Akkuspannung, und es findet kein Nachladen statt. Von diesem Standpunkt aus betrachtet, wäre es eigentlich von Vorteil, wenn das Solarmodul für eine Nennspannung von z. B. 20 V ausgelegt wäre – oder noch höher. Das hat jedoch einen höheren Anschaffungspreis zur Folge, und das Preis-Leistungs-Verhältnis wäre nur bedingt vertretbar.

Anders ist es bei einem Solarmodul, das im Frühjahr und/oder Herbst in Mitteleuropa für denselben Zweck verwendet werden soll. Hier dürfte eine Nennspan-

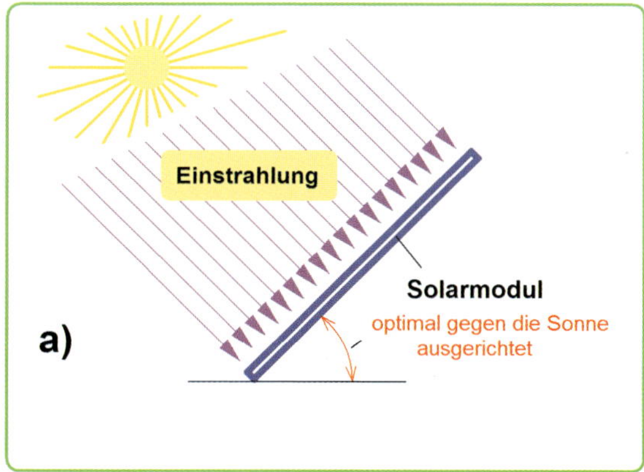

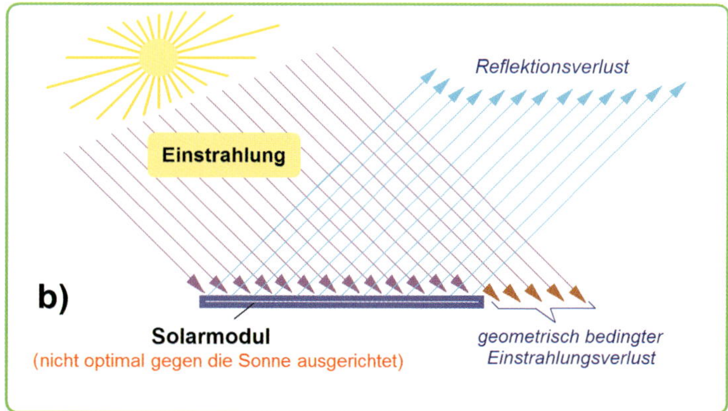

Abb. 7.5 – Die Sonnenbestrahlungsdichte der direkten Sonnenstrahlen hängt vom Neigungswinkel des Solarmoduls ab.

7.2 Richtige Ausrichtung und Nutzung der Solarmodule

nung von 18 bis 20 V sinnvoll sein. Auch der Modul-Nennstrom darf etwas stärker gewählt werden als bei einem „Sommermodul". Er sollte allerdings sicherheitshalber 10 % der Akkukapazität eines Blei- oder NiCd-Akkus bzw. 20 % der Akkukapazität eines NiMH-Akkus nicht überschreiten.

Man sollte bereits bei der Anlagenplanung immer die Tatsache berücksichtigen, dass die in den technischen Daten angegebene Nennspannung des Solarmoduls nur bei Einhalten der Testbedingungen (strahlender Sonnenschein, optimale Ausrichtung der Solarzellenfläche und Zellenarbeitstemperatur von 25° C) zutrifft. Die theoretisch vorgesehene Zellenarbeitstemperatur von 25° C stellt bei voll belasteten Solarzellen eine Schwachstelle dar, denn diese erwärmen sich leicht auf das Doppelte (an heißen Sommertagen noch etwas mehr). Die vom Solarmodul gelieferte Spannung (sowie auch die Leistung) sinkt dann mit zunehmender Temperatur nach *Abb. 7.6*.

Solarmodule, die für das Nachladen von Akkus verwendet werden, erwärmen sich allerdings nicht so oft und nicht so kräftig wie solche, an die ein Verbraucher angeschlossen ist, der von ihnen laufend den maximalen Strom und die maximale Leistung bezieht. Wenn ein gut dimensioniertes Solarmodul einen Akku quasi laufend nachlädt, sinkt die Spannung des Akkus nur in Ausnahmefällen derart tief, dass der Akku vom Solarmodul vorübergehend den vollen Ladestrom und die volle Leistung bezieht. Während des Nachladens des Akkus steigt seine Spannung gleitend und es sinkt ent-

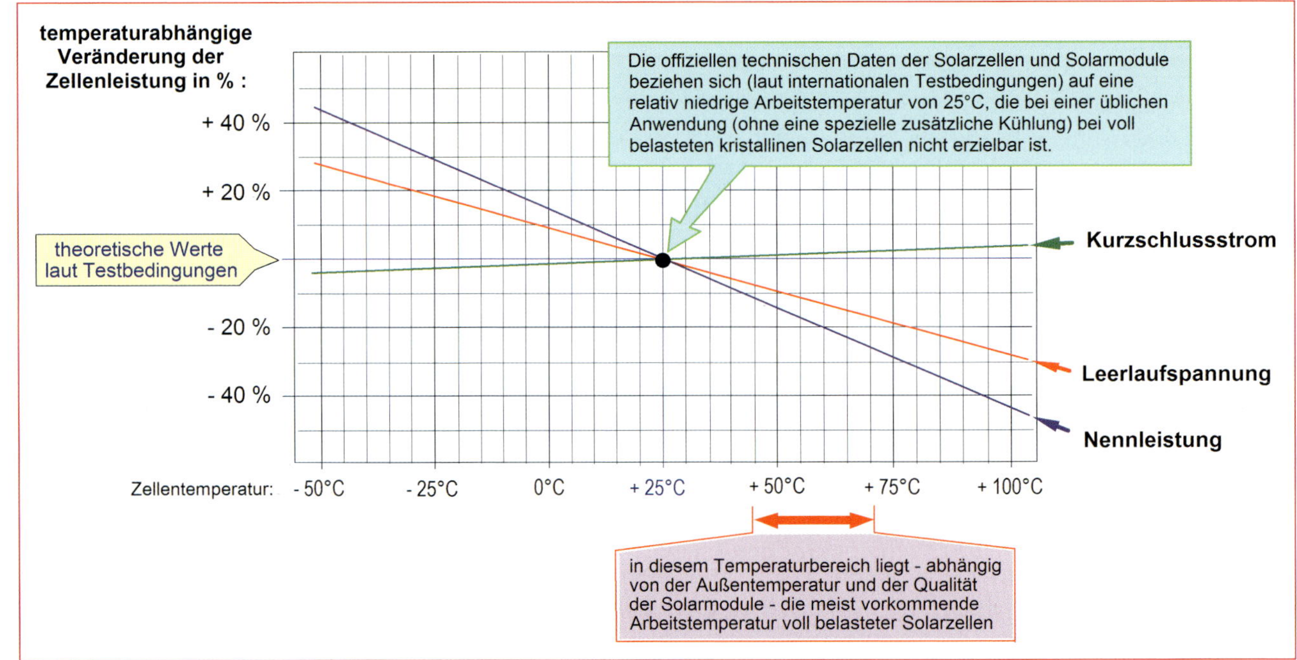
temperaturabhängige Veränderung der Zellenleistung in % :
+ 40 %
+ 20 %
- 20 %
- 40 %
theoretische Werte laut Testbedingungen
Die offiziellen technischen Daten der Solarzellen und Solarmodule beziehen sich (laut internationalen Testbedingungen) auf eine relativ niedrige Arbeitstemperatur von 25°C, die bei einer üblichen Anwendung (ohne eine spezielle zusätzliche Kühlung) bei voll belasteten kristallinen Solarzellen nicht erzielbar ist.
Kurzschlussstrom
Leerlaufspannung
Nennleistung
Zellentemperatur:
- 50°C
- 25°C
0°C
+ 25°C
+ 50°C
+ 75°C
+ 100°C
in diesem Temperaturbereich liegt - abhängig von der Außentemperatur und der Qualität der Solarmodule - die meist vorkommende Arbeitstemperatur voll belasteter Solarzellen

Abb. 7.6 – Die von Solarmodulen bezogene Spannung und Leistung sinkt mit zunehmender Temperatur der Solarzellen.

sprechend der vom Solarmodul bezogene Ladestrom ebenfalls gleitend. Das Solarmodul wird daher als Ladestromquelle nur relativ selten (nach länger andauerndem regnerischem Wetter) voll beansprucht.

Bleibt die Frage offen, was unter dem Begriff „gut dimensioniertes Solarmodul" zu verstehen ist. Zunächst ist anzustreben, dass der Solarzellen-Nennstrom die 10 % der Akkukapazität nicht unterschreitet. Falls bei der Erfüllung dieses Anspruchs die zur Verfügung stehenden Flächen auf dem Caravandach (oder an anderer vorgesehener Stelle) schon ausgeschöpft sind, bleibt nur noch die Frage der optimalen Nennspannung übrig (die bereits als geklärt betrachtet werden dürfte).

Die optimale Akkukapazität muss bei solarelektrischer Stromversorgung gut überlegt und durchgerechnet werden. Das eigentliche Planungsprinzip ist sehr einfach: Was dem Akku an elektrischer Energie abgenommen wird, das muss das Solarmodul nachliefern können. Der Stromverbrauch wird durch die Antworten auf folgende Planungsfragen ermittelt:

- **a)** Welche elektrischen Verbraucher werden an die Anlagenbatterie angeschlossen?
- **b)** Wie groß ist der Stromverbrauch einzelner Verbraucher (in Ampere), und wie viele Betriebsstunden pro Tag oder pro Woche sind für einzelne Verbraucher vorgesehen?
- **c)** Wird der Anlagenakku (Bordakku) ausschließlich vom Solarmodul geladen, oder beteiligt sich am Laden auch eine andere Energiequelle, wie z. B. die Fahrzeug-Lichtmaschine oder ein Windgenerator?
- **d)** Wie lange andauernde sonnenarme „Durststrecken" sollte der Anlagenakku überbrücken?

In den vorhergehenden Kapiteln wurde bereits an praktischen Beispielen gezeigt und erklärt, wie sich diverse konkrete Vorhaben realisieren lassen und worauf es bei einzelnen Überlegungen ankommt. Beispiele zur Dinemsionierung eines Solarmoduls zeigt *Abb. 7.7.* Hier muss allerdings jeder selber bestimmen, welche Verbraucher er mit Solarstrom betreiben möchte und um welche Zeitspannen es dabei geht.

Mit der Einschätzung der voraussichtlichen Wetterbedingungen kennen sich erfahrungsgemäß auch professionelle Meteorologen nur in Grenzen aus. Hier gibt es bei der Planung nur die Möglichkeitn, das Schlimmste zu berücksichtigen.

Bemerkung

In unseren Beispielen einer optimalen Dimensionierung gehen wir einfachheitshalber von einer Versorgungsgleichspannung von 12 V aus, denn für diese Gleichspannung sind viele handelsübliche Geräte als Solarprodukte oder als Autozubehör erhältlich. Wenn anstelle von 12 V eine 24-V-Spannung verwendet wird, verdoppeln sich auch die empfohlenen Modulspannungen und halbieren sich die Modul-Nennströme.

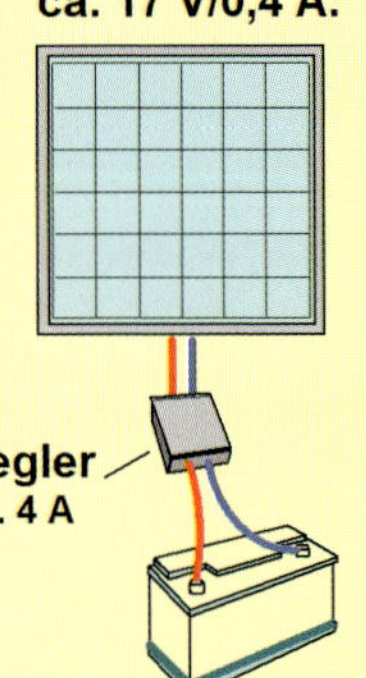

Solarmodul
ca. 17 V/0,4 A:
benötigt ca. 3 Stunden lang volle Sonnenbestrahlung, um den Akku um 1 Ah auf- oder nachzuladen. Die zu niedrige Modul-Nennspannung schränkt das optimale Nachladen nur auf Zeitspannen ein, während denen die Sonne kräftiger scheint.
Laderegler
12 V/ca. 4 A
Akku
12 V

Solarmodul
ca. 19 V/0,3 A:
benötigt zwar ca. 4 Stunden lang volle Sonnenbestrahlung, um den Akku um 1 Ah auf- oder nachzuladen, aber durch die höhere Modul-Nennspannung lädt das Modul auch bei leicht bewölktem Himmel den Akku etwas nach, wodurch der Nachteil des niedrigen Nennstroms kompensiert wird.
Laderegler
12 V/ca. 4 A
Akku
12 V

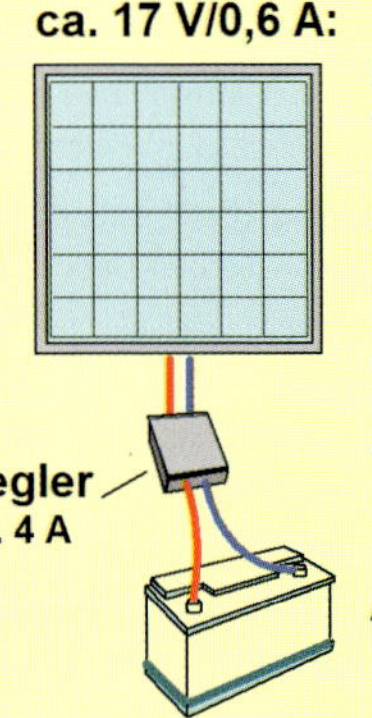

Solarmodul
ca. 17 V/0,6 A:
benötigt ca. 3 Stunden lang volle Sonnenbestrahlung, um den Akku um 1 Ah auf- oder nachzuladen. Die zu niedrige Modul-Nennspannung schränkt das optimale Nachladen nur auf Zeitspannen ein, während denen die Sonne kräftiger scheint.
Laderegler
12 V/ca. 4 A
Akku
12 V

Solarmodul
ca. 19 V/1 A:
benötigt ca. 1,2 Stunden lang volle Sonnenbestrahlung, um den Akku um 1 Ah auf- oder nachzuladen, aber durch die höhere Modul-Nennspannung lädt das Modul auch bei leicht bewölktem Himmel den Akku etwas nach.
Laderegler
12 V/ca. 4 A
Akku
12 V

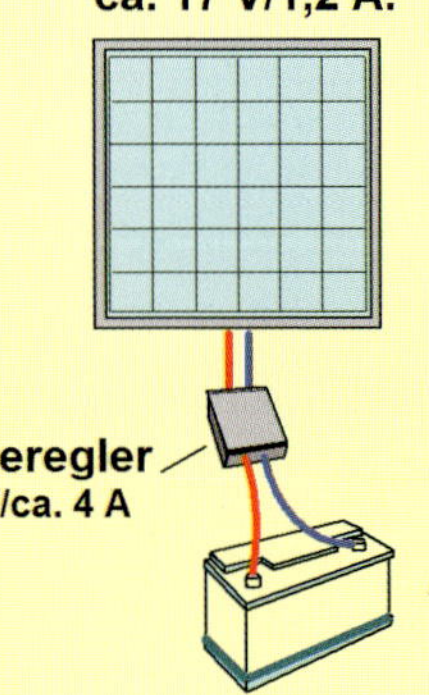

Solarmodul
ca. 17 V/1,2 A:
benötigt ca. 1 Stunde lang volle Sonnenbestrahlung, um den Akku um 1 Ah auf- oder nachzuladen. Die zu niedrige Modul-Nennspannung schränkt das optimale Nachladen ebenfalls nur auf Zeitspannen ein, während denen die Sonne kräftiger scheint.
Laderegler
12 V/ca. 4 A
Akku
12 V

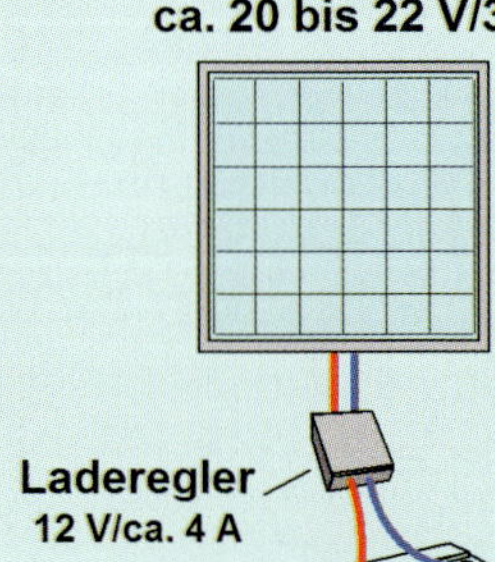

Solarmodul
ca. 20 bis 22 V/3 A:
benötigt nur ca. 0,4 Stunde lang volle Sonnenbestrahlung, um den Akku um 1 Ah auf- oder nachzuladen, aber durch die hohe Modul-Nennspannung lädt das Modul auch bei leicht bewölktem Himmel den Akku stärker nach. Die hier aufgeführte hohe Nennspannung des Moduls verteuert zwar die Errichtung, ist aber für Anlagen empfehlenswert, die auch während der Wintermonate intakt funktionieren sollen.
Laderegler
12 V/ca. 4 A
Akku
12 V

Abb. 7.7 – Einige Beispiele der Dimensionierung eines Solarmoduls und des daraus resultierenden Nachladens eines 12-V-Akkus.

7.3 Serieller und paralleler Betrieb mehrerer Solarmodule

Wir wissen inzwischen, dass Solarzellen und Solarmodule, ähnlich wie Batterien, seriell (in Reihe), parallel oder seriell-parallel miteinander verbunden werden können, um eine höhere Nennspannung und/oder einen höheren Nennstrom zu erhalten, als handelsübliche Einzelmodule bieten.

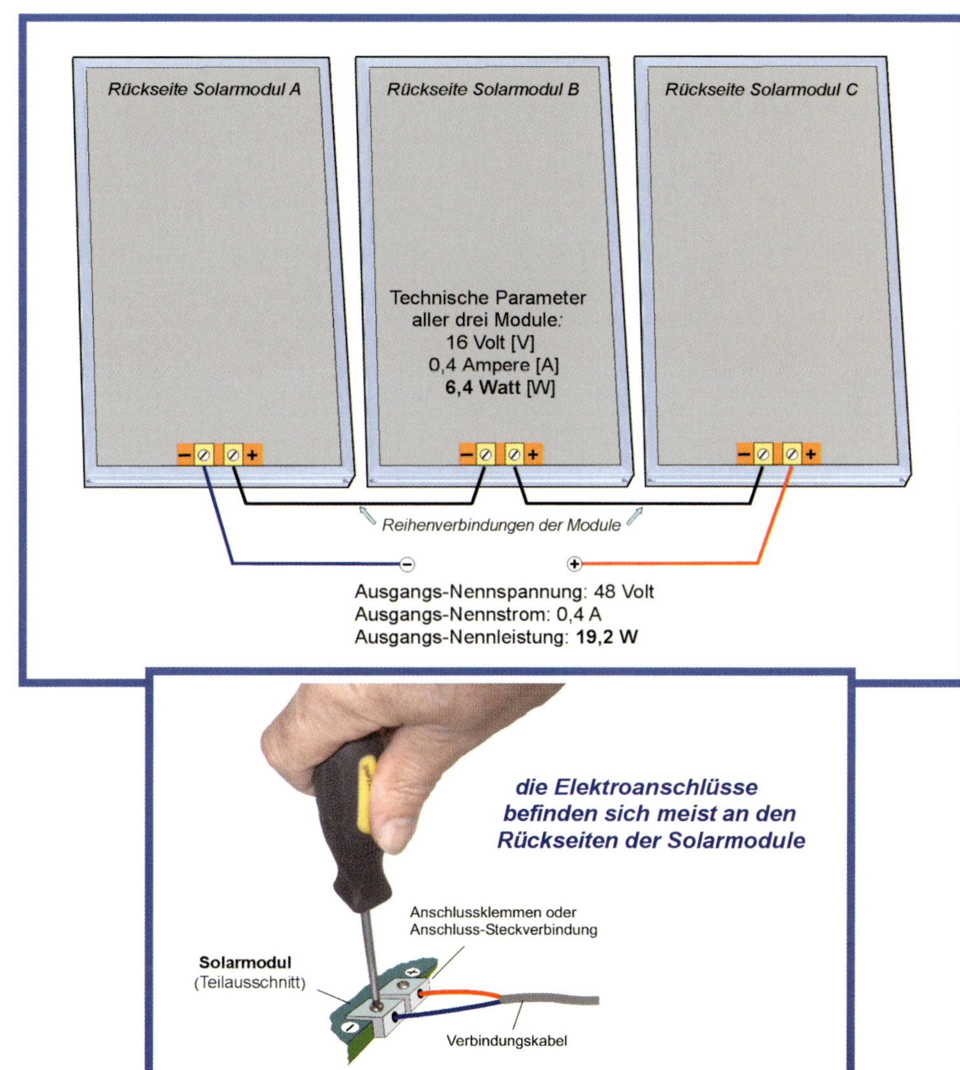

Abb. 7.8 – Beispiel einer Reihenverschaltung von drei Solarmodulen, die herstellerseitig mit Anschlussklemmen versehen sind.

7.3 Serieller und paralleler Betrieb mehrerer Solarmodule

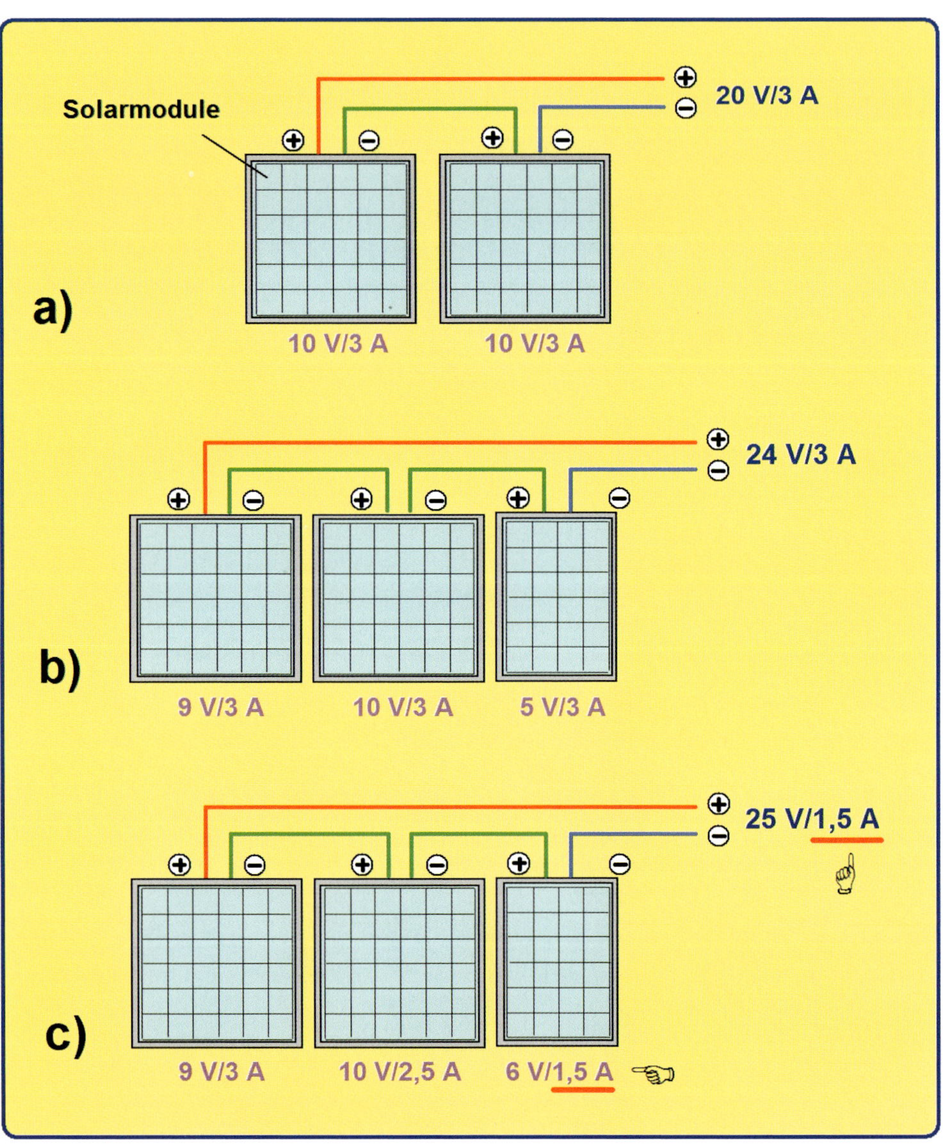

Abb. 7.9 – Wenn mehrere Solarmodule in Serie geschaltet werden, sollten alle für denselben Nennstrom ausgelegt sein, denn für den Ausgangsnennstrom einer solchen Kette ist immer das schwächste Modul bestimmend: **a)** Module mit identischen Parametern; **b)** Module mit unterschiedlicher Nennspannung, aber mit gleichem Nennstrom; **c)** Module, die einen unterschiedlichen Nennstrom haben, eignen sich nur bedingt für eine serielle Schaltung, denn der Ausgangsstrom wird hier vom Modul mit dem niedrigsten Nennstrom bestimmt.

7.3 Serieller und paralleler Betrieb mehrerer Solarmodule

In *Abb. 7.9* zeigen wir an einigen Beispielen, wie sich eine Reihenschaltung mehrerer Module auf die erzielten Nennwerte auswirkt. Bei dem Beispiel in *Abb. 7.9 c* wird darauf hingewiesen, dass sich solch eine Lösung „nur bedingt" eignet. Das dürfte näher erläutert werden: Wenn die Nennspannung eines Solarmoduls für ein Vorhaben zu niedrig ist, können zwei oder drei zusätzliche kleine, preiswerte Module – die z. B. als gekapselte Solarzellen erhältlich sind – die Ausgangsspannung auf den angestrebten Wert erhöhen. In solchen Fällen ist es von Vorteil, wenn die zusätzlichen Module – oder gekapselten Solarzellen – sicherheitshalber lieber für einen etwas höheren Nennstrom ausgelegt sind, als theoretisch erforderlich wäre. *Abb. 7.10* zeigt ein Beispiel einer solchen Anordnung.

Für parallelen Betrieb eignen sich am besten Solarmodule mit identischen Parametern, wie in *Abb. 7.11 a* eingezeichnet ist. Die Lösung nach *Abb. 7.11 b* ist zwar theoretisch ebenfalls zulässig, aber in der Praxis besteht hier die Gefahr, dass die theoretisch gleichen Nennspannungen der ungleichen Module in Wirklichkeit dennoch Abweichungen aufweisen, die Leistungsverluste zur Folge haben könnten. Eine Lösung nach *Abb. 7.11 c* ist technisch nicht zulässig.

Werden bei einer seriell-parallelen Verschaltung nur kleinere zusätzliche Solarmodule an das Hauptmodul zugeschaltet, darf man sie nach dem Beispiel in *Abb. 7.12 a* etwas großzügiger dimensionieren. In der Praxis findet man ohnehin nur selten zusätzliche Kleinmodule, deren Spannung und Strom exakt die benö-

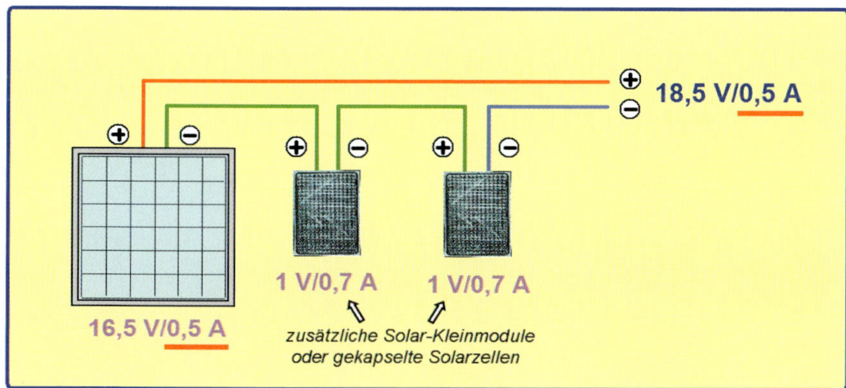

Abb. 7.10 – Kleine zusätzliche Solarmodule dürfen in der Praxis über einen etwas höheren theoretischen Nennstrom verfügen, um garantiert den Strom des großen Moduls nicht unter seinen Nennwert abzudrosseln, falls ihr tatsächlicher Strom nicht den Katalogwert erreicht.

7.3 Serieller und paralleler Betrieb mehrerer Solarmodule

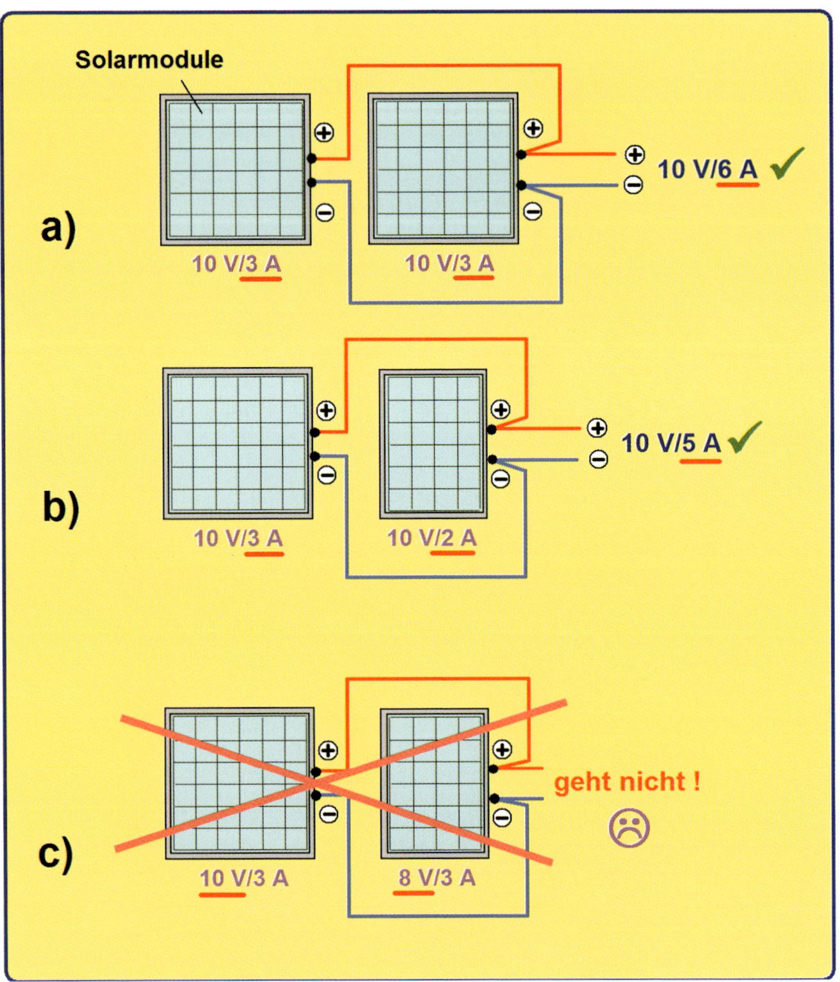

Abb. 7.11 – Bei paralleler Verbindung mehrerer Solarmodule müssen alle Module für exakt dieselbe Nennspannung ausgelegt werden, aber der Nennstrom und somit automatisch auch die Nennleistung dürfen unterschiedlich sein.

tigten Werte aufweisen. Eine Kompromisslösung nach *Abb. 7.12 b* ist jedoch nur als Provisorium zu betrachten, da ein zu großer Teil der Leistung des teuren Hauptmoduls quasi verschenkt wird. In diesem Fall ist es effizienter, wenn nach *Abb. 7.12 c* die zusätzlichen Kleinmodule etwas „überdimensioniert" sind.

Wenn mehrere Solarmodule in Serie (Reihe) geschaltet werden, an deren Ausgangsklemmen der Hersteller Schottky-Dioden *(nach Abb. 7.13)* angebracht hat, sollten diese nur am letzten Modul der Reihe (von dem der Plus-Anschluss zum Laderegler führt) belassen werden. Bei allen restlichen Modulen sind sie zu entfernen.

Falls bereits im Laderegler eine Schottky-Diode untergebracht ist bzw. falls der Laderegler elektronisch so konzipiert ist, dass er Strom sowieso nur in Richtung Akku durchlässt – aber nicht in der Gegenrichtung –, sollten die Schottky-Dioden von allen Modulen entfernt werden.

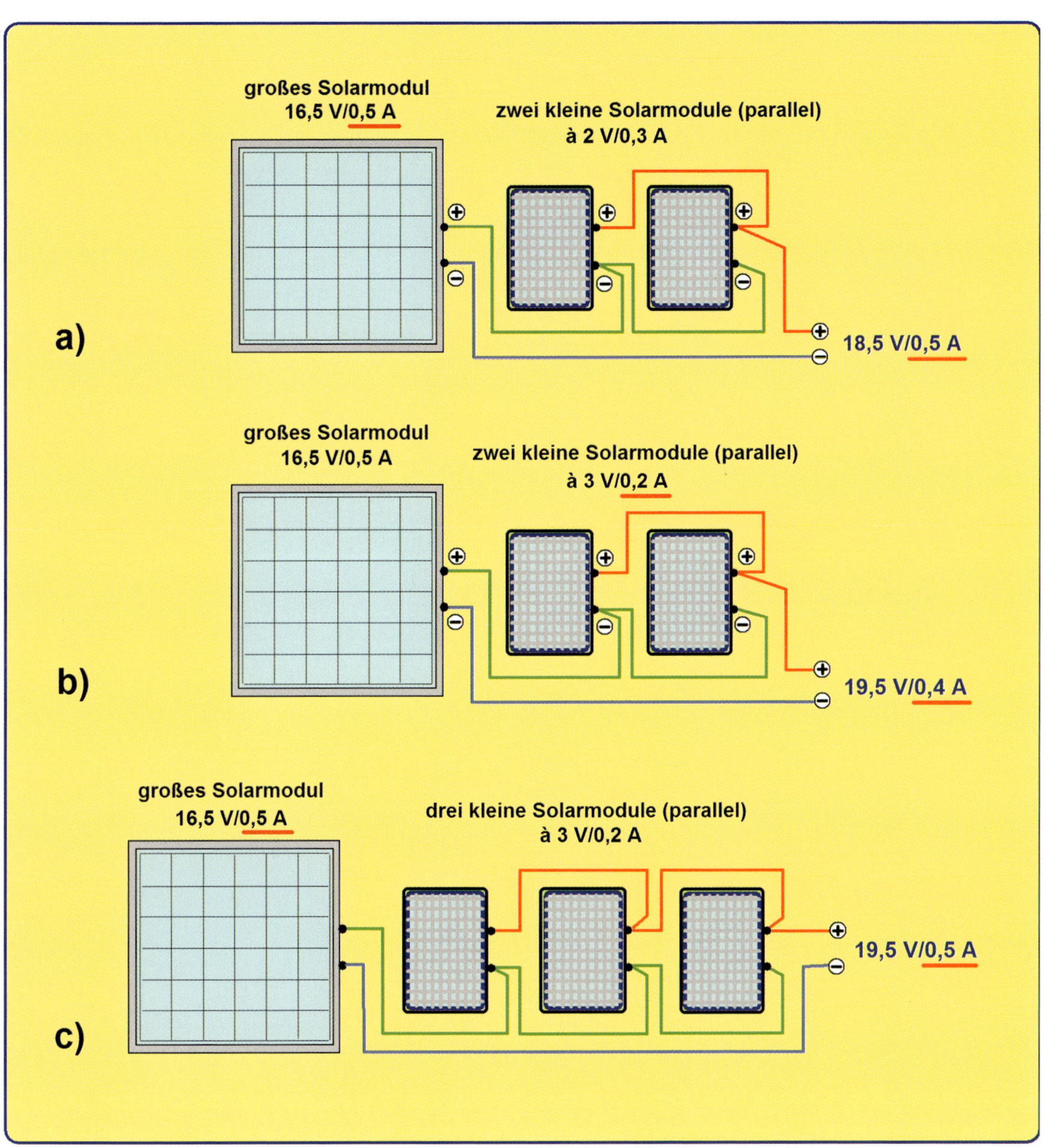

Abb. 7.12 – Mithilfe seriell-paralleler Verschaltung mehrerer Module können die Leistung und die Spannung eines solchen Solargenerators bedarfsbezogen erhöht werden.

7.3 Serieller und paralleler Betrieb mehrerer Solarmodule

Bitte nicht vergessen

Wird ein Akku von einem Solarmodul oder von mehreren miteinender verschalteten Solarmodulen geladen, muss er dagegen geschützt sein, sich über die Solarmodule zu entladen, sobald deren Spannung (bei geringer Belichtung bzw. nachts) unter die Akkuspannung sinkt. Wenn der verwendete Laderegler nicht so ausgelegt ist, dass er in der Gegenrichtung keinen Strom vom Akku zu den Solarmodulen durchlässt, muss eine Schottky-Diode nach *Abb. 7.14* den „Ein-Richtungs-Verkehr" steuern.

Eine (gute) Schottky-Diode hat gegenüber normalen Siliziumdioden den Vorteil, dass an ihr ein Spannungsverlust von nur ca. 0,3 V entsteht (an normalen Siliziumdioden liegt der Spannungsverlust bei etwa 0,6 bis 1 V). In der Solarelektrik stellen zwar auch 0,3 V einen kostspieligen Spannungsverlust dar, denn ihm fallen etwa $^2/_3$ der Nennspannung einer Zelle (pro Kette) zum Opfer. Wenn jedoch anstelle der Schottky-Diode (= spezielle Metall-Halbleiterdiode mit einer Schottky-Sperrschicht) eine normale Siliziumdiode (Gleichrichterdiode) verwendet würde, würde der Spannungsverlust annähernd die Nennspannung von zwei Solarzellen betragen.

Die Schottky-Diode stellt somit das kleinere Übel dar und wird daher für derartige Aufgaben in der Photovoltaik (Solarelektrik) verwendet. Kontrollieren Sie aber bitte die Schottky-Diode vor dem Einbau, denn es sind auch Produkte im Umlauf, die einen wesentlich höheren Spannungsverlust als die vorgesehenen 0,3 V aufweisen. Die an ihnen in Wärme umgewandelte Leistung stellt dann verschenktes Geld dar.

Die Wahl der richtigen Schottky-Diode ist einfach. In Kurzfassung werden Schottky-Dioden in Katalogen beispielsweise folgendermaßen angeboten: *„MBR 745 – 7,5 A/45 V"* oder *„SB 530 – 5 A/ 30 V"*. Das genügt für unsere Zwecke. Es geht vor allem darum, dass die verwendete Schottky-Diode für einen Maximalstrom ausgelegt ist, der mindestens ca. 50 % höher liegt als der Modul-Nennstrom und dass die Diode auch die Leerlaufspannung des Moduls verkraftet.

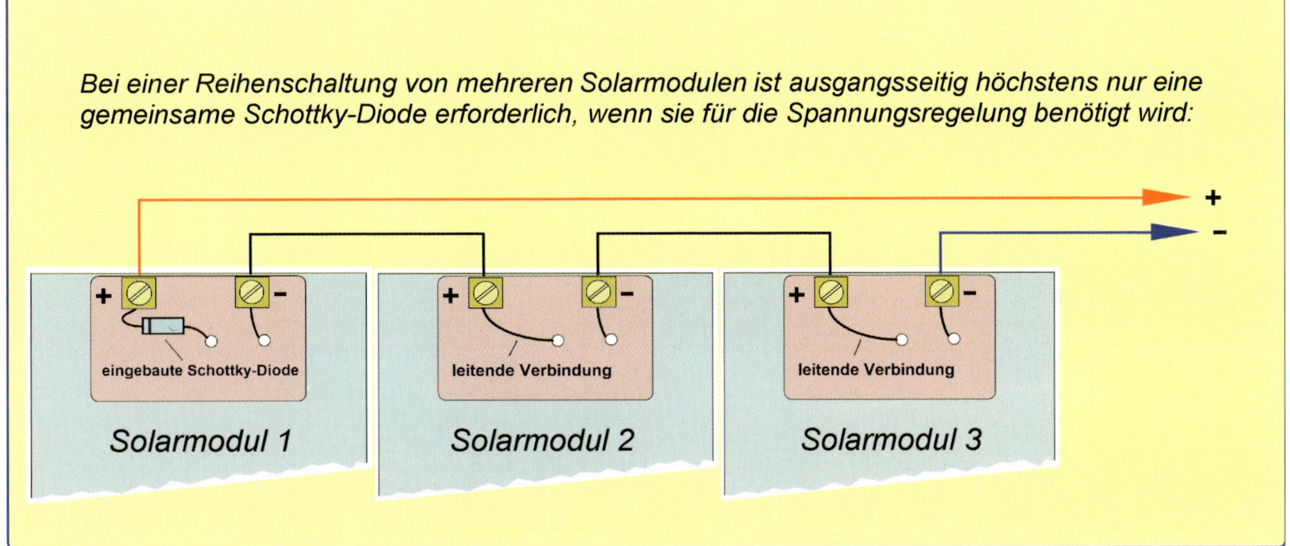

Bei einer Reihenschaltung von mehreren Solarmodulen ist ausgangsseitig höchstens nur eine gemeinsame Schottky-Diode erforderlich, wenn sie für die Spannungsregelung benötigt wird:
+
-
eingebaute Schottky-Diode
leitende Verbindung
leitende Verbindung
Solarmodul 1
Solarmodul 2
Solarmodul 3

Abb. 7.13 – Wenn mehrere Solarmodule in Reihe geschaltet werden, an deren Anschlussklemmen der Hersteller bereits Schottky-Dioden angebracht hat, sollten diese energiesparend bis auf die letzte Diode (am Plusausgang des Moduls, von dessen Pluspol die Stromzuleitung zum Akku führt) entfernt bzw. mit einem Kupferdraht überbrückt werden.

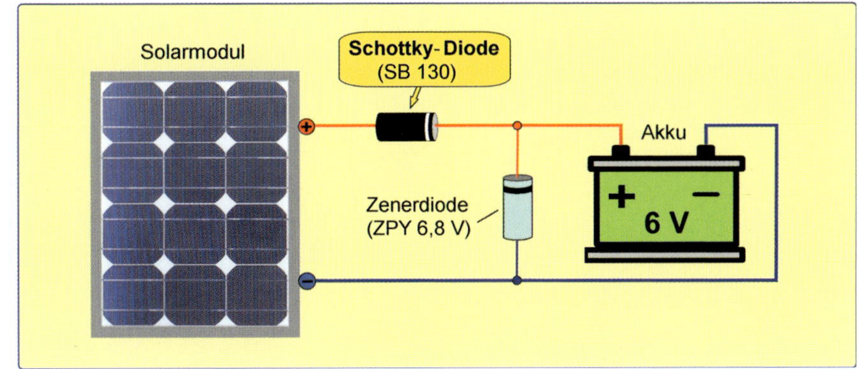

Abb. 7.14 – Eine Schottky-Diode schützt den Akku gegen das Entladen über die Solarzellen: Bei einfacher Ladespannungsregelung mit Hilfe einer Zenerdiode darf die Schottky-Diode nicht fehlen!

7.3 Serieller und paralleler Betrieb mehrerer Solarmodule

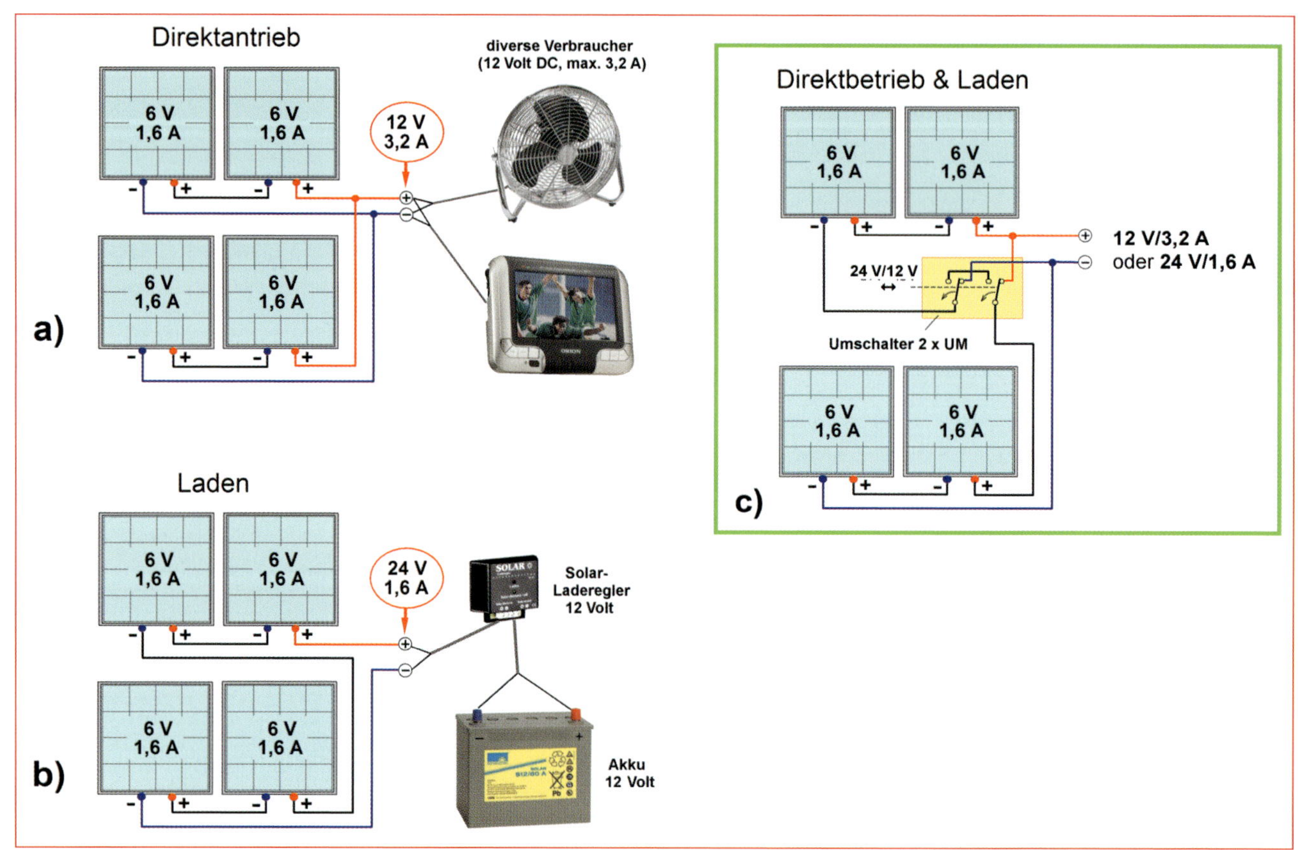

Abb. 7.15 – Anordnungsbeispiel von vier Solarmodulen, die wahlweise für einen Direktantrieb oder für das Laden geschaltet werden: **a)** Für den Direktantrieb von 12-V-Verbrauchern werden die Solarmodule seriell-parallel geschaltet; **b)** für das Laden werden die Module in Reihe geschaltet, um eine höhere Ladespannung zu erhalten, die auch bei etwas ungünstigen Wetterbedingungen bzw. im Winter immer noch zum Nachladen eines Akkus ausreicht. **c)** Mit Hilfe eines zweipoligen Umschalters können die Solarmodule vom Direktantrieb auf Laden umgeschaltet werden.

7.4 Beschattungsempfindlichkeit der Solarmodule

Ein Solarmodul besteht bekanntlich aus einer Reihe von Solarzellen, die eine Kette bilden, bei der der Nennstrom des schwächsten Gliedes für den Ausgangsnennstrom – und somit auch für die Ausgangsleistung – des Moduls bestimmend ist.

Es muss sich dabei nicht unbedingt um eine herstellungsbedingte Schwäche einer der Zellen handeln: Wenn z. B. während des Betriebs eine der Zellen beschattet wird, sinken automatisch ihre Spannungs- und Stromwerte (und somit auch die Leistungswerte) auf ein Niveau, das mit der Abnahme der Bestrahlungsintensität übereinstimmt. Die Beschattung bzw. Teilbeschattung einer einzigen Zelle hat somit einen Leistungsrückgang der ganzen Zellenkette (des ganzen Moduls) zur Folge.

In der Praxis kann so etwas gelegentlich vorkommen: Eine oder mehrere Zellen des Moduls werden am Reisemobildach durch einen Zweig oder durch angewehtes Laub, auf einen Boot z. B. durch einen Mast beschattet. Neben dem Leistungsverlust gibt es bei einer beschatteten Solarzelle noch ein weiteres kritisches Phänomen: Die Zelle kann sich bei Sonnenschein umpolen, eine Sperrspannung erzeugen und durch darauffolgendes Aufheizen das Solarzellenmodul beschädigen oder sogar zerstören.

Das Ganze klingt nun ein wenig abenteuerlich und verdient deshalb eine kurze Erklärung: Wenn sich eine beschattete Zelle wie ein verstopftes Wasserrohr verhält, versuchen die anderen Zellen der Kette, ihren Nennstrom durch diese „Verstopfung" durchzudrücken – vorausgesetzt, dass am Kettenausgang eine entsprechende Belastung vorhanden ist. Falls die Zelle derart beschattet ist, dass ihr Kurzschluss-Strom niedriger wird als der momentane Nennstrom der restlichen Zellen der Kette, kann dies unter Umständen (bei intensiverem Sonnenschein) zur Folge haben, dass sich die Zelle umpolt. Sie stellt somit der treibenden Spannung der restlichen Zellen ihre Sperrspannung entgegen. Dadurch heizt sie sich überproportional auf und kann gegebenenfalls die Gussmasse im Modul derartig aufwärmen, dass diese sich verfärbt oder sogar Blasen bildet.

Beides hat zur Folge, dass die Lichtdurchlässigkeit der Gussmasse abnimmt, wodurch die betroffene Zelle neben einer eventuell länger andauernden Beschattung auch noch diesem zusätzlichen Handicap ausgesetzt wird. Das führt – sofern das Solarmodul weiterhin voll von der Sonne bestrahlt wird – zu weiterem Aufwärmen der Zelle. Wenn der ganze Vorgang länger dauert, wird das Solarzellenmodul unbrauchbar.

Um diese Gefahr zu bannen, werden entweder nach *Abb. 7.16 a* parallel zu jeder Solarzelle oder nach *Abb. 7.16 b* parallel zu einer Sektion der Solarkette *Bypass-Dioden* hinzugefügt. Einige moderne Solarmodule werden sogar mit speziellen Solarzellen bestückt, in deren Siliziumschicht Bypass-Dioden direkt integriert (eingeätzt) sind.

Eine Bypass-Diode funktioniert quasi wie eine Baustellen-Umleitung: Wenn eine der Zellen in *Abb. 7.16 a* beschattet wird, leitet ihre Bypass-Diode den Strom der restlichen Zellen um. Am Modul-Ausgang wirkt sich die Beschattung der Zelle nur als Spannungsverlust (von z. B. 0,46 V) aus. Dieser Spannungsverlust hat zwar ebenfalls einen geringfügigen Rückgang der Modulleistung zur Folge, aber nur in einem mathematischen Verhältnis laut der Formel

Spannung × Strom = Leistung.

Wenn gleichzeitig mehrere Zellen des Moduls beschattet oder teilbeschattet werden, addieren sich verständlicherweise die einzelnen Spannungsverluste zu einem entsprechend größeren Spannungs- und Leistungsendverlust.

7.4 Beschattungsempfindlichkeit der Solarmodule

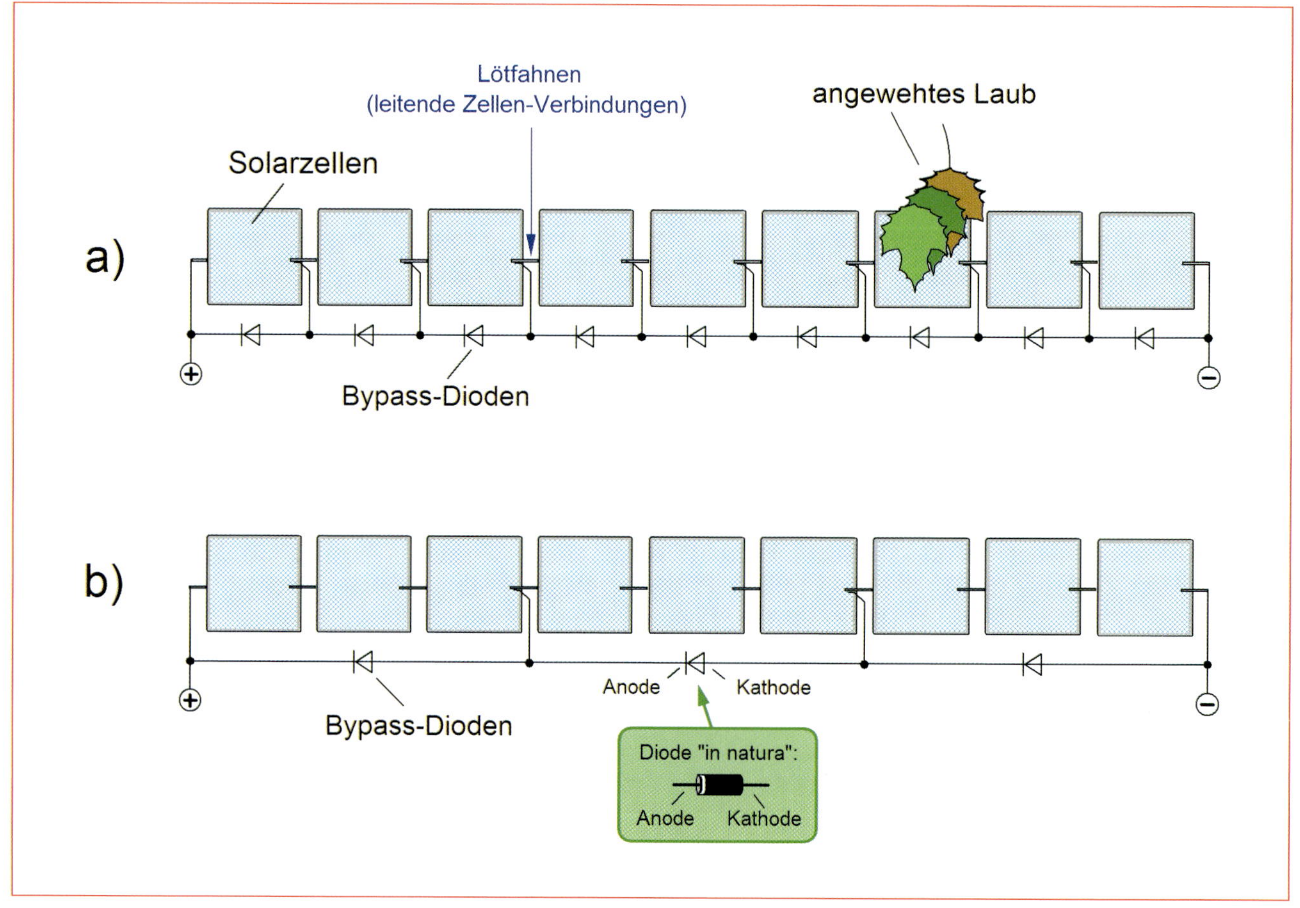

Abb. 7.16 – Anordnungsbeispiele von Bypass-Dioden im Solarmodul: **a)** Jede Solarzelle verfügt über eine eigene Bypass-Diode. **b)** Mehrere Solarzellen werden nur mit einer einzigen Bypass-Diode überbrückt.

Viele Hersteller von Solarmodulen wenden die Bypass-Dioden gar nicht an, andere nur sparsam: Sie überbrücken mit einer Diode jeweils mehrere Zellen, wie in *Abb. 7.16 b* dargestellt. Eine solche Lösung schützt zwar das Solarmodul vor einer Beschädigung oder Zerstörung (was besser ist als nichts), aber eine stärkere Beschattung setzt dann eine ganze Zellensektion völlig außer Betrieb.

Nach unseren Beispielen in *Abb. 7.17/7.18* können bestehende Solarmodule, in denen der Hersteller keine Bypass-Dioden integriert hat, mit zusätzlichen Bypass-Dioden an ihren Anschlussklemmen überbrückt werden. Eine solche Lösung ist vor allem dann erforderlich, wenn z. B. durch unterschiedliche

Anordnung und Ausrichtung der Solarmodule jeweils nur einige der Module optimal bestrahlt werden oder wenn angewehtes Laub eine der Solarzellen vorübergehend außer Betrieb setzt.

Bei der Neuanschaffung von Solarmodulen, die für Campingfahrzeuge vorgesehen sind, sollten bevorzugt Module mit Solarzellen verwendet werden, in denen bereits in jeder Zelle eine Bypass-Diode integriert ist. Hier handelt es sich jedoch um spezielle Solarzellen bzw. Solarmodule, die sich aus Kostengründen bisher nicht auf breiterer Basis durchgesetzt haben – wahrscheinlich auch deshalb nicht, weil der Vorteil dieser Zellen den meisten Kunden nicht mit einigen einfachen Sätzen erklärt werden kann. Zudem verfügen diese speziellen Zellen momentan nur über einen einzigen Bypass pro ganzer Zelle. Aus diesem Grund werden sie nur in Solarmodulen eingesetzt, die mit ganzen Zellen bestückt sind und deren Nennstrom oberhalb von ca. 3 A liegt.

Für den Kaufinteressenten ist oft nicht nachvollziehbar, ob oder wie viele Bypass-Dioden in dem einen oder anderen Solarmodul herstellerseitig angebracht wurden. Man kann sich diese Information jedoch vom Anbieter „erzwingen".

Wer über das Phänomen der Zellenbeschattung Bescheid weiß, wird beim Parken seines Caravans oder Reisemobils darauf achten, dass er auch einer kleineren Teilbeschattung des Moduls (die bereits durch einen Mast oder Blätter eines Baumzweiges verursacht werden kann) aus dem Wege geht.

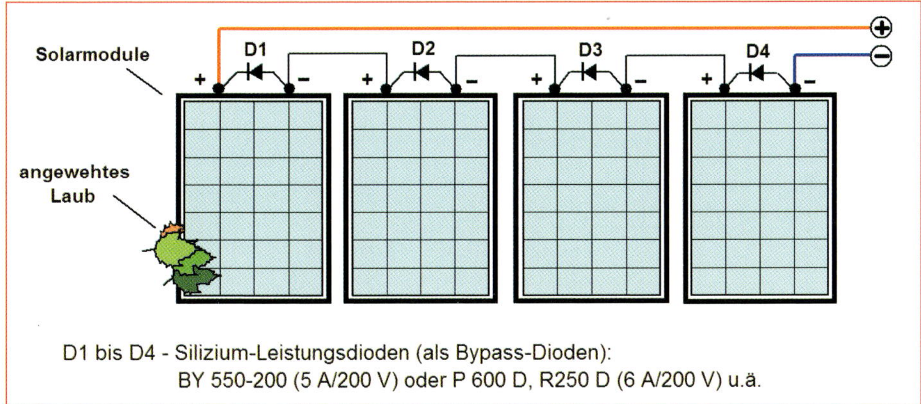

Abb. 7.17 – Hat der Hersteller in seine Fertigmodule keine eigenen Bypass-Dioden integriert, können diese an den Modulanschlussklemmen nachträglich angebracht werden, wenn mehrere Module zu einer Kette geschaltet werden.

7.4 Beschattungsempfindlichkeit der Solarmodule

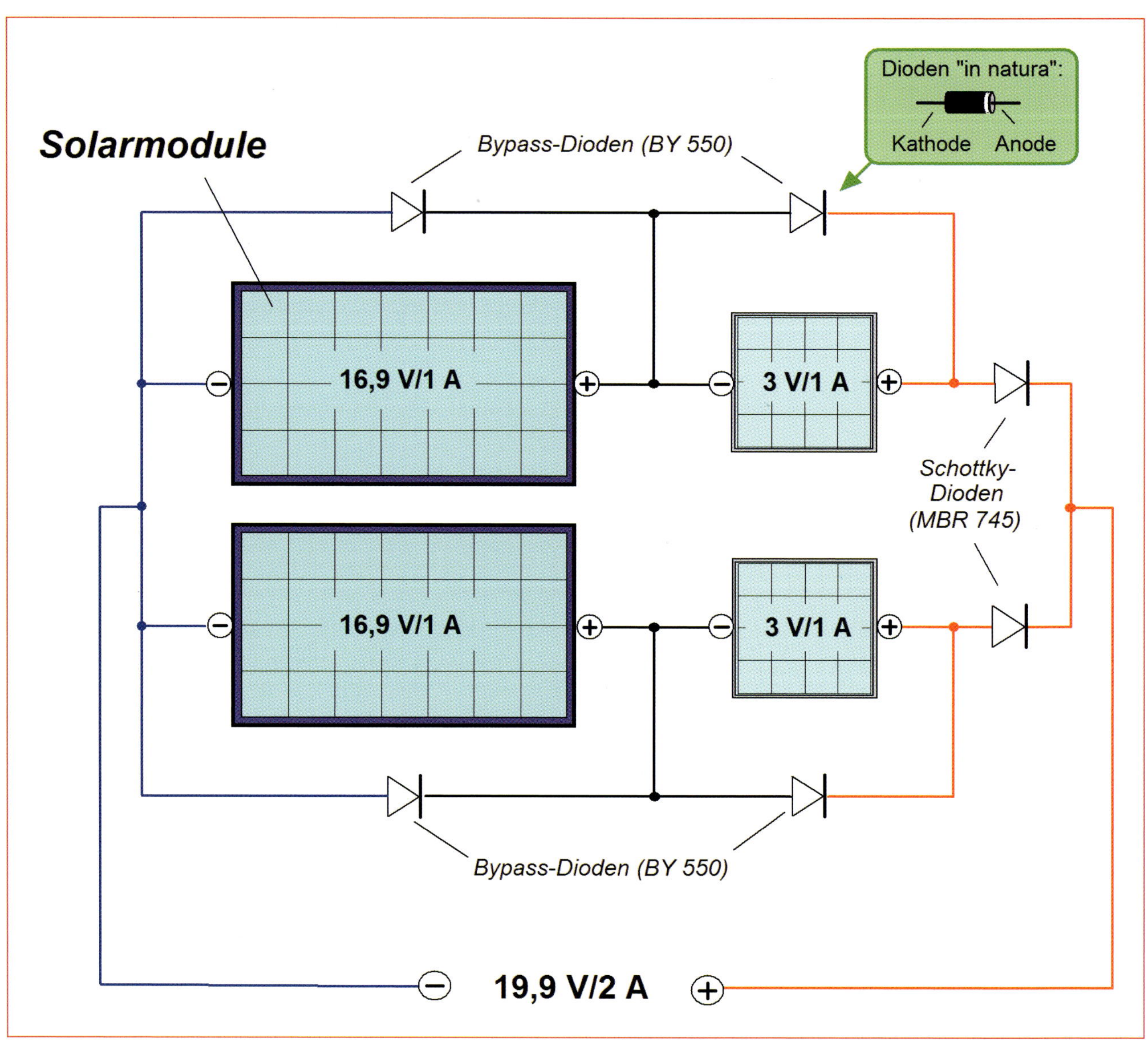

Abb. 7.18 – Anordnungsbeispiel der Bypass- und Schottky-Dioden an seriell-parallel verschalteten Solarmodulen: Auf die richtige Polarität der Dioden ist zu achten!

7.5 Planungsbeispiele für mobile Anwendungen

Bei den meisten konkreten Anwendungen wird es sich nur um eine geringe Anzahl elektrischer Verbraucher handeln, bei denen der Stromverbrauch beispielsweise folgendermaßen aufgelistet werden kann:

Verbraucher:	Betriebsstunden Strombedarf:	Stromverbrauch pro Tag:	pro Tag:
Innenleuchte	0,9 A	0,4 Std.	0,36 Ah
Außenleuchte	1,2 A	0,2 Std.	0,24 Ah
Kaffeekocher (150 W)	12,5 A	0,6 Std.	7,5 Ah
		insgesamt	8,1 Ah

Der hier ermittelte Stromverbrauch von 8,1 Ah pro Tag ist als Verbrauch der zur Verfügung stehenden Batteriekapazität zu betrachten. Dieser Kapazitätsverlust sollte vom Solarmodul wenn möglich täglich oder zumindest ausreichend oft nachgeladen werden.

Wenn wir nun einfachheitshalber annehmen, dass z. B. während eines Urlaubs die Sonne täglich scheinen wird, bleibt nur noch die Frage offen, wie viele Stunden pro Tag das Solarmodul seinen annähernd vollen Nennstrom (als Ladestrom) liefern wird. Dies hängt natürlich von der Jahreszeit ab. Angenommen es ist Sommer, können wir damit rechnen, dass das Modul in etwa bis zu neun Stunden täglich den benötigten Ladestrom liefern wird.

Einen kleinen Schönheitsfehler hat das Laden einer normalen Bleibatterie: Die Ladeverluste betragen bis zu 20 % (es handelt sich um eine ziemlich komplizierte chemische Umwandlung). Macht nichts! Wir müssen den Nachladebedarf einfach um diese 20 % erhöhen, und das Problem ist gelöst: Anstelle der 8,1 Ah fallen daher **9,72 Ah** an **Tagesverbrauch** an, die irgendwann nachgeladen werden müssen, denn 8,1 Ah × 1,2 = 9,72 Ah.

Wer bereits mit dem Nachladen seiner Autobatterie Erfahrung hat, dem ist bekannt, dass eine solche Batterie einen vollen – bzw. zur Verfügung stehenden – Ladestrom nur jeweils am Anfang des Ladens bezieht. Danach sinkt der von ihr bezogene Ladestrom umso mehr, je mehr sie aufgeladen ist (je höher ihre jeweilige Spannung ist). Aus diesem Grund dauert das Nachladen einer Batterie wesentlich länger, da sie sich nicht dazu zwingen lässt, den vollen Ladestrom zu beziehen, den ihr unter günstigen Wetterbedingungen ein Solarmodul, ein Windgenerator oder eine beliebige andere Spannungsquelle problemlos liefern könnte.

Aus diesem Grund müssen sowohl die Batteriekapazität als auch die Leistung der Ladestromquelle (= des Solarmoduls oder Windgenerators) wesentlich höher sein, als rein rechnerisch für die Deckung des Tagesbedarfs erforderlich wäre.

In der Praxis muss allerdings eine Batterie als Energiespeicher nicht „bis zum Geht-nicht-mehr" aufgeladen werden, sondern es genügt, wenn sie so nachgeladen wird, dass ihre Spannung zumindest den Nennwert erreicht. Unter dem Begriff „Nennwert" verstehen wir die offizielle Spannung einer Batterie, die z. B. bei einer Autobatterie 12 V beträgt – vorausgesetzt, der angewendete Tiefentladeschutz benötigt nicht eine etwas höhere Einschaltspannung (von z. B. 12,5 V), um die bereits abgeschalteten Verbraucher wieder ein-

Bei den meisten Lampen wird nur die Betriebsspannung (in **V**olt) und die bezogene Leistung (in **W**att) angegeben. Für Fotovoltaik-Anwendungen können wir uns den Strom, den die Lampe vom Akku bezieht, leicht ausrechnen:

Leistung [**W**att] **: Spannung** [**V**olt] = **Strom** [**A**mpere]

Beispiel: eine 12-V/15-W-Lampe bezieht einen Strom von

15 W : 12 V = 1,15 A

Um die benötigte Akku-Kapazität auszurechnen, die für die Beleuchtung beansprucht wird, brauchen wir nur den von der Lampe bezogenen Strom mit der vorgesehenen Leuchtdauer (in Stunden) zu multiplizieren.

Beispiel: Bezieht eine Lampe eine Stunde lang vom Akku einen Strom von 1,15 Ampere, entzieht sie dem Akku von seiner vorhandenen Kapazität ***1,15 Amperestunden (Ah).*** *Leuchtet die Lampe 3 Stunden täglich, entzieht sie dem Akku* ***3,45 Ah*** *(3 Std. x 1,15 Ah = 3,45 Ah). Diese 3,45 Ah sollten von dem angewendeten Solarmodul oder Windgenerator im Durchschnitt täglich nachgeladen werden.*

Bei den Geräten der Unterhaltungselektronik wird - ähnlich, wie bei den vorhergehenden Lampen - meist auch nur die Betriebsspannung (in **V**olt) und die Abnahmeleistung (in **W**att) aufgeführt. Den Strom, den das Gerät vom Akku bezieht, können wir uns nach der bereits aufgeführten Formel ausrechnen:

Leistung [**W**att] **: Spannung** [**V**olt] = **Strom** [**A**mpere]

Beispiel: *ein 12-V/30-W-Fernseher bezieht einen Strom von* ***30 W : 12 V = 2,5 A***

Wird dieser Fernseher 2 Stunden pro Tag betrieben, verbraucht er von der Akku-Kapazität 5 Ah täglich.

Abb. 7.19 – Zwei Planungsbeispiele für eine schnelle Orientierung.

schalten zu können. Die 12 V stellen jedoch gewissermaßen nur eine Momentaufnahme der Spannung einer Autobatterie dar. In Wirklichkeit bewegt sich die Spannung einer Autobatterie zwischen ca. 11 V (wenn sie weitgehend entladen ist) und ca. 14 V (wenn sie voll aufgeladen ist).

Was von der Kapazität (= dem energetischen Inhalt) einer Batterie täglich oder wöchentlich bezogen wird, muss wieder nachgeladen werden (wobei die ca. 20 % Ladeverluste nicht außer Acht gelassen werden dürfen).

Wenn vor kürzeren Ausflügen die Solarbatterie voll aufgeladen wird, liegt es im persönlichen Ermessen, inwieweit ein bescheidenes Nachladen genügen könnte, um den vorgesehenen Stromverbrauch zu decken – oder inwieweit man eventuell auf einige Anwendungen von elektrischen Verbrauchern verzichten kann. Bei längeren Ausflügen muss dagegen das Nachladen gut durchdacht, durchgerechnet und so ausgetüftelt werden, dass die Batterie die ihr entzogene Energie auch wieder zurückerhält.

Wie wir bereits an anderer Stelle angesprochen haben, kann z. B. eine Autobatterie, eine Bordbatterie oder eine zusätzliche Zweitbatterie von der Fahrzeug-Lichtmaschine auch während des Fahrens bei Tageslicht nachgeladen werden. Sofern der Akku als Energiespeicher nur von einem Solar- und/oder Windgenerator geladen werden kann, muss die Leistung dieser Ladestromquellen angemessen großzügig dimensioniert werden, um sowohl die Launen des Wetters als auch unkooperatives Ladeverhalten des Akkus abzufangen.

Als Faustregel kann dabei gelten, dass der Ladestrom mindestens so hoch gewählt sein sollte, dass bei richtig eingeschätzten voraussichtlichen Wetterbedingungen das Solarmodul und/oder der Windgenerator einen Ladestrom liefern können, der den verbrauchten Anteil der Batteriekapazität nachliefern kann. Die Batteriekapazität muss dabei so hoch gewählt werden, dass sie das Zehnfache des höchstmöglichen Ladestroms nicht unterschreitet.

Nun stellt sich die Frage, wie diese Ladeportionen vernünftig verteilt werden können. Mit reiner Mathematik lässt sich bei einem solchen Anliegen nur in Kombination mit der Einschätzung der Wetteraussichten etwas Sinnvolles anfangen.

Angenommen, wir haben uns für unser Vorhaben eine 12-V-/120-Ah-Batterie angeschafft, möchten von ihr die bereits erwähnten 8,1 Ah pro Tag beziehen und den Nachladebedarf von 70 Ah pro Woche als Richtwert betrachten.

Wir müssten uns an erster Stelle überlegen, von wie vielen Ladestunden pro Woche wir überhaupt ausgehen dürfen. Eine Woche hat sieben Tage, und wenn dabei die Sonne an allen Tagen die Solarzellen eines Solarmoduls mit ihren Photonen ausreichend kräftig und senkrecht etwa neun bis elf Stunden lang bombardieren würde, kämen wir auf insgesamt 63 bis 77 Ladestunden pro Woche. Rein mathematisch würde hier ein Ladestrom von 1 A den wöchentlichen Nachladebedarf abdecken. Dies würde jedoch zwei Bedingungen voraussetzen:

- **a)** Das Wetter müsste optimal mitspielen und das Solarmodul müsste selbstverständlich laufend gegen die Sonne ausgerichtet (nachgeführt) werden.
- **b)** Die Batterie müsste sich kooperativ zeigen und den vollen Ladestrom von 1 A durchlaufend beziehen – was nur bedingt möglich ist, denn sie bezieht in der

7.5 Planungsbeispiele für mobile Anwendungen

Endphase des Nachladens automatisch nur einen niedrigeren Ladestrom. In der Praxis brauchen wir allerdings nicht unbedingt anzustreben, dass die Batterie vollständig (auf ihre volle Kapazität von 110 Ah) aufgeladen ist. Bei einem solchen Urlaubseinsatz genügt es, wenn sie einfach immer ausreichend viel Energie für die nächsten Tage gespeichert hat und z. B. nur mehr oder weniger laufend auf eine Kapazität zwischen ca. 60 und 90 Ah nachgeladen wird.

Abb. 7.20 – Bereits ein einziges mittelgroßes Solarmodul, das hier als Beispiel auf dem Dach eines Reisemobils installiert ist, kann an einem sonnigen Tag die Bordbatterie um bis zu 40 Ah nachladen.

Beispiel

Angenommen, unsere elektrischen „Urlaubs-Verbraucher" beziehen von einer Batterie die vorher ausgerechneten 8,1 Ah pro Tag. Beim Nachladen dieser 8,1 Ah entstehen noch ca. 20 % Ladeverluste. Das ergibt aufgerundet 10 Ah pro Tag.

Eine wichtige Rolle spielt hier neben den voraussichtlichen Wetterbedingungen die Frage, wie lange die Batterie als Energiespeicher ihre Aufgabe meistern soll. Würden wir z. B. die in diesem Beispiel angesprochene 120-Ah-Batterie vor einer dreiwöchigen Reise zu Hause voll aufladen und danach täglich einen Strom von 8,1 Ah von ihr beziehen, ergäbe das rein rechnerisch einen Ah-Verbrauch von ca. 170 Ah (21 Tage × 8,1 Ah = 170,1 Ah). Hypothetisch müssten wir davon schlimmstenfalls nur die „fehlenden" 50 Ah unterwegs nachladen, um den gesamten Strombedarf abzudecken. Da etwa 20 % auf Ladeverluste entfallen, müssten insgesamt ca. 60 Ah nachgeladen werden – theoretisch. Für die Praxis sind solche Berechnungen selbstverständlich nur als Richtwerte zu betrachten.

Wichtig

In unseren Haushalten rechnen wir beim Stromverbrauch mit Kilowattstunden (kWh). Dasselbe könnten wir auch bei der Abnahme elektrischer Leistung von einem Akku machen. Da jedoch der Akku, im Vergleich zum öffentlichen elektrischen Netz, den elektrischen Strom nur so lange liefern kann, solange sein gespeicherter Vorrat an **Amperestunden (Ah)** reicht, ist es besser, wenn bei diesem Energiespeicher die Amperestunden gezählt werden. Im Endergebnis handelt es sich um dasselbe, aber bei einem Akku müssen wir immer seine Kapazität in Amperestunden im Auge behalten, was sich rechnerisch leicht unter Kontrolle halten lässt.

So haargenau müssen wir jedoch nicht analysieren, denn das Nachladen wird ohnehin sowohl aufgrund der Wetterbedingungen als auch aufgrund anderer Umstände – darunter der Ausrichtung des Moduls gegen die Sonne – nicht mathematisch perfekt stattfinden. Das lässt sich aber dadurch abfangen, dass wir bei diesem Beispiel das Nachladen etwas großzügiger gestalten. Auch das ist kein Problem – vorausgesetzt das Wetter spielt einigermaßen mit und die Sonne zeigt sich während der drei Urlaubswochen zumindest ab und zu.

Gehen wir davon aus, dass während der angesprochenen drei Urlaubswochen die Sonne überwiegend scheinen wird, ist das Nachladen der 60 Ah nicht schwierig. Hier könnte eigentlich ein ziemlich kleines (z. B. 17-V-/0,5-A-)Solarmodul das Nachladen meistern. An einem einzigen sonnigen Tag könnten dann ca. 4 bis 5 Ah nachgeladen werden. Wenn von den 21 Tagen die Sonne etwa 15 Tage lang mitspielt, wäre das Nachladen zumindest theoretisch bewältigt. Und praktisch? Da planen wir einfach ein etwas größeres Solarmodul (z. B. 17 V/0,7 bis 1 A) ein und verringern somit präventiv die unberechenbaren Risiken.

Diese Vorinformation hat allerdings nur den Stellenwert eines einfachen Wegweisers. Zum Glück kann ein zu schwach dimensioniertes Solarmodul mit einem Zweitmodul oder eine zu schwach dimensionierte Batterie mit einer Zweitbatterie nachgebessert werden. Und wenn Sie im Zusammenhang mit solchen Planungsüberlegungen weniger Vertrauen in die Natur oder in Ihre Einschätzung des Verbrauchs haben, dann dimensionieren Sie einfach von vorneherein sowohl die Batterie als auch den Solargenerator etwas großzügiger.

Die Höchstgrenze des Stromverbrauchs wird allerdings in den meisten Fällen u. a. von der Anzahl der Solarmodule abhängen, die sich für das Vorhaben z. B. auf einem Fahrzeugdach, auf einem Boot, im Auto-Kofferraum oder im Rucksack unterbringen lassen. Der Stromverbrauch wird jeweils einfach als Entnahme der Batteriekapazität betrachtet, wobei man vom Prinzip des Weinfassinhalts (aus Kapitel 1.1) ausgeht.

7.6 Planungsbeispiele für stationäre Anwendungen

Wer seine Freizeit in einem Wochenend- oder Schrebergartenhäuschen verbringt, das keinen Netzanschluss hat, dem dürfte eine kleine Photovoltaik-Anlage das Leben sehr erleichtern. Ein einfaches Planungsbeispiel zeigt *Abb. 7.21*, in der als Planungs-Grundlage der Tagesverbrauch an Amperestunden aufgelistet ist, die von der Anlagen-Batterie bezogen werden. Die Anzahl der hier aufgeführten elektrischen Verbraucher, sowie auch ihre vorgesehene Betriebsdauer stellen ein Beispiel dar, dass nur den Vorgang bei den Planungsüberlegungen verdeutlicht.

Bei einem Wochenendhäuschen, das z. B. nur zwei bis drei Tage pro Woche bewohnt wird, kann der Planung der wöchentliche Ah-Verbrauch nach *Abb. 7.22* zugrunde liegen.

Die Wahl des passenden Solarmoduls hängt u. a. von den Ansprüchen an die Zuverlässigkeit des Nachladens ab: Gibt man sich damit zufrieden, dass das Nachladen von ca. 120 Ah (100 Ah-Verbrauch + Ladeverluste von 20 Ah) innerhalb von ca. 14 sonnigen Tagen erfolgen sollte, ergibt es einen Ladestrom (Solarmodul-Nennstrom) von etwa 8,6 Ah pro Tag (120 Ah : 14 Tage = 8,57 Ah). Wählen wir zu diesem Zweck ein Solarmodul mit einem Nennstrom von ca. 1 A aus, dürfte es mit dem Nachladen klappen. Die Modul-Nennspannung sollte – in Hinsicht auf das Laden während der etwas kühleren Jahreszeit – bevorzugt ca. 18 bis 20 Volt betragen. Das angewendete Solarmodul müsste demzufolge für 15 bis 20 V / 1 A / 18 bis 20 W ausgelegt sein. Ein Solarmodul mit einem Nennstrom von z. B. 1,2 bis 1,5 A würde allerdings die Anlagenbatterie entsprechend schneller nachladen und somit auch längere sonnenarme Perioden leichter überbrücken können.

Eine gehobene Aufmerksamkeit verdient die Anwendung des Wechselrichters. Dieser wird nur dann benötigt, wenn es erwünscht ist, Geräte zu betreiben, die nur als Netzgeräte zur Verfügung stehen. Netzgeräte sind allerdings meist „hungrige" Stromfresser – was jedoch in diesem Beispiel nicht zutrifft, denn der eigentliche Sat-Receiver

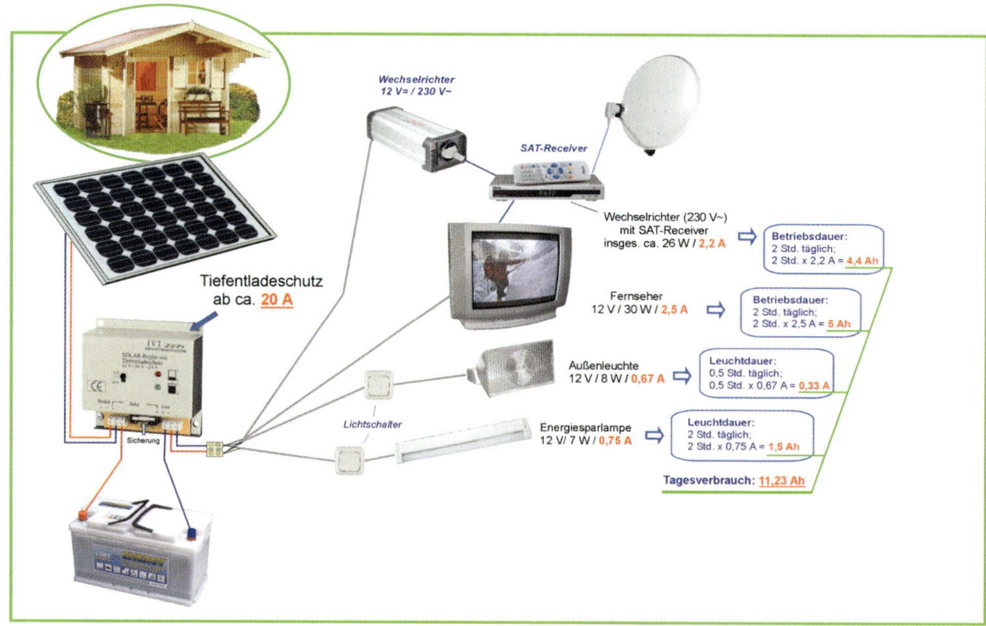

Abb. 7.21 – Planungsbeispiel einer kleinen stationären Photovoltaik-Anlage der die Berechnung des Tagesverbrauchs zu Grunde liegt

hat einen ziemlich geringen Verbrauch (obwohl es typenbezogen variieren kann). An dem „Anschluss-Verbrauch" partizipiert hier allerdings auch der Wechselrichter. Abgesehen davon wird an so einen Wechselrichter gelegentlich auch ein anderes Netzgerät angeschlossen. Daher der Hinweis beim Tiefentladeschutz, dass dieses Gerät zumindest 20 A verkraften müsste. Dies gilt jedoch nur für sehr kleine Netzgeräte, denn 20 A multipliziert mit 12 Volt ergeben eine Leistung von bescheidenen 240 Watt. Wird ein Wechselrichter verwendet, der für eine höhere Leistung als die 240 Watt ausgelegt ist, muss der Tiefentladeschutz (und seine Sicherung) die höhere Leistung auch verkraften können.

Die Formel lautet:

Leistung (des Wechselrichters) in Watt : Batterie-**Nennspannung** (in Volt) = **Strom** (in Ampere)

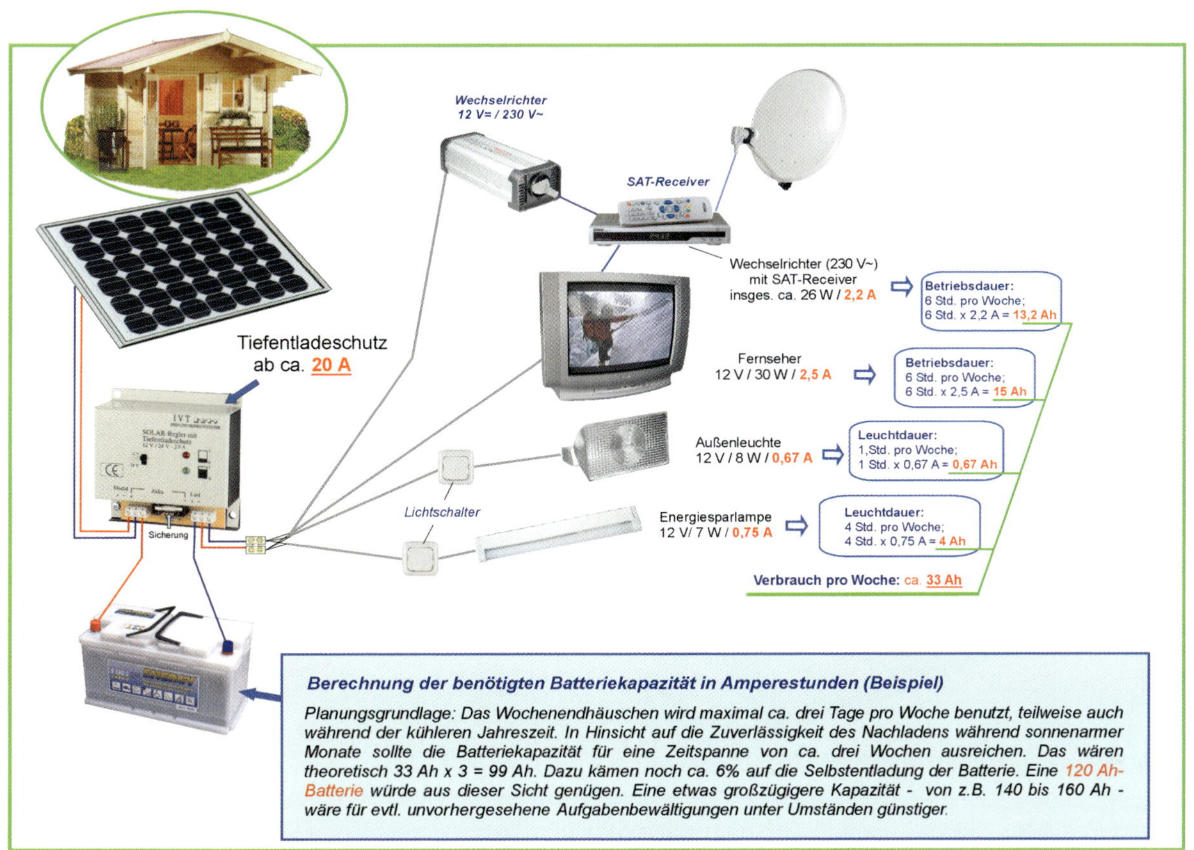

Abb. 7.22 – Planungsbeispiel einer kleinen stationären Photovoltaik-Anlage, die vom wöchentlichen Amperestunden-Verbrauch ausgeht

7.6 Planungsbeispiele für stationäre Anwendungen

Beispiel

An eine 12-Volt-„Solarbatterie" wird ein 600-Watt-Wechselrichter angeschlossen.

600 W : 12 V = 50 A

Diese 50 A sollte der Tiefentladeschutz verkraften können. Andernfalls muss der Wechselrichter nach *Abb. 7.23* direkt an die Anlagen-Batterie angeschlossen werden. Um eine zu tiefe Entladung der Batterie zu vermeiden, sollte hier unbedingt ein Kontroll-Voltmeter angeschlossen werden, der z. B. als Kfz-Zubehör erhältlich ist.

Abb. 7.23 – Planungsbeispiel einer Photovoltaik-Anlage mit einem größeren Wechselrichter, der evtl. nur bedarfsbezogen an die Anlagen-Batterie angeschlossen wird, wenn ein kräftigeres Elektrowerkzeug eingesetzt werden soll

8 Installationsmaterialien für Solar- und Windenergietechnik

8 Installationsmaterialien für Solar- und Windenergietechnik

Soweit eine Photovoltaik- oder Windgeneratoren-Anlage nur für eine niedrige Spannung ausgelegt wird, die – bis 60 V – keinen Vorschriften unterliegt, darf man für Installations- und Montagezwecke alle nur denkbaren Elektro- oder Elektronikmaterialien beliebig einsetzen. Auf folgende wichtige Punkte sollte jedoch geachtet werden:

- Niederspannungsverbraucher haben einen wesentlich höheren Strombedarf als die gängigen Netzstrom-Geräte. Die Leitungsdurchmesser müssen daher ähnlich groß sein wie z. B. bei der Autoelektrik.
- Für eine niedrigere Solarspannung sollten – um einer Verwechslung vorzubeugen – keine Steckdosen oder Steckverbindungen verwendet werden, die für 230-V-Wechselspannungsinstallationen bestimmt sind.
- Auch Niederspannung kann Brände verursachen. Als Schwachstellen sind hier vor allem schlechte (lockere) Schraubverbindungen anzusehen. Daher sollten solche Verbindungen sehr sorgfältig ausgeführt und grundsätzlich in Installationsdosen untergebracht werden.

Ansonsten ist – wie bei allen handwerklichen Tätigkeiten – auf Perfektion der ausgeführten Arbeit und auf Einhaltung aller Sicherheitsmaßnahmen zu achten.

Für **Solarstromleitungen** eignen sich alle gängigen Materialien der Elektroinstallations- oder Kfz-Technik. Der Querschnitt eines Installationsdrahts oder Kabels sollte an die vorgesehene Stromabnahme angepasst werden und wird in **mm²** angegeben:
Diese Querschnitte gelten sowohl für Drähte als auch für flexible Leitungen zu diversen Verbrauchern bzw. zum Solarmodul. Die angegebene Maximallänge der Kabel bezieht sich auf Zwei-Ader-Leitungen.

Kupferdraht Querschnitt in mm²:	Ohmscher Widerstand pro 1 m Länge:	Anwendung für Leitungen:
1	0,0178 Ω	Alarmsensoren, Minigeräte, LEDs
1,5	0,0117 Ω	Zuleitungen von max. 0,5 A/7 m Länge
2,5	0,007 Ω	Zuleitungen von max. 1,2 A/7 m Länge
4	0,0045 Ω	Zuleitungen von max. 2,5 A/7 m Länge
6	0,003 Ω	Zuleitungen von max. 5 A/7 m Länge
10	0,00175 Ω	Zuleitung von 3-A-Solarmodulen
16	0,00112 Ω	Zuleitung von 5-A-Solarmodulen
25	0,0071 Ω	Zuleitung von 10-A-Solarmodulen bzw. 10-A-Stromleitungen

Gefällt Ihnen dieses Buch? Vielleicht sind Sie an weiteren Themen interessiert, die von **Bo Hanus** verfasst und vom **Franzis Verlag** herausgegeben wurden? Hier die Übersicht der aktuellen Titel:

- Wie nutze ich Solarenergie in Haus und Garten? *(7. Auflage, 128 S.)*
- Solar-Dachanlagen selbst planen und installieren *(2. Auflage, 128 S.)*
- Hausversorgung mit alternativen Energien *(neu, 128 S.)*
- Digitale SAT-Anlagen selbst installieren *(neu, 128 S.)*
- Spaß & Spiel mit der Solartechnik *(112 S.)*
- Wie nutze ich Windenergie in Haus und Garten? *(3. Auflage, 97 S.)*
- Das große Anwenderbuch der Windgeneratoren-Technik *(319 S.)*
- Das große Anwenderbuch der Solartechnik *(2. Auflage, 367 S.)*
- Solaranlagen richtig planen, installieren und nutzen *(2. Auflage, 300 S.)*
- Haushaltselektronik selbst reparieren *(neu, 128 S.)*
- Elektrische Haushaltsgeräte selbst reparieren *(neu, 128 S.)*
- Haushaltselektrik selbst installieren und reparieren *(neu, 128 S.)*
- Öl- und Gasheizung selbst warten und reparieren *(neu, 128 S.)*
- Sanitäranlagen selbst reparieren *(neu, 128 S.)*
- Der leichte Einstieg in die Elektrotechnik *(219 S)*
- Drahtlos schalten, steuern und übertragen in Haus und Garten *(234 S.)*
- Drahtlos überwachen mit Mini-Videokameras *(205 S.)*
- Experimente mit superhellen Leuchtdioden *(neu, 153 S.)*
- Schalten, Steuern und Überwachen mit dem Handy *(2. Auflage, 97 S.)*
- Elektroinstallationen in Haus und Garten – echt leicht! *(97 S.)*
- Der leichte Einstieg in die Mechatronik *(neu, 268 S.)*
- Der leichte Einstieg in die Elektronik *(5. Auflage, 363 S.)*
- So steigen Sie erfolgreich in die Elektronik ein *(4. Auflage, 97 S.)*
- Spaß & Spiel mit der Elektronik *(120 S.)*
- Erfolgreicher Service elektronischer Musikinstrumente *(343 S.)*
- Das große Anwenderbuch der Elektronik *(2. Auflage, 351 S.)*
- Selbstbau-Roboter für Alarm- & Sicherheitsaufgaben *(172 S.)*
- Kampfspiel-Roboter im Selbstbau – Robot WARS *(97 S.)*

Bemerkung: Einige der hier aufgeführten Bücher sind möglicherweise inzwischen im Buchhandel vergriffen, stehen aber in städtischen Büchereien als Leihbücher zur Verfügung oder werden dort für den Interessenten besorgt.

Lieferantenhinweis
(auch für Kataloganforderung)**:**

Conrad Electronic,
Klaus-Conrad-Str. 1,
92240 Hirschau
Tel. 0180/5 31 21 11,
Fax 0180 / 5 31 21 10
www.conrad.de

ELV
Tel.: 04 91/60 08 88,
Fax: 0491/70 16
www.elv.de

Westfalia
Werkzeugstraße 1,
58082 Hagen
Tel.: 01 80/5 30 31 32,
Fax: 01 80/5 30 31 30
www.westfalia.de

Stichwortverzeichnis

Stichwortverzeichnis

Stichwortverzeichnis

Bo Hanus

Praktische Solaranwendungen mit Leuchtdioden

Bo Hanus

Praktische Solaranwendungen mit Leuchtdioden

Leicht gemacht, Geld und Ärger gespart!

Mit 122 farbigen Abbildungen

Bibliografische Information der Deutschen Bibliothek

Die Deutsche Bibliothek verzeichnet diese Publikation in der Deutschen Nationalbibliografie; detaillierte Daten sind im Internet über **http://dnb.ddb.de** abrufbar.

Hinweis
Alle Angaben in diesem Buch wurden vom Autor mit größter Sorgfalt erarbeitet bzw. zusammengestellt und unter Einschaltung wirksamer Kontrollmaßnahmen reproduziert. Trotzdem sind Fehler nicht ganz auszuschließen. Der Verlag und der Autor sehen sich deshalb gezwungen, darauf hinzuweisen, dass sie weder eine Garantie noch die juristische Verantwortung oder irgendeine Haftung für Folgen, die auf fehlerhafte Angaben zurückgehen, übernehmen können. Für die Mitteilung etwaiger Fehler sind Verlag und Autor jederzeit dankbar. Internetadressen oder Versionsnummern stellen den bei Redaktionsschluss verfügbaren Informationsstand dar. Verlag und Autor übernehmen keinerlei Verantwortung oder Haftung für Veränderungen, die sich aus nicht von ihnen zu vertretenden Umständen ergeben. Evtl. beigefügte oder zum Download angebotene Dateien und Informationen dienen ausschließlich der nicht gewerblichen Nutzung. Eine gewerbliche Nutzung ist nur mit Zustimmung des Lizenzinhabers möglich.

Satz: DTP-Satz A. Kugge, München
art & design: www.ideehoch2.de
Druck: Legoprint S.p.A., Lavis (Italia)
Printed in Italy

ISBN 978-3-7723-**4410-7**

Vorwort

Leuchtdioden als Lichtquellen gewinnen an Beliebtheit. Sie können bei winzigen Abmessungen ein verblüffend starkes Licht erzeugen und benötigen dazu nur sehr niedrige Versorgungsspannungen. Die meisten der kleineren Leuchtdioden wärmen sich zudem während des Betriebs nur wenig auf und können daher auch in einfache Selbstbauleuchten oder Vorrichtungen eingesetzt werden, die aus wärmeempfindlichen Materialien hergestellt sind.

Die niedrige Versorgungsspannung spricht für den Einsatz von Leuchtdioden in der Photovoltaik. Mit der Anpassung der Leuchtdioden an die Versorgungsspannung ist es jedoch etwas komplizierter als bei herkömmlichen Lampen, denn diese richtet sich nicht immer nach den Nennspannungen der etablierten Spannungsquellen. Zudem hängt die Lichtstärke der Leuchtdioden von dem Strom ab, den sie typenbezogen beziehen und der für sie optimal eingestellt werden sollte. Dies gilt zwar nicht für Fertigprodukte, dafür aber umso mehr bei Anwendungen von Leuchtdioden, die als kahle Bausteine für den Selbstbau in großer Auswahl erhältlich sind und eine faszinierende Spielfläche für die kreative Gestaltung interessanter Lichtquellen bieten.

Wir haben in diesem Buch erhöhte Aufmerksamkeit den Eigenschaften der Leuchtdioden gewidmet, über die Sie bei Anwendung, Installation und Selbstbau im Bilde sein sollten.

Viel Spaß beim Lesen und viel Erfolg bei den Vorhaben, die Sie in Angriff nehmen, wünschen Ihnen

Bo Hanus und seine Co-Autorin (und Ehefrau) Hannelore Hanus-Walther

Inhaltsverzeichnis

Inhaltsverzeichnis

8

1 Leuchtdioden-Solarbeleuchtung in Haus und Garten

Leuchtdioden, abgekürzt LEDs *(light-emitting-diodes)* erfreuen sich großer Beliebtheit als energiesparende Lichtquellen in der Solartechnik. Sie sind in kompakten Leuchten, Reflektoren, Taschenlampen oder dekorativen Blickfängern eingebaut *(Abb. 1.1 a/b)*, zum großen Teil aber auch als „kahle" Bauteile *(Abb. 1.1 c)* erhältlich, die man kreativ vielseitig nutzen kann. Für spezielle Anwendungen oder hohe Leistungen gibt es weitere LEDs, die von der ursprünglichen Form abweichen *(Abb. 1.1 d)*.

Die Preise der Leuchtdioden sinken, das Angebot wird immer größer und interessanter. Für die Anwendungen in der Solartechnik haben die LEDs den besonderen Vorteil, dass sie nur niedrige Versorgungsspannungen benötigen. Sie verfügen jedoch noch über folgende allgemeine Vorteile:

- kleine Abmessungen
- relativ „kaltes" Licht (mit Ausnahme einiger Highpower-LEDs)
- hoher Wirkungsgrad (vor allem bei oranger und roter Farbe)
- lange Lebensdauer (auch beim Blinken)
- Unempfindlichkeit gegenüber Erschütterungen

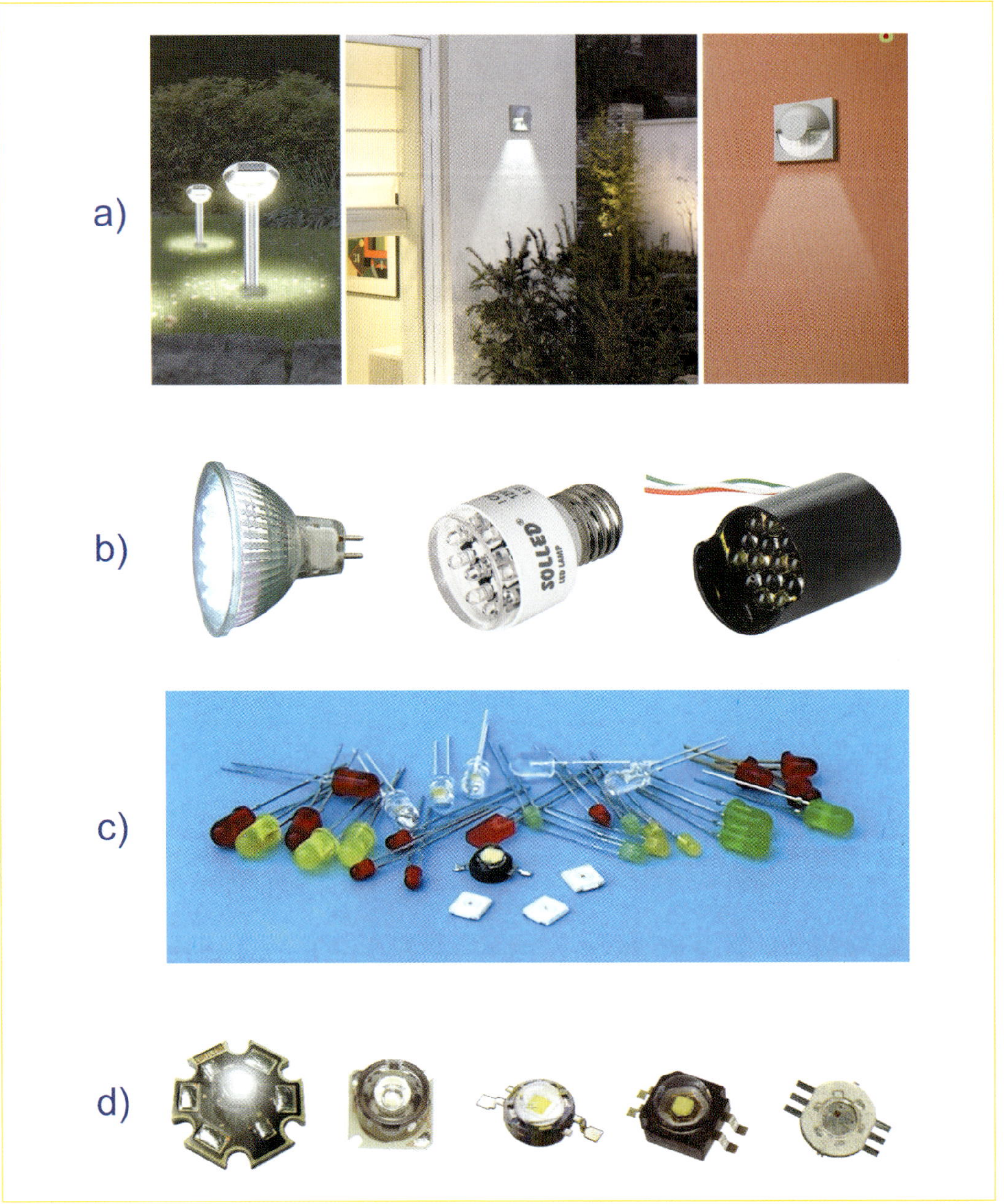

Abb. 1.1 – Leuchtdioden als Lichtquellen: a) LED-Garten- und Wandleuchten. b) LED-Lampen und -Reflektoren. c) Gebräuchlichste Leuchtdioden als kahle Bauteile. d) Hochleistungs-LEDs *(High-power-LEDs)* haben oft besondere Formen und sind für die Montage auf Kühlkörper ausgelegt.

1.1 Leuchtdioden-Solarleuchten für den Außenbereich

Die Auswahl an handelsüblichen Solarleuchten ist groß, die Preise sind oft recht günstig, die Qualität ist aber sehr unterschiedlich. Viele dieser Leuchten haben überwiegend nur dekorativen Charakter, denn sie leuchten vorwiegend im Sommer, und dann auch nur in der ersten Nachthälfte, vorausgesetzt der Tag war tatsächlich sonnig. Im Winter leuchten sie nur noch gelegentlich. Das mag akzeptabel sein, wenn man keinen Wert darauf legt, dass die Leuchte als jederzeit aufrufbare Lichtquelle funktioniert. Gibt man sich damit zufrieden, dass man an dieser Solarbeleuchtung einfach nur Spaß hat, ist es ja auch in Ordnung. Einem verspielt beleuchteten Garten können die Hausbewohner ohnehin vor allem während der wärmeren und sonnigen Jahreszeit richtig genießen – und da funktionieren die meisten Solarleuchten zufriedenstellend.

Abb. 1.2 – Solar-LED-Außenleuchten gibt es in großer Auswahl und oft preisgünstig (Foto/Anbieter: Reichelt Elektronik).

Solar-Außenleuchten, die mit einem IR-Annäherungsschalter ausgelegt sind, haben zwar in dieser Hinsicht einen längeren Atem, schalten jedoch das Licht auch dann ein, wenn eine Katze vorbeiläuft oder eine Fledermaus vorbeifliegt. Manche dieser „Bewegungsmelder" schalten sogar das Licht ein, wenn eine wärmere Brise weht oder sich die Zweige einer nahestehenden Pflanze bewegen. Solche Leuchten sollten nicht im Sichtbereich des Schlafzimmerfensters stehen, denn das kann die Nachtruhe stören. Dennoch arbeiten Leuchten mit IR-Annäherungsschaltern energiesparend und halten ihren Vorrat an gespeicherter Energie vor allem dann verhältnismäßig lange, wenn sie jeweils nur kurzfristig betrieben werden – was eine dehnbare Aussage ist.

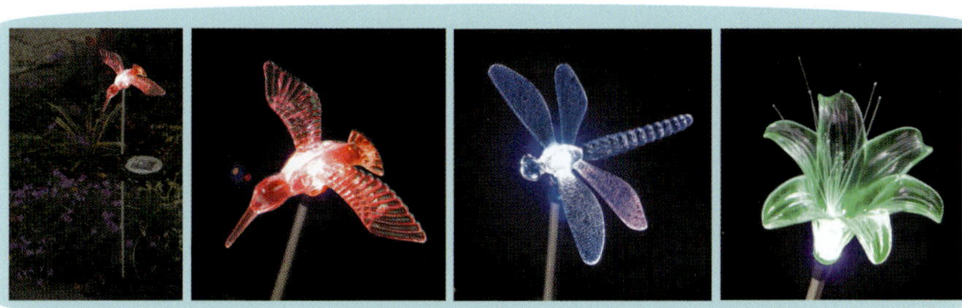

Abb. 1.3 – Ein romantisch verspielter Garten darf auch märchenhaft wirkende Komponenten haben: Die in den kleinen leuchtenden Skulpturen (Kolibri, Libelle, Lilie) integrierten Leuchtdioden wechseln ständig ihre Farbe. Ein kleines Solarmodul speichert hier tagsüber genügend Energie, um die kristallklaren Figuren die ganze Nacht zu erleuchten. Ein integrierter Dämmerungssensor aktiviert die Leuchtdiode automatisch beim Einsetzen der Dunkelheit (Foto/Anbieter: Westfalia).

Technische Fortschritte und fallende Preise der Leuchtdioden haben bei den Anwendungen

Abb. 1.4 – In den abgebildeten leuchtenden LED-Pflastersteinen sind als Lichtquellen jeweils zwei superhelle LEDs eingebaut, die sich tagsüber aufladen und nach der Dämmerung leuchten.

dieser energiesparenden Leuchtkörper den Weg zu besseren Solar-Außenleuchten geebnet. Dennoch sollten die meisten dieser Leuchtkörper überwiegend als Gartendekorationen betrachtet werden, denn die in sie integrierten Solarzellen haben zu geringe Flächen, um die interne Batterie in unserem Breitengrad wetterunabhängig aufzuladen. Theoretisch müssten solche Außenleuchten fähig sein, z. B. auch nach drei völlig verregneten Wochen noch zu leuchten. Technisch ist es leicht machbar: Die Solarzellenfläche und die interne Batterie müssten großzügiger dimensioniert werden – aber das verteuert das Produkt und ist nicht unbedingt erforderlich, wenn eine solche Leuchte nur als Gartendekoration verwendet wird. Ist das nicht der Fall, kann die Leuchtdauer einer solchen Leuchte mithilfe eines zusätzlichen Solarmoduls und einer zusätzlichen Batterie nach eigenen Bedürfnissen verlängert werden.

Wer gehobenen Wert darauf legt, dass die Solar-Außenbeleuchtung jederzeit abrufbereit funktioniert, kann sich natürlich auch aus separaten LED-Leuchten, Solar-Minimodulen und Batterien solarelektrische Lichtquellen selbst erstellen und anlegen. Die Auswahl an Fertigbausteinen, die man nur passend miteinander zu verbinden braucht, ist groß. Der technische Teil solcher Miniprojekte ist nicht kompliziert und setzt keine gehobenen Ansprüche an Fachwissen, Spezialwerkzeuge oder handwerkliches Können voraus. Wichtig ist nur zu wissen, worauf es bei einem solchen Vorhaben ankommt und wie die Bausteine aufeinander abgestimmt werden sollten. Eine gut durchdachte Beleuchtung kann dann ihren Zweck auch im Winter erfüllen und maßgeschneidert an die individuellen Bedürfnisse angepasst werden.

Eine solarbetriebene Außenbeleuchtung mit Leuchtdioden arbeitet nicht nur energiesparend, sondern kann oft auch kostengünstiger und für den Garten schonender sein als eine Netzspannungs-Zuleitung. Führt z. B. der Graben für das Erdkabel über einen Rasen, kann es Jahre dauern, bevor sich die Erde so gesetzt hat, dass das jährliche Nachfüllen der Rinne entfallen kann.

Wenn Sie einmal eine kleine solarelektrische Beleuchtung errichtet haben, wird es Ihnen nicht mehr schwerfallen, auch weitere Vorhaben dieser Art zu bewerkstelligen. Die Umwandlung von Sonnenlicht in Solarstrom in den Griff zu bekommen, ist nur eine Frage der Übung. Wir werden Ihnen anhand vieler praktischer Beispiele in den folgenden Kapiteln zeigen, welch interessante Möglichkeiten es auf diesem Gebiet gibt und wie sich Leuchtdioden als energiesparende und umgangsfreundliche Leuchtkörper anwenden lassen.

1.2 Leuchtdioden-Solarleuchten für den Innenbereich

Unter der Bezeichnung „Innenbereich" sind abgeschlossene Räume zu verstehen, in denen die LED-Solarleuchten nicht wettergeschützt sein müssen. Hier können auch nur kahle Leuchtdioden beliebiger Bauart und Ausführung verwendet werden. Die benötigte Versorgungsspannung kann dann sehr niedrig gehalten werden, womit ein Stromschlag problemlos vermieden wird (eine Gleichspannung unter 24 Volt ist sogar für Kinderspielzeuge zugelassen).

Es liegt dabei im persönlichen Ermessen, wie hoch die Gleichspannung für das eine oder andere Anliegen gewählt wird. Die meisten Solar-Inselanlagen (= Solaranlagen, die nicht mit der Netzspannung kombiniert werden) wenden eine Nennspannung von 12 Volt an. Hier können dann bevorzugt Solarleuchten installiert werden, die ebenfalls für eine 12-Volt-Gleichspannung ausgelegt sind *(Abb. 1.5)*. Wird dagegen eine Solarbeleuchtung für einen Standort geplant, bei dem die Solaranlage ausschließlich für die LED-Leuchte(n) angelegt werden soll, genügt es, wenn die Versorgungsspannung nur für von z. B. 3 bis 6 Volt ausgelegt ist. Dies setzt voraus, dass die LED-Leuchten (bzw. die einzelnen LEDs) in Hinsicht auf ihre Versorgungsspannung auf die Spannung der angewendeten Batterie abgestimmt werden.

Was man sich darunter konkret vorstellen dürfte, zeigt *Abb. 1.6:* Eine solche einfache LED-Beleuchtung kann unter Umständen nur aus einzelnen „kahlen" Leuchtdioden zusammengelötet und z. B. an der Decke eines Geräteschuppens oder Carports angebracht wird. Wir haben in diesem Beispiel weiße „superhelle" Leuchtdioden angewendet, die für eine Betriebsspannung von 3,6 Volt ausgelegt sind und somit ihren Strom direkt von einer 3,6-Volt-Batterie (die z. B. aus drei NiMh-Akku-Gliedern besteht)

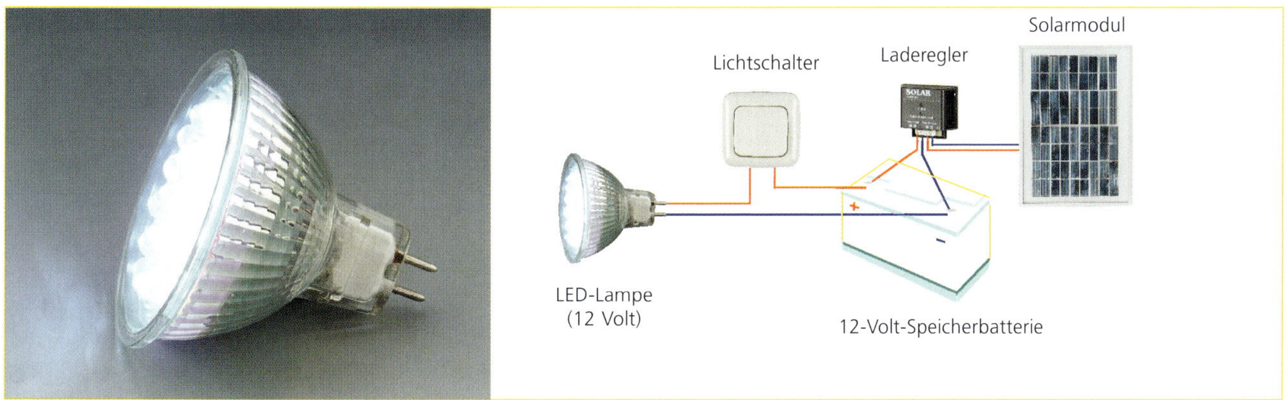

Abb. 1.5 – Für die LED-Beleuchtung im Innenbereich bzw. in überdachten Objekten können beliebige handelsübliche LED-Leuchten verwendet werden, die für eine angemessen niedrige Gleichspannung ausgelegt sind: Ausführungs- und Anschlussbeispiel einer LED-Leuchte an eine Batterie, die von einem Solarmodul geladen wird.

1.2 Leuchtdioden-Solarleuchten für den Innenbereich

beziehen können. Eine solche Batterie kann kostengünstig von einem kleinen und preiswerten Solarmodul geladen werden – wie in diesem Buch später noch anhand mehrerer Beispiele erläutert wird.

Da Solarstrom ein Gleichstrom ist, können im Prinzip alle LED-Leuchten als Solarleuchten verwendet werden, sofern sie für eine Versorgungsspannung ausgelegt sind, die für das Vorhaben geeignet ist. Inwieweit die eine oder andere LED-Fertigleuchte auch tatsächlich energiesparend arbeitet und dabei als LED-Solar-Leuchte subjektiv klassifiziert werden kann, hängt von der Qualität der angewendeten Leuchtdioden und den internen Verlusten in der Leuchte ab.

Die Leuchtkraftunterschiede sind bei Leuchtdioden sehr groß. Das gilt auch für die superhellen oder ultrahellen Leuchtdioden. Hier findet zwar der Anwender alle erforderlichen Daten der eigentlichen „kahlen" LEDs (als Elektronik-Bauteile) in den Katalogen oder Datenblättern, aber nicht unbedingt auch bei LED-Leuchten, die als Fertigprodukte im Handel erhältlich sind.

Bei Anwendungen der Leuchtdioden im Innenbereich ist es nicht erforderlich, dass für eine LED-Beleuchtung kompakte LED-Leuchten angewendet werden. Oft können einfach auch nur kahle einzelne LEDs in verschiedener Konfiguration zu einer LED-Leuchte oder LED-Reihe nach dem Beispiel aus *Abb. 1.7* zusammengelötet werden, wie es den Ansprüchen an Ästhetik oder Funktionalität genügt.

Wenn Sie Leuchtdioden als Bauelemente anwenden möchten, die Sie selbst nach Ihren Vorstellungen zusammensuchen und zusammenlöten möchten, finden Sie das dazu notwendige Wissen in den folgenden Kapiteln.

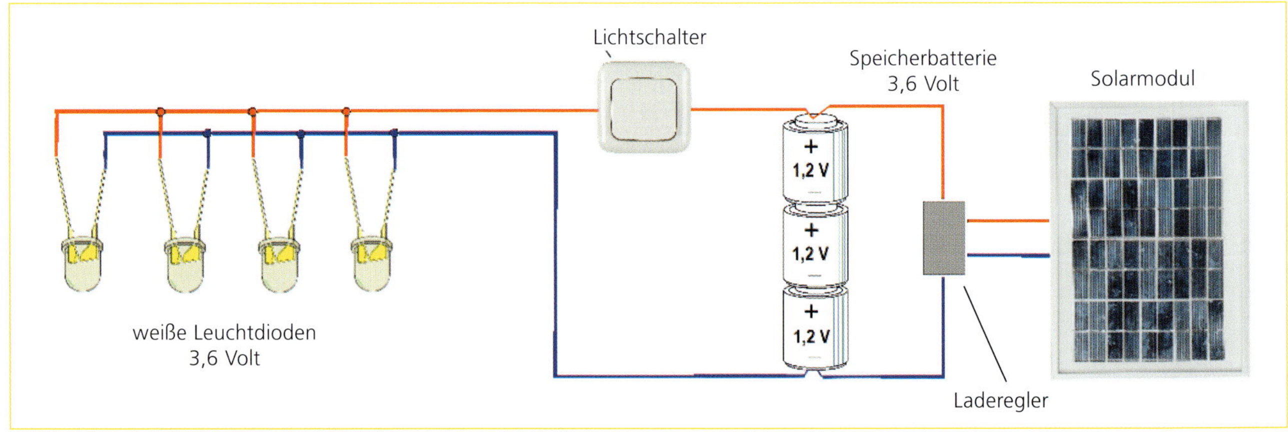

Abb. 1.6 – Für eine einfache solarbetriebene Beleuchtung können wahlweise auch nur kahle Leuchtdioden als „Leuchtkörper" angewendet werden.

1.3 Bausteine einer Solarbeleuchtung mit Leuchtdioden

Eine Solaranlage beliebiger Größe und Leistung besteht im Prinzip nur aus vier Grundbausteinen, die in *Abb. 1.7* zeichnerisch dargestellt sind: Das Solarmodul fungiert als Ladestromquelle der Anlagenbatterie. Der Laderegler, der zwischen Solarmodul und Batterie eingezeichnet ist, hat zur Aufgabe, die Ladespannung unterhalb der Grenze zu halten, die – einfach formuliert – beim Nachladen der Batterie nicht überschritten werden darf. Der Tiefentladeschutz, der zwischen der Batterie und der Leuchte eingezeichnet ist, schützt die 12-Volt-Bleibatterie vor einer evtl. irreparablen Beschädigung, die durch zu tiefes Entladen entstehen kann.

Laderegler und Tiefentladeschutz sind als Fertigbausteine erhältlich. An ihre Anschlussklemmen werden nach *Abb. 1.8* die restlichen Anlagenbausteine angeschlossen – was keine gehobenen Ansprüche an technische Handfertigkeit voraussetzt. In einige Laderegler ist der Tiefentladeschutz bereits integriert *(Abb. 1.8 b)*. An der eigentlichen Funktionsweise des Systems ändert sich dadurch nichts.

Wenn als Speicher der Solarenergie nicht Bleiakkumulatoren, sondern NiCd- oder NiMH-Akkus verwendet werden, entfällt der Tiefentladeschutz, da diesen Akkus das Tiefentladen nicht schadet. Genau genommen sollten NiCd-Akkus sogar etwa alle drei Monate entladen werden, da andernfalls ihre Fähigkeit, Energie zu speichern, durch ihren sogenannten *Memoryeffekt* nachlässt – bis sie sich gar nicht mehr nachladen lassen.

Handelsübliche Laderegler sind nur für das Laden von 12- oder 24-Volt-Batterien ausgelegt. Für Batterien mit niedrigeren bzw. abweichenden Spannungen muss die Laderegelung individuell „zusammengebastelt" werden. Das ist nicht schwer und wir zeigen Ihnen in den folgenden Kapiteln, wie es gemacht wird.

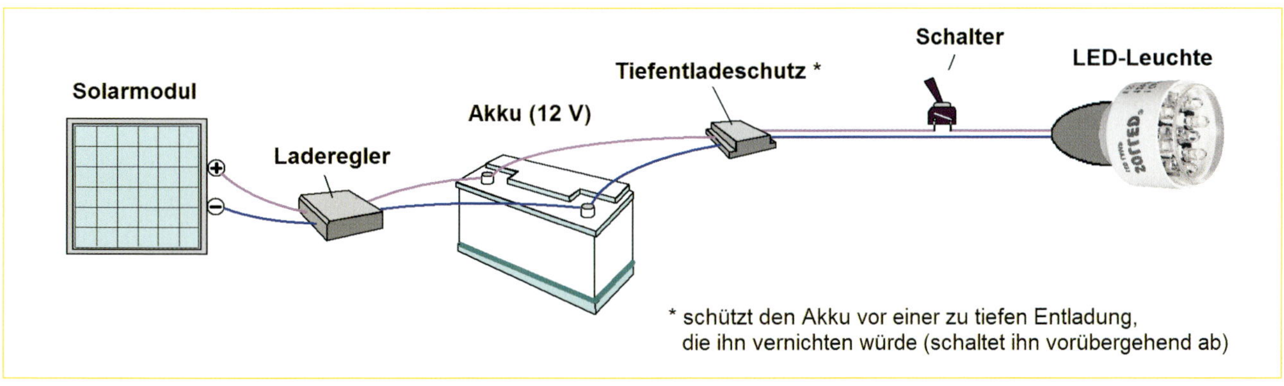

Abb. 1.7 – Grundbausteine einer Solar-Beleuchtung

1.3 Bausteine einer Solarbeleuchtung mit Leuchtdioden

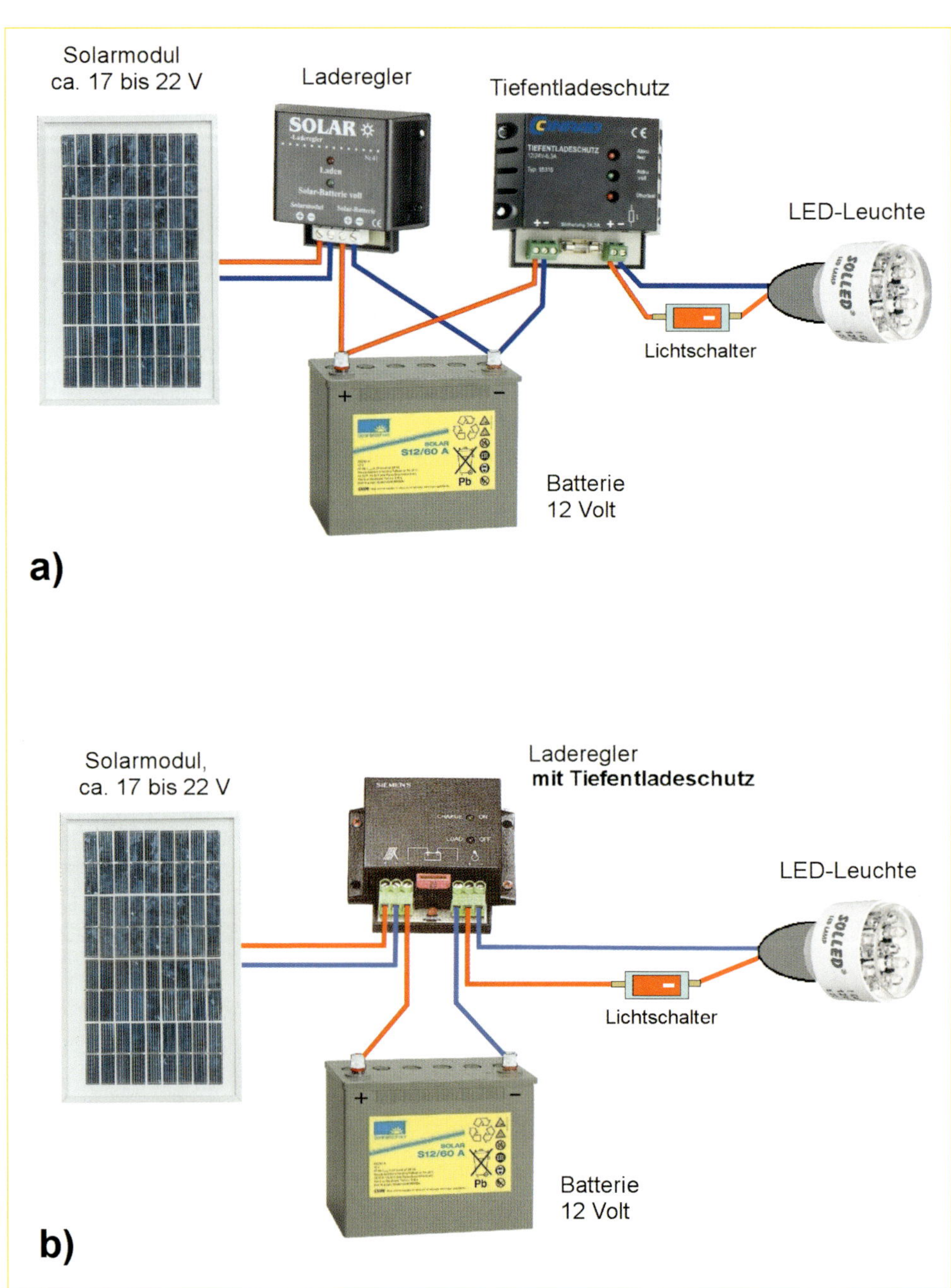

Abb. 1.8 – Beispiel praktischer Ausführungen des Ladereglers und des Tiefentladeschutz-Geräts inklusive Anschlüssen:
a) Laderegler und Tiefentladeschutz als zwei separate Geräte.
b) Laderegler mit integriertem Tiefentladeschutz.

1.4 Solarbeleuchtung mit LEDs im Selbstbau

Wenn Sie Ihre Solarbeleuchtung für die 12-Volt-Betriebsspannung auslegen, stehen Ihnen alle benötigten Bauteile als Fertigbausteine zur Verfügung. Sie brauchen sich nur einen angemessen einfachen (kleinen) Laderegler auszusuchen (der nur für einen niedrigeren Ladestrom ausgelegt ist) und diesen nach *Abb. 1.8* mit den restlichen Bauteilen der Mini-Solaranlage elektrisch zu verbinden. Auf praktische Bauanleitungen kommen wir in weiteren Kapiteln noch zurück. Jetzt sehen wir uns erst an, welche Fragen beim Selbstbau auftauchen und worauf es dabei ankommt.

Mit der Planung eines Selbstbauvorhabens kann auf zweierlei Weise angefangen werden:

- Ist bereits eine Solaranlage mit einer Speicherbatterie vorhanden, wird bei der Planung der Beleuchtung von der Spannung dieser Batterie ausgegangen. Da es sich in einem solchen Fall meist um eine 12-Volt-Batterie handelt, sollte die LED-Beleuchtung in Hinsicht auf diese Spannung ausgelegt werden.
- Wird die Solarstromversorgung speziell für die LED-Beleuchtung konzipiert, kann die Spannung der Speicherbatterie gezielt an die Spannung der vorgesehenen LEDs angepasst werden. Die Planung fängt hier somit bei den Leuchtdioden an, die sich für das Vorhaben am besten eignen bzw. die zweckentsprechend kostengünstigste Lösung bieten.

Die zweite Lösung bietet mehr Planungsspielraum und kann u. a. für die Beleuchtung von kleinen Objekten genutzt werden, da durch die niedrige Versorgungsspannung nur ein kleines, kostengünstiges Solarmodul genügt, bzw. einige einzelne Solarzellen und eine kleine Batterie ausreichen. Ein Garten-Gerätehaus, ein Carport, eine kleine Gartenlaube oder eine Sitzecke im Garten können auf diese Weise eine solarelektrische Beleuchtung erhalten.

Wenn dabei das Solarmodul nicht auf der Überdachung des Objekts aufgestellt werden kann, muss ein passender Standort gefunden werden. So kann z. B. ein kleines Solarmodul in einem Rosenbogen nach *Abb. 1.9* dezent untergebracht werden.

Abb. 1.9 – In einem Rosenbogen kann z. B. ein kleines Solarmodul so untergebracht werden, dass darunter das Gartenambiente nicht in Mitleidenschaft gezogen wird.

1.5 Verschalten der Leuchtdioden

Bevor wir zu den spezifischen Eigenschaften der Leuchtdioden übergehen, dürfte eine Vorinformation über die Möglichkeiten des Verschaltens dieser Bausteine so manche praxisbezogene Überlegung erleichtern.

Ähnlich wie z. B. Batterien, Solarzellen oder Solarmodule können auch Leuchtdioden sowohl seriell (in Reihe) als auch parallel miteinander verschaltet werden, wenn ein kräftigeres Licht erwünscht ist oder mehrere LEDs gleichzeitig leuchten sollen.

Zwei oder auch mehrere LEDs können nach *Abb. 1.10 a* nur dann in Reihe geschaltet werden, wenn sie für exakt denselben Strom (**I_F**) ausgelegt und bevorzugt auch auf die gleiche Lichtstärke vorselektiert sind (was bei einfacheren Vorhaben durch einen nur optischen Vergleich vorgenommen werden kann). Bei einer parallelen Verschaltung von zwei oder mehreren LEDs nach *Abb. 1.10 b* ist es wiederum wichtig, dass sie alle für die gleiche Betriebsspannung (**U_F**) ausgelegt sind. Auch hier ist jedoch eine Vorselektion auf eine möglichst einheitliche Lichtstärke angesagt.

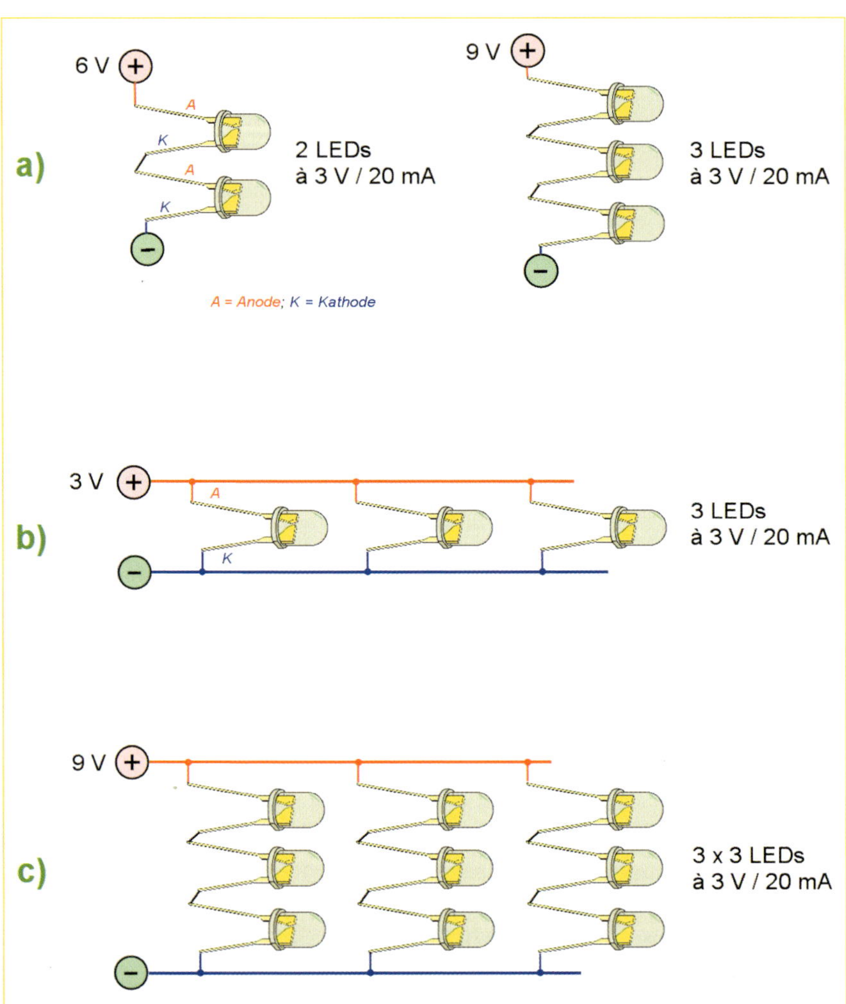

Abb. 1.10 – Verschaltung der Leuchtdioden: a) LEDs in Reihe (seriell betrieben) b) LEDs parallel betrieben c) LEDs seriell/parallel betrieben.

1.5 Verschalten der Leuchtdioden

Bei Bedarf können LEDs auch seriell/parallel nach *Abb. 1.10 c* verschaltet werden. Die in *Abb. 1.10* angegebenen technischen Daten der LEDs sowie die Batteriespannungen sind nur als Beispiele anzusehen, die nicht automatisch für alle LEDs bzw. Lösungen zutreffen.

Werden mehrere LEDs in Reihe (seriell) geschaltet, fließt durch alle derselbe Strom *(Abb. 1.11)*. Handelt es sich dabei z. B. um 20-mA-LEDs, fließt durch alle ein Strom von 20 mA – vorausgesetzt die Versorgungsspannung der LED-Reihe wurde so eingestellt, dass der volle Strom von 20 mA durch die LEDs auch tatsächlich fließen kann *(Abb. 11a)*. Ist die Versorgungsspannung niedriger, als es der Summe der einzelnen LED-Versorgungsspannungen entspricht – wie das Beispiel in *Abb. 11b* zeigt –, fließt durch die LEDs ein niedrigerer Strom. In dem Fall leuchten die LEDs entweder proportional schwächer oder – wenn der Strom zu niedrig ist – gar nicht.

Ist es erwünscht, dass die LEDs optimal leuchten, muss die **Versorgungsspannung** der in Reihe geschalteten LEDs so hoch – oder annähernd so hoch – eingestellt werden, dass durch die LEDs ein Strom fließt, dessen Höhe den typenbezogenen (= im Katalog angegebenen) LED-Strom „$\mathbf{I_F}$" entspricht. Die Einstel-

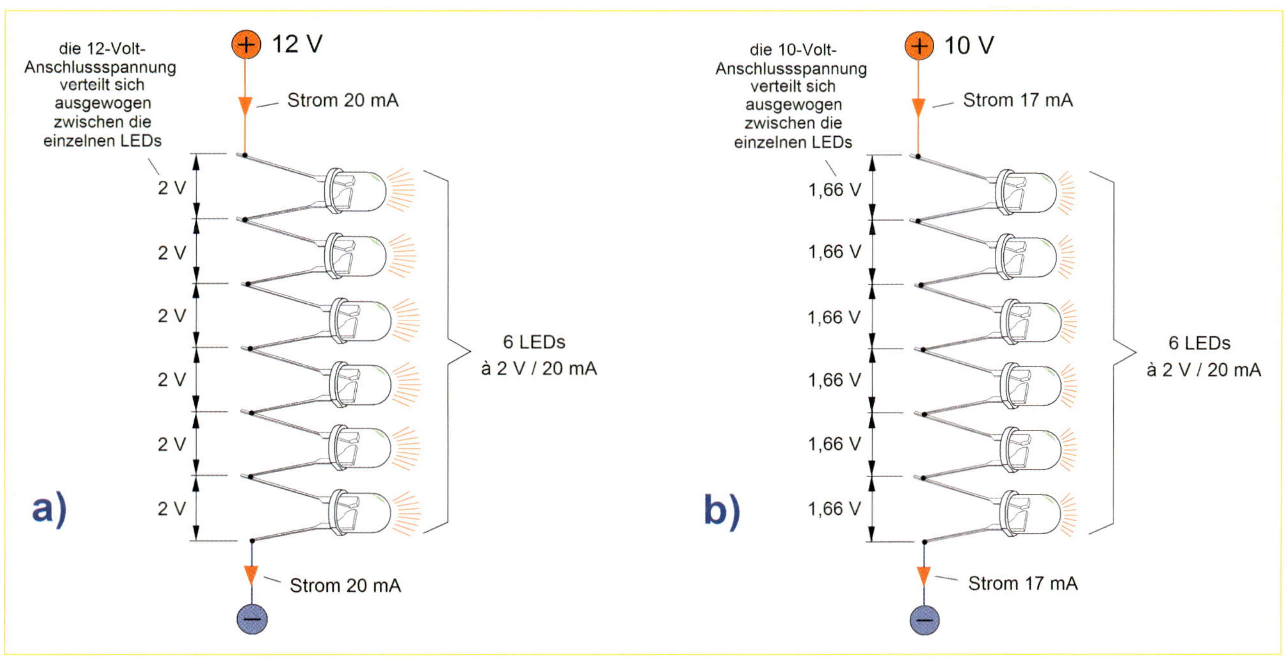

Abb. 1.11 – LEDs in Reihenschaltung

lung der LED-Versorgungsspannung – und somit des LED-Stroms kann z. B. nach *Abb. 1.12a* mithilfe eines Einstellreglers vorgenommen werden, der anschließend durch einen Kohleschicht-Vorwiderstand ersetzt wird. Der ohmsche Wert dieses Vorwiderstands wird so ermittelt, dass der am Einstellregler eingestellte Widerstand **nach vorhergehendem Abschalten der Versorgungsspannung** mit einem Multimeter gemessen wird.

Ist bei einer LED-Hintergrundbeleuchtung oder bei einem LED-Mosaik nicht die volle Lichtstärke erforderlich, kann durch die Einstellung der Versorgungsspannung der LED-Strom so verringert werden, dass die LEDs wunschgerecht etwas schwächer leuchten.

Eine LED-Reihe kann sich bei Bedarf auch aus LEDs zusammensetzen, die zwar für eine unterschiedlich hohe Versorgungsspannung (**U_F**), aber für denselben Strom (**I_F**) ausgelegt sind. Die Anschlussspannung verteilt sich dann in der LED-Kette entsprechend der ***U_F*** einzelner LEDs nach dem Beispiel in *Abb. 1.13.* Die Spannungsdifferenz, die in diesem Beispiel 0,9 Volt beträgt, muss der Vorwiderstand abfangen. Wäre er in einer solchen Schaltung nicht vorhanden, würde sich die Anschlussspannung nur

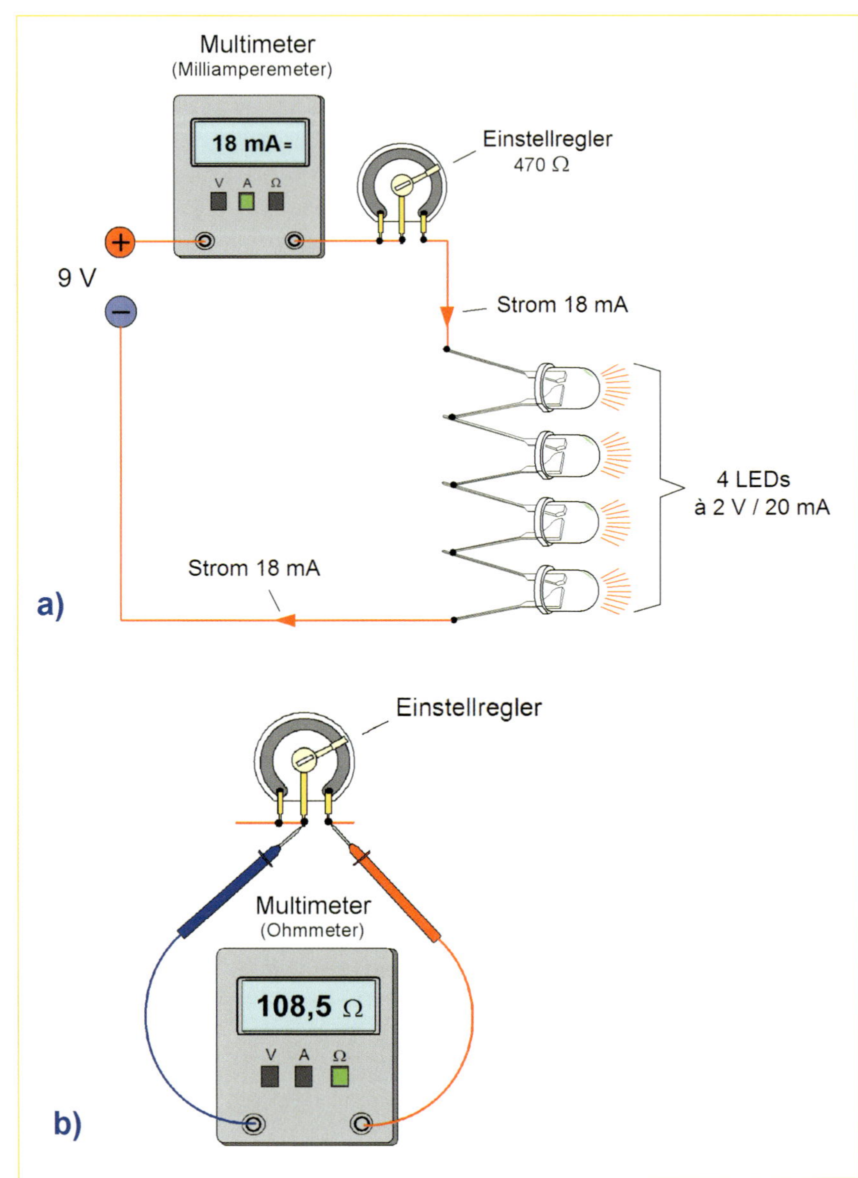

Abb. 1.12 – a) Einstellung des optimalen Stroms, der durch eine LED-Reihe fließt. b) Messen des am Einstellregler eingestellten Widerstands.

unter den einzelnen LEDs verteilen. Die LEDs würden dadurch einen höheren Strom beziehen als die erlaubten 20 mA. Dabei würden sie zwar kräftiger leuchten, aber diese überhöhte Leistung (LED-Spannung multipliziert mit dem LED-Strom) würde sie auf die Dauer vernichten.

Werden in solchen kombinierten Anordnungen *(nach Abb. 1.13)* Leuchtdioden unterschiedlicher Herkunft, Type oder Lichtstärke (**I_V**) verwendet, wird die Lichtintensität einzelner LEDs nicht ausgewogen sein. In diesem Fall ist eine Vorselektion einzelner LEDs erforderlich.

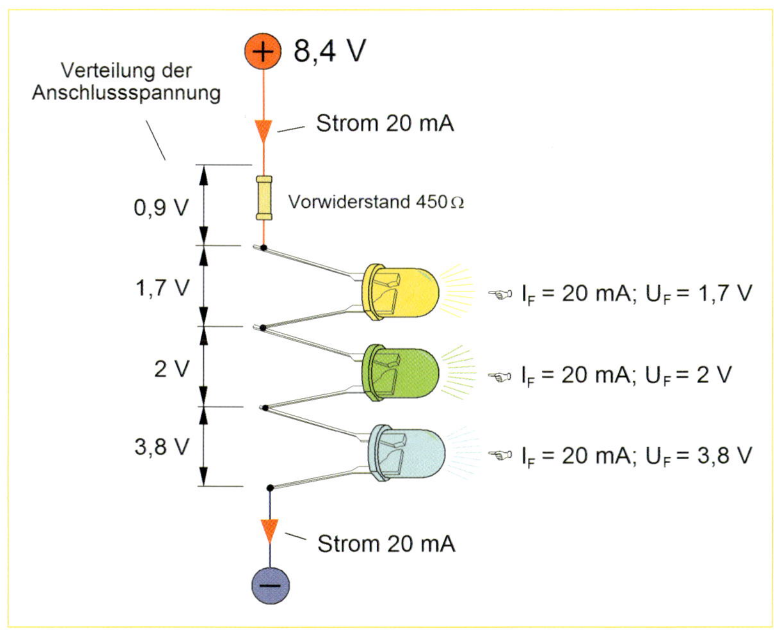

Abb. 1.13 – LEDs, die für unterschiedliche Betriebsspannungen (U_F) ausgelegt sind, dürfen in Reihe geschaltet werden, wenn sie für den gleichen Strom (I_F) ausgelegt sind – vorausgesetzt, die Ausgewogenheit der einzelnen Lichtstärken ist zufriedenstellend.

1.6 Wissenswertes zum Thema „Batterien" und „Akkus"

Solarbetriebene Leuchtdioden, wie auch andere Leuchtkörper, benötigen einen Energie-Speicher in der Form einer Batterie.

Eine solarelektrisch betriebene Beleuchtung ist im Prinzip ähnlich ausgelegt wie z. B. die Beleuchtung eines Kraftfahrzeuges: Ein elektrischer Generator, der bei dem Kraftfahrzeug als „Lichtmaschine" bezeichnet wird, lädt über eine Laderegelung die Autobatterie automatisch immer dann nach, wenn das Fahrzeug fährt. Bei einer solarelektrischen Beleuchtung fungiert ein Solarmodul – bzw. eine Reihe von Solarzellen – als **Generator der elektrischen Energie**, die ebenfalls die Speicherbatterie über einen Laderegler jeweils dann nachlädt, wenn die Sonne ausreichend scheint.

Als Energiespeicher können in der Solartechnik generell alle wiederaufladbaren Batterien verwendet werden. Für größere Anlagen eignen sich sowohl die „echten" Solar- als auch Auto- oder diverse kleinere Bleibatterien (Bleiakkus), die meist für Spannungen von 6 und 12 Volt ausgelegt sind.

Gut zu wissen

Der Unterschied zwischen der Bezeichnung „Akku" und „Batterie" ist erklärungsbedürftig. In der Grundform eines kleinen Gliedes wird als **Batterie** üblicherweise eine **nicht wiederaufladbare** ***„Einwegbatterie"*** bezeichnet. Spricht man dagegen von einem **Akku** (Akkumulator), handelt es sich um einen nachladbaren Energiespeicher in der Form eines einzigen Gliedes. Werden jedoch mehrere Akkus als einzelne Glieder zu einer Einheit zusammengesetzt, bezeichnet man sie ebenfalls als „Batterie". So besteht z. B. eine Autobatterie aus sechs Bleiakku-Gliedern à 2 Volt, die miteinander in Reihe zu einer „Batterie" verbunden und in ein gemeinsames Gehäuse untergebracht werden.

In der Praxis kann allerdings nur ein Branchen-Insider beurteilen, ob ein „wiederaufladbarer" Energiespeicher nur aus einem oder aus mehreren Einzelgliedern besteht. Daher werden – je nach Lust und Laune – eigentlich alle nachladbaren Energiespeicher wahlweise entweder als Batterien oder als Akkus bezeichnet. Wir sprechen von einer *Autobatterie,* die sechs Akku-Glieder beinhaltet, aber den 12-Volt-Akkuschrauber bezeichnen wir nicht als „Batterieschrauber" – obwohl er seine Energie ebenfalls von einer „Batterie" mit zehn Akku-Gliedern à 1,2 Volt bezieht. Die unterschiedliche Bezeichnung hat hier also nur etwas mit der Gewohnheit zu tun.

In der Solartechnik (Photovoltaik) wird für die *Energiespeicher* sowohl die Bezeichnung *Solarakkus* als auch *Solarbatterien* für dieselben Produkte angewendet. Dagegen ist nichts einzuwenden. Falsch wäre nur, wenn man einen einzigen wiederaufladbaren Akku als „Batterie" bezeichnen würde. Möchte man wiederum in einem Text oder in einer Zeichnung hervorheben, dass es sich bei einem Energiespeicher nicht um eine Einweg-, sondern um eine wiederaufladbare Batterie handelt, bevorzugt man die Bezeichnung Akku, denn die steht eindeutig *nur* für einen wiederaufladbaren Energiespeicher.

1.6 Wissenswertes zum Thema „Batterien" und „Akkus"

Abb. 1.14 – Als Energiespeicher können in der Solartechnik generell alle wiederaufladbaren Batterien (Akkus) verwendet werden: Der Handel führt eine große Auswahl an Batterien verschiedener Größen, Spannungen und Kapazitäten.

Wie viel Energie eine Batterie speichern kann, hängt bekanntlich von ihrer Größe ab. Die optisch wahrnehmbare Größe sagt natürlich nichts über das eigentliche Fassungsvermögen aus – wohl aber ihre Kapazität in Amperestunden (Ah). Bei einem Wein- oder Bierfass *(Abb. 1.15)* wird das Fassungsvermögen in Liter, bei einer Batterie in Amperestunden angegeben.

Kennt man die Kapazität einer Batterie und den Strombedarf des an sie angeschlossenen elektrischen Verbrauchers, kann man sich – ähnlich wie beim Anzapfen eines Weinfasses – leicht ausrechnen, wie lange man mit dem vorhandenen Vorrat auskommt. Die ***Nennkapazität der Batterie in Amperestunden (Ah)*** kann man vereinfacht als ihren energetischen Inhalt an „Ampere mal Betriebsstunden" betrachten: Von einer Batterie, deren Kapazität 10 Ah beträgt, können wir beispielsweise 10 Stunden lang einen Strom von einem Ampere (A) oder 20 Stunden lang einen Strom von 0,5 Ampere oder 100 Stunden lang einen Strom von 0,1 Ampere (usw.) beziehen, bevor die Batterie leer ist. Die eigentliche Batterie**spannung** darf dabei außer Acht gelassen werden.

Beim Selbstbau einer eigenen Solaranlage – egal, welcher Größe – ist es wichtig, dass die Kapazität der vorgesehenen Batterie groß genug gewählt wird, um die erforderliche elektrische Energie für eine lückenlose Stromversorgung der elektrischen Verbraucher zu gewährleisten. Dies beinhaltet, dass auch die sonnenarmen „Durststrecken" zu berücksichtigen sind, die während trüber oder regnerischer Tage zu erwarten sind. Die Zeitspannen, während denen die Speicherbatterie voraussichtlich nicht geladen werden kann, hängen zum Teil von der Jahreszeit ab.

Abb. 1.15 – Bei einem Wein- oder Bierfass wird das Fassungsvermögen in Liter, bei einer Batterie in Amperestunden angegeben.

1.6 Wissenswertes zum Thema „Batterien" und „Akkus"

Beispiel

Für die Beleuchtung einer Gartenlaube werden wir acht superhelle Leuchtdioden verwenden, die für eine Betriebsspannung ($\mathbf{U_F}$) von 3 Volt und einen Betriebsstrom ($\mathbf{I_F}$) von 20 mA (Milliampere) pro LED ausgelegt sind. Wir wählen eine Anordnung nach dem Prinzip aus *Abb. 1.16,* bei der die LEDs als Duos geschaltet sind, somit eine Versorgungsspannung von 6 Volt benötigen und einen Strom von 4 x 20 mA (= 80 mA bzw. 0,08 A) beziehen.

Die Beleuchtung in der Gartenlaube wird voraussichtlich nur während der wärmeren Jahreszeit etwa 4 bis 6 Stunden pro Woche benötigt. Wir wollen dabei nicht ausschließen, dass sich eventuell auch zwei Wochen lang die Sonne nicht zeigen könnte, und daher die verwendete Batterie über eine Kapazität verfügen sollte, die etwa 12 Stunden lang die Beleuchtung mit Strom versorgen kann.

Das sehen wir uns genauer an: 12 Stunden mal 0,08 Ampere ergibt 0,96 Ah. Das stellt aufgerundet eine Akku-Kapazität von 1 Ah dar.

Hinweis

Sollten Sie in Zusammenhang mit der Anwendung von Solarzellen und Solarmodulen noch Fragen haben, auf die Sie in diesem Buch keine ausführlichen Antworten finden, empfehlen wir Ihnen folgende themenverwandte Bücher:

- Wie nutze ich Solarenergie in Haus und Garten? *(ISBN 978-3-7723-4449-7)*
- Experimente mit superhellen Leuchtdioden *(978-3-7723-4208-0.)*
- Wie nutze ich Solar- und Windenergie in der Freizeit und im Hobby? *(ISBN 978-3-7723-4419-0)*

Weitere Beispiele der Berechnung einer optimalen Kapazität und das solarelektrische Laden von Batterien, die als Speicher der benötigten Solarenergie dienen sollen, werden in diesem Buch noch anhand konkreter Lösungsvorschläge detailliert erläutert.

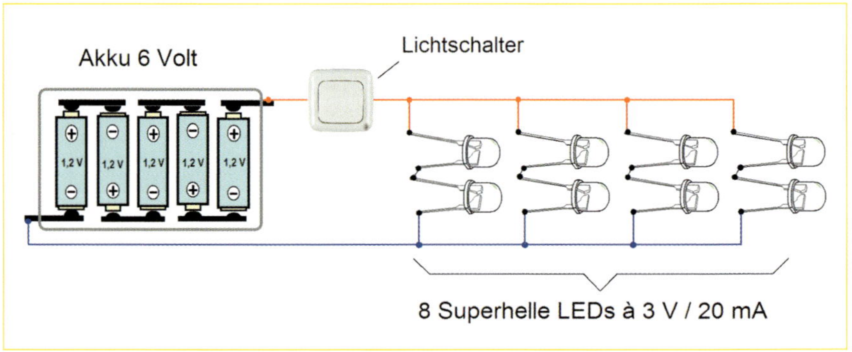

Abb. 1.16 – Ein kleiner 6-Volt-Akku, der sich aus fünf NiMH-Zellen zusammensetzt, kann für eine wenig beanspruchte Beleuchtung als Speicher der Solarenergie dienen.

2 Wichtige Eigenschaften der Leuchtdioden

Leuchtdioden haben unterschiedliche Formen, Farben, Größen und spezielle Eigenschaften, nach denen sie in Hinblick auf die Art ihrer Anwendung in folgende Gruppen eingeteilt werden können:

a) Standard-Leuchtdioden
b) *Low-Current*-Leuchtdioden
c) Superhelle und ultrahelle Leuchtdioden
d) Hochleistungs(Highpower)-Leuchtdioden
e) Blinkende Leuchtdioden
f) Zweifarbige Leuchtdioden (Duo-LEDs)
g) Leuchtdioden mit speziellen Eigenschaften
h) Infrarot-Dioden (IR-Dioden)

2 Wichtige Eigenschaften der Leuchtdioden

Bemerkung: In einigen unserer Beispiele, worin z. B. die optische Darstellung hervorgehoben werden soll, stellen wir die LEDs bildlich dar. Das erleichtert einen schnellen Überblick und verdeutlicht die vorgesehene Anordnung der Leuchtdioden.

Leuchtdioden, die nur ein monochromatisches Licht – vor allem gelb, rot oder grün – erzeugen, können wesentlich einfacher und kostengünstiger erstellt werden als solche, die für ein weißes Licht (Tageslicht) ausgelegt sind. Bei blauen LEDs will es mit einer kräftigeren Leuchtstärke noch nicht so richtig klappen, aber es werden zufriedenstellende Fortschritte verbucht.

Im Gegensatz zu den meisten herkömmlichen Lampen weisen Leuchtdioden zwei besondere Ansprüche an die Spannungsversorgung auf:

- Sie müssen polaritätsgerecht angeschlossen werden (ansonsten leuchten sie nicht auf).
- Nicht die Versorgungsspannung, sondern der LED-Strom hat bei diesen Leuchtkörpern den wichtigsten Stellenwert, der für optimale Lichtausbeute und Lebensdauer dieses „Halbleiters" maßgeblich ist.

Bei der Anwendung einer Leuchtdiode verdient an erster Stelle also ***nicht*** die ***Betriebsspannung*** (U_F), sondern der ***Betriebsstrom*** (I_F) Aufmerksamkeit. Dies ist für die Praxis schon deshalb wichtig, weil bei vielen Leuchtdioden die Betriebsspannung nur in der Form *„von … bis"* angeben wird.

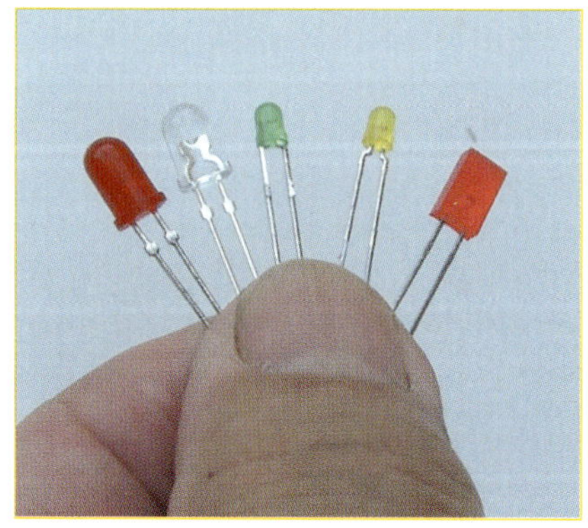

Abb. 2.1 – Ausführungsbeispiel einiger kleiner LEDs

Bei *„von … bis"* handelt es sich oft um einen Spannungsbereich, in dem die LED ihre volle Lichtintensität nur dann erreicht, wenn die

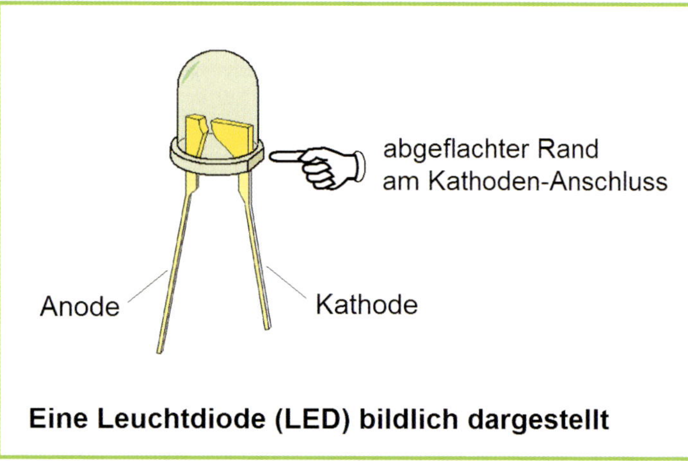

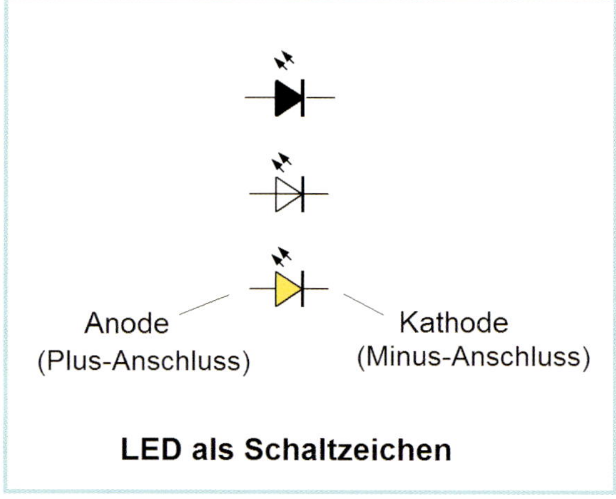

Abb. 2.2 – Leuchtdiode: a) Ausführung und Polarität. b) Gebräuchliche LED-Schaltzeichen.

eigentliche Betriebsspannung so eingestellt wird, dass die LED den vom Hersteller angegebenen ***Betriebsstrom (I_F)*** bezieht. Dabei darf die vom Hersteller angegebene Spannungsobergrenze – bzw. die separat angegebene *maximale LED-Spannung* (U_{Fmax}) – nicht überschritten werden. Dasselbe gilt auch für die *LED-Nennleistung* (***P***). Diese ergibt sich aus der *Durchlassspannung (Betriebsspannung)* U_F und dem *maximalen Betriebsstrom* I_F nach der Formel

$$P = U \times I$$

U = *LED-Durchlassspannung* (U_F) *in Volt**
I = *LED-Betriebsstrom* (I_F) *in Ampere*
P = *LED-Nennleistung* (***P***) *in Watt*

* In englischsprachigen Prospekten und auch deutschen Datenblättern oder Katalogen wird die Durchlassspannung nicht als U_F, sondern als V_F bezeichnet.

In einem Katalog werden bei den meisten preiswerten Standard-LEDs nur einige der wichtigsten Grunddaten nach dem Beispiel in *Abb. 2.3* angegeben.

Möchte man eine der Standard-LEDs nur darauf testen, ob sie überhaupt intakt ist, gibt sie sich auch mit einer niedrigeren Versorgungsspannung von z. B. 1,5 Volt *(Abb. 2.4)* zufrieden, leuchtet aber nur ziemlich schwach. Das kann zwar für einige einfache Experimente ausreichen, wenn die LED aber kräftig leuchten soll, muss ihre Versorgungsspannung so eingestellt werden, dass sie ihren vollen Betriebsstrom I_F bezieht. Bringen kann man sie dazu, indem man nach *Abb. 2.5* z. B. ihre Versorgungsspannung mit einem Einstellregler (Einstellpotenziometer) langsam und vorsichtig so weit erhöht, bis das angeschlossene Amperemeter anzeigt, dass durch die LED ein Strom von 20 mA durchfließt (der vom Hersteller als I_F angegeben ist). Achten Sie bitte darauf, dass vor der Inbetriebnahme der Einstellpotenziometer „offen" ist (= auf seinen maximalen Widerstand steht).

Nachdem Sie den Strom der LED nach *Abb. 2.5* auf etwa 19 bis 20 mA eingestellt haben, können Sie nach *Abb. 2.6 a* kontrollieren, welche Spannung dabei die LED erhält. Notieren Sie sich diesen Wert, den Sie für die Arbeit mit dieser LED-Type als die für sie optimale Versor-

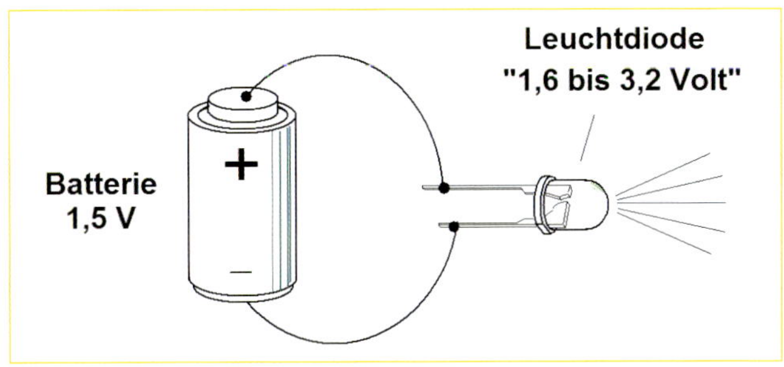

Abb. 2.4 – Leuchtdioden leuchten auch bei Unterspannungen – das kann sich vor allem beim Experimentieren als vorteilhaft erweisen.

LED, 5 mm, diffus (Telefunken)

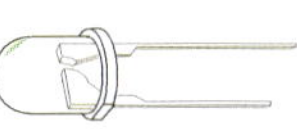

Für allgemeine Anwendung.
Technische Daten:
Gehäuse 5 mm · I_V : 10 bis 20 mA · U_V : 1,6 bis 3,2 V

Typ	Farbe	Lichtstärke I_V
TLHR 5400	Rot	1,6 mcd
TLHG 5400	Grün	2 mcd
TLHY 5400	Gelb	3 mcd

Abb. 2.3 – Grunddatenbeispiel von Standard-Leuchtdioden (aus dem Katalog von Conrad Electronic).

gungsspannung betrachten dürften. Sie werden bei weiteren Experimenten nicht immer wiederholend den Strom jeder der angewendeten

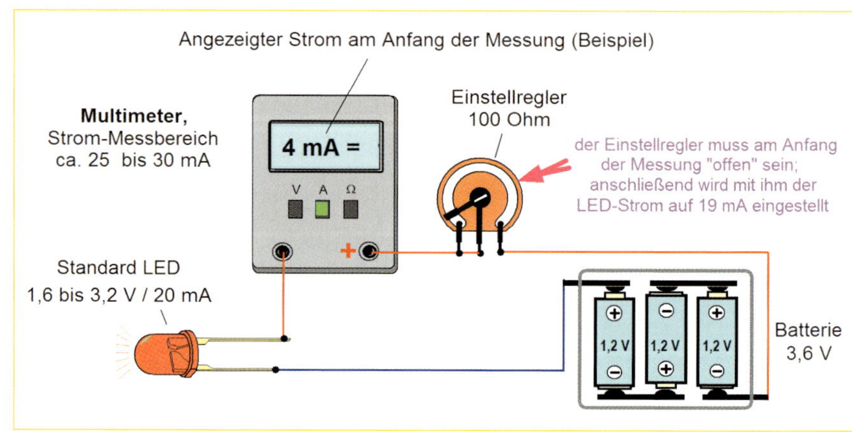

Abb. 2.5 – Die Lichtintensität einer LED steigt mit zunehmender LED-Versorgungsspannung: Ist es erwünscht, dass eine LED optimal stark leuchtet, muss mithilfe eines Einstellreglers ihre Versorgungsspannung (U_F) gleitend erhöht werden, bis der LED-Strom I_F in die Nähe der 20 mA gestiegen ist.

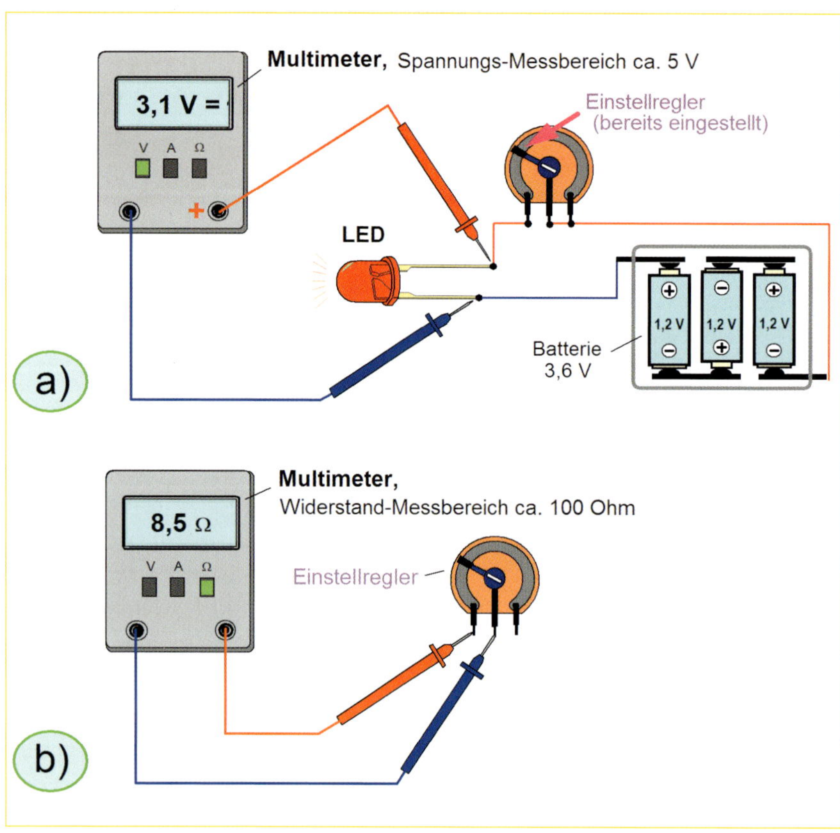

LED (derselben Type und Farbe aus derselben Lieferung) messen und einstellen, sondern dürfen davon ausgehen, dass der einmal ermittelte Wert für alle LEDs gilt. Dieser Wert kann jedoch auch bei derselben LED-Type von der LED-Farbe abhängig sein – was bei der Anwendung verschiedener LED-Farben (für z. B. bunte LED-Mosaike) zu berücksichtigen ist.

Wird eine LED an eine zu hohe Gleichspannung *polaritätsgerecht* angeschlossen, besteht die Gefahr

Abb. 2.6 – Nachdem der LED-Strom optimal eingestellt wurde, sollten noch zwei folgende Messungen stattfinden: a) Die Ermittlung der LED-Spannung (Durchlassspannung), die in diesem Fall ihre optimale „Versorgungsspannung" darstellt. b) Die Ermittlung des LED-Vorwiderstands bei einer Versorgungsspannung aus einer 3,6-Volt-Batterie.

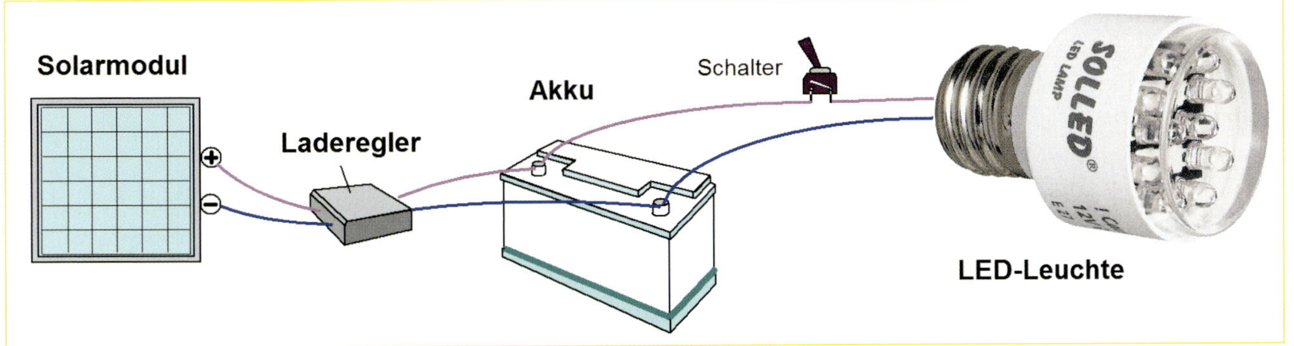

Abb. 2.7 – Eine Mini-Solaranlage für eine LED-Beleuchtung unterscheidet sich prinzipiell nicht von anderen Photovoltaik-Inselanlagen.

einer Vernichtung vor allem dann, wenn die LED einen höheren Strom *(I_F)* bezieht, als sie laut der technischen Daten verkraften dürfte. Sie kann jedoch unter Umständen auch dann vernichtet werden, wenn ihre Abnahmeleistung *(als $U \times I$)* überschritten oder sie in „nicht leitender" Richtung (= falsch gepolt) an eine *sehr hohe* Spannung angeschlossen wird. Welche Spannung in *nicht leitender Richtung* eine LED als *„sehr hohe"* Spannung nicht mehr verkraftet, ist typenbezogen unterschiedlich. Versorgungsspannungen, die jedoch nur vier oder fünfmal höher sind als die vom Hersteller angegebene „Betriebsspannung" (Durchlassspannung $\mathbf{U_F}$) der LED, können der LED **in nicht leitender Richtung** keinen Schaden zufügen.

Dieser Hinweis bezieht sich auf Situationen, bei denen z. B. eine „3-Volt-LED" über einen Vorwiderstand an eine 24-Volt-Versorgungsspannung angeschlossen wird. Wenn hier die LED falsch gepolt angeschlossen wird, bezieht sie keinen Strom. An dem Vorwiderstand entsteht daher kein Spannungsverlust und somit steht an den LED-Anschlüssen die volle Spannung von 24 Volt. In dem Fall kann eine derart überhöhte Spannung die LED vernichten. Die typenbezogene max. Spannung, die eine LED in der „Gegenrichtung" verkraftet, geht aus den üblichen Katalogdaten der LEDs nicht hervor. Daher sollten beim Experimentieren mit LEDs keine Spannungsquellen mit zu hohen Ausgangsspannungen angewendet werden, die ein Vorwiderstand nur dann abfängt, wenn er mit dem vorgesehenen LED-Strom belastet wird (wenn die LED polaritätsgerecht angeschlossen ist).

Bei einem Solarbetrieb werden die LEDs bzw. LED-Leuchten üblicherweise von Solarzellen oder vom Solarmodul über eine solarelektrisch auf- und nachgeladene Batterie mit der erforderlichen elektrischen Leistung (Spannung und Strom) nach *Abb. 2.7* versorgt. Die angewendete Batterie muss dabei

Wichtig

Die sogenannte Nennspannung einer Batterie ist nur als eine Bezeichnung zu betrachten, die sich auf ihre durchschnittliche Spannung bezieht. In Wirklichkeit variiert diese Spannung zwischen einem Maximalwert, den eine voll aufgeladene Batterie erreicht, und einem Spannungsminimum, das typen- und anwendungsbezogen sehr niedrig sein kann.

die erforderliche Spannung und den Strom aufbringen können, den die LED-Beleuchtung benötigt. Die Leistung des Solarmoduls muss dabei auf den Nachladebedarf der Batterie abgestimmt sein (auf Näheres kommen wir später noch zurück).

So hat z. B. eine voll aufgeladene 12-Volt-Autobatterie eine Spannung von ca. 14 Volt, aber ihre Spannung sinkt betriebsbedingt oft z. B. unter 11 Volt. Bleiakkus werden allerdings sehr strapaziert (bzw. irreparabel beschädigt), wenn sie unter ca. 10,5 Volt entladen werden (was typenabhängig etwas variiert). NiCd oder NiMH-Akkus können dagegen viel tiefer entladen werden, ohne strapaziert zu sein (NiCd-Akkus mögen es sogar).

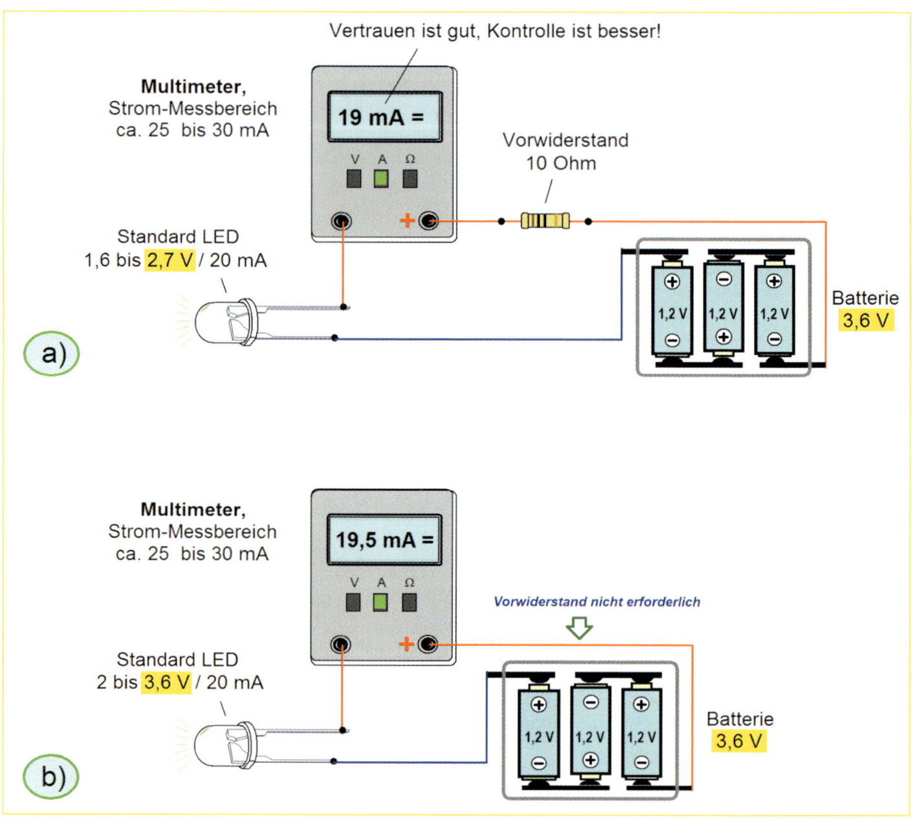

Abb. 2.8 – a) Ein Vorwiderstand fängt die überschüssige Spannung ab, die ansonsten die LED vernichten würde. b) Ist die LED auf die Batteriespannung optimal abgestimmt, entfällt der Vorwiderstand, wenn der LED-Strom I_F das erlaubte Maximum (von 20 mA) nicht überschreitet.

Bei der Arbeit mit LEDs sollte diese Tatsache im Auge behalten werden. Bei LED-Lichtquellen, die z. B. nur für eine Hintergrundbeleuchtung oder für dekorative Zwecke vorgesehen sind, dürfte man bei der Batterieversorgung anstelle der offiziellen Batterie-Nennspannung von einer Spannung ausgehen, die ca. 8 bis 10 % höher ist. Das schont die Leuchtdioden und wirkt sich auf die Intensität der Beleuchtung nur durch einen kaum wahrnehmbaren Rückgang aus. Wird dagegen eine so kräftig wie möglich leuchtende LED-Beleuchtung angestrebt, dann kann die Batteriespannung auf einen angemessen niedrigeren Wert stabilisiert werden. Wie so etwas gemacht wird, zeigen wir noch an Beispielen konkreter Bauanleitungen.

In den meisten Fällen geben wir uns damit zufrieden, dass die Leuchtdiode, eine Leuchtdioden-Kette oder ein Leuchtdioden-Feld einen Vorwiderstand erhält, der nach dem Beispiel aus *Abb. 2.8/2.11* den „überflüssigen" Teil

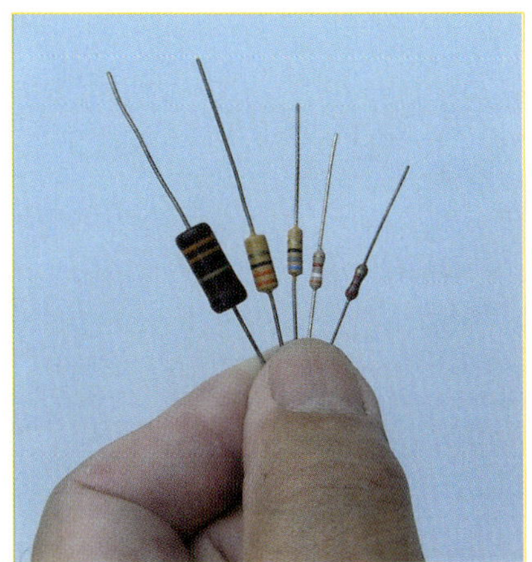

Abb. 2.9 – Widerstände sind in verschiedenen Größen (Leistungen) erhältlich.

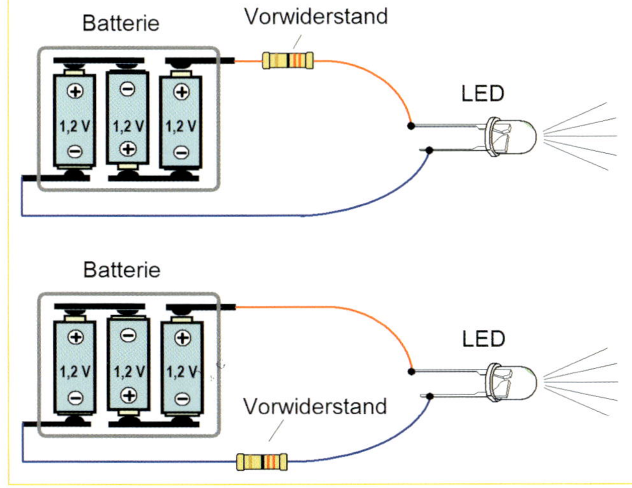

Abb. 2.10 – An welcher Stelle des Stromkreislaufs der *Vorwiderstand* angeschlossen wird, spielt keine Rolle.

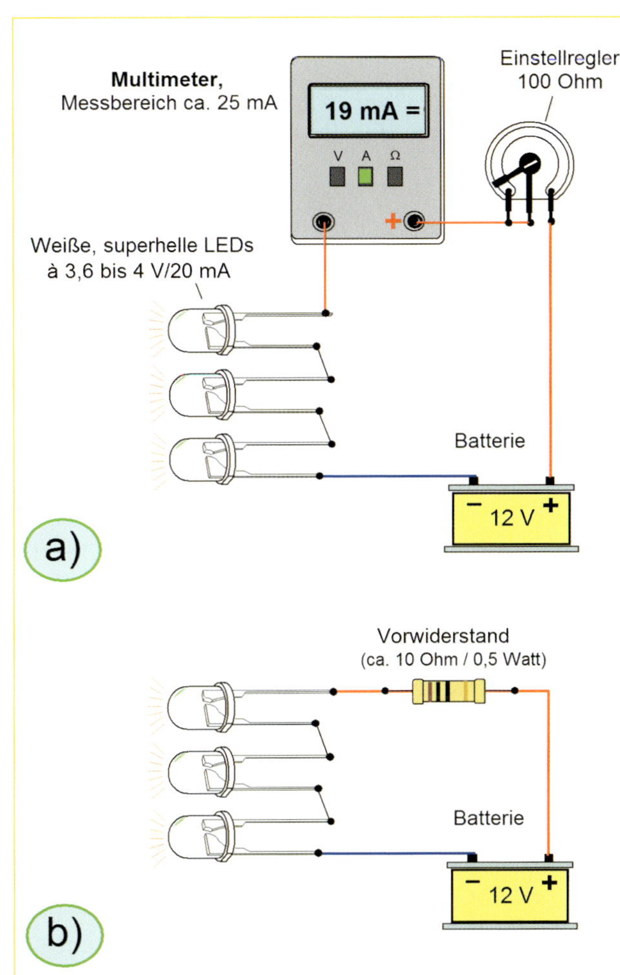

Abb. 2.11 – Werden mehrere LEDs in Reihe an eine Batterie angeschlossen, wird der ohmsche Wert des Vorwiderstands ähnlich festgelegt, wie es bereits in *Abb. 2.5/2.6* gezeigt wurde: a) Ermittlung des optimalen Vorwiderstands. b) Der Einstellregler kann (aber muss nicht) in der definitiven Schaltung durch einen Widerstand ersetzt werden.

2 Wichtige Eigenschaften der Leuchtdioden

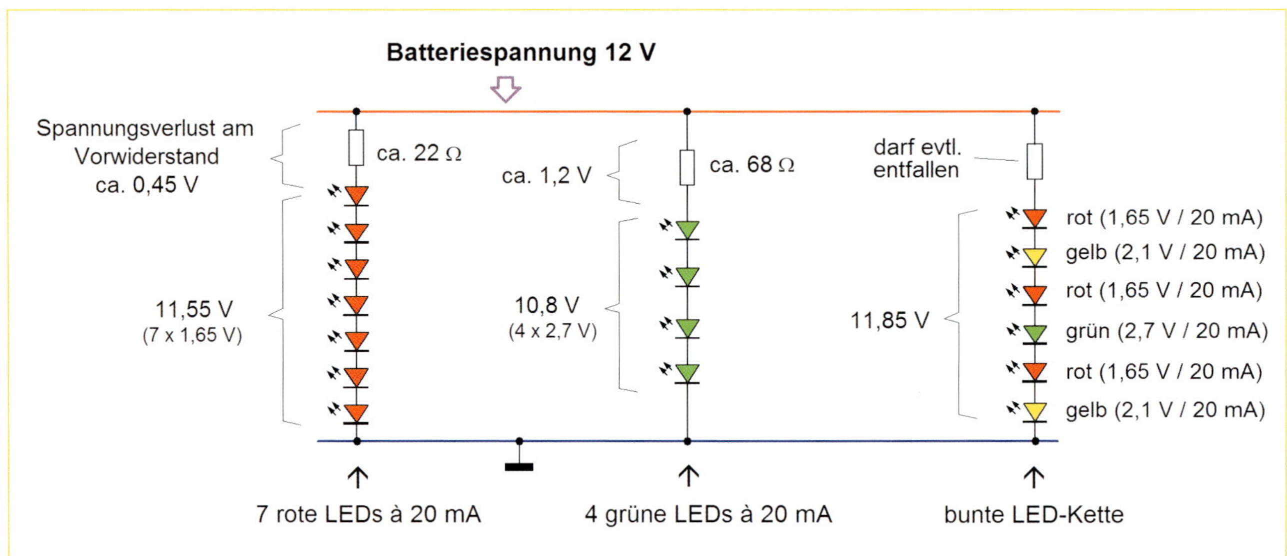

Abb. 2.12 – Aus vorselektierten LEDs, die alle für denselben Strom I_F ausgelegt sind, können bei Bedarf auch längere Ketten gebildet werden, bei denen der Vorwiderstand auf die bereits beschriebene Weise ermittelt wurde (diese Schaltung benutzt die gängigen Elektronik-Schaltzeichen der Widerstände und LED-Dioden).

der Batteriespannung abfängt. Vereinfacht formuliert „frisst" der Vorwiderstand den vorgesehenen Spannungsteil in sich hinein und gibt ihn als Wärme an die Umgebung ab. Er fungiert sozusagen als ein kleiner Heizkörper, der überflüssige Energie in Wärme umwandelt, und muss daher für eine ausreichend hohe Leistung (von z. B. 1/4, 1/2, 1 oder 2 Watt usw.) nach *Abb. 2.10* ausgelegt sein. Ist er unterdimensioniert, heizt er sich zu sehr auf und verbrennt.

Eine Leuchtdiode, die nach *Abb. 2.8 a* laut ihrer technischen Daten für eine Betriebsspannung von 1,6 bis 2,7 V ausgelegt ist, darf an eine 3,6-Volt-Batterie nicht direkt angeschlossen werden (die zu hohe Batteriespannung würde sie vernichten). Daher muss in den „Stromkreislauf" ein *Vorwiderstand* eingelötet werden, der den unerwünschten Spannungsüberschuss abfängt. Wie hoch der unerwünschte Spannungsüberschuss bei der vorgesehenen LED tatsächlich ist, sollte bevorzugt nach *Abb. 2.5/2.6 a* festgestellt werden, da dies typenabhängig variieren kann. Der in den Katalogen angegebene Spannungsbereich $\mathbf{U_F}$ ist dabei nur als ein Richtwert zu betrachten.

Es spielt keine Rolle an welcher Stelle (an welchem Pol der Batterie) dieser Vorwiderstand angebracht wird *(Abb. 2.10)*. Daher wird dieser Widerstand oft auch als *Reihenwiderstand* bezeichnet, weil er einfach „irgendwo" in Reihe mit der LED – bzw. mit mehreren LEDs – eingelötet wird. Wir bleiben dennoch bei der etablierten Bezeichnung *Vorwiderstand,* da sie hier eindeutiger auf die Aufgabe des Widerstands hinweist.

Oft ist es von Vorteil, wenn man sich vor der Erstellung einer experimentellen Schaltung nach 2.12 den ohmschen Wert des Vorwiderstands ausrechnen kann. Das geht leicht nach folgender Formel:

Überschüssige Spannung [in Volt] : **LED-Strom** [in Ampere] **= Vorwiderstand** [in Ohm]

Beispiel A:
Die erste LED-Kette in *Abb. 2.12* besteht aus sieben roten LEDs, die theoretisch eine Spannung von 11,55 Volt benötigen würden. Bei Anschluss dieser Kette an eine 12-Volt-Spannung sollte der Vorwiderstand theoretisch eine überschüssige Spannung von 0,45 Volt abfangen (12 V – 11,55 V = 0,45 V).

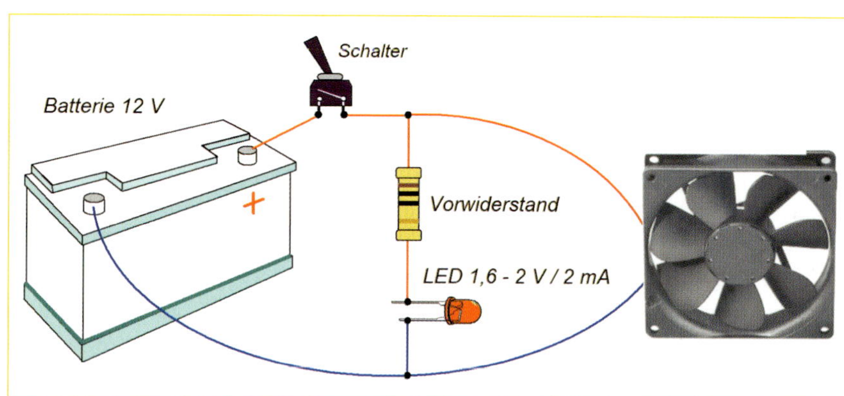

Abb. 2.13 – Anordnungsbeispiel der Kontroll-LED in dem Schaltkreis nach Beispiel B.

Die LED-Kette bezieht einen Strom von 20 mA (Milliampere). Das sind 0,02 A (Ampere), die wir in unsere Formel (ohmsches Gesetz) einsetzen müssen:

0,45 [Volt] : 0,02 [Ampere] = 22,5 Ohm (Vorwiderstand)

Ein Widerstand von 22,5 Ohm ist zwar nicht handelsüblich, wohl aber ein Widerstand von 22 Ohm, den wir in unsere Schaltung eingezeichnet haben. In der Praxis kann es sich ergeben, dass diese LED-Kette (falls wir den tatsächlichen Strom messen) bei diesem Vorwiderstand nur einen Strom von z. B. 17,5 mA bezieht und dass daher dieser Vorwiderstand entfallen darf. Danach bezieht die Kette möglicherweise immer noch einen Strom von z. B. 19 mA, denn so exakt, wie es in den Prospekten steht, läuft es bei den meisten LEDs nicht. Daher ist nur darauf zu achten, dass der vom Hersteller angegebene LED-Strom I_F nicht überschritten wird.

Beispiel B:
Wir möchten in die Zuleitung zu einem 12-Volt-Solarventilator eine Kontroll-LED nach *Abb. 2.13* anbringen,

Bemerkung

In der Elektronik wird oft die Abkürzung „Kiloohm" (kΩ) verwendet. Das Verhältnis zwischen Ohm und Kiloohm (Ω und kΩ) ist dasselbe wie bei Metern und Kilometern:

1000 Ω = 1 kΩ

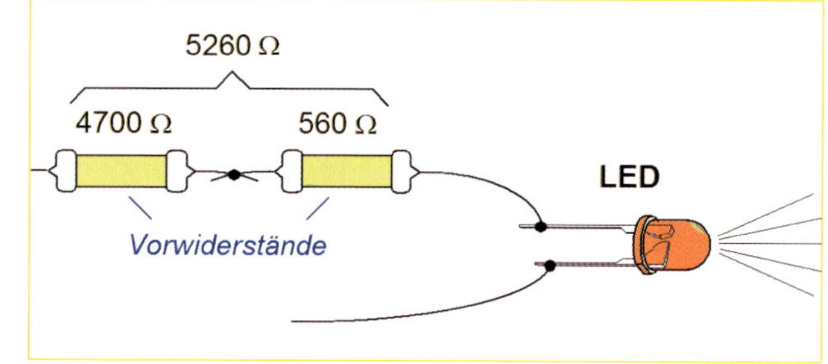

Abb. 2.14 – Die einzelnen ohmschen Werte der in Reihe geschalteten Widerstände addieren sich.

die leuchtet, wenn der Ventilator eingeschaltet ist. Um Solarenergie zu sparen, haben wir zu diesem Zweck eine Low-Current-LED angewendet, die nur einen Strom von 2 mA (= 0,002 A) bezieht, und dennoch ausreichend kräftig leuchtet, wenn sie eine Versorgungsspannung von mindestens 1,6 Volt erhält. Der Vorwiderstand sollte demzufolge in diesem Fall eine Spannung von 10,4 Volt abfangen können (12 V – 1,6 V = 10,4 V).

Wie schön, dass es die Taschenrechner gibt:

10,4 V : 0,002 A = 5200 Ohm

Unter den Standard-Widerständen gibt es keinen solchen Wert, wohl aber einen 5600 Ohm(Ω)-Widerstand. Hier geht Probieren über Studieren: Bei einem **5600-Ω**-Widerstand leuchtet diese LED etwas zu schwach. Das lässt sich ändern: Man kann einen **4700-** und einen **560-Ω**-Widerstand nach *Abb. 2.14* in Reihe zusammenlöten. Die ohmschen Werte der zwei Widerstände addieren sich und das ergibt einen Widerstand von **5260 Ω**. Jetzt klappt es mit der Leuchtkraft der LED prima.

Die kleine Abweichung des ohmschen Werts unserer Widerstand-Duos spielt bei dieser Größenordnung keine Rolle – was wir mithilfe eines Milliamperemeters (nach dem Beispiel aus *Abb. 2.5)* leicht überprüfen können.

Die Nennleistung eines Vorwiderstands sollte nicht ganz außer Acht gelassen werden. Sie lässt sich genau so leicht ausrechnen wie z. B. der Grundriss eines Raums. Bei dem Raum muss man seine Länge und Breite kennen, bei dem Widerstand die Spannung, die er „abfangen" muss, und den Strom, der durch ihn und durch die LED fließt. Das sehen wir uns nun am folgenden Beispiel genauer an:

Beispiel C:
Der 5200-Ω-Widerstand aus *Abb. 2.13/2.14* soll eine Spannung von **10,4 V** abfangen. Dabei fließt durch ihn ein Strom von **0,002 A**. Die Formel für die elektrische **Leistung** (in Watt), die er in Wärme umwandeln muss, ist einfach:

Spannung [V] × **Strom** [A] = **Leistung** [W]

Mit konkreten Zahlen aus unserem Beispiel ergibt sich daraus:

10,4 V × 0,002 A = 0,028 Watt

Die kleinsten Standard-Kohleschicht-Widerstände fangen erst bei 0,1 und 0,25 Watt an. In diesem Fall können wir also für die zwei benötigten Vorwiderstände (von 4700 und 560 Ω) die kleinsten Widerstände verwenden.

Soweit zu den allgemeinen Vorinformationen. Nun sehen wir uns die für uns interessanten Eigenschaften einzelner LED-Typen näher an:

2.1 Standard-Leuchtdioden

Standard-Leuchtdioden gehören zu der ältesten Gattung der LEDs und wurden ursprünglich vor allem als Signalleuchten entwickelt. Als solche werden sie noch immer mit Vorliebe angewendet. Sie eignen sich aber auch für die Erstellung dekorativer Blickfänger, Mosaike, Lichtketten einer Partybeleuchtung oder angeordnet zu Ziffern (LED-Hausnummern), kurzer leuchtender Texte, wegweisender Pfeile und Hintergrundbeleuchtung usw.

Die preiswertesten Standard-LEDs sind in den Farben rot, grün und gelb, manchmal auch in orange erhältlich, haben eine runde Form, einen Durchmesser meist zwischen ca. 3 und 8 mm und ein klares oder diffuses (undurchsichtiges) Kunststoffgehäuse. Es gibt aber auch elliptische, viereckige, rechteckige und dreieckige LEDs: Es gibt solche, die blau und weiß leuchten und auch Minis, deren Durchmesser nur ca. 1,9 oder 2 mm beträgt.

Die meisten Standard-LEDs benötigen eine Betriebsspannung von etwa 1,6 bis 2,7 V und einen Strom von nur 0,02 A (20 mA). Einige der Standard-LEDs sind für einen Strom von 0,015 A (15 mA) ausgelegt.

Je nachdem, wie gut sie vom Hersteller oder Anbieter vorselektiert werden, können sie auch zu längeren Ketten *(Abb. 2.15)* und größeren Flächen *(Abb. 2.16)* verschaltet werden, wobei allerdings die Versorgungsspannung die maximale Länge der LED-Reihe bestimmt.

Standard-Leuchtdioden sind preiswert und eignen sich daher bevorzugt für verschiedene Experimente, bei denen ab und zu auch etwas kaputt geht. Da hält sich dann der Schaden in zumutbaren Grenzen.

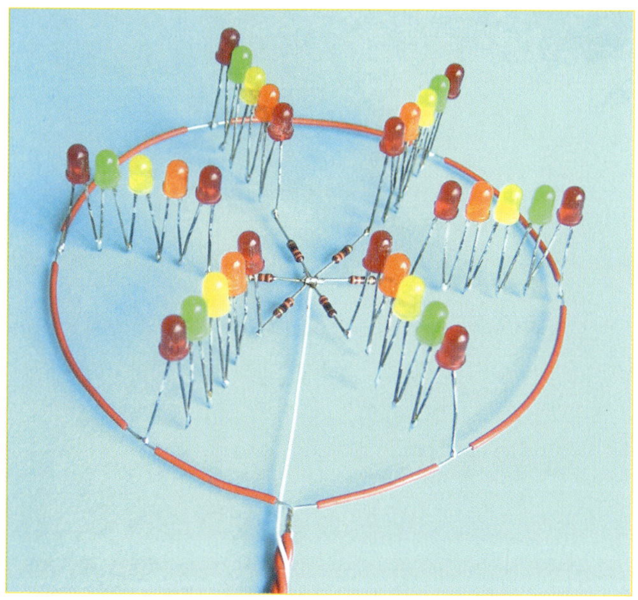

Abb. 2.15 – Ausführungsbeispiel eines LED-Sterns, der aus 30 LEDs (je fünf LEDs pro Reihe) besteht: Die Vorwiderstände sind in der Mitte des Sterns angeordnet.

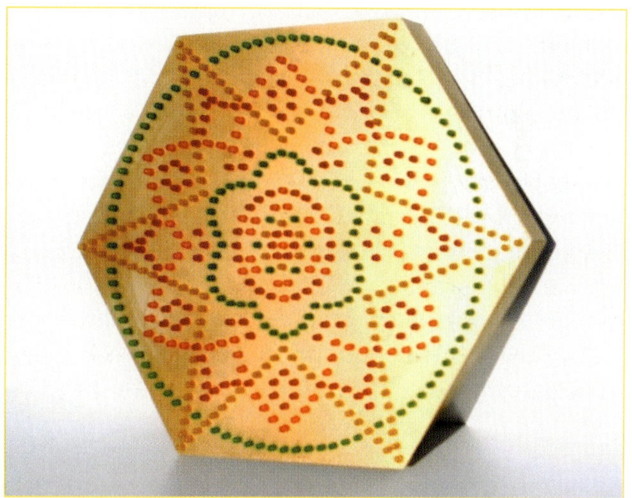

Abb. 2.16 – Ausführungsbeispiel eines Selbstbau-LED-Mosaikbausteins: Beliebig viele solcher Einzelelemente lassen sich zu dekorativen Flächen zusammensetzen und können z. B. als eine attraktive Deckenbeleuchtung einer Kellerbar dienen, deren Ornamente sich fließend kaleidoskopisch verändern (Autoren-Kreation).

2.2 Low-Current-LEDs

Als Low-Current-LEDs werden Leuchtdioden bezeichnet, die bei einem geringen Stromverbrauch (zwischen 2 und 4 mA) relativ stark leuchten. Das macht sie für Anwendungen in der Photovoltaik attraktiv, denn sie arbeiten energiesparend. Diese LEDs leuchten aber dennoch etwas schwächer als einige der besseren Standard-LEDs. Sie eignen sich daher nicht für eine gezielte Raum- oder Objektbeleuchtung, sondern nur als leuchtende Anzeigen, Blickfänger, Dekorationen oder einfach für Anwendungen, bei denen nur die LEDs selbst gut sichtbar sein sollen.

Als ein praktisches Anwendungsbeispiel kann eine leuchtende Selbstbau-Hausnummer dienen, die nach *Abb. 2.17* direkt aus einzelnen Low-Current-LEDs erstellt werden kann. Wir haben in diesem Fall grüne Low-Current-LEDs verwendet, deren Stromabnahme 4 mA beträgt und die bei einer Versorgungsspannung von 2 V pro LED ausreichend kräftig leuchten (es gibt jedoch auch grüne *Low-Current-LEDs*, die für eine Stromabnahme von nur 2 mA ausgelegt sind). In diesem Beispiel sind – bis auf eine Ausnahme – jeweils drei LEDs in Reihe geschaltet, die von einer 6-Volt-Batterie mit Strom versorgt werden. Eine Ausnahme bilden die zwei LEDs der Ziffer 1. Anstelle der dritten LED wurde hier ein Vorwiderstand (von 500 Ohm) eingelötet.

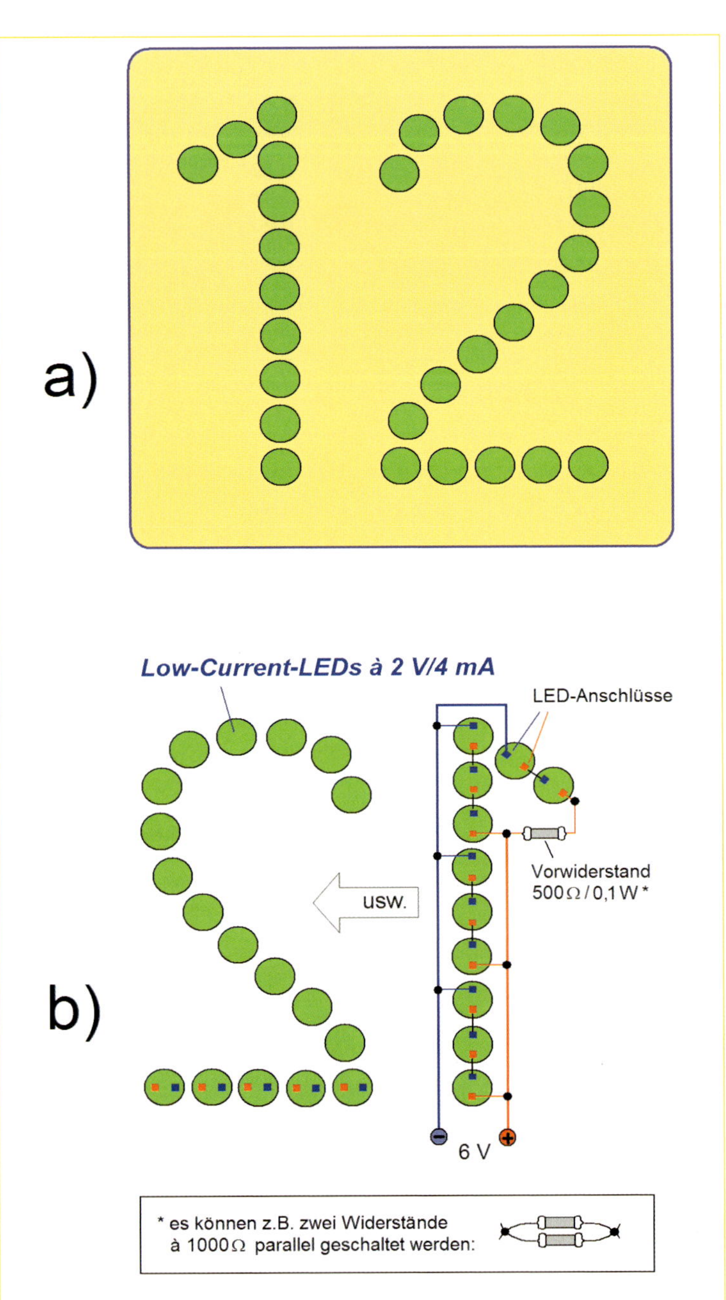

Abb. 2.17 – Ausführungsbeispiel einer Hausnummer, die aus runden Low-Current-LEDs à 2 V/4 mA zusammengestellt ist: a) Anordnung der LEDs. b) Rückansicht mit einem Beispiel der Durchverbindungen der LED-Trios bei der Ziffer 1.

Abb. 2.18 zeigt die eigentliche Verschaltung der LEDs unserer Hausnummer 12. Die einzelnen LEDs und der Vorwiderstand sind hier mit ihren Elektronik-Schaltzeichen dargestellt. In welcher Reihenfolge die Leuchtdioden einer solchen Hausnummer miteinander verbunden werden, spielt keine Rolle. Es bleibt auch im persönlichen Ermessen, welche Versorgungsspannung (Batteriespannung) für solch ein solarbetriebenes „Kunstwerk" angewendet wird. Würde man hier z. B. eine Versorgungsspannung von 12 Volt wählen, könnten jeweils 6 LEDs pro Sektion in Reihe geschaltet werden usw.

Das hier aufgeführte Beispiel mit der Hausnummer zeigt nur das Prinzip und die eigentliche Konfiguration der LEDs. Auf die eigentliche Versorgung mit Solarstrom und auf den ebenfalls erforderlichen Dämmerungsschalter kommen wir in den Kapiteln 3 und 4 zurück.

Wenn unterschiedliche LEDs für eine Reihenschaltung verwendet werden, müssen sie zwingend für den gleichen Betriebsstrom ($\mathbf{I_F}$) ausgelegt sein. Die Betriebspannung ($\mathbf{U_F}$) der einzelnen LEDs darf dann bei einer Reihenschaltung unterschiedlich sein, aber einen gemeinsamen Vorwiderstand können dann nur LED-Reihen mit der gleichen Anschlussspannung erhalten. Diese ergibt sich aus der Summe der Spannungen einzelner LEDs.

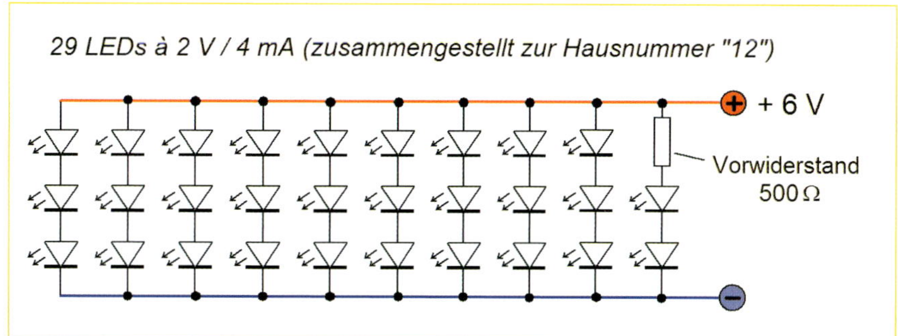

Abb. 2.18 – Verschaltung der LEDs aus *Abb. 2.17* in der Form eines Elektronik-Schaltplans.

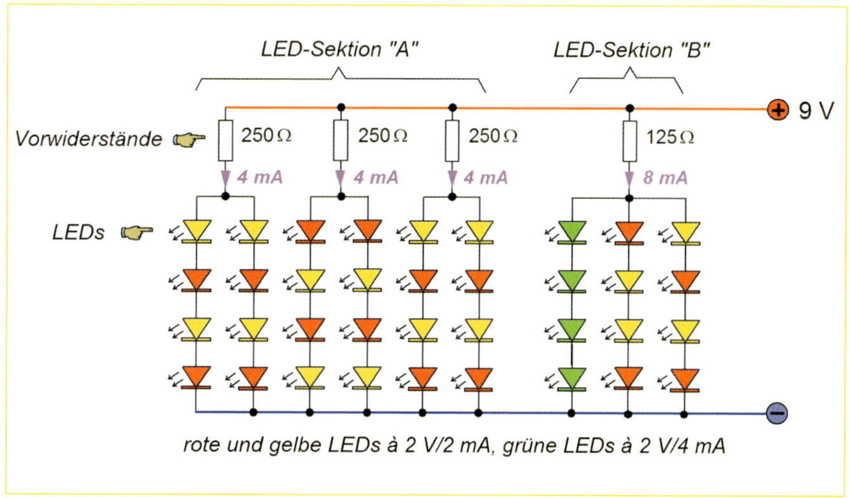

Abb. 2.19 – Werden mehrere LEDs in Reihen geschaltet, kann bei Bedarf auch ein gemeinsamer Vorwiderstand für mehrere LED-Reihen verwendet werden, wenn die Betriebsspannungen der LEDs pro Reihe identisch sind.

In der Praxis sollte dennoch den technischen Daten der LEDs nicht blind vertraut werden, da es manchmal auffallende Unterschiede auch in der Leuchtkraft von LEDs der gleichen Type und Farbe geben kann. Dies gilt vor allem für den Selbstbau, denn da können auch beim Lieferanten unter Umständen die LEDs aus verschiedenen Lieferungen vermischt sein. Eine Vorselektion der LEDs, die für eine LED-Hausnummer oder -Kette vorgesehen sind, ist daher zu empfehlen.

Wie dem Beispiel in *Abb. 2.19* zu entnehmen ist, können in der Sektion **A** die gelben und roten LEDs beliebig kombiniert werden, da sie für die gleiche Betriebsspannung und den gleichen Betriebsstrom ausgelegt sind. Ob nun jeweils nur zwei oder mehrere der LED-Reihen einen gemeinsamen Vorwiderstand erhalten, spielt theoretisch keine Rolle. So könnten z. B. alle sechs Reihen der LED-Sektion **A** einen gemeinsamen Vorwiderstand erhalten. Da hier die Stromabnahme bei allen der sechs LED-Reihen (der Sektion A) identisch ist, würde dann der ohmsche Wert des Vorwiderstands auf 1/3 von den 250 Ω (Ohm) sinken. Das wären theoretisch 83,333 Ω. Nun können wir uns – quasi als einfache Übung – noch ausrechnen, welcher Vorwiderstand bei dieser Schaltung theoretisch fällig wäre, wenn wir für alle 9 LED-Reihen einen gemeinsamen Vorwiderstand verwenden möchten:

Die LEDs der Sektion A beziehen einen Strom von 6 × 0,002 A (6 × 2 mA). Das sind insgesamt 0,012 A. Die LEDs der Sektion B beziehen einen Strom von 0,008 A (die grünen LEDs stellen hier die hungrigeren Stromfresser dar). Dis Stromabnahme aller LEDs beträgt also 0,02 A (20 mA).

Wir haben hier eine Versorgungsspannung von 9 Volt, davon muss der Vorwiderstand 1 Volt abfangen. Um bei den vielen Nullen keinen Rechenfehler zu machen, verlassen wir uns hier lieber auf einen Taschenrechner:

1 [V] : 0,02 [A] = 50 Ω (Ohm)

Jetzt wäre noch die Frage zu klären, für welche Leistung dieser Vorwiderstand ausgelegt sein müsste: 1 Volt (als die Spannung, die der Vorwiderstand abfangen muss) multipliziert mit dem Strom von 0,02 A ergibt eine Leistung von 0,02 Watt. Da gibt es also keine Probleme, wenn z. B. ein kleiner 0,1-Watt oder 0,25-Watt-Widerstand angewendet wird.

Bitte nicht vergessen

Der Strom muss in eine Formel immer **in Ampere** (nicht in Milliampere), die Spannung **in Volt** (nicht in Millivolt) und der Widerstand **in Ohm** (nicht z. B. in Kiloohm) eingegeben werden. Dementsprechend sind dann auch die berechneten Werte ebenfalls in Ampere, Volt, Ohm bzw. in Watt.

Für diverse Planungsüberlegungen rechnen wir jedoch z. B. den ausgerechneten LED-Strom nachher oft von Ampere in Milliampere um, wenn bei dem Projekt nur "kleine" LEDs angewendet werden, deren Strom (I_F) in Milliampere angegeben wird. Das erleichtert den Überblick und das Kopfrechnen.

Die Umrechnung der Ampere in Milliampere erfolgt dabei nach demselben Prinzip wie die Umrechnung von Metern in Millimeter:

1 A = 1000 mA

0,1 A = 100 mA

0,01 A = 10 mA

0,001 A = 1 mA

2.3 Superhelle und ultrahelle LEDs

Superhelle oder *ultrahelle* Leuchtdioden werden – ähnlich wie die herkömmlichen Leuchtdioden – als *LEDs* bezeichnet. Die Bezeichnung „superhell" oder „ultrahell" darf dabei nur als Hinweis darauf betrachtet werden, dass diese Leuchtdioden ein wesentlich kräftigeres Licht geben als die herkömmlichen Standard-LEDs. Es gibt aber keine technisch definierbaren Grenzen zwischen den schwächer und den kräftiger leuchtenden LEDs.

Welche der LEDs als *superhell* oder als *ultrahell* von den Anbietern angepriesen oder vom Anwender gesehen werden, hängt daher vom jeweiligen Ermessen oder dem Stadium der Entwicklung ab. Aus dieser Sicht dürften auch die *Low-Current-LEDs* gewissermaßen als *superhell* betrachtet werden, denn ihr Energieverbrauch liegt – bei ziemlich hoher Leuchtkraft – nur bei etwa 10 bis 20 % des Energieverbrauchs der Standard-LEDs.

Bei der Entwicklung superheller oder ultraheller Leuchtdioden wird angestrebt, dass sie einen möglichst großen Teil der bezogenen elektrischen Energie in Licht umwandeln. Besondere Aufmerksamkeit widmen hier die Hersteller der Weiterentwicklung weißer superheller LEDs, deren Farbspektrum dem Tageslicht oder zumindest dem Licht einer Glühlampe entspricht.

Superhelle – bzw. ultrahelle – LEDs gehören, neben Energiespar- und Leuchtstofflampen, zu den attraktivsten energiesparenden Leuchtkörpern. Sie eignen sich hervorragend auch für den Einsatz in der Solartechnik, denn einzelne LEDs als Bausteine geben sich mit sehr niedrigen Betriebsspannungen (ab ca. 3 Volt pro LED) zufrieden.

Im Gegensatz zu den meisten herkömmlichen Lampen ist es bei den LEDs mit einem Vergleich der Lichtintensität nicht so einfach, wie wir es von unseren Glühlampen kennen. Da hat uns üblicherweise die Angabe der Leistungsabnahme in Watt genügt, um beurteilen zu können, ob die Glühlampe für die Schreibtischlampe oder Deckenleuchte im Bad geeignet ist. Bei den LEDs – und vor allem bei den superhellen LEDs – müssen jeweils zwei wichtige Parameter verglichen werden: die Leuchtkraft und der Abstrahlwinkel.

Die **Leuchtkraft** wird bei den meisten Leuchtdioden und bei gebündelt strahlenden Lichtquellen als **Lichtstärke** in *Candela (cd)* bzw. in *Millicandel (mcd)* angegeben. Bei einigen *High-Power-Leuchtdioden* – wie auch bei den herkömmlichen Glüh-, Leuchtstoff- und Halogenlampen – wird die Leuchtkraft wiederum meist als **Lichtstrom** in *Lumen (lm)* definiert. Das bringt etwas Chaos in das Thema, denn es handelt sich um zwei sehr unterschiedliche Bewertungsparameter:

- Die in *Candela (cd) oder Millicandel (mcd)* angegebene **Lichtstärke** bezieht sich auf die Ausleuchtung einer begrenzten Fläche (eines Raumwinkels) und berücksichtigt dabei nicht die globale Leuchtleistung.
- Der in *Lumen (lm)* angegebene **Lichtstrom** stellt die Summe

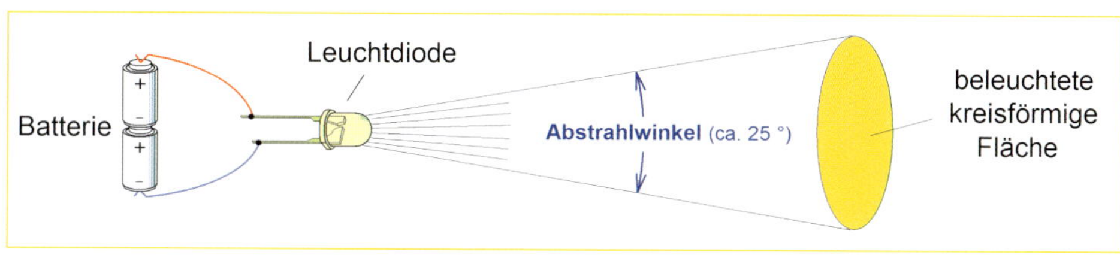

Abb. 2.20 – Von dem Abstrahlwinkel einer LED hängt die Form ihres Lichtkegels und somit Größe und damit zusammenhängende Ausleuchtung der erhellten Fläche ab (aus dem Katalog von Conrad Electronic).

2.3 Superhelle und ultrahelle LEDs

des gesamten Lichtstroms (die gesamte Leuchtleistung) dar, der von einer Lampe „rundum" in die Umgebung ausgestrahlt wird.

Da sich die in Prospekten und Katalogen angegebene *Lichtstärke* bei einer LED nur auf einen kleinen Raumwinkel bezieht, hängt sie vom jeweiligen *Abstrahlwinkel* ab (der alternativ auch als Öffnungs- oder Beobachtungswinkel bezeichnet wird). Je kleiner der *Abstrahlwinkel* einer LED ist, desto höher ist ihre *Lichtstärke*. Was man sich darunter konkret vorstellen dürfte, verdeutlicht *Abb. 2.20:* Bei Leuchtdioden mit derselben Leuchtkraft sinkt die Lichtstärke mit der „Breite" des Abstrahlwinkels, da sich die Photonendichte bei größeren Abstrahlwinkeln auf eine ausgedehntere Fläche verteilt.

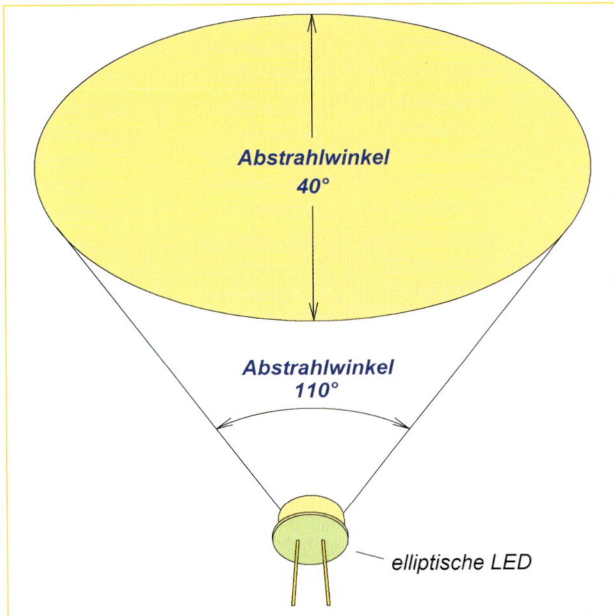

Abb. 2.21 – Die elliptische superhelle Leuchtdiode von *Everlight* hat achsenbezogen zwei unterschiedliche Abstrahlwinkel: In der Achse x beträgt der Abstrahlwinkel 110° und in der Achse y nur 40°.

Weiße, superhelle LEDs

U_F: 3,6 V, max. **4,0 V**
I_F: 20 mA

Gehäuse-durchmesser	Licht-stärke I_V	Ausführung	Abstrahl-winkel
3 mm	1100 mcd	diffus	70 °
3 mm	2070 mcd	wasserklar	60 °
3 mm	3200 mcd	wasserklar	25 °
5 mm	690 mcd	diffus	70 °
5 mm	2500 mcd	wasserklar	50 °
5 mm	6400 mcd	wasserklar	30 °
5 mm	9200 mcd	wasserklar	20 °
5 mm	18000 mcd	wasserklar	15 °

Tab. 2.1 – In den technischen Daten superheller Leuchtdioden wird in der Regel auch der Abstrahlwinkel aufgeführt (Auszug aus dem Katalog von Conrad Electronic).

Bei der Suche nach einer passenden LED hängt die Frage des optimalen *Abstrahlwinkels* davon ab, ob dieser als ein „Beobachtungswinkel" oder als der „Winkel eines Beleuchtungs-Lichtkegels" seine Aufgabe zu erfüllen hat.

Leuchtdioden, die als optische Anzeigen, Blickfänger, leuchtende Ornamente oder Figuren nur für den Beobachter gut sichtbar sein sollen, müssen einen *Abstrahlwinkel* haben, der dem vorgesehenen Beobachtungswinkel gerecht wird. Der maximale Abstrahlwinkel handelsüblicher LEDs beträgt 180°. Ein möglichst großer Abstrahlwinkel ist vor allem bei LEDs erwünscht, die als Hintergrundbeleuchtung verwendet werden. Es gibt auch superhelle LEDs, deren Gehäuse eine elliptische Form hat. Das hat zur Folge, dass ihr Abstrahlwinkel achsenbezogen unterschiedlich ist – wie *Abb. 2.21* zeigt.

Weiße Hochleistungs-SMD-LEDs
Länge: 9 mm, Breite: 6 mm, Höhe: 1,5 mm
Abstrahlwinkel: 120 °

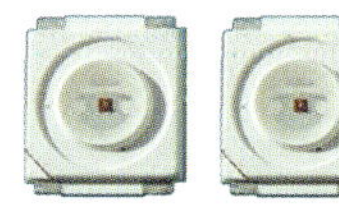

Typ	Farbe	Lichtstärke I_V	I_F	U_F
SMD-LED 1210 BL	blau	285 mcd	75 mA	5,5 V
SMD-LED 1210 GN	grün	1200 mcd	75 mA	5,5 V
SMD-LED 1210 GE	gelb	2000 mcd	175 mA	2,2 V
SMD-LED 1210 RT	rot	1800 mcd	175 mA	2,2 V
SMD-LED 1210 WS	weiß	1400 mcd	75 mA	5,5 V

Tab. 2.2 – Die besonders großen Hochleistungs-LEDs der SMD-Megabright-Serie lassen sich problemlos auch mit einem normalen Lötkolben löten (Auszug aus dem Katalog von Reichelt Elektronik).

Bemerkung: Ein LED-Abstrahlwinkel ab ca. 120° aufwärts eignet sich gut für die Hintergrundbeleuchtung von z. B. LED-Hausnummern, Namensschildern oder Werbetafeln. Ein Abstrahlwinkel von 90° bis ca. 100° entspricht dem Beobachtungswinkel, aus dem ein Text bei Beobachtung von der Seite gut lesbar ist. Für Lichteffekte, dekorative Figuren, Warnanzeigen und Warnlichter hängt die Breite des tatsächlichen Beobachtungswinkels einfach von der Breite der möglichen Beobachtungs- oder Wahrnehmungsstandorte ab.

Bei Leuchtdioden, die als Strahler oder Scheinwerfer eingesetzt werden, kommt es bei der Wahl des optimalen Abstrahlwinkels auf die Größe der Fläche an, die ausgeleuchtet werden soll. Manche der superhellen LEDs sind herstellerseitig mit einer speziellen Optik (z. B. integrierten Linsen) versehen, die sich auf die Qualität

Praktisch sind für eine raumsparende Hintergrundbeleuchtung auch die winzigen SMD-Leuchtdioden. Einige der größeren SMD-LEDs (Tab. 2.2 und 2.3) lassen sich – im Gegensatz zu diversen anderen SMD-Dioden – auch mit einem normalen Elektronik-Lötkolben problemlos löten und sind daher für den Selbstbau geeignet.

Interessant an den in *Tab. 2.3* aufgeführten Hochleistungs-SMD-LEDs von *LUMICRO* ist, dass in ihrem Gehäuse mehrere LED-Chips nebeneinander untergebracht sind. Zusätzlich ist diese SMD-LED durch eine in das Gehäuse integrierte Zenerdiode gegen Elektrostatik-Beschädigungen geschützt.

Weiße Hochleistungs-SMD-LEDs
Betriebsspannung U_F der hier aufgeführten LEDs: 3,4 V
Betriebstemperatur: -30 ° bis +85°C

Typ	Farbe	Lichtstärke I_V	I_F	Abstrahlwinkel	(L x B X H) mm
LMFLC4WA	Warm-Weiß	4000 mcd	80 mA (max. 120 mA)	120 °	4,5 x 4,9 x 1,9
LMFL2P35A 1WWZ03	Warm-Weiß	900 mcd	20 mA (max. 30 mA)	120 °	4,5 x 4,9 x 1,9
LMFLC4500	Weiß	4000 mcd	80 mA (max. 100 mA)	120 °	4,9 x 4,5 x 1,9

Tab. 2.3 – Die Hochleistungs-SMD-LEDs von *LUMIMICRO* weisen bei kleinen Abmessungen eine sehr hohe Lichtausbeute bei breitem Abstrahlwinkel und geringer Wärmeentwicklung auf (Auszug aus dem Katalog von Conrad Electronic).

der Lichtverteilung auswirkt. Mithilfe solcher Optik kann die Qualität der Ausleuchtung erhöht oder ein schmaler Lichtstrahl erzielt werden.

Wird eine leistungsstarke Leuchtdiode für die Belichtung eines Objekts oder einer Fläche benötigt, hängt es von ihrer Ausführung (Type) ab, inwieweit ihre *Ausstrahlungscharakteristik* den vorgesehenen Ansprüchen gerecht werden kann. Darunter ist Folgendes zu verstehen:

- Der *Abstrahlwinkel* stellt bei vielen Leuchtdioden nur einen Richtwert dar. Sofern die Leuchtdiode über keine zusätzliche (interne oder externe) Optik verfügt, kann – technologisch bedingt – der Abstrahlwinkel „rund um die LED" erhebliche Unterschiede aufweisen.
- Auf der vom Abstrahlwinkel abhängigen beleuchteten Fläche ist nur bei Leuchtdioden mit einer spezielleren Optik die Lichtverteilung ausgewogen.

Wie sich diese Eigenschaften bei der einen oder anderen Leuchtdiode in der Praxis auswirken, lässt sich auf mehrere Arten austesten:

a) Für einen einfachen Vergleich mehrerer LED-Typen genügt es oft, wenn ihre Lichtkegel in einem verdunkelten Raum einfach gegen eine Wand „projiziert" werden. Wird dabei z. B. eine größere Zeitung als „Leinwand" benutzt, sind auch die Unterschiede in der Intensität der Belichtung (zwischen der Lichtkegel-Mitte und ihrem Rand) erkennbar.
b) Mithilfe eines Luxmeters (der evtl. in einen Fotoapparat eingebaut ist) kann eine solche Messung ebenfalls vorgenommen werden. Mit dem Luxmeter kann dabei z. B. auf der von der LED beleuchteten Fläche an der Wand nur manuell „abgetastet" werden, wie sich die Intensität der Lichtstrahlen des Lichtkegels von seiner Mitte zu seinem Rand hin verändert.

Eine solche Messung der Ausgewogenheit einer Flächenbeleuchtung kann sich vor allem dann als hilfreich erweisen, wenn sich nach *Abb. 2.22* mehrere LEDs die Beleuchtung einer größeren Fläche untereinander teilen.

Werden zu diesem Zweck Leuchtdioden verwendet, die mit einer Optik für ausgewogene Lichtverteilung versehen sind, kann es zur Folge haben, dass an Stellen, an denen sich mehrere Lichtkreise überdecken, das Licht störend stark wird. Leuchtdioden ohne Optik eignen sich für derartige Vorhaben meist besser, da ihre Lichtintensität am Rand des Lichtkegels oft etwas schwächer ist, womit die von mehreren Lichtkreisen belichteten Flächen nicht überproportional kräftig ausgeleuchtet sind. Auch hier aber „geht Probieren über Studieren", denn projektbezogen nützliche herstellerabhängige Unterschiede sind meist aus den technischen Daten nicht ersichtlich.

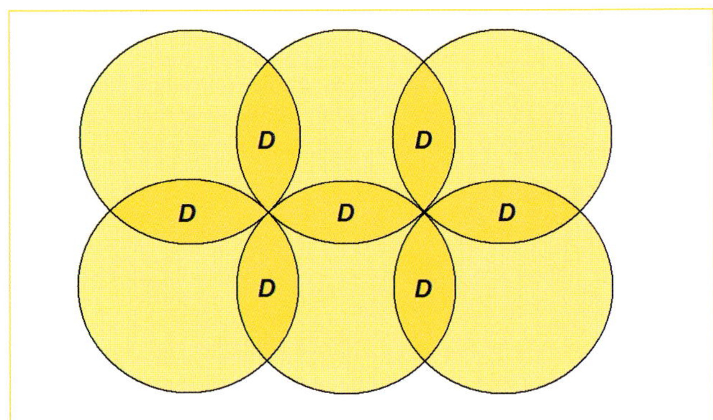

Abb. 2.22 – Wenn sich mehrere LEDs die Beleuchtung bzw. Hintergrundbeleuchtung einer größeren Fläche untereinander teilen, sollten die einzelnen Lichtkegel so ausgerichtet werden, dass die doppelt beleuchteten Teilflächen *D*, die sich überschneiden, nicht allzu störend auffallen.

2.4 Hochleistungs (High-Power)-Leuchtdioden

Bei dem heutigen Stand der Technik gibt es eigentlich keine genau definierbare Schwelle, die eine Grenze zwischen kleineren und größeren, leistungsschwächeren und leistungsstärkeren LEDs bildet. Eine Abstufung dürfte daher nur in Hinsicht auf einige spezielle Eigenschaften von *High-Power-Leuchtdioden*, die für die praktische Anwendung eine wichtige Rolle spielen, möglich sein.

Leuchtdioden weisen im Allgemeinen eine sehr hohe Lebensdauer auf, die oft 100.000, *mehr als* 100.000 oder *bis zu* 100.000 Stunden beträgt. Die Formulierung „bis zu" ist mit Vorsicht zu genießen, wenn es sich um *High-Power-LEDs* handelt, denn hier kann die Lebensdauer wesentlich kürzer sein, als es bei den kleineren Leuchtdioden üblich ist. So wird z. B. bei einigen speziellen 5-Watt-Leuchtdioden-Typen eine Lebensdauer von bescheidenen 1000 oder 5000 Betriebsstunden angegeben. Sind solche Dioden z. B. als optische Anzeigen vorgesehen, die nur unter besonderen Umständen (Notfallsituationen) aktiviert werden, ist eine so kurze Lebensdauer nicht hinderlich. Bei der Auswahl von Leuchtdioden, die im Dauerbetrieb oder in länger dauernden Einschaltzyklen arbeiten sollen, ist dagegen eine möglichst lange Lebensdauer erforderlich. Daher sollte in Datenblättern oder Katalogen darauf geachtet werden, ob bei einigen der angebotenen Leuchtdioden nicht ein Sternchen oder Ähnliches auf eine Bemerkung hinweist, in der eine „typenbezogene limitierte Lebensdauer" angegeben wird.

Zudem ist bei der Angabe der theoretischen Lebensdauer einer jeden Leuchtdiode die Tatsache zu berücksichtigen, dass ihr Lichtstrom im Prinzip bereits ab der Inbetriebnahme kontinuierlich abzunehmen beginnt. So nimmt z. B. bei einigen *1-Watt/350-mA-High-Power-LEDs* die Lichtintensität bereits nach ca. 800 Betriebsstunden um 10 % und nach ca. 6000 Betriebsstunden um insgesamt 20 % ab. Danach ist die

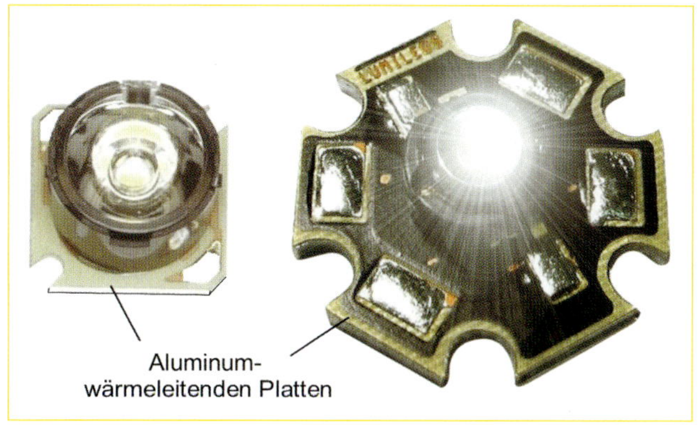

Abb. 2.23 – High-Power-LEDs sind für den Betrieb mit einem Kühlkörper ausgelegt, denn sie heizen sich stark auf.

Lichtintensitätseinbuße nur noch gering und sinkt (nach Herstellerangaben) am Ende ihrer „Lebenserwartung" von ca. 50.000 Betriebsstunden auf etwa 70 bis 72 % der anfänglichen Leuchtkraft herab. Bei einigen der besonders leistungsstarken 5-Watt-LEDs gibt der Hersteller eine Lebensdauer von nur ca. 1000 Stunden an.

Zudem spielt hier auch die Betriebstemperatur der High-Power-LEDs eine wichtige Rolle, denn die vorhergehenden Angaben beziehen sich auf eine Testtemperatur von 70 °C. Wird die tatsächliche Betriebstemperatur niedriger als die 70 °C, verringert sich der Verlust der Lichtintensität. Übersteigt die Betriebstemperatur die in der Grafik vorgesehene Betriebstemperatur von 70 °C, hat es wiederum einen schnelleren Rückgang der Lichtintensität zur Folge. Daher ist es wichtig, dass solche LEDs nur mit zusätzlichen Kühlkörpern betrieben werden, die z. B. nach *Abb. 2.25* auch als Kühlprofile ausgelegt sein können.

Hochleistungs-LEDs sind relativ teuer und daher ist bei der Spannungs-/Stromversorgung dieser Bausteine eine erhöhte Aufmerksamkeit bei der Einstellung des optimalen LED-Stroms geboten.

2.4 Hochleistungs (High-Power)-Leuchtdioden

Eine genaue Stromeinstellung kann z. B. nach *Abb. 2.24* vorgenommen werden. Der interne Spannungsverlust in einem Low-Drop-Spannungsregler beträgt nur ca. 0,5 bis 1 V. Somit bleibt die erforderliche Versorgungsspannung auch dann noch ausreichend hoch, wenn die Batteriespannung in die Nähe der Tiefentladeschwelle sinkt. Der einmal eingestellte LED-Strom bleibt erfahrungsgemäß auch nach langer Betriebszeit konstant. Er sinkt nur geringfügig, wenn die LEDs ihr mittleres Alter erreichen und ihre Leuchtkraft etwas sinkt.

Anstelle einer Selbstbaulösung kann für die LED-Stromregelung auch eines der handelsüblichen LED-Stromsteuergeräte verwendet werden, die in verschiedenen Formen und unter verschiedenen Bezeichnungen im Elektronik-Fach- und Versandhandel zunehmend erhältlich sind.

LEDs, die für eine Montage auf zusätzliche Kühlkörper vorgesehen sind, verfügen oft über Bohrungen oder Ösen für die Schraubverbindung mit einem zusätzlichen Kühlkörper. Abhängig von der anwendungsbezogenen Anordnung solcher LEDs können diese auf einzelne oder gemeinsame Kühlkörper montiert werden. Zu manchen Leuchtdioden sind passende Kühlkörper (bei denselben Bezugsquellen) erhältlich. Für

Luxeon- und Seoul-Hochleistungs LEDs

Typ	Farbe	Lichtstrom	Abstrahlwinkel	U_F	I_F	Leistung
LXHL-MWEC	weiß	31 lm	110 °	3,42 V	350 mA	1 W
LXHL-MM1C	grün	40 lm	110 °	3,42 V	350 mA	1 W
LXHL-MD1D	rot	44 lm	140 °	2,95 V	385 mA	1 W
Z-W3228-0	weiß	80 lm	120 °	4,0 V	700 mA	2,5 W
Z-G3228-0	grün	84 lm	130 °	4,0 V	700 mA	2,5 W
LXHL-LW3C	weiß	65 lm *	140 °	3,7 V *	700 mA	3 W
LXHL-LM3C	grün	64 lm *	140 °	3,7 V *	700 mA	3 W
LXHL-LW6C	weiß	120 lm	110 °	6,84 V	700 mA	5 W

* 80 lm (Lumen) bei U_F 3,9 V und I_F 1 A

Tab. 2.4 – Einige High-Power-LEDs aus dem umfangreichen Angebot von Conrad Electronic (Katalog-Teilauszug).

längere Leistungs-LED-Reihen kann als Kühlkörper ein Aluminium-U-Profil (z. B. 40 x 60 x 40 x 4 mm) angewendet werden.

Von der richtigen Dimensionierung der LED-Kühlkörper hängt die „Lebenserwartung" der LED ab. Dabei darf bei blinkenden oder nur jeweils kurz aufleuchtenden Hochleistungs-LEDs der Kühlkörper geringer dimensioniert sein als bei einem Dauerbetrieb. Unter den Begriff „Dauerbetrieb" fällt auch ein Betrieb, der zwar nur relativ kurz dauert, aber dennoch dazu ausreicht, dass sich die Leuchtdiode auf eine für sie lebensbedrohliche Temperatur aufheizt.

Ähnlich wie bei anderen elektronischen „kühlungsbedürftigen" Bausteinen sollte auch hier zwischen der LED und dem Kühlkörper eine wärmeleitende Paste nicht fehlen.

Der Hinweis auf eine gute LED-Kühlung dürfte etwas irritierend sein, da Leuchtdioden offiziell als kühle Lichtquellen bekannt sind.

2.4 Hochleistungs (High-Power)-Leuchtdioden

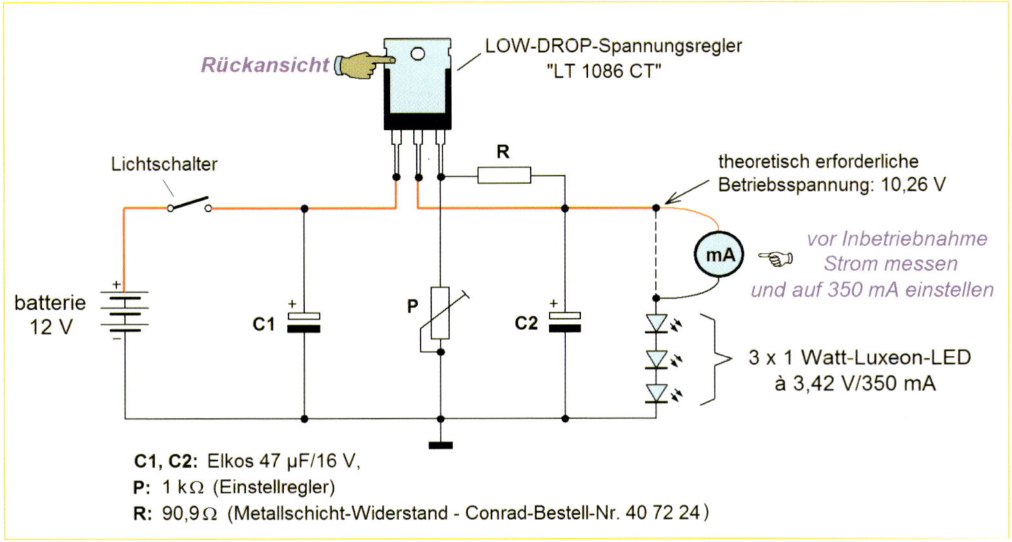

Abb. 2.24 – Mithilfe einer einfachen Selbstbau-Spannungsregelung kann eine Stromeinstellung der LEDs kostengünstig erfolgen.

Das trifft auf die kleineren LEDs zu. Zumindest „relativ". Eine LED kann bei dem heutigen Stand der Technik mindestens ca. 10 % der ihr zugeführten elektrischen Energie in Licht umwandeln. Der Rest wird zu einem kleinen Teil als „wärmeabtransportierendes" infrarotes Licht, zum größten Teil als Wärme über den Diodenkörper und die Diodenanschlüsse in die Umgebung abgegeben.

Da bei kleineren LEDs der Energieverbrauch gering ist, hält sich hier auch die Wärmeentwicklung in Grenzen und fällt in der Praxis nicht ins Gewicht. Daher ist auf dem Gehäuse kleinerer superheller Leuchtdioden keine Fläche vorgesehen, die eine Kühlkörpermontage ermöglicht.

Bei leistungsstarken *High-Power-LEDs* muss jedoch eine große Portion der zugeführten Energie in Wärme umgewandelt werden – und das in einem verhältnismäßig kleinen Baustein. Daher benötigen solche LEDs zusätzliche Kühlkörper, deren Masse und Fläche groß genug sind, um die Wärme durch Konvektion (Ausstrahlung) in die Umgebungsluft abgeben zu können.

Neben einer guten Kühlung ist es für die Lebensdauer leistungsstarker Leuchtdioden wichtig, dass der vorgegebene Betriebsstrom (I_F) nicht überschritten wird.

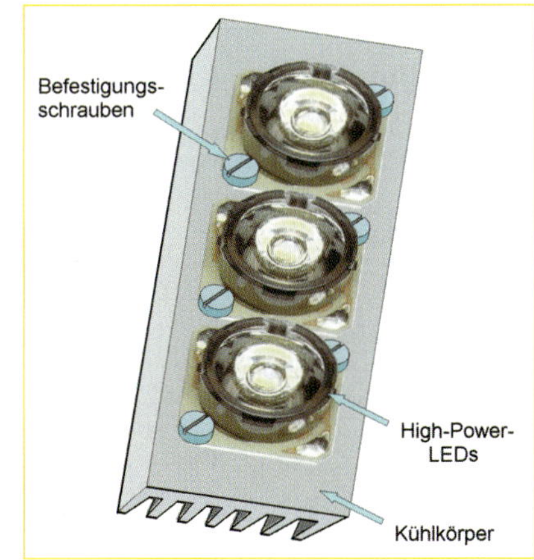

Abb. 2.25 – High-Power-LEDs werden oft an gemeinsame Kühlkörper montiert.

2.5 Blinkende Leuchtdioden

Blinkende Leuchtdioden sind meist nur als *Standard-LEDs* für eine Versorgungsspannung von etwa 3,5 bis 15 V (typenbezogen) konzipiert und ihre Blinkfrequenz beträgt (ebenfalls typenbezogen) etwa 1 bis 3 Hz. Die Gehäuse der blinkenden LEDs haben meist die traditionelle runde Form, sind in verschiedenen Farben erhältlich und ihre Durchmesser liegen zwischen ca. 3 und 10 mm.

Interessant an diesen Leuchtdioden ist, dass sie z. B. nach *Abb. 2.26* in Reihe mit superhellen 20-mA-LEDs geschaltet werden können, um so blinkende Leuchtketten oder Warnsymbole zu steuern. In diesem Fall ist es erforderlich, dass alle LEDs der Kette für den gleichen Betriebsstrom ausgelegt sind und dass die Versorgungsspannung der Kette mit der Summe aller einzelnen LED-Betriebsspannungen übereinstimmt. Eine Blink-LED, die für eine Stromaufnahme ($\mathbf{I}_F$) von z. B. 10 bis 30 mA ausgelegt ist, kann wahlweise auch mehrere LED-Ketten von Low-Current-LEDs nach *Abb. 2.27* steuern, wenn die gesamte Stromabnahme der angeschlossenen Ketten zwischen 10 mA und 30 mA liegt.

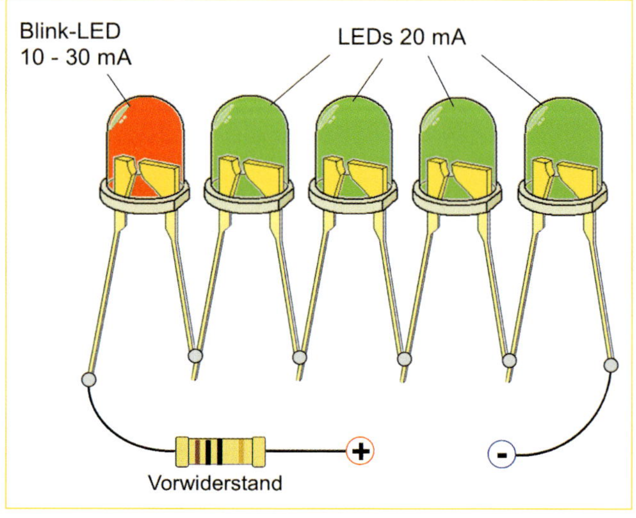

Abb. 2.26 – Wird eine *Blink-LED* z. B. in Reihe mit superhellen 20-mA-LEDs geschaltet, blinken in ihrem Takt auch alle superhellen LEDs der Kette.

Viele der superhellen (oder *ultrahellen*) Leuchtdioden sind für einen Betriebsstrom konzipiert, der wesentlich höher liegt als der Betriebsstrom der gängigen blinkenden LEDs. In diesem Fall kann die *Blink-LED* z. B. ein kleines elektromagnetisches Relais nach *Abb. 2.28* blinkend steuern. Der Relais-Kontakt ***K*** schaltet die Stromzufuhr zu den superhellen LEDs, die bei Bedarf auch in mehreren parallelen Ketten verschaltet werden können.

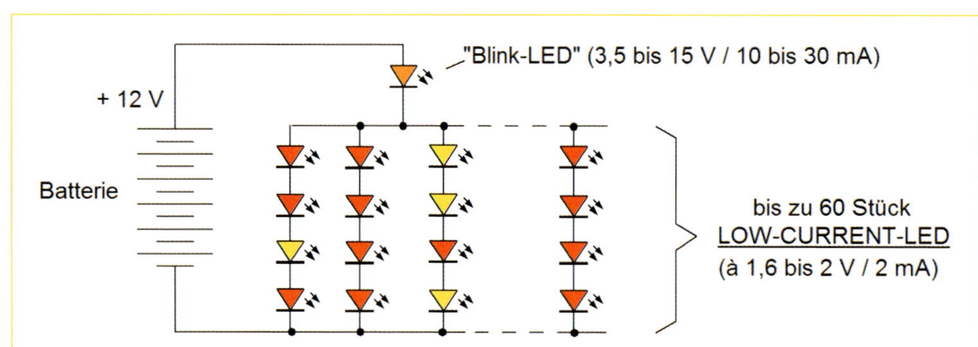

Abb. 2.27 – Eine Blink-LED kann z. B. auch mehrere Ketten von Low-Current-LEDs steuern (dieses Beispiel haben wir der leichteren Übersicht wegen mit Elektronikschaltzeichen dargestellt).

Beim Nachbau dieser Schaltung ist auf Folgendes zu achten: Der ohmsche Widerstand der Relais-Magnetspule darf bei einer solchen Anwendung nicht derartig niedrig sein, dass durch das Relais ein höherer

Strom fließen könnte, als die Blink-LED verkraftet. Der Strom, den die Relais-Spule bezieht, ergibt sich aus der Formel Relais-**Spulenspannung geteilt durch** den ohmschen **Widerstand** der Relaisspule = **Strom**, den das Relais (in Ampere) bezieht.

*Bemerkung: Die Schutzdiode **D,** die in Abb. 2.28 parallel zu der Relaisspule eingezeichnet ist, schützt die Blink-LED vor zu hohen Spannungsstößen (Spannungsspitzen), die jeweils beim Abschalten der Relaisspule entstehen. Zu diesem Zweck kann bei kleineren Relais eine beliebige Siliziumdiode (Gleichrichterdiode) verwendet werden.*

Die maximale Anzahl der Leuchtdioden, die vom Relaiskontakt geschaltet werden dürfen, hängt nur von der Schaltleistung bzw. dem max. zulässigen **Schaltstrom der Relaiskontakte** *ab. Dieser ist unter den technischen Daten eines jeden Relais aufgeführt.*

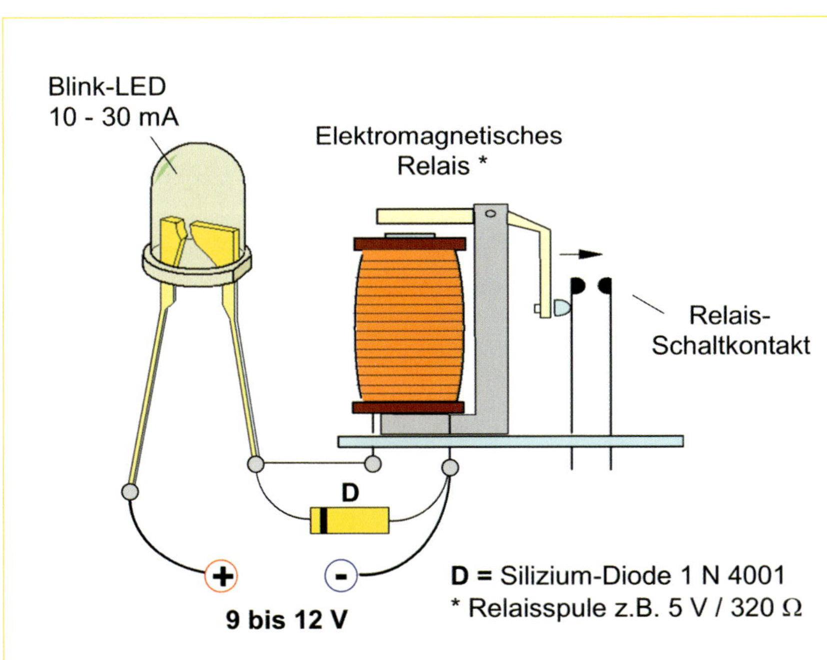

Abb. 2.28 – Eine *Blink-LED* kann als Steuerglied eines kleinen elektromagnetischen Relais verwendet werden, um über den Relaiskontakt einen kräftigeren Strom für superhelle (oder *ultrahelle*) LEDs in blinkendem Takt zu schalten.

Beispiel A

In der Schaltung aus *Abb. 2.28* wird ein handelsübliches Relais verwendet, dessen Spulenspannung 5 Volt und Spulenwiderstand 320 Ohm beträgt. Wir rechnen nach:

5 V : **320** Ω = **0,0156** A (= 15,6 mA)

Den Strom, der durch das Relais fließt, wird unsere Blink-LED leicht verkraften.

2.6 Zwei- und mehrfarbige Leuchtdioden

Zweifarbige Leuchtdioden (Duo-LEDs/Bicolor-LEDs) sind nach *Abb. 2.29* wahlweise mit zwei oder mit drei Anschlüssen (Füßchen) erhältlich. Bei zweifarbigen LEDs mit zwei Anschlüssen erfolgt der Farbwechsel durch Umpolung der Versorgungsspannung. Das macht die Anwendung (das Umschalten der Farbe) oft zu umständlich. In dieser Hinsicht sind die zweifarbigen LEDs mit drei Anschlüssen meist praktischer, da keine Umpolung der Versorgungsspannung erforderlich ist.

Mehrfarbige Leuchtdioden (Full-Color-LEDs)

Das Angebot an mehrfarbigen Leuchtdioden mit speziellen Eigenschaften wird zwar

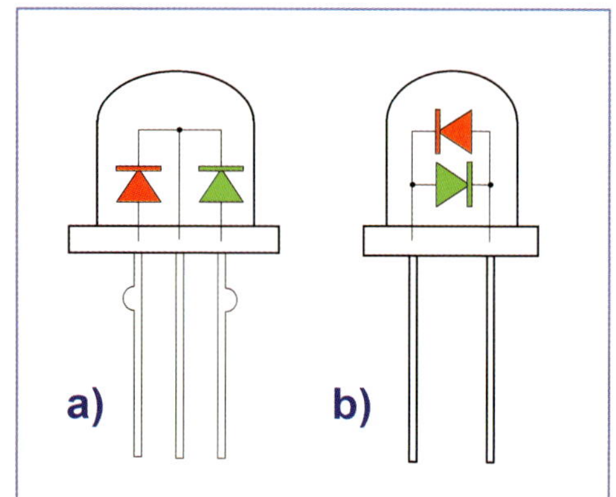

Abb. 2.29 – Zweifarbige Leuchtdioden: a) Ausführung mit drei Anschlüssen (zeichnerisch breiter dargestellt). b) Ausführung mit zwei Anschlüssen (durch Änderung der Polarität ändert sich hier die Farbe des LED-Lichts).

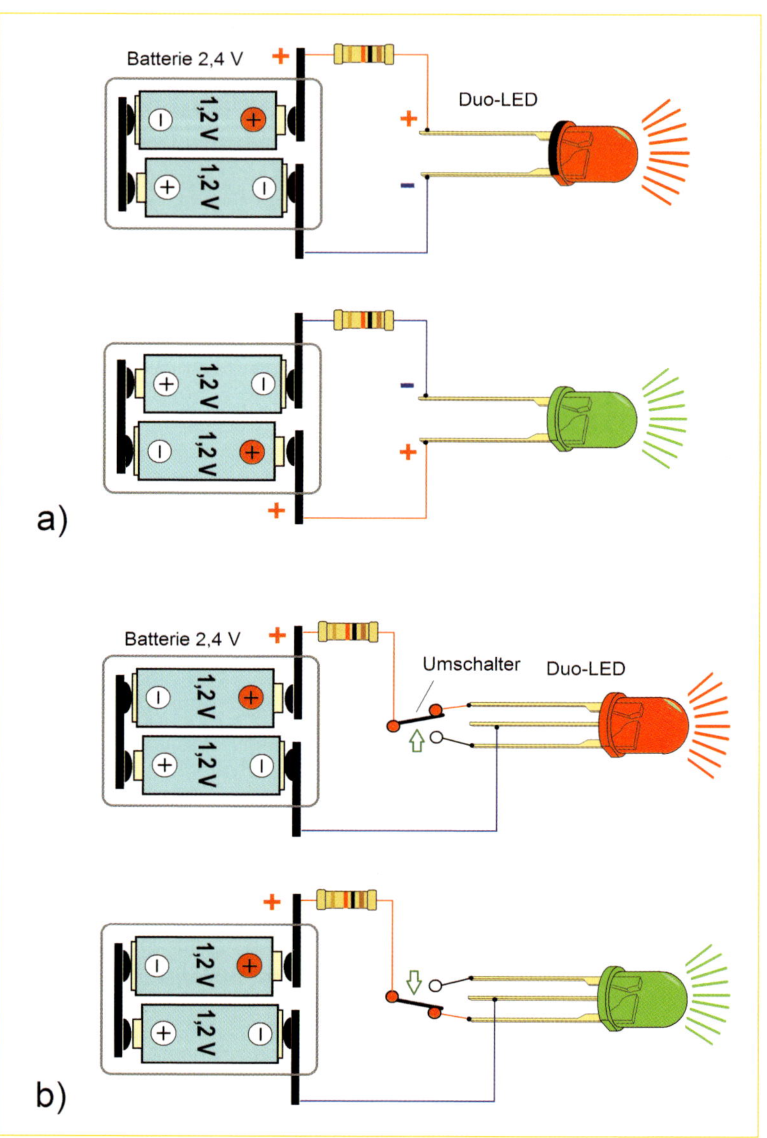

Abb. 2.30 – Für einen automatischen Farbenwechsel sind zweifarbige LEDs mit drei Anschlüssen (drei Füßchen) meist vorteilhafter als die mit nur zwei Anschlüssen: a) Das Umpolen beider Anschlüsse ist zwar zeichnerisch leicht darstellbar, aber in der Praxis umständlich. b) Bei LEDs mit drei Anschlüssen ist das Umschalten der Leuchtfarbe einfach.

2.6 Zwei- und mehrfarbige Leuchtdioden

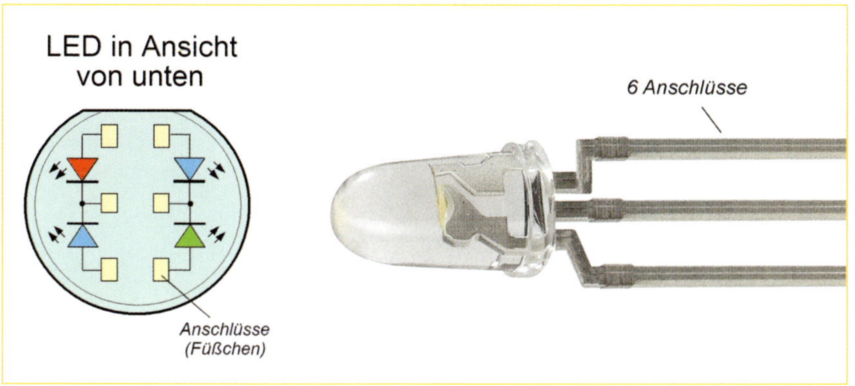

Abb. 2.31 – Diese *Full-Color-RGB-LED* ist mit sechs Anschlüssen ausgelegt und besteht aus vier unabhängig steuerbaren Einzel-Leuchtdioden in den Farben rot *(GaAsP)*, grün *(GaP)* und zweimal blau *(Sic)*, die in einem gemeinsamen Gehäuse (Ø 5 mm) untergebracht sind. Jede der LEDs ist über einen eigenen Anschluss separat ansteuerbar. Durch Verändern der Ströme einzelner LEDs kann das Helligkeitsverhältnis der Grundfarben beliebig gemixt werden. So können theoretisch unendlich viele Farben erzeugt werden. U_F: 1,7 V (rot) • 2,2 V (grün) • 3 V (blau); I_F: 20 mA 1,7 V; Wellenlänge: rot 625 nm, grün 565 nm, blau 430 nm (Anbieter Conrad Electronic).

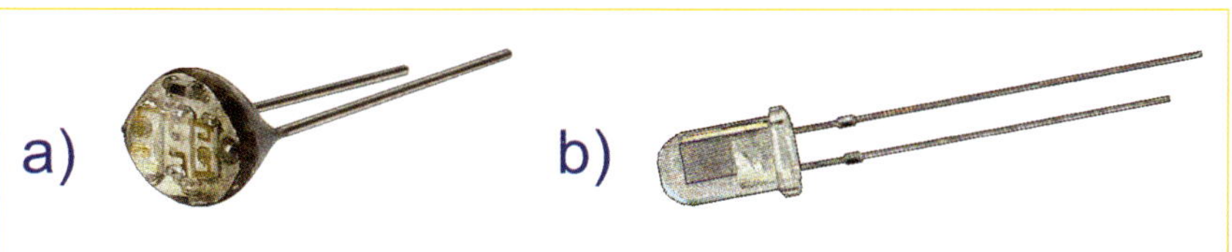

Abb. 2.32 – Mehrfarbige „Effekt-RGB-LEDs" verfügen über eine interne Elektronik, die nach Anlegen der Betriebsspannung einen automatisch fließenden Farbwechsel in einer bestimmten Reihenfolge vornimmt. Beide der hier abgebildeten LEDs haben nur zwei Anschlüsse (Füßchen) und einen Gehäuse-Durchmesser von 5 mm: a) die „Effekt-RGB-LED" ist für eine Betriebs-Gleichspannung $\mathbf{U_F}$ von 3 V und einen Strom $\mathbf{I_F}$ von 20 mA ausgelegt und leuchtet abwechselnd in einem vorgegebenen Takt und in einer „unendlichen Schleife" rot, weiß, blau grün und gelb. Lichtstärke $\mathbf{I_V}$: farbabhängig 170 bis 500 mcd. b) Die „RGB-LED-Rainbow" ist für eine Betriebs-Gleichspannung $\mathbf{U_F}$ von 2 bis 3,5 V und einen Strom $\mathbf{I_F}$ von 20 mA ausgelegt und leuchtet in einem abwechselnden Takt rot, grün und blau. Lichtstärke $\mathbf{I_V}$: farbabhängig max. 1800 mcd (*Anbieter: Conrad Electronic*).

immer größer, aber bei vielen dieser Bausteine handelt es sich oft nur um eine Umgestaltung der Grundausführungen, bei denen in einem gemeinsamen LED-Gehäuse mehrere einzelne LEDs untergebracht sind. *Abb. 2.31* zeigt die Ausführung der dreifarbigen *Full-Color-RGB-LED*. Durch Veränderung der Versorgungsspannungen – und somit der Stromabnahmen – der einzelnen Leuchtdioden kann die Farbe des Lichts gleitend verändert werden.

2.7 Leuchtdioden für die Überwachung der Batteriespannung

Einige der speziellen Leuchtdioden sind als optische Unterspannungsüberwachung ausgelegt. Sie unterscheiden sich optisch nicht von herkömmlichen LEDs, leuchten jedoch auf, sobald z. B. die Spannung einer Batterie unterhalb eines vorgegebenen Werts sinkt. Ein zusätzlicher, im LED-Gehäuse integrierter Chip ist für diese „Sonderfunktion" zuständig. So führt z. B. *Conrad Electronic* eine „intelligente LED mit Low-Batt-Warnung", die bei Absinken der Betriebsspannung unter 2,3 Volt zu leuchten anfängt. Der Stand-by-Strom dieser LED beträgt nur bescheidene 5 µA (Mikroampere), damit sie die überwachte Batterie nicht entlädt.

Offiziell ist diese LED für die Überwachung einer Spannung von max. 10 Volt ausgelegt und eignet sich so z. B. für die Spannungsüberwachung von NiCd- oder NiMH-Akkus, deren Nennspannung z. B. zwischen etwa 2,4 und 3,6 Volt liegt – vorausgesetzt der Bedarf an solcher Überwachung ist vorhanden. Wie *Abb. 2.33* zeigt, kann eine solche LED im einfachsten Fall direkt an die Batterie angeschlossen werden.

Da wir in unserem Buch die angewendeten Batterien nur als Solarenergiespeicher für den Leuchtdiodenbetrieb betrachten, ergibt eine solche Spannungsüberwachung nur dann einen tieferen Sinn, wenn die Lichtintensität der betriebenen LEDs als eine Spannungskontrolle nicht ausreicht. So kann z. B. eine solche *Low-Batt-Warndiode* auch bei einer vorübergehend „ruhenden" Batterie anzeigen, dass ihre Spannung durch Selbstentladung oder durch einige weitere angeschlossene Verbraucher kritisch gesunken ist.

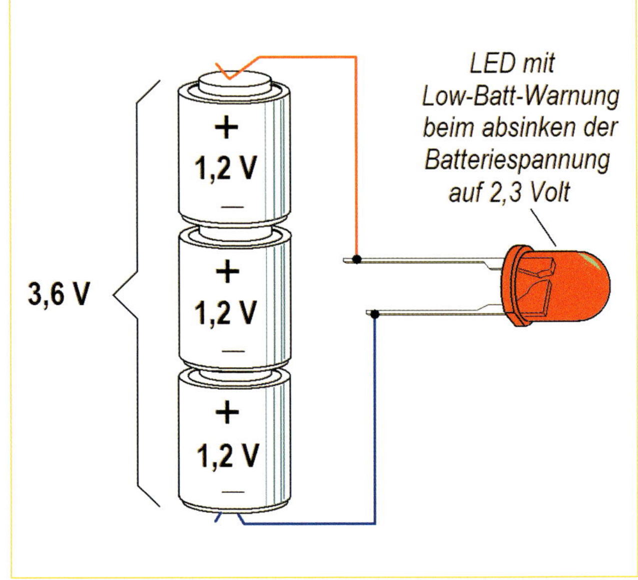

Abb. 2.33 – Eine LED mit „Low-Batt-Warnung" wird an eine Batterie ohne Vorwiderstand direkt angeschlossen (zu achten ist dabei auf die maximal zulässige Spannung, an die die LED laut ihrer technischen Daten angeschlossen werden darf).

Wird zu dieser LED in Serie eine Zenerdiode angeschlossen, erhöht sich die überwachte Spannungsschwelle um die ***Z-Spannung*** der Zenerdiode. Was darunter zu verstehen ist, zeigt an einem praktischen Beispiel *Abb. 2.34a,* in dem die angesprochene 2,3-Volt-Warn-LED die Tiefentladung einer 6-Volt-Bleibatterie überwacht. Die Warn-LED leuchtet in diesem Fall auf, sobald die Batteriespannung auf 5,6 Volt sinkt.

2.7 Leuchtdioden für die Überwachung der Batteriespannung

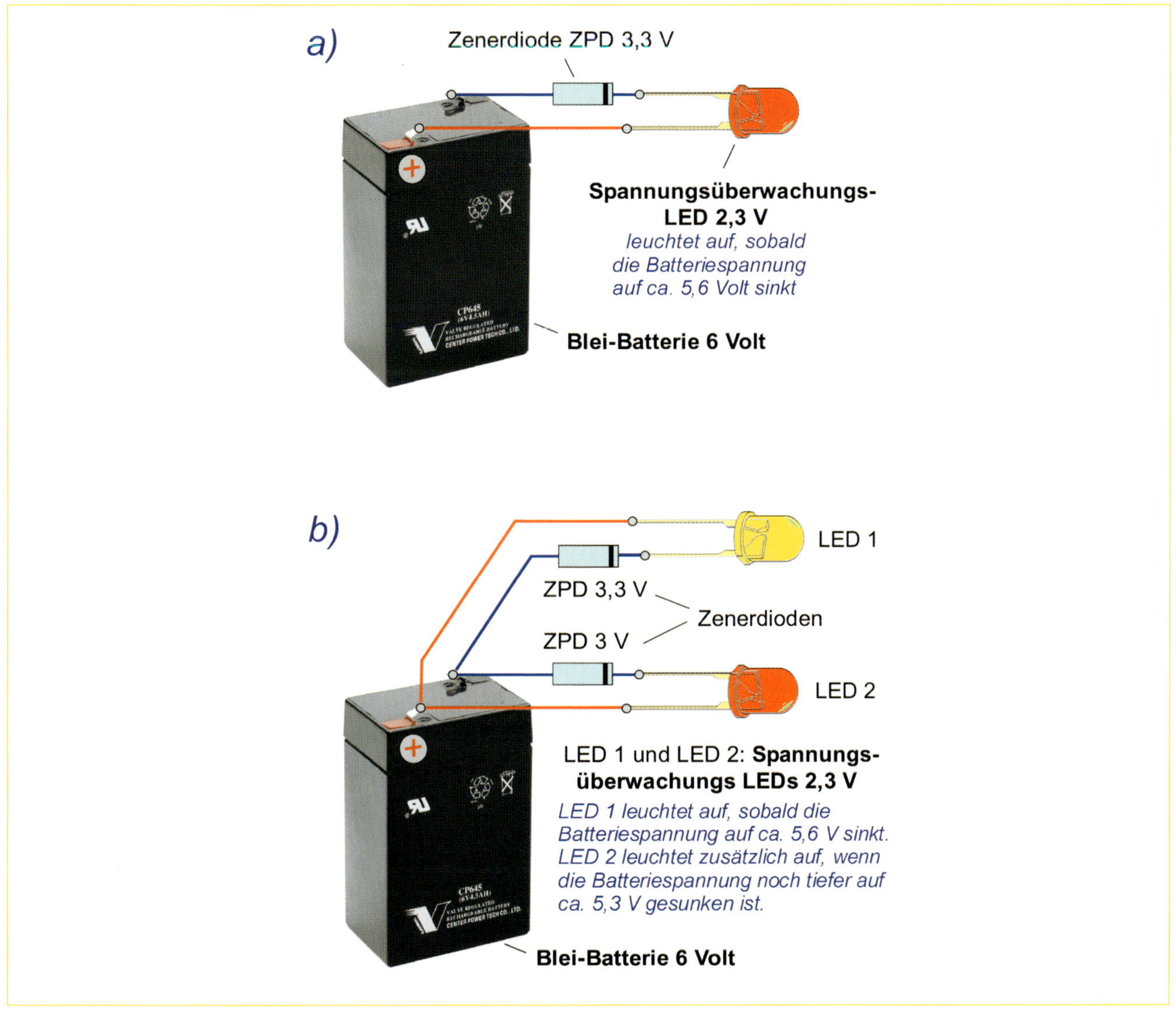

a)
Zenerdiode ZPD 3,3 V
Spannungsüberwachungs-LED 2,3 V
leuchtet auf, sobald die Batteriespannung auf ca. 5,6 Volt sinkt
Blei-Batterie 6 Volt
b)
LED 1
ZPD 3,3 V
Zenerdioden
ZPD 3 V
LED 2
LED 1 und LED 2: Spannungs-überwachungs LEDs 2,3 V
LED 1 leuchtet auf, sobald die Batteriespannung auf ca. 5,6 V sinkt. LED 2 leuchtet zusätzlich auf, wenn die Batteriespannung noch tiefer auf ca. 5,3 V gesunken ist.
Blei-Batterie 6 Volt

Abb. 2.34 – Eine Zenerdiode hebt die Einschaltspannung der Warn-LED um ihre Zenerspannung an: a) Sobald die Batteriespannung auf ca. 5,6 Volt sinkt, leuchtet die Warn-LED auf. Die vorgesehene Funktion muss jedoch bei einer solchen Schaltung vor der endgültigen Inbetriebnahme auf ihre Genauigkeit mit einem Voltmeter überprüft werden. Sowohl unter solchen Warn-LEDs als auch unter den Zenerdioden kommen Toleranzabweichungen vor, die in diesem Fall zur Folge haben können, dass die Warn-LED nicht exakt bei den 5,6 Volt, sondern z. B. bereits bei 5,8 oder erst bei 5,4 Volt aufleuchtet. b) Beispiel einer Spannungsanzeige mit zwei LEDs.

2.8 Spezial-LEDs für höhere Betriebsspannungen

Unter den handelsüblichen Leuchtdioden gibt es auch solche, in denen intern ein Vorwiderstand integriert ist und die (typenbezogen) für den direkten Anschluss an eine Spannung von z. B. 5 bzw. 12 Volt vorgesehen sind. Diese LEDs unterscheiden sich äußerlich nicht von den normalen Standard-LEDs und sind in allen gängigen Farben und in Durchmessern von z. B. ∅ 3 und ∅ 5 mm erhältlich.

Für Anwendungen in der Photovoltaik eignen sich diese LEDs nur als Kontroll-LEDs, denn der Leistungsverlust an dem internen Vorwiderstand ist verhältnismäßig hoch und wandelt die überschüssige Energie (Spannung × Strom) nur in Wärme um.

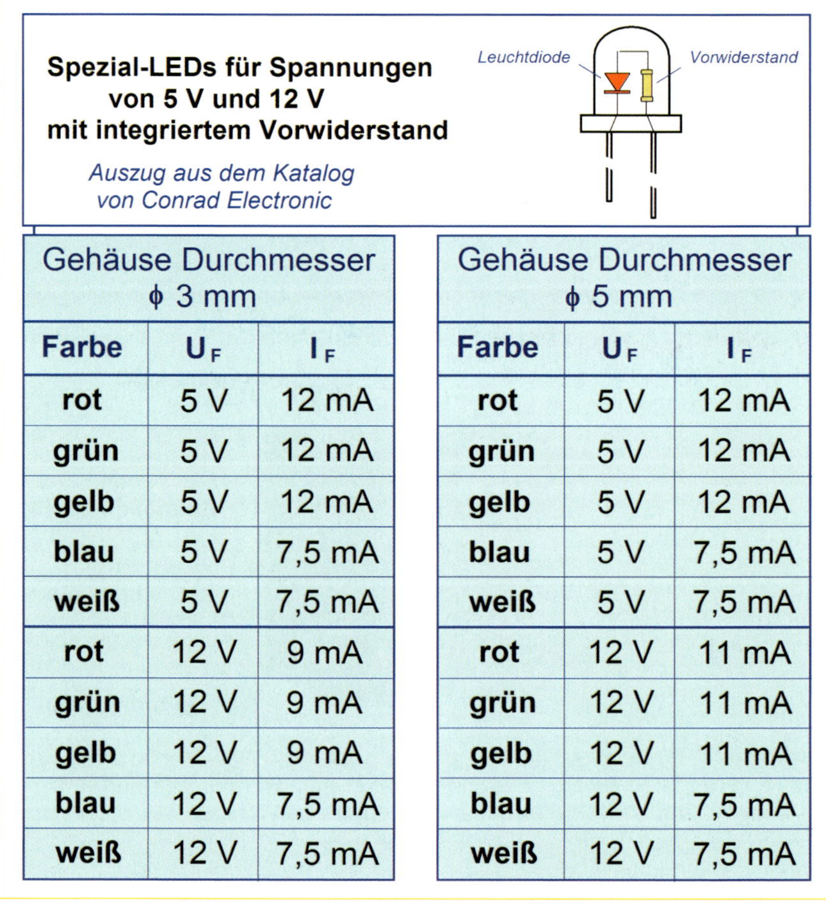

Gehäuse Durchmesser ϕ 3 mm		
Farbe	U_F	I_F
rot	5 V	12 mA
grün	5 V	12 mA
gelb	5 V	12 mA
blau	5 V	7,5 mA
weiß	5 V	7,5 mA
rot	12 V	9 mA
grün	12 V	9 mA
gelb	12 V	9 mA
blau	12 V	7,5 mA
weiß	12 V	7,5 mA

Gehäuse Durchmesser ϕ 5 mm		
Farbe	U_F	I_F
rot	5 V	12 mA
grün	5 V	12 mA
gelb	5 V	12 mA
blau	5 V	7,5 mA
weiß	5 V	7,5 mA
rot	12 V	11 mA
grün	12 V	11 mA
gelb	12 V	11 mA
blau	12 V	7,5 mA
weiß	12 V	7,5 mA

Tab. 2.5 – Handelsübliche LEDs für höhere Betriebsspannung

2.9 Die Leuchtkraft der LEDs

Mit der Einstufung der Leuchtkraft hatten (und haben) wir es am einfachsten bei den herkömmlichen Glühbirnen, denn da können wir uns an Erfahrungswerten orientieren: Eine 15- oder 25-Watt-Glühbirne eignet sich für kaum mehr als eine Nachtbeleuchtung, eine 40-Watt-Birne lässt sich eventuell in einer Nachttischleuchte einsetzen, drei bis fünf 40- bis 60-Watt-Birnen benötigen wir für die Decken-, Treppen- oder Badezimmer-Beleuchtung und zwei 100-Watt-Glühbirnen brauchen wir als Lichtquellen über der Werkbank im Keller-Hobbyraum.

Diese „energiefressenden" Glühbirnen werden in unseren Haushalten schrittweise durch Energiespar- oder Leuchtstofflampen sowie LED-Leuchtkörper ersetzt, aber wir orientieren uns trotzdem noch an Vergleichen mit der Leuchtkraft der Glühbirnen.

Bei dem Umgang mit kleineren Leuchtdioden fehlen uns leider solche Referenzvergleiche, denn bei den meisten LEDs wird die Leuchtkraft als *Lichtstärke* in ***Candela*** *(**cd**)* bzw. in ***Millicandel*** *(**mcd**)* angegeben. Nur bei einigen der Leistungs-LEDs finden sich Angaben über ihre Leuchtkraft in der Form von ***Lichtstrom*** *in **Lumen** (**lm**)*. Damit kann man leichter etwas anfangen, denn bei allen Glühbirnen, Halogenlampen, Leuchtstofflampen, Energiesparlampen sowie auch bei einigen der größeren (High-Power-) LEDs wird die Leuchtkraft in *Lumen* angegeben. Unsere *Tabelle 2.6* zeigt an konkreten Beispielen die Leuchtkraft diverser handelsüblicher Lampen in *Lumen*.

Lampe	Leistungsaufnahme	Lichtstrom in Lumen
Standard-Glühlampe	10 W	48 lm
Standard-Glühlampe	15 W	90 lm
Standard-Glühlampe	25 W	230 lm
Standard-Glühlampe	40 W	430 lm
Standard-Glühlampe	60 W	730 lm
Standard-Glühlampe	75 W	960 lm
Halogenlampe	15 W	155 lm
Halogenlampe	20 W	350 lm
Neonleuchte	10 W	485 lm
Neonleuchte	15 W	780 lm
Energiesparlampe *	3 W	127 lm
Energiesparlampe *	5 W	200 lm
Energiesparlampe *	7 W	350 lm
Energiesparlampe *	11 W	570 lm
Energiesparlampe *	15 W	950 lm
LED weiß	1 W	45 lm
LED rot-orange	1 W	55 lm
LED weiß	3 W	80 lm
LED rot-orange	3 W	190 lm
LED weiß	5 W	150 lm
LED grün	5 W	160 lm
LED blau	5 W	48 lm

* Energieeffizienz A, gute Qualität, Lichtstrom variiert typenabhängig

Tab. 2.6 – Der Lichtstrom in *Lumen (lm)* ist ein wichtiger technischer Parameter einer Lichtquelle, denn er ermöglicht uns einen erfahrungsbezogenen Vergleich der Leuchtkraft diverser Lampen. Wichtig: Der hier angegebene Lichtstrom kann vor allem bei den LEDs (anbieter- und typenbezogen) erhebliche Abweichungen bei derselben Abnahmeleistung aufweisen.

2.9 Die Leuchtkraft der LEDs

In *Tabelle 2.6* werden Sie vergeblich nach dem Lichtstrom der kleineren LEDs suchen. Diese LEDs sind zwar in der *Tabelle 2.7* (als einige wenige Beispiele) aufgeführt, aber anstelle des *Lichtstroms* in *Lumen* wird bei diesen Lichtquellen nur die bereits angesprochene **Lichtstärke** in *Millicandel (mcd)* angegeben. Das wäre nicht so schlimm, wenn es eine einfache Möglichkeit geben würde, die *Lumen* in *Candela* ähnlich umzurechnen, wie man z. B. die Zollmaße in Millimeter umrechnen kann. Das geht hier aber leider nicht – und es ist erklärungsbedürftig, weshalb es nicht geht:

Der in *Lumen (lm)* angegebene *Lichtstrom* bezieht sich auf die Summe des gesamten Lichtstroms (der gesamten Lichtleistung), der von einer Lampe einfach „rundum" in die Umgebung ausgestrahlt wird.

Die in *Candela (cd)* oder *Millicandel (mcd)* angegebene *Lichtstärke* bezieht sich dagegen nur auf die Ausleuchtung einer begrenzten Fläche (eines Raumwinkels) und berücksichtigt dabei nicht die globale Lichtleistung. Aus diesem Grund hängt bei den LEDs die *Lichtstärke* immer mit dem *Abstrahlwinkel (in Grad)* zusammen und diese zwei Parameter werden jeweils auch unter den technischen Daten der Leuchtdioden angegeben. *Abb. 2.35* verdeutlicht, dass von dem Abstrahlwinkel (der Breite des Lichtkegels) die Ausleuchtung einer Fläche abhängt.

Beim Vergleich der Leuchtkraft diverser LEDs ist neben der ***Lichtstärke*** und dem damit verbundenen ***Abstrahlwinkel*** auch die von der LED bezogene **elektrische Leistung** ($U_F \times I_F$) mit zu berücksichtigen. Diese Leistung, die eine jede LED in der Form von der Betriebsspannung (Durchlassspannung) U_F und von dem Strom I_F z. B. aus einer Batterie bezieht, stellt ebenfalls einen wichtigen technischen Parameter dar, der beim Vergleich von diversen LED-Typen nicht außer Acht gelassen werden sollte. So müsste z. B. eine vergleichbar lichtstarke **3 V/40 mA**-LED bei demselben Abstrahlwinkel eine doppelt so hohe Lichtstärke I_V aufbringen können wie zwei **3 V/20 mA**-LEDs, denn sie hat einen doppelt so hohen Energieverbrauch.

Farbe	Lichtstärke I_V	Abstrahlwinkel
Warm-Weiß	1500 mcd	60 °
Warm-Weiß	2800 mcd	40 °
Warm-Weiß	4000 mcd	30 °
Warm-Weiß	9200 mcd	20 °

Tab. 2.7 – Die Lichtstärke hängt auch bei Leuchtdioden derselben Type von ihrem Abstrahlwinkel ab und darf bei der Anschaffung neuer Leuchtdioden nicht außer Acht gelassen werden.

Für die praktische Anwendung ist bei der Wahl der optimal leuchtenden LEDs auch der Leistungsverlust einzubeziehen, der bei einigen LED-Typen dadurch entstehen kann, dass sie für eine etwas niedrigere Betriebsspannung (von z. B. 3,2 V) ausgelegt sind, als eine Batterie liefern kann. Die Spannungsdifferenz muss dann eventuell ein Vorwiderstand abfangen, in Wärme umwandeln und an die Umgebung als „Verlustleistung" abgeben. Abhilfe kann manchmal eine Reihenschaltung von mehreren LEDs schaffen: So können z. B. drei in Reihe geschaltete 3,2-V-LEDs von einer 9,6 V Batterie (aus 8 Akku-Zellen à 1,2 V) ihre Betriebsspannung „verlustfrei" beziehen.

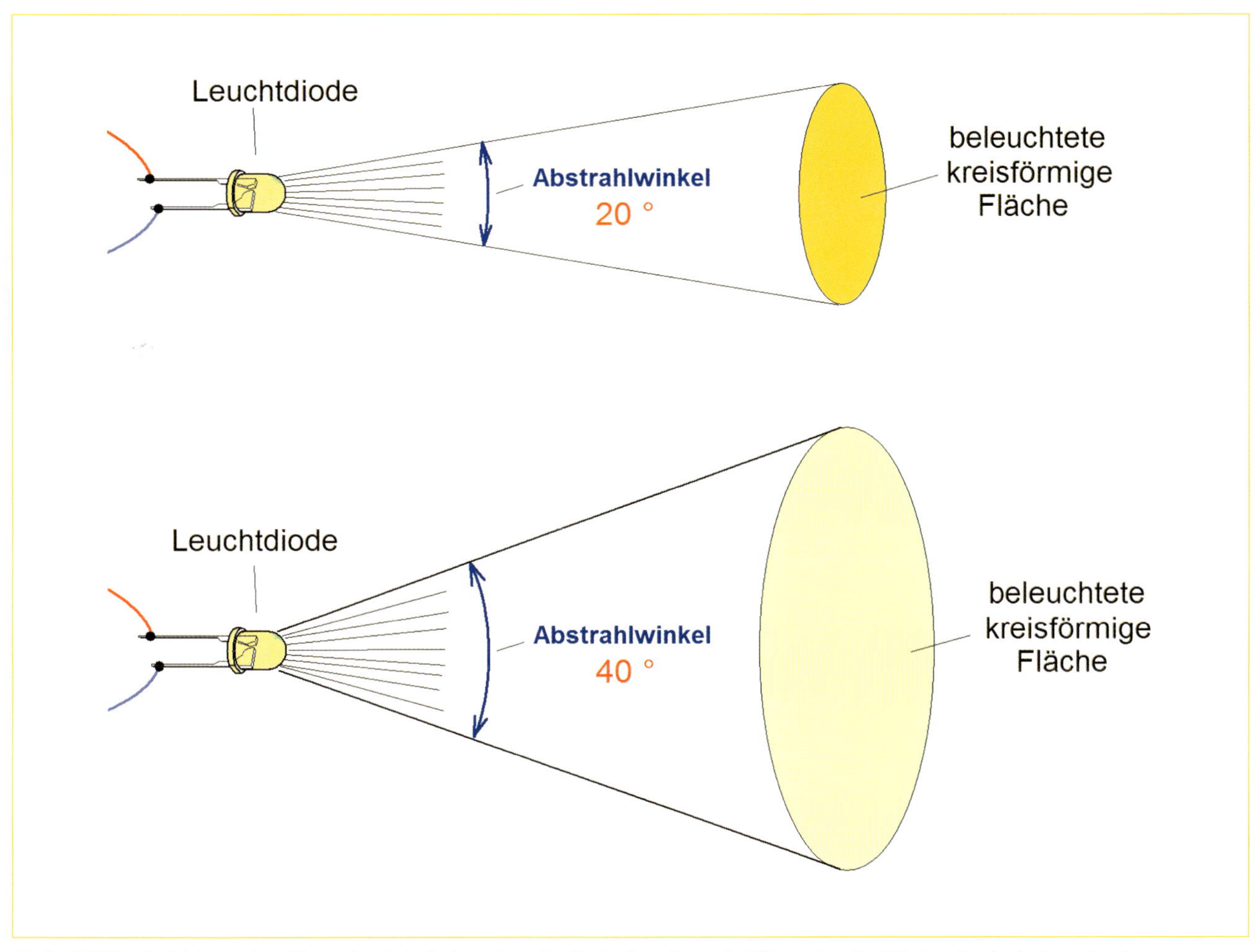

Abb. 2.35 – Je kleiner der Abstrahlwinkel einer Leuchtdiode ist, desto kräftiger ist die Fläche des Lichtkegelkreises ausgeleuchtet.

2.9 Die Leuchtkraft der LEDs

Fazit: Bei der Suche nach einer passenden Leuchtdiode sollte immer ihr Abstrahlwinkel mitberücksichtigt werden. Soll z. B. eine bestimmte Fläche mit Leuchtdioden ausgewogen beleuchtet werden, deren Abstrahlwinkel 40° beträgt, kann mithilfe einer einfachen maßgerechten Skizze der optimale Abstand zwischen den LEDs nach *Abb. 2.36* ermittelt werden.

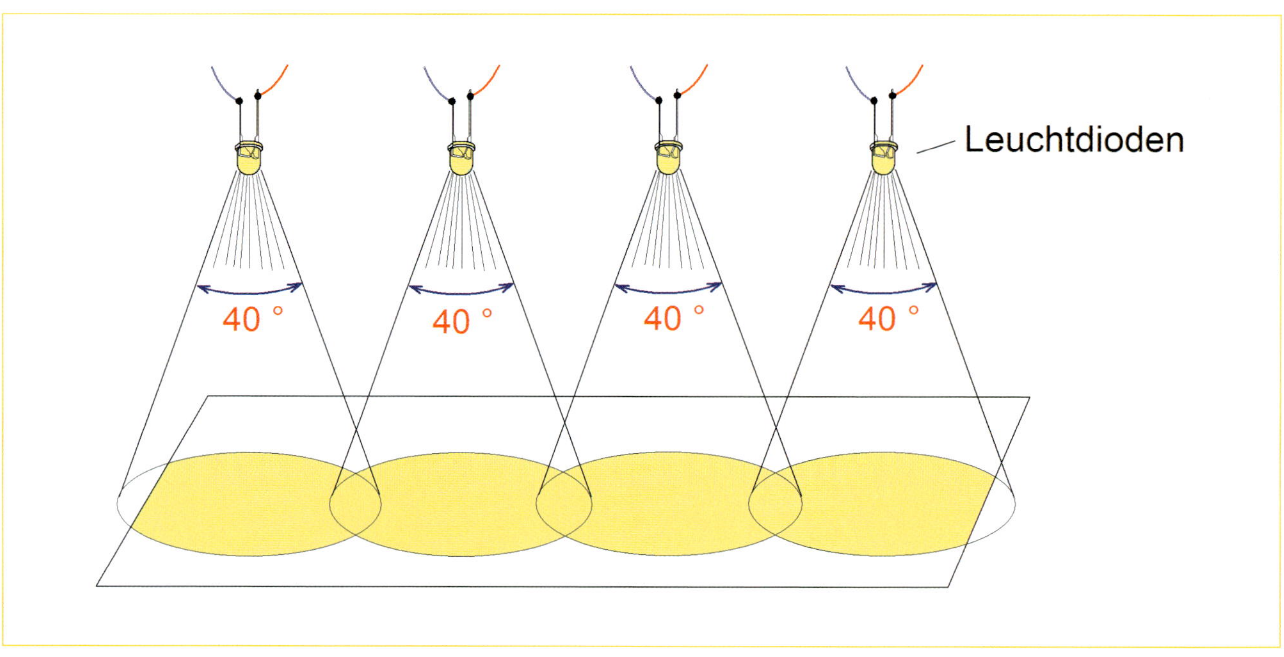

Abb. 2.36 – Ist es erwünscht, dass eine vorgesehene Fläche optimal mit LEDs ausgeleuchtet wird, kann eine einfache Skizze die Planungsüberlegungen erleichtern.

3 Solarstrom für die LED-Beleuchtung

Die eigentlichen photovoltaischen Stromquellen, aus denen der Solarstrom bezogen wird, werden im Allgemeinen als *Solarzellen* bezeichnet. Solarzellen wandeln die Photonen des Sonnenlichts (oder Kunstlichts) in elektrischen Strom um.

Wir haben bereits am Anfang dieses Buches die Solarzellen und Solarmodule kurz angesprochen.

Abb. 3.1 – Ausführungsbeispiele zweier „kahler" Solarzellen, die für die Herstellung handelsüblicher Solarmodule in der Regel angewendet werden.

3 Solarstrom für die LED-Beleuchtung

Jetzt sehen wir uns das Ganze näher an:

Es ist wohl bereits bekannt, dass die jeweilige Spannung und Leistung einer Solarzelle von der jeweiligen Belichtung ihrer lichtempfindlichen Fläche abhängen. Eine Solarzelle reagiert auf Belichtung ähnlich wie beispielsweise ein Fahrraddynamo auf die Drehzahl des Rades: Je schneller gefahren wird, desto höhere Spannung, Strom und Leistung liefert der Dynamo an die Fahrradlampen.

Sowohl der Fahrraddynamo als auch die Solarzelle sind elektrische Generatoren, die *eine* Art Energie in eine *andere* Art Energie umwandeln. Bei dem Fahrraddynamo muss der Mensch die benötigte Eingangsenergie „eigenfüßig" aufbringen, bei der Solarzelle übernimmt diese Arbeit die Sonne – zumindest dann, wenn sie gerade vorhanden ist und ihre Strahlen nicht von Wolken oder anderen Hindernissen verdeckt werden.

Solarzellen sind meist nur etwa 10 x 10 cm groß, ca. 0,25 bis 0,3 mm dünn und da sie aus zerbrechlichem Silizium bestehen, sind sie nicht sonderlich strapazierfähig. Die maximale Spannung einer solchen Solarzelle liegt typenabhängig zwischen ca. 0,46 und 0,48 Volt, ihr maximaler Strom beträgt ca. 3 bis 3,3 Ampere und ihre maximale Leistung (als Spannung × Strom) bewegt sich – ebenfalls typenbezogen – zwischen ca. 1,38 und 1,58 Watt.

Solarzellen werden in der Form *kahler* Zellen nur für experimentelle Zwecke angeboten. Für die meisten Vorhaben werden Solarzellen in der Form *gekapselter* Solarzellen *(Abb. 3.2)* oder in Solarmodulen eingesetzt. Es gibt eine große Auswahl an Solarmodulen verschiedener Größen, Leistungen, Wirkungsgrade und Qualität *(Abb. 3.3)*.

Abb. 3.2 – Gekapselte Solarzellen und Solar-Minimodule eignen sich bevorzugt als *Ladestromquellen* für kleinere Batterien.

Theoretisch stellt sich dann die Frage, welche der handelsüblichen Solarzellen sich für ein Vorhaben grundsätzlich am besten eignen. Dies ist unproblematisch: Das Angebot an Solarzellen (als Solarmodul-Bausteine) beschränkt sich immer noch auf kristalline und amorphe (Dünnschicht) Solarzellen.

Für die meisten langlebigen Anwendungen kommen nur kristalline Silizium-Solarzellen infrage. Amorphe Dünnschichtzellen haben einen relativ niedrigen Wirkungsgrad und benötigen, im Vergleich zu kristallinen Solarzellen (bzw. Solarmodulen), eine mehr als dop-

Abb. 3.3 – Solarmodule sind in verschiedenen Größen und für unterschiedliche Leistungen erhältlich.

pelt so große Fläche für die gleiche solarelektrische Leistung. Zudem weisen manche dieser Module eine gewisse „Ermüdung" auf: Bereits nach einem Jahr sinkt oft ihre Leistung merkbar und lässt danach von Jahr zu Jahr weiterhin leicht nach. Manche solcher amorphen (Dünnschicht-)Module sind jedoch preiswert und eignen sich daher für experimentelle Zwecke.

Der Aufbau einer kristallinen Silizium-Solarzelle ist prinzipiell identisch mit dem Aufbau einer Siliziumdiode: Eine dünne *Negativschicht* und eine „dickere" *Positivschicht* bilden (nach *Abb. 3.8*) zwei unterschiedlich dotierte Halbleiterteile, die bei Belichtung zu *Potenzialfeldern* werden.

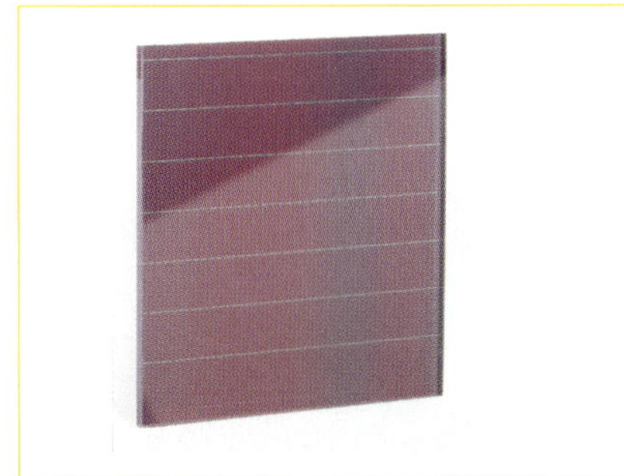

Abb. 3.4 – Amorphe-Dünnschicht-Solarmodule sind meist preiswert und eignen sich daher besonders für experimentelle Zwecke, bei denen es nichts ausmacht, dass hier die „Leistung pro Quadratdezimeter Modulfläche" wesentlich niedriger ist, als bei kristallinen Modulen.

Eine belichtete Solarzelle funktioniert ähnlich wie eine Batterie *(Abb. 3.5)*. Allerdings nur in direkter Abhängigkeit von der jeweiligen Belichtung: Viel Licht = hohe Spannung und hoher Strom, weniger Licht = niedrigere Spannung und niedrigerer Strom, kein Licht = keine Spannung und kein Strom. Aus diesem Grund werden bei der solarelektrischen Stromversorgung von Leuchtkörpern die Solarzellen nur als Ladestromquellen für das Nachladen einer wiederaufladbaren Batterie verwendet, von der dann die Stromversorgung nach Bedarf bezogen wird.

Handelsübliche **kristalline Solarzellen** gibt es in zwei Ausführungsarten: **monokristalline** Zellen **und polykristalline** (**multikristalline**) Zellen.

Bei der Herstellung *monokristalliner* Zellen werden monokristalline Blöcke „gezogen" und mit etwa 0,5 mm dünnen Diamantsägen oder Laserstrahlen in dünne Scheiben zersägt. Das gleiche monokristalline Grundmaterial wird bereits traditionell in der Halbleitertechnik bei der Herstellung von Dioden, Transistoren und integrierten Schaltungen (Chips) verwendet. Ausgangsmaterial sind hier Quarzsand oder auch natürliche Quarzkristalle.

In einem Ofen wird aus dem Grundmaterial durch Reduktion mit Kohle ein metallurgisch reines Silizium gewonnen. Dieses weist allerdings immer noch etwa 2 % Verunreinigungen auf, die durch weiteres aufwendiges Verarbeiten (Reduktion mit Salzsäure und Destillation) ausgeschieden werden müssen. Erst danach hat man ein hochreines Silizium zur Verfügung, das jedoch *polykristallin* ist.

Dies bedeutet, dass hier sehr viele kleine ungeordnete Kristalle die eigentliche Substanz des Silizi-

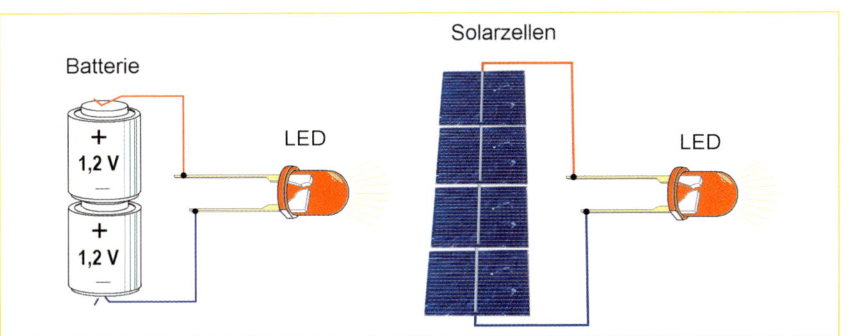

Abb. 3.5 – Eine belichtete Solarzelle funktioniert ähnlich wie eine Batterie.

ummaterials bilden. Wenn man daraus eine *monokristalline* Struktur haben möchte, müssen diese polykristallinen „Barren" in einem Tiegel nochmals eingeschmolzen werden und unter langsamem axialem

monokristalline Solarzellen

polykristalline (multikristalline) Solarzellen

Abb. 3.6 – Monokristalline Solarzellen haben eine einheitliche dunkelblaue Oberfläche, die im Licht blau schimmert; die Oberfläche der polykristallinen Solarzellen weist eine marmorierte Eisblumenstruktur auf, die im Licht silbrig/bläulich schimmert.

Drehen wird aus dieser Schmelze ein monokristalliner „Balken" gezogen. So ein Balken besteht danach nur aus einem einzigen Kristall (daher die Bezeichnung monokristallin) und kann beispielsweise eine Länge bis zu 2 m haben.

Bei der Herstellung der *polykristallinen* Zellen (die manche Hersteller als *multikristalline Zellen* bezeichnen) wird flüssiges Silizium in Stahlformen gegossen. Es bildet nach der Erstarrung die typische marmorierte Eisblumenstruktur *nach Abb. 3.6 unten*. So entstehen auch hier Siliziumblöcke, die ebenfalls in dünne Scheiben zersägt werden.

Amorphe Dünnschichtzellen werden dagegen wesentlich einfacher hergestellt: Auf eine Glas- oder Kunststoffplatte wird eine nur wenige tausendstel Millimeter dünne Siliziumschicht aufgedampft.

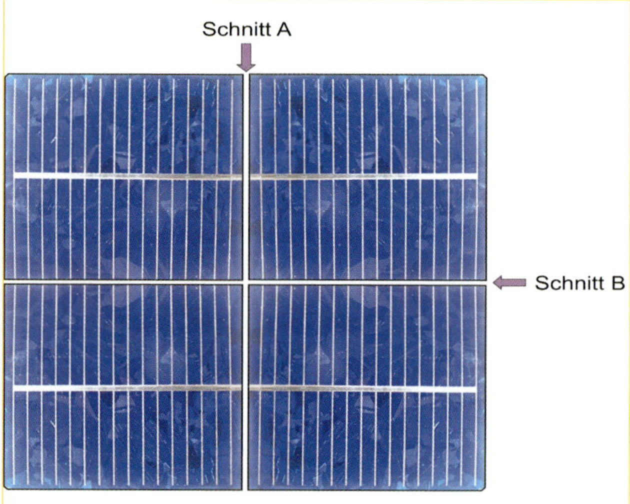

Abb. 3.7 – Die aus einem „kristallinen Balken" geschnittenen Solarzellen haben eine maximale Größe von ca. 100 x 100 bis 150 x 150 mm, werden jedoch für die Bestückung kleinerer Solarmodule oft in zwei bis vier Zellenteile zerschnitten.

3.1 Funktionsweise der Solarzellen

Eine kristalline Solarzelle nach *Abb. 3.8* wandelt die Sonnenenergie bzw. beliebige Lichtstrahlen auf folgende Weise um: Wenn ihre Fläche von Photonen bombardiert wird, setzen sich in ihrer oberen Negativschicht sowie auch in ihrer unteren Positivschicht sogenannte *Ladungsträger* frei. Diese geraten in das mittlere elektrische Feld und an ihren zwei äußeren Flächen – der „Sonnen-" und Rückseite der Zelle – entsteht elektrisches Potenzial (elektrische Spannung).

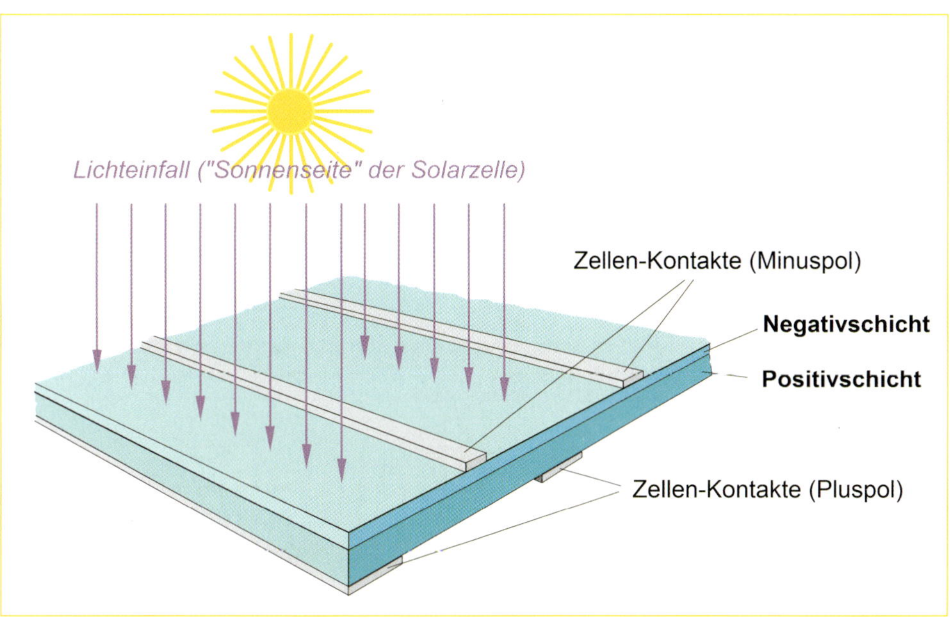

Abb. 3.8 – Eine herkömmliche Solarzelle im Schnitt (stark vergrößert; in Wirklichkeit ist eine solche Zelle nur ca. 0,3 bis 0,4 mm dick).

Die *Negativschicht* der Solarzelle bildet den Minuspol, die *Positivschicht* den Pluspol. Spannung und Leistung der Zelle hängen von der Lichtintensität ab, der die obere Zellenschicht ausgesetzt ist. Bei absoluter Dunkelheit weist die Solarzelle kein Potenzial auf.

Theoretisch spielt es keine Rolle, welche der Zellenschichten als die obere „Sonnenseite" bevorzugt wird. Auf jeden Fall muss aber die obere *Negativschicht* sehr dünn sein (unter 0,02 mm), denn der funktionell wichtige *n/p-Übergang* darf nicht zu tief unter der vom Licht bestrahlten Oberfläche liegen.

Die „Sonnenseite" der Zelle wird üblicherweise mit einer zusätzlichen Antireflexschicht versehen (z. B. mit Titandioxid), um Reflexionsverluste zu vermeiden. Für einen hohen Umwandlungswirkungsgrad der Solarzelle ist es wichtig, dass möglichst viele Photonen (Sonnenstrahlen), mit denen die *n-Schicht* bombardiert wird, auch in den Halbleiter eindringen.

Von der Anzahl der Photonen, die in die Solarzelle eindringen, hängen die elektrische Spannung und der elektrische Strom ab, die die Solarzelle als „elektrischer Generator" an die elektrischen Verbraucher, die an sie angeschlossen sind, liefern kann. Die Umwandlung der Sonnenenergie in elektrischen Strom erfolgt dabei jeweils unmittelbar und sozusagen „blitzschnell". Die elektrische Spannung und der elektrische Strom, die von der Solarzelle jeweils bezogen werden können, variieren exakt mit ihrer momentanen Belichtung. Die Solarzelle kann die elektrische Energie nicht speichern, sondern jeweils nur direkt umwandeln.

Die Zellenspannung, die als **Nennspannung der Solarzelle**

3.1 Funktionsweise der Solarzellen

(manchmal auch als **Spannung bei maximaler Leistung**) bezeichnet wird, sowie auch ihr offizieller **Nennstrom** liefert eine Solarzelle nur bei optimalen Bedingungen, die auf folgenden „**internationalen Standard-Testbedingungen**" beruhen:

- Sonneneinstrahlung von 1000 W/m² (wolkenloser sonniger Tag)
- Spektralverteilung von AM 1,5 (= die Photonen „bombardieren" die Zellenfläche optimal senkrecht)
- Zellentemperatur von 25 °C.

Auch **Nennleistung** und **Leerlaufspannung** der Solarzellen und Solarmodule beruhen auf diesen Standard-Testbedingungen.

Eine Solarzelle kann nach dem Prinzip aus *Abb. 3.9* einen kleinen Solarmotor, ähnlich wie eine Batterie, antreiben – vorausgesetzt, der Solarmotor ist für eine Betriebsspannung von z. B. 0,4 bis 3 Volt ausgelegt. Für die meisten Anwendungen ist die Spannung einer einzigen Solarzelle zu niedrig. Wird eine höhere Spannung benötigt, als eine einzige Solarzelle liefern kann, müssen mehrere Solarzellen in Reihe geschaltet wer-

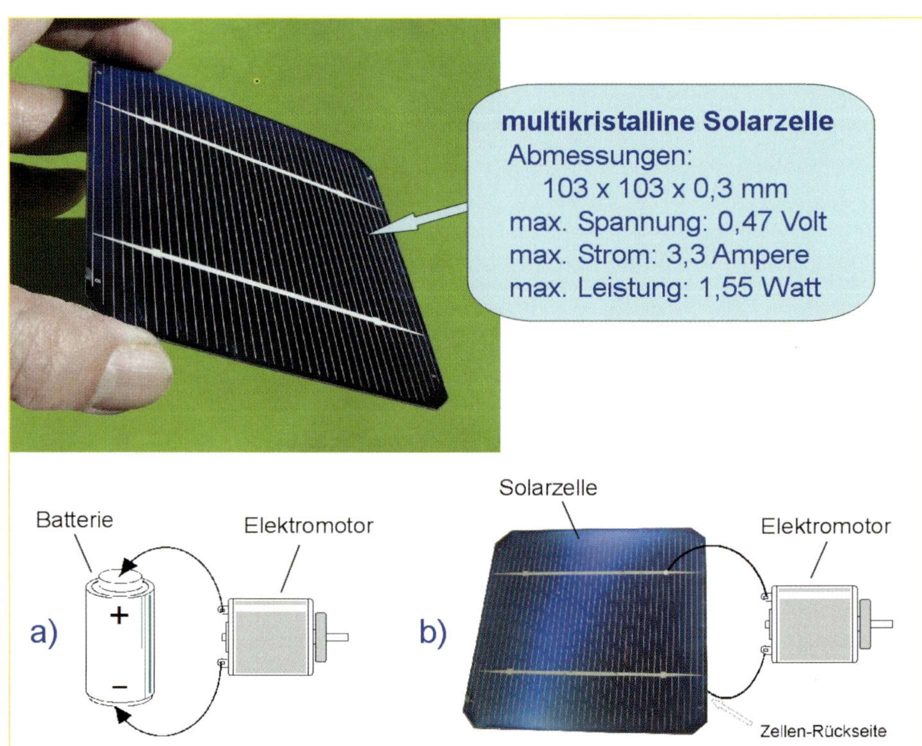

Abb. 3.9 – Ähnlich einer Batterie kann auch eine einzige belichtete Solarzelle z. B. einen kleinen Solar-Elektromotor antreiben.

den. Die Ausgangsspannung der Solarzellenkette, bei der die Solarzellen nach *Abb. 3.10* und *3.11* in Reihe geschaltet werden, addiert sich ähnlich wie die Ausgangsspannung mehrerer Batterien. Der Strom einer solchen Kette bleibt dabei praktisch unverändert. Der Begriff „praktisch" bezieht sich hier allerdings auf die Bedingung, dass alle Zellen einer solchen Kette denselben Strom liefern können. Ist unter diesen Zellen eine einzige, deren Strom etwas niedriger liegt, ist für den maximalen Strom der ganzen Zellenreihe – nach dem Prinzip des schwächsten Gliedes einer Kette – die schwächste Solarzelle nach *Abb. 3.10 b* bestimmend.

Viele Solarzellen – sowie auch Solarmodule – weisen eine Herstellerstreuung von ±10 % auf. Solarzellen, die z. B. laut technischer Daten als **0,47-V/3,3-A-Zellen** mit einer **Toleranz von ±10 %** angeboten werden, können demzufolge vor allem beim Zellenstrom (seltener bei der Zellenspannung) Abweichungen aufweisen, die den Strom der ganzen Zellenreihe beeinträchtigen. Anstelle der theoretischen 3,3 A kann der tatsächliche Strom der einzelnen Zellen zwischen ca. 2,97 und 3,63 A liegen. Sind solche Zellen in Reihe nach *Abb. 3.10 b* geschaltet, bestimmt die schwächste Solarzelle den Strom, der von der Kette maximal bezogen werden kann.

Um eine ausreichend hohe Solarspannung zu erhalten, werden bei der Herstellung von Solarmodulen auch lange Solarzellenreihen zu einer Kette nach

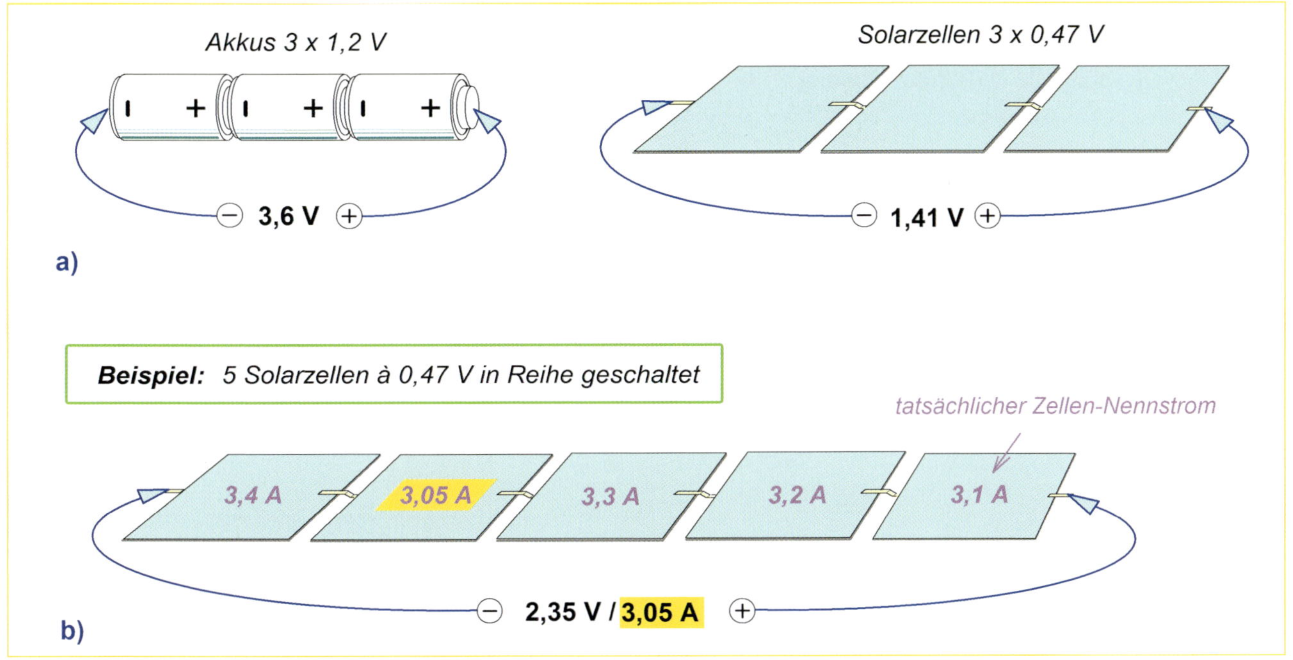

Abb. 3.10 – Die Spannungen einzelner Batterien- oder Zellenglieder, die in Reihe geschaltet sind, addieren sich: a) Drei Akkus und drei Solarzellen in Reihe geschaltet: b) Den maximalen Strom einer Zellenkette bestimmt die Solarzelle mit dem niedrigsten Strom.

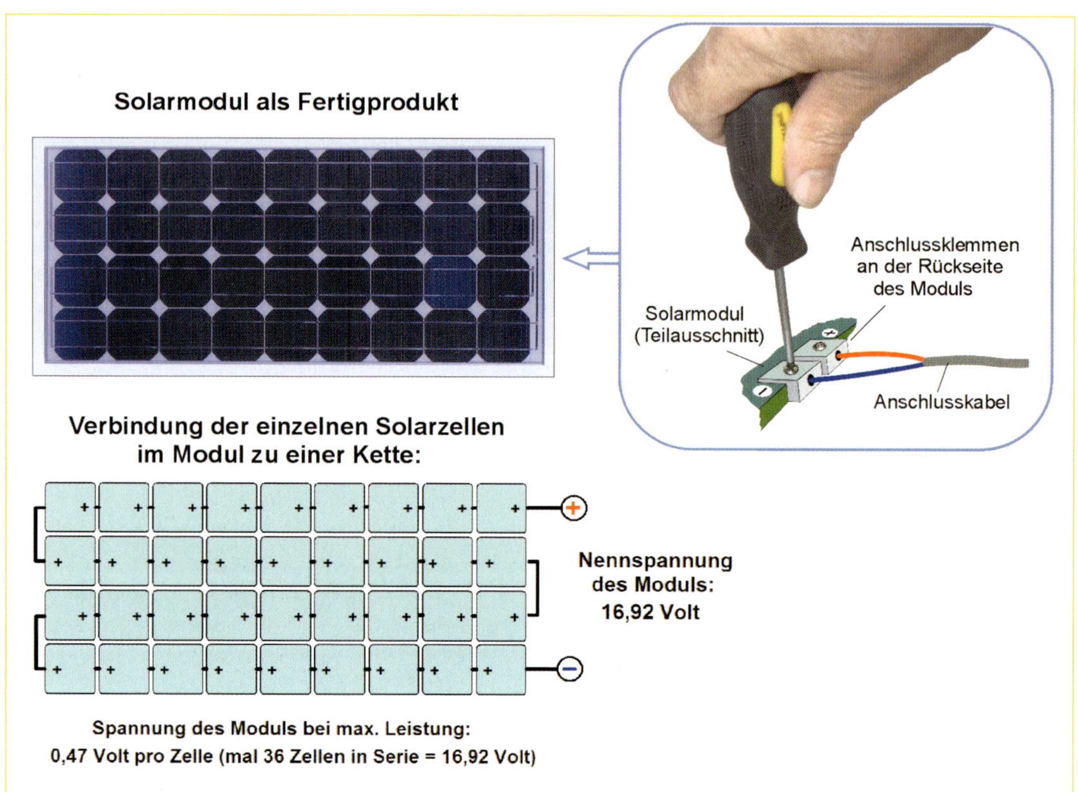

Abb. 3.11 – Um eine erforderlich hohe Solarspannung zu erhalten, werden längere Zellenreihen zu einer Kette zusammengelötet, und zu einem Solarmodul zusammengebaut

Abb. 3.11 zusammengelötet, anschließend wie eine Schmetterlings-Sammlung unter einer Glasscheibe eingerahmt und mit einer speziellen lichtdurchlässigen Gussmasse eingegossen oder zwischen zwei Schutzfolien vakuumdicht eingebettet. Je nach der verwendeten Anzahl und Größe der angewendeten Solarzellen entstehen auf diese Weise Solarmodule unterschiedlicher Größe und Form.

Wir haben bereits im Zusammenhang mit *Abb. 3.7* darauf hingewiesen, dass eine „ganze" Solarzelle wie ein Kuchen auch in kleinere Einzelzellen zerteilt werden kann, um kleinere Solarmodule erstellen zu können, bei denen der Nennstrom niedriger sein darf, als die ganzen

maximale Ausgangsspannung der Kette: 8,46 V
maximaler Ausgangsstrom: 1,5 A

Abb. 3.12 – Einige Solarmodule sind nur mit halben Solarzellen bestückt.

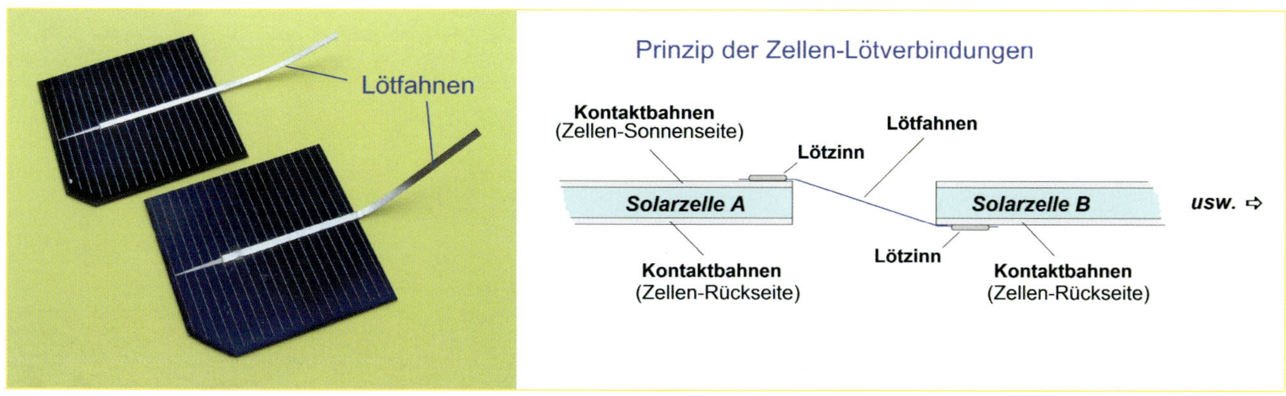

Abb. 3.13 – Solarzellen werden oft bereits beim Hersteller mit Lötfahnen versehen.

Zellen liefern. In diversen Solarmodulen werden z. B. nach *Abb. 3.12* nur halbe Solarzellen eingebettet.

Den Modulherstellern liefern die Solarzellenhersteller die Zellen der gewünschten Größe auf Wunsch auch mit bereits angelöteten *Lötfahnen (Abb. 3.13),* mit denen die Zellen vor dem Einbetten ins Modul zu den angesprochenen Ketten zusammengelötet werden.

Durch die Teilung weisen die einzelnen Teile der Solarzelle keinen Spannungsverlust auf. Nur der Strom der Zelle verringert sich proportional zur Zellenfläche. Das gilt z. B. auch für eine in mehrere Stücke zerbrochene Solarzelle – wie *Abb. 3.14* verdeutlicht.

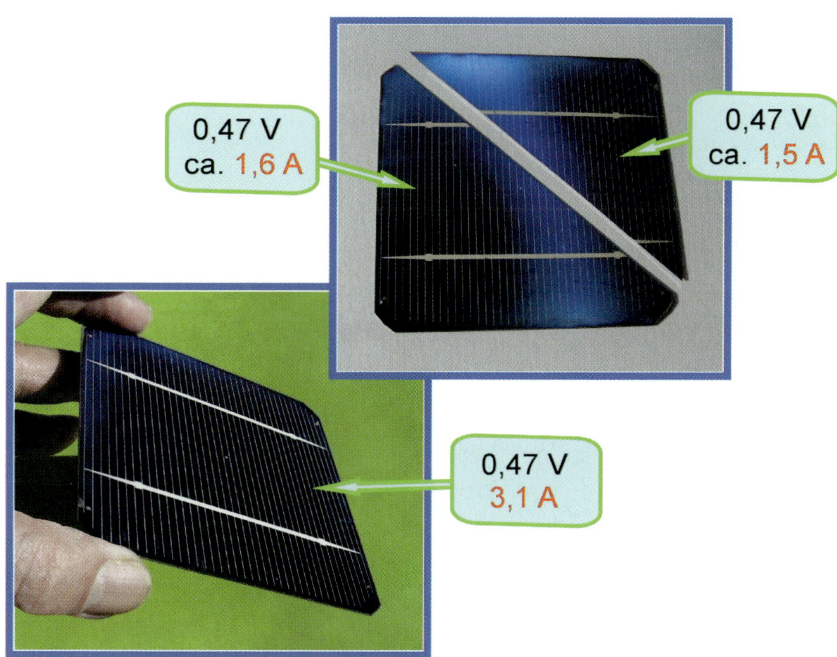

Abb. 3.14 – Wird eine Solarzelle in zwei oder mehrere Stücke geteilt, bzw. auch nur zerbrochen, kann jedes Bruchstück die ursprüngliche volle Spannung liefern, aber Strom und Leistung entsprechen dann jeweils nur den Proportionen der Zellenflächen.

3.2 Solarzellen messen?

Wie sich eine Solarzelle bei unterschiedlicher Belichtung verhält, können Sie am einfachsten mit einem *Multimeter* austesten. Es sind keine aufwendigen Messungen erforderlich, denn es genügt, wenn das Multimeter auch nur ungefähr anzeigt, welche Spannung die Solarzelle liefert, wenn sie optimal gegen die Sonne ausgerichtet ist, wie sie darauf reagiert, wenn sie von der Sonne weggedreht wird usw.

Wir haben bereits im 2. Kapitel einige Grundschaltungen mit Leuchtdioden gezeigt, bei denen der LED-Strom (I_F) oder die LED-Spannung (U_F) mit einem Multimeter gemessen wird. Wenn Sie noch kein Multimeter besitzen, werden Sie es für die richtige Einstellung des LED-Stroms benötigen.

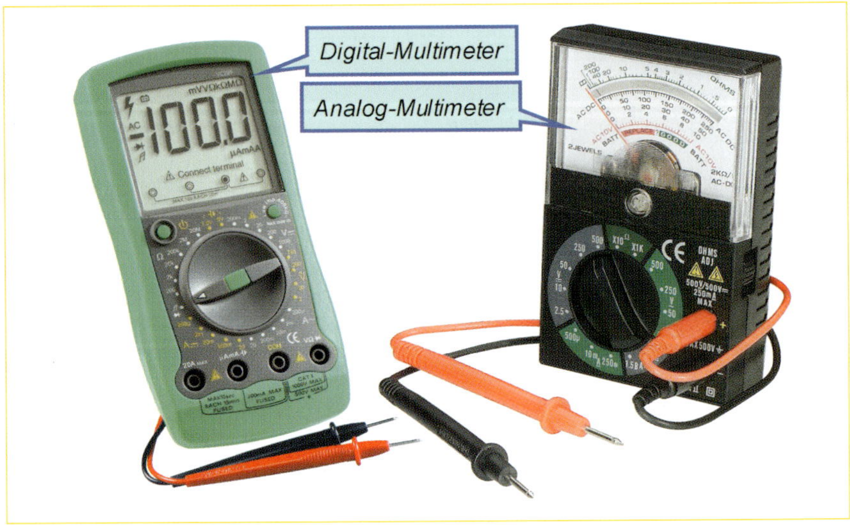

Abb. 3.15 – Multimeter sind wahlweise als digitale oder analoge Multimeter erhältlich.

Kennen Sie sich bereits mit Multimetern etwas aus? Wenn nicht, dann lesen Sie bitte die hier eingerahmten Tipps. Andernfalls können Sie das Eingerahmte überspringen.

Es gibt zwei Grundtypen von Multimetern: Analog- und Digitalmultimeter. Bei Analogmultimetern (Zeigermultimetern) zeigt den Messwert ein Zeiger an, bei Digitalmultimetern wird der Messwert an einem LCD-Display mit Ziffern (digital) angezeigt.

Bei den meisten Analogmultimetern zeigt der Zeiger die Spannungsschwankungen zügig und gleitend an, wie z. B. auch der herkömmliche Tachometer im Auto. Bei einem Digitalmultimeter erscheint dagegen der Messwert oft erst nach Umherspringen der Ziffern und das kann z. B. bei einer gleitenden Belichtung einer Solarzelle frustrierend sein: Es dauert oft recht lange, bis ein Messwert angezeigt wird.

Bei einem Autotachometer wäre eine solche schwankende Anzeige undenkbar, denn er müsste eine jeweils längere Zeitspanne die Fahrtgeschwindigkeit konstant halten, damit die Digitalanzeige einen Wert lesbar anzeigen kann. Das Gleiche gilt für die Anzeige der jeweiligen Ausgangsspannung einer Solarzelle: Möchte man am Multimeter sehen, wie sich z. B. die Spannung einer Solarzelle gleitend und unmittelbar mit der Veränderung der Belichtung ändert, ist ein Zeigermultimeter vorteilhaft. Sein Zeiger zeigt z. B. gleitend an, wie die Ausgangsspannung der Solarzelle sinkt oder steigt, wenn man sie von der Sonne wegdreht oder wieder zurück zu der Sonne ausrichtet, wie die Solarzelle auf Teilbeschattung reagiert usw.

Beim Messen von Festwerten, zu denen z. B. eine gelegentliche Kontrolle der Spannung einer Batterie bzw. auch die Einstellung des optimalen Betriebsstroms (I_F) einer LED gehört, macht das träge Verhalten eines Digitalmultimeters nichts aus. Digitalmultimeter haben, im Vergleich zu Analogmultimetern, diverse andere Vorteile: Sie sind strapazierfähiger, beim Ablesen der Messwerte muss nicht nach der für den Messbereich zutreffenden Scala gesucht werden und der Herstellungsaufwand ist geringer, denn der anspruchsvolle feinmechanische Teil des Zeigersystems entfällt.

Fazit: Beim Experimentieren mit der gleitend veränderten Belichtung einer Solarzelle oder eines Solarmoduls verhindert bei einem Digitalmultimeter das lange Umherspringen der Ziffern den eigentlichen Sinn des Messens bzw. der Experimente. Dies ist vor allem bei preiswerteren Digitalmultimetern ein großes Handicap. Aber Vorsicht bitte: Auch unter den teuren Multimetern gibt es Geräte, deren Messgenauigkeit schlecht ist und die mit Funktionen ausgestattet sind, die ein privater Anwender nicht benötigt. Ein professioneller Anwender wendet für spezielle Messungen (von z. B. Kapazität, Frequenz oder Temperatur) wiederum Spezialmessgeräte mit gehobener Messgenauigkeit an.

Die **Messgenauigkeit** wird bei den Messgeräten in Messfehlerprozenten z. B. in der Form von ±2 oder ±3 % angegeben und ist bei den Gleichspannungs- und Gleichstrom-Messbereichen meist etwas höher als bei den Wechselspannungs- und Wechselstrom-Messbereichen. Das trifft sich im Zusammenhang mit unseren Themen gut, denn wir arbeiten hier nur mit Gleichspannung und Gleichstrom. Wichtig ist dabei vor allem, dass z. B. die Einstellung des optimalen Nennstroms bei einer teuren Leistungs-Leuchtdiode möglichst genau erfolgt. Andernfalls leuchtet die LED unnötig schwach oder – wenn sie einen höheren Strom bezieht, als sie verkraftet – sie verabschiedet sich innerhalb kurzer Zeit. Aus dieser Sicht ist gerade bei dieser Messung ein gutes Messgerät (gerne auch digital) vorteilhaft. Für eine zügige Anzeige von Veränderungen der Ausgangsspannung an einer Solarzelle genügt dagegen auch das preiswerteste Zeigermultimeter, das oft für etwa 5 bis 10 €

Wichtiger Hinweis

Bedauerlicherweise werden in letzter Zeit auch Analogmultimeter vertrieben, deren Zeiger ähnlich träge oder launisch die Messwerte anzeigen, wie die Digitalmultimeter. Die Ursache liegt darin, dass für diese Multimeter aus Kostengründen dieselben ICs verwendet werden wie für die Digitalmultimeter. Bei solchen Messgeräten ist damit der einzige Vorteil der Analogmultimeter hinfällig. Da wir für flotte Messungen – auch für Widerstandsmessungen und schnelle Durchgangsprüfungen – bisher *Analog*multimeter empfohlen haben, weisen wir nun mit Nachdruck darauf hin, dass diesen Vorteil **nicht mehr alle** Analogmultimeter haben. Wenn Ihnen ein Analogmultimeter zum Kauf angeboten wird, bei dem schon in der Bedienungsanleitung unter „Widerstandsmessung" steht: „Beide Messspitzen kontaktieren und danach warten, bis sich der Zeiger beruhigt hat …", dann ist damit zu rechnen, dass es sich um ein Arbeitsgerät handelt, das die gewünschten Anforderungen nicht erfüllt. Falls Sie das erst nach dem Kauf zu Hause merken, können Sie von Ihrem Rückgaberecht Gebrauch machen.

3.2 Solarzellen messen?

erhältlich ist, denn hier ist eine hohe Messgenauigkeit nicht erforderlich.

Das Ablesen der Messwerte ist bei den analogen Messgeräten für einen Einsteiger zwar gewöhnungsbedürftiger als bei einem Digitalmultimeter. Fängt man jedoch z. B. mit dem Messen an niedrigen Spannungsquellen, wie einer Solarzelle oder kleinen Batterie, an, ist das Ablesen des Messwerts auch nicht schwieriger, als bei dem Autotachometer.

Jedes Multimeter hat allerdings mehrere Messbereiche, darunter auch mehrere Messbereiche für die Gleichspannung. Es hat auch Messbereiche für die Wechselspannung, für den Gleich- und Wechselstrom, für Widerstände usw., aber die interessieren uns momentan noch nicht. Wir wollen ja erst die Gleichspannung an einer einzigen Solarzelle messen.

Die Solarzelle erzeugt eine Gleichspannung, die als Leerlaufspannung bei ca. 0,6 Volt liegt. Das ist eine Spannung an unbelasteter („leerlaufender") Zelle und hat bei unseren informativen Experimenten keine zu große Bedeutung. Sobald wir die Zelle z. B. nach *Abb. 3.16* mit einem Widerstand belasten, sinkt die Leer-

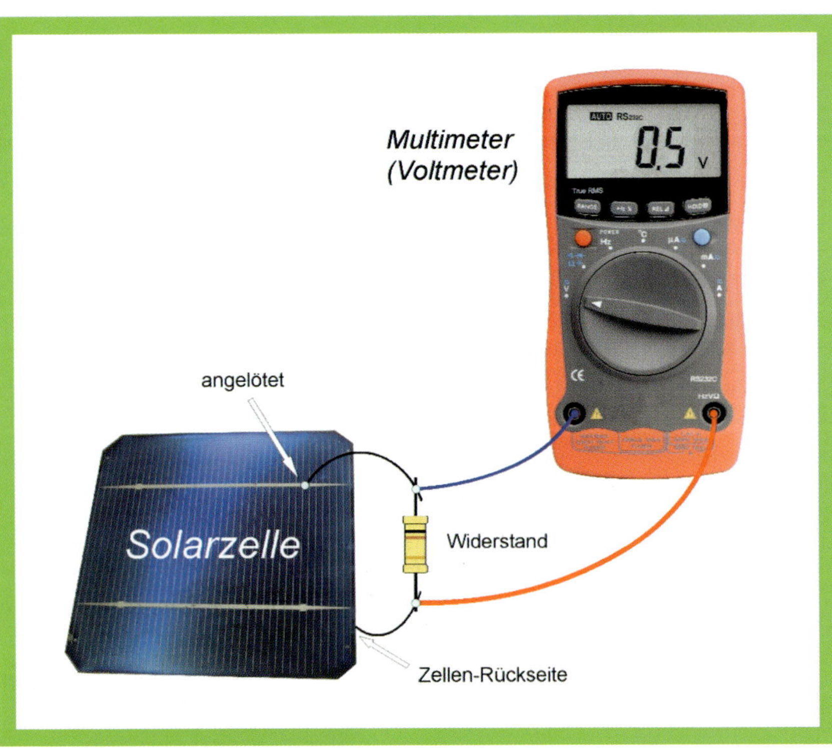

Abb. 3.16 – Testen einer Solarzelle.

laufspannung in die Nähe der ***Spannung bei maximaler Belastung***, die auch als ***Nennspannung*** bezeichnet wird.

Mit anderen Worten: Nur eine unbelastete Zelle weist die Leerlaufspannung auf. Wenn diese Zelle voll belastet wird, sinkt ihre Spannung auf die Nennspannung von ca. 0,46 Volt.

Die Spannung einer nur „halb belasteten Zelle" liegt zwar bei etwa 0,5 Volt, aber bei der Planung einer Photovoltaik-Anlage rechnen wir normalerweise nur mit den 0,46 Volt. Es ist nicht erstrebenswert, nur mit halber Belastung der Solarmodule zu rechnen (obwohl sie oft bei denen vorkommt, die als Ladestromquellen von Speicherbatterien dienen).

Soweit man nur ausprobieren möchte, wie sich die Spannung einer Solarzelle ändert, wenn man sie von der Sonne wegdreht, können wir an die unbelastete Solarzelle das Multimeter anschließen und unter freiem Himmel etwas experimentieren: die Solarzelle zur Sonne drehen, von der Sonne langsam wegdrehen, bei bewölktem Himmel die Experimente fortsetzen usw.

Hinweise zu Abb. 3.17: Löten Sie erst oben und unten an die silbernen Leiterbahnen der Zelle oder eines Zellenbruchstücks ein dünnes Drähtchen an. Es ist egal,

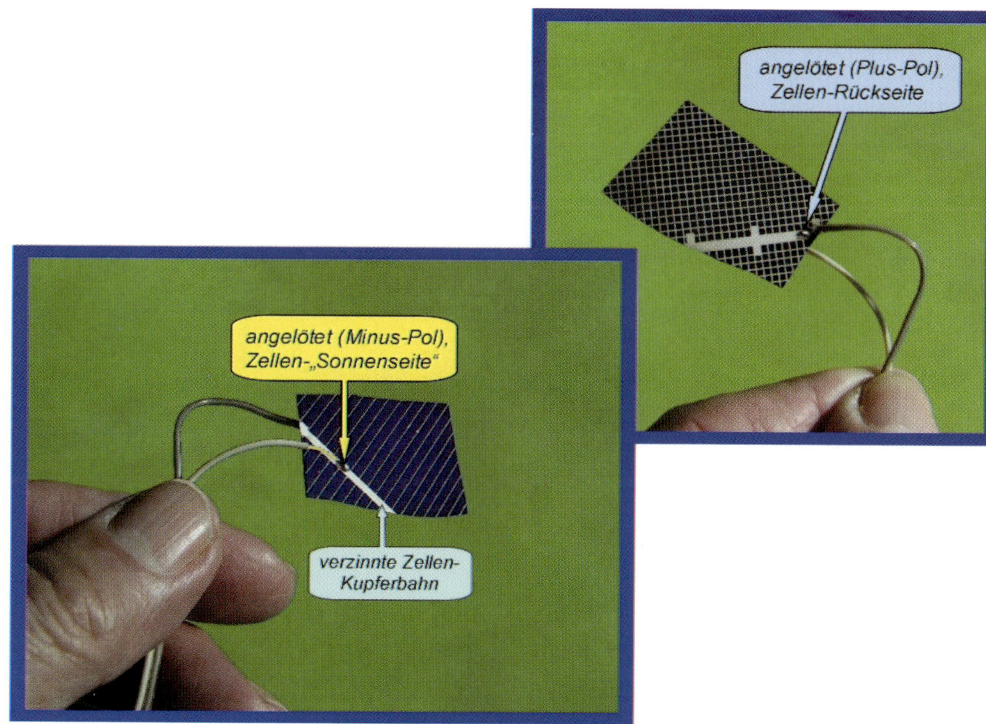

Abb. 3.17 – Provisorische Anschlüsse an einer Solarzelle bzw. an einem Solarzellen-Bruchstück.

wo die Lötstellen angebracht werden, aber eine breitere Leiterbahn verdient aus mechanischen Gründen Vorrang. Achten Sie beim Löten darauf, dass Sie die Lötstelle nicht unnötig stark erhitzen, denn die Leiterbahn könnte sich von der Zelle lösen. Der Widerstand fungiert an der Zelle als Last. Bei Solarzellen, die größer als ca. 50 x 100 mm sind, ist ein Widerstand von ca. 2,2 bis 5,6 Ohm/025 Watt erforderlich. Bei kleineren Zellen sind angemessen größere Widerstandswerte von z. B. 4,7 bis 12 Ohm günstiger, da andernfalls (= bei kleineren Widerstandswerten) die Zellen beim Messen zu heiß werden, wenn sie nicht wärmeleitend eingebettet sind.

Bitte beachten: Bevor Sie mit einem Multimeter zu messen beginnen, müssen Sie den richtigen Messbereich auswählen (einschalten). Dieser sollte immer etwas höher sein als die höchsten gemessenen Werte. Das wäre bei der Solarzelle die Leerlaufspannung von ca. 0,6 Volt. Theoretisch würde hier also ein Messbereich von 1 Volt ausreichen. Wenn er auf dem Multimeter nicht verfügbar ist, genügt auch ein etwas höherer Messbereich von z. B. 1,5 oder 2,5 V.

Falls Sie bevorzugt nur die echte Nennspannung (unter Belastung) an der Solarzelle messen möchten, wofür z. B. ein Messbereich von 0,5 V am Multimeter ausreichen würde, muss parallel an die Zelle *(nach Abb. 3.16)* ein Widerstand als Verbraucher angeschlossen werden. So können Sie praktisch austesten, welche Spannung eine belastete Solarzelle unter verschiedenen Umständen liefert: auf dem Balkon, vor dem Hauseingang, in der hinteren Gartenecke usw., auch in Hinsicht auf die Sonnenintensität und auf den Neigungswinkel.

Für einfache Testzwecke können Sie – anstelle der Solarzelle aus *Abb. 3.16* – alternativ eine kleine gekapselte Solarzelle oder ein gekapseltes Solar-Minimodul *(Abb. 3.18)* verwenden. Solche Minimodule, die einige Anbieter als „Minipanels" bezeichnen, sind für niedrige Nennspannungen von z. B. 3 Volt ausgelegt. Der Nennstrom beträgt dann etwa 80 mA (= 0,08 A), die Abmessung ca. 9,5 x 6,5 x 0,6 cm.

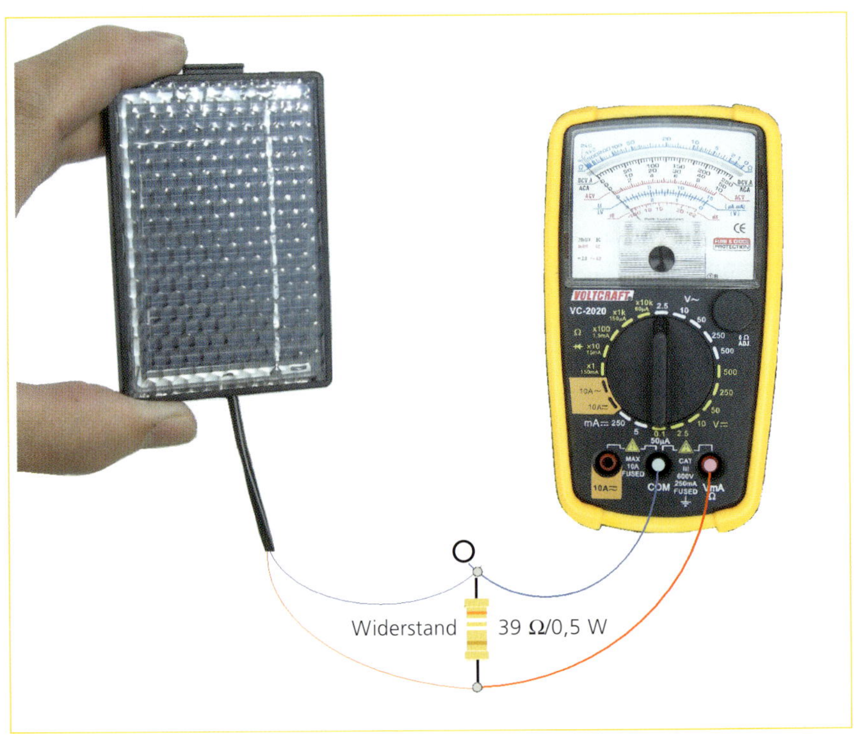

Abb. 3.18 – Testen eines Mini-Solarmoduls.

3.3 Das richtige Solarmodul

Ein Solarmodul, das zum Nachladen einer Speicherbatterie angewendet wird, sollte für eine Nennspannung (= Ladespannung) ausgelegt sein, die mindestens 50 % höher ist als die Nennspannung der Batterie.

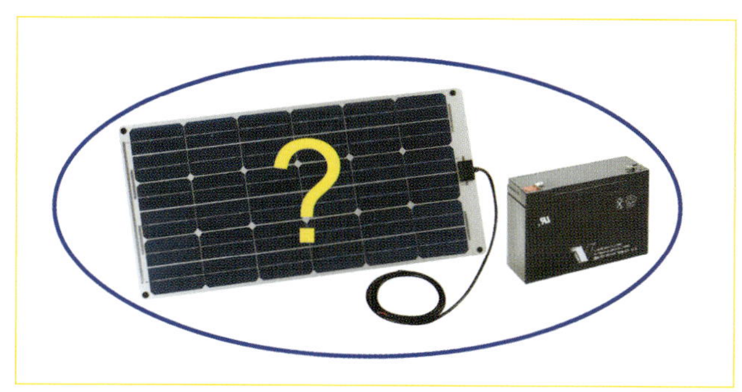

Wir sehen uns an einem konkreten Beispiel an, wo der technisch bedingte Sinn einer solchen Dimensionierung liegt:

Angenommen, für eine LED-Beleuchtung ist eine kleine 12-Volt-Bleibatterie vorgesehen. Die „12 Volt" stellen bei der Batterie nur eine *Nennspannung* dar. In Wirklichkeit beträgt die Spannung einer voll aufgeladenen Bleibatterie ca. 14 Volt und einer „leeren" Bleibatterie ca. 10 bis 10,5 Volt. Von der Type der Batterie hängt ab, wie tief sie entladen werden darf. Diese sogenannte *Tiefentladeschwelle* der Batterie führt der Hersteller unter den technischen Daten auf.

Wird die Bleibatterie unterhalb dieser Schwelle entladen, kann sie beschädigt oder sogar vernichtet werden. Viele Autofahrer haben diese Erfahrung bereits mit ihrer Autobatterie gemacht: Ein Licht war versehentlich zu lange eingeschaltet geblieben und das Fahrzeug startete danach nicht mehr, weil die Batterie „leer" war. Wenn dabei

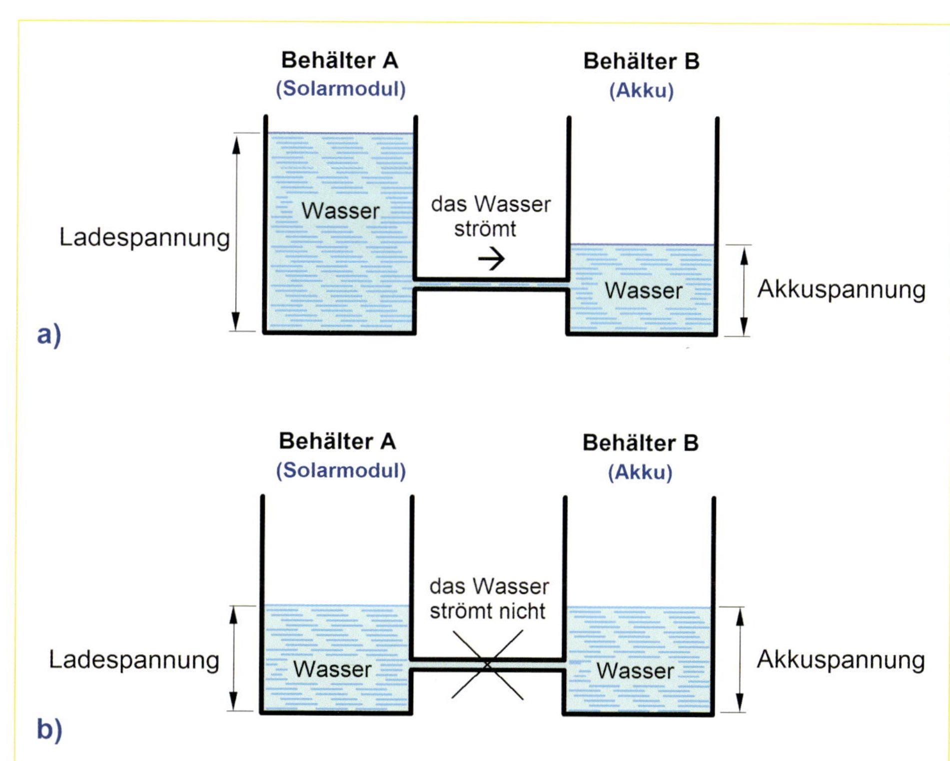

Abb. 3.19 – Das Laden eines Akkus unterliegt ähnlichen Prinzipien wie das Nachfüllen des rechts eingezeichneten von dem des links eingezeichneten Wasserbehälters: Das Wasser kann von links (= vom Solarmodul) nach rechts (in den Akku) nur dann strömen, wenn der Wasserspiegel des linken Behälters höher ist als der des rechten bzw. wenn die Solarspannung höher ist als die Akkuspannung.

3.3 Das richtige Solarmodul

die Batterie tiefer entladen wurde, als sie verkraften konnte, lässt sie sich zwar anschließend wieder nachladen, hält aber unter Umständen (wenn sie zu tief entladen wurde) ihre „Energiereserve" nicht mehr in üblicher Menge zugriffbereit.

Nun zurück zur tatsächlichen Spannung einer voll aufgeladenen 12-Volt-Bleibatterie und zum Ladeverfahren: Wir haben bereits im 1. Kapitel *(Abb. 1.6 bis 1.8)* die Funktion einer Laderegelung und eines Tiefentladeschutz-Geräts kurz erläutert. Wer bereits Erfahrung mit Ladegeräten hat, die einfach an die Netz-Steckdose (230 V~) angeschlossen werden, der weiß, dass man sich hier nicht darum zu kümmern braucht, wie das Ladegerät die bezogene Netzspannung intern aufbereitet. Anders ist es beim Laden mit Solarstrom, denn normale Laderegler können die vom Solarmodul bezogene Spannung zwar verringern, aber nicht erhöhen.

Eine Batterie kann nur dann geladen werden, wenn die Ladespannung höher ist als ihre momentane Spannung, da in sie ansonsten vom Laderegler kein Ladestrom fließen kann. Das Laden – oder Nachladen – der Batterie fängt jeweils erst dann an, wenn die Ladespannung höher ist als die jeweilige Spannung der Batterie. Es hört dann wieder auf, wenn die Ladespannung unterhalb der Spannung sinkt, auf die die Batterie inzwischen aufgeladen ist. Hier handelt es sich um ein leicht verständliches Prinzip, das *Abb. 3.19* anhand der zwei Wasserbehälter erläutert.

Solarmodule, die für das Nachladen von Akkus (Batterien) vorgesehen sind, müssen aus diesem Grund immer für eine wesentlich höhere *Nennspannung* ausgelegt sein, als es die Nennspannung der Batterie ist. Dies auch aus dem Grund, dass die Batterie einen kräftigeren Ladestrom nur dann bezieht, wenn die Ladespannung angemessen höher ist als die momentane Batteriespannung. Hier handelt es sich um dasselbe Prinzip wie bei den zwei Wasserbehältern aus *Abb. 3.19:* Solange der Unterschied zwischen den zwei Wasserspiegel-Höhen groß ist, fließt der Wasserstrom schnell vom linken Behälter in den rechten Behälter. Verringert sich dieser Unterschied, fließt auch der Wasserstrom langsamer.

Mithilfe der in *Abb. 3.20* eingezeichneten Messgeräte, an deren Stelle in der Praxis einfach abwechselnd ein Multimeter angeschlossen wird, kann die Abhängigkeit des Ladestroms von der jeweiligen Batteriespannung verdeutlicht werden. Bei diesem Beispiel handelt es sich allerdings nur um die Erläuterung der Zusammenhänge, die beim solarelektrischen Laden eine wichtige Rolle spielen. Die hier aufgeführten Messwerte sind nur als Beispiele zu betrachten und haben keine allgemeine Gültigkeit, weil der tatsächliche Ladestrom, der vom Solarmodul in die Batterie fließt, nicht nur von dem Spannungsunterschied zwischen der jeweiligen *Ladespannung* und der jeweiligen Akkuspannung, sondern auch vom *Innenwiderstand* der Batterie abhängt. Der ist bei jeder Batterie anders und ändert sich in gewissen Grenzen, abhängig vom Stand der momentanen Aufladung, der Konzentration des Elektrolyts und der Größe (Kapazität) der Batterie.

Es handelt sich dabei um einen leicht definierbaren Zusammenhang, der auf dem ohmschen Gesetz „**Strom = Spannung : Widerstand**" (I = U : R) beruht.

Als *Spannung* zählt bei dieser Formel (in diesem Zusammenhang) *nur* der jeweilige Spannungsunterschied zwischen der Ladespannung (Solarspannung) und der jeweiligen Batteriespannung. Die Ausgangsspannung eines Ladereglers ist durch seine internen Spannungsverluste immer um ca. 0,5 bis 1 Volt niedriger als die ihm zugeführte Solarspannung.

Die letzten Informationen, bei denen wir auch den Innenwiderstand der Batterie angesprochen haben, dürften in die „Geheimnisse" des Ladens zwar etwas Licht bringen, sind aber eher theoretisch von Bedeutung. Der jeweilige Innenwiderstand einer Batterie

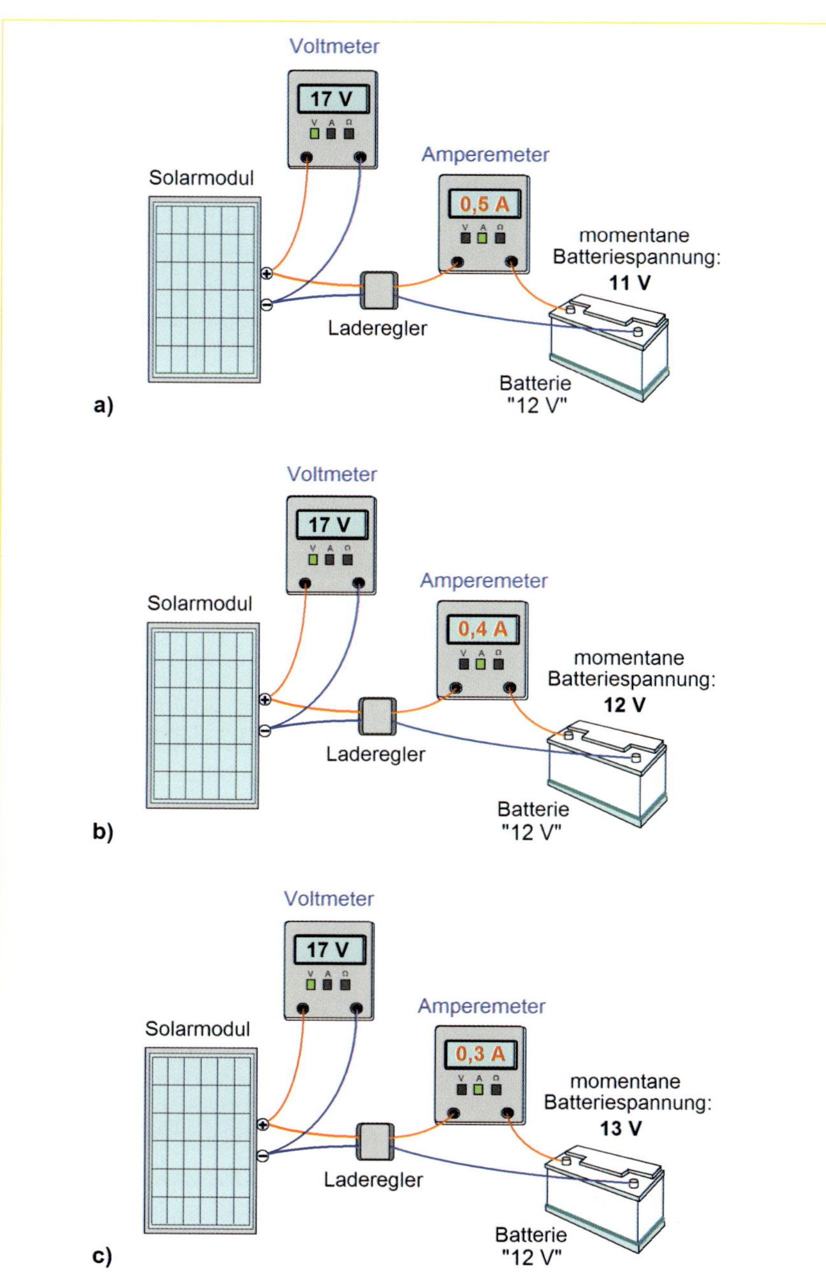

kann leider nicht mit einem Multimeter ermittelt werden. Sie könnten ihn jedoch über den in *Abb. 3.20a* dargestellten „Umweg“ ermitteln:

Ausgehend davon, dass im Laderegler ein Spannungsverlust 0,5 Volt entsteht, bleibt uns ein Spannungsunterschied (Solarspannung minus Akkuspannung) von ca. 5,5 V übrig. Die Batterie bezieht einen Ladestrom von 0,5 A.

5,5 V : 0,5 A = 11 Ω

Der Innenwiderstand der Batterie beträgt also 11 Ohm (11 Ω).

Wozu kann so etwas gut sein? Die Antwort darauf finden Sie in dem folgenden Kapitel.

Abb. 3.20 – Bei zunehmender Spannung einer geladenen Batterie sinkt der Ladestrom. Einige „intelligente“ Laderegler können jedoch durch spezielle Steuerung des Ladens den Ladevorgang optimieren.

3.4 Lädt Ihr Solarmodul die Batterie richtig?

Bei einer selbst entworfenen und eigenhändig erbauten Solar-Ladevorrichtung lässt sich leicht messtechnisch überprüfen, ob das Ganze auch wirklich gut funktioniert. Wir gehen dabei einfachheitshalber davon aus, dass hier das Laden einer 12-Volt-Batterie von einem Solarmodul erfolgt, dessen **Nennspannung ca. 17,2 Volt** und der **Nennstrom ca. 0,5 bis 0,6 A** beträgt.

Die erforderlichen Vorbedingungen:

a) Ein sonniger Tag und das Solarmodul ist während des Messens optimal gegen die Sonne ausgerichtet;
b) Die 12-Volt-Batterie wird vorher auf 11 Volt entladen (durch vorübergehenden Anschluss eines elektrischen Verbrauchers).

Die Vorgehensweise:

1. Die Batteriespannung wird noch vor dem Anschließen des Ladereglers gemessen und zeigt am Voltmeter tatsächlich 11 Volt an.
2. Die Batterie wird anschließend nach *Abb. 3.21* an den Laderegler angeschlossen, der mit dem Solarmodul verbunden ist.
3. Das Solarmodul liefert eine Spannung von ca. 15,5 bis 17,5 Volt an den Laderegler.
4. Das angeschlossene Amperemeter zeigt nach *Abb. 3.21b* einen Ladestrom von ca. 0,45 bis 0,5 Ampere an.

Stimmt alles? Dann funktioniert das Laden gut! Stimmt es nicht? Dann muss nachgegangen werden, weshalb es nicht stimmt – und zwar in folgender Reihenfolge:

a) Kontrolle der Funktion des Solarmoduls
b) Kontrolle des Ladereglers
c) Kontrolle der Verbindungen und des Ladestroms, der in die Batterie fließt

Ein Grund, weshalb das solarelektrische Laden nicht optimal funktioniert, kann darin bestehen, dass das angewendete Solarmodul nicht richtig auf die geladene Batterie angepasst wurde – auch wenn auf den ersten Blick alles optimal zu stimmen scheint.

Wir sollten dennoch sicherheitshalber erst nach *Abb. 3.21a* prüfen, ob das Solarmodul die vorgesehene Spannung liefert. Handelt es sich um ein Solarmodul, unter dessen technischen Daten eine Toleranz

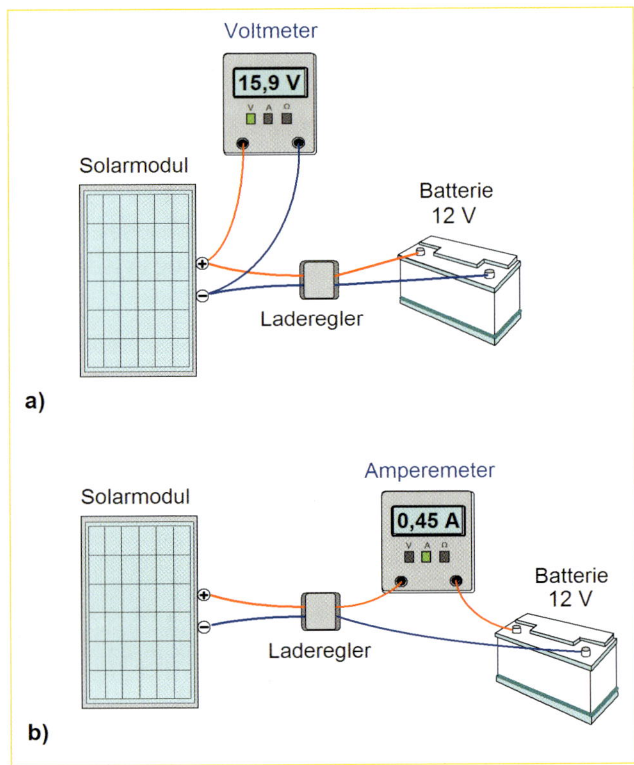

Abb. 3.21 – Kontrolle der Solarspannung und des Ladestroms.

von 10 % angegeben wird, dürfen entweder die Modulspannung oder der Modulstrom 10 % niedriger liegen, als in den technischen Daten steht. Beide Werte sollten jedoch nicht ein Minus von 10 % aufweisen, denn dies würde zur Folge haben, dass die Nennleistung des Moduls (als **Spannung × Strom**) um ca. 19 % unter dem angegebenen Wert liegt – wodurch die zulässige Abweichung von 10 % überschritten wäre. Die in *Abb. 3.21a* und *b* eingezeichneten Messwerte (bei dem Voltmeter und Amperemeter) gelten daher nur als maximale Abweichungen, die nicht gleichzeitig sowohl für die Spannung als auch für den Strom in vollem Umfang (als ein Minus von 10 %) zutreffen dürfen.

Wenn das Solarmodul eine ausreichend hohe Spannung liefert, der Laderegler richtig angeschlossen ist, aber der Ladestrom trotzdem zu niedrig bleibt, kann es daran liegen, dass die geladene Batterie einen zu hohen Innenwiderstand aufweist und somit nicht den vollen Ladestrom bezieht. Dies kann bei einer kleinen Batterie vorkommen, ohne dass irgendein Planungsfehler vorliegt.

Um sich zu vergewissern, dass die Laderegelung als solche intakt ist, kann eine kleine Speicherbatterie probeweise durch eine größere Batterie – z. B. eine Autobatterie – ersetzt werden. Steigt bei diesem Experiment der Ladestrom auf die vorgesehene Höhe, ist die Ursache des zu schwachen Ladens geklärt. Die zu diesem Zweck angewendete Autobatterie sollten Sie vor dem Experimentieren ebenfalls auf ca. 11 Volt entladen. Das setzt allerdings voraus, dass Sie über ein Ladegerät verfügen, mit dem Sie die Batterie nachher wieder angemessen nachladen können.

Ein defekter Laderegler kann ebenfalls Schuld daran sein, dass der Ladestrom zu niedrig ist. Das lässt sich leicht überprüfen, indem das Solarmodul ohne den Laderegler an die Batterie angeschlossen wird. **Zwischen dem Solarmodul und der Batterie muss in dem Fall eine Schottky-Diode** nach Abb. 3.22 **angeschlossen werden**, da sich andernfalls die Batterie über ein zu gering belichtetes Solarmodul entladen würde.

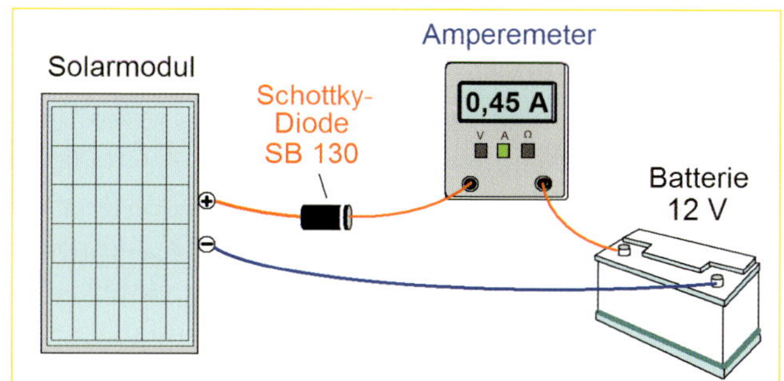

Abb. 3.22 – Bei einer Kontrollmessung des Ladens ohne einen Laderegler muss zwischen das Solarmodul und die Batterie eine Schutzdiode (Schottky-Diode) eingelötet werden, wenn sie nicht bereits im Modul vom Hersteller angebracht wurde.

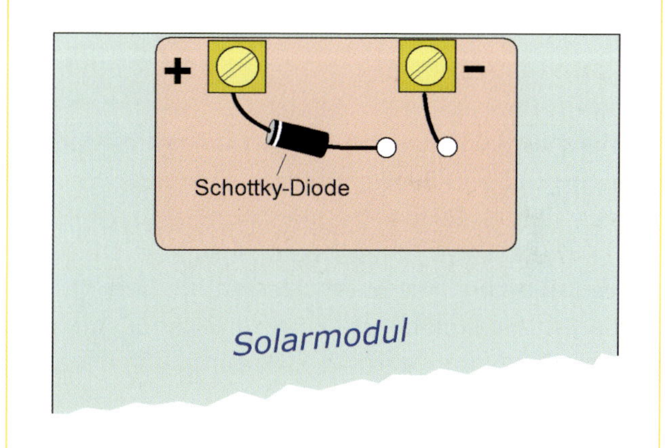

Abb. 3.23 – Kontrollieren Sie, ob sich im Solarmodul (an seinen Anschlussklemmen) nicht bereits eine Schutzdiode (Schottky-Diode) befindet.

3.4 Lädt Ihr Solarmodul die Batterie richtig?

In vielen kleineren Solarmodulen ist eine Schottky-Diode bereits herstellerseitig an den Ausgangsklemmen *(nach Abb. 3.23)* angebracht – wodurch sich das empfohlene zusätzliche Anbringen dieser Schutzdiode erübrigt. Anstelle der in *Abb. 3.22* eingezeichneten Schottky-Diode könnte zwar auch eine beliebige Gleichrichterdiode (ab 1 A aufwärts) eingelötet werden, aber an dieser entsteht ein Spannungsverlust von ca. 0,8 bis 1 Volt. An einer guten Schottky-Diode liegt dagegen der Spannungsverlust unter ca. 0,3 Volt – was bei solchen Experimenten von Vorteil ist.

Stellt sich bei diesem Experiment heraus, dass der Ladestrom zu schwach bleibt, obwohl die Spannung des Solarmoduls zumindest die eingezeichneten 15,9 Volt beträgt, weist es darauf hin, dass die angewendete Batterie einen zu hohen Innenwiderstand hat.

Abhilfe

- Wäre es wünschenswert, dass die Speicherbatterie weitere Leuchten oder elektrische Verbraucher (z. B. Autoheizkissen) mit Strom versorgt, kann parallel zu der bestehenden kleinen Batterie eine zweite Batterie derselben Type angeschlossen werden. Der Innenwiderstand der zwei Batterien sinkt dadurch auf die Hälfte und der Ladestrom dürfte somit bis auf das Doppelte steigen. **Vorsicht bitte:** Bevor Sie die Zweitbatterie an die bestehende Batterie anschließen, sollten die Spannungen beider Batterien aneinander angeglichen werden. Das lässt sich grob durch angemessenes Nachladen oder Entladen erzielen, aber zusätzlich sollten die Batterien vorerst einige Stunden lang nach *Abb. 3.24* über eine Autolampe miteinander verbunden werden, damit sich ihre Spannungen ausgleichen.
- Durch Erhöhung der Ladespannung, die z. B. durch das Anschließen eines zweiten Solarmoduls oder einiger gekapselter Solarzellen nach *Abb. 3.25* erzielt wird. Zu achten ist darauf, dass der Nennstrom solcher zusätzlichen Zellen lieber etwas höher ist als der Nennstrom des bestehenden Solarmoduls. Dies

Wichtig

Bei diesem Test, bei dem zwischen dem Solarmodul und der Batterie *vorübergehend* kein Laderegler angewendet wird, muss das Solarmodul erst von der Sonne weggedreht werden. Danach erst wird es langsam gegen die Sonne ausgerichtet, wobei am Amperemeter (am Multimeter, der auf den Messbereich „Ampere DC-0,5 A" geschaltet wird) das entsprechende Ansteigen des Ladestroms kontrolliert wird.

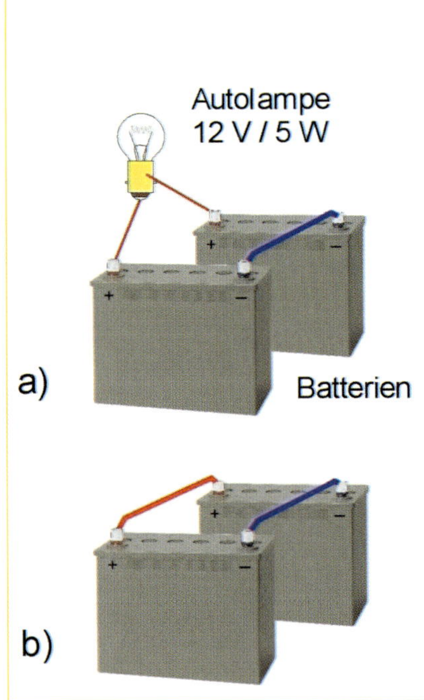

Abb. 3.24 – Bevor zwei Batterien miteinander leitend verbunden werden, sollten ihre Spannungen mithilfe einer Autolampe ausgeglichen werden.

3.4 Lädt Ihr Solarmodul die Batterie richtig?

kann bei Bedarf auch auf die Weise nach *Abb. 3.25b* gelöst werden. Die Anzahl der zusätzlichen gekapselten Solarzellen kann dabei nach Bedarf gewählt werden.

Wir haben bei den letzten Beispielen immer eine 12-Volt-Batterie angesprochen, um die Ausführungen nicht mit der Laderegelung zu komplizieren. Für 12- oder 24-Volt-Batterien gibt es handelsübliche Solar-Laderegler in großer Auswahl und zu günstigen Preisen. Für Batterien, deren Spannung unter 12 Volt liegt, führt der Handel (noch) keine Laderegler. Dabei können bei der LED-Beleuchtung oft kleinere Batterien eingesetzt werden, deren Nennspannung bei etwa 2,4 Volt (zwei NiMH-Akkus in Reihe) anfängt. Da es sich dabei meist um kleine Batterien handelt, kann man sich eine einfache Laderegelung selber machen. Worauf es dabei ankommt, finden Sie gleich im folgenden Kapitel.

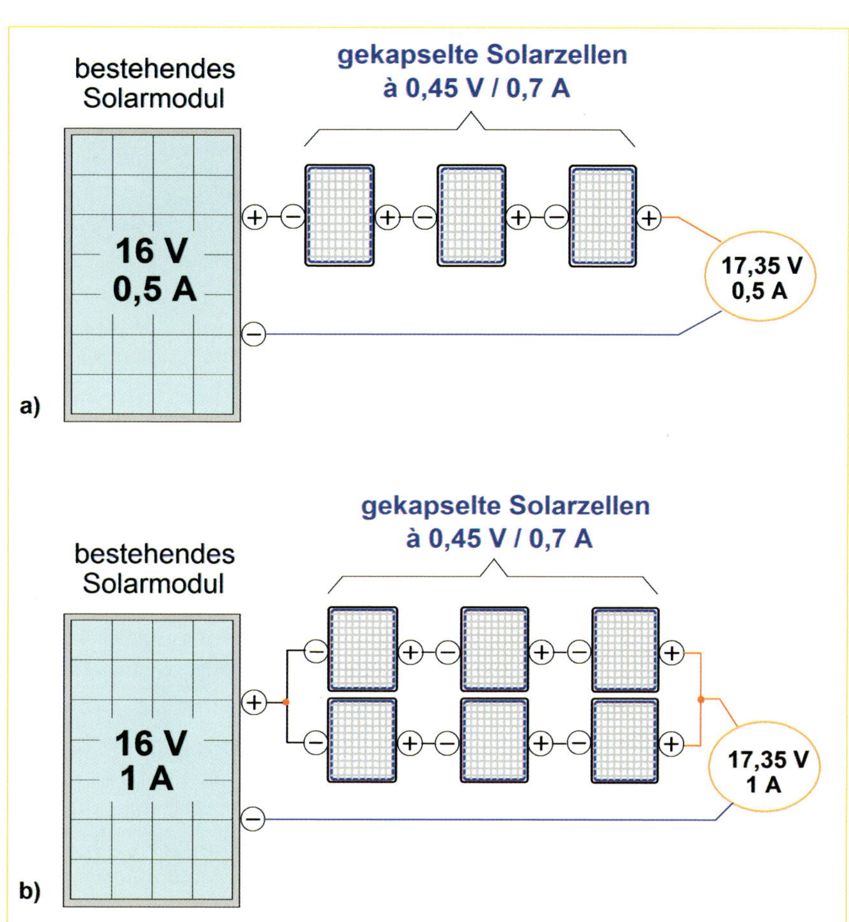

Abb. 3.25 – Mithilfe einiger zusätzlich gekapselten Solarzellen kann die Spannung eines bestehenden Solarmoduls jederzeit erhöht werden.

3.5 Geregelte Ladung kleiner Akkus

Es bleibt in Ihrem persönlichen Ermessen, welche Leuchtdioden Sie für Ihr Vorhaben auswählen und welche Batteriespannung dabei am ehesten infrage kommt.

Herkömmliche Glühlampen sind üblicherweise für Versorgungsspannungen ausgelegt, die mit den gängigen Batteriespannungen übereinstimmen. So gibt es z. B. Glühlampen für eine Spannungsversorgung von 3; 4,5; 6; 12; 24 Volt usw., aber bei den Leuchtdioden liegen die Ansprüche – wie bereits erklärt wurde – auf einer ganz anderen Ebene: Möchte man aus einer Leuchtdiode das Beste herausholen, müssen wir erst den optimalen Strom (**I_F**) einstellen und anschließend nachmessen, welche Versorgungsspannung (**U_F**) die LED in diesem Zusammenhang benötigt, um optimal leuchten zu können.

Steht dann in den technischen Daten einer LED, dass sie z. B. für einen Strom I_F von 20 mA und eine Betriebsspannung U_F von 2,7 bis 4,2 Volt ausgelegt ist, stellt die Angabe der U_F in Prinzip nur eine Grauzone dar, wenn es uns darauf ankommt, dass diese LED wirklich optimal leuchtet. Es kann sein, dass sie bereits bei einer Versorgungsspannung von 3 Volt einen Strom von ca. 19 mA bezieht und damit annähernd ihre maximal zulässige Leuchtkraft aufbringt. Auf die „restlichen“ 1 mA dürfen wir eventuell verzichten, wenn wir für die Strommessung keinen teuren Laboratorium-Amperemeter verwenden, sondern ein normales Multimeter, dessen Messgenauigkeit meist begrenzt ist.

Da eine LED-Beleuchtung oft aus mehreren LEDs besteht bzw. im Selbstbau beliebig konfiguriert werden kann, haben wir oft die Möglichkeit zwei oder auch mehrere LEDs in Reihe zu schalten, um es uns mit der passenden Spannungsversorgung leichter zu machen. Nach einem konkreten Beispiel brauchen wir hier nicht lange zu suchen: Die zuvor angesprochene LED-Versorgungsspannung von 3 Volt können wir nicht von NiCd- oder NiMH-Akkus direkt beziehen. Zwei dieser Akkus (in Reihe) haben eine Nennspannung von 2,4 Volt und bei Anwendung von drei dieser Akkus landen wir bei 3,6 Volt. Fünf dieser Akkus in Reihe ergeben aber eine „Batterie“ von 6 Volt. Diese Spannung wäre dann exakt für die Versorgung von zwei der 3-Volt-LEDs in Reihe geschaltet – und natürlich auch für beliebig viele solcher Duos „nebeneinander“ (parallel) geschaltet.

Nachdem wir für die LED-Spannungsversorgung die vorgesehene Anzahl von Batterien festgelegt haben, ist die Frage des solarelektrischen Ladens zu lösen. Am besten eignen sich für solche Anliegen die NiMH-Akkus, die nicht nur umwelt-, sondern auch menschenfreundlich sind. Sie leiden nicht unter dem *Memory-Effekt* der NiCd-Akkus und brauchen daher nicht zwingend vier Mal im Jahr tief ent- und neu geladen zu werden. Außerdem verkraften sie problemlos einen Ladestrom, der bis zu 20 % ihrer Kapazität betragen darf. Dies beinhaltet, dass z. B. ein 1-Ah-NiMH-Akku mit einem Ladestrom von bis zu 0,2 Ah geladen werden kann (Bleiakkus und NiCd-Akkus dürfen nur mit einem Strom geladen werden, der 10 % ihrer Kapazität nicht überschreiten darf).

In der Praxis liegt jedoch das eigentliche Problem nicht bei dem Ladestrom, sondern bei der Ladespannung. Diese sollte zumindest in der Endphase des Ladens maximal 20 bis 22 % höher sein als die offizielle Akku-Nennspannung. Bei einer einfachen Laderegelung genügt es, wenn die Ladespannung so geregelt wird, dass sie während des ganzen Ladens die angesprochenen 20 bis 22 % der Akku-Nennspannung nicht übersteigt.

Für einfachere Haus- und Garten-Projekte darf die Ladespannung auch etwas unterhalb dieser Höchstgrenze liegen. Das hat zwar zur Folge, dass der Akku niemals wirklich „randvoll" aufgeladen ist, aber der Unterschied zwischen „randvoll" und „relativ voll" hat aus praktischer Sicht keine so große Bedeutung. Hier gilt das gleiche Prinzip wie bei einem Bier- oder Weinfass: Es kommt nicht nur darauf an, wie voll es ist, sondern auch auf seine Größe. Das Gleiche gilt auch für einen Akku, dessen Fassungsvermögen bei solchen Anwendungen angemessen großzügiger gewählt werden sollte. Darunter ist Folgendes zu verstehen: Ein „einigermaßen voll" aufgeladener 2-Ah-Akku wird mehr Energie gespeichert haben als ein „randvoll" aufgeladener 1,5-Ah-Akku.

Das wetterabhängige solarelektrische Laden verläuft nach keinem festen Schema. Daher muss hier die Frage gelöst werden, auf welche Weise die Ladespannung unterhalb des Maximums gehalten werden kann, dessen Überschreitung sich auf den geladenen Akku schädlich auswirkt. Eine geringere Überschreitung der Ladespannung hat zur Folge, dass der Akku zu heiß wird, was seine Lebenserwartung herabsetzt. Eine höhere Überschreitung der Ladespannung bringt den Akku zum Kochen und vernichtet ihn.

Einfache Abhilfe kann bei kleineren Ladeströmen eine Zenerdiode bieten, die nach *Abb. 3.26* an die Batterie höchstens nur eine Spannung durchlässt, deren Höhe ihrer typenbezogenen Zenerspannung entspricht. Die Zenerdiode kann zwar eine zu hohe Spannung „abschneiden", aber sie kann eine niedrigere Spannung nicht erhöhen. Wenn z. B. die Solarspannung nur 3 Volt beträgt, lässt die Zenerdiode diese drei Volt ungehindert „durch" und verhält sich so, als ob sie gar nicht da wäre. In der *Abb. 3.26* ist noch eine zweite Diode – die Schottky-Diode SB 130 – eingezeichnet. Diese Diode fungiert nur als ein Ventil, das den Fluss der Spannung vom Solarmodul in den

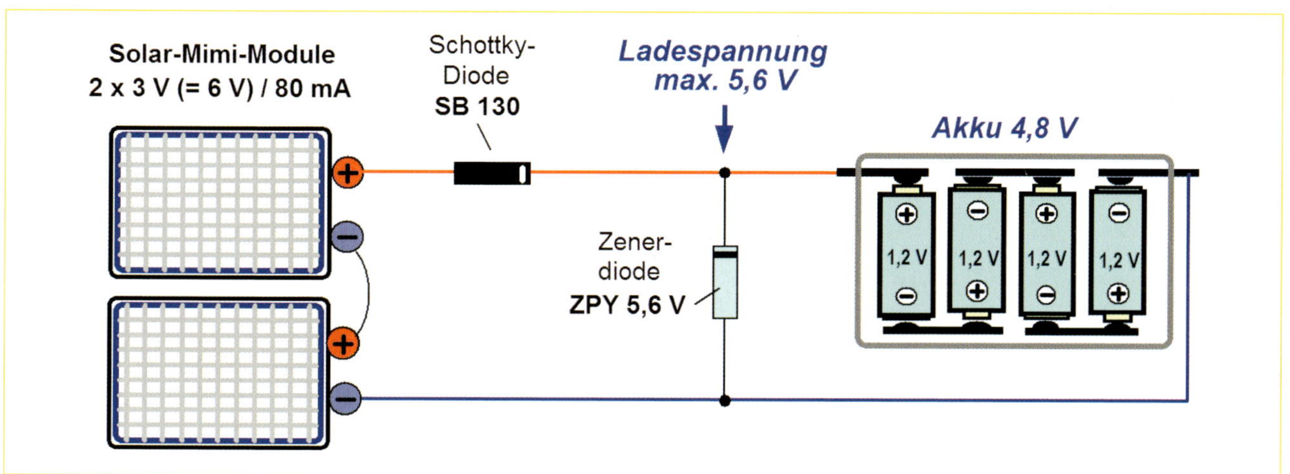

Abb. 3.26 – Eine Zenerdiode lässt zu der geladenen Batterie nur eine Spannung durch, deren Höhe ihrer typenbezogenen Zenerspannung entspricht: Den Spannungsüberschuss wandelt sie in Wärme um und muss daher diesen „unerwünschten" Teil der elektrischen Leistung auch verkraften können.

3.5 Geregelte Ladung kleiner Akkus

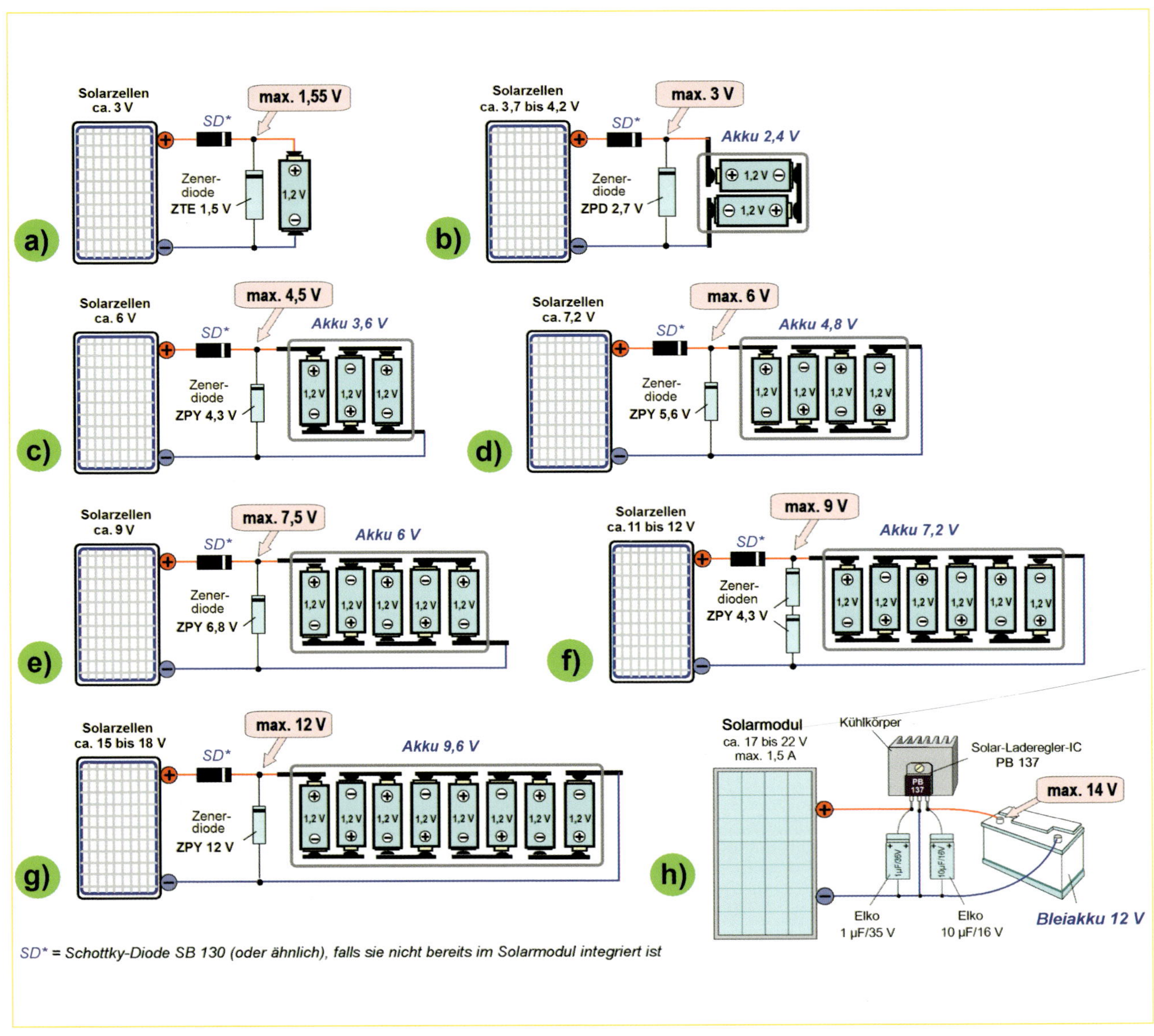

Abb. 3.27 – Regelung der Ladespannung bei kleineren Akkus: a) bis g) mithilfe von Zenerdioden bei NiCd- oder NiMH-Akkus, h) mit einem Laderegler-IC (für kleine 12-Volt-Bleiakkus).

Akku durchlässt, aber ihn in der Gegenrichtung sperrt. Wäre diese Diode nicht vorhanden, würde sich der Akku über das Solarmodul entladen, sobald die Modulspannung unter die jeweilige Akkuspannung sinkt.

Wie bereits an anderer Stelle erläutert wurde, entsteht an einer „guten" Schottky-Diode ein Spannungsverlust, der unter 0,3 Volt liegt. An einer normalen Siliziumdiode beträgt der Spannungsverlust mehr als das Doppelte bzw. sogar das Dreifache. Das ist in der Solartechnik unerwünscht, denn dadurch kann die Spannung von zwei Solarzellen im wahrsten Sinne des Wortes „auf der Strecke bleiben".

Die in Abb. 3.27 aufgeführten Spannungen der Solarzellen sind nur als Richtwerte zu betrachten, die nicht unter-, wohl aber überschritten werden dürfen. Hier darf jedoch nicht außer Acht gelassen werden, dass die Zenerdiode die überschüssige Spannung in der Form von Leistung in Wärme umwandeln muss. Diese Leistung setzt sich zusammen aus der Spannungsdifferenz zwischen der Solarspannung und der Ladespannung und aus dem Strom des Solarmoduls, der unter optimalen Bedingungen annähernd dem Nennstrom des Moduls entspricht.

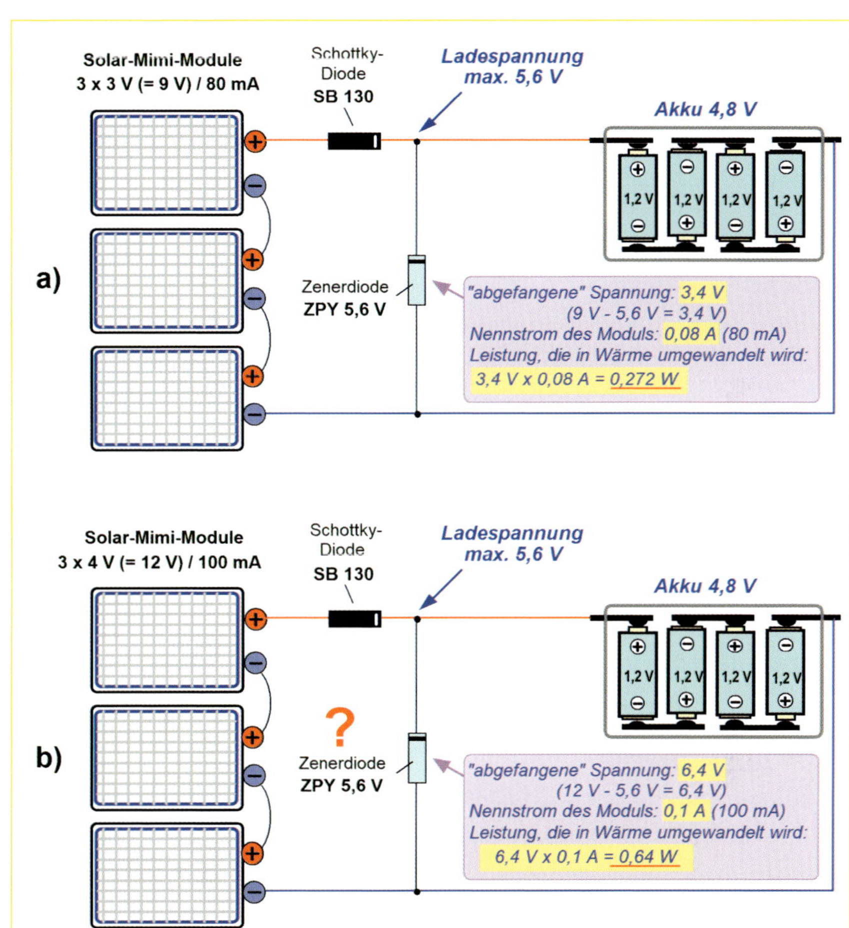

Abb. 3.28 – Berechnung der Zenerdioden-Leistung.

Wenn zwei Zenerdioden in Reihe geschaltet sind, teilen sie sich die Leistung. So können z. B. die zwei in *Abb. 3.27 f* eingezeichneten Zenerdioden *ZPY 4,3 V,* die für eine Leistung von ca. 1,3 Watt pro Diode ausgelegt sind, als eine einzige 2-Watt-Zenerdiode mit einer Zenerspannung von 8,6 V (2 x 4,3 V) betrachtet werden.

3.5 Geregelte Ladung kleiner Akkus

Wir erläutern es mithilfe der zwei Beispiele in *Abb. 3.28:* In dem ersten Beispiel *(Abb. 3.28a)* können wir aus den drei in Reihe geschalteten Solarmodulen eine Nennspannung von 9 Volt und einen Nennstrom von 80 mA (=0,08 A) beziehen. Davon muss die Zenerdiode eine überschüssige Spannung von 3,4 Volt „abfangen", diese als Leistung (in Watt) in Wärme umwandeln und an die Umgebung abgeben. Die Formel für die Berechnung der elektrischen Leistung lautet:

Spannung × Strom = Leistung.

Der Spannungsanteil von 3,4 V, der die Zenerdiode abfangen soll, steht in der Formel für die Spannung. Als „Strom" setzen wir in die Formel den Nennstrom der Module von 0,08 A (80 mA) ein, der als Nennstrom bzw. als maximaler Strom von den Solarmodulen bezogen werden kann. Wir müssen in die Formel den Strom in *Ampere* (nicht *Milliampere*) setzen.

Die berechnete Leistung von 0,272 Watt kann die eingezeichnete Zenerdiode problemlos verkraften, da sie für eine Leistung von 1,3 Watt ausgelegt ist.

Bei dem zweiten Beispiel *(Abb. 3.28 b)* würde die eingezeichnete 1,3-Watt-Zenerdiode die Leistung ebenfalls verkraften. Und was wäre, wenn an ihrer Stelle z. B. eine 0,5-Watt-Zenerdiode (500-mW-Zenerdiode) verwendet würde? Die Zenerdiode würde verbrennen.

Die Funktion einer Spannungsregelung nach *Abb. 3.26* bis *3.28* sollte unbedingt mit einem Voltmeter kontrolliert werden, da manche Zenerdioden eine zu große Toleranzabweichung aufweisen. Spannungsabweichungen nach unten sind nicht kritisch, aber nach oben sollte die Ladespannung maximal ca. 20 bis 22 % mehr betragen, als es der Akku-Nennspannung (bzw. der Nennspannung einer Akku-Kette) entspricht. Da jedoch die Spannungen der Zenerdioden ziemlich grob abgestuft sind, gibt man sich beim Laden auch mit einer etwas niedrigeren Ladespannung zufrieden als der Obergrenze von 120 %.

Wir haben bei den Beispielen in *Abb. 3.27* Zenerdioden eingezeichnet, deren Leistung zwischen 0,25 und 1 Watt liegt.

Die Zenerdiode *ZTE 1,5 V (0,25 W)* aus *Abb. 3.27 a* eignet sich nur für einen Solar-Ladestrom, der bei einem 1,8-Volt-Solar-Minimodul (bzw. bei einem *Solargenerator*, der aus einzelnen Solarzellen zusammengestellt wird) ca. 0,5 Ampere nicht überschreiten sollte – was in der Praxis für das Nachladen kleinerer Akkus ohnehin kaum infrage kommt. Die Zenerdiode *ZPD 2,7 V* ist für eine Leistung von 0,5 W, alle weiteren Zenerdioden sind für eine Leistung von 1 bis 1,3 W ausgelegt.

Ordnungshalber dürfte noch darauf hingewiesen werden, dass wir bei unseren vorhergehenden Beispielen den Spannungsverlust (von ca. 0,3 V) an der Schottky-Diode nicht berücksichtigt haben. Genau genommen haben wir noch viel mehr außer Acht gelassen. Darunter z. B. den Spielraum, bei dem ein Solarmodul, das eine Toleranz von ±10 % aufweist, theoretisch auch Nennwerte liefern kann, die 10 % höher sind, als angenommen wird. Da wir aber ohnehin die Leistung der angewendeten Zenerdiode grundsätzlich großzügiger wählen sollten, als es rechnerisch erforderlich wäre, dürften kleinere Abweichungen bei der Dimensionierung in Kauf genommen werden.

Wie schön sich solche Hinweise auch lesen lassen – sobald es auf die praktische Ausführung ankommt, tauchen Stolpersteine auf. Schon das eigentliche Testen der Laderegelung kann sich als schwierig erweisen, wenn zu dem erforderlichen Zeitpunkt die Sonne streikt. In dem Fall gibt es zwei Möglichkeiten: Entweder können die Solarmodule mit normalen Glühbirnen bzw. Halogenlampen ausgeleuchtet werden oder man

3.5 Geregelte Ladung kleiner Akkus

kann die Laderegelung mithilfe einer einstellbaren Selbstbau-Spannungsregelung nach *Abb. 3.29/30* am Tisch perfekt austüfteln und einstellen.

Die Lösung mit einer Spannungsregelung erleichtert nicht nur das eigentliche Austesten und Konfigurieren der Funktion der Spannungsregelung, sondern kann auch zeigen, wie hoch die Solarspannung als Ladespannung für die verwendeten Akkus optimal sein sollte. Wie wir bereits in Kap. 3.4 erläutert haben, ist es möglich, dass der Nennstrom der vorgesehenen Solarmodule nicht ausreichend als Ladestrom genutzt werden kann, wenn die Solarspannung zu niedrig dimensioniert wurde. Mit anderen Worten: Oft ist es kostengünstiger, wenn die Nennspannung der Solarmodule eher etwas höher und der Modul-Nennstrom etwas niedriger gewählt werden als umgekehrt. Anstonsten kann es leicht passieren, dass z. B. ein 500-mA-Solarmodul auch bei optimalem Sonnenschein höchstens einen Ladestrom von 300 mA liefert. In diesem Fall ist es sinnvoller (und kostengünstiger), wenn man sich gleich mit einem Solarmodul zufriedengibt, das nur für einen Nennstrom von 300 mA ausgelegt ist. Hier können dann z. B. zwei zusätzliche gekapselte Solarzellen zum besseren Laden mehr beitragen als ein Solarmodul, das in Hin-

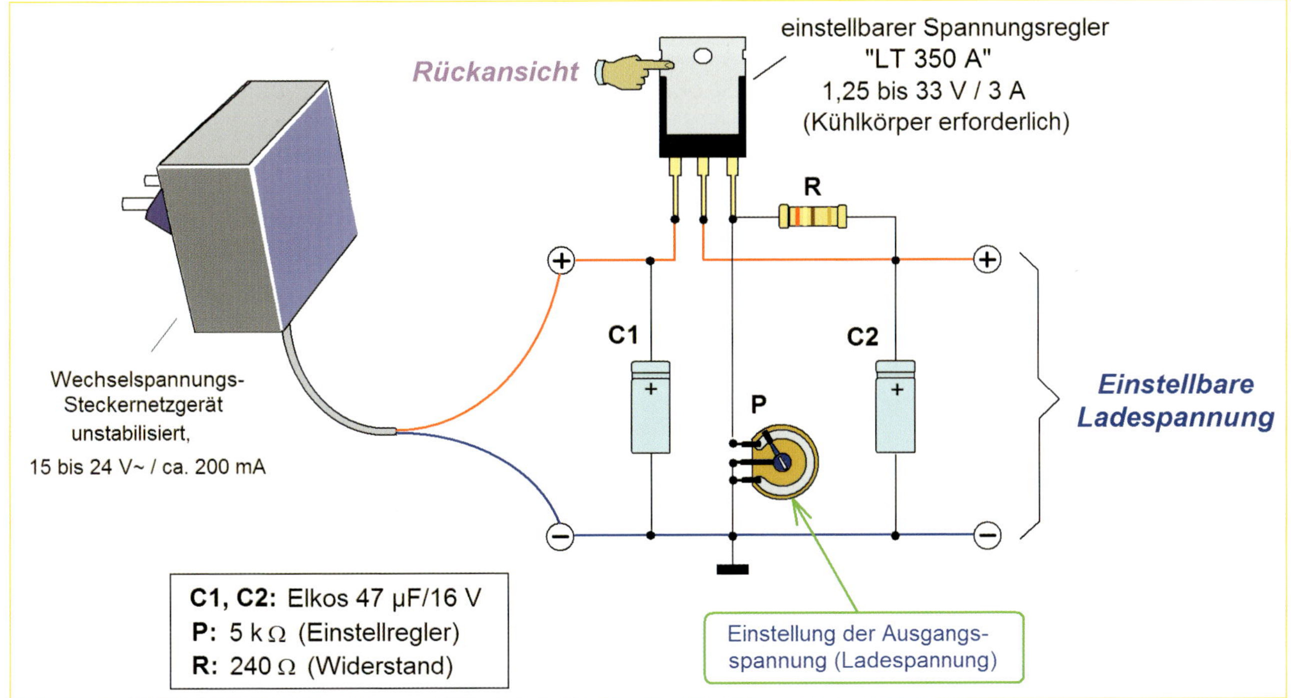

Abb. 3.29 – Beispiel einer einfachen Selbstbau-Spannungsregelung, die ihre Versorgungsgleichspannung von einem Netzgerät bezieht.

3.5 Geregelte Ladung kleiner Akkus

sicht auf seinen Nennstrom nachvollziehbar überdimensioniert ist.

Abgesehen davon eignet sich eine einstellbare Spannungsregelung *(Abb. 3.29)* für die Kontrolle der Funktion einer Regelung der Ladespannung, die nach *Abb. 3.27/3.28* mithilfe von Zenerdioden erstellt wurde. Um z. B. zu prüfen, bei welcher Spannung eine Zenerdiode – oder auch zwei Zenerdioden in Reihe – die Schwelle ihrer tatsächlichen Spannungssperre haben, können Sie folgendermaßen vorgehen:

Sie erstellen zu diesem Zweck eine einfache, provisorische Hilfsschaltung nach *Abb. 3.31,* löten anschließend die getestete Zenerdiode oder das getestete Zenerdioden-Duo *nach Abb. 3.31b* in die Schaltung ein und erhöhen dann langsam mit dem Potenziometer **P** die Spannung. Sobald die Ausgangsspannung des Spannungsreglers die Sperrschwelle der Zenerspannung erreicht, wirkt sich eine weitere Erhöhung der Spannung mit Potenziometer **P** nicht mehr auf eine weitere Erhöhung der Spannung an der Zenerdiode – und so-

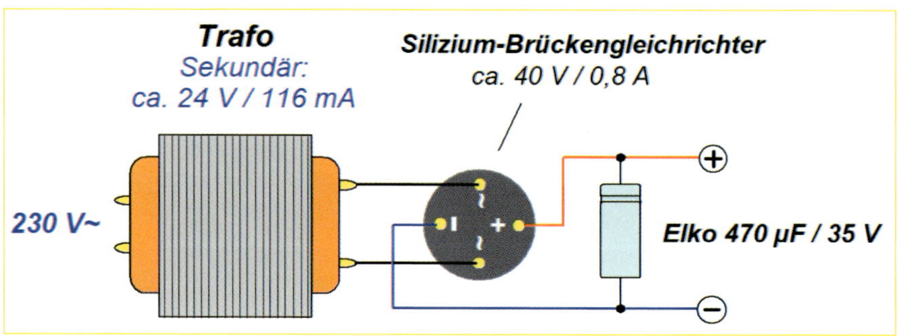

Abb. 3.30 – Beispiel eines einfachen, kostengünstigen Selbstbau-Netzgeräts 24 V/116 mA für den Spannungsregler aus *Abb. 3.29*.

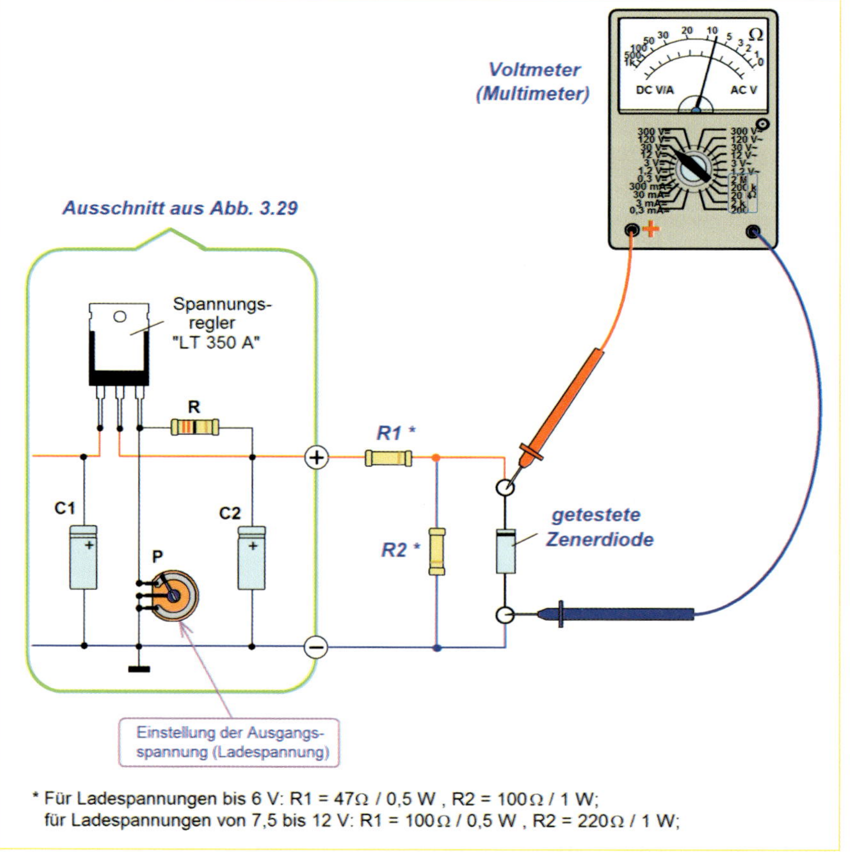

Abb. 3.31 – Überprüfung der Zenerdioden-Funktionsweise mit einem Netzgerät.

mit der Ladespannung – aus. Diese bleibt auf der Schwelle, der „Kreuzung" zwischen dem Weg zum geladenen Akku und dem Weg zu der Kathode der Zenerdiode in Richtung Minus-Pol (Masse) der Schaltung weiterhin konstant. Allerdings muss die Zenerdiode die überschüssige Spannung „abfangen", als Leistung in Wärme umwandeln und diese an ihre Umgebung abgeben.

Wir wissen inzwischen, dass diese Leistung von der überschüssigen Spannung (Solarspannung minus Zenerspannung) und dem Strom abhängt, den das Solarmodul zu dem Zeitpunkt liefert *(Spannung mal Strom gleich Leistung)*. Aus diesem Grund sollten Sie bei dieser experimentellen Schaltung den Potenziometer **P** nicht übertrieben hoch aufdrehen, denn dadurch könnten Sie die Zenerdiode eventuell vernichten. Kontrollieren Sie bitte daher einfach mit den Fingern, ob sich die Zenerdiode oder auch einer der Widerstände nicht zu sehr aufheizen. Es genügt, wenn Sie die Schwelle der maximalen Ladespannung finden, diese ein klein wenig überschreiten und somit auch prüfen, ob die tatsächliche Zenerspannung der angewendeten Zenerdiode nicht zu sehr von dem angegebenen Wert abweicht. Darunter ist zu verstehen, dass die Zenerdiode an die geladenen Akkus höchstens eine Ladespannung durchlassen darf, die in *Abb. 3.27/3.34* bei der jeweils entsprechenden Anzahl der eingezeichneten NiMH-Akkus aufgeführt ist.

Das Selbstbau-Netzgerät aus *Abb. 3.29/3.30* ist vor allem für Tüftler gedacht, die es auch anderweitig verwenden können oder einfach Spaß an solchen Experimenten haben. Ansonsten kann für den Test der Zenerdiode als Spannungsquelle auch nur das vorgesehene Solarmodul nach *Abb. 3.32* verwendet werden. Die Regelung der Modul-Ausgangsspannung erfolgt dann einfach dadurch, dass das Modul langsam zur Sonne (oder zu einer Tischlampe) gedreht wird.

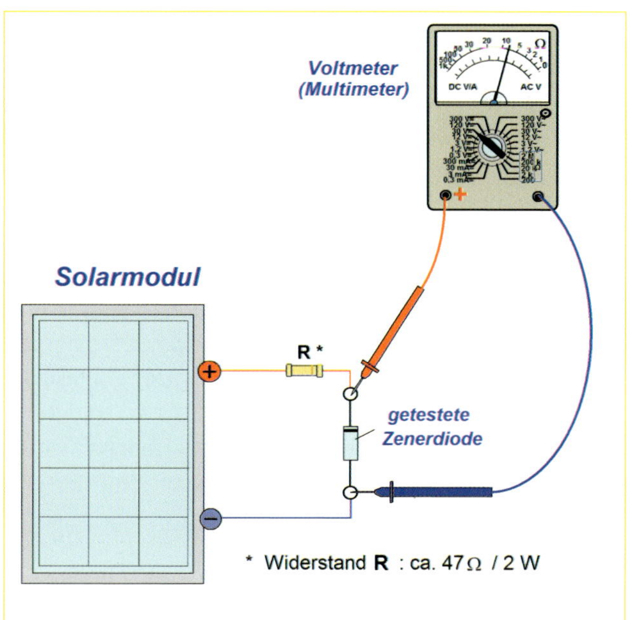

Abb. 3.32 – Überprüfung der Zenerdioden-Funktionsweise mit dem Solarmodul, das für das solarelektrische Laden verwendet wird.

Gut zu wissen

Solarmodule lieben zwar Licht, nicht aber die Wärme, die die Sonne spendet. Ihre Leistung und Spannung sinken nach *Abb. 3.33* unter ihre offiziellen Nennwerte, wenn sie voll belastet und zusätzlich von der Sonne aufgeheizt werden. Die offiziellen Nennwerte, auf denen die Daten der Solarmodule laut internationaler Testbedingungen beruhen, beziehen sich auf eine Temperatur (von 25 °C), die ein Solarmodul unter normalen Umständen nicht hat. Sobald seine Solarzellen belastet werden, steigt ihre Innentemperatur – je nach der Belastung und Kühlung leicht auf z. B. 50 °C oder mehr –, was auch von der jeweiligen Außentemperatur abhängt.

3.5 Geregelte Ladung kleiner Akkus

Solarmodule, die für das Nachladen von Akkus verwendet werden, wärmen sich allerdings nicht so oft und nicht so kräftig auf wie solche, an die z. B. ein Verbraucher angeschlossen ist, der von ihnen laufend den maximalen Strom und die maximale Leistung bezieht. Wenn ein gut dimensioniertes Solarmodul einen Akku quasi laufend nachlädt, liegt die Akkuspannung nur ausnahmsweise so tief, dass er vom Solarmodul vorübergehend einen vollen Ladestrom und eine volle Leistung bezieht. Während des Nachladens des Akkus steigt gleitend seine Spannung, demzufolge sinkt der vom Solarmodul bezogene Ladestrom entsprechend gleitend. Das Solarmodul wird daher als Ladestromquelle nur relativ selten (= nur nach länger andauernden regnerischen Tagen) voll beansprucht.

Wird das Solarmodul weniger belastet, als es seiner Nennleistung entspricht, steigt seine Spannung in den Bereich, der zwischen seiner **Nennspannung** und seiner **Leerlaufspannung** liegt. Beträgt z. B. die *Modul-Nennspannung* (Spannung bei maximaler Leistung) 17,2 Volt und die *Modul-Leerlaufspannung* 20,8 Volt, steigt die Spannung eines wenig belasteten Moduls beispielsweise auf 18 bis 19 Volt. So kann das Modul einen Akku in der Endphase des Ladens – in der die Stromabnahme gering ist – dank der Erhöhung der Ladespannung etwas kräftiger laden. Das Gleiche gilt auch für das Nachladen bei leicht bewölktem Himmel, bei dem eine *wenig belastete* Solarzelle oft noch eine brauchbare Ladespannung erzeugt und somit zwar einen niedrigen, aber dennoch brauchbaren Ladestrom liefern kann.

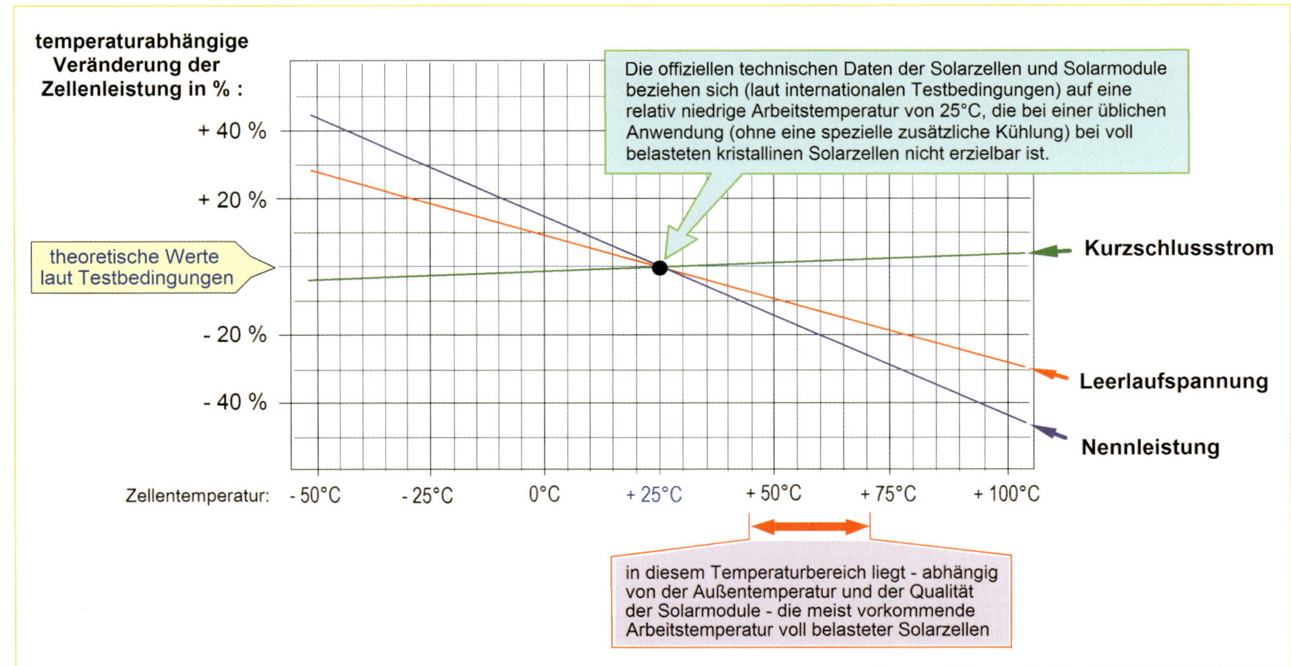
temperaturabhängige Veränderung der Zellenleistung in % :
+ 40 %
+ 20 %
- 20 %
- 40 %
Die offiziellen technischen Daten der Solarzellen und Solarmodule beziehen sich (laut internationalen Testbedingungen) auf eine relativ niedrige Arbeitstemperatur von 25°C, die bei einer üblichen Anwendung (ohne eine spezielle zusätzliche Kühlung) bei voll belasteten kristallinen Solarzellen nicht erzielbar ist.
theoretische Werte laut Testbedingungen
Kurzschlussstrom
Leerlaufspannung
Nennleistung
Zellentemperatur: - 50°C - 25°C 0°C + 25°C + 50°C + 75°C + 100°C
in diesem Temperaturbereich liegt - abhängig von der Außentemperatur und der Qualität der Solarmodule - die meist vorkommende Arbeitstemperatur voll belasteter Solarzellen

Abb. 3.33 – Die vom Solarmodul bezogene Spannung und Leistung sinken mit zunehmender Temperatur der Solarzellen.

3.6 Tipps und Tricks zur optimalen Einstellung der Ladespannung

In *Abb. 3.27* haben wir uns bei den Vorschlägen zur Regelung der Ladespannung nur nach den eigentlichen Nennwerten der Zenerdioden gerichtet, um die Erklärung durchschaubar zu halten. Aus dem Grund gehen wir hier von theoretischen Zenerspannungen der angewendeten Zenerdioden aus. In Wirklichkeit weichen diese Spannungen durch die Toleranzabweichungen der Zenerdioden von diesen Vorgaben etwas bis zu sehr ab. Kritisch sind dabei Abweichungen nach oben, die zur Folge haben könnten, dass die geladenen Akkus eine Ladespannung erhalten, die höher liegt, als in *Abb. 3.27* und *3.34* aufgeführt ist – was die Lebenserwartung der Akkus beeinträchtigen würde.

Bei der Einstellung der optimalen Ladespannung können wir einige der in *Abb. 3.34* aufgeführten technischen Tricks anwenden. Dabei kann von folgenden Eigenschaften der Dioden ausgegangen werden:

- Der Spannungsverlust an den meisten Schottky- und Germaniumdioden liegt bei ca. 0,28 bis 0,3 Volt.
- Der Spannungsverlust an Siliziumdioden liegt typenbezogen zwischen ca. 0,6 und 1 Volt.

Wie *Abb. 3.35* zeigt, kann in Reihe mit einer Zenerdiode z. B. eine Schottky-Diode oder eine normale Siliziumdiode (Gleichrichterdiode) geschaltet werden, wenn eine etwas höhere Ladespannung erforderlich ist, die sich in dem Fall um die Sperrspannung der zusätzlichen Diode erhöht. Wie aus diesen Beispielen hervorgeht, werden solche zusätzlichen Dioden in ihrer *Durchlassrichtung* an die Zenerdiode angeschlossen. Die Zenerdiode fungiert dagegen als Spannungswehr nur, wenn sie in ihrer Sperrrichtung (in Gegenrichtung) angeschlossen ist.

Für das Laden kleinerer 12-Volt-Bleiakkus gibt es ein kleines Laderegler-IC, das für den Selbstbau von einer Solar-Laderegelung mit einem Ladestrom unter 1,5 A vorgesehen ist. Diese Schaltung, die wir bereits in *Abb. 3.27h* eingezeichnet haben, zeigt hier in größerem Format *Abb. 3.36*. Die eingezeichneten Kapazitäten der Elkos dürfen auch größer sein. Die Eingangsspannung des Laderegler ICs darf maximal 40 Volt betragen.

3.6 Tipps und Tricks zur optimalen Einstellung der Ladespannung

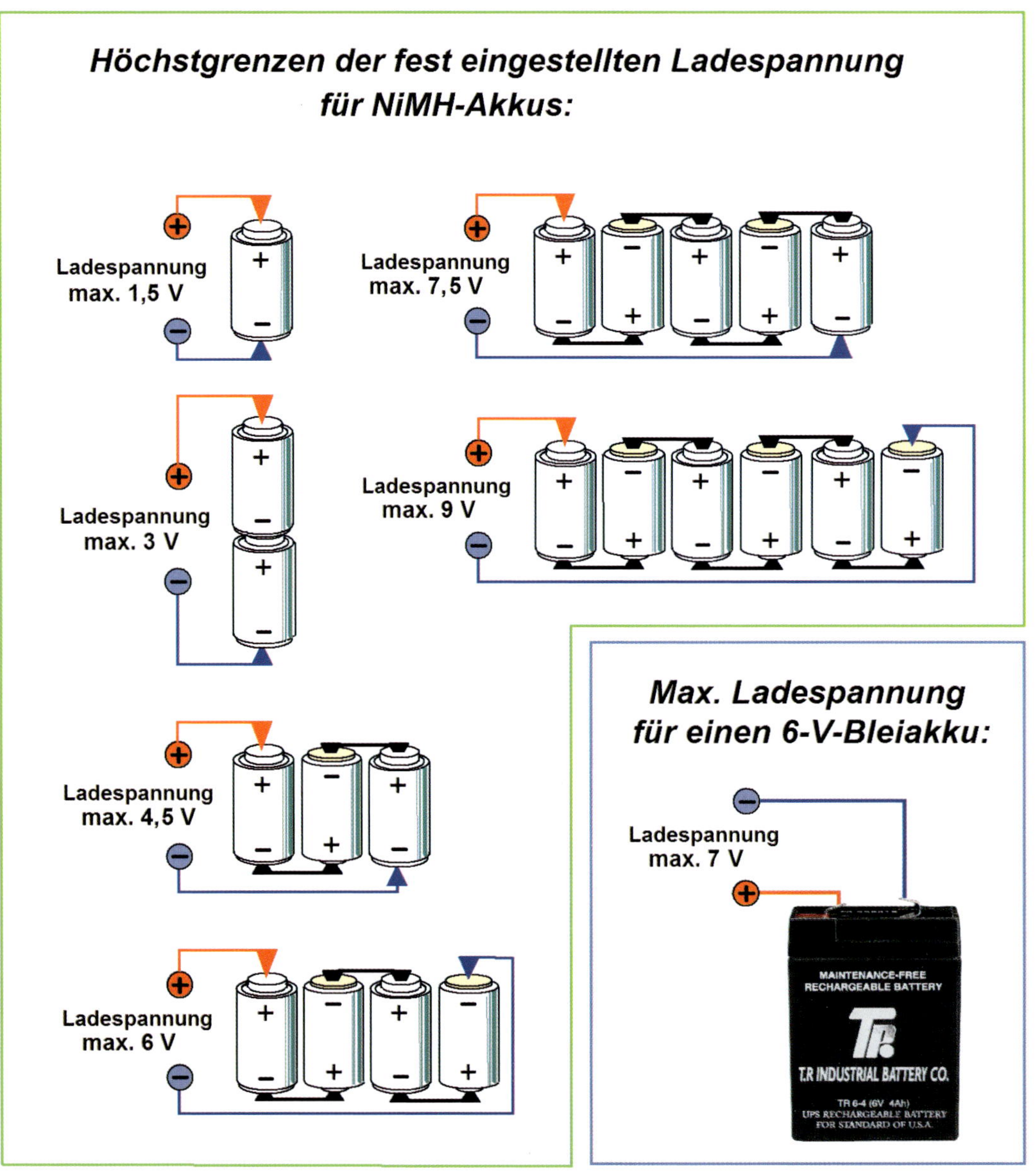

Abb. 3.34 – Kurzübersicht der Höchstgrenzen der Ladespannung für NiMH-Akkus und für einen Bleiakku: Bei einer Selbstbau Laderegelung mit Zenerdioden sollten diese Spannungswerte nicht überschritten werden.

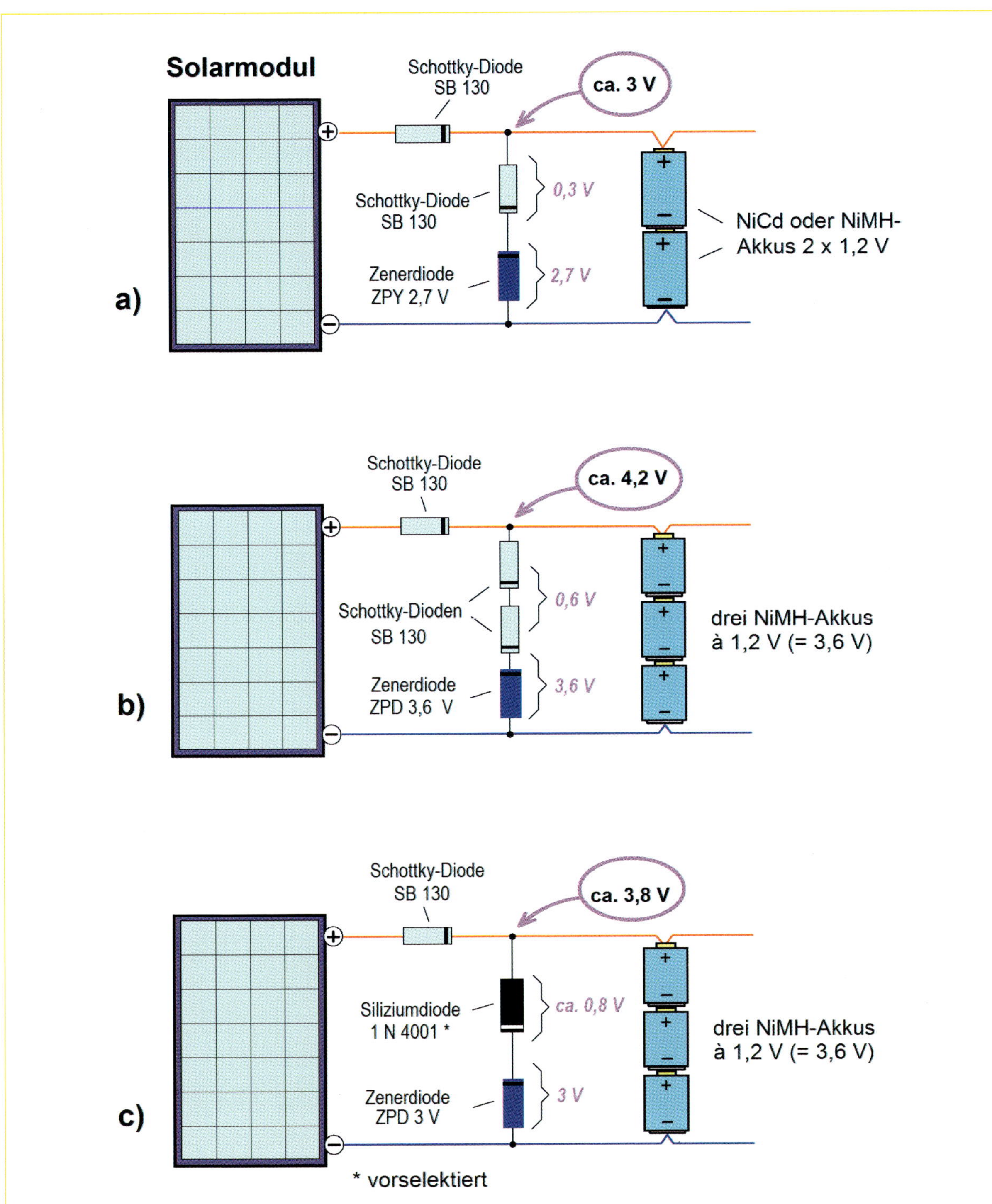

Abb. 3.35 – Einige Tricks zur optimalen Einstellung der Ladespannung.

3.6 Tipps und Tricks zur optimalen Einstellung der Ladespannung

Für 4- oder 6-Volt-Bleiakkus gibt es keine handelsüblichen Laderegler. Eine einfache, aber dennoch gut funktionierende Laderegelung kann jedoch leicht im Selbstbau nach den Beispielen aus *Abb. 3.37* bewerkstelligt werden. Die hier eingezeichneten Zenerdioden eignen sich in Hinsicht auf ihre relativ niedrige Leistung nur für die Spannungsregelung von kleineren Solarmodulen – wie bereits im vorhergehenden Kapitel erläutert wurde.

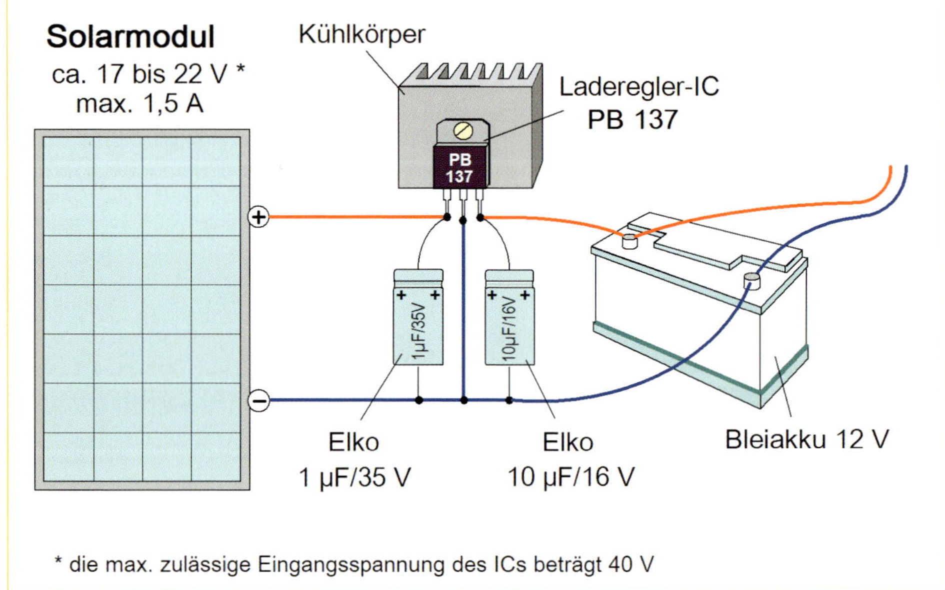

Abb. 3.36 – Das Solar-Laderegler-IC *PB 137* sieht wie ein normaler Spannungsregler aus und wird auch auf eine ähnliche Weise verschaltet (Anbieter: Conrad Electronic).

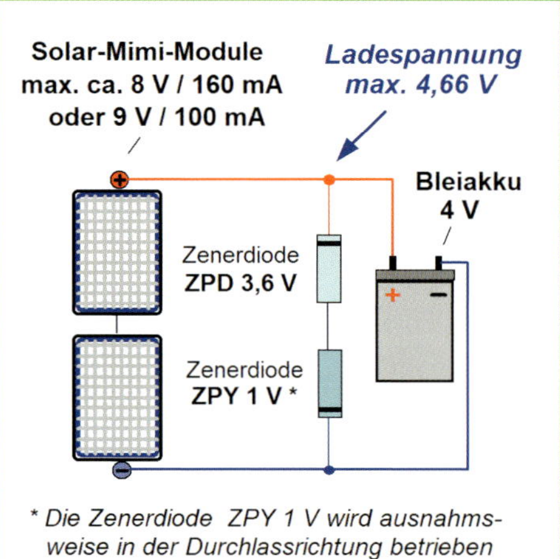

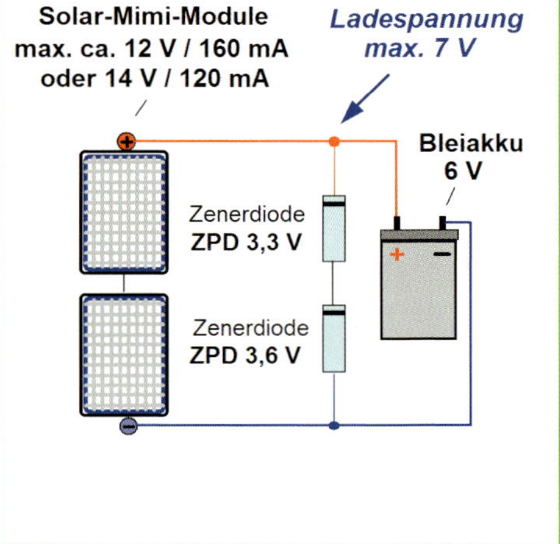

Abb. 3.37 – Zwei Beispiele einer Selbstbau-Ladespannungsregelung mit Zenerdioden für kleinere Bleiakkus

4 Bauanleitungen

4 Bauanleitungen

In den nun folgenden Bauanleitungen werden Sie viele Vorschläge finden, die sich zwar auf konkrete Anwendungen beziehen, aber nicht an sie gebunden sind. Da wir bereits viele Themen mit praxisbezogenen Hinweisen durchflochten haben, wird es Ihnen nicht schwerfallen, eine Bauanleitung etwas umzugestalten und an Ihre Bedürfnisse anzupassen.

Das Angebot an Leuchtdioden und LED-Leuchten ist groß und Sie werden sich bei vielen Vorhaben vor allem nach dem Preis-Leistungs-Verhältnis dieser Bausteine richten. Für einige Anliegen werden sich am ehesten kahle Leuchtdioden eignen, die Sie sich zu gewünschten Lichtquellen einfach zusammenlöten. Für andere Anliegen werden Sie vielleicht kompakte LED-Leuchten bevorzugen.

Die Frage der passenden Versorgungsspannung wird sich dort erübrigen, wo z. B. bereits eine kleine Solaranlage vorhanden ist, an die nur noch eine zusätzliche LED-Beleuchtung angeschlossen werden soll. Bei völlig neuen Projekten dürfte es vorteilhaft sein, wenn die Versorgungsspannung möglichst niedrig gehalten werden kann, denn das solarelektrische Laden kann dann z. B. mit kleinen, kostengünstigen Mini-Solarmodulen vorgenommen werden.

Ist jedoch eine solche Beleuchtung für Objekte vorgesehen, bei denen der Solarstrom möglicherweise auch noch für andere Zwecke benötigt werden könnte, dürfte z. B. bevorzugt eine 12-Volt-Versorgungsspannung als *Anlagenspannung* eingeplant werden.

Abb. 4.1 – Die Anschlüsse (Füßchen) der LEDs dürfen bei Bedarf zwar bis zu etwa um die Hälfte gekürzt werden, aber das Löten setzt dann eine angemessene Portion an Erfahrung voraus, denn die LED darf sich dabei nicht zu sehr aufwärmen (Detailansicht der Rückseite des LED-Mosaiks aus Abb. 2.16 auf S. 35)

4.1 Einfache Selbstbauleuchten mit LEDs

Kahle Leuchtdioden können für einfache Beleuchtungen zu beliebig angeordneten und freihängenden Lichterketten nach *Abb. 4.2/4.3* zusammengelötet und an der Decke bzw. am oberen Teil eines Objektes befestigt werden. Eleganter sieht allerdings eine solche Beleuchtung aus, wenn die LEDs z. B. nach *Abb. 4.4* in Bohrungen hineingesetzt werden, die sich leicht in eine ca. 2 mm dünne Plexiglas- oder Kunststoff-Platte hineinbohren lassen.

Für einfachere Anforderungen kann anstelle einer solchen Platte ein passender Kunststoffdeckel oder eine -kappe eines ausgedienten Haushaltsgegenstands verwendet werden. Die eigentliche Konfiguration der Bohrungen kann dabei der individuellen Fantasie überlassen werden. Einige Beispiele, die eventuell als Inspiration dienen können, zeigt *Abb. 4.5*. Die Anzahl der Bohrungen – und somit die Anzahl der vorgesehenen LEDs – hängt von den Ansprüchen an die Qualität der Beleuchtung sowie der typenbezogenen Lichtstärke der angewendeten LEDs ab.

Wenn die Bohrungen exakt auf den Durchmesser der angewendeten LEDs angepasst sind, genügen zwei Tröpfchen Leim an den oberen LED-Rand, um den LEDs einen festen Halt zu geben. Es sollte sich dabei tatsächlich nur um zwei kleine Tröpfchen eines nicht allzu hart werdenden Leims handeln. Gut eignet sich zu diesem Zweck auch Fugensilikon. Die LEDs sollten nur so befestigt werden, dass sie sich bei Bedarf leicht herausnehmen lassen.

Bei der Suche nach den optimalen LEDs sollten die Abstrahlwinkel berücksichtigt werden. Erstellen Sie eventuell eine einfache, aber maßgerechte Skizze des Objektes oder der Fläche, die ausgewogen beleuchtet werden soll. Zeichnen Sie nun die Lichtkegel der LEDs ein, wie es unsere zwei Beispiele in *Abb. 4.6* zeigen. Bei einer Beleuchtung, die nach unserem Beispiel aus *Abb.*

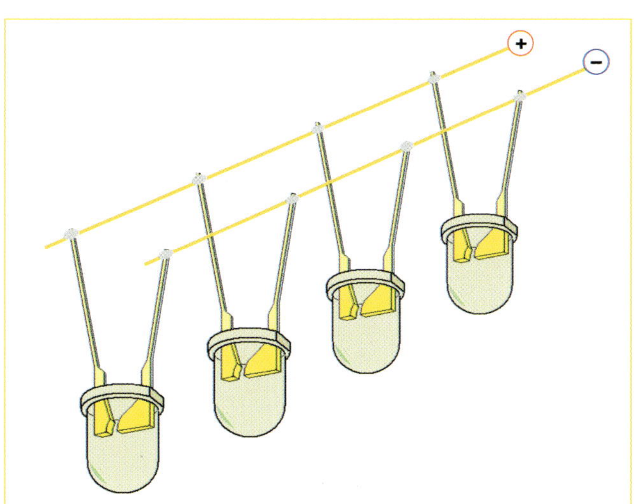

Abb. 4.2 – Die einfachste Lösung einer LED-Beleuchtung: Die einzelnen LEDs werden parallel an eine gemeinsame Spannungszuleitung angeschlossen (angelötet).

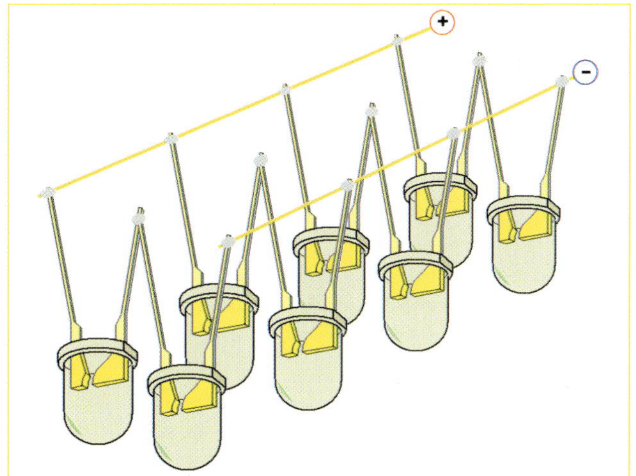

Abb. 4.3 – Alternativ zu der vorhergehenden Lösung aus *Abb. 4.2* können auch jeweils zwei oder mehrere LEDs in Reihe an eine gemeinsame Spannungszuleitung angeschlossen werden.

4.1 Einfache Selbstbauleuchten mit LEDs

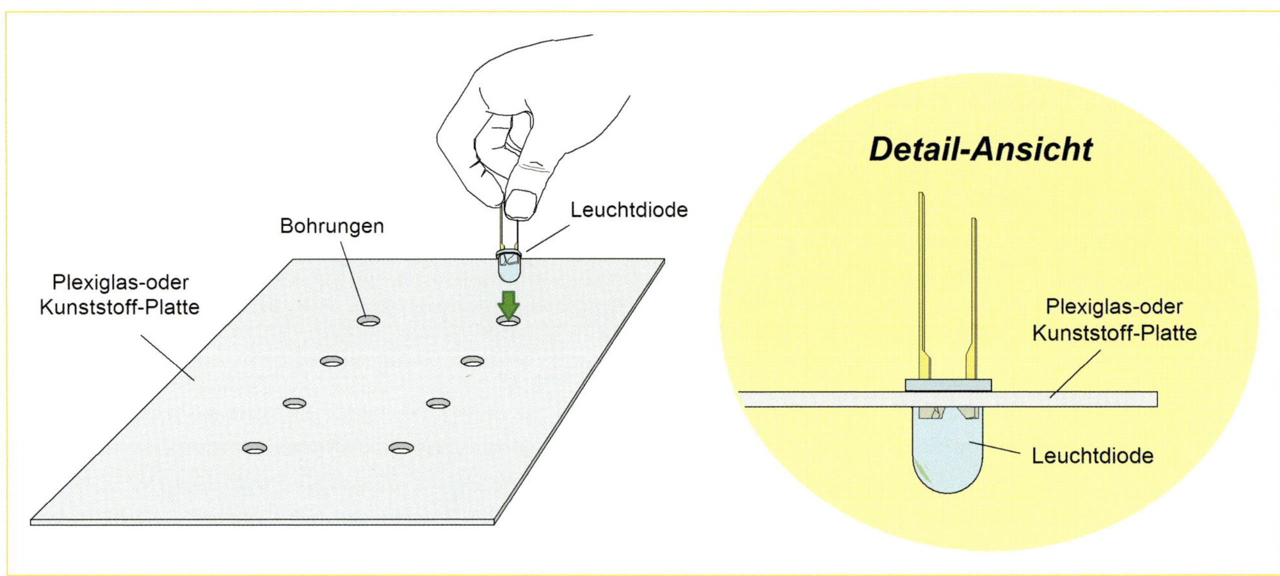

Abb. 4.4 – Runde LEDs können in Bohrungen hineingesetzt werden, die sich leicht in eine ca. 2 mm dünne Plexiglas- oder Kunststoffplatte – z. B. nach einem der Beispiele aus Abb. 4.4 – einbohren lassen.

4.6 a ausgelegt wird, bestrahlen die LEDs nur den Fußboden in der Mitte des Raumes. Die Wände und alles, was sich auf den Wänden befindet, bleiben dabei weitgehend im Dunkeln. Werden für eine solche Beleuchtung LEDs mit einem größeren Abstrahlwinkel nach *Abb. 4.6 b* verwendet, leuchten sie auch die

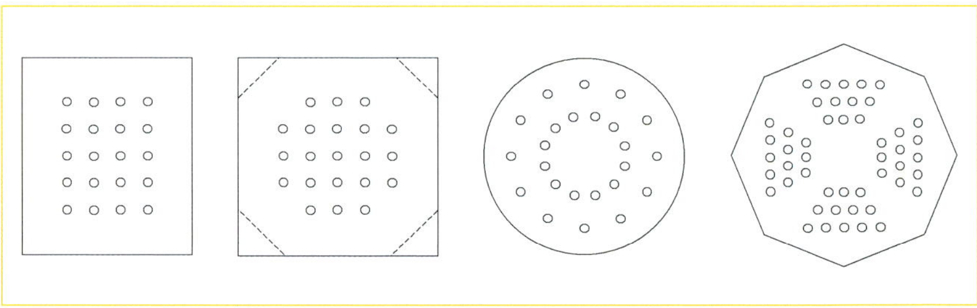

Abb. 4.5 – Einige Beispiele der LED-Anordnung in einer Selbstbauleuchte.

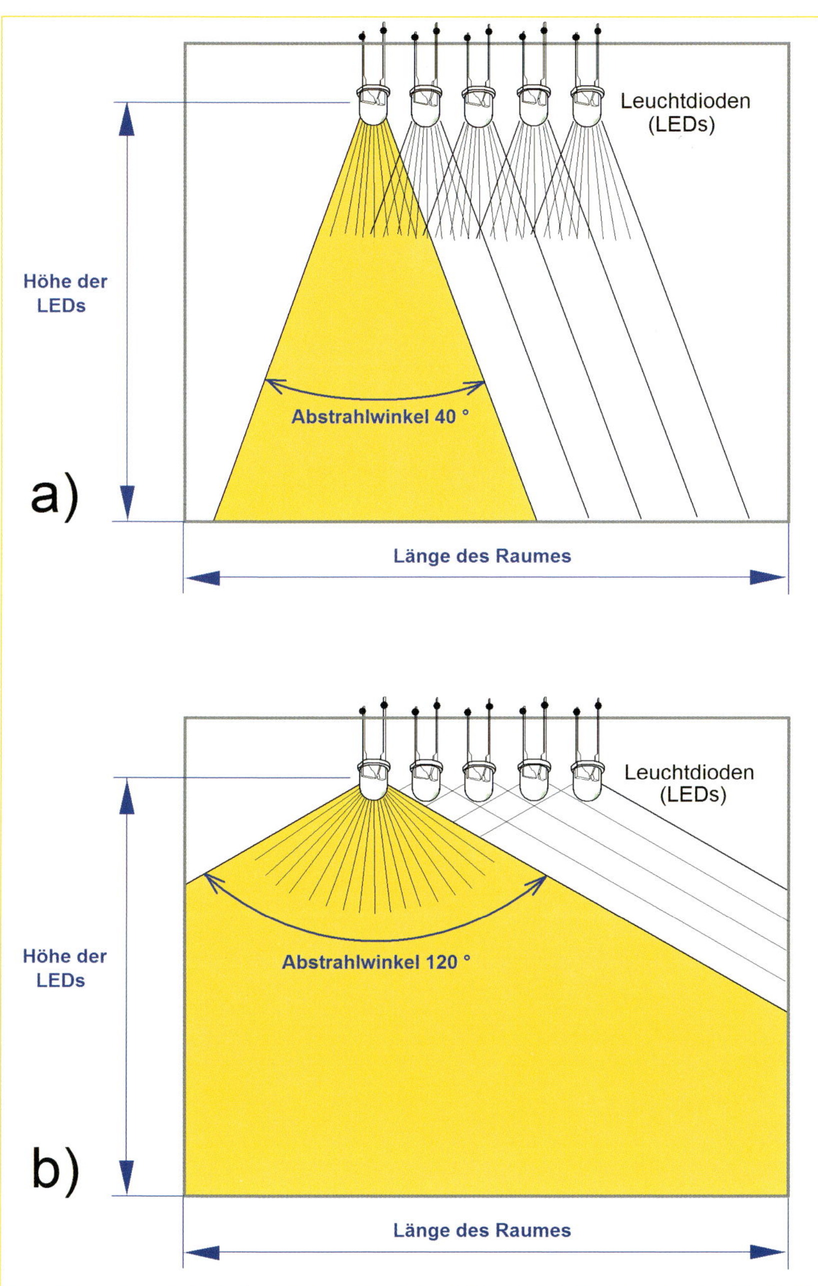

Wände des Raums aus – allerdings um den Preis einer schwächeren allgemeinen Lichtintensität.

Es spricht nichts dagegen, bei Bedarf mehrere LED-Leuchten im Raum so zu verteilen, wie es den Anforderungen an die Ausleuchtung am besten entspricht. Dabei können einige Leuchten auch z. B. wie Scheinwerfer schräg ausgerichtet werden, um ihre Lichtkegel dorthin zu werfen, wo es erwünscht ist.

Wir haben bereits im 2. Kapitel einige der größeren SMD-Leuchtdioden angesprochen, die erprobt groß genug sind, um mit einem normalen Lötkolben gelötet werden zu können. Aus solchen LEDs kann man schicke Leuchten, Hintergrundbeleuchtungen z. B. für Hausnummern und Namensschilder oder aber leuchtende Weihnachts- oder Partydekoration und Blickfänger aller Art herstellen.

Die LEDs aus *Abb. 4.7,* die bereits in *Tabelle 2/Kapitel 2* beschrieben wurden, verfügen über mehre-

Abb. 4.6 – Zwei Beispiele der Beleuchtung eines Raums mit LEDs: **a)** LEDs mit einem schmalen Abstrahlwinkel leuchten zwar in Grenzen ihrer Lichtkegel kräftig, aber erfassen dabei nur eine kleinere Fläche. **b)** LEDs mit einem breiten Abstrahlwinkel leuchten den Raum besser aus, aber die Lichtintensität pro cm^2 Fläche ist dadurch geringer.

4.1 Einfache Selbstbauleuchten mit LEDs

re Anschlüsse. Bei dieser LED-Type eignen sich für das Anlöten von Anschlüssen am besten die zwei breiten Flächen an der LED-Unterseite. Als Anschlüsse können z. B. nach Abb. 4.8 zwei dünne (abisolierte) Kupferdrähte verwendet werden.

Das Anlöten der Zuleitungen der Spannungsversorgung kann in folgenden Schritten erfolgen:

Schritt 1 – Verzinnen der LED-Anschlüsse

Verzinnen Sie erst vorsichtig die LED-Kontaktflächen. Achten Sie dabei darauf, dass sich bei dem Anbringen des Lötzinns die LED nicht zu sehr aufheizt. Die Spitze des Lötkolbens sollte dabei jeweils nur etwa zwei Sekunden lang einen wärmeleitenden Kontakt mit dem LED-Anschlusspol aufrecht halten.

Schritt 2 – Verzinnen der Anschlussdrähte

Verzinnen Sie die Enden der Anschlussdrähte erst separat. Das erleichtert und beschleunigt das Anlöten der Drähte an die Kontaktflächen der LEDs.

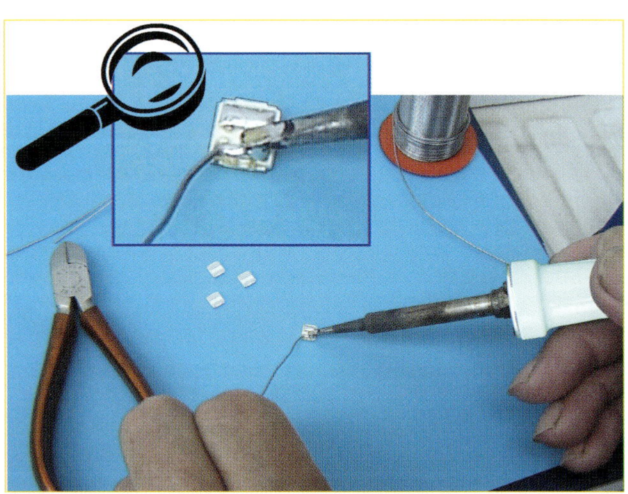

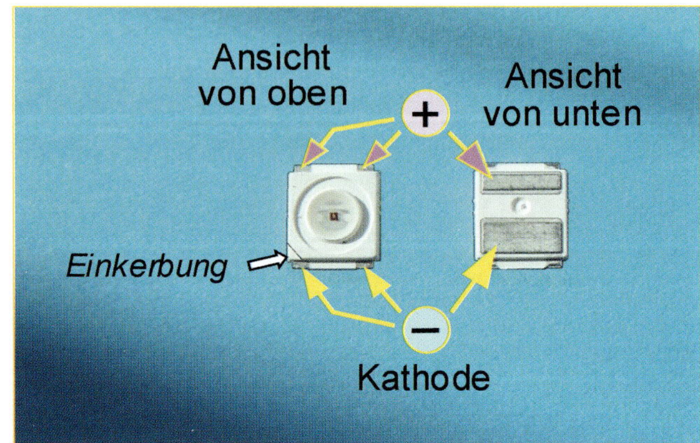

Abb. 4.7 – Ausführung und Anschlüsse der SMD-Megabright-LED (Anbieter Reichelt Elektronik).

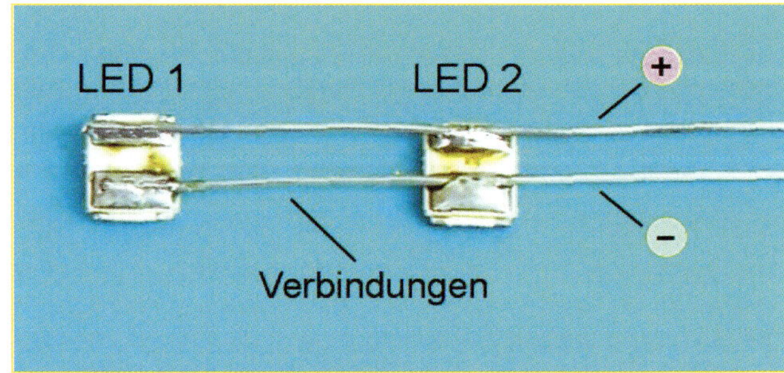

Abb. 4.8 – Die Anschlüsse können bei diesen LEDs an die Kontaktflächen an ihrer Unterseite angelötet werden.

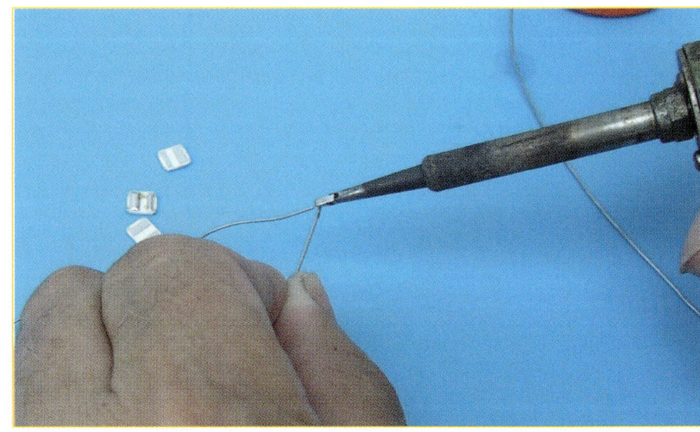

Schritt 3 – Anlöten der Anschlüsse

Löten Sie die Anschlussdrähte an die bereits verzinnten LED-Kontaktflächen. Versuchen Sie, jeden der Anschlüsse innerhalb von ca. 2 Sekunden anzulöten. Ist das Ergebnis nicht zufriedenstellend, lassen Sie die LED erst etwas abkühlen, bevor Sie die Lötstelle durch Zugabe von Lötzinn ausbessern.

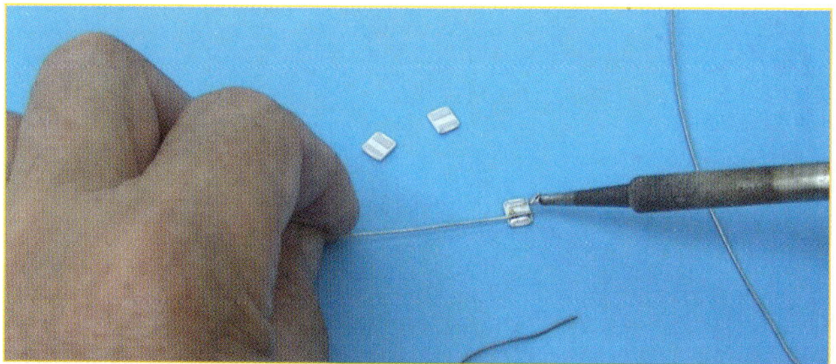

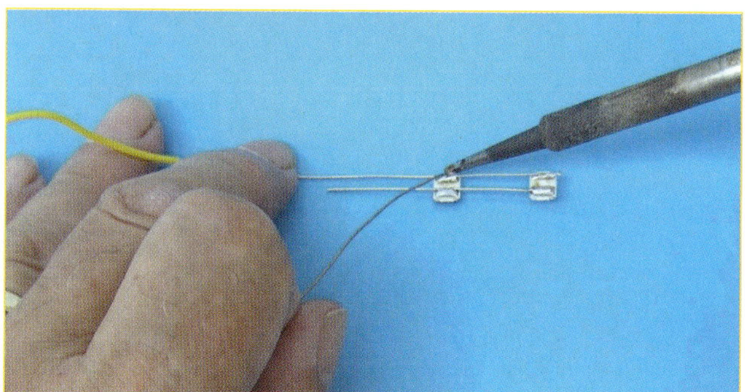

Auf eine ähnliche Weise – und mit ähnlich viel Geduld – können Sie auch auf diverse andere SMD-LEDs die Anschlüsse anbringen. Sie können solche winzigen LEDs auch direkt auf die Kupferbahnen von Experimentierplatinen anlöten.

In Bezug auf das Verlöten sind *High-Power-LEDs* ein wahrer Segen, denn sie haben „menschenfreundlichere" Abmessungen. Am attraktivsten sind die hexagonal geformten *Luxeon-LEDs* (Anbieter Conrad Electronic und Reichelt Elektronik), die für Leistungen von 1, 3 und 5 W erhältlich sind. Diese LEDs können z. B. nach *Abb. 4.9* in verschiedenen Konfigurationen auf eine gemeinsame Trageplatte angebracht werden. Diese LEDs heizen sich im Betrieb ziemlich stark auf und sind daher mit einer Kühlkörperplatine versehen.

Wird z. B. eine Selbstbauleuchte mit drei dieser LEDs in 3-Watt-Ausführung bestückt, beträgt ihr Lichtstrom ca. 3 x 65 bis 3 x 80 Lumen = 195 bis 240 Lumen (lm). Zum Vergleich: Der Lichtstrom einer *25-Watt*-Standard-Glühlampe beträgt 230 Lumen.

Wird eine Selbstbauleuchte mit sieben dieser 3-Watt-LEDs bestückt, beträgt ihr Lichtstrom ca. 455 bis 560 Lumen. Zum Vergleich: der Lichtstrom einer *40-Watt*-Standard-Glühlampe beträgt 430 Lumen.

Der eigentliche kleine hexagonale Kühlkörper heizt sich ziemlich stark auf, wenn die Leuchte zu hoch an

4.1 Einfache Selbstbauleuchten mit LEDs

der Raumdecke angebracht ist oder wenn sie aus anderen Gründen – z. B. bei einer geschlossenen Leuchtenform – nicht ausreichend gekühlt wird. Daher ist es von Vorteil, wenn die kleinen hexagonalen Kühlkörper zusätzlich an eine massive Kühlplatte wärmeleitend montiert werden. Als Kühlplatte eignet sich z. B. ein ca. 2 bis 3 mm dickes Messing-, Alu- oder Kupferblech oder ein U-Profil.

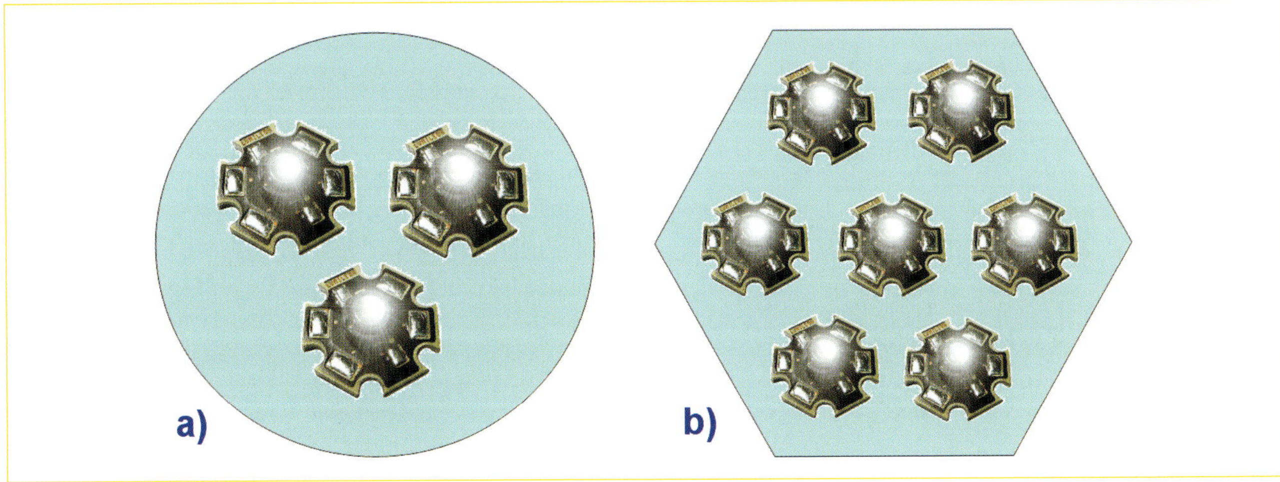

Abb. 4.9 – Mit den „Luxeon-Star-LEDs", deren Kühlkörper eine attraktive hexagonale Form haben, können dekorative Selbstbauleuchten erstellt werden: a) Eine Leuchte mit drei LEDs. b) Eine Leuchte mit sieben LEDs.

4.2 Beleuchtung kleinerer Objekte

Die Ansprüche an die Beleuchtung eines kleineren Objekts – z. B. eines Garten-Gerätehauses, Gartenpavillons oder Carports – hängt sowohl von der Größe des Objekts als auch von den Ansprüchen an die Intensität der Beleuchtung ab.

Im einfachsten Fall genügt es, wenn die Beleuchtung hier ausreichend intensiv ist, um z. B. in einer Gartenlaube auch noch am späten Sommerabend den Tisch zu beleuchten oder im Gerätehaus elektrisches Licht zu haben. Bei einem Carport dürfte vor allem an der Seite

4.2 Beleuchtung kleinerer Objekte

des Autokofferraums die Beleuchtung kräftiger sein, um z. B. beim Ein- und Ausladen ausreichend Licht zu haben.

Den Planungsüberlegungen liegen gleich mehrere Aspekte zugrunde:

- Die Versorgungsspannung muss auf die angewendete LED-Beleuchtung abgestimmt sein – oder es sind LED-Leuchten oder kahle LEDs anzuwenden, die sich am einfachsten an die Spannungsabstufungen der Akkus (1,2; 2,4; 3,6; 4,8; 6 V usw.) anpassen.
- Lichtstärke, Abstrahlwinkel und Anzahl der angewendeten LED-Leuchten oder LEDs sollten die vorgesehene Ausleuchtung des Raums oder der erwünschten Fläche(n) bewältigen.
- Je nach Ansprüchen an Ästhetik und Pflege kann entschieden werden, ob eine einfache, rein funktionelle Lösung oder eine dekorative Leuchte Vorrang hat.
- Die Kapazität des angewendeten Akkus ist so zu wählen, dass die Stromversorgung während der geschätzten täglichen oder wöchentlichen Betriebsstunden auch dann aufrechterhalten bleibt, wenn das Wetter nicht mitspielt.

Ist für ein kleines Objekt oder einen kleinen Standort nur eine bescheidene Beleuchtung vorgesehen, die zudem selten oder jeweils nur für kurze Zeit beansprucht wird, ist es von Vorteil, mit einer niedrigen Versorgungsspannung auszukommen. Die Investition in die Akkus und das Solarmodul ist dann gering.

Die meisten der weißen oder warm-weißen LEDs mit hoher Lichtstärke sind als kahle Bausteine (= als *superhelle* oder *ultrahelle* Leuchtdioden) für Versorgungsspannungen ausgelegt, die zwischen ca. 2,9 und 4 Volt liegen.

Einige dieser LEDs (z. B. auch die superhellen LEDs aus Tabelle 2.1 auf Seite 40) sind sogar „maßgeschneidert" für eine Versorgungsspannung ausgelegt, die laut Datenblatt 3,6 Volt (maximal 4 Volt) beträgt. Das trifft sich gut, denn die Nennspannung von drei NiMH-Akkus beträgt 3,6 Volt. Allerdings kann die Spannung dreier voll aufgeladener NiMH-Akkus ca. 4,65 Volt betragen – was von der Art des Ladens abhängt. Diese Spitzenspannung kann zwar ein solches NiMH-Trio nur kurze Zeit liefern, danach baut sich die Spannung gleitend ab. Die offiziellen 3,6 Volt stellen dabei jedoch nur eine Momentaufnahme dar, die aus physikalischer Sicht keinen ausgesprochen stabilen Spannungswert darstellt.

Da haben wir ein Problem, das aber „technisch elegant" auf zwei Weisen gelöst werden kann:

Entweder werden die Akkus nicht höher als auf ca. 3,9 bis 4 Volt aufgeladen oder die Spannung für die LEDs wird am Ausgang des Akkus auf den maximal zulässigen Wert gedrosselt.

Die Lösung des eingeschränkten Aufladens kann z. B. nach *Abb. 4.10* umgesetzt werden: Für die Regelung der Ladespannung wird eine Zenerdiode verwendet, die theoretisch eine Ladespannung von 3,9 Volt an den Akku durchlässt. In der Praxis weist die Zenerspannung der Zenerdioden eine gewisse Toleranz auf. Hat man z. B. drei bis fünf Zenerdioden der Type *ZPY 3,9 V* zum Austesten, wird sich unter ihnen mit etwas Glück eine finden, deren Zenerspannung ca. 3,95 bis 4 Volt beträgt und somit das Laden auf diesen Schwellenwert erhöht. Wenn nicht, ist es auch kein Problem. Die Akkus werden dann zwar während ihres Daseins nie voll, aber dennoch auf z. B. 95 % ihrer Kapazität aufgeladen. Damit dürfte man sich zufriedengeben, denn in der Photovoltaik gelingt es mit dem hundertprozentigen Aufladen des Speicherakkus ohnehin nur sporadisch. Meist gibt man sich damit zufrieden, dass die Sonne das mehr oder

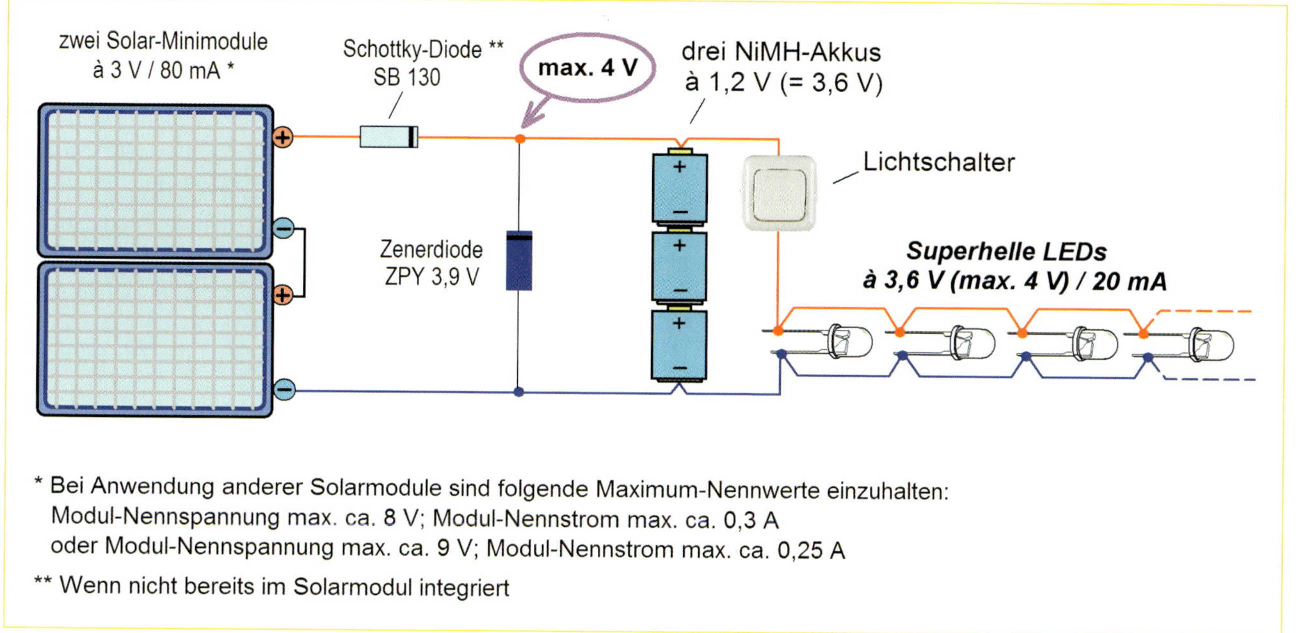

Abb. 4.10 – Um die LEDs vor zu hoher Versorgungsspannung zu schützen, kann die Ladespannung mit einer Zenerdiode unter 4 Volt gehalten werden.

weniger laufende Nachladen zumindest in einem Umfang meistert, bei dem es keine wetterbedingten Energie-Durststrecken gibt.

Das in *Abb. 4.10* dargestellte Beispiel einer einfachen Solarbeleuchtung eignet sich vor allem für Anwendungen, die nur während der wärmeren Jahreszeit beansprucht werden oder bei denen der Bedarf an künstlicher Beleuchtung begrenzt ist: z. B. die Beleuchtung einer Gartenlaube, eines Garten-Gerätehäuschens, eines Gartensitzplatzes u. Ä.

Wird Wert darauf gelegt, dass die Beleuchtung auch während längerer sonnenarmer Perioden gewährleistet ist, kann dies durch Erhöhung der Solarspannung und des Solarstroms erreicht werden. Die Errichtungskosten können trotzdem niedrig gehalten werden, wenn dabei nach *Abb. 4.11* Gebrauch von preiswerten Solar-Minimodulen (gekapselten *Solarpanels*) gemacht wird. Die Kapazität der angewendeten Akkus muss dabei so gewählt werden, dass die Leistung der Solarmodule möglichst voll genutzt wird und dass zudem der Energievorrat auch für die Überbrückung von z. B. drei verregneten Wochen ausreicht. Eine Kontrolle der Ausgewogenheit beider Modulsektionen und der tatsächlichen Ladespannung sollte vor Inbetriebnahme mit einem Multimeter unbedingt vorgenommen werden.

Ist eine noch stärkere oder häufiger benötigte Beleuchtung erforderlich, muss auch der Speicherakku angemessen großzügig dimensioniert werden, um ausreichende Energiereserven bieten zu können. In diesem Fall kann es unter Umständen günstiger sein, wenn die Versorgungsspannung – und damit die Akkuspannung

4.2 Beleuchtung kleinerer Objekte

– höher gewählt wird. Richten wir uns dabei weiterhin nach der Versorgungsspannung der kleineren superhellen LEDs, ergibt sich daraus als nächsthöhere Stufe eine LED-Versorgungsspannung von zwei in Reihe geschalteten LEDs, die optimal 7 und maximal 8 Volt betragen sollte. Eine leicht nachzubauende Lösung zeigt *Abb. 4.12*.

Nachbauleicht ist auch die Schaltung aus *Abb. 4.13*, denn hier können nur handelsübliche Standardbausteine verwendet

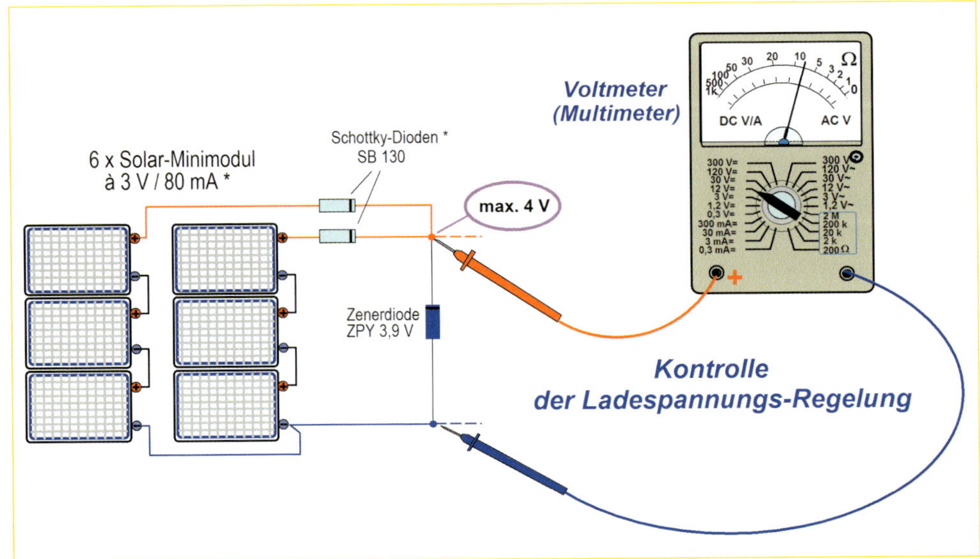

Abb. 4.11 – Erhöhung der Solar-Ladeleistung durch Anwendung mehrerer Solar-Minimodule.

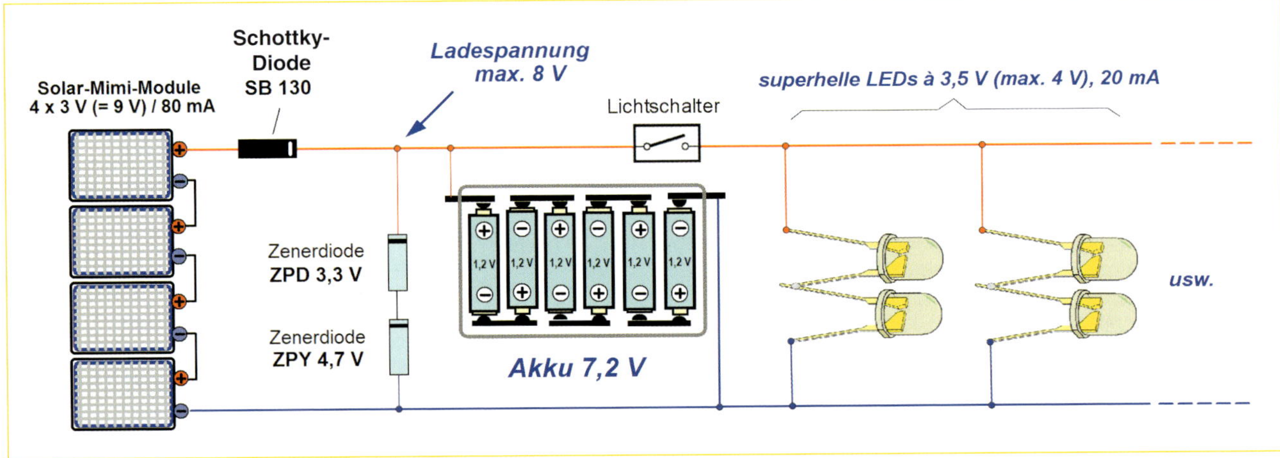

Abb. 4.12 – Beispiel einer Spannungsversorgung für je zwei LEDs in Reihe.

werden, die nicht gelötet, sondern über Schraubklemmen verbunden werden. Eine solche Lösung eignet sich vor allem für Objekte, bei denen auf eine starke Beleuchtung Wert gelegt wird oder bei denen eine 12-Volt-Spannungsversorgung auch noch für andere Zwecke erforderlich ist. So kann z. B. bei einem Schrebergartenhaus die Spannungsversorgung noch für einen Wasserkocher, für eine Satellitenanlage mit Fernseher u. Ä. reichen. Bei einem Carport kann wiederum der Solarstrom im Winter für das Aufwärmen von Autoheizkissen oder für die Stromversorgung einer Alarmanla-

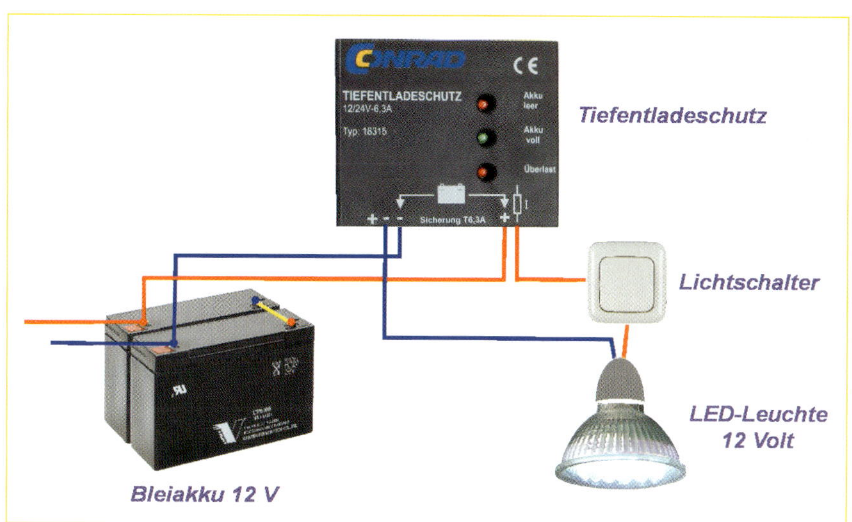

Abb. 4.13 – Schnell und bequem kann eine solarelektrische Beleuchtung mit handelsüblichen Bausteinen installiert werden, wenn eine 12-Volt-Versorgungsspannung angewendet wird.

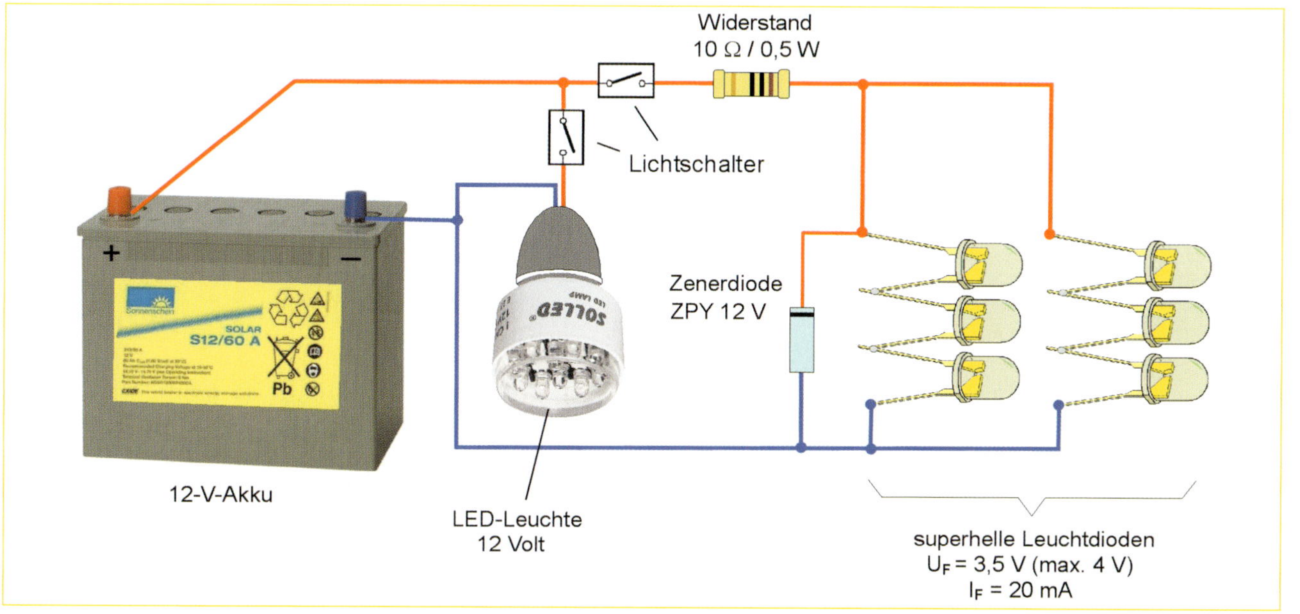

Abb. 4.14 – Beispiel einer Beleuchtung, bei der eine handelsübliche LED-Leuchte mit Selbstbauleuchten kombiniert wird.

4.2 Beleuchtung kleinerer Objekte

ge genutzt werden usw. Selbstverständlich können hier auch beliebig viele Leuchten parallel zu der eingezeichneten Lampe angeschlossen und bei Bedarf auch mit separaten Lichtschaltern versehen werden.

Bei einer 12-Volt-Spannungsversorgung können für die Beleuchtung auch verschiedene Leuchtkörper – z. B. handelsübliche Leuchten und kahle LEDs – nach dem Beispiel in *Abb. 4.14* beliebig miteinander kombiniert werden.

Abb. 4.15 zeigt ein Beispiel, in dem die bereits anderweitig beschriebenen *High-Power-LEDs* der Type *Luxeon-Star-Hexagon* für die Raumbeleuchtung verwendet werden. Auch bei diesen LEDs muss die Versorgungsspannung mithilfe zusätzlicher Zenerdioden so eingestellt werden, dass der LED-Strom 700 mA nicht überschreitet. Ansonsten unterscheidet sich hier die solarelektrische Spannungsversorgung nicht von den bereits beschriebenen Lösungen. Wir haben für dieses Beispiel zwei kostengünstige 6-Volt-Bleiakkus in Reihe geschaltet und somit einen preiswerten und kleinen 12-Volt-Akku erhalten, für den sich z. B. direkt an der Decke einer Gartenlaube ein Aufbewahrungsplatz findet.

Hinweis

12-Volt-Bleiakkus leiden unter der, bereits angesprochenen, zu tiefen Entladung. Wenn sie für die Stromversorgung einer Beleuchtung angewendet werden, sollte bevorzugt ein zusätzliches Tiefentladeschutz-Gerät nach *Abb. 4.13 (und Abb. 1.8)* zwischen den Akku und die Anschlüsse installiert werden. Wir haben den Tiefentladeschutz bei einigen Beispielen nicht eingezeichnet, um die Schaltung übersichtlich zu halten, aber sinnvoll ist dieser Schutz bei allen 12-Volt-Bleiakkus dennoch. Alternativ kann allerdings auch ein Kontrollvoltmeter am Akku das jeweilige Spannungsniveau anzeigen, wenn es sich um eine Minianlage handelt, die ausreichend oft beaufsichtigt wird.

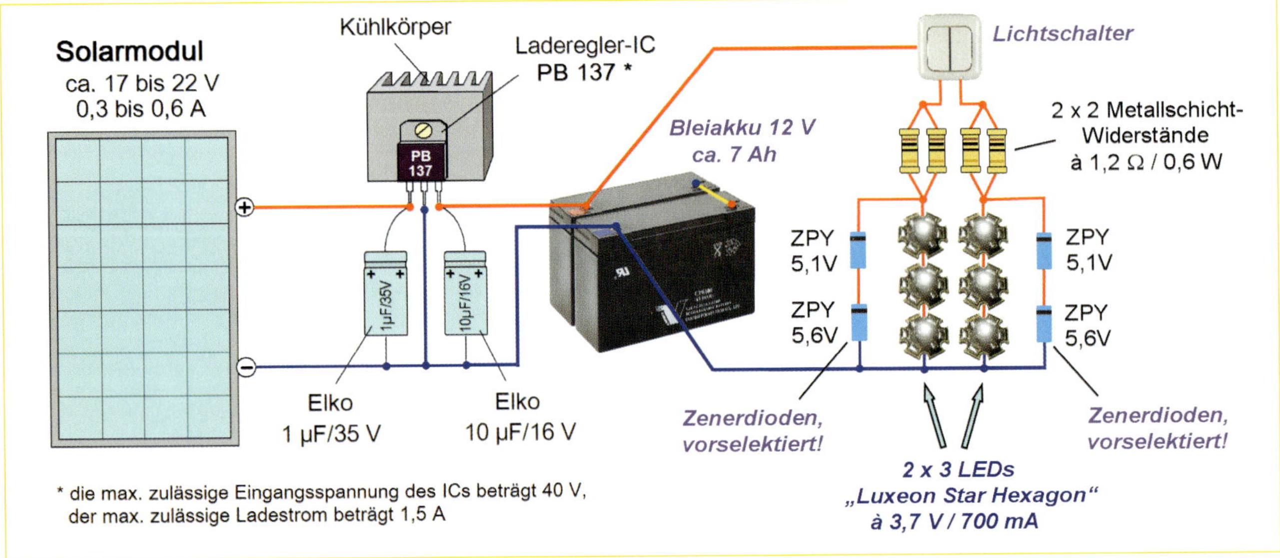

Abb. 4.15 – Schaltung einer solarelektrischen Spannungsversorgung von *Luxeon-Star-Hexagon*-LEDs.

Abb. 4.16 – Beispiel einer einfachen Gartenlauben-Beleuchtung.

4.3 Dekorative LED-Anwendungen

Die vorhergehenden Beispiele haben sich auf eine rein funktionelle LED-Beleuchtung bezogen, bei der ein Lichtspektrum wünschenswert ist, das dem Tageslicht ähnelt. Das klappt zufriedenstellend mit weißen LEDs. Für eine Beleuchtung dekorativer Art können dagegen farbige LEDs verwendet werden, die teilweise (in der Form von *Low-Cost-LEDs*) preisgünstig sind. Viele der farbigen LEDs sind zudem für Versorgungsspannungen ausgelegt, die zwischen ca. 1,6 und 2 Volt liegen. Das kann bei manchen Anliegen von großem Vorteil sein. Allerdings sollte auch bei diesen LEDs die in den Katalogen angegebene Versorgungsspannung (U_F) nur als informativer Richtwert betrachtet werden, da auch hier das Einhalten des vom Hersteller angegebenen LED-Stroms (I_F) die wichtigste Voraussetzung für die optimale Funktion darstellt. Das Unterschreiten des LED-Stroms (I_F) schadet der LED zwar nicht, hat jedoch eine Einbuße der Lichtstärke zur Folge.

Bei diversen dekorativen LED-Ketten, Figuren oder Mosaiken bleibt es jedoch eine Frage des Ermessens, ob eine volle Lichtstärke erforderlich ist oder ob aus

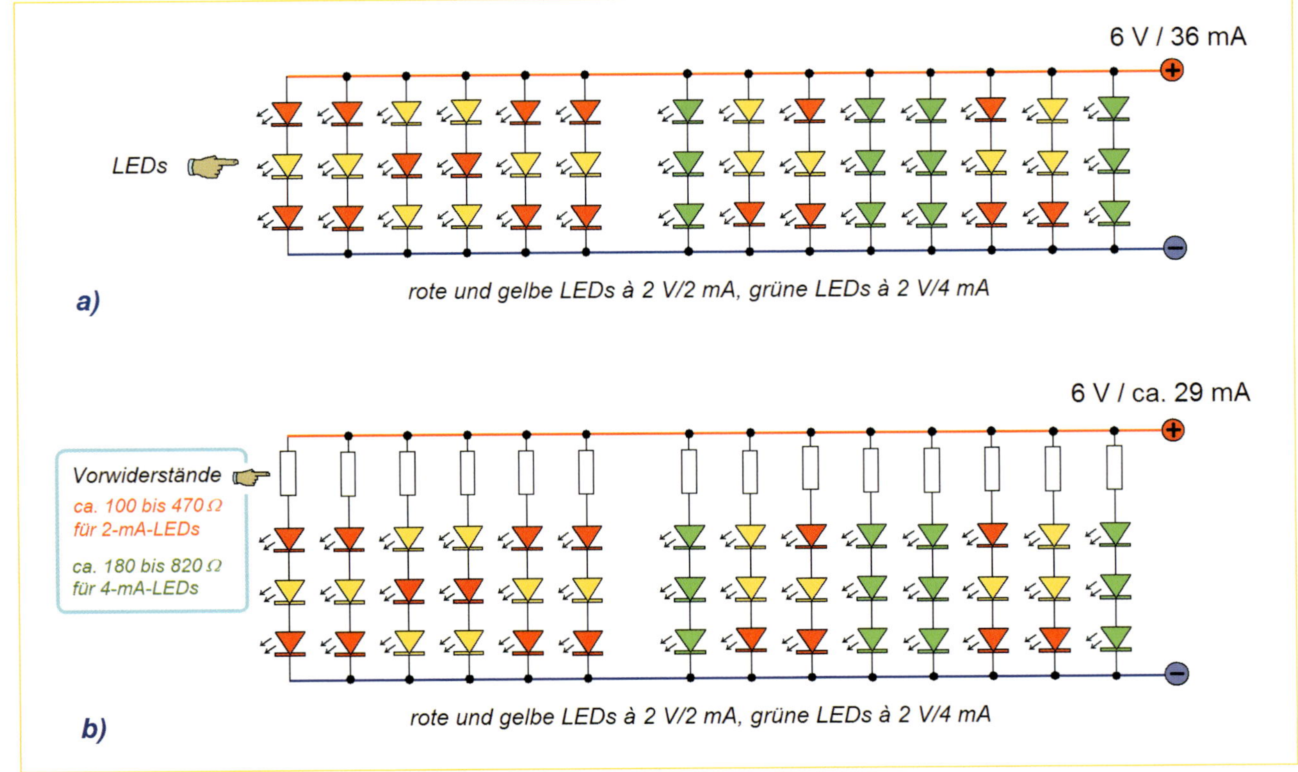

Abb. 4.17 – Mit Low-Current-LEDs können in serieller/paralleler Anordnung größere leuchtende Flächen oder Mosaiken erstellt werden, die vom Speicherakku einen ziemlich geringen Strom beziehen.

Energiespargründen eine niedrigere Leistung in Kauf genommen werden dürfte.

Wird beispielsweise in einem Gartenpavillon als verspielte bunte Beleuchtung die ganze Decke wie ein Sternenhimmel mit einigen hundert LEDs bestückt, kann es sogar wünschenswert sein, dass die einzelnen LEDs nicht allzu kräftig strahlen. Superhelle LEDs, bei denen man nicht direkt in den Schein blicken darf, wären für ein solches Vorhaben nicht geeignet, denn der Sinn einer solchen Dekoration ist, dass man sie anschauen und als Kunstwerk bewundern kann. Für solche Zwecke können dann sogar Low-Current-LEDs verwendet werden, deren Stromabnahme laut Katalog 2 bis 4 mA beträgt, die aber trotzdem noch auf „Sparflamme" (auf einen etwas niedriger eingestellten Strom) laufen können, wenn es die optische Wirkung verlangt.

Unsere *Abb. 4.17* zeigt das Beispiel einer LED-Anordnung bei einer 6-Volt-Spannungsversorgung, die z. B. von einem solarelektrisch geladenen 6-Volt-Bleiakku bezogen werden kann. In diesem Beispiel wurden rote und gelbe Low-Current-LEDs verwendet, deren Stromabnahme bei „nur" 2 mA liegt. Bei den hier vorgesehenen grünen LEDs ist die Stromabnahme doppelt so hoch – was jedoch nicht für alle grünen Low-Current-LEDs generell gilt.

Der optimale Wert der Vorwiderstände sollte nach *Abb. 4.18a* erst mithilfe eines Einstellreglers ermittelt werden, mit dem die erwünschte (bzw. ausreichende) Lichtintensität eingestellt wird. Anschließend kann der am Einstellregler eingestellte Wert mit einem Ohmmeter (= Multimeter, geschaltet auf Messbereich *Widerstandsmessung*) nach *Abb. 4.18b* nachgemessen werden, um den benötigten Wert der optimalen Vorwiderstände festzustellen.

Das in *Abb. 4.18a* eingezeichnete Multimeter dient in diesem Fall nicht unbedingt der Einstellung des maxi-

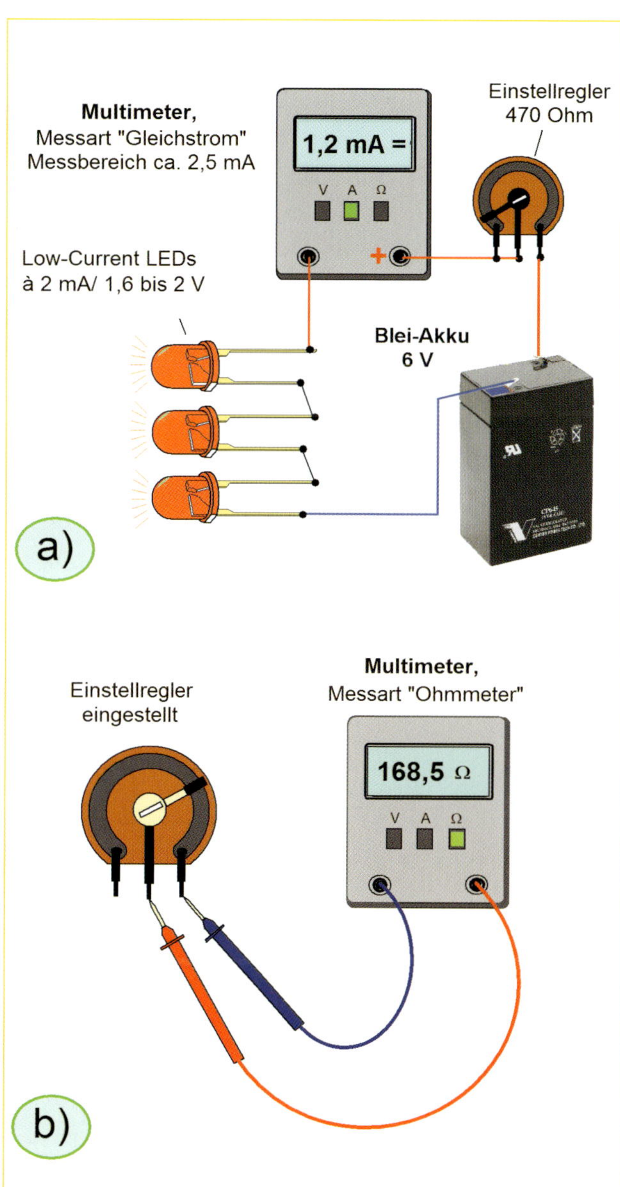

Abb. 4.18 – Einstellung der LED-Lichtstärke: a) Optimale Einstellung des Einstellreglers. b) Ermittlung des eingestellten ohmschen Widerstands des Einstellreglers.

mal zulässigen LED-Stroms, sondern zur Kontrolle, ob zulässige LED-Strom (I_F) nicht überschritten wird. Vor der Inbetriebnahme dieser Testschaltung sollte der Einstellregler auf seinen maximalen ohmschen Wert eingestellt (= voll nach links gedreht) werden. Nach dem Einschalten der Versorgungsspannung wird der Einstellregler langsam und vorsichtig nach rechts (im Uhrzeigersinn) gedreht, bis die optimale Leuchtkraft der getesteten LEDs erreicht wird. Diese kann z. B. bereits bei einem LED-Strom von 1,7 mA (bei „2-mA-LEDs") als ausreichend stark empfunden werden. Nachdem anschließend die Spannungsversorgung abgeschaltet wurde, wird mit einem Ohmmeter (Multimeter) nachgemessen, welchen ohmschen Wert der Teil des Einstellreglers hat, der als LED-Vorwiderstand infrage kommt. Liegt der ermittelte ohmsche Wert zwischen zwei Standardwerten der handelsüblichen Kohleschicht-Widerstände, kann probeweise festgestellt werden, ob der niedrigere oder der höhere Widerstand bevorzugt wird. Wenn für ein solches Projekt Restposten-LEDs verwendet werden, deren Lichtstärke störende Unterschiede aufweist, können die LED-Trios (oder auch längere LED-Reihen) so konfiguriert werden, dass sie durch Anwendung unterschiedlicher Vorwiderstände dennoch die gleiche Lichtstärke aufweisen. Die Leistung der Vorwiderstände (Kohleschicht-Widerstände) darf bei Low-Current-LEDs bei ca. 0,1 Watt liegen, wenn die Versorgungsspannung höchstens 12 Volt beträgt. Manchmal sind jedoch ¼- oder ½-Watt-Kohleschicht-Widerstände preiswerter. Wenn es der Platz erlaubt, können sie selbstverständlich angewendet werden.

Wird für ein derartiges Vorhaben anstelle eines 6- ein 12-Volt-Akku verwendet, können statt der ursprünglichen 3 LEDs bis zu 7 LEDs pro Reihe angeschlossen werden *(Abb. 4.19)*. Ob die angewendeten LEDs in diesem Fall auch noch bei 7 Stück pro Kette ausreichend intensiv und ausgewogen leuchten, muss ausprobiert werden. Eine Vorselektion der LEDs ist manchmal ebenfalls erforderlich, denn nicht immer erhält hier der Kunde vorselektierte Ware – was bei einem günstigen Preis in Kauf genommen werden darf. Bei Bedarf kann eine ausreichend ausgewogene Lichtintensität einzelner LED-Reihen entweder durch unterschiedlich hohe Vorwiderstände oder eine unterschiedliche Anzahl der LEDs pro Reihe erzielt werden.

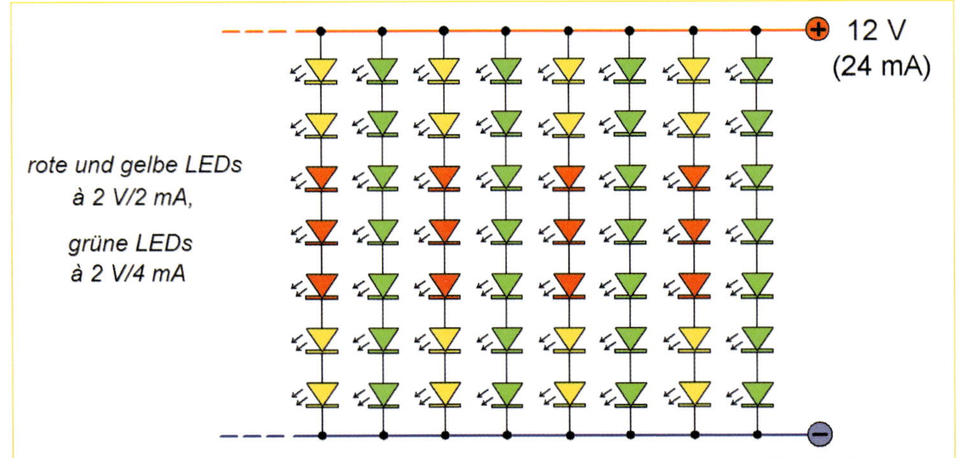

Abb. 4.19 – Wird eine höhere Versorgungsspannung verwendet, kann die Anzahl der LEDs pro Reihe entsprechend erhöht werden: Vorwiderstände können entfallen, wenn die Lichtintensität der Lichtsektionen ausgewogen bleibt.

4.4 Blinkende LED-Sektionen

Wir haben bereits am Buchanfang auf die blinkenden LEDs und auf einige interessante Anwendungsmöglichkeiten hingewiesen, bei denen z. B. eine „Blink-LED" bei Bedarf ganze LED-Ketten oder kleinere LED-Lichtfelder blinkend schalten kann. Möchte man größere LED-Segmente blinkend schalten oder ist eine einstellbare Blinkfrequenz erwünscht, kann anstelle der Blink-LED ein Blinker mit dem IC *NE 555* nach *Abb. 4.20* im Selbstbau erstellt werden. Das eingezeichnete Einstellpotentiometer *P* kann bei Bedarf (nach Austesten der Schaltung) durch einen festen Widerstand ersetzt werden. Der Wert des eingezeichneten Elkos (10 µF) kann bei Bedarf ebenfalls erhöht werden, wenn eine niedrigere Blinkfrequenz erwünscht ist.

Der Blinker kann z. B. an einer kleinen Experimentierplatine aufgebaut werden. Falls Sie mit solchen Arbeiten wenig Erfahrung haben, kann es Ihnen die Arbeit er-

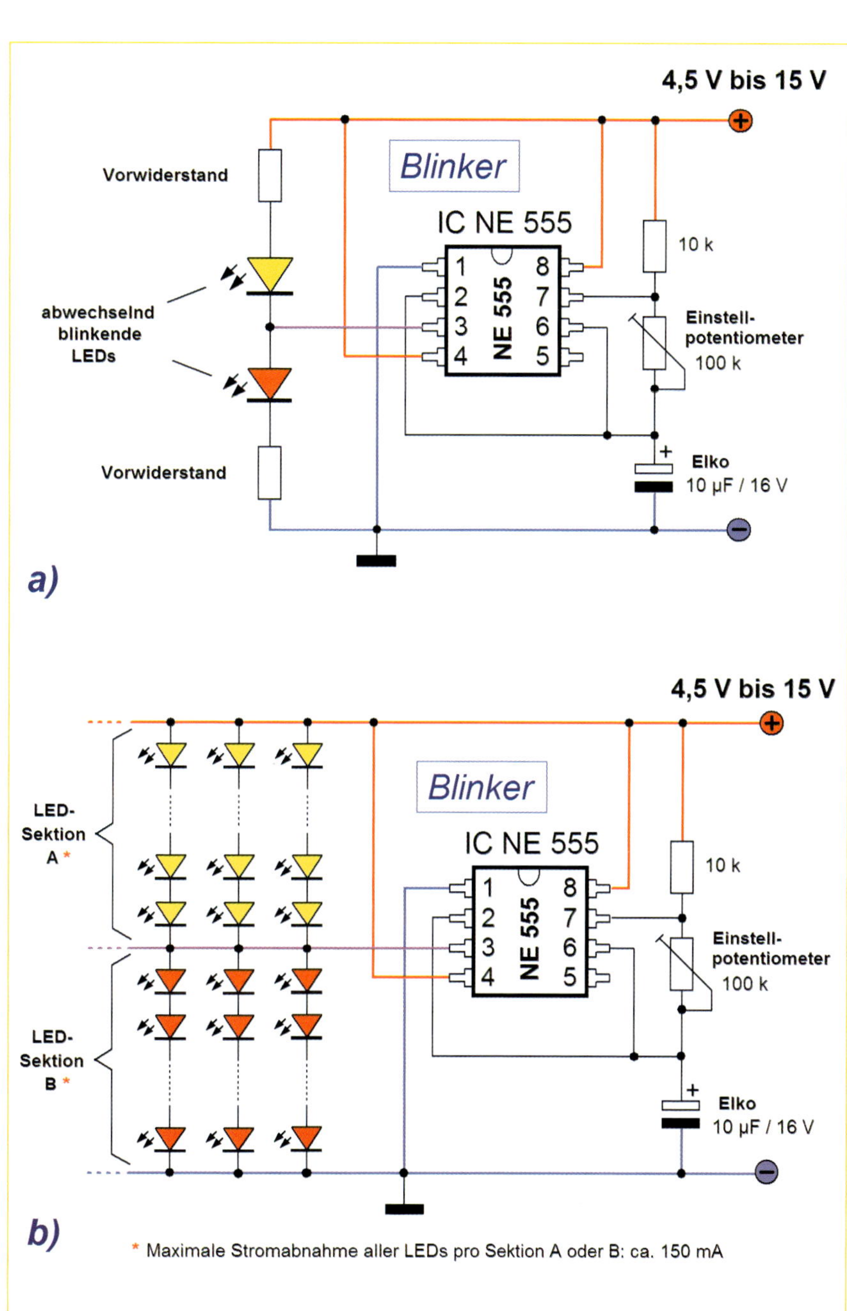

Abb. 4.20 – Leicht nachzubauende Schaltung eines einfachen Blinkers mit dem IC NE 555: a) mit zwei LEDs, b) mit mehreren LEDs (das IC ist in Ansicht von oben bildlich dargestellt).

4.4 Blinkende LED-Sektionen

leichtern, wenn Sie sich die Schaltung spiegelbildlich umzeichnen, damit Sie sich bei der Erstellung der Lötverbindungen an der Platinenrückseite leichter orientieren können.

Das IC NE 555 darf über seinen Pin 3 theoretisch einen Strom von maximal 200 mA schalten. Wir muten diesem IC in der Praxis aber höchstens einen Strom von max. 150 mA zu, da es sich ansonsten zu sehr aufheizt. Ist eine höhere Stromabnahme vorgesehen, als ein einziges IC verkraftet, können zwei oder auch mehrere solcher ICs einfach parallel (Pin zu Pin) verbunden werden. Der Widerstand, das Einstellpotentiometer (Einstellregler) und der Kondensator werden gemeinsam für alle ICs genutzt.

Abb. 4.21 zeigt ein praktisches Anwendungsbeispiel blinkender LED-Kreise. Im privaten Bereich können zwei (oder auch mehrere) solche konzentrischen Kreise bei einer Geburtstags- oder Jubiläumsfeier eine Zahl oder ein Bild hervorheben. Bei einer gewerblichen Anwendung können blinkende Umrandungen, Pfeile oder Zeilen einen Hinweis betonen oder als Blickfänger dienen.

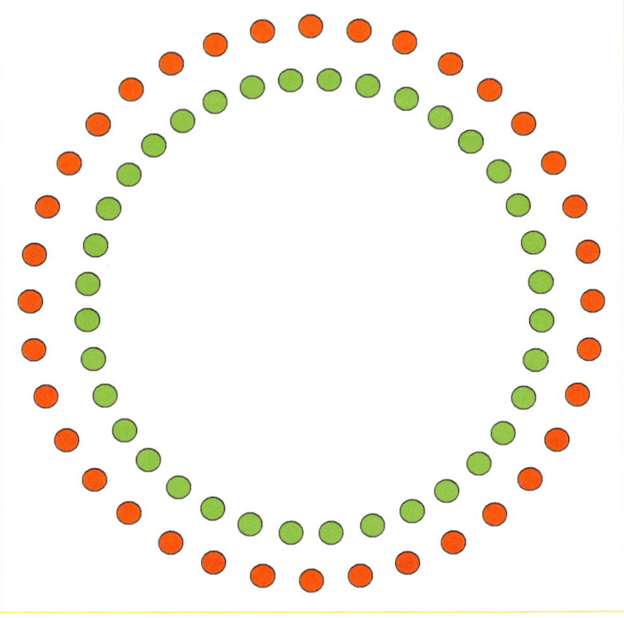

Abb. 4.21 – Zwei blinkende LED-Kreise können z. B. bei einer Geburtstags- oder Jubiläums-Feier eine Zahl oder ein Bild hervorheben.

Hinweis

Als kompatibel zu diesem bipolaren IC wird in manchen Schaltplänen seine modernere CMOS-Alternative der Type *ICM 7555* angeboten. Dieses IC hat zwar die gleiche Pinbelegung, aber sein Pin 3 verkraftet theoretisch nur einen *Ausgangsstrom* von maximal 100 mA und ist zudem, im Vergleich zum NE 555, fürs Experimentieren zu empfindlich. Für eine bescheidene Stromabnahme von z. B. max. 75 mA ist es jedoch geeignet.

4.5 LED-Solar-Hausnummer im Selbstbau

Wir haben bereits am Buchanfang eine LED-Hausnummer angesprochen, deren Ziffern aus einzelnen LEDs zusammengestellt werden können. In dem Beispiel wurden grüne LEDs angewendet, da sie auch tagsüber vor einem hellen Hintergrund gut sichtbar sind. Das Gleiche würde auch für rote oder blaue LEDs zutreffen, wobei blaue LEDs teuer und in Low-Current-Ausführung nicht erhältlich sind. Übrig blieben für solche Anwendungen noch gelbe LEDs. Wenn sie z. B. einen blauen Hintergrund erhalten, sind sie auch tags-

Abb. 4.22 – Zwei Ausführungsbeispiele handelsüblicher Solar-Hausnummern (Fotos/Anbieter: Reichelt Elektronik und Westfalia).

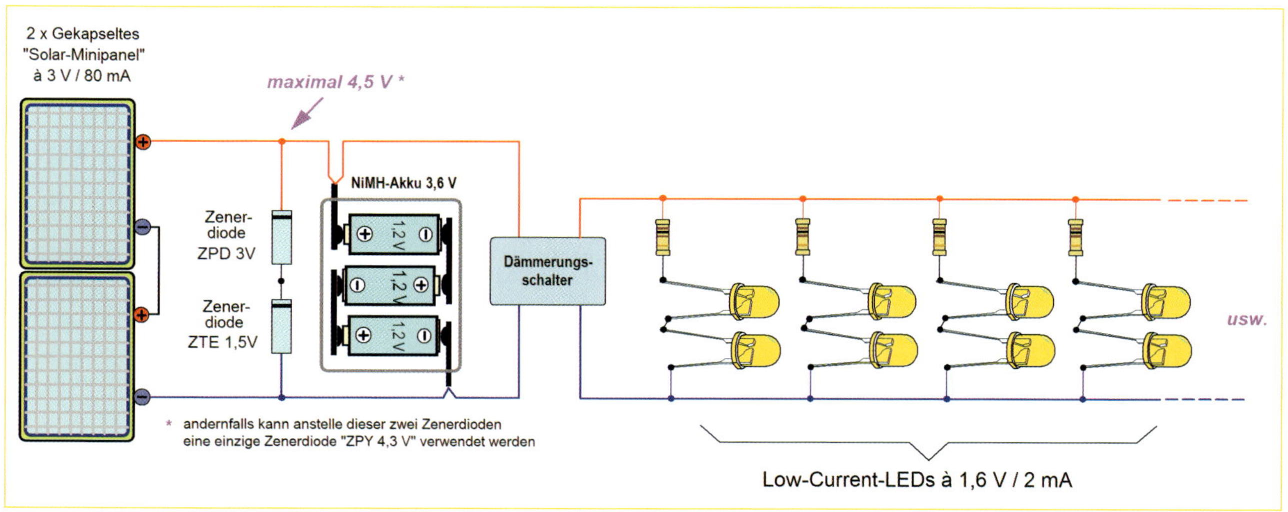

Abb. 4.23 – Schaltung einer einfachen solarelektrischen Selbstbau-Hausnummer.

4.5 LED-Solar-Hausnummer im Selbstbau

über gut sichtbar und haben in der Low-Current-Ausführung bei einer Stromabnahme von weniger als 2 mA oft eine höhere Lichtstärke als beispielsweise die roten oder grünen LEDs.

Um den Speicherakku kleinhalten zu können, bietet sich eine Versorgungsspannung von 3,6 Volt (3 NiMH-Akkus à 1,2 V in Reihe) an. Mit dieser Spannung können je zwei Low-Current-LEDs in Reihe betrieben werden, die für eine Versorgungsspannung (U_F) von 1,6 bis 2 Volt ausgelegt sind. Oft kann vor jedes solches LED-Duo auch noch ein kleiner Vorwiderstand eingelötet werden, um den Strombedarf etwas zu reduzieren – sofern die Lichtintensität noch ausreichend stark bleibt.

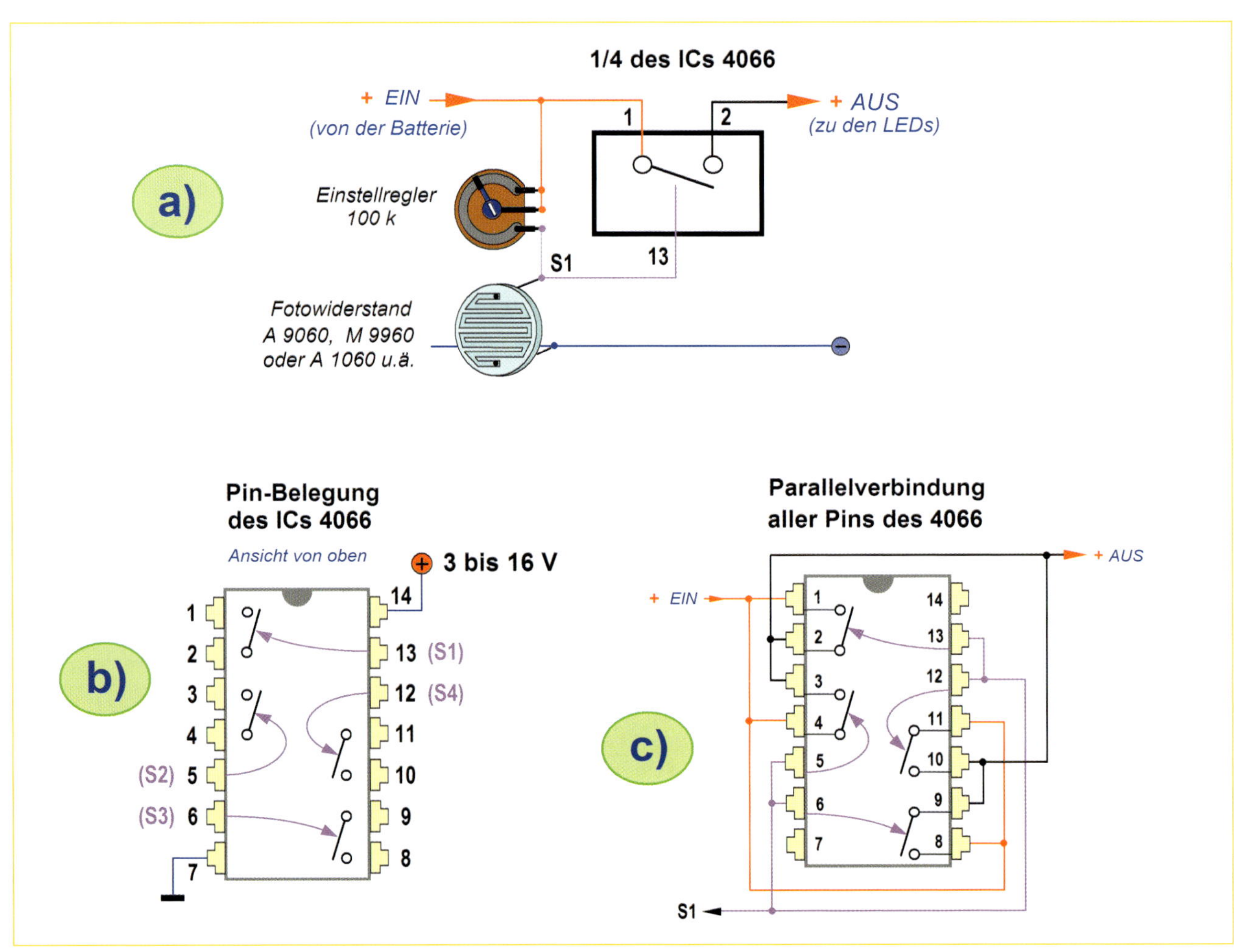

Abb. 4.24 – Schaltung eines einfachen Selbstbau-Dämmerungsschalters.

4.5 LED-Solar-Hausnummer im Selbstbau

Abb. 4.23 zeigt das Beispiel einer Hausnummer mit solarelektrischer Stromversorgung. Einen einfachen Selbstbau-Dämmerungsschalter, der für diese Anwendung geeignet ist, finden Sie in *Abb. 4.24*.

Der in *Abb. 4.24a* aufgeführte Dämmerungsschalter macht Gebrauch von dem CMOS-Schalt-IC *4066*.

In diesem IC befinden sich vier selbstständige elektronische Schalter *(Abb. 4.24b)*. Jeder dieser Schalter hat einen eigenen Steueranschluss *(S1 bis S4)*. Wird an einen dieser Anschlüsse (Pins 5, 6,12 und 13) eine ausreichend hohe positive Spannung angelegt, schaltet der zuständige elektronische Schalter seinen *elektronischen Kontakt* ein und bleibt eingeschaltet, solange die positive Spannung an seinem Steueranschluss erhalten bleibt. Genaugenommen bleibt er so lange eingeschaltet, wie die Steuerspannung etwas über der Hälfte der Versorgungsspannung des IC liegt. Sinkt die Steuerspannung unter die Hälfte der Versorgungsspannung des IC, schaltet der elektronische Schalter ab.

Für ein eventuelles Beschnuppern der Funktion dieses IC können Sie sich eine Versuchsschaltung nach *Abb. 4.25* erstellen und durch langsames Drehen an dem 100-kΩ-Einstellregler die Einschaltschwelle ermitteln.

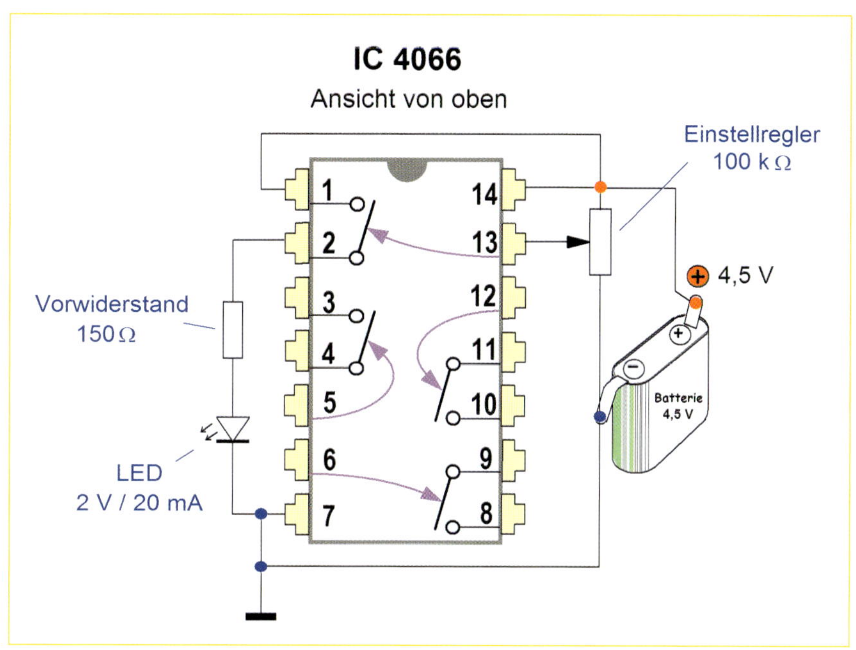

Abb. 4.25 – Einfache Versuchsschaltung mit dem IC 4066.

Wird anstelle dieses einen Einstellreglers der Steuereingang (Pin 13/S1) an einen *Spannungsteiler* angeschlossen, der nach *Abb. 4.24a* aus einem Einstellregler (oben) und einem *Fotowiderstand* (unten) besteht, fungiert die Schaltung ähnlich wie die in *Abb. 4.25*. Der ohmsche Wert des Fotowiderstands liegt tagsüber (belichtet) bei einigen hundert Ohm und bei Einbruch der Dämmerung erhöht sich er sich auf einige hundert Kilo-Ohm. Sobald der ohmsche Widerstand des Fotowiderstands höher wird als der Widerstand, der am Einstellregler eingestellt ist, schaltet das IC die an ihn angeschlossene(n) LED(s) ein. Das optimale Einstellen des Einstellreglers hängt von der Type des angewendeten Fotowiderstands ab und wird experimentell vorgenommen.

Während der ersten Experimente mit dieser Schaltung kann der Fotowiderstand durch Abdecken mit einem Tuch abgedunkelt werden, wobei er den Schaltvorgang auslöst.

4.5 LED-Solar-Hausnummer im Selbstbau

Jeder der elektronischen Schalter des IC 4066 darf maximal einen Strom von 25 mA schalten. Da in diesem IC vier solche Schalter zur Verfügung stehen, kann man sie alle, nach *Abb. 4.24c,* miteinander durchverbinden, womit sich der max. zulässige Schaltstrom des IC theoretisch auf 100 mA erhöht. In der Praxis werden wir das IC jedoch schonend nur mit einem Strom von maximal ca. 75 bis 80 mA belasten. Bei Bedarf können zwei oder auch mehrere dieser preiswerten ICs parallel zu dem ersten IC angeschlossen werden, womit sich der maximal zulässige Schaltstrom theoretisch um weitere ca. 100 mA, praktisch um weitere ca. 75 bis 80 mA erhöht.

Hausnummern, die sich aus einzelnen LEDs zusammensetzen, sind zwar in der Dunkelheit hervorragend sichtbar, eignen sich jedoch bevorzugt für einstellige oder zweistellige Zahlen, in denen zumindest eine der Ziffern eine „1" ist. Ansonsten wird eine solche Hausnummer zu einem „Stromfresser", der vor allem während der trüberen Jahreszeit einen relativ großen Speicherakku und eine angemessen große Solarzellenfläche beansprucht.

Aus dieser Sicht sind Hausnummern vorteilhafter, bei denen – ähnlich den „professionellen" Ausführungsbeispielen in *Abb. 4.22* – nur der Hintergrund mit LEDs beleuchtet ist.

Für den Selbstbau sind die Ziffern sowie Plexiglas-, Makrolon-, oder ähnliche Kunststoffplatten in Läden für Bastelbedarf erhältlich. Die Hausnummer wird dann auf eine Kunststoffplatte aufgeklebt, die gut lichtdurchlässig aber nicht durchsichtig ist, denn die LEDs der Hintergrundbeleuchtung sollen nicht sichtbar sein. Es bleibt dabei im Ermessen des „Erbauers", ob er die aufgeklebte Nummer z. B. noch mit einer zweiten schützenden, transparenten Plexiglasplatte schützt oder ob er in Kauf nimmt, dass er jeweils nach einigen Jahren die alten selbstklebenden Nummern durch neue ersetzt.

Das eigentliche solarelektrische Konzept (Abb. 4.25) richtet sich vor allem nach dem Spannungsbedarf der vorgesehenen LEDs. Die Zahl der benötigten LEDs kann zwischen zwei und ca. sechs LEDs liegen – je nach Abstrahlwinkel und Lichtstärke.

Um die Tiefe der Hausnummer möglichst gering zu halten, werden zu solchem Zweck bevorzugt Leuchtdioden mit einem möglichst großen Abstrahlwinkel genommen – vorausgesetzt, man verwendet für die Hintergrundbeleuchtung nicht zahlreiche *Low-Current-LEDs.* Die Ausgewogenheit der Lichtverteilung und der Energiebedarf spielen bei einem individuellen Entwurf der Hausnummer eine wichtige Rolle.

Die Ansprüche an die Intensität der Ausleuchtung einer Hausnummer dürften oft abhängig vom Standort und der ihn umgebenden Straßenbeleuchtung sein. An einem wenig beleuchteten Standort ist auch eine relativ schwach leuchtende Hausnummer besser sichtbar als in einer Straße, in der die Straßenbeleuchtung zu dominant ist. Zudem benötigt eine einstellige Hausnummer weniger Hintergrundbeleuchtung als z. B. eine dreistellige. Meist reichen aber dennoch zwei bis drei LEDs mit einem Abstrahlwinkel von z. B. 120° für diesen Zweck aus. Wird die Versorgungsspannung möglichst niedrig gehalten, vereinfacht es die solarelektrische Stromversorgung.

Wir haben daher für diese Bauanleitung nach LEDs Ausschau gehalten, die sich sowohl mit einer möglichst niedrigen Versorgungsspannung (U_F) als auch mit niedrigem Strom (I_F) zufriedengeben, zudem einen möglichst breiten Abstrahlwinkel haben und eine angemessen hohe Lichtstärke aufbringen. Diese Eigenschaften bieten z. B. die *PLCC-Ultrabright-LEDs* von *Everlight* (Anbieter Conrad Electronic) in den Farben gelb, gelbgrün und grün. Sie benötigen nur eine Versorgungsspannung (U_F) von 2 Volt, einen niedrigen Strom (I_F) von 20 mA und weisen dabei eine Lichtstärke (I_V) von

200 mcd (Farben gelb und gelbgrün) bis 900 mcd (Farbe grün) bei einem Abstrahlwinkel von 120° auf. Sie sind mit ihren Abmessungen von 3,5 x 2,8 x 1,8 mm (L × B × H) zwar winzig, lassen sich aber dennoch mit einem normalen kleineren Lötkolben gut löten.

Drei solche LEDs kann unser Dämmerungsschalter aus *Abb. 4.24* zuverlässig schalten. Es wird zu diesem Zweck nur ein IC *4066* benötigt, bei dem seine vier elektronischen Schalter (Porten) parallel nach dem Beispiel aus *Abb. 4.24c* verbunden werden. Die ganze Schaltung einer solchen Solar-Hausnummer zeigt *Abb. 4.26*.

Der optimale ohmsche Wert des Vorwiderstands kann am besten mithilfe eines Einstellreglers und eines Milliamperemeters nach dem Beispiel aus *Abb. 4.18* gefunden werden. Während dieses Messvor-

Hinweis

Anstelle der in *Abb. 4.26* eingezeichneten Zenerdiode *ZPY 7,5 V* können auch zwei Dioden in Reihe (z. B. eine ZPY 4,3V und eine ZPD 3 V) verwendet werden, damit die Ladespannung durch eine zu hohe „Plus-Toleranz" der *ZPY 7,5 V* die Schwelle von 7,5 Volt nicht überschreitet.

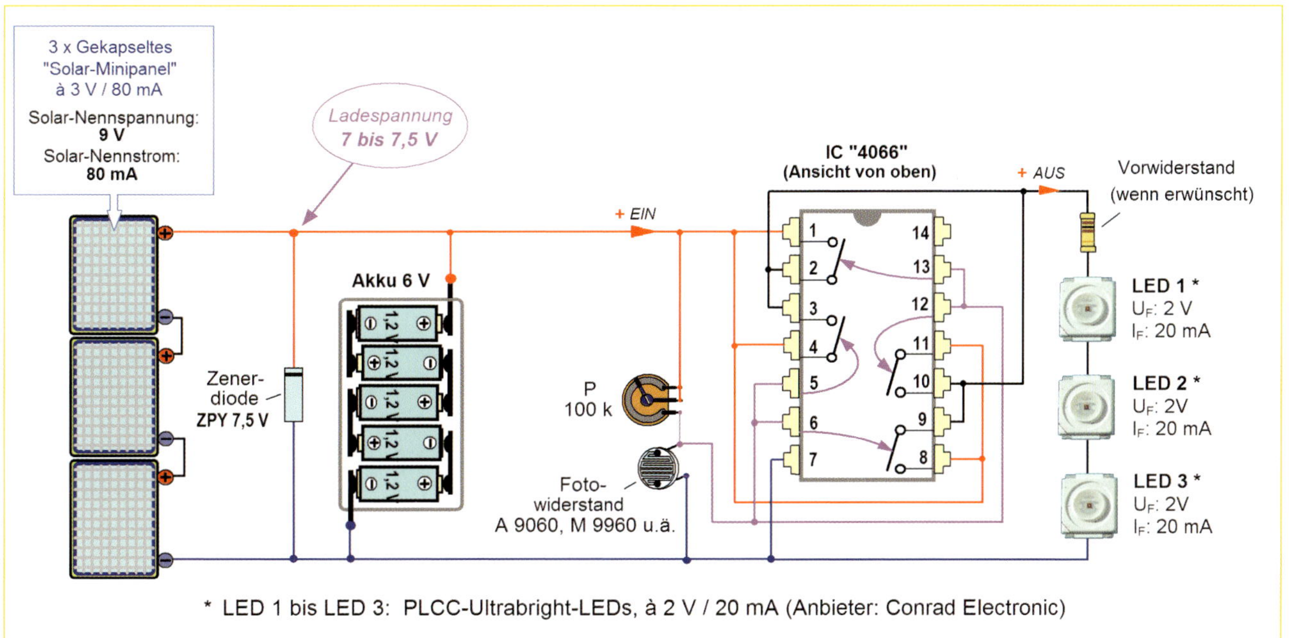

Abb. 4.26 – Selbstbauschaltung einer Solar-Hausnummer mit drei SMD-Leuchtdioden, die für eine Versorgungsspannung (U_F) von 2 Volt und einen niedrigen Strom (I_F) von 20 mA ausgelegt sind (zum Thema Vorwiderstand siehe Buchtext).

4.5 LED-Solar-Hausnummer im Selbstbau

gangs sollte die angewendete Batterie voll aufgeladen sein. Es bleibt dabei im persönlichen Ermessen, ob der LED-Strom nur nach subjektiv gewählter „ausreichender" Lichtstärke z. B. nur auf 16 mA eingestellt wird oder ob man ihn einfach annähernd auf den vollen I_F von z. B. 19 bis 20 mA einstellt.

Bleibt noch die Frage der optimalen Akkukapazität: Sie hat einen wichtigen Stellenwert, denn die Hausnummer soll selbstverständlich auch während der sonnenarmen Jahreszeit zuverlässig leuchten – was bei einigen der handelsüblichen Hausnummern nicht unbedingt gelingt. Das sehen wir uns nun genauer an:

Die drei LEDs beziehen von dem Akku einen Strom von bis zu 20 mA. Wir können den Strom der LEDs auf ca. 15 bis 18 mA einstellen und einen Vorwiderstand einlöten, wenn die Lichtstärke der Hintergrundbeleuchtung zufriedenstellend hoch bleibt. Da jedoch der geringfügige Stand-by- und Vollbetriebs-Stromverbrauch des IC 4066 nicht ganz außer Acht gelassen werden darf, können wir mit einem Verbrauch von ca. 20 bis 21 mA (= 0,02 bis 0,021 A) für die ganze Elektronik rechnen.

Eine gute Planungsgrundlage sollte vor allem die Monate Dezember und Januar einbeziehen, denn da sind die Nächte lang und der Nachschub an Sonnenenergie ist unzuverlässig. „Sehr lange Nächte" beschreibt allerdings nicht die Zeitspanne, während der die Hausnummer leuchten sollte. Wir sehen daher im Kalender nach, wie es z. B. am 24. Dezember mit dem Sonnenaufgang und Sonnenuntergang konkret aussieht. Da steht „Sonnenaufgang 8:25, Sonnenuntergang 16:17". Demnach gibt es das Tageslicht an diesem Tag nur etwa 8 Stunden lang und die Hausnummer müsste somit etwa 16 Stunden pro Tag leuchten.

Wir rechnen nun weiter: 16 Stunden × 0,021 A = 0,336 Ah an Energieverbrauch pro Tag.

Nun wäre hier noch die Frage, wie viele Tage im Dezember oder Januar sich die Sonne ohne eine Unterbrechung hinter den Wolken versteckt. Laut Statistik könnte es bei etwas Pech zwei bis drei Wochen dauern. Zwar nicht unbedingt jedes Jahr, aber immerhin ...

Jetzt haben wir die Wahl: Wir können die Akkukapazität entweder nur für zwei oder gleich für drei Wochen dimensionieren.

Für zwei Wochen wären es 14 × 0,336 Ah = **4,7 Ah**

Für drei Wochen wären es 21 × 0,336 Ah = **7,06 Ah**

Für einen zweiwöchigen Betrieb müssten wir z. B. fünf NiMH-Mono-Akkus (D) à **1,2 V/5 Ah** (5000 mAh), für einen dreiwöchigen Betrieb fünf NiMH-Mono-Akkus (D) à **1,2 V/8 Ah** (8000 mAh) anwenden.

Eine kostengünstige Lösung ermöglicht eine Hintergrundbeleuchtung, für die nur zwei der vorher beschriebenen LEDs angewendet werden. Als kostengünstiger Speicher der Solarspannung bietet sich hier ein 4-Volt-Bleiakku an. Im Katalog von Conrad Electronic ist ein 4-Volt-Bleiakku zu finden, aber seine Kapazität beträgt nur 3,5 Ah. Durch die Anwendung von nur zwei der beschriebenen LEDs sinkt zwar – durch die niedrigere Versorgungsspannung – der Leistungsverbrauch, nicht aber der Stromverbrauch. So bleiben wir weiterhin an der vorhergehenden Berechnung der Akkukapazität hängen. Die Einsparung entsteht nur durch die Anwendung der kostengünstigeren Bleiakkus.

Die hier angesprochenen 4-Volt-Bleiakkus (Conrad Electronic, Bestellnummer 25 40 10) haben kleine Abmessungen von 90 × 34 × 60 mm (B × T × H) und daher können in dem Gehäuse der Hausnummer problemlos zwei dieser Akkus untergebracht und nach *Abb. 4.27* parallel verbunden werden. Damit verdoppelt sich die Akkukapazität auf 7 Ah.

Abb. 4.27 zeigt die nachbauleichte Schaltung einer Solar-Hausnummer, in der für die Hintergrundbeleuchtung nur zwei LEDs angewendet werden. Wir haben bei diesem Beispiel die ursprünglichen drei *Solar-Mini-*

panels beibehalten, um auch während der trüberen Jahreszeit zumindest ab und zu eine einigermaßen brauchbare Solar-Ladespannung zu erhalten. Aus dieser Sicht dürften auch bei der Lösung nach Abb. 4.26 eventuell vier, anstelle der drei eingezeichneten Solar-Minipanels verwendet werden bzw. die Nennspannung der Minimodule kann z. B. mit einigen zusätzlichen gekapselten Solarzellen etwas erhöht werden.

Die in *Abb. 4.27* eingezeichnete Zenerdiode *ZPY 4,3 V* könnte durch die bereits angesprochene Toleranzstreuung bei etwas Glück eine höhere Ladespannung von z. B. 4,4 Volt an den Akku durchlassen. Anstelle dieser einzigen Zenerdiode können auch zwei Zenerdioden der Type *ZTE 1,5 V* und *ZPD 3,0 V* in Reihenschaltung die Spannung auf die genauen 4,5 V begrenzen. Diese Lösung dürfte jedoch eine Vorselektion erfordern, da andernfalls durch die *Plus-Toleranz* der tatsächlichen Zenerdioden-Sperrspannungen die Ladespannung zu hoch werden könnte. Sorgfältiges Messen mit einem zuverlässigen Multimeter ist hier angesagt.

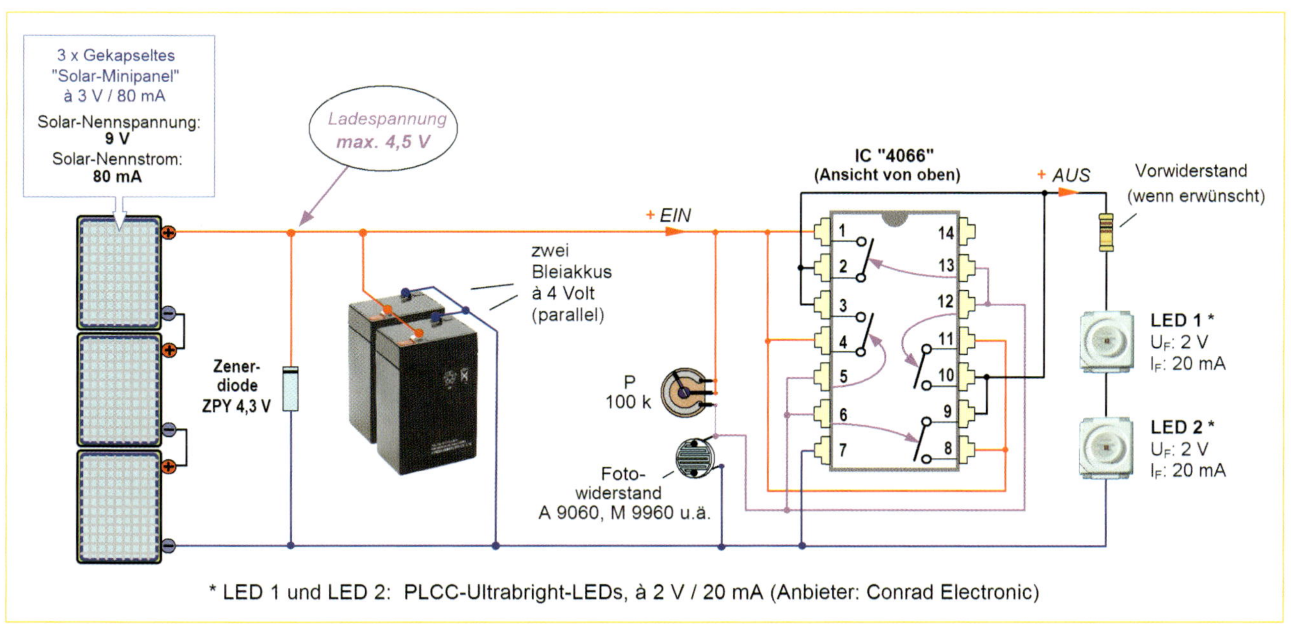

Abb. 4.27 – Selbstbauschaltung einer Solar-Hausnummer mit zwei superhellen SMD-Leuchtdioden, die für eine Versorgungsspannung (U_F) von 2 Volt und einen niedrigen Strom (I_F) von 20 mA ausgelegt sind (zum Thema Vorwiderstand siehe Buchtext).

4.6 Außenbeleuchtung mit LEDs

LED-Gartenleuchten gibt es zwar als Fertigprodukte in vielen Ausführungen, aber in die meisten dieser Leuchten sind bereits Solarzellen und Akkus integriert. Sowohl die Solarzellen als auch die Akkus sind aber meist zu begrenzt dimensioniert. Wie wir bereits an anderer Stelle erwähnt haben, stellen daher solche Leuchten zwar eine hübsche Gartendekoration dar, aber das ist dann auch alles, denn sie leuchten oft nur in Nächten, vor denen es tagsüber ausreichend Sonnenschein gegeben hat.

Für eine zuverlässige Außenbeleuchtung eignen sich solche Leuchten daher bestenfalls dann, wenn man sie erst eigenhändig entsprechend nachrüstet bzw. umbaut. Sofern ihre ursprüngliche Lichtstärke für den vorgesehenen Zweck ausreicht, benötigen sie einen größeren Akku und eine ebenfalls größere Solarzellenleistung. Sie können sich jedoch auch nur eine LED-Leuchte ohne Solarzellen und ohne Akku kaufen und die solarelektrische Stromversorgung selbst in die Hand nehmen. Auf den Spannungsbedarf, die Anzahl und die Abnahmeleistung der Leuchten werden dann Akkuspannung, und -kapazität abgestimmt und auf den Akku wird das Solarmodul angepasst. Der ganze Planungsvorgang verläuft nach demselben Schema, wie bei den vorher beschriebenen LED-Solar-Hausnum-

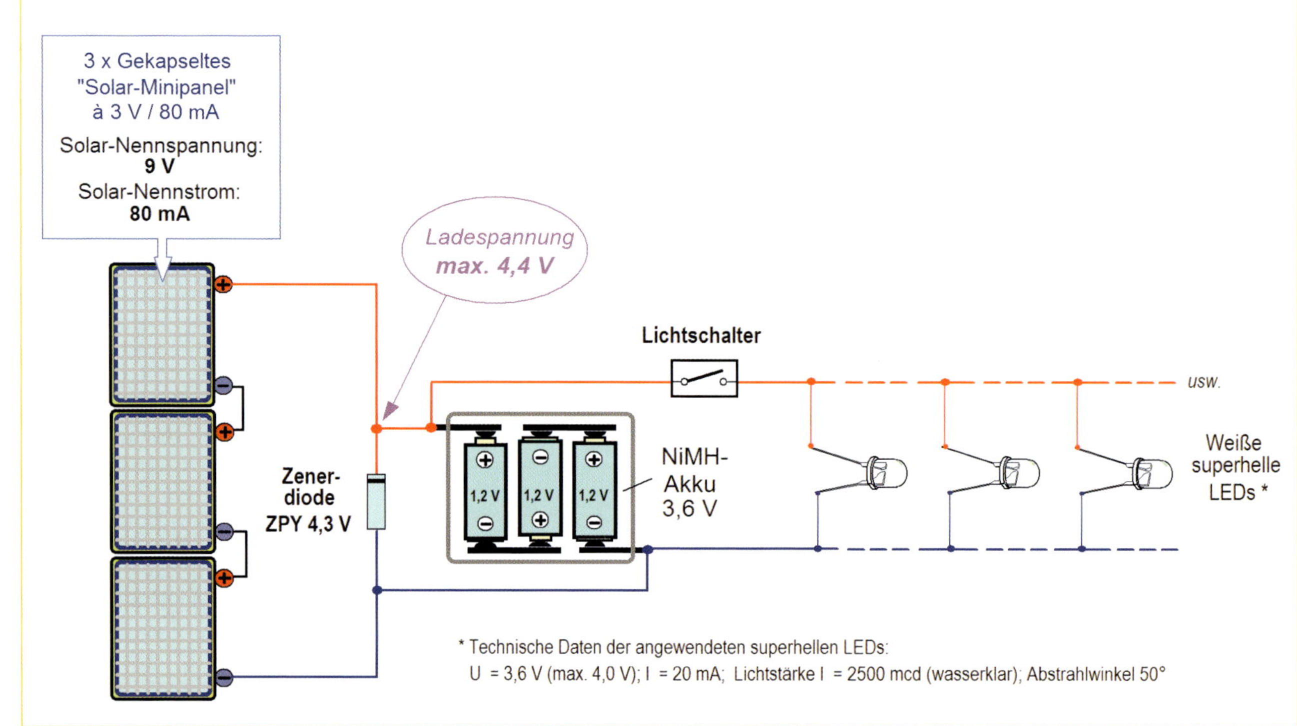

Abb. 4.28 – Eine kostengünstige Außenbeleuchtung kann mit einzelnen *kahlen* LEDs erreicht werden.

mern. Nur die Dimension des Anliegens ist hier unter Umständen etwas aufwendiger.

Ist es erwünscht, dass eine Außenbeleuchtung ausreichend intensiv das ganze Jahr jeweils die ganze Nacht zuverlässig leuchtet, ist eine Lösung mit solarelektrischer Stromversorgung nur dann ratsam, wenn kein Stromanschluss an das öffentliche Netz vorhanden ist. Gute Energiesparlampen, die für Netzspannung ausgelegt sind, haben einen ähnlich niedrigen, manchmal sogar einen noch geringeren Stromverbrauch als die momentan besten LEDs. Da eine solarelektrische Spannungsversorgung ziemlich kostspielig werden kann, verdient die Netzspannung den Vorrang – sofern es die Umstände erlauben. Anderseits entfallen wiederum bei einer kabellosen solarelektrischen Außenbeleuchtung die Stromzuleitungen und eventuell auch die damit verbundene Verwüstung eines bereits angelegten Gartens. Solche Argumente sprechen wiederum für die solarelektrische Stromversorgung.

Der erste Planungsschritt bei einer Solar-Außenbeleuchtung beginnt mit der Wahl der passenden Leuchten. Der Abstrahlwinkel ist bei den meisten LED-Leuchten bekanntlich schmal und sie müssen daher so aufgestellt werden, dass die Beleuchtung nicht nur aus einigen „Lichtflecken" besteht, zwischen denen es finster ist. Dieses Problem kann z. B. dadurch gelöst werden, dass entlang eines Gartenwegs oder einer Gartentreppe einzelne superhelle LEDs nach dem Prinzip aus *Abb. 4.28* als LED-Ketten angebracht werden. Die Kapazität des angewendeten Akkus richtet sich nach der Anzahl der LEDs und nach den vorgesehenen Anwendungs-Zeitspannen.

Planungsbeispiel

Für die Beleuchtung einer Außentreppe, die von der Eingangstür am Gartenzaun zur Haustür führt, sind 15 superhelle *20 mA*-LEDs vorgesehen. 25 × 20 mA = 500 mA (= **0,5 A**) an Strombedarf für alle LEDs.

Die Einschaltdauer dürfte voraussichtlich eine Stunde pro Woche bzw. 3 Stunden pro drei Wochen betragen. Die drei Wochen berücksichtigen wir bei dieser Planung im Hinblick darauf, dass sich während der Wintermonate die Sonne möglicherweise drei Wochen lang nicht zeigt. 3 Std. × 0,5 A = 1,5 Ah. Die Kapazität des angewendeten NiMH-Akkus dürfte in diesem Fall zwischen ca. 1,8 Ah und 2 Ah betragen.

Die kleinen Solarpanels werden zwar während der Wintermonate nur ausnahmsweise einen Ladestrom von den theoretischen 80 mA liefern können, wohl aber einen Ladestrom von ca. 40 bis 70 mA. Würde an einem Wintertag die Sonne z. B. 5 Stunden lang scheinen, kann der Speicherakku um etwa 0,2 Ah bis 0,35 Ah nachgeladen werden. Der wöchentliche Energieverbrauch, (beim Speicherakku *Kapazitätsverbrauch)*, beträgt nur 0,5 Ah und kann somit theoretisch innerhalb von ca. 7 bis 12,5 Sonnenstunden nachgeladen werden. Und praktisch? Da wir bei der Solar-Nennspannung der angewendeten Module großzügig waren, wird der Akku teilweise auch an trüben, aber relativ hellen Wintertagen solarelektrisch geladen. Der Ladestrom wird dann mit 5 bis 10 mA zwar nur gering sein, aber es hilft, die sonnenarmen Monate des Jahres zu überbrücken, und die Beleuchtung wird nicht ausfallen, weil der Akku wetterbedingt zu tief entladen ist.

4.6 Außenbeleuchtung mit LEDs

Bemerkung: Eine Erhöhung der Modul-Nennspannung um bis zum Doppelten der benötigten Ladespannung hilft kleinen Solaranlagen die sonnenarmen Wintermonate leichter zu überbrücken. Der Kostenaufwand hält sich dabei in zumutbaren Grenzen. Bei größeren Solaranlagen kann jedoch diese an sich sinnvolle Methode zu einem zu teuren Luxus werden. Eine Erhöhung der Akkukapazität bietet sich dann als eine kostengünstigere Lösung an.

Eine aufwendigere Außenbeleuchtung benötigen vor allem diverse Schrebergarten- oder Wochenendhäuser, die über keinen Netzanschluss verfügen. Eine LED-Beleuchtung passt sich bei solchen Objekten an die bestehende zentrale solarelektrische Stromversorgung an, die meist ihre Energie von einem größeren Solarmodul bezieht und in einem ebenfalls größeren 12-Volt-Akku speichert. Wie *Abb. 4.29* zeigt, versorgt solch eine Solaranlage mehrere Solarverbraucher und muss dementsprechend dimensioniert sein. Die LED-Leuchtkörper werden dann bevorzugt auf die einheitliche Versorgungsspannung der Solaranlage angepasst.

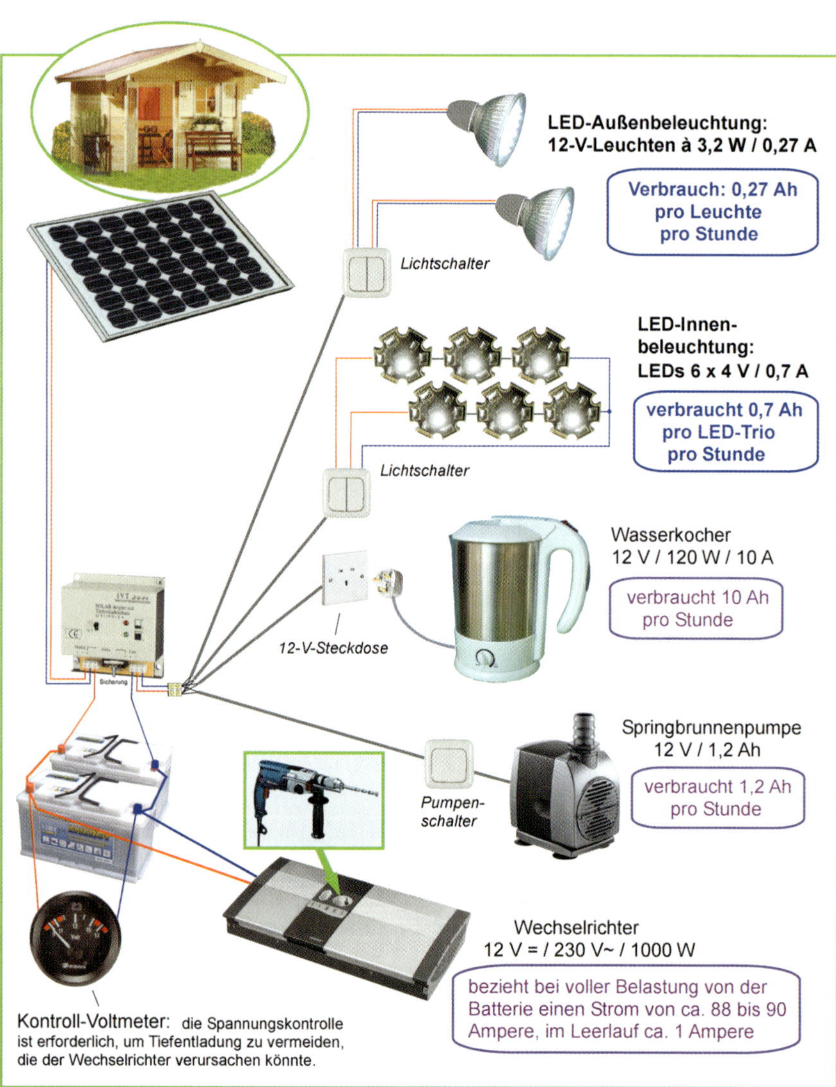

Abb. 4.29 – Beispiel einer größeren Solaranlage, die, neben der Beleuchtung, weitere Solarverbraucher versorgt.

4.7 Timer für die Außenbeleuchtung

Ist es erwünscht, dass eine LED-Außenbeleuchtung jeweils nur für eine kurze Dauer eingeschaltet bleibt, kann dies mit einem Selbstbau-Timer nach *Abb. 4.30* oder *4.31* bewerkstelligt werden. Gedacht wird dabei z. B. an ein automatisches Einschalten der Außenbeleuchtung, das ein Zungenschalter (Reed-Schalter) an der Gartentür, ein Trittmatten-Schalter vor der Haustür oder ein Einbruchsschutz-Schalter (Stolperschalter, Neigungsschalter) im Garten auslöst. Es sollte sich dabei um einen Schalter handeln, der bevorzugt nur einen kurzen Einschaltimpuls an das Schalt-IC 4066 des Timers gibt (also nicht um einen Schalter, der nach der Betätigung eingeschaltet bleibt). Zudem sollte dieser Schalter bzw. Taster so angeordnet werden, dass er z. B. an einer Gartentür nur beim Öffnen, nicht aber beim Schließen der Tür den Timer aktiviert. Anstelle des Schalters kann als „Einschaltimpuls-Geber" u. a. auch ein Fotowiderstand oder eine Fotodiode angewendet werden, die z. B. von der Auto-Lichthupe an der Garageneinfahrt aktiviert wird.

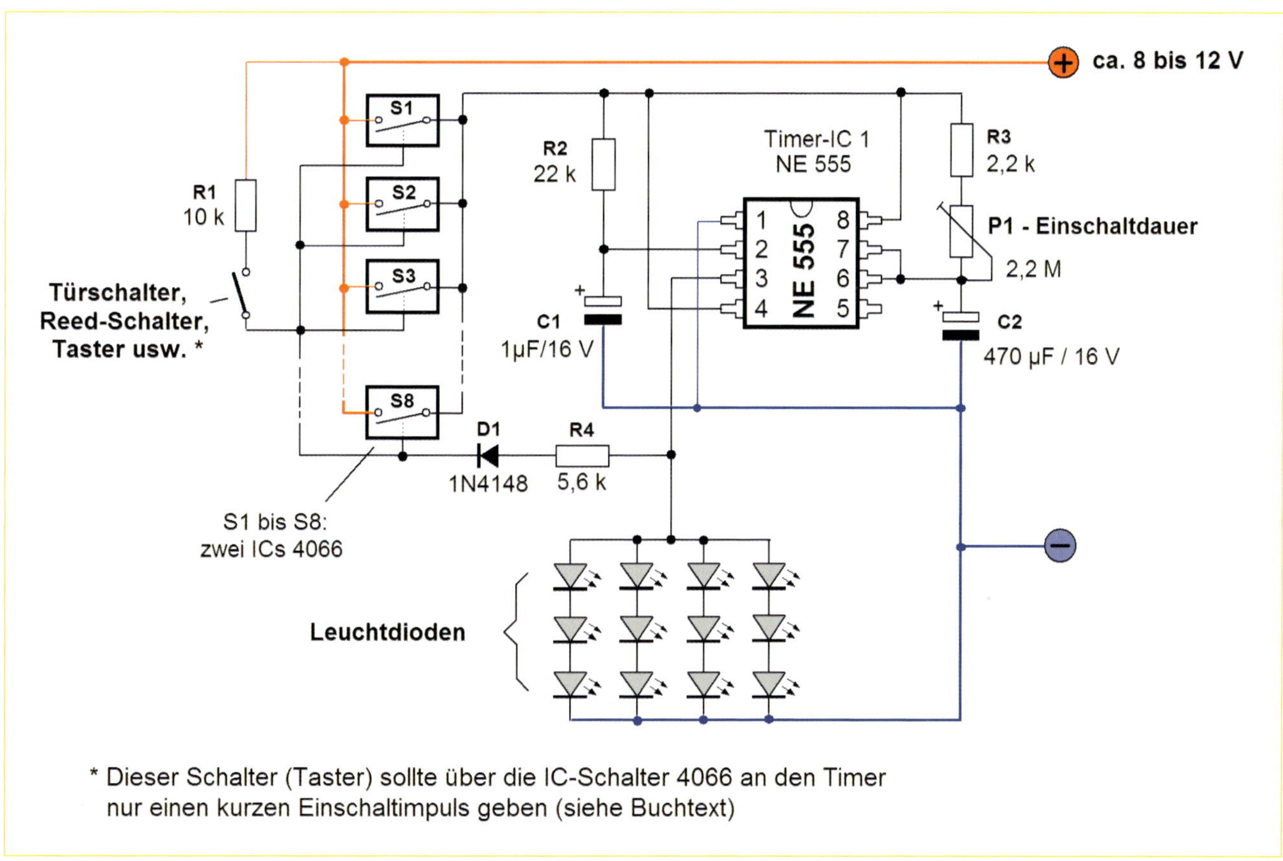

Abb. 4.30 – Ein Selbstbau-Timer für die Außenbeleuchtung

4.7 Timer für die Außenbeleuchtung

Bei der Lösung nach *Abb. 4.30* fungiert direkt das Timer-IC NE 555 als ein elektronischer Schalter für die LED-Beleuchtung. Der von den LEDs bezogene Strom darf hier jedoch das Timer-IC nicht überstrapazieren und sollte ca. 150 mA nicht überschreiten. Einen weiteren Nachteil bildet bei dieser Lösung der relativ hohe interne Spannungsverlust in dem IC NE 555. Diese Nachteile entfallen, wenn für das Schalten der LED-Beleuchtung ein zusätzliches elektromagnetisches Relais nach *Abb. 4.31* angewendet wird.

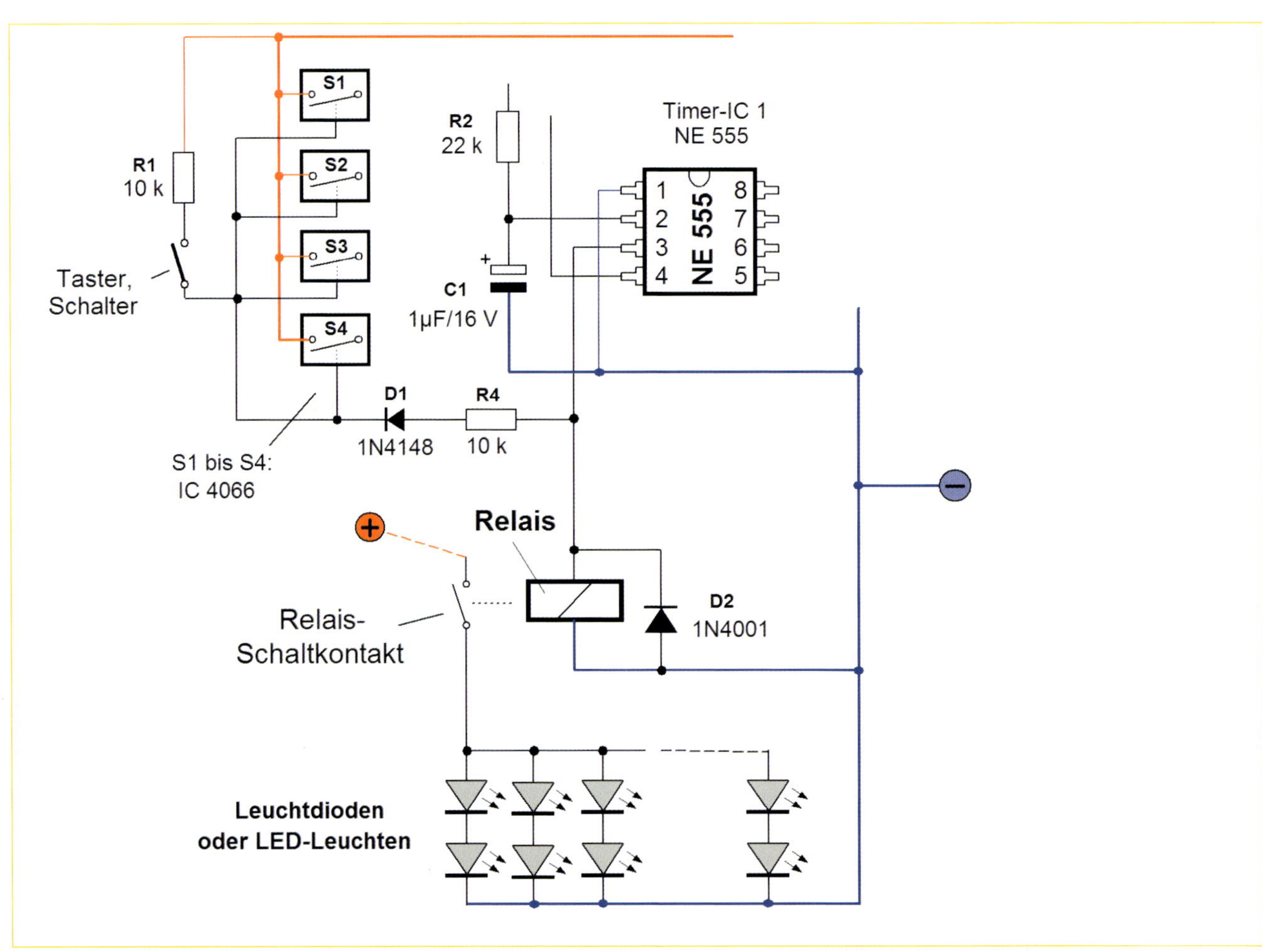

Abb. 4.31 – Wird der Timer aus der vorhergehenden Abbildung mit einem elektromagnetischen Relais nachgerüstet, kann dieses – je nach der Dimensionierung seines Schaltkontaktes – auch kräftigere LED-Leuchten schalten. Hier ist nur ein IC der Type 4066 erforderlich.

4.8 Leitungen für die Beleuchtung

Da für die LED-Beleuchtung niedrige Spannungen verwendet werden, droht hier nicht die Gefahr einer Verletzung durch elektrischen Strom und somit gibt es auch keinen Vorschriftszwang, nach dem man sich bei der Wahl der passenden Leitungen richten müsste. Die Tatsache, dass auch niedrige Spannungen Funken erzeugen, sollte hier dennoch nicht ganz außer Acht gelassen werden. Wenn eine Verbindung unachtsam zusammengeschraubt wurde, kann sie einen Kurzschluss verursachen, bei dem Funken entstehen. Ist die Installation so ausgelegt, dass eine solche funkende Verbindung quasi „vorprogrammiert" Feuer auslösen kann, sollten alle Schraub- oder Steckverbindungen grundsätzlich in geschützten Verteilerdosen untergebracht werden, sofern sie sich z. B. an Holzbalken oder Holzwänden befinden.

Die Leistungsverluste, die in jeder elektrischen Leitung entstehen, hängen **nur** von dem Strom, der durch die Leitung strömt, und dem ohmschen Widerstand der Leitung ab. Die Höhe der übertragenen Spannung und Leistung spielt dabei keine Rolle, siehe *Abb. 4.33:*

Angenommen, wir verwenden für die Stromversorgung mehrerer Außenleuchten einen gemeinsamen Akku, an dem eine 10 Meter entfernte 10-Watt-Solarbeleuchtung angeschlossen ist. Solch eine Leitung stellt einen Kreislauf (eine Ringleitung) dar und daher addieren sich die Längen beider Leiter auf 20 Meter.

Wir kennen bereits die Formel „**Strom** (in Ampere) **x Spannung** (in Volt) **= Leistung** (in Watt)". Wenden wir nun diese Formel bei den Beispielen in *Abb. 4.33* an, stellt sich heraus, dass der Leistungsverlust in einer Leitung umso niedriger liegt, je höher die Spannung und je niedriger der ohmsche Widerstand der Leitung sind. Wie aus den Beispielen hervorgeht, hängt der Spannungsverlust in der Leitung nur von dem übertragenen Strom (in Ampere) und von dem Widerstand der Leiter (in Ohm) ab.

Die in *Abb. 4.33* aufgeführten Beispiele können sich bei diversen Selbstbauprojekten als nützlich erweisen, denn Verluste, die bei einer solarelektrischen Stromversorgung in den Leitungen entstehen, müssen mit einer erhöhten solarelektrischen Leistung kompen-

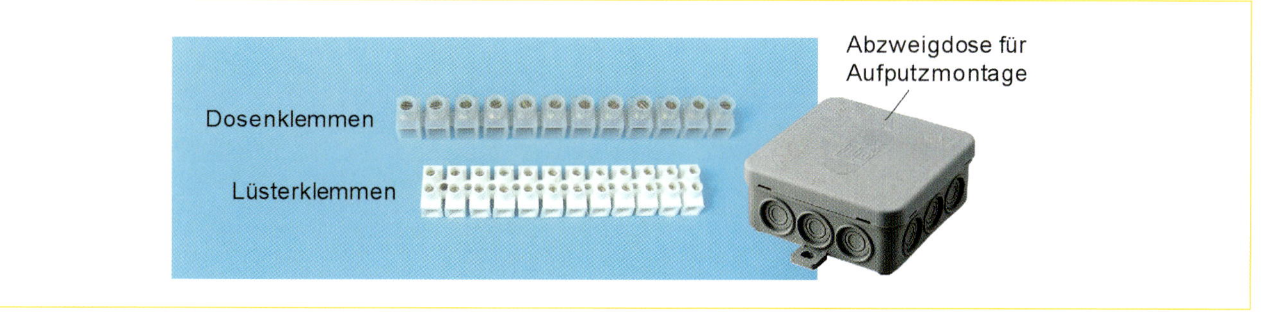

Abb. 4.32 – Für die Schraubverbindungen der Leiter eignen sich hier am besten einfache Dosen- oder Lüsterklemmen, die z. B. in preiswerten Abzweigdosen (Aufputz-Installationsdosen) untergebracht werden können.

4.8 Leitungen für die Beleuchtung

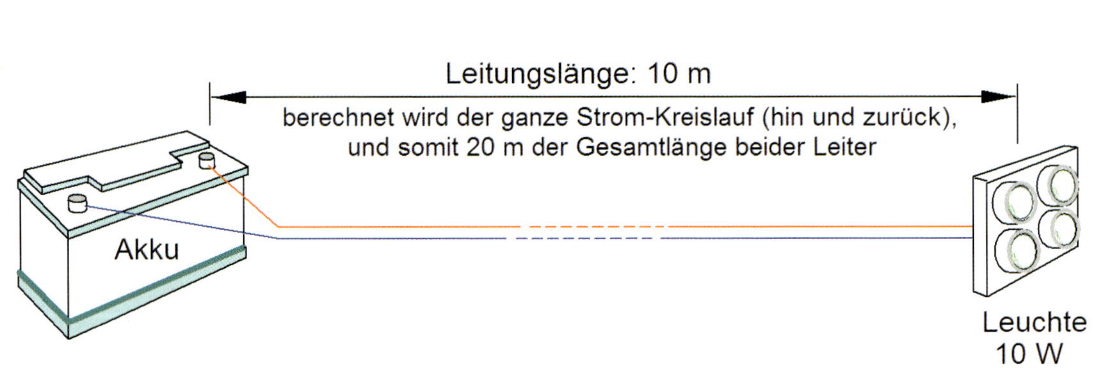

Beispiel 1:

Querschnitt der Leiter: 0,75 mm², der Ohmsche Widerstand der 20-m-Leitung: 0,464 Ohm
Übertragene Versorgungsspannung: 4 V; von der 10-W-Leuchte bezogener Strom : 2,5 A
Spannungsverlust: 0,464 Ohm x 2,5 A = 1,16 V
Leistunsgverlust: 1,16 V X 2,5 A = 2,9 W

Alternativ - dasselbe Beispiel, aber mit einer höheren Versorgungsspannung:

Übertragene Versorgungsspannung: 12 V; von der 10-W-Leuchte bezogener Strom : 0,833 A
Spannungsverlust: 0,464 Ohm x 0,833 A = 0,39 V
Leistunsgverlust: 0,39 V X 0,833 A = 0,32 W

Beispiel 2:

Querschnitt der Leiter: 2,5 mm², der Ohmsche Widerstand der 20-m-Leitung: 0,14 Ohm
Übertragene Versorgungsspannung: 4 V; von der 10-W-Leuchte bezogener Strom : 2,5 A
Spannungsverlust: 0,14 Ohm x 2,5 A = 0,35 V
Leistunsgverlust: 0,35 V X 2,5 A = 0,875 W

Alternativ - dasselbe Beispiel 2, aber mit einer höheren Versorgungsspannung:

Übertragene Versorgungsspannung: 12 V; von der 10-W-Leuchte bezogener Strom : 0,833 A
Spannungsverlust: 0,14 Ohm x 0,833 A = 0,117 V
Leistunsgverlust: 0,117 V X 0,833 A = 0,097 W

Abb. 4.33 – Bei Anwendung zu dünner Leiter und zu niedriger Versorgungsspannung können bei längeren Leitungen die Leistungsverluste in der Leitung ziemlich hoch werden.

siert werden – und das ist teuer. Mithilfe der aufgeführten Berechnungsbeispiele können Sie sich bei Bedarf die Verluste auch selbst ausrechnen, die in Ihren Leitungen entstehen oder entstehen könnten. Sie brauchen dabei in unseren Beispielen nur die von uns eingetragenen Zahlen durch Ihre Zahlen zu ersetzen und nachzurechnen. Sinnvoll ist eine solche Kontrolle vor allem bei längeren Leitungen.

Bei elektrischen Leitern wird nicht der Durchmesser, sondern der Querschnitt als elektrisch leitende Schnittfläche des Leiters (des Kupferdrahts oder der Kupferlitze) in mm² angegeben. Wenn Sie bei einem unbekannten Leiter seinen Querschnitt in mm² ermitteln möchten, geht es am genauesten mit einer Schieblehre (Messschieber). Der auf diese Weise festgestellte Leiterdurchmesser ist **nicht** mit dem Leiterquerschnitt identisch – wie aus der *Tabelle 4.1* hervorgeht.

Wir haben in diese Tabelle den ohmschen Leiterwiderstand pro 10 Meter Leiterlänge aufgeführt. Bitte nicht vergessen: Eine 5 m lange Stromleitung besteht hier jeweils aus zwei Leitern, die *Leiterlänge* beträgt somit 10 m. Der in der Tabelle angegebene Widerstand pro 10 m Länge hat daher eine Leitung, die nur 5 m lang ist.

Bei einfacheren Anliegen brauchen Sie sich selbstverständlich nicht mit detaillierten Berechnungen der Leiterdurchmesser oder der Energieverluste in den Leitungen zu befassen. Es genügt zu wissen, dass für die Installationen zu dünne Leiter nicht geeignet sind. Dies gilt allerdings nicht für kurze Zwischenverbindungen, die nicht länger als einen Meter sind oder die einen niedrigen Strom leiten. Hier kann aus ästhetischen Gründen als Stromzuleitung z. B. auch ein dünnes abgeschirmtes Mikrofonkabel oder ein Lautsprecherkabel als Stromzuleitung verwendet werden.

Wir hoffen, dass Ihnen bei Ihren Selbstbauvorhaben unser Buch viele Schritte erleichtern wird und dass Sie hier auf all Ihre Fragen „technischer Art" ausreichend klare Antworten gefunden haben. Wir wünschen Ihnen viele Erfolgserlebnisse!

Leiterquerschnitt:	Leiterdurchmesser:	Widerstand pro 10 m Länge:
0,75 mm²	0,98 mm	0,232 Ω
1 mm²	1,13 mm	0,178 Ω
1,5 mm²	1,38 mm	0,117 Ω
2,5 mm²	1,78 mm	0,07 Ω
4 mm²	2,25 mm	0,045 Ω
6 mm²	2,75 mm	0,03 Ω

Tab. 4.1 – Der ohmsche Widerstand der gängigsten Kupferleiter.

Gefällt Ihnen dieses Buch? Vielleicht sind Sie an weiteren Fachinformationen oder an anderen Themen interessiert, die von **Bo Hanus** verfasst und vom **Franzis Verlag** herausgegeben wurden? Hier die Übersicht der aktuellen Titel:

- Wie nutze ich Solarenergie in Haus und Garten? *(neu, 128 Seiten)*
- Experimente mit superhellen Leuchtdioden *(neu, 153 S.)*
- Spaß & Spiel mit der Solartechnik *(112 S.)*
- Solaranlagen richtig planen, installieren und nutzen *(2. Auflage, 300 S.)*
- Wie nutze ich Solar- und Windenergie in der Freizeit und im Hobby *(neu, 128 S.)*
- Der leichte Einstieg in die Elektronik *(5. Auflage, 363 S.)*
- So steigen Sie erfolgreich in die Elektronik ein *(4. Auflage, 97 S.)*
- Solar-Dachanlagen selbst planen und installieren *(2. Auflage, 128 S.)*
- Haushaltselektrik selbst installieren und reparieren *(neu, 128 S.)*
- Elektroinstallationen in Haus und Garten – echt leicht! *(97 S.)*
- Wie nutze ich Windenergie in Haus und Garten? *(3. Auflage, 97 S.)*
- Das große Anwenderbuch der Windgeneratoren-Technik *(319 S.)*
- Das große Anwenderbuch der Solartechnik *(2. Auflage, 367 S.)*
- Hausversorgung mit alternativen Energien *(neu, 128 S.)*
- Digitale SAT-Anlagen selbst installieren *(neu, 128 S.)*
- Haushaltselektronik selbst reparieren *(neu, 128 S.)*
- Elektrische Haushaltsgeräte selbst reparieren *(neu, 128 S.)*
- Öl- und Gasheizung selbst warten und reparieren *(neu, 128 S.)*
- Sanitäranlagen selbst reparieren *(neu, 128 S.)*
- Der leichte Einstieg in die Elektrotechnik *(219 S.)*
- Drahtlos schalten, steuern und übertragen in Haus und Garten *(234 S.)*
- Drahtlos überwachen mit Mini-Videokameras *(205 S.)*
- Schalten, Steuern und Überwachen mit dem Handy *(2. Auflage, 97 S.)*
- Der leichte Einstieg in die Mechatronik *(neu, 268 S.)*
- Spaß & Spiel mit der Elektronik *(120 S.)*
- Erfolgreicher Service elektronischer Musikinstrumente *(343 S.)*
- Das große Anwenderbuch der Elektronik *(2. Auflage, 351 S.)*
- Selbstbau-Roboter für Alarm- & Sicherheitsaufgaben *(172 S.)*
- Kampfspiel-Roboter im Selbstbau – Robot WARS *(97 S.)*

Einige der hier aufgeführten Bücher sind möglicherweise inzwischen im Buchhandel vergriffen, stehen aber in städtischen Büchereien als Leihbücher zur Verfügung oder werden dort für den Interessierten besorgt.

Lieferantenhinweis
(auch für Kataloganforderung)**:**

Conrad Electronic
Klaus Conrad Str. 1,
92240 Hirschau
Tel. (01 80) 5 31 21 11,
Fax (0180) 5 31 21 10
www.conrad.de

ELV
Tel.: (04 91) 60 08 88,
Fax: (04 91) 70 16 www.elv.de

LUMITRONIX® LED-Technik GmbH,
Haigerlocher Str. 42,
72379 Hechingen
Tel. (0 74 71) 9 60 14-0,
Fax (0 74 71) 9 60 14-99
www.leds.de

Reichelt Elektronik,
Elektronikring 1, 26452 Sande
Tel. (0 44 22) 95 53 33,
Fax (0 44 22) 95 51 11
www.reichelt.de

Westfalia GmbH
Werkzeugstraße 1, 58082 Hagen
Tel.: (01 80) 5 30 31 32,
Fax: (01 80) 5 30 31 30
www.westfalia.de

Stichwortverzeichnis

Stichwortverzeichnis